中压电力电缆
技术培训教材

国家电网有限公司设备管理部　编

内 容 提 要

根据国家电网有限公司“人才强企”战略和“五统一”培训要求，为全面提升电力电缆从业人员专业水平，推进电力电缆培训工作有效开展，国家电网有限公司设备管理部（简称国网设备部）针对 66kV 及以上和 35kV 及以下电力电缆线路，组织编制了《高压电力电缆技术培训教材》《中压电力电缆技术培训教材》两本书。

本书为《中压电力电缆技术培训教材》，共十三章，包含中压电力电缆技术要求、中压电力电缆技术标准体系、中压电力电缆及附件制造、中压电力电缆工程设计、中压电力电缆敷设及附件安装、中压电力电缆试验、中压电力电缆工程生产准备及验收、中压电力电缆运行维护、中压电力电缆隐患管理、中压电力电缆反事故措施、中压电力电缆状态检测与监测、中压电力电缆故障探测以及中压电力电缆作业规范。

本套教材可作为电力电缆技能实训专业培训教材，还可作为从事电力电缆规划、设计、制造、建设、安装、运行维护和故障处理等工作的生产人员及管理干部等日常用书。

图书在版编目（CIP）数据

中压电力电缆技术培训教材/国家电网有限公司设备管理部编．—北京：中国电力出版社，2021.4
ISBN 978-7-5198-5441-6

Ⅰ.①中…　Ⅱ.①国…　Ⅲ.①中压电缆—电力电缆—技术培训—教材　Ⅳ.①TM247

中国版本图书馆 CIP 数据核字（2021）第 037638 号

出版发行：中国电力出版社
地　　址：北京市东城区北京站西街 19 号（邮政编码 100005）
网　　址：http：//www.cepp.sgcc.com.cn
责任编辑：肖　敏（010-63412363）
责任校对：黄　蓓　王小鹏　王海南
装帧设计：郝晓燕
责任印制：石　雷

印　　刷：三河市万龙印装有限公司
版　　次：2021 年 4 月第一版
印　　次：2021 年 4 月北京第一次印刷
开　　本：787 毫米×1092 毫米　16 开本
印　　张：24.75
字　　数：615 千字
印　　数：0001—7500 册
定　　价：98.00 元

编 委 会

前 言

电力电缆作为输电线路的重要组成部分，承担着电能输送与分配的重要任务。相比于架空线路，电缆线路具有更高的安全可靠性、更低的外力破坏风险和更少的环境影响因素。近年来，随着我国输配电系统的不断发展，对电力系统稳定性的要求也在逐年升高，电力电缆的使用率呈现快速增长趋势，保障电力电缆安全运行愈加重要，这对电力电缆专业工作人员的专业知识、基本技能及职业素养提出了更高的要求，迫切需要从业人员了解有关电力电缆的技术性能、安装敷设、运行维护以及交接试验等方面的知识。为落实国家电网有限公司“人才强企”战略，全面提升电力电缆从业人员专业水平，按照国家电网有限公司教育培训“五统一”（统一培训计划、统一课程开发、统一题库建设、统一师资管理、统一人才培养）要求和电力电缆实训基地培训资源建设计划，国网设备部针对66kV及以上电缆线路，编写了《高压电力电缆技术培训教材》；针对35kV及以下电缆线路，编写了《中压电力电缆技术培训教材》。本套教材的出版是深入贯彻国家人才队伍建设总体战略、充分发挥企业培养高技能人才主体作用的重要举措，也是有效开展电缆专业教育培训和人才培养工作的重要基础。

本书为《中压电力电缆技术培训教材》，共十三章，包含中压电力电缆技术要求、中压电力电缆技术标准体系、中压电力电缆及附件制造、中压电力电缆工程设计、中压电力电缆敷设及附件安装、中压电力电缆试验、中压电力电缆工程生产准备及验收、中压电力电缆运行维护、中压电力电缆隐患管理、中压电力电缆反事故措施、中压电力电缆状态检测与监测、中压电力电缆故障探测以及中压电力电缆作业规范。

本书在编写过程中，遵循“知识必须够用、为技能服务”的原则，以35kV及以下电缆线路设备管理岗位工作标准为依据，突出核心知识点介绍和关键技能项训练，涵盖了电力行业最新的标准、规程、规定以及先进技术相关内容，力求深入浅出，避免烦琐的理论推导和验证。本书主要对中压电力电缆附件安装、运维检修、试验检测三个专业方向技术培训起到指导作用。

本套教材可作为电力电缆技能实训专业培训教材，还可作为从事电力电缆规划、设计、制造、建设、安装、运行维护和故障处理等工作的生产人员及管理干部等日常用书。

本套教材编写过程中，参考并引用了许多专业资料，也得到了很多行业专家的帮助和指导，在此表示衷心的感谢!

由于编写时间仓促，书中难免存在疏漏之处，恳请各位专家和读者提出宝贵意见，以使之不断完善。

编者

2021 年 3 月

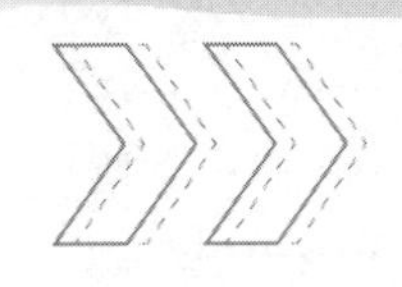

目 录

前言
第一章 中压电力电缆技术要求…… 1
第一节 中压电力电缆结构及载流量…… 1
第二节 中压电力电缆及通道技术要求…… 4
第二章 中压电力电缆技术标准体系 …… 16
第三章 中压电力电缆及附件制造 …… 27
第一节 中压电力电缆本体制造 …… 27
第二节 中压电力电缆附件制造 …… 34
第四章 中压电力电缆工程设计 …… 41
第一节 可行性研究及初步设计 …… 41
第二节 施工图设计 …… 42
第五章 中压电力电缆敷设及附件安装 …… 56
第一节 中压电力电缆敷设 …… 56
第二节 中压电力电缆附件安装 …… 77
第六章 中压电力电缆试验 …… 94
第一节 中压电力电缆交接试验 …… 94
第二节 中压电力电缆例行试验…… 108
第七章 中压电力电缆工程生产准备及验收…… 114
第一节 可研审查…… 114
第二节 初设审查…… 115
第三节 施工过程管控…… 117
第四节 生产准备及工程验收…… 129
第八章 中压电力电缆运行维护…… 141
第一节 巡视与维护…… 141
第二节 状态评价及检修…… 146
第三节 故障处置…… 151
第四节 退役管理…… 152
第五节 生产管理信息系统…… 154

第六节　档案资料管理…………………………………………………………………… 162
第九章　中压电力电缆隐患管理……………………………………………………… 165
第一节　防外力破坏……………………………………………………………………… 165
第二节　防火……………………………………………………………………………… 181
第三节　防水……………………………………………………………………………… 195
第十章　中压电力电缆反事故措施…………………………………………………… 214
第一节　防止绝缘击穿…………………………………………………………………… 214
第二节　防止电力电缆火灾……………………………………………………………… 228
第三节　防止外力破坏和设施被盗……………………………………………………… 234
第十一章　中压电力电缆状态检测与监测…………………………………………… 242
第一节　带电检测………………………………………………………………………… 242
第二节　本体及附件在线监测…………………………………………………………… 254
第三节　通道在线监测…………………………………………………………………… 257
第十二章　中压电力电缆故障探测…………………………………………………… 273
第一节　故障原因及分类………………………………………………………………… 273
第二节　故障探测步骤…………………………………………………………………… 277
第三节　故障测距方法…………………………………………………………………… 282
第四节　故障定点方法…………………………………………………………………… 294
第五节　路径探测方法…………………………………………………………………… 299
第六节　电力电缆线路识别……………………………………………………………… 302
第七节　故障探测方案…………………………………………………………………… 303
第十三章　中压电力电缆作业规范…………………………………………………… 310
第一节　交接试验………………………………………………………………………… 310
第二节　主绝缘故障测寻………………………………………………………………… 316
第三节　线路路径探测…………………………………………………………………… 326
第四节　振荡波局部放电检测…………………………………………………………… 329
第五节　超低频介质损耗检测…………………………………………………………… 332
第六节　敷设现场作业规范……………………………………………………………… 334
第七节　电缆终端制作…………………………………………………………………… 345
第八节　电缆接头制作…………………………………………………………………… 363
参考文献………………………………………………………………………………… 386

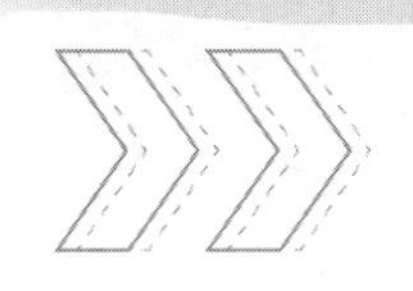

第一章　中压电力电缆技术要求

第一节　中压电力电缆结构及载流量

中压电力电缆是电力系统中传输电能的重要组成部分，主要用于城区、变电站等必须采用地下输电的部位。电力电缆产品型号规格繁多，按绝缘材料可分为油浸纸绝缘电力电缆、塑料绝缘电力电缆、橡皮绝缘电力电缆。中压电力电缆电压等级主要有 35、20、10(6)kV。

一、中压电力电缆结构

目前国内中压电力电缆主要用于配电网，其特点是大部分为多芯：有用于单相回路的双芯电力电缆，三相系统用的三芯电力电缆，三相四线制用的四芯电力电缆，以及高要求场合下的五芯电力电缆（四芯电力电缆中加一根保护线）。

35kV 电力电缆大部分为三芯圆形结构，如图 1-1 所示。

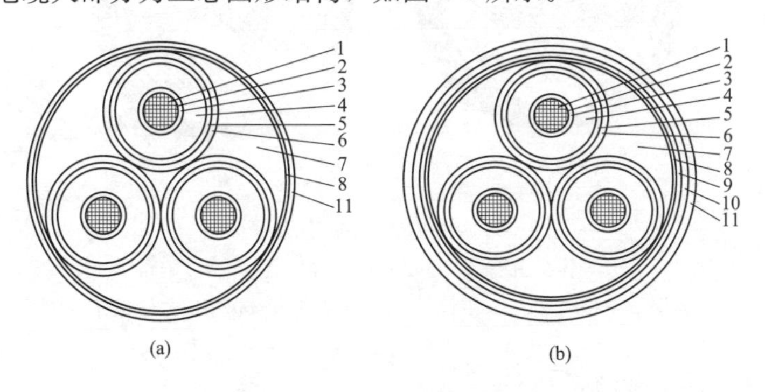

图 1-1　35kV 三芯交联聚乙烯电力电缆结构示意图

（a）无铠装；（b）有铠装

1—铜芯导体；2—半导电包带；3—导体屏蔽层；4—交联聚乙烯绝缘；5—绝缘屏蔽层；6—铜屏蔽带；7—填充料；8—无纺布包带；9—内护套；10—铠装；11—外护套

10kV 以下的电力电缆绝缘层较薄，为了减小电力电缆尺寸、节省材料消耗以降低电力电缆成本，多芯电力电缆多采用弓形、扇形或腰圆扇形结构，小截面的电力电缆仍为圆形。例如，三芯电力电缆，除截面积在 25mm² 及以下用圆形导体外，一般采用扇形导体，其结构如图 1-2 所示，不过图 1-2（a）中的几何扇形虽最节省电力电缆材料消耗，但在扇形尖角处电场过于集中，一般较少采用。工作电压较低的电力电缆导体采用图 1-2（b）中的近似几何扇形结构，而工作电压较高的电力电缆，导体多采用图 1-2（c）中的腰圆扇形结构。

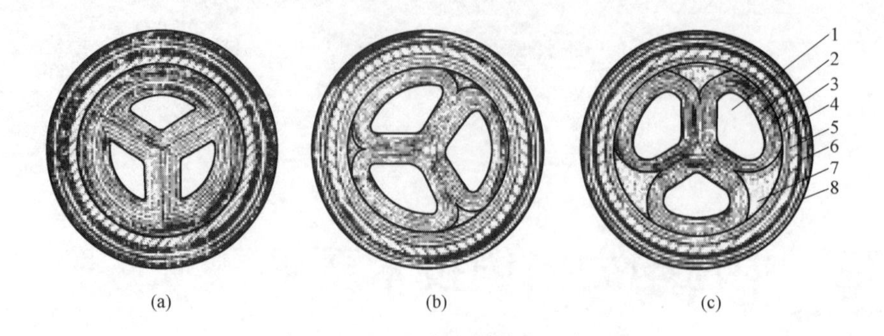

图 1-2　三芯电力电缆结构示意图

（a）几何扇形；（b）近似几何扇形；（c）腰圆扇形

1—导体；2—相绝缘层；3—带绝缘层；4—金属护套；5—内衬层；6—铠装；7—填料；8—外被层

四芯电力电缆结构为如图 1-3 所示扇形结构，其中基本导体截面积在 16mm² 及以下的采用图 1-3（a）中结构，导体截面积在 25mm² 及以上的采用图 1-3（b）中结构。由于第四导体通过的电流为三基本导体之和（在平衡电力系统中为零），因此，第四导体的截面积可以比基本导体小，一般要小 1～2 级。

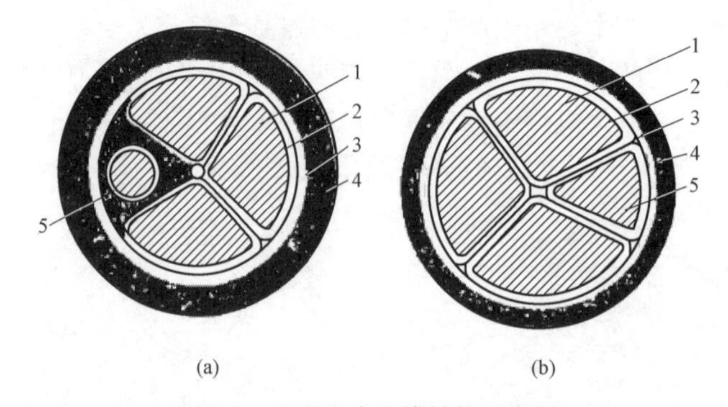

图 1-3　四芯电力电缆结构示意图

（a）导体截面积≤16mm²；（b）导体截面积≥25mm²

1—导体；2—相绝缘；3—带绝缘；4—金属护套及保护层；5—第四导体

二、电力电缆线路的载流量

（一）电力电缆线路载流量的概念

在一个确定的适用条件下，当电力电缆导体流过的电流在电力电缆各部分所产生的热量能够及时向周围媒质散发，使绝缘层温度不超过长期最高允许工作温度，这时电力电缆导体上所流过的电流值称为电力电缆载流量。电力电缆载流量是电力电缆在最高允许工作温度下，电力电缆导体允许通过的最大电流。

在电力电缆工作时，电力电缆各部分损耗所产生的热量以及外界因素的影响使电力电缆工作温度发生变化，电力电缆工作温度过高，将加速绝缘老化，缩短电力电缆使用寿命；因此，必须规定电力电缆最高允许工作温度。电力电缆的最高允许工作温度，主要取决于所用材料热老化性能。各种型式电力电缆的长期和短时最高允许工作温度见表 1-1，一般若不超

过表中的规定值，电力电缆可在设计寿命年限内安全运行。反之，工作温度过高，绝缘老化加速，电力电缆寿命会缩短。

表 1-1　　各种型式电力电缆的长期和短时最高允许工作温度

电力电缆型式		最高允许工作温度（℃）	
		持续工作	短路暂态（最长持续 5s）
充油电力电缆	普通牛皮纸	80	160
	半合成纸	85	160
聚乙烯绝缘电力电缆		70	140
交联聚乙烯绝缘电力电缆		90	250
聚氯乙烯绝缘电力电缆		70	160
橡皮绝缘电力电缆		65	150

（二）影响电力电缆载流量的主要因素

1. 导体材料的影响

（1）导体材料的电阻率越大，电力电缆的载流量越小。因此，选用高电导率的材料有利于提高电力电缆的传输容量。

（2）导体截面积越大，载流量越大。

（3）导体结构的影响。同样截面积的导体，采用分割导体的载流量大。尤其对于大截面的导体（$800mm^2$ 以上）而言，更是如此。

2. 绝缘材料对载流量的影响

（1）绝缘材料的耐热性能越好，即电力电缆允许最高工作温度越高，载流量越大。如交联聚乙烯绝缘电力电缆比油纸绝缘电力电缆允许最高工作温度高，所以同一电压等级、相同截面积的电力电缆，交联聚乙烯绝缘电力电缆比油纸绝缘电力电缆传输容量大。

（2）绝缘材料的热阻也是影响电力电缆载流量的重要因素。选用热阻系数低、击穿强度高的绝缘材料，能降低绝缘层热阻，提高电力电缆载流量。

（3）介质损耗越大，电力电缆载流量越小。绝缘材料的介质损耗与电压的平方成正比。因此，对于高压和超高压电力电缆，必须严格控制绝缘材料的介质损耗正切值。

3. 周围媒质温度的影响

电力电缆线路附近有热源，如与热力管道平行、交叉或周围敷设有电力电缆等使周围媒质温度变化，会对电力电缆载流量造成影响。电力电缆线路与热力管道交叉或平行时，周围土壤温度会受到热力管道散热的影响，只有任何时间该地段土壤与其他地方同样深度土壤的温升不超过 10℃，电力电缆载流量才可以认为不受影响，否则必须降低电力电缆负荷。对于同沟敷设的电力电缆，由于多条电力电缆相互影响，电力电缆负荷应降低，否则对电力电缆寿命有影响。周围媒质温度越高，电力电缆载流量越小。

4. 周围媒质热阻的影响

（1）电力电缆直接埋设于地下，当埋设深度确定后，土壤热阻取决于土壤热阻系数。土壤热阻系数与土壤的组成、物理状态和含水量有关。比较潮湿紧密的土壤热阻系数约为 0.8(m・K)/W，一般土壤热阻系数约为 1.0(m・K)/W，比较干燥的土壤热阻系数约为 1.2(m・K)/W。降低土壤热阻系数，能够有效地提高电力电缆载流量。周围媒质热阻越大，电力电缆载流量越小。

(2) 电力电缆敷设在管道中，其载流量比直接埋设在地下要小。管道敷设的周围媒质热阻，实际上是三部分热阻之和，即电力电缆表面到管道内壁的热阻、管道热阻和管道的外部热阻，因此热阻较大，载流量较低。

第二节　中压电力电缆及通道技术要求

从结构上来分析，电力电缆大致可分为三大部分，即导体、绝缘屏蔽层和保护层。

导体即电力电缆线芯，采用多股圆铝线或铜线紧压合成。其表面光滑，避免引起电场集中，防止挤塑内半导屏蔽层的半导电材料进入导体，极大地降低了水分沿纵向进入导体内部的可能性。

绝缘屏蔽层包括内外屏蔽层、铜屏蔽层及主绝缘。由于在制造过程中，导体和绝缘体的表面不可能制造得足够光滑来均匀导体绝缘体表面的电场强度，因此在导体和绝缘体表面都各有一层半导屏蔽层来实现这一目的，这是内外屏蔽层存在的原因。半导屏蔽层的存在减少了局部放电的可能性，也可有效抑制水、电树枝的生长；半导屏蔽层的热阻可使线芯上的高温不能直接冲击绝缘层。另外，外屏蔽层与金属护套等电位，避免在绝缘层与护套之间发生局部放电。主绝缘所用材料是交联聚乙烯，电力电缆绝缘主要靠该层。铜屏蔽层的存在是因为没有金属护套的挤包绝缘电缆，除半导屏蔽层外，还要增加用铜带或铜丝绕包的金属屏蔽层。铜屏蔽带在安装时两端接地，使电力电缆的外半导屏蔽层始终处于零电位，从而保证了电场分布为径向均匀分布；在正常运行时铜屏蔽层导通电力电缆的对地电容电流，当系统发生短路或接地时，作为短路或接地电流的通道，同时也起到屏蔽电场的作用，以阻止电力电缆轴向沿面放电。

保护层包括内衬层、钢铠和外护套。内衬层和外护套所用材料一般均是聚氯乙烯(PVC)，其与钢铠配合能起到防止绝缘层受到外力损伤和水分侵入的作用。

除了电力电缆本体外，电力电缆线路一般还包括电力电缆附件、附属设备及电缆通道。

一、本体结构及技术要求

电力电缆本体的基本结构由导体、绝缘层和保护层三大组成部分，对于6kV及以上电缆。导体外和绝缘层外还有屏蔽层。以下重点介绍导体、绝缘层和屏蔽层。

(一) 导体

导体是电力电缆用来传输电流的载体，是决定电力电缆经济性和可靠性的重要组成部分。对导体的主要要求如下：

(1) 导体用铜单线应采用《电工圆铜线》(GB/T 3953—2009) 中规定的TR型圆铜线。

(2) 导体截面积由供方根据采购方提供的使用条件和敷设条件计算确定，并提交详细的载流量计算报告，或由采购方自行确定导体截面积。

(3) 35kV及以下电力电缆宜采用紧压绞合圆形导体。导体结构和直流电阻应符合表1-2的规定。

(4) 绞合导体不允许整芯或整股焊接。绞合导体中允许单线焊接，但在同一导体单线层内，相邻两个焊点之间的距离不应小于300mm。

(5) 导体表面应光洁、无油污、无损伤屏蔽及绝缘的毛刺、锐边及凸起和断裂的单线。

（二）绝缘层

绝缘层是将导体与外界在电气上彼此隔离的主要保护层，它承受工作电压及各种过电压长期作用，因此其耐电强度及长期稳定性能是保证整个电力电缆完成输电任务的最重要因素。

在电力电缆使用寿命期间，绝缘层材料具有稳定的以下特性：较高的绝缘电阻和工频、脉冲击穿强度，优良的耐树枝放电和耐局部放电性能，较低的介质损耗角正切值（tanδ），以及一定的柔软性和机械强度。

表 1-2　导体的结构和直流电阻

导体标称截面积（mm²）	导体中单线最少根数		20℃时导体直流电阻最大值（Ω/km）		导体标称截面积（mm²）	导体中单线最少根数		20℃时导体直流电阻最大值（Ω/km）	
	铝	铜	铝	铜		铝	铜	铝	铜
25	6	6	1.20	0.727	500	53	53	0.0605	0.0366
35	6	6	0.868	0.524	630	53	53	0.0469	0.0283
50	6	6	0.641	0.387	800	53	53	0.0367	0.0221
70	12	12	0.443	0.268	1000	170	170	0.0291	0.0176
95	15	15	0.320	0.193	1200	170	170	0.0247	0.0151
120	15	18	0.253	0.153	1400	170	170	0.0212	0.0129
150	15	18	0.206	0.124	1600	170	170	0.0186	0.0113
185	30	30	0.164	0.0991	1800	265	265	0.0165	0.0101
240	30	34	0.125	0.0754	2000	265	265	0.0149	0.0090
300	30	34	0.100	0.0601	2200	265	265	0.0135	0.0083
400	53	53	0.0778	0.0470	2500	265	265	0.0127	0.0073

35kV 及以下电力电缆应采用可交联聚乙烯料。

绝缘层的标称厚度应符合表 1-3 的规定。

表 1-3　绝缘层的标称厚度

<table>
<tr><th rowspan="2">导体标称截面积（mm²）</th><th colspan="9">额定电压 $U_0/U(U_m)$ 下的绝缘标称厚度（mm）</th></tr>
<tr><th>6kV</th><th>10kV</th><th>20kV</th><th>35kV</th><th>66kV</th><th>110kV</th><th>220kV</th><th>330kV</th><th>500kV</th></tr>
<tr><td>25～185</td><td rowspan="9">3.4</td><td rowspan="9">4.5</td><td rowspan="9">5.5</td><td rowspan="9">10.5</td><td>—</td><td>—</td><td rowspan="3">—</td><td rowspan="6">—</td><td rowspan="6">—</td></tr>
<tr><td>240</td><td rowspan="8">14.0</td><td>19.0</td></tr>
<tr><td>300</td><td>18.5</td></tr>
<tr><td>400</td><td>17.5</td><td rowspan="2">27</td></tr>
<tr><td>500</td><td>17.0</td></tr>
<tr><td>630</td><td>16.5</td><td>26</td></tr>
<tr><td>800</td><td rowspan="3">16.0</td><td>25</td><td>30</td><td>34</td></tr>
<tr><td>1000 1200</td><td rowspan="3">24</td><td>29</td><td>33</td></tr>
<tr><td>1400 1600</td><td rowspan="2">28</td><td>32</td></tr>
<tr><td>1800 2000
2200 2500</td><td>—</td><td>—</td><td>—</td><td>—</td><td>—</td><td>—</td><td>31</td></tr>
</table>

注　35kV 及以下的电力电缆，导体截面积大于 1000mm² 时，可增加绝缘厚度以避免安装和运行时的机械伤害。

绝缘的平均厚度、任一处的最小厚度和偏心度应符合表 1-4 的规定。

表 1-4　绝缘厚度的要求

项目	6～35kV	66～220kV	330～500kV
平均厚度	$\geqslant t_n$	$\geqslant t_n$	$\geqslant t_n$
任一处的最小厚度	$\geqslant 0.90t_n$	$\geqslant 0.95t_n$	$\geqslant 0.95t_n$
偏心度（%）	≤10	≤6	≤5

注　t_n为绝缘标称厚度。偏心度为在同一断面上测得的最大厚度和最小厚度的差值与最大厚度比值的百分数。

绝缘热延伸试验应按有关标准规定进行，应根据电力电缆绝缘所采用的交联工艺，在认为交联度最低的部分制取试片。

（三）屏蔽层

屏蔽层多用于 10kV 及以上的电力电缆，一般都有导体屏蔽层和绝缘屏蔽层。电力电缆绝缘线芯应设计有分相金属屏蔽。单芯或三芯电力电缆绝缘线芯的屏蔽应由导体屏蔽和绝缘屏蔽组成。

1. 导体屏蔽层

35kV 及以下电力电缆，标称截面积 500mm^2 以下时应采用挤包半导电层导体屏蔽，标称截面积 500mm^2 及以上时应采用绕包半导电带加挤包半导电层复合导体屏蔽。66kV 及以上电力电缆应采用绕包半导电带加挤包半导电层复合导体屏蔽，且应采用超光滑可交联半导电料。

挤包半导电层应均匀地包覆在导体或半导电包带外，并牢固地粘附在绝缘层上；与绝缘层的交界面上应光滑，无明显绞线凸纹、尖角、颗粒、烧焦或擦伤痕迹。

2. 绝缘屏蔽

绝缘屏蔽应为挤包半导电层，并与绝缘紧密结合。绝缘屏蔽表面以及与绝缘层的交界面应均匀、光滑，无明显绞线凸纹、尖角、颗粒、烧焦或擦伤痕迹。

3. 35kV 及以下电力电缆的内衬层、填充、金属层和外护套

35kV 及以下电力电缆的内衬层、填充、金属层和外护套应符合《额定电压 1kV(U_m＝1.2kV) 到 35kV(U_m＝40.5kV) 挤包绝缘电力电缆及附件　第 2 部分：额定电压 6kV（U_m＝7.2kV）到 30kV（U_m＝36kV）电缆》(GB/T 12706.2—2020）的要求。

二、附件结构及技术要求

电缆终端和电缆接头统称为电力电缆附件，它们是电力电缆线路不可缺少的组成部分。电缆终端是安装在电力电缆线路的两端，具有一定的绝缘和密封性能，使电力电缆与其他电气设备连接的装置。电缆接头是安装在电缆与电缆之间，使两根及以上电力电缆导体连通，使之形成连续电路并具有一定绝缘和密封性能的装置。

电缆终端与电缆接头的主要性能应符合国家现行相关产品标准的规定。电缆终端与电缆接头的结构应简单、紧凑，便于安装，所用材料、部件应符合相应技术标准要求。

电缆终端与电缆接头的型式、规格应与电力电缆类型如电压、芯数、截面积、护层结构和环境要求一致。

电缆终端外绝缘爬距应满足所在地区污秽等级要求。在高速公路、铁路等局部污秽严重的区域，应对电缆终端套管涂上防污涂料，或者适当增加套管的绝缘等级。

电缆终端套管、绝缘子应无破裂，搭头线连接正常；电缆终端应接地良好，各密封部位无漏油。

户外电缆终端的正常使用条件为海拔不超过1000m。对于海拔超过1000m但不超过4000m安装使用的户外电缆终端，在海拔不超过1000m的地点试验时，其试验电压应按《高压输变电设备的绝缘配合》(GB 311.1—2012) 第3.4条进行校正。

电缆终端与电气装置的连接，应符合《电气装置安装工程　母线装置施工及验收规范》(GB 50149—2010) 的有关规定。

电缆终端、设备线夹以及与导线连接部位不应出现温度异常现象，电缆终端套管各相相同位置部件温差不宜超过2K；设备线夹、与导线连接部位各相相同位置部件温差不宜超过20%。

电缆终端上应有明显的相色标志，且应与系统的相位一致。

电缆终端法兰盘（分支手套）下应有不小于1m的垂直段，且刚性固定应不少于2处。电缆终端处应预留适量电力电缆，长度不小于制作一个电缆终端的裕度。

并列敷设的电力电缆，其接头的位置宜相互错开。电力电缆明敷时的接头应用托板托置固定；电缆接头两端应刚性固定，每侧固定点不少于2处。

直埋电缆接头盒外面应有防止机械损伤的保护盒（环氧树脂接头盒除外）。电缆接头处宜预留适量裕度，长度不小于制作一个电力电缆接头的裕度。

电缆附件应有铭牌，标明型号、规格、制造厂家、出厂日期等信息。现场安装完成后应规范挂设安装牌，包括安装单位、安装人员、安装日期等信息。

1. 中压电力电缆附件的分类和结构特点

35kV及以下交联聚乙烯电缆终端和电缆接头有7大类，即绕包式、预制装配式、热缩式、冷缩式、可分离连接器、模塑式和浇铸式，其结构特点见表1-5。

表1-5　　35kV及以下交联聚乙烯电缆终端、接头分类和结构特点

型式	附件名称	结构特点	备注
绕包式	终端、接头	以橡胶为基材的自黏性带材为增绕绝缘，现场绕包	35kV户外终端应外加瓷套，内灌绝缘剂
预制装配式	终端、接头	以合成橡胶材料为增强绝缘、屏蔽等在工厂预制成型	预制件内径与电缆外径应过盈配合
热缩式	终端、接头	应用热收缩管材和应力控制管	户外终端加防雨罩
冷缩式	终端、接头	用弹性体材料经注射硫化，扩张后内衬螺旋状支撑物	在常温下靠弹性回缩力紧压于电缆绝缘
可分离连接器	终端、接头	以合成橡胶材料预制成型，并带有导体连接金具	又称插入式终端，需要时可以分离
模塑式	终端、接头	绕包经辐照或化学交联的聚乙烯带，经模具加热成型	

绕包式终端是较常用的终端型式。这种型式的终端和接头的主要结构是在现场绕包成型的。各种不同特性的带材，包括乙丙橡胶、丁基橡胶或硅橡胶为基材的绝缘带、半导电带、应力控制带、抗漏电痕带、密封带、阻燃带等。如图1-4所示为交联聚乙烯绕包式电缆终端结构图。

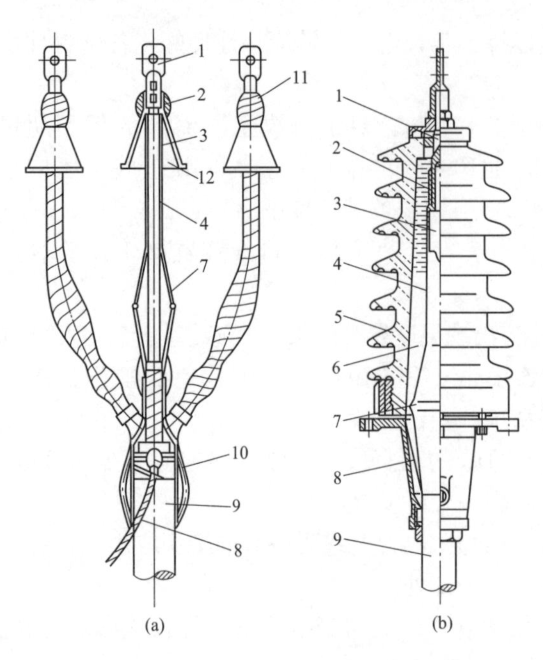

图 1-4　交联聚乙烯绕包式电缆终端结构示意图

(a) 10kV 绕包式终端；(b) 35kV 绕包式终端

1—接线柱（或端子）；2—电缆导体；3—电缆绝缘；4—绝缘带绕包层；5—瓷套；6—液体绝缘剂；7—应力锥（或应力带）；8—接地线；9—电缆外护套；10—分支套；11—相色带；12—防雨罩

2. 常用中压电缆接头

热缩式接头也是中压电缆接头中常用的一种，其以各种热收缩部件组装而成。热收缩部件是高分子聚合物材料经辐照或化学交联工艺并加热扩张，采用热收缩应力控制管，用加热工具加热到 120～140℃，用加热熔化粘合的胶粘性材料——热熔胶，使热收缩部件与电力电缆紧密结合，达到密封效果制成的电缆接头。如图 1-5 所示为 10kV 交联聚乙烯电缆热缩式接头结构图。

三、附属设备（电缆分支箱）及技术要求

随着配电网电缆化进程的发展，当容量不大的独立负荷分布较集中时，可使用电缆分支箱进行电力电缆多分支的连接。因为分支箱不能直接对每路进行操作，仅作为电缆分支使用，故电缆分支箱的主要作用是将电力电缆分接或转接。

随着技术的进步，出现了带 SF_6 负荷开关的电缆分支箱，其外观如图 1-6 所示，可实现环网柜的功能，而且价格又低于环网柜，

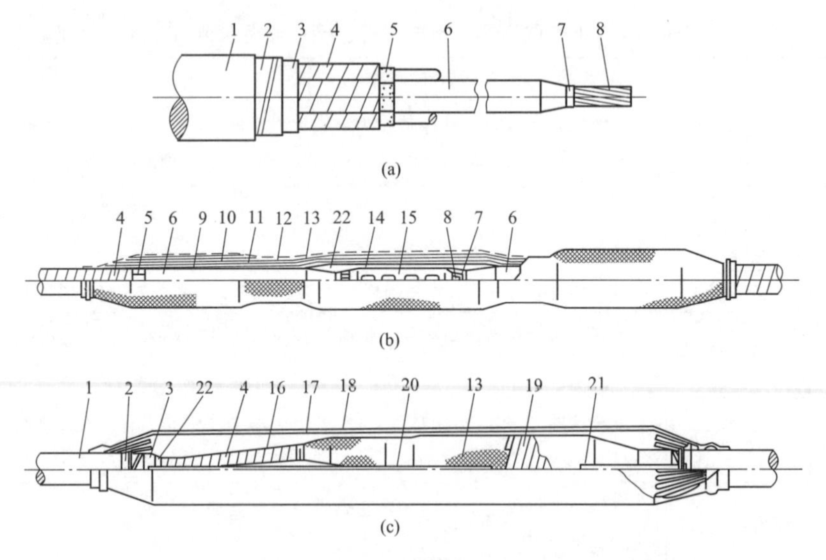

图 1-5　110kV 交联聚乙烯电缆热缩式接头结构示意图

(a) 三芯电力电缆末端剥切；(b) 单相热缩；(c) 三相外边护套管热缩

1—外护层；2—钢带；3—内护层；4—屏蔽铜带；5—外半导电层；6—电缆绝缘；7—内半导电层；8—导体；9—应力管；10—内绝缘管；11—外绝缘管；12—半导电管；13—屏蔽铜丝网；14—半导电带；15—连接管；16—内护套管；17—外护套管；18—金属护套管；19—绑扎带；20—过桥线；21—铜带跨接线；22—填充胶

图 1-6　带 SF_6 负荷开关电缆分支箱外观示意图

在户外起到代替开关站的重要作用，有便于维护试验和检修分支线路、减少停电损失的特点，特别是在线路走廊和建配电房较困难的情况下，更显现其优越性。

1. 电缆分支箱的型号

电缆分支箱的型号如图 1-7 所示。

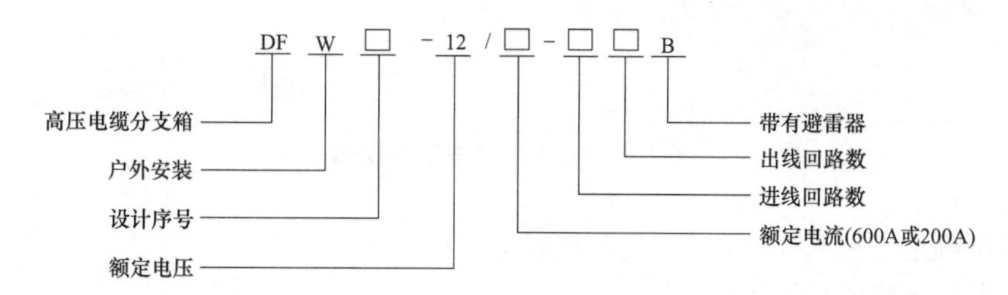

图 1-7　电缆分支箱型号示意图

2. 电缆分支箱的技术参数

电缆分支箱的主要技术参数有：①额定电压，10kV；②最高工作电压，12kV；③额定电流；④工频耐压；⑤雷电冲击耐压；⑥额定热稳定电流；⑦额定动稳定电流；⑧回路电阻；⑨防护等级。

3. 电缆分支箱的结构

常用电缆分支箱分为美式电缆分支箱和欧式电缆分支箱。

（1）美式电缆分支箱。美式电缆分支箱是一种广泛应用于北美地区配电网系统中的电缆化工程设备，它以单向开门、横向多通母排为主要特点，具有宽度小、组合灵活、全绝缘、全密封等显著优点。其按照额定电流一般可以分为 600A 主回路和 200A 分支回路两种：600A 主回路采用旋入式螺栓固定连接；200A 分支回路采用拔插式连接，且可以带负荷拔插。美式电缆分支箱所采用的电缆接头符合 IEEE 386 标准。600A 美式电缆分支箱的外观如图 1-8 所示。

美式电缆分支箱的功能和特点：

1）全绝缘、全密封结构，无需绝缘距离，可靠保证人身安全。

2）防尘、抗洪水、耐腐蚀、免维护，既可用于户外，也可浸在水中，适用任何恶劣环境。

3）组合极为灵活，进出线分支可达 8 路，满足多种接线要求。

4）体积小、结构紧凑、安装简单、操作方便。

5）200A 分支电缆接头可作为负荷开关，带负荷拔插，并具有隔离开关的特点。

6）可接短路故障指示器，便于迅速查找电缆故障。

（2）欧式电缆分支箱。欧式电缆分支箱是近几年来广泛用于配电网系统中的电缆化工程设备，它的主要特点是双向开门、利用穿墙套管作为连接母排，具有长度小、电力电缆排列清楚、三芯电力电缆不需大跨度交叉等显著优点。其所采用的电缆接头符合 DIN 47636 标

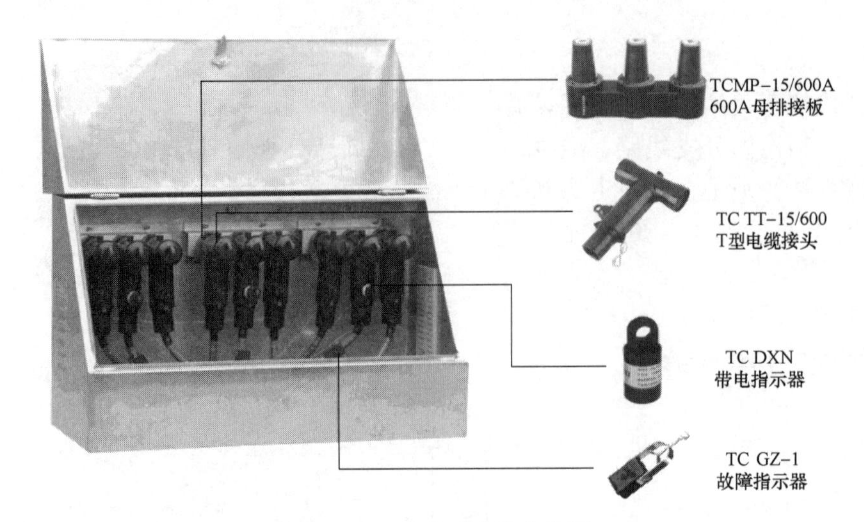

图 1-8　600A 美式电缆分支箱

准。一般采用额定电流 630A 螺栓固定连接式电缆接头。

欧式电缆分支箱的功能和特点：

1）全绝缘、全密封、全防护、全工况。

2）进出线灵活，实际应用最多有 8 分支进出线。

3）抗洪水、抗污秽、抗凝露、抗凝霜、耐腐蚀。

4）体积小、结构紧凑、安装简单、操作方便。

5）可安装带电指示器，提示操作人员线路带电。

6）可安装电缆型故障指示器，便于迅速查找电缆故障。

4. 电缆分支箱的总体技术要求

（1）电缆分支箱主回路在额定电流和额定频率下的温升，除应遵守现行《高压开关设备和控制设备标准的共用技术要求》（GB/T 11022）的规定外，箱内各组件的温升值不得超过该组件的相应标准的规定，可触及的外壳和盖板的温升不得超过 30K。

（2）电缆分支箱处于高潮湿场所时，应加大元件的爬电比距。

（3）全部连接线、套管、绝缘件等附件应耐火、阻燃，所有附件安装尺寸应统一，相同部件、易损件和备品、备件应具互换性。

（4）电缆分支箱的结构应便于运行、检查、监视、检修和试验，并应具备保证人员操作时人身安全的功能。

（5）在进出线处应配备固定电缆的支架和抱箍。

（6）电缆分支箱应具有检修时能可靠验电接地的装置。

（7）外壳防护等级应满足《外壳防护等级（IP 代码）》（GB/T 4208—2017）的要求，防护等级为 IP45。

（8）外箱体宜采用防腐性能不低于 3003 防锈铝合金的金属板或其他高防腐性能金属材料，内部材料宜采用 SGCC 热浸镀锌薄钢板或性能更好的 S304 不锈钢材料，材质厚度不低于 2.0mm，四周壁应添加隔热材料、双层夹板结构。

（9）外箱体（包括箱顶、箱门、箱底及内部金属构件）及其附属物材料均应采用阻燃、

防锈且具有足够机械强度的材料。

（10）外箱体外表面应喷涂防腐涂层，涂层喷涂应均匀、厚度一致，最小厚度为 90μm。涂层应有牢固的附着力。

（11）电力电缆进出线孔应采用防水、防火、防腐、防冻裂的高密封性能的电力电缆变径密封封堵材料进行封堵。

（12）外箱体颜色应与周围环境相协调，宜选用国网绿，箱壳表面应有明显的反光警示标志，箱体颜色应 15 年不褪色、不生锈。标志的喷涂要求按照《配电网施工检修工艺规范》（Q/GDW 742—2012）标准规定。

（13）外箱体顶盖的倾斜度不应小于 8°，并应装设防雨檐。门应向外开，开启角度应大于 90°，并设定位装置；装设暗锁，并设外挂锁孔。门铰链具有防盗功能，有防雨、防堵、防锈功能。

（14）外箱体应设上、下自然通风口和隔热措施，减少箱内凝露的产生，保证在规定的条件下运行时，所有电器设备的温升不超过其允许值。

四、电缆隧道及技术要求

（一）电缆隧道

电缆隧道是指用于容纳大量敷设在电缆支架上的电力电缆的走廊或隧道式构筑物（见图 1-9）。

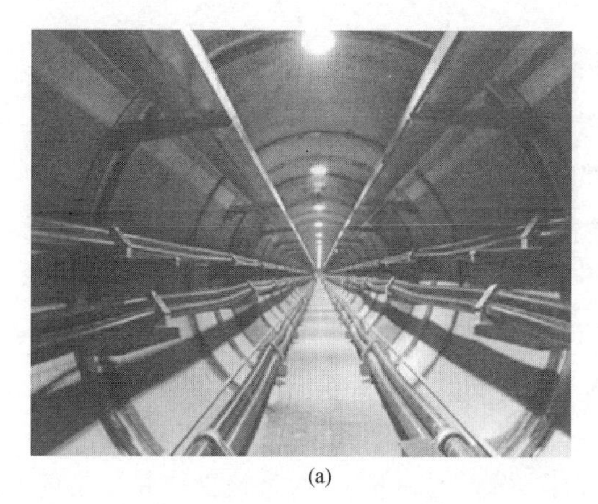

(a)

(b)

图 1-9　电缆隧道示意图

（a）实物图；（b）巡视图

（1）隧道应按照重要电力设施标准建设，应采用钢筋混凝土结构；主体结构设计使用年限不应低于 100 年；防水等级不应低于二级。

（2）隧道的净宽不宜小于相关规程规定。

（3）隧道应有不小于 0.5％的纵向排水坡度，底部应有流水沟；必要时设置排水泵，排水泵应有自动启闭装置。

（4）隧道结构应符合设计要求，坚实牢固，无开裂或漏水痕迹。

（5）隧道出入通行方便，安全门开启正常，安全出口应畅通。在公共区域露出地面的出入口、安全门、通风亭位置应安全合理，其外观应与周围环境景观相协调。

（6）隧道内应无积水、无严重渗、漏水，隧道内可燃、有害气体的成分和含量不应超标。

（7）隧道配套各类监控系统安装到位，调试、运行正常。

（8）隧道工作井人孔内径不应小于 800mm，在隧道交叉处设置的人孔不应垂直设在交叉处的正上方，应错开布置。

（9）隧道三通井、四通井应满足最高电压等级电力电缆的弯曲半径要求，井室顶板内表面应高于隧道内顶 0.5m，并应预埋电缆吊架。在最大容量电力电缆敷设后，各个方向通行高度不低于 1.5m。

（10）隧道宜在变电站、电缆终端站以及路径上方每 2km 适当位置设置出入口，出入口下方应设置方便运行人员上下的楼梯。

（11）隧道内应建设低压电源系统，并具备漏电保护功能，电源线应选用阻燃电缆。

（12）隧道宜加装通信系统，满足隧道内外语音通话功能。

（13）隧道井盖非法开启报警等功能，井盖集中监控主机应安装在与隧道相连的变电站自动化室内。

（二）排管

将电力电缆敷设于预先建设好的地下排管中的安装方法，称为电缆排管敷设。排管剖面如图 1-10 所示。

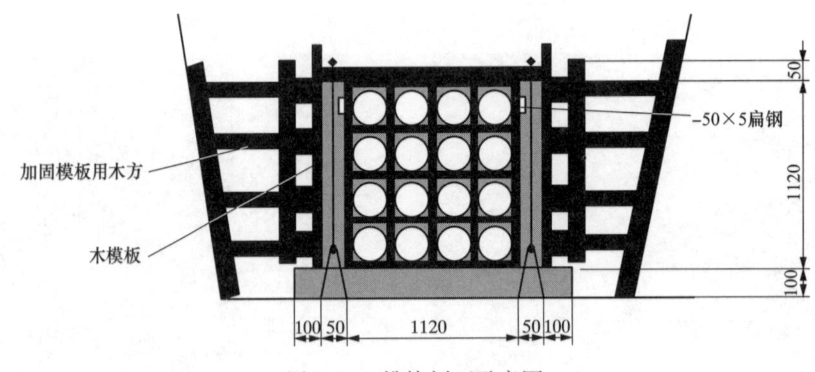

图 1-10　排管剖面示意图

（1）排管在选择路径时，应尽可能取直线，在转弯和折角处，应增设工作井。在直线部分，两工作井之间的距离不宜大于 150m，排管连接处应设立管枕。

（2）排管要求管孔无杂物，疏通检查无明显拖拉障碍。

（3）排管管道径向段应无明显沉降、开裂等迹象。

（4）排管的内径不宜小于电力电缆外径或多根电力电缆包络外径的 1.5 倍，一般不宜小于 150mm。

（5）排管在 10%以上的斜坡中，应在标高较高一端的工作井内设置防止电力电缆因热伸缩而滑落的构件。

（6）35～220kV 排管和 18 孔及以上的 6～20kV 排管方式应采取（钢筋）混凝土全包封防护。

（7）排管端头宜设工作井，无法设置时，应在埋管端头地面上方设置标识。

（8）排管上方沿线土层内应铺设带有电力标识的警示带，宽度不小于排管。

（9）用于敷设单芯电力电缆的管材应选用非铁磁性材料。

（10）管材内部应光滑无毛刺，管口应无毛刺和尖锐棱角，管材动摩擦系数应符合《电力工程电缆设计标准》（GB 50217—2018）规定。

（三）电缆沟

封闭式不通行、盖板与地面相齐或稍有上下、盖板可开启的电力电缆构筑物称为电缆沟（见图 1-11）。

（1）电缆沟净宽不宜小于相关规程规定。

（2）电缆沟应有不小于 0.5%的纵向排水坡度，并沿排水方向适当距离设置集水井。

（3）电缆沟应合理设置接地装置，接地电阻应小于 5Ω。

（4）在不增加电力电缆导体截面积且满足输送容量要求的前提下，电缆沟内可回填细砂。

（5）电缆沟盖板为钢筋混凝土预制件，其尺寸应严格配合电缆沟尺寸。盖板表面应平整，四周应设置预埋件的护口件，有电力警示标识。盖板的上表面应设置一定数量的供搬运、安装用的拉环。

（四）直埋

将电力电缆敷设于地下壕沟中，沿沟底和电力电缆上覆盖有细土或砂，且设有保护板再埋齐地坪的敷设方式称为电缆直埋敷设（见图 1-12）。

图 1-11　电缆沟示意图

图 1-12　电缆直埋敷设示意图

（1）直埋电力电缆的埋设深度一般由地面至电力电缆外护套顶部的距离不小于 0.7m，穿越农田或在车行道下时不小于 1m。在引入建筑物、与地下建筑物交叉及绕过建筑物时可浅埋，但应采取保护措施。

（2）敷设于冻土地区时，宜埋入冻土层以下。当无法深埋时，可埋设在土壤排水性好的干燥冻土层或回填土中，也可采取其他防止电力电缆受损的措施。

（3）电力电缆周围不应有石块或其他硬质杂物以及酸、碱强腐蚀物等，沿电力电缆全线上、下各铺设 100mm 厚的细土或砂，并在上面加盖保护板，保护板覆盖宽度应超过电力电缆两侧各 50mm。

（4）直埋电力电缆在直线段每隔 30～50m 处、电缆接头处、转弯处、进入建筑物等处，应设置明显的路径标志或标示桩。

（五）桥架、桥梁

为跨越河道，将电力电缆敷设在交通桥梁或专用电缆桥上的安装方式称为电缆桥梁敷设。电缆桥架又名电缆托架，是由托盘或梯架的直线段、弯通、组件以及托臂（悬臂支架）、吊架等构成具有密集支撑电力电缆的刚性结构系统之全称（见图 1-13）。

（1）电缆桥架钢材应平直，无明显扭曲、变形，并进行防腐处理，连接螺栓应采用防盗型螺栓。

（2）电缆桥架两侧围栏应安装到位，宜选用不可回收的材质，并在两侧悬挂“高压危险 禁止攀登”的警示牌。

（3）电缆桥架两侧基础保护帽应以混凝土浇筑到位。

（4）当直线段钢制电缆桥架长度超过 30m、铝合金或玻璃钢制电缆桥架长度超过 15m 时，应有伸缩缝，其连接宜采用伸缩连接板。电缆桥架跨越建筑物伸缩缝处应设置伸缩缝。

（5）电缆桥架全线均应有良好的接地。

（6）电缆桥架转弯处的转弯半径，不应小于该桥架上的电力电缆最小允许弯曲半径的最大者。

（7）悬吊架设的电力电缆与桥梁架构之间的净距不应小于 0.5m。

（六）综合管廊

综合管廊是在城市地下建造的市政公用隧道空间，将电力、通信、供水等市政公用管线根据规划的要求集中敷设在一个构筑物内，实施统一规划、设计、施工和管理（见图 1-14）。

图 1-13　电缆桥架示意图

图 1-14　综合管廊实物图

（1）电缆舱应按国家电网有限公司的电缆通道型式选择及建设原则，满足国家及行业标

准中电力电缆与其他管线的间距要求，综合考虑各电压等级电力电缆敷设、运行、检修的技术条件进行建设。

(2) 电缆舱内不得有热力、燃气等其他管道。

(3) 通信等线缆与中压电力电缆应分开设置，并采取有效防火隔离措施。

(4) 电缆舱应具有排水、防积水和防污水倒灌等措施。

(5) 除按国家标准设有火灾、水位、有害气体等监测预警设施并提供监测数据接口外，还需预留电力电缆本体在线监测系统的通信通道。

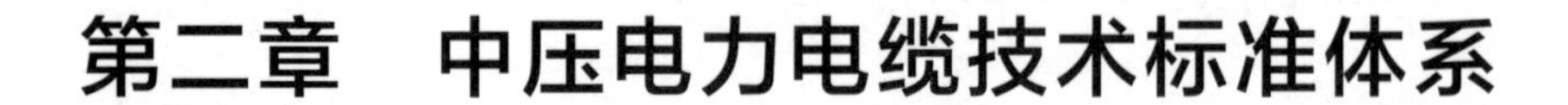

第二章　中压电力电缆技术标准体系

至 2020 年 9 月，相关部门共发布实施在用的电力电缆及附件国家标准、行业标准、企业标准及规范有 185 项，其中，包括电力电缆及附件设计阶段标准 32 项、建设阶段标准 119 项、运维阶段标准 20 项。

一、电力电缆及附件设计阶段技术标准

电力电缆及附件设计阶段技术标准是电力电缆及附件在设计阶段应执行的技术规范、技术条件类标准，包括设备性能参数、设计规范两大类。电力电缆及附件设计阶段技术标准共 32 项，标准清单见表 2-1。

表 2-1　　电力电缆及附件设计阶段技术标准清单

序号	标准编号	标准名称	标准分类	适用场合
1	GB/T 12706.1—2020	额定电压 1kV（U_m＝1.2kV）到 35kV（U_m＝40.5kV）挤包绝缘电力电缆及附件　第 1 部分：额定电压 1kV（U_m＝1.2kV）和 3kV（U_m＝3.6kV）电缆	性能参数	本标准规定了额定电压 1kV（U_m＝1.2kV）和 3kV（U_m＝3.6kV）挤包绝缘电力电缆及附件的结构、尺寸和试验要求
2	GB/T 12706.2—2020	额定电压 1kV（U_m＝1.2kV）到 35kV（U_m＝40.5kV）挤包绝缘电力电缆及附件　第 2 部分：额定电压 6kV（U_m＝7.2kV）到 30kV（U_m＝36kV）电缆	性能参数	本标准规定了额定电压 6kV（U_m＝7.2kV）到 30kV（U_m＝36kV）挤包绝缘电力电缆及附件的结构、尺寸和试验要求
3	GB/T 12706.3—2020	额定电压 1kV（U_m＝1.2kV）到 35kV（U_m＝40.5kV）挤包绝缘电力电缆及附件　第 3 部分：额定电压 35kV（U_m＝40.5kV）电缆	性能参数	本标准规定了额定电压 35kV（U_m＝40.5kV）挤包绝缘电力电缆及附件的结构、尺寸和试验要求
4	GB/T 12706.4—2020	额定电压 1kV（U_m＝1.2kV）到 35kV（U_m＝40.5kV）挤包绝缘电力电缆及附件　第 4 部分：额定电压 6kV（U_m＝7.2kV）到 35kV（U_m＝40.5kV）电力电缆附件试验要求	性能参数	本标准规定了额定电压 6kV（U_m＝7.2kV）到 35kV（U_m＝40.5kV）挤包绝缘电力电缆附件的试验要求

续表

序号	标准编号	标准名称	标准分类	适用场合
5	GB/T 12976.1—2008	额定电压 35kV（U_m＝40.5kV）及以下纸绝缘电力电缆及其附件　第 1 部分：额定电压 30kV 及以下电缆一般规定和结构要求	性能参数	本标准规定了额定电压 30kV 及以下纸绝缘电力电缆的型号、材料、技术要求、试验、验收规则、包装和储运
6	GB/T 12976.2—2008	额定电压 35kV（U_m＝40.5kV）及以下纸绝缘电力电缆及其附件　第 2 部分：额定电压 35kV 电缆一般规定和结构要求	性能参数	本标准规定了额定电压 35kV 纸绝缘电力电缆的型号、材料、技术要求、试验、验收规则、包装和储运
7	GB/T 12976.3—2008	额定电压 35kV（U_m＝40.5kV）及以下纸绝缘电力电缆及其附件　第 3 部分：电缆和附件试验	性能参数	本标准规定了额定电压 35kV（U_m＝40.5kV）及以下纸绝缘电力电缆及其附件的试验方法和要求
8	GB/T 31840.1—2015	额定电压 1kV（U_m＝1.2kV）到 35kV（U_m＝40.5kV）铝合金芯挤包绝缘电力电缆　第 1 部分：额定电压 1kV（U_m＝1.2kV）和 3kV（U_m＝3.6kV）电缆	性能参数	本标准规定了额定电压 1kV（U_m＝1.2kV）和 3kV（U_m＝3.6kV）铝合金芯挤包绝缘电力电缆的型号、材料、技术要求、试验、验收规则、包装和储运
9	GB/T 31840.2—2015	额定电压 1kV（U_m＝1.2kV）到 35kV（U_m＝40.5 kV）铝合金芯挤包绝缘电力电缆　第 2 部分：额定电压 6kV（U_m＝7.2kV）到 30kV（U_m＝36kV）电缆	性能参数	本标准规定了额定电压 6kV（U_m＝7.2kV）到 30kV（U_m＝36kV）铝合金芯挤包绝缘电力电缆的型号、材料、技术要求、试验、验收规则、包装和储运
10	GB/T 31840.3—2015	额定电压 1kV（U_m＝1.2kV）到 35kV（U_m＝40.5kV）铝合金芯挤包绝缘电力电缆　第 3 部分：额定电压 35kV（U_m＝40.5kV）电缆	性能参数	本标准规定了额定电压 35kV（U_m＝40.5kV）铝合金芯挤包绝缘电力电缆的型号、材料、技术要求、试验、验收规则、包装和储运
11	GB/T 18889—2002	额定电压 6kV（U_m＝7.2kV）到 35kV（U_m＝40.5kV）电力电缆附件试验方法	性能参数	本标准规定了额定电压 6kV（U_m＝7.2kV）到 35kV（U_m＝40.5kV）电力电缆附件的试验方法和要求
12	GB/T 9326.3—2008	交流 500kV 及以下纸或聚丙烯复合纸绝缘金属套充油电缆及附件　第 3 部分：终端	性能参数	本标准规定了交流 500kV 及以下纸或聚丙烯复合纸绝缘金属套充油电缆终端的型号、材料、技术要求、试验、验收规则、包装和储运
13	GB/T 9326.4—2008	交流 500kV 及以下纸或聚丙烯复合纸绝缘金属套充油电缆及附件　第 4 部分：接头	性能参数	本标准规定了交流 500kV 及以下纸或聚丙烯复合纸绝缘金属套充油电缆接头的型号、材料、技术要求、试验、验收规则、包装和储运

续表

序号	标准编号	标准名称	标准分类	适用场合
14	GB/T 9326.5—2008	交流500kV及以下纸或聚丙烯复合纸绝缘金属套充油电缆及附件　第5部分：压力供油箱	性能参数	本标准规定了固定安装的交流500kV及以下纸或聚丙烯复合纸绝缘金属套充油电力电缆压力供油箱的型号、材料、技术要求、试验、验收规则、包装和储运
15	JB/T 11167.1—2011	额定电压10kV（U_m＝12kV）至110kV（U_m＝126kV）交联聚乙烯绝缘大长度交流海底电缆及附件　第1部分：试验方法和要求	性能参数	本标准规定了额定电压10kV（U_m＝12kV）至110kV（U_m＝126kV）交联聚乙烯绝缘大长度交流海底电缆及附件的型式试验/出厂试验项目及要求等
16	JB/T 11167.2—2011	额定电压10kV（U_m＝12kV）至110kV（U_m＝126kV）交联聚乙烯绝缘大长度交流海底电缆及附件　第2部分：额定电压10kV（U_m＝12kV）至110kV（U_m＝126kV）交联聚乙烯绝缘大长度交流海底电缆	性能参数	本标准规定了额定电压10kV（U_m＝12kV）至110kV（U_m＝126kV）交联聚乙烯绝缘大长度交流海底电缆本体的额定参数值、设计与结构。没有相应的标准时，本标准可以整体或部分适用
17	JB/T 11167.3—2011	额定电压10kV（U_m＝12kV）至110kV（U_m＝126kV）交联聚乙烯绝缘大长度交流海底电缆及附件　第3部分：额定电压10kV（U_m＝12kV）至110kV（U_m＝126kV）交联聚乙烯绝缘大长度交流海底电缆附件	性能参数	本标准规定了额定电压10kV（U_m＝12kV）至110kV（U_m＝126kV）交联聚乙烯绝缘大长度交流海底电缆附件设备额定参数值、设计与结构。没有相应的标准时，本标准可以整体或部分适用
18	Q/GDW 371—2009	10(6)kV～500kV电缆技术标准	性能参数	本标准规定了10(6)～500kV电力电缆本体及附属设备的功能设计、结构、性能和试验方面的技术要求
19	GB 50217—2018	电力工程电缆设计标准	设计规范	本标准适用于发电、输变电、配用电等新建、扩建、改建的电力工程中500kV及以下电力电缆和控制电缆的选择与敷设设计
20	GB/T 51190—2016	海底电力电缆输电工程设计规范	设计规范	本标准适用于海底电缆新建、扩建、改建等工程中电力电缆线路的选择与敷设设计
21	DL/T 5221—2016	城市电力电缆线路设计技术规定	设计规范	本标准规定了我国交流220kV及以下城市电力电缆线路的主要设计技术要求
22	DL/T 5484—2013	电力电缆隧道设计规程	设计规范	本标准适用于新建、改建及扩建电力电缆隧道工程

续表

序号	标准编号	标准名称	标准分类	适用场合
23	GB/T 50065—2011	交流电气装置的接地设计规范	设计规范	本标准适用于新建电力电缆工程中交流电气装置的接地设计
24	Q/GDW 166.3—2010	国家电网公司输变电工程初步设计内容深度规定　第3部分：电力电缆线路	设计规范	本标准规定了输变电工程初步设计内容深度
25	Q/GDW 381.2—2010	国家电网公司输变电工程施工图设计内容深度规定　第2部分：电力电缆线路	设计规范	本标准规定了输变电工程施工图内容深度
26	Q/GDW 1864—2012	电缆通道设计导则	设计规范	本标准适用于国家电网有限公司10～500kV城市电力电缆通道建设
27	SZDB/Z 174—2016	市政电缆隧道消防与安全防范系统设计规范	设计规范	本标准适用于110～220kV市政电缆隧道消防与安全防范系统的设计
28	DL/T 5405—2008	城市电力电缆线路初步设计内容深度规程	设计规范	本标准适用于35～220kV城市电力电缆线路新建工程的初步设计
29	DL/T 5514—2016	城市电力电缆线路施工图设计文件内容深度规定	设计规范	本标准规定了城市电力电缆线路施工图设计文件内容深度
30	DL/T 1721—2017	电力电缆线路沿线土壤热阻系数测量方法	设计规范	本标准适用于电力电缆线路沿线土壤热阻系数测量
31	Q/GDW 11187—2014	明挖电缆隧道设计导则	设计规范	本标准适用于新建的明挖电缆隧道工程，对已投运明挖电缆隧道工程的改造和扩建项目，可根据具体情况和运行经验参照本标准执行
32	Q/GDW 11186—2014	暗挖电缆隧道设计导则	设计规范	本标准适用于新建的暗挖电缆隧道工程，对已投运暗挖电缆隧道工程的改造和扩建项目，可根据具体情况和运行经验参照本标准执行

二、电力电缆及附件建设阶段技术标准

电力电缆及附件建设阶段技术标准是指电力电缆及附件在建设阶段应执行的技术标准；电力电缆及附件建设阶段技术标准包括以下分类：本体结构、出厂试验、安装施工、交接试验、通道及附属设施及质量监督。电力电缆及附件建设阶段技术标准共119项，标准清单见表2-2。

表 2-2　　电力电缆及附件建设阶段技术标准清单

序号	标准编号	标准名称	标准分类
1	GB/T 3956—2008	电缆的导体	本体结构
2	GB/T 2952.1—2008	电缆外护层　第1部分：总则	本体结构
3	GB/T 2952.3—2008	电缆外护层　第3部分：非金属套电缆通用外护层	本体结构
4	GB 7594.1—1987	电线电缆橡皮绝缘和橡皮护套　第1部分：一般规定	本体结构
5	GB/T 2952.2—2008	电缆外护层　第2部分：金属套电缆外护层	本体结构
6	GB/T 14315—2008	电力电缆导体用压接型铜、铝接线端子和连接管	本体结构
7	JB/T 5268.1—2011	电缆金属套　第1部分：总则	本体结构
8	JB/T 5268.2—2011	电缆金属套　第2部分：铅套	本体结构
9	GB/T 32129—2015	电线电缆用无卤低烟阻燃电缆料	本体结构
10	GB/T 11091—2005	电缆用铜带	本体结构
11	JB/T 10437—2004	电线电缆用可交联聚乙烯绝缘料	本体结构
12	JB/T 11131—2011	电线电缆用聚全氟乙丙烯树脂	本体结构
13	DL 508—1993	交流110kV～330kV自容式充油电缆及其附件订货技术规范	本体结构
14	DL 509—1993	交流110kV交联聚乙烯绝缘电缆及其附件订货技术规范	本体结构
15	DL/T 401—2017	高压电缆选用导则	本体结构
16	GB/T 19666—2019	阻燃和耐火电线电缆或光缆通则	本体结构
17	XF 535—2005	阻燃及耐火电缆阻燃橡皮绝缘电缆分级和要求	本体结构
18	GB/T 17651.2—1998	电缆或光缆在特定条件下燃烧的烟密度测定　第2部分：试验步骤和要求	出厂试验
19	GA/T 716—2007	电缆或光缆在受火条件下的火焰传播及热释放和产烟特性的试验方法	出厂试验
20	GB/T 2951.11—2008	电缆和光缆绝缘和护套材料通用试验方法　第11部分：通用试验方法　厚度和外形尺寸测量　机械性能试验	出厂试验
21	GB/T 2951.12—2008	电缆和光缆绝缘和护套材料通用试验方法　第12部分：通用试验方法　热老化试验方法	出厂试验
22	GB/T 2951.10—2008	电缆和光缆绝缘和护套材料通用试验方法　第13部分：通用试验方法　密度测定方法　吸水试验　收缩试验	出厂试验
23	GB/T 2951.14—2008	电缆和光缆绝缘和护套材料通用试验方法　第14部分：通用试验方法　低温试验	出厂试验
24	GB/T 2951.21—2008	电缆和光缆绝缘和护套材料通用试验方法　第21部分：弹性体混合料专用试验方法　耐臭氧试验　热延伸试验　浸矿物油试验	出厂试验
25	GB/T 2951.31—2008	电缆和光缆绝缘和护套材料通用试验方法　第31部分：聚氯乙烯混合料专用试验方法　高温压力试验　抗开裂试验	出厂试验
26	GB/T 2951.32—2008	电缆和光缆绝缘和护套材料通用试验方法　第32部分：聚氯乙烯混合料专用试验方法　失重试验　热稳定性试验	出厂试验

续表

序号	标准编号	标准名称	标准分类
27	GB/T 2951.41—2008	电缆和光缆绝缘和护套材料通用试验方法　第41部分：聚乙烯和聚丙烯混合料专用试验方法　耐环境应力开裂试验　熔体指数测量方法　直接燃烧法测量聚乙烯中碳黑和（或）矿物质填料含量　热重分析法（TGA）测量碳黑含量　显微镜法评估聚乙烯中碳黑分散度	出厂试验
28	GB/T 2951.42—2008	电缆和光缆绝缘和护套材料通用试验方法　第42部分：聚乙烯和聚丙烯混合料专用试验方法　高温处理后抗张强度和断裂伸长率试验　高温处理后卷绕试验　空气热老化后的卷绕试验　测定质量的增加　长期热稳定性试验　铜催化氧化降解试验方法	出厂试验
29	GB/T 2951.51—2008	电缆和光缆绝缘和护套材料通用试验方法　第51部分：填充膏专用试验方法　滴点　油分离　低温脆性　总酸值　腐蚀性 23℃时的介电常数　23℃和100℃时的直流电阻率	出厂试验
30	GB/T 3048.1—2007	电线电缆电性能试验方法　第1部分：总则	出厂试验
31	GB/T 3048.2—2007	电线电缆电性能试验方法　第2部分：金属材料电阻率试验	出厂试验
32	GB/T 3048.3—2007	电线电缆电性能试验方法　第3部分：半导电橡塑材料体积电阻率试验	出厂试验
33	GB/T 3048.4—2007	电线电缆电性能试验方法　第4部分：导体直流电阻试验	出厂试验
34	GB/T 3048.5—2007	电线电缆电性能试验方法　第5部分：绝缘电阻试验	出厂试验
35	GB/T 3048.7—2007	电线电缆电性能试验方法　第7部分：耐电痕试验	出厂试验
36	GB/T 3048.8—2007	电线电缆电性能试验方法　第8部分：交流电压试验	出厂试验
37	GB/T 3048.9—2007	电线电缆电性能试验方法　第9部分：绝缘线芯火花试验	出厂试验
38	GB/T 3048.10—2007	电线电缆电性能试验方法　第10部分：挤出护套火花试验	出厂试验
39	GB/T 3048.11—2007	电线电缆电性能试验方法　第11部分：介质损耗角正切试验	出厂试验
40	GB/T 3048.12—2007	电线电缆电性能试验方法　第12部分：局部放电试验	出厂试验
41	GB/T 3048.13—2007	电线电缆电性能试验方法　第13部分：冲击电压试验	出厂试验
42	GB/T 3048.14—2007	电线电缆电性能试验方法　第14部分：直流电压试验	出厂试验
43	GB/T 3048.16—2007	电线电缆电性能试验方法　第16部分：表面电阻试验	出厂试验
44	GB/T 3333—1999	电缆纸工频击穿电压试验方法	出厂试验
45	GB/T 12666.1—2008	单根电线电缆燃烧试验方法　第1部分：垂直燃烧试验	出厂试验
46	GB/T 12666.2—2008	单根电线电缆燃烧试验方法　第2部分：水平燃烧试验	出厂试验
47	GB/T 12666.3—2008	单根电线电缆燃烧试验方法　第3部分：倾斜燃烧试验	出厂试验
48	GB/T 18380.11—2008	电缆和光缆在火焰条件下的燃烧试验　第11部分：单根绝缘电线电缆火焰垂直蔓延试验　试验装置	出厂试验
49	GB/T 18380.12—2008	电缆和光缆在火焰条件下的燃烧试验　第12部分：单根绝缘电线电缆火焰垂直蔓延试验　1kW预混合型火焰试验方法	出厂试验
50	GB/T 18380.13—2008	电缆和光缆在火焰条件下的燃烧试验　第13部分：单根绝缘电线电缆火焰垂直蔓延试验　测定燃烧的滴落（物）/微粒的试验方法	出厂试验

续表

序号	标准编号	标准名称	标准分类
51	GB/T 18380.21—2008	电缆和光缆在火焰条件下的燃烧试验　第21部分：单根绝缘细电线电缆火焰垂直蔓延试验　试验装置	出厂试验
52	GB/T 18380.22—2008	电缆和光缆在火焰条件下的燃烧试验　第22部分：单根绝缘细电线电缆火焰垂直蔓延试验　扩散型火焰试验方法	出厂试验
53	GB/T 18380.31—2008	电缆和光缆在火焰条件下的燃烧试验　第31部分：垂直安装的成束电线电缆火焰垂直蔓延试验　试验装置	出厂试验
54	GB/T 18380.32—2008	电缆和光缆在火焰条件下的燃烧试验　第32部分：垂直安装的成束电线电缆火焰垂直蔓延试验　AF/R类	出厂试验
55	GB/T 18380.33—2008	电缆和光缆在火焰条件下的燃烧试验　第33部分：垂直安装的成束电线电缆火焰垂直蔓延试验　A类	出厂试验
56	GB/T 18380.34—2008	电缆和光缆在火焰条件下的燃烧试验　第34部分：垂直安装的成束电线电缆火焰垂直蔓延试验　B类	出厂试验
57	GB/T 18380.35—2008	电缆和光缆在火焰条件下的燃烧试验　第35部分：垂直安装的成束电线电缆火焰垂直蔓延试验　C类	出厂试验
58	GB/T 18380.36—2008	电缆和光缆在火焰条件下的燃烧试验　第36部分：垂直安装的成束电线电缆火焰垂直蔓延试验　D类	出厂试验
59	JB/T 10696.1—2007	电线电缆机械和理化性能试验方法　第1部分：一般规定	出厂试验
60	JB/T 10696.2—2007	电线电缆机械和理化性能试验方法　第2部分：软电线和软电缆曲挠试验	出厂试验
61	JB/T 10696.3—2007	电线电缆机械和理化性能试验方法　第3部分：弯曲试验	出厂试验
62	JB/T 10696.4—2007	电线电缆机械和理化性能试验方法　第4部分：外护层环烷酸铜含量试验	出厂试验
63	JB/T 10696.5—2007	电线电缆机械和理化性能试验方法　第5部分：腐蚀扩展试验	出厂试验
64	JB/T 10696.6—2007	电线电缆机械和理化性能试验方法　第6部分：挤出外套刮磨试验	出厂试验
65	JB/T 10696.7—2007	电线电缆机械和理化性能试验方法　第7部分：抗撕试验	出厂试验
66	JB/T 10696.8—2007	电线电缆机械和理化性能试验方法　第8部分：氧化诱导期试验	出厂试验
67	JB/T 10696.9—2011	电线电缆机械和理化性能试验方法　第9部分：白蚁试验	出厂试验
68	JB/T 10696.10—2011	电线电缆机械和理化性能试验方法　第10部分：大鼠啃咬试验	出厂试验
69	GB/T 17651.1—1998	电缆或光缆在特定条件下燃烧的烟密度测定　第1部分：试验装置	出厂试验
70	XF 306.1—2007	阻燃及耐火电缆塑料绝缘阻燃及耐火电缆分级和要求　第1部分：阻燃电缆	出厂试验
71	XF 306.2—2007	阻燃及耐火电缆塑料绝缘阻燃及耐火电缆分级和要求　第2部分：耐火电缆	出厂试验
72	GB/T 26171—2010	电线电缆专用设备检测方法	安装施工
73	DL/T 5707—2014	电力工程电缆防火封堵施工工艺导则	安装施工
74	DL/T 5744.2—2016	额定电压66kV～220kV交联聚乙烯绝缘电力电缆敷设规程　第2部分：排管敷设	安装施工

续表

序号	标准编号	标准名称	标准分类
75	DL/T 5744.3—2016	额定电压66kV～220kV交联聚乙烯绝缘电力电缆敷设规程　第3部分：隧道敷设	安装施工
76	GB/T 28567—2012	电线电缆专用设备技术要求	安装施工
77	Q/GDW 11328—2014	非开挖电力电缆穿管敷设工艺导则	安装施工
78	GB 2900.40—1985	电工名词术语　电线电缆专用设备	安装施工
79	GB/T 2900.10—2013	电工术语　电缆	安装施工
80	JB/T 7601.1—2008	电线电缆专用设备基本技术要求　第1部分：一般规定	安装施工
81	JB/T 7601.2—2008	电线电缆专用设备基本技术要求　第2部分：检验和验收	安装施工
82	JB/T 7601.3—2008	电线电缆专用设备基本技术要求　第3部分：铸件	安装施工
83	JB/T 7601.4—2008	电线电缆专用设备基本技术要求　第4部分：焊接件	安装施工
84	JB/T 7601.5—2008	电线电缆专用设备基本技术要求　第5部分：锻件	安装施工
85	JB/T 7601.6—2008	电线电缆专用设备基本技术要求　第6部分：机械加工	安装施工
86	JB/T 7601.7—2008	电线电缆专用设备基本技术要求　第7部分：热处理	安装施工
87	JB/T 7601.8—2008	电线电缆专用设备基本技术要求　第8部分：表面处理	安装施工
88	JB/T 7601.9—2008	电线电缆专用设备基本技术要求　第9部分：装配	安装施工
89	JB/T 7601.10—2008	电线电缆专用设备基本技术要求　第10部分：电气控制装置	安装施工
90	JB/T 7601.11—2008	电线电缆专用设备基本技术要求　第11部分：外观质量	安装施工
91	DL/T 1301—2013	海底充油电缆直流耐压试验导则	交接试验
92	Q/GDW 11316—2014	电力电缆线路试验规程	交接试验
93	QB/T 2479—2005	埋地式高压电力电缆用氯化聚氯乙烯（PVC-C）套管	通道及附属设施
94	GB/T 20041.1—2015	电缆管理用导管系统　第1部分：通用要求	通道及附属设施
95	GB 20041.22—2009	电缆管理用导管系统　第22部分：可弯曲导管系统的特殊要求	通道及附属设施
96	GB 20041.23—2009	电缆管理用导管系统　第23部分：柔性导管系统的特殊要求	通道及附属设施
97	GB 20041.24—2009	电缆管理用导管系统　第24部分：埋入地下的导管系统的特殊要求	通道及附属设施
98	GB/T 28509—2012	绝缘外径在1mm以下的极细同轴电缆及组件	通道及附属设施
99	GB 28374—2012	电缆防火涂料	通道及附属设施
100	XF 478—2004	电缆用阻燃包带	通道及附属设施
101	GB 29415—2013	耐火电缆槽盒	通道及附属设施
102	Q/GDW 11381—2015	电缆保护管选型原则和检测技术规范	通道及附属设施
103	GB/T 14316—2008	间距1.27mm绝缘刺破型端接式聚氯乙烯绝缘带状电缆	通道及附属设施
104	DL/T 802.1—2007	电力电缆用导管技术条件　第1部分：总则	通道及附属设施
105	DL/T 802.2—2007	电力电缆用导管技术条件　第2部分：玻璃纤维增强塑料电缆导管	通道及附属设施
106	DL/T 802.3—2007	电力电缆用导管技术条件　第3部分：氯化聚氯乙烯及硬聚氯乙烯塑料电缆导管	通道及附属设施
107	DL/T 802.4—2007	电力电缆用导管技术条件　第4部分：氯化聚氯乙烯及硬聚氯乙烯塑料双壁波纹电缆导管	通道及附属设施

续表

序号	标准编号	标准名称	标准分类
108	GB/T 23639—2017	节能耐腐蚀钢制电缆桥架	通道及附属设施
109	QB/T 1453—2003	电缆桥架	通道及附属设施
110	DL/T 802.5—2007	电力电缆用导管技术条件　第5部分：纤维水泥电缆导管	通道及附属设施
111	DL/T 802.6—2007	电力电缆用导管技术条件　第6部分：承插式混凝土预制电缆导管	通道及附属设施
112	DL/T 802.7—2010	电力电缆用导管技术条件　第7部分：非开挖用改性聚丙烯塑料电缆导管	通道及附属设施
113	DL/T 802.8—2014	电力电缆用导管技术条件　第8部分：埋地用改性聚丙烯塑料单壁波纹电缆导管	通道及附属设施
114	T/CECS 31—2017	钢制电缆桥架工程技术规程	通道及附属设施
115	GB 50168—2018	电气装置安装工程　电缆线路施工及验收标准	质量监督
116	DL/T 1279—2013	110kV及以下海底电力电缆线路验收规范	质量监督
117	GB/T 51191—2016	海底电力电缆输电工程施工及验收规范	质量监督
118	DL/T 5161.5—2018	电气装置安装工程质量检验及评定规程　第5部分：电缆线路施工质量检验	质量监督
119	运检二〔2017〕104号	国网运检部关于印发高压电缆及通道工程生产准备及验收工作指导意见的通知	质量监督

三、电力电缆及附件运维阶段技术标准

电力电缆及附件运维阶段标准是电力电缆及附件在运维阶段应执行的技术标准。电力电缆及附件运维阶段标准包括以下分类：现场试验类、运维检修类、状态评价类。电力电缆及附件运维阶段标准共20项，标准清单见表2-3。

表2-3　　电力电缆及附件运维阶段技术标准清单

序号	标准编号	标准名称	标准分类	适用场合
1	Q/GDW 11400—2015	电力设备高频局部放电带电测试技术现场应用导则	现场试验	本标准规定了电力设备高频局部放电带电检测技术的检测原理、仪器要求、检测要求、检测方法及结果分析的规范性要求
2	Q/GDW 11224—2014	电力电缆局部放电带电检测设备技术规范	现场试验	本标准适用于在10(6)kV及以上交流电力电缆上使用的便携式局部放电带电检测设备，其检测方式为线路运行状态下的短时间检测，不包含长期连续工作的在线监测系统
3	DL/T 849.1—2019	电力设备专用测试仪器通用技术条件　第1部分：电缆故障闪测仪	现场试验	本标准适用于电缆故障闪络仪的生产制造、检验及验收等
4	DL/T 849.2—2019	电力设备专用测试仪器通用技术条件　第2部分：电缆故障定点仪	现场试验	本标准适用于电缆故障定点仪的生产制造、检验及验收等

续表

序号	标准编号	标准名称	标准分类	适用场合
5	DL/T 849.3—2019	电力设备专用测试仪器通用技术条件　第3部分：电缆路径仪	现场试验	本标准适用于电缆路径仪的生产制造、检验及验收等
6	Q/GDW 1512—2014	电力电缆及通道运维规程	运维检修	本标准规定了国家电网有限公司所辖电力电缆本体、附件、附属设备、附属设施及通道的验收、巡视检查、安全防护、状态评价、维护等要求
7	DL/T 1148—2009	电力电缆线路巡检系统	运维检修	本标准适用于35kV及以上电力电缆线路巡检系统的设计、建设、验收和应用
8	DL/T 1278—2013	海底电力电缆运行规程	运维检修	本标准适用于10kV及以上交流海底电力电缆、光纤复合海底电力电缆。直流海底电力电缆可参照执行
9	Q/GDW 455—2010	电缆线路状态检修导则	运维检修	本标准适用于国家电网有限公司电压等级为10(6)～500kV的电力电缆线路设备，其他电压等级设备由各网省电力公司参照执行
10	Q/GDW 11262—2014	电力电缆及通道检修规程	运维检修	本标准适用于国家电网有限公司所属各省（区、市）公司500kV及以下电压等级电力电缆及通道检修工作
11	QGDW 1168—2013	输变电设备状态检修试验规程	运维检修	本标准规定了交、直流电网中各类高压电气设备巡检、检查和试验的项目、周期和技术要求。本标准适用于国家电网有限公司电压等级为750kV及以下交、直流输变电设备
12	国网（运检/4）307—2014	国家电网公司电缆及通道运维管理规定	运维检修	本规定适用于国家电网有限公司总（分）部及所属各级单位（含全资、控股单位）电力电缆及通道运维管理工作
13	国网（运检/3）300—2014	国家电网公司运检装备配置使用管理规定	运维检修	本规定适用于国家电网有限公司总（分）部、各单位及所属各级单位（含全资、控股、代管单位）运检装备配置使用管理工作
14	Q/GDW 11455—2015	电力电缆及通道在线监测装置技术规范	状态评价	本标准规定了电力电缆及通道局部放电、接地电流、温度及通道水位、气体、井盖、视频监测装置的技术要求、试验项目及标准、检验方法及规则、安装调试及验收、标志及包装储运要求等。本标准适用于国家电网有限公司所属各单位的电力电缆及通道在线监测装置。其他电力电缆及通道在线监测装置可参照执行

续表

序号	标准编号	标准名称	标准分类	适用场合
15	Q/GDW 1814—2013	电力电缆线路分布式光纤测温系统技术规范	状态评价	本标准适用于安装在单芯电力电缆线路上的分布式光纤测温系统。应用于三芯电力电缆线路上的分布式光纤测温系统可参照本标准执行
16	DL/T 1573—2016	电力电缆分布式光纤测温系统技术规范	状态评价	本标准适用于安装在单芯电力电缆线路上的光纤测温系统。其他应用方式可参照本标准执行
17	DL/T 1636—2016	电缆隧道机器人巡检技术导则	状态评价	本标准规定了采用机器人对电缆隧道进行巡检的技术原则，主要包括巡检系统、巡检作业要求、巡检方式、巡检内容和巡检资料整理。本标准适用于电缆隧道机器人巡检作业
18	Q/GDW 456—2010	电缆线路状态评价导则	状态评价	本标准规定了运行中电力电缆线路设备状态评价的资料、评价要求、评价方法及评价结果。本标准适用于国家电网有限公司电压等级为10(6)～500kV的电力电缆线路设备。其余电压等级电力电缆线路设备可参照执行
19	Q/GDW1 1223—2014	高压电缆状态检测技术规范	状态评价	本标准适用于35～500kV交流电力电缆线路（包括站内联络电缆）状态检测工作
20	Q/GDW 11235—2014	电力电缆故障测寻车技术规范	状态评价	本标准适用于电力电缆故障测寻的专用车辆

第三章　中压电力电缆及附件制造

第一节　中压电力电缆本体制造

一、交联聚乙烯绝缘电力电缆生产工艺流程

电力电缆的制造过程包括导体的制造、绝缘层制造、缆芯的制造和外护层的制造等。中压电力电缆通常有单芯和三芯两种结构，单芯交联聚乙烯绝缘电力电缆生产工艺流程如图 3-1 所示。

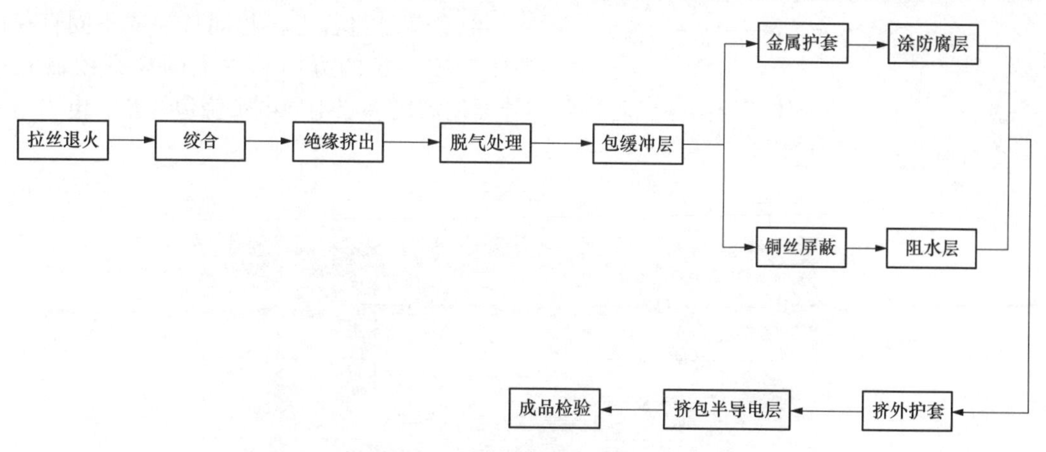

图 3-1　单芯交联聚乙烯绝缘电力电缆生产工艺流程图

三芯交联聚乙烯绝缘电力电缆生产工艺流程如图 3-2 所示。

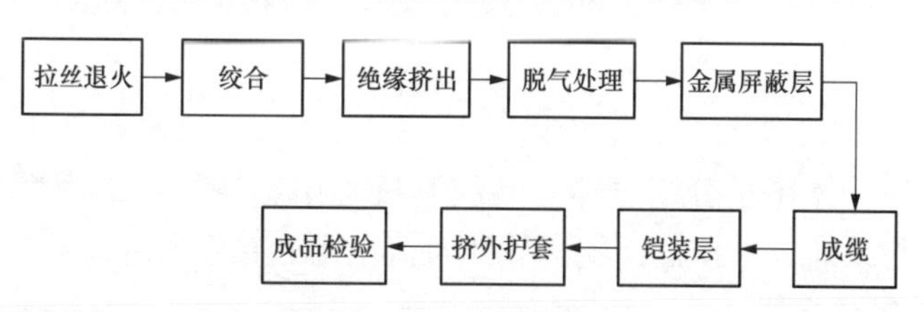

图 3-2　三芯交联聚乙烯绝缘电力电缆生产工艺流程图

二、中压电力电缆本体制造过程

（一）导体的制造

电力电缆的导电线芯简称导体，通常用导电性能好、具有一定韧性和强度的高纯度铜或

铝制成。采用紧压圆形导体及绞合紧压成型导体，制造工艺主要包括拉丝、退火、绞合等。

1. 拉丝、退火

拉丝是将铜、铝等杆材，利用拉丝机通过一道或数道拉伸模具拉细到所需的直径，使其截面积减小、长度增加的一种加工方法。

退火是铜、铝单丝在加热到一定的温度下，以再结晶的方式来提高单丝的韧性、降低单丝的强度，以符合电力电缆对导体的要求。

图 3-3　拉丝、退火生产设备示意图

拉丝的关键技术是配模，通过合理的配模技术可以有效保证单丝直径的均匀性。退火工序的关键是杜绝铜丝的氧化。在拉丝、退火工序中，铜杆或铝杆通过一系列连续变小的模具拉伸，圆杆直径减小到需要的单丝直径，单丝收在卷盘上以备下一步绞合。拉丝、退火生产设备如图 3-3 所示。

拉丝、退火后，要进行单丝直径和直流电阻的抽样检测。

2. 绞合

绞合就是将若干根相同直径或不同直径的单线，按一定的方向和一定的规则绞制在一起，成为一个整体的导体。绞制完成后，导体外面还需用多层半导电带绕包扎紧。电力电缆绞合生产设备如图 3-4 所示。

图 3-4　电力电缆绞合生产设备示意图

无论是紧压圆形导体还是分割导体，其绞制过程中影响质量的因素主要有导体直径偏差、结构、节径比与绞向、导体截面积、导体直流电阻、接续及外观等。

3. 导体制造工序质量控制

绞合后，要进行外观检查、节径比与绞向及直流电阻的检测。

外观检查不得有明显的机械损伤，对于铜绞合导体不得有氧化变色现象和黑斑。绞线节距比和绞向应符合表 3-1 中的规定。

直流电阻按《电缆的导体》（GB/T 3956—2008）检验。

表 3-1　　绞线节距比和绞向

<table>
<tr><th rowspan="3">导体种类及名称</th><th colspan="3">节距比</th><th rowspan="3">最外层绞向</th></tr>
<tr><th rowspan="2">内层不大于</th><th colspan="2">外层</th></tr>
<tr><th>最小</th><th>最大</th></tr>
<tr><td>紧压圆形、铜、铝第 2 种导体</td><td>35</td><td>10</td><td>14</td><td>左</td></tr>
</table>

4. 驻厂监造

驻厂监造人员应收集监造电力电缆材料的电解铜及铜杆的采购合同、质量证明书和进厂检验报告、图纸等文件资料（含补充、修改文件），并对铜单线拉制（直径、外观、清洁度）、导体成型（单线根数、直径、紧压系数、股块成缆、外径）、工序生产记录等进行见证。

（二）绝缘层的制造

交联聚乙烯绝缘电力电缆绝缘制造包括两个过程：第一个过程是导体屏蔽、绝缘、绝缘屏蔽三层同时共挤过程；第二个过程是绝缘层的脱气过程（排除绝缘系统中的副产物），该过程是将挤包完成的绝缘缆芯置于一定温度的环境中排除绝缘系统中的交联副产物，同时消除绝缘中因加工过程而产生的热应力。三层共挤工艺与正确的脱气过程能够保证交联聚乙烯绝缘电力电缆满足高电压、大电流的运行要求。

1. 三层共挤

（1）三层共挤工艺。三层共挤是交联聚乙烯绝缘电力电缆整个制造过程的关键，它是利用高分子材料热塑性加工原理在电力电缆导体外面同时共挤导体屏蔽、绝缘、绝缘屏蔽的过程，该过程使用半导电屏蔽绕包带、超光滑半导电屏蔽料、超净交联聚乙烯绝缘料等。

交联聚乙烯绝缘的交联方式主要有化学交联、硅烷交联、辐照交联等。高压和超高压交联聚乙烯绝缘电力电缆目前全部采用化学交联方式制造。交联电缆生产设备主要有悬链式（CCV）交联生产线、立式（VCV）交联生产线。当前高压、超高压绝缘电力电缆生产线广泛使用立式，中压电力电缆绝缘生产线主要使用悬链式。

三层共挤悬链式交联生产线早期仅用于 6～35kV 中压交联电力电缆的生产，其特点是导体屏蔽、绝缘、绝缘屏蔽三层共挤一次完成，挤出后的缆芯直接进入交联与冷却管道进行化学交联，其生产效率高，产品质量稳定。在此基础上为克服高压交联聚乙烯厚绝缘挤出后下垂偏心问题，按其交联工艺原理进行改进和创新，于 20 世纪末实现了高压与超高压交联聚乙烯厚绝缘层挤出与交联工艺技术，开发了适用于高电压等级电力电缆绝缘系统的三层共挤（悬链式）交联电力电缆生产线装备，其布置如图 3-5 所示。

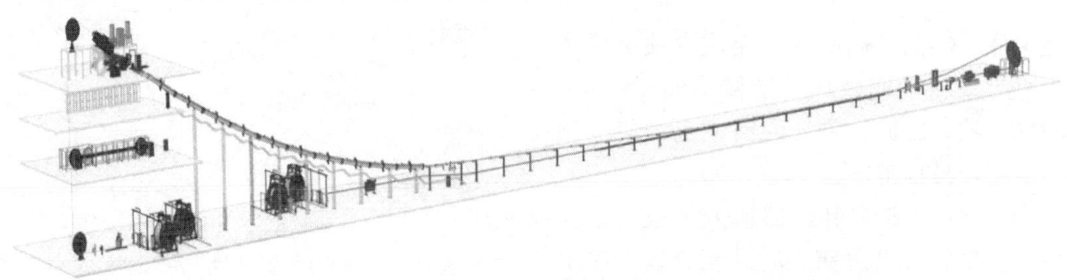

图 3-5　三层共挤（悬链式）交联电力电缆生产线装备布置示意图

图 3-6 悬链式交联电力电缆生产线设备示意图

悬链式交联生产线由于交联管道长，不需配置后置加热装置和应力松弛系统。根据生产电力电缆规格、速度、交联聚乙烯挤出量，结合导体前置预热和适宜的交联温度，经过软件计算由生产线 PLC 智能控制，可使屏蔽、绝缘聚合物避免过高温度交联，使交联的均匀性得到充分改善，绝缘内热应力极大降低，能有效改善绝缘的热收缩。悬链式交联电力电缆生产线设备如图 3-6 所示。

（2）驻厂监造。驻厂监造人员应收集监造电力电缆的屏蔽料、绝缘料质量证明书和检验报告，并对导体屏蔽、绝缘屏蔽的挤包最小厚度、平均厚度及绝缘工序生产记录等进行见证，对绝缘层最小厚度、平均厚度、偏心度及屏蔽与绝缘界面检查及绝缘热延伸试验进行关键节点见证。

2. 脱气处理

（1）脱气工艺。脱气是移除电缆绝缘交联过程中产生的副产物（气体或固体）的过程，它不仅减少了绝缘中的副产物，也使副产物在绝缘中重新分配。

脱气方法是在挤出电缆护套之前，通过对绝缘线芯加热，将绝缘中的副产物降低到一个稳定水平。脱气的作用是减少护套内的副产物含量，特别是甲烷等可燃性物质的含量，保证电力电缆和附件安装过程中的安全，也避免了电力电缆运行温度升高时，因电力电缆绝缘内气体大量释放，护套内压力增高，导致电力电缆护套胀裂或变形。当电力电缆护套有足够强度（如金属护套）时，气体将沿着金属套转向电力电缆附件，导致附件故障。

1）脱气设备和要求。电力电缆绝缘线芯的脱气一般在脱气房中完成（见图 3-7），脱气房的结构有单间式、隧道窑式等。加热方式有热风加热、蒸汽管道加热、电热管加热等。

单间式脱气房一般可同时放置 1～3 个脱气的电缆盘，电缆盘同进同出，脱气期间保温门一直关闭，热量损失少，温度波动小，脱气时间能较准确地控制。

隧道窑式脱气房是一个很长的加热通道房，根据通道的长度不同，可同时对十几个甚至几十个电缆盘脱气，电缆盘呈流水线依次进出脱气房。

2）脱气工艺质量控制。脱气工艺主要控制温度和时间两个参数：脱气温度越高，副产物释放速度越快，脱气时间越长，副产物释放地越彻底。然而过高的脱气温度会使绝缘线芯变形（导致扁平或破坏外屏蔽层），导致例行试验的失败。因此，脱气的温度范围应控制在 50～80℃，最佳范围是 60～70℃。

图 3-7 脱气房示意图

（2）驻厂监造。驻厂监造人员应对绝缘线芯脱气温度、温度分布、时间检查、工序生产记录进行见证。

（三）缆芯的制造

电力电缆的缆芯是指电力电缆除外护层外部分的统称。中压电力电缆缆芯的制造过程如下。

1. 金属屏蔽

（1）金属屏蔽结构和材料。中压电力电缆金属屏蔽结构形式主要有铜丝屏蔽和铜带两种。铜丝屏蔽采用铜丝疏绕的方式。铜丝疏绕屏蔽（铜丝屏蔽）由绞合的铜丝和绑扎铜带组成，绞合铜丝有单方向绞合和S-Z向绞合两种。金属屏蔽铜丝的截面积，要满足电缆系统短路电流和短路热稳定性要求，铜丝直径根据工艺要求和铜丝屏蔽设备能力决定。

中压电力电缆金属屏蔽层用的材料主要有屏蔽铜丝、铜带和绑扎铜带等。

（2）使用设备和要求。中压电力电缆金属屏蔽层的制造工艺分缓冲层和金属屏蔽层两个工序。对于绕包型缓冲层，也可以将缓冲层制造设备和金属屏蔽层制造设备组合成绕包金属屏蔽层一体制造设备，缓冲层和金属屏蔽层可以在该设备上一次绕包完成。

铜丝屏蔽通常使用铜丝屏蔽机，铜丝屏蔽机的基本配置铜丝缠绕机、铜带捆扎机、纸带绕包机。铜丝缠绕机可用盘式铜丝屏蔽机（见图3-8）、传统的笼式绞线机、新型的S-Z绞线机。铜带捆扎机常用同心式铜带绕包机（见图3-9）或切线式铜带绕包机。纸带绕包机常用平面式纸包机。生产工艺为：铜丝缠绕机将屏蔽铜丝均匀地缠绕在缓冲层的表面，铜带捆扎机将宽度为10～20mm的铜带间隙绕包在屏蔽铜丝上，对疏绕的铜丝进行绑扎，限制铜丝的位置变化，并保持各铜丝之间的电气连接；铜带屏蔽常采用宽度25～45mm、厚度0.1～0.12mm的软铜带重叠绕包，搭盖率不小于铜带厚度的15%，最小厚度不小于5%。

图3-8　盘式铜丝屏蔽机示意图

图3-9　同心式铜带绕包机示意图

（3）工艺及工序质量控制。

1）绕包缓冲层的工艺参数：主要包括绕包头的转速、线速度和绕包节距的控制等。工艺参数决定或取决于缓冲带的宽度、厚度、绕包角度、绕包间隙或重叠率、绕包直径等。

2）金属屏蔽层的工艺参数：主要包括铜带厚度和铜带搭盖率等。铜带厚度：单芯电力电缆为0.12mm，多芯电力电缆为0.1mm，最小厚度不小于标称值的90%。铜带搭盖率不小于铜带厚度的15%，最小厚度不小于5%。

2. 成缆（中压三芯电力电缆）

中压三芯电力电缆需通过成缆这道工序，即把两芯及以上的多根绝缘线芯或其他结构元件，用不同的工艺方法按一定的节距绞合在一起，组成一个外形圆整的缆芯。在电力电缆制造工厂里，备有各种型式的成缆设备，以适应不同产品和工艺的要求（见图 3-10）。

图 3-10　成缆设备示意图

多芯电力电缆成缆时，许多电力电缆结构要求把线芯之间的空隙用非吸湿性纤维等材料填充，然后包以胶布带、无纺布带、聚酯薄膜带、聚丙烯薄膜带、玻璃纤维布带、聚乙烯带以及聚氯乙烯带。根据产品标准规定，应选用工艺操作性能好的带材，即要求带材机械强度高，不相互滑移。成缆后经包带扎紧后，使产品成为结实的圆形整体，便于下道工序加工。

对使用三相电源供电的三芯电力电缆，成缆后可以使三相磁场抵消，减少电能损耗。

（四）电力电缆外护层的制造

电力电缆外护层是为了使电力电缆能够适应不同的环境，保护电力电缆绝缘层在敷设和运行过程中免受机械和各种环境因素（如水、日光、生物、火灾等）的破坏，使其保持长期稳定的电气性能。电力电缆外护层质量的好坏、选择是否得当，将直接影响到电力电缆的正常运行和使用寿命，因此合理地设计和选用电力电缆外护层结构对电力电缆的质量是十分重要的。

交联聚乙烯绝缘电力电缆的外护层包覆在金属护套、金属屏蔽或绝缘缆芯外，具有防止化学腐蚀和提供机械保护的作用。根据电力电缆的结构、使用环境和电力电缆线路的重要性，电力电缆的外护层可由隔离层、铠装层、外护套的一部分或几个部分组成。

1. 隔离层

隔离层位于绝缘线芯与铠装层之间，作用是：①阻止水分通过铠装层向绝缘扩散；②防止铠装层损伤绝缘线芯；③防止两种金属材料直接接触的电化学腐蚀。

隔离层应采用挤包型，所用的材料依据电力电缆的性能要求和使用条件，通常选择 PVC 电缆料、PE 电缆料及其他橡塑型电缆料。挤包型隔离层的制造一般使用通用单螺杆电缆护套生产线。挤包型隔离层的制造设备、工艺控制和质量要求与电缆外护套的制造基本相同，可参考本节外护套的制造和控制。

2. 铠装层

铠装层是螺旋绕包在中压电力电缆隔离层上的金属带或金属丝加强层，可为电力电缆提供必要的机械保护，如抗压、抗拉等，保护电力电缆免受机械损伤。铠装层通常有双金属带铠装、连锁金属带铠装和钢丝铠装。金属带铠装为电力电缆提供一定的耐压能力，但不能增加拉力。钢丝铠装可提供较大的拉力，用于海底电力电缆和电力电缆需承受很大拉力的使用场所。

金属带铠装使用的材料有镀锌钢带和非磁性金属带，如不锈钢带、黄铜带、铝合金带等，单芯电力电缆必须用非磁性金属带。制造设备为钢带铠装机，如图 3-11 所示。

钢丝铠装使用的材料有低碳钢丝、铝合金丝、不锈钢丝等，三芯电力电缆通常使用低碳钢丝，单芯电力电缆通常使用非磁性的铝合金丝、铜丝和不锈钢丝。制造设备为钢丝铠装机，分为笼式和盘绞式两种，分别如图 3-12 和图 3-13 所示。

图 3-11　钢带铠装机

图 3-12　笼式钢丝铠装机

3. 外护套

电力电缆的外护套有麻被层和挤出外护套两种。麻被层是由纤维绳绕包和电缆沥青浸剂而成，纤维绳常用的有麻绳和聚丙烯（PP）绳两种，麻被层主要用于海底电缆。挤出外护套通常有 PVC 护套和 PE 护套，分别由 PVC 电缆护套料及 PE 电缆护套料在电缆护套挤出生产线挤包而成。PVC 及 PE 护套料通过特殊配方或改性，可满足电力电缆阻燃、防蚁、防鼠等要求。

电缆护套挤出生产线通常由放线装置、放线张力装置、校直装置、上料装置、主机（挤塑机和机头）、冷却装置、火花试验机、计米装置、印字装置、牵引装置、收（排）线装置及控制系统等组成（见图 3-14 和图 3-15）。

图 3-13　盘绞式钢丝铠装机

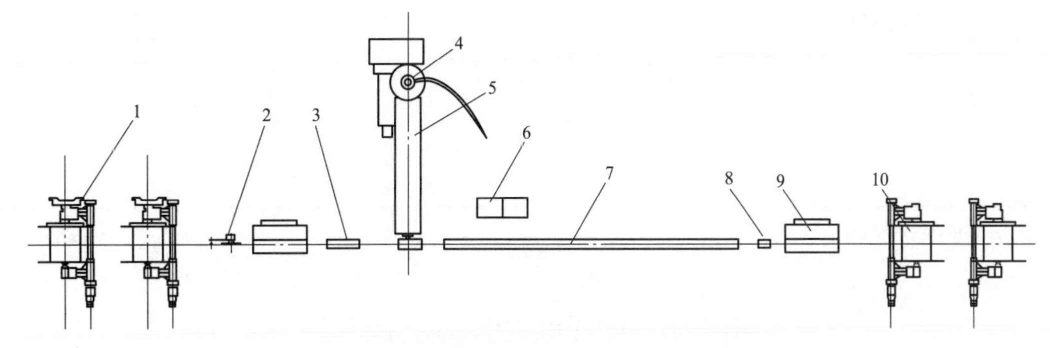

图 3-14　单螺杆电缆护套生产线示意图

1—放线装置；2—张紧轮；3—预热器；4—自动吸料器；5—挤塑机；6—控制柜；7—冷却水槽；8—计米、印字装置；9—牵引装置；10—收（排）线装置

图 3-15　电缆护套生产线实物示意图

制造过程：缆芯从放线装置放出来之后，经校直装置进入机头。挤塑机把塑料加工成高温的黏流态连续地挤向机头，在缆芯外连续挤包一定厚度的塑料护套层，在冷却水槽中冷却定形，经计米和打印标识、电火花检验，最后通过收线装置收绕在收线盘上。整个制造过程，在牵引装置作用下，使挤塑过程连续稳定地进行。

4. 驻厂监造

驻厂监造人员应收集监造电缆外护套材料质量证明书和检验报告，并对外护套石墨导电层或挤出导电层、工序生产记录等进行见证，对最小厚度、平均厚度、外径、外观、印字进行关键节点见证。

（五）出厂验收试验

电力电缆出厂验收试验包括例行试验和抽样试验，试验项目及见证方式见表 3-2。其中 R 点随着生产过程中质量记录的产生随时由见证人员进行文件见证，W 点、H 点在预订见证日期以前（H 点不少于 5d，W 点不少于 3d）。

表 3-2　　电力电缆出厂试验项目及见证方式明细表

序号	监造项目	见证内容	见证方式
1	例行试验	局部放电试验	H
		工频耐压试验	H
		非金属套直流电压试验	H
		电力电缆标志及长度检验	W
2	抽样试验	导体结构检查	H
		导体直流电阻测量	H
		绝缘厚度测量	H
		金属套厚度测量	H
		外护套厚度测量	H
		交联聚乙烯绝缘的热延伸测量	H
		电容测量	H
		雷电冲击电压试验及随后的工频耐压试验	H
		纵向透水试验*	H

* 适用于阻水结构电缆。

第二节　中压电力电缆附件制造

一、中压电力电缆附件的生产工艺流程

电力电缆附件工厂内的制造过程主要包括应力锥及接头主体制造、环氧树脂绝缘件的制造等环节。电力电缆附件的生产工艺流程如图 3-16 所示。

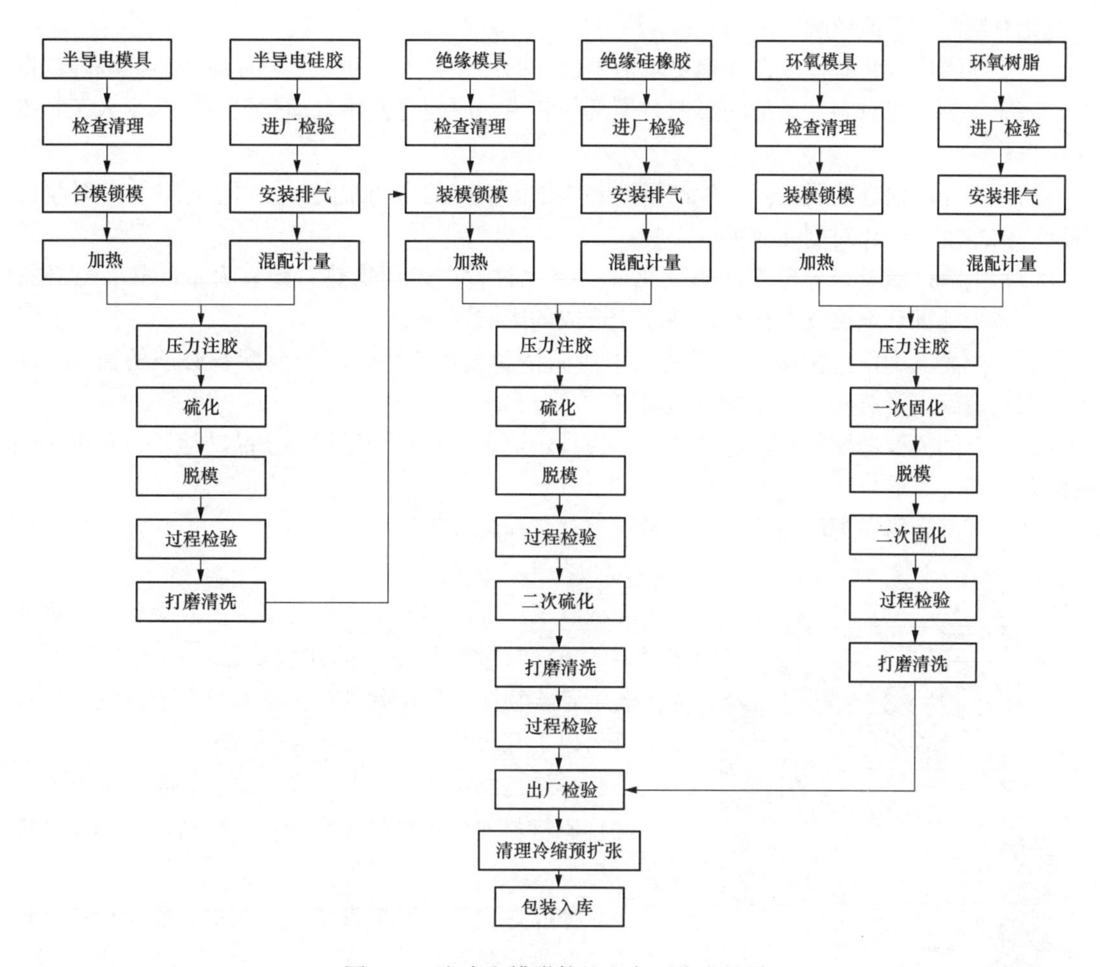

图 3-16　电力电缆附件的生产工艺流程图

二、中压电力电缆附件制造过程

（一）应力锥和接头主体

应力锥和接头主体是整个电力电缆附件最为关键的部分，现多采用橡胶成型，目前常用的为硅橡胶。原材料和生产过程控制对产品质量都非常关键，对环境温度、湿度均有要求；原材料的进厂检验、储存和生产制造过程各个环节都需严格把控。

1. 生产环境要求

应力锥和接头主体的生产过程包含半导电配件成型、绝缘成型两个主要环节，两个环节对生产区域的要求也不相同，主要有以下几点。

（1）原材料储存：必须做到恒温（25～35℃）、恒湿（小于 50%RH），在储存过程中继续减少材料的吸水。房间要配备必要的防火、灭火装置，储存区域还应保持高洁净度。

（2）绝缘注射成型区：生产场地要求为恒温恒湿（25℃左右，小于 50%RH）、高洁净度［10 万级及以上，满足《通风与空调工程施工质量验收规范》（GB 50243—2016）］的绝缘净化密闭车间。尽可能减少生产环境温湿度、洁净度的变化对制品质量的影响。

（3）半导电配件注射成型区：生产场地要求恒温恒湿的车间。尽可能减少生产环境温湿度变化对制品质量的影响。

（4）绝缘模具装脱模区：场地要求恒温恒湿的净化密闭车间。尽可能减少生产环境温湿度、洁净度的变化对制品质量的影响。模具的装模、脱模等使用自动化设备，减少人工，提高效率。

（5）半导电模具装脱模区：生产场地要求恒温恒湿的密闭车间。尽可能减少生产环境温湿度、洁净度的变化对制品质量的影响。

（6）绝缘产品及半导电产品硫化工序：硫化过程中需要加热，会有大量的热及气体挥发，应减少外部环境温度变化对产品硫化造成的影响。

（7）产品及配件清洗区：需要使用工业酒精和无水乙醇，现场应配备必须的通风、防火、灭火措施，设有安全门、安全通道等。

（8）车间需要考虑行车、电动叉车、模具转运车、材料转运柜，产品转运车等各种车辆的配备。

（9）车间还需考虑配备压缩空气及压缩空气净化处理设施。

图 3-17　注胶设备实物示意图

2. 主要生产设备

硅橡胶工厂预制成型生产设备多为注胶设备，根据所选材料的不同特性选择不同的注胶设备，如图 3-17 所示为注胶设备实物图。生产附件应力锥和接头主体的生产设备可分为以下几大类。

（1）环境控制设备：空调、净化除尘设备、风淋室。

（2）原材料准备：材料混炼设备、配料设备和预处理设备。

（3）橡胶成型：装脱模设备、注胶机、硫化设备、转运设备、起吊设备等。

（4）后续处理：打磨抛光设备、车床等。

3. 生产过程

应力锥、接头生产过程主要包括半导电成型、绝缘注胶成型、硫化、脱模、后续加工等几个环节。

（1）半导电成型流程（见图 3-18）。

图 3-18　半导电成型流程图

1）材料进厂：检测材料电气性能、机械性能、成型性能等。

2）半导电成型：半导电套配件，经注射、硫化，脱模等形成半导电半成品，后续待用。

3）后处理：去飞边、打磨、清洗，检验产品是否有其他杂质。

4）入定置区域、待用：对产品最后的目视检验，包括产品外观、尺寸、标识等。

（2）绝缘注胶成型流程（见图 3-19）。

1）材料进厂：检测材料电气性能、机械性能、成型性能等。

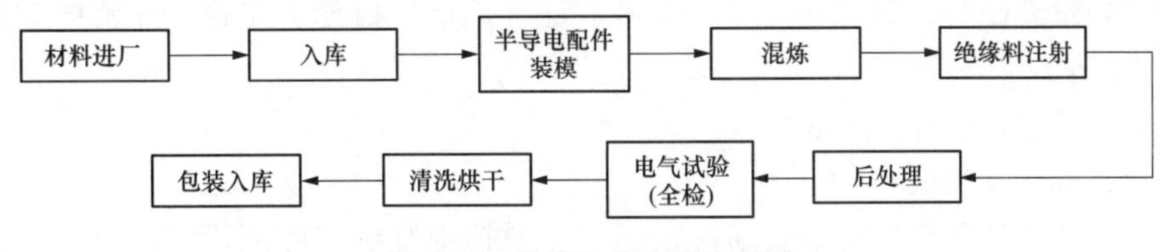

图 3-19　绝缘注胶成型流程图

2）绝缘料与半导电配件一起注射成型：注胶成型包括绝缘模具清理，半导电配件清洗，装模，模具预热，待温度达到合适温度后注射成型，然后进入硫化环节，硫化完成后冷却脱模。

3）后处理：包括外屏蔽、去飞边、打磨、检查是否含有其他杂质，脱模之后的产品经检验合格后可按照尺寸进行车切加工。

4）电气试验：参考相关国家标准做电气性能试验，包括工频耐压、局部放电试验等。

5）清洗烘干：对试验通过的产品进行清洗，并做烘干处理，烘干温度不可过高。

6）包装入库：对产品最后的目视检测，包括产品外观、标识等。

4. 质量管控

（1）原材料的质量管控。用于应力锥、中间接头成型的原材料主要包括绝缘料和半导电材料。其性能测试应严格按照国家标准进行检验，合格后出具材料合格报告单方可入库使用。

1）绝缘料。绝缘料的质量控制包括黏度、硬度、硫化曲线、抗张强度、断裂伸长率、抗撕裂强度、粘接性能、体积电阻率、击穿强度、介质损耗角正切、介电常数、热老化性能、压缩性能及颜色等全面的性能测试。

2）半导电材料。半导电料的质量控制包括黏度、硫化曲线、硬度、抗张强度、断裂伸长率、抗撕裂强度、体积电阻率、热老化性能、压缩性能及颜色等全面的性能测试。

（2）生产过程的质量管控。要想制造出好的产品，不仅需要有好的原材料，还需要有好的工艺及过程控制。具体管控包括温度、时间、注射速度和压力等。

1）温度。温度的控制主要包括模具预热温度、注射时的材料温度、产品硫化温度。每个温度都要求实时测量并做好记录，确保产品的硫化完全。

2）时间。时间的控制主要包括模具预热时间、产品注射时间、硫化时间。每个时间都要求实时记录，确保产品质量稳定、硫化完全。

3）注料速度和压力。注射速度和压力决定产品的致密度和结合等问题，要求操作人员必须按工艺操作并做好记录。

（3）应力锥、接头的质量检测。

1）半导电配件。

a. 硬度：判断产品硫化程度。

b. 外观：没有硬胶、开裂、气泡、杂质等问题，关键位置无流痕、花纹。

c. 尺寸：尺寸大小符合图纸要求。

d. 标示：标示及编码齐全。

2）绝缘件。

a. 硬度：判断产品硫化程度。

b. 外观：没有硬胶、开裂、气泡、杂质、结合不好、擦伤、飞边、印痕等问题，关键位置无流痕、花纹。

c. 尺寸：尺寸大小符合图纸要求。

d. 标示：标示及编码齐全。

e. 试验：将绝缘件与电缆预装配，在能有效模拟绝缘件实际应用情况下，按标准要求进行出厂电气试验。

电力电缆应力锥和接头主体监造项目及见证方式见表 3-3。

表 3-3　　电力电缆应力锥和接头主体监造项目及见证方式明细表

序号	监造项目	见证内容	见证方式
1	原材料	核对供应商文件与合同内容是否一致	R
		查验原材料供方出厂质量文件	R
		原材料进厂检测要求及报告	R
		原材料混炼后的检测报告	R或W
2	生产过程	生产过程作业指导书	R
		操作过程与作业指导书一致性	R或W
3	出厂试验	查看试验项目及方法	R
		查验试验设备的校检标识和证书	R
		现场见证试验过程	W

（二）环氧树脂绝缘件

环氧树脂材料具有良好的粘附性、电气绝缘性、耐湿性、耐化学性以及机械加工性能，在电工行业中得到了广泛的应用。目前，国内外电工行业中所使用的环氧树脂绝缘件，主要采用环氧浇注成型。

1. 生产环境要求

环氧树脂绝缘件要求制品内外表面无杂质、无气孔、表面光滑、色泽均匀，绝缘层与金属层粘接良好、无气隙，绝缘体内部无缺陷、结构致密无分层。为满足上述质量要求，制造环氧树脂绝缘件的生产基地一般要满足以下两个条件：

（1）生产场地洁净度高、温湿度稳定。目前，国内外一些大型的环氧树脂绝缘件生产企业尽可能控制生产环境温湿度、洁净度的变化对制品质量的影响。

（2）自动化程度高。随着环氧树脂绝缘件生产设备技术水平的提高，环氧真空浇注的生产方式发展到静态混料、全自动连续式生产方式。

2. 主要生产设备

全自动连续式环氧真空浇注设备主要由树脂预热熔融系统、填料色料解袋站、填料干燥系统、树脂填料预混料系统、固化剂预处理系统、静态混料器及树脂浇注系统、在线计量系统及电控单元等几部分组成。所有的操作、工艺参数设置及控制均可通过计算机系统和操作面板完成。全自动连续式环氧真空浇注设备如图 3-20 所示。

3. 生产过程

生产过程主要包括原材料的预处理、混料、浇注（压注）、产品固化及脱模等环节。环氧树脂绝缘件的生产流程如图 3-21 所示。

图 3-20　全自动连续式环氧真空浇注设备示意图

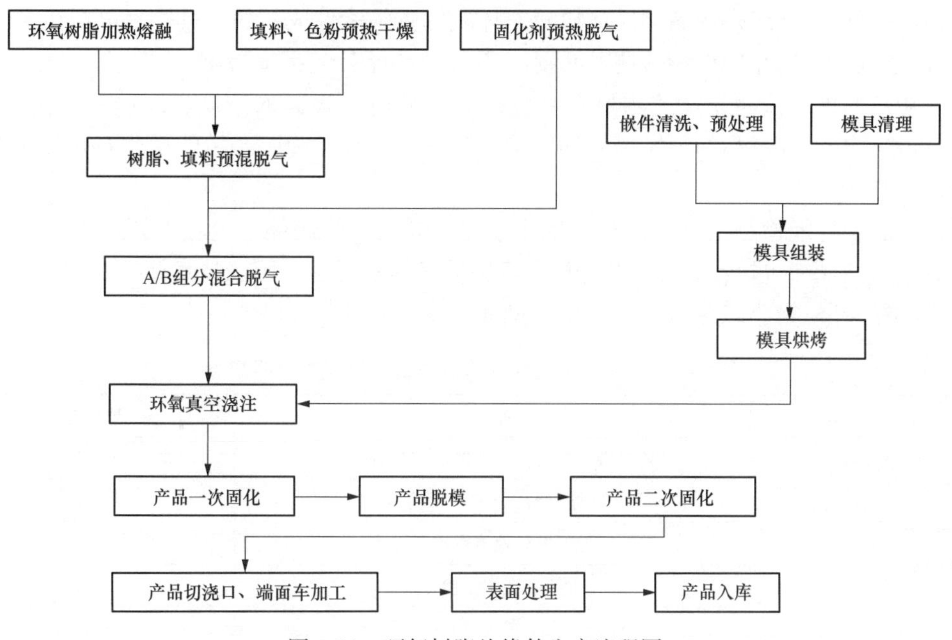

图 3-21　环氧树脂绝缘件生产流程图

（1）原材料的预处理。原材料预处理是在一定温度下将原材料加热一定时间并经过真空处理以脱去原材料中吸附的水分、气体及低分子挥发物，达到使原材料洁净、干燥的目的。

（2）混料。混料的目的是使环氧树脂、填料、固化剂及其他辅料等混合均匀，便于进行后续的固化反应。

静态混料是指在制品生产过程中，预混料、固化剂按照工艺配比自动计量后进入静态混料器，通过静态混料器的混合作用，在极短的时间内将预混料和固化剂混合均匀，并进入浇注管路。

（3）浇注。浇注是指将组装好并预热到一定温度的模具放入真空浇注罐中，浇注罐控制在一定的温度及真空度下，将上述混合料在一定的浇注速度下浇入模具内，浇注完成后继续维持一段时间的真空，然后再关闭真空、打开浇注罐，将模具送入固化炉进行固化。

（4）产品固化及脱模。环氧树脂绝缘件的固化分为一次固化（也叫初固化）和二次固化（也叫后固化）。

4．质量管控

环氧树脂绝缘件的质量管控主要包括原材料的质量管控、生产过程的质量管控以及制品的质量检测。

（1）原材料的质量管控。环氧树脂绝缘件制造的原材料主要包括环氧树脂、固化剂、填料、其他辅料。在确定原材料后，要管控好原材料的进厂检验工作。原材料的进厂检验主要分为外观检验、参数指标检测和固化物的技术性能指标检测，包括外观、凝胶时间、黏度、玻璃化温度、电气绝缘性能、机械性能等。

（2）生产过程的质量管控。环氧树脂绝缘件容易出现的质量问题主要表现为气泡、开裂、缩痕、缩孔、杂质、性能不足等。而出现上述质量问题的主要因素包括温度、时间、真空度、浇注速度（注料速度）及一些人为因素等。

（3）环氧树脂绝缘件制品的质量检测。环氧树脂绝缘件成品的质量检测包括初步的外观检测、尺寸测量及制品的性能检测，必要时还需要进行X光无损检测。

1）初步的外观检测、尺寸测量主要包括对制品内外表面的杂质、缩痕、缩孔、流痕、气孔、色差、开裂、产品的关键尺寸等质量状况进行检查，确保产品外观、关键尺寸符合技术要求。

2）制品的性能检测主要包括对制品进行规定电压下的局部放电、工频耐压等电气性能方面的检查，必要时进行X光无损检测，确保最终的制品符合国家技术标准要求。

电力电缆环氧树脂绝缘件监造项目及见证方式见表3-4。

表3-4　电力电缆环氧树脂绝缘件监造项目及见证方式明细表

序号	监造项目	见证内容	见证方式
1	原材料	核对供应商文件与合同内容是否一致	R
		查验原材料供方出厂质量文件	R
		原材料进厂检测要求及报告	R
2	生产过程	生产过程作业指导书	R
		操作过程与作业指导书一致性	R或W
3	出厂试验	查看试验项目及方法	R
		查验试验设备的校检标识和证书	R
		现场见证试验过程	W

第四章　中压电力电缆工程设计

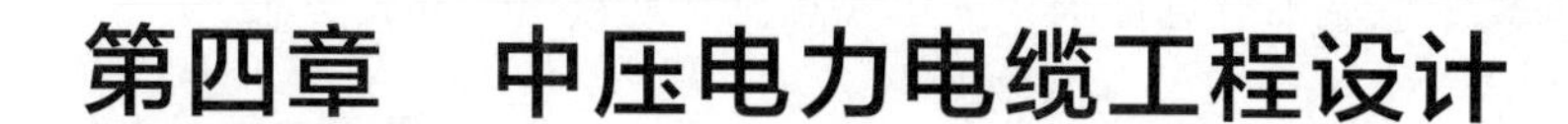

第一节　可行性研究及初步设计

一、可行性研究阶段

根据工程设计任务书、规划批复文件、电力系统接入方案、规程规范等开展可行性研究（简称可研）报告编制工作。

（一）选择最佳路径方案

电力电缆线路路径应与城市总体规划相结合，与各种市政管线和其他市政设施统一安排。躲避不良地质段，在满足安全要求的前提下，使电力电缆长度较短。

电力电缆通道型式（隧道、排管、直埋等）应考虑需容纳电力电缆数量、运行单位要求、城市规划、前期、地质条件（地质调查）等因素后确定。

电力电缆土建设施容量应考虑其他电力电缆线路的规划及两端发电厂或变电站进出线规划。

如需要，可委托规划院开展选址选线报告工作。经桌面选线、现场踏勘后确定意向性路径，根据意向性路径委托测绘院调图；如果有规划的穿地铁、随路建设隧道情况，还应具备管线综合文件。路径确定后需征得城市规划部门认可。

如需要，电力电缆路径穿越河道、地铁、铁路等局部地段需征求相关部门意见，费用纳入估算。

如需要，可根据电力电缆路径委托第三方评估公司开展前期拆迁等评估报告工作。

（二）明确主要设计原则

选择电力电缆还是架空线路，应根据规划、可实施性等因素确定。

电力电缆及附件选型、电缆护套接地方式、电力电缆敷设方式、污区分布、土建设施型式及容量等。

（三）编制估算书

根据推荐方案和工程设想的主要技术原则编制输变电工程投资估算书。

编制说明应包括估算书编制的主要原则和依据，采用的定额、指标以及主要设备、材料价格来源等。

估算书应包括但不限于以下内容：工程规模的简述、估算书编制说明、估算造价分析、总估算表、专业汇总估算表、单位工程估算表、其他费用计算表、本体和场地清理分开计列、年价差计算表、调试费计算表、建设期贷款利息计算表及勘测设计费计算表等。

二、初步设计阶段

初步设计（简称初设）是工程设计的重要阶段，主要包括进一步落实可研选定的路径走向和设计原则。

（一）深化落实路径方案

一般可研完成经国家发展改革委立项核准后，根据可研路径委托测图，然后报规划意见书，规划意见书返回后，根据规划意见书意见征求相关单位意见，最终落实路径方案。

（二）深化设计原则

充分论证设计技术方案，积极稳妥应用标准工艺和新技术、新材料、新工艺，合理选择电力电缆、附件、电缆护套接地方式等。

（三）编制概算书

概算书应说明工程建设的起点和终点、路径和地理位置、地下水位、额定电压、电力电缆相数、长度、电缆终端特征及接地方式、电缆隧道情况、电缆井型及数量、征地、拆迁、赔偿内容、赔偿标准、运距、降水等情况；应说明项目业主、项目建设工期、可研核准或批复的总投资，本期设计概算编制价格水平年份，电缆工程概算工程本体投资、静态投资、动态投资和单位长度造价；并对工程初设概算与可研估算投资进行简要的分析比较，阐述其增减原因。

初设概算书应包括概算编制说明书、总概算表、电力电缆送电线路安装工程费用汇总概算表、电力电缆送电线路建筑工程费用汇总概算表、电力电缆送电线路单位工程概算表、电力电缆送电线路辅助设施工程概算表、其他费用概算表。送电电力电缆工程装置性材料统计表、工地运输质量计算表、工地运输工程量计算表。

第二节　施 工 图 设 计

一、电气设计

（一）概述

电力电缆线路设计遵循六个原则：安全可靠、统一规划、技术先进、经济合理、节能环保、方便施工和运行。

电力电缆线路设计适用电压等级为20kV及以下的交流中压电力电缆线路，主要包括电力电缆路径选择、电力电缆及附件型式、电力电缆截面积选择、电力电缆线路接地、在线监测等内容。

（二）路径

(1) 电力电缆线路路径应与城市总体规划相结合，应与各种管线和其他市政设施统一安排，且应征得城市规划部门同意。

(2) 电力电缆敷设路径应综合考虑路径长度、施工、运行和维护方便等因素，统筹兼顾，做到技术可行、安全适用、环境友好、经济合理。

(3) 供敷设电力电缆用的保护管、电缆沟或直埋敷设的电力电缆不应平行敷设于其他管线的正上方或正下方。

(4) 电力电缆相互之间允许最小间距以及电力电缆与其他管线、构筑物基础等最小允许

间距应符合《电力工程电缆设计标准》（GB 50217—2018）的规定。

（三）电力电缆环境条件

电力电缆一般运行环境条件见表4-1。

表4-1　电力电缆一般运行环境条件

项目	单位	参数
海拔	m	<1000
最高环境温度	℃	40
最低环境温度	℃	−40
日照强度	W/cm^2	0.1
年平均相对湿度	%	80
雷电日	d/年	40
最大风速	m/s	35

注　实际工程超出电力电缆一般运行环境条件时，需根据地区环境条件予以修正。

（四）电压等级

电力电缆导体与绝缘屏蔽层或金属套之间的额定工频电压 U_0、任何两相线之间的额定工频电压 U、任何两相线之间的运行最高电压 U_m 以及每一导体与绝缘屏蔽层或金属套之间的基准绝缘水平 BIL 选择和外护层的冲击耐受电压等电力电缆运行电压参数，应满足表4-2的要求。

表4-2　电力电缆运行电压参数　（kV）

系统中性点	有效接地					
系统额定电压	35	66	110	220	330	500
U_0/U	21/35	38/66	64/110	127/220	190/330	290/500
U_m	40.5	76	126	252	363	550
BIL	200	325	550	1050	1175	1550
外护层冲击耐受电压	20	37.5	37.5	47.5	62.5	72.5

（五）电力电缆型式

1. 电力电缆导体

20kV及以下中压电力电缆应选用铜芯电力电缆。电力电缆截面积选择原则：

（1）交联聚乙烯电力电缆线路正常运行时导体允许的长期最高运行温度为90℃，短路时最高温度为250℃。

（2）电力电缆导体最小截面积的选择，应同时满足规划载流量和通过可能的最大短路电流时热稳定的要求。

（3）最大工作电流作用下，连接回路的电压降不得超过该回路允许值。

（4）电力电缆导体截面积的选择应结合敷设环境来考虑。

2. 电缆绝缘

（1）电力电缆宜选用交联聚乙烯绝缘。

（2）在防火要求高的场所应采用含有阻燃剂的外护层。

（3）有白蚁危害的场所应在非金属外护层外采用防白蚁护层。

（4）有鼠害的场所宜在外护层外添加防鼠金属铠装，或采用硬质护层。

（5）有化学溶液污染的场所应按其化学成分采用相应材质的外护层。

（6）电力电缆位于高落差的受力条件时，多芯电力电缆应具有钢丝铠装。交流系统单芯电力电缆应选用非磁性金属铠装层，不得选用未经非磁性有效处理的钢制铠装。

3. 电缆附件

（1）电缆接头。

1）接头的额定电压及绝缘水平不得低于所连接电力电缆的额定电压及绝缘水平。

2）绝缘接头的绝缘隔离板应能承受所连电力电缆外护层绝缘水平 2 倍的电压。

3）单芯电力电缆采用交叉互联接地方式时应采用绝缘接头。

（2）电缆终端。

1）终端的额定电压及绝缘水平不得低于所连接电力电缆的额定电压及绝缘水平。

2）终端的外绝缘应符合安置处海拔高程、污秽环境条件所需爬电距离和空气间隙的要求。

3）不外露于空气中的电缆终端装置类型应按下列条件选择：

a. 与高压变压器直接连接时宜采用封闭式 GIS 终端，也可采用油浸终端。

b. 与 SF_6 气体绝缘金属封闭组合电器直接相连时应采用 GIS 终端。

4. 电力电缆线路雷电过电压保护

（1）过电压保护措施。为防止电力电缆和附件的主绝缘遭受过电压损坏，应采取以下保护措施：

1）露天变电站内的电缆终端，必须在站内的避雷针或避雷线保护范围以内，以防直击雷。

2）电力电缆线路与架空线相连的一端应装设避雷器；当线路长度小于其冲击特性长度时，应在两端分别装设避雷器。

（2）避雷器特性参数。保护电力电缆线路的避雷器的主要特性参数应符合下列规定：

1）冲击放电电压应低于被保护电力电缆线路的绝缘水平，并留有一定裕度。

2）冲击电流通过避雷器时，两端子间的残压值应小于电力电缆线路的绝缘水平。

3）当雷电过电压侵袭电力电缆时，电力电缆上承受的电压为冲击放电电压和残压，两者之间数值较大者称为保护水平 U_p。电力电缆线路的基准绝缘水平 $BIL=(120\%\sim130\%)U_p$。

（六）各类城市及供电区域电缆通道选型原则

1. 一线城市

（1）北京地区。

A+和 A 类供电区域：10～35kV 宜采用排管或隧道方式。

B、C 和 D 类供电区域：10～20kV 宜采用排管或隧道方式，可采用直埋方式。

（2）上海地区。

A+和 A 类供电区域：10～20kV 宜采用排管或隧道方式；不宜采用直埋方式。

B 和 C 类供电区域：6～20kV 宜采用排管或隧道方式。

2. 二线及以下城市

A+、A、B和C类供电区域：6～20kV宜采用排管方式。

D类供电区域：6～20kV宜采用直埋方式。

直埋及排管敷设分别如图4-1和图4-2所示。

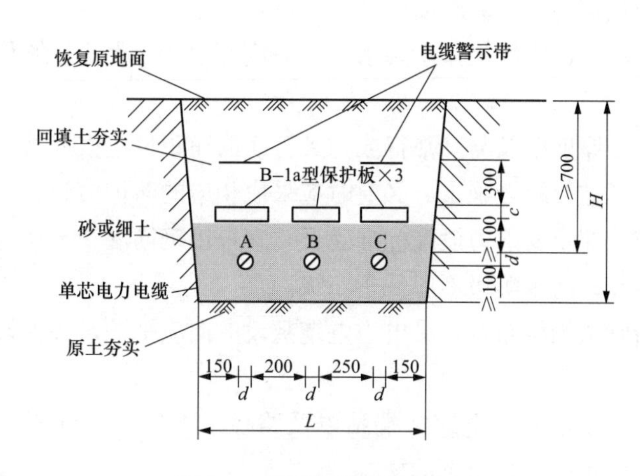

图4-1　直埋敷设断面示意图

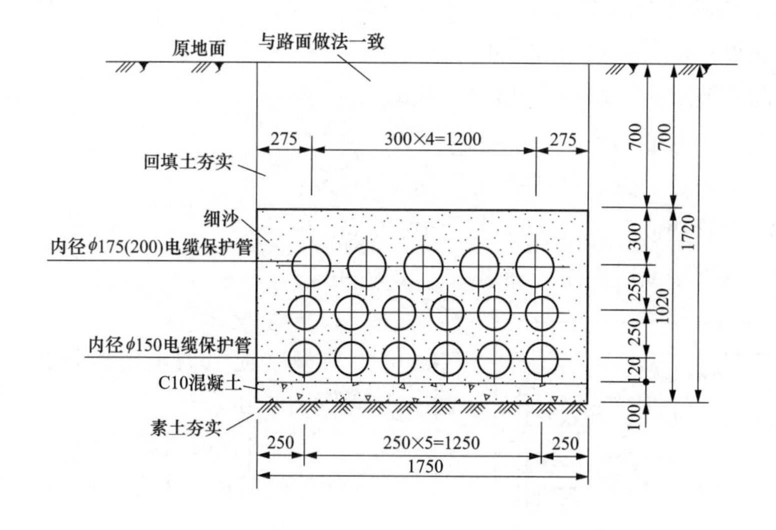

图4-2　排管敷设断面示意图

二、电缆隧道（土建）设计

（一）设计原则

电缆隧道选型设计应满足电缆敷设、运行、检修等要求。电缆隧道结构设计需满足安全、使用年限、强度、稳定性、耐久性、抗震和防水等要求。

（1）电缆隧道总体设计应符合城市总体规划、路网规划及土地使用计划的要求，协调好与地面建筑物、地下构筑物、公用管线的关系，减少动拆迁和对周边环境的影响。

（2）电缆隧道路径的确定应考虑平、纵断面位置、出入口、工作井地质、水文以及严重不良地质等因素，提出合理方案。

（3）电缆隧道平、纵断面图中应标明影响隧道建设的地上和地下各种障碍设施。

（4）电缆隧道横断面设计应根据建设规模、电压等级、结构型式、防灾和施工工法特点等要求确定，并应与隧道的平、纵断面设计相协调。

（5）电缆隧道纵坡设计应满足排水要求，当坡度超过10°时，应在人员通行部位设防滑地坪或台阶。

（6）电缆隧道覆土厚度以及与其平行或交叉管线的净距，应根据地下管线规划、地质条件、结构安全、施工工艺等综合确定，必要时应采取相应的防护措施。

（7）电缆隧道应按照重要电力设施标准建设，宜采用钢筋混凝土结构；主体结构设计使用年限不应低于100年；防水等级不应低于二级。

（8）电缆支架沿隧道侧墙布置，沿电力电缆敷设方向应平顺，各支架的同层横档宜在同一水平面上。

（9）电缆隧道宜在变电站、电缆终端站以及路径上方每2.0km适当位置设置出入口，出入口下方应设置方便运行人员上下的楼梯。

（二）通道选型及典型设计图

1. 隧道敷设模块典型断面尺寸

（1）明挖隧道，矩形2.0m×2.1m。

（2）浅埋暗挖隧道，马蹄形2.0m×2.3m。

（3）明挖隧道，矩形2.6m×2.4m。

（4）暗挖（矿山法）隧道，马蹄形2.6m×2.9m。

（5）暗挖（顶管法或盾构法）隧道，内径3.0m。

（6）暗挖（顶管法或盾构法）隧道，内径3.5m。

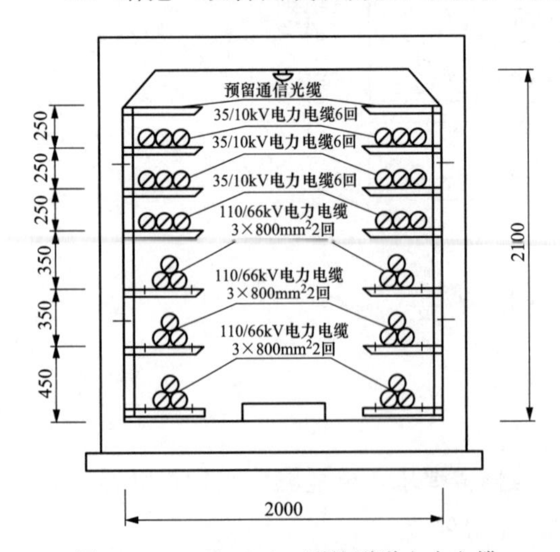

图4-3　2.0m×2.1m明挖隧道电力电缆敷设断面示意图

2. 典型设计图

典型隧道电力电缆敷设断面分别如图4-3～图4-8所示。

（三）明挖隧道技术要点

明挖隧道适用于覆盖层薄、周边建筑物稀少、地面交通车辆不多、地下各种管线少、周围环境要求不高的地区。

（1）明挖隧道设计应尽量浅埋。

（2）当有地下水时，应采取必要的降、排水措施，宜采用无水作业。

（3）埋深较大或地质较差时，应采取安全有效的基坑支护措施。

（4）应充分考虑拆（搬）迁、环境影响、施工措施等因素与暗挖隧道做经济技术比选。

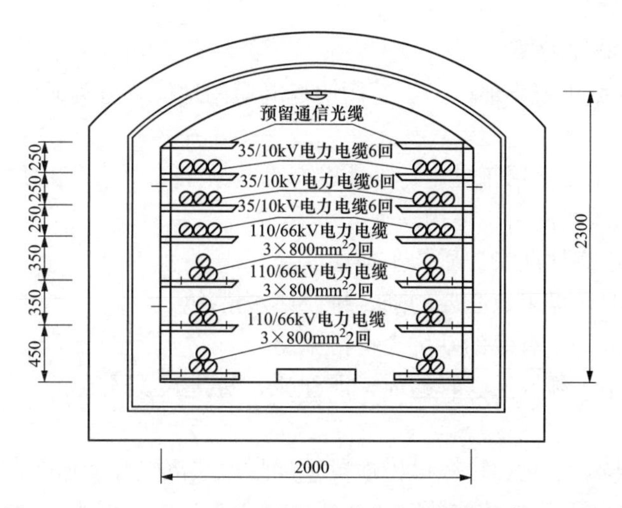

图 4-4　2.0m×2.3m 浅埋暗挖隧道电力电缆敷设断面示意图

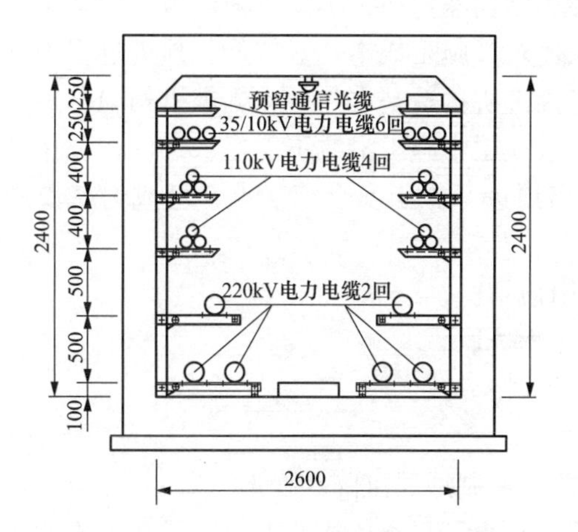

图 4-5　2.6m×2.4m 明挖隧道电力电缆敷设断面示意图

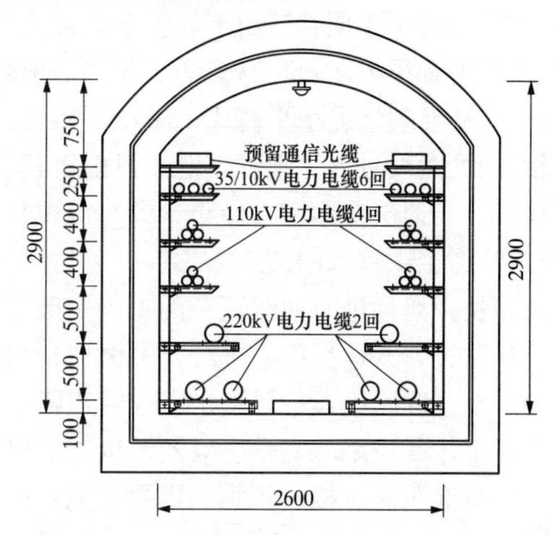

图 4-6　2.6m×2.9m 暗挖隧道电力电缆敷设断面示意图

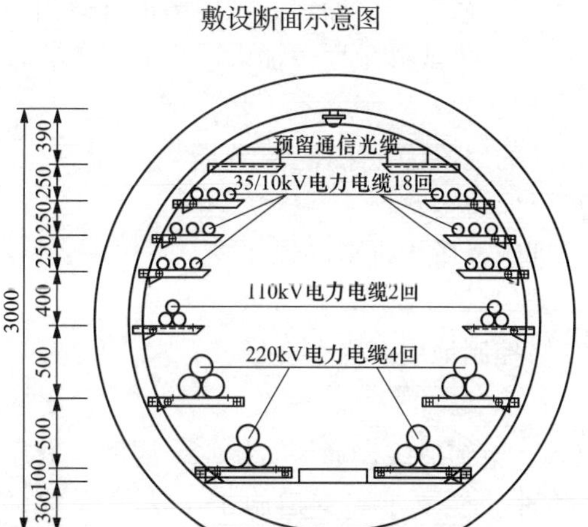

图 4-7　ϕ3.0m 暗挖隧道电力电缆敷设断面示意图

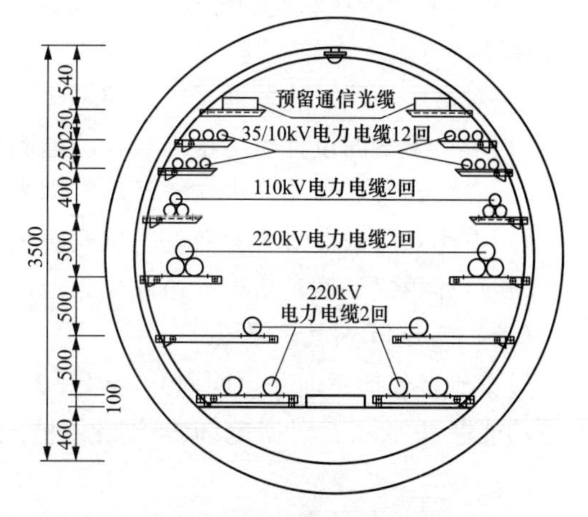

图 4-8　ϕ3.5m 暗挖隧道电力电缆敷设断面示意图

（四）暗挖隧道技术要点

暗挖隧道适用于城市繁华地段、不适用明挖隧道的地区，分为矿山法、顶管法、盾构法三种施工方法。

（1）矿山法隧道主要适用于黏土、粉土、砂土、卵石、岩石等地层。对于高水位地层，采取堵水或降、排水等措施后也适用。

1）一般不适用沿海地区淤泥质软土地层。

2）当有地下水时，需采取必要的降、排、堵水措施。

3）工作井应采取安全有效的基坑支护措施。

4）工程设计及施工须按照“管超前、严注浆、短进尺、强支护、早封闭、勤量测、速反馈”进行控制。

5）对穿越建（构）筑物、市政设施地段须加强地层沉降和变形控制。

（2）顶管法隧道按开挖方式主要分为挤压式、人工顶管、泥水平衡式、土压平衡式四种施工方式。挤压式顶管适用于软黏土，且覆土要求比较深，通常不需要辅助施工措施。人工顶管法常用管径为$\phi 800\sim\phi 3000$，与其他顶管相比，其施工成本一般较低、顶进过程中遇有障碍物容易处理。泥水平衡式、土压平衡式顶管掘进机构造基本与盾构掘进机相同，适用的地层条件虽然没有人工顶管广泛，但由于其在含水地层中施工沿线不需降水（仅在工作井范围内降水）、地层变形影响最小、容易实现长距离顶进、施工安全等优点，已成为城市地下管线顶管施工中首选的施工方法。

1）长距离顶进及曲线复杂的工程一般不采用顶管。

2）顶管方式选择应经过综合经济比较后，择优选取。

3）平、纵断面设应尽量平缓，隧道断面尽量保持一致。

4）工作井应采取安全有效的基坑支护措施。

5）对穿越建（构）筑物、市政设施地段须严格控制地层沉降和变形。

（3）盾构法隧道按机械原理一般分为泥水盾构和土压平衡盾构。泥水盾构常用于冲积黏土和洪积砂土地层，对于淤泥质土层、松动的砂土层、砂砾层、卵石砂砾层等也有运用。土压平衡盾构适应于在软弱的冲积土层中使用，在砾石层中或砂土层中加入适当的泥土后，也能发挥其特点。

1）对富水地层、软弱地层、地层沉降要求较高的地段优先采用。

2）平、纵断面设计应尽量平缓，隧道断面尽量保持一致。

3）应综合考虑地质、水文、环境等因素，合理选择盾构机型。

4）工作井应采取安全有效的基坑支护措施。

5）对穿越建（构）筑物、市政设施地段须严格控制地层沉降和变形。

（五）隧道节点技术要点

隧道节点包括三通井、四通井，以及人员出入、电缆放线、通风、排水、照明、低压供电等功能性井室，需根据电缆隧道路径情况、各种功能要求和隧道施工工法等因素合理设计。

（1）在环境条件允许的情况下，应将检查井、三通井、四通井、人孔井、放线井、通风井、排水井等与施工工作井结合布设。

（2）一般情况下井室宜布置在隧道线位正上方。如受条件限制，可将井室布置在隧道线

位两侧，通过联络通道与隧道连通。

(3) 电缆隧道工作井井室高度不宜超过 5.0m，超过时应设置多层工作井或过渡平台，并设置盖板，多层工作井每层设固定式或移动式爬梯。

(4) 隧道工作井上方人孔内径不应小于 800mm，在电缆隧道交叉处设置的人孔不应垂直设在交叉处的正上方，应错开布置。

(5) 电缆隧道三通井、四通井应满足最高电压等级电力电缆线路的弯曲半径要求，井室顶板内表面应高于电缆隧道内顶 0.5m，并应预埋电缆吊架，在最大容量电力电缆敷设后各个方向通行高度不低于 1.5m。

三、敷设设计

（一）一般规定

(1) 电力电缆的路径选择，应符合下列规定：

1) 应避免电缆遭受机械性外力、过热、腐蚀等危害。

2) 在满足安全要求的条件下，应保证电缆路径最短。

3) 应便于敷设、维护。

4) 宜避开将要挖掘施工的地方。

5) 充油电力电缆线路通过起伏地形时，应保证供油装置合理配置。

(2) 以任何方式敷设的电力电缆，无论在垂直、水平转向部位和电力电缆热伸缩部位以及蛇形弧部位的弯曲半径，不宜小于表 4-3 所规定的弯曲半径。

表 4-3　　电力电缆敷设允许最小弯曲半径

电力电缆类型			允许最小弯曲半径	
			单芯	三芯
交联聚乙烯绝缘电力电缆	66kV		$20D$	$15D$
	35kV		$12D$	$10D$
油浸纸绝缘电力电缆	铝包		$30D$	
	铅包	有铠装	$20D$	$15D$
		无铠装	$20D$	

注　1. D 表示电力电缆外径。

2. 非本表范围电力电缆的最小弯曲半径宜按厂家建议值。

(3) 同一通道内电力电缆数量较多时，若在同一侧的多层支架上敷设，应符合下列规定：

1) 应按电压等级由高至低的电力电缆、强电至弱电的控制和信号电缆、通信电缆"由上而下"的顺序排列。当水平通道中含有 35kV 以上高压电力电缆，或为满足引入柜盘的电力电缆符合允许弯曲半径要求时，宜按"由下而上"的顺序排列。在同一工程中或电缆通道延伸于不同工程的情况，均应按相同的上下排列顺序配置。

2) 支架层数受通道空间限制时，35kV 及以下的相邻电压级电力电缆，可排列于同一层支架上，1kV 及以下电力电缆也可与强电控制和信号电缆配置在同一层支架上。

3) 同一重要回路的工作与备用电力电缆实行耐火分隔时，应配置在不同层的支架上。

(4) 同一层支架上电力电缆排列的配置，宜符合下列规定：

1）控制和信号电缆可紧靠或多层叠置。

2）除交流系统用单芯电力电缆的同一回路可采取“品”字形（三叶形）配置外，对重要的同一回路多根电力电缆，不宜叠置。

3）除交流系统用单芯电力电缆情况外，电力电缆相互间宜有1倍电缆外径的空隙。

（5）不同敷设方式的电力电缆根数宜按表4-4选择。

表4-4　不同敷设方式下的规划电力电缆根数

敷设方式	规划敷设电力电缆根数
直埋	6根及以下
排管或电缆沟	21根及以下
隧道	16根及以上

（二）敷设方式选择

电力电缆敷设方式的选择，应视工程条件、环境特点和电力电缆类型、数量等因素，以及满足运行可靠、便于维护和技术经济合理的原则来选择。

1. 电力电缆直埋敷设方式的选择

（1）同一通路少于6根的35kV及以下电力电缆，在厂区通往远距离辅助设施或城郊等不易有经常性开挖的地段，宜采用直埋；在城镇人行道下较易翻修情况或道路边缘，也可采用直埋。

（2）厂区内地下管网较多的地段，可能有熔化金属、高温液体溢出的场所，待开发有较频繁开挖的地方，不宜用直埋。

（3）在化学腐蚀或杂散电流腐蚀的土壤范围内，不得采用直埋。

2. 宜采用浅槽敷设方式的场所

（1）地下水位较高的地方。

（2）通道中电力电缆数量较少，且在不经常有载重车通过的户外配电装置等场所。

3. 电缆沟敷设方式的选择

（1）在化学腐蚀液体或高温熔化金属溢流的场所，或在载重车辆频繁经过的地段，不得采用电缆沟。

（2）经常有工业水溢流、可燃粉尘弥漫的厂房内，不宜采用电缆沟。

（3）在厂区、建筑物内地下电力电缆数量较多但不需要采用隧道，城镇人行道开挖不便且电缆需分期敷设，同时不属于上述情况时，宜采用电缆沟。

（4）有防爆、防火要求的明敷电力电缆，应采用埋砂敷设的电缆沟。

4. 电力电缆隧道敷设方式的选择

（1）同一通道的地下电力电缆数量较多，电缆沟不足以容纳时应采用隧道。

（2）同一通道的地下电力电缆数量较多，且位于有腐蚀性液体或经常有地面水流溢的场所，或含有35kV以上高压电力电缆以及穿越公路、铁道等地段，宜采用隧道。

（3）受城镇地下通道条件限制或交通流量较大的道路下，与较多电力电缆沿同一路径有非高温的水、气和通信电缆管线共同配置时，可在公用性隧道中敷设电力电缆。

垂直走向的电力电缆，宜沿墙、柱敷设；当数量较多，或含有35kV以上高压电力电缆时，应采用竖井。

明敷且不宜采用支持式架空敷设的地方，可采用悬挂式架空敷设。

通过河流、水库的电缆，无条件利用桥梁、堤坝敷设时，可采取水下敷设。

（三）直埋敷设

电力电缆表面距地面不应小于0.7m，穿越农田时不应小于1m。在引入建筑物、与地下建筑物交叉及绕过建筑物时可浅埋，但应采取保护措施。

电力电缆应埋在冻土层下，当条件受限制时，应采取防止电力电缆受到损坏的措施。

直埋于地下的电力电缆应在其上、下铺设一定厚度的细土或砂，然后用预制钢筋混凝土板加以保护。也可把电力电缆放入预制钢筋混凝土槽盒内后填满砂或细土，然后盖上槽盒盖。为识别电力电缆走向，宜沿电力电缆敷设路径设置电缆标识。

直埋敷设电力电缆穿越城市交通道路和铁路路轨时，应采取保护措施。

在电力电缆线路路径上有可能使电力电缆受到机械性损伤、化学腐蚀、杂散电流腐蚀、白蚁、虫鼠等危害的地段，应采取相应的外护套或适当的保护措施。

（四）排管敷设

排管设计应符合下列规定：

（1）排管所需孔数除按电网规划敷设电力电缆根数外，还需有适当备用孔供更新电力电缆用。

（2）供敷设单芯电力电缆用的排管管材，应选用非磁性并符合环保要求的管材。供敷设三芯电力电缆用的排管管材，还可使用内壁光滑的钢筋混凝土管或镀锌钢管。

（3）排管顶部土壤覆盖深度不宜小于0.5m，且与电缆、管道（沟）及其他构筑物的交叉距离不宜小于规定。

（五）隧道敷设

电缆隧道净高不宜小于1900mm，与其他沟道交叉的局部段净高不得小于1400mm或改为排管连接。

除控制电缆外，每档支架敷设的电力电缆不宜超过3根。

在隧道内110kV及以上的电力电缆，应按电力电缆的热伸缩量作蛇形敷设设计。其他电压等级的电力电缆可参照本标准。

以蛇形敷设的电力电缆应在下列部位用金属夹具或绳索固定于支架上：

（1）采用垂直蛇形应在每隔5～6个蛇形弧的顶部和靠近接头部位用金属夹具把电缆固定于支架上，其余部位应用具有足够强度的绳索绑扎于支架上。

（2）采用水平蛇形敷设的电力电缆，应在每个蛇形弧弯曲部位用夹具把电力电缆固定于防火槽盒内或桥架上。

（3）绑扎绳索强度应按受绑扎的单芯电力电缆通过最大短路电流时所产生的电动力验算。

（4）在坡度大于10%的斜坡隧道内，把电力电缆直接放在支架上（如采用垂直蛇形敷设）时，应在每个弧顶部位和靠近接头部位用夹具把电力电缆固定于支架上，以防电力电缆热伸缩时位移。

（六）电缆沟敷设

电缆沟深度应按远景规划敷设电力电缆根数决定，但沟深不宜大于1.5m。

净深小于0.6m的电缆沟，可把电力电缆敷设在沟底板上，不设支架和施工通道。

（七）桥梁敷设

（1）利用交通桥梁敷设电力电缆，应取得当地桥梁管理部门认可且应遵守下列规定：

1）在桥梁上敷设的电力电缆和附件等质量应在桥梁设计允许承载值之内。

2）电力电缆和附件的安装，不得有损于桥梁结构的稳定性。

3）在桥梁上敷设的电力电缆和附件，不得低于桥底距水面高度。

4）在桥梁上敷设的电力电缆和附件，不得有损于桥梁的外观。

（2）在短跨距的桥梁人行道下敷设的电力电缆，还应遵守下列规定：

1）把电力电缆穿入内壁光滑、耐燃性良好的管道内或放入耐燃性能良好的槽盒内，以防外界火源危及电力电缆。在外来人员不可能接触到之处可裸露敷设，但应采取避免太阳直接照射的措施。

2）在桥墩两端或在桥梁伸缩间隙处，应设电缆伸缩弧，用以吸收来自桥梁或电力电缆本身的热伸缩量。

（3）在长跨距的桥桁内或桥梁人行道下敷设电力电缆，还应遵守下列规定：

1）在电力电缆上采取适当的防火措施，以防外界火源危及电力电缆。

2）在桥梁上敷设的电力电缆应考虑桥梁因受风力和车辆行驶时的振动而导致电缆金属护套出现疲劳的保护措施。

3）在桥梁上敷设的110kV及以上的大截面电力电缆，宜作蛇形敷设，用以吸收电力电缆本身的热伸缩量。

（八）水下敷设

（1）水下电缆敷设路径的选择，应满足电力电缆不易受机械性损伤、能实施可靠防护、敷设作业方便、经济合理等要求。

（2）水下电缆应敷设于河床下，船舶通航的深水段埋深不宜小于2m，船舶不能通航的浅水段埋深不宜小于0.5m。

（3）水下电缆相互间严禁交叉、重叠。

（4）水下电缆与工业管道之间的水平距离不宜小于50m，受条件限制时，不宜小于15m。

（5）水下电缆穿越防汛堤穿越点的标高，不应小于当地的最大防汛水位的标高。

（6）水下电缆的两岸，应按航标规范设置警告标志。

（九）垂直敷设

垂直敷设电力电缆，需按电力电缆质量以及由电缆的热伸缩而产生的轴向力来选择敷设方式和固定方式。

敷设方式和固定方式宜按下列情况选择：

（1）高落差不大、电力电缆质量较轻时，宜采用直线敷设、顶部设夹具固定方式。电力电缆的热伸缩由底部弯曲处吸收。

（2）电力电缆质量较大，由电力电缆的热伸缩所产生的轴向力不大的情况下，宜采用直线敷设、多点固定方式。

（3）电力电缆质量较大，由电力电缆的热伸缩所产生的轴向力较大的情况下，宜采用蛇形敷设，并在蛇形弧顶部添设能横向滑动的夹具。

（十）电缆终端站（塔）

电缆终端和架空线相连，可通过电缆终端站（塔）与架空线直接连接或经熔断器连接。

电缆终端站（塔）应设置电缆终端支架（或平台）、避雷器、接地箱及接地引下线。终端支架的定位尺寸必须确保电缆终端各相导体对接地部分和相间距离符合规定，并满足带电导体对地面的安全距离，终端站的站址应征得城建规划部门认可，终端站的防护围墙高度应不小于 2.5m。

在电缆终端站（塔）处，凡露出地面部分的电力电缆应套入具有一定机械强度的保护管加以保护。露出地面的保护管总长不应小于 2.5m，单芯电力电缆应采用非磁性材料制成的保护管。

当架空地线保护角不能满足终端站保护要求时，宜增设避雷针。

终端站应设置接地装置，电缆终端及附属设施接地部分应与接地装置可靠连接。

四、防火设计

（1）对电力电缆可能着火蔓延导致严重事故的回路、易受外部影响波及火灾的电力电缆密集场所，应设置适当的阻火分隔，并应按工程重要性、火灾概率及其特点和经济合理等因素，采取下列安全措施：

1）实施阻燃防护或阻止延燃。

2）选用具有阻燃性的电缆。

3）实施耐火防护或选用具有耐火性的电缆。

4）实施防火构造。

5）增设自动报警与专用消防装置。

（2）阻火分隔方式的选择，应符合下列规定：

1）电缆构筑物中电缆隔墙、楼板的孔洞处，工作井中电缆管孔等均应实施阻火封堵。

2）在隧道或重要回路的电缆沟中的下列部位，宜设置阻火墙（防火墙）。

a. 公用主沟道的分支处。

b. 多段配电装置对应的沟道适当分段处。

c. 长距离沟道中相隔约 200m 或通风区段处。

d. 至控制室或配电装置的沟道入口、厂区围墙处。

3）在竖井中，宜每隔 7m 设置阻火隔层。

（3）实施阻火分隔的技术特性，应符合下列规定：

1）阻火封堵、阻火隔层的设置，应按电力电缆贯穿孔洞状况和条件，采用相适合的防火封堵材料或防火封堵组件。用于电力电缆时，宜使对载流量影响较小；用在楼板竖井孔处时，应能承受巡视人员的荷载。阻火封堵材料的使用，对电缆不得有腐蚀和损害。

2）阻火墙的构成，应采用适合电力电缆线路条件的阻火模块、防火封堵板材、阻火包等软质材料，且应在可能经受积水浸泡或鼠害作用下具有稳固性。

3）除通向主控室、厂区围墙或长距离隧道中按通风区段分隔的阻火墙部位应设置防火门外，其他情况下，有防止窜燃措施时可不设防火门。防窜燃方式，可在阻火墙紧靠两侧不少于 1m 区段所有电力电缆上施加防火涂料、包带或设置挡火板等。

4）阻火墙、阻火隔层和阻火封堵的构成方式，应按等效工程条件特征的标准试验，满足耐火极限不低于 1h 的耐火完整性、隔热性要求确定。

当阻火分隔的构成方式不为该材料标准试验的试件装配特征涵盖时，应进行专门的测试论证或采取补加措施；阻火分隔厚度不足时，可沿封堵侧紧靠的约1m区段电缆上施加防火涂料或包带。

（4）阻燃电缆的选用，应符合下列规定：

1）电力电缆多根密集配置时的阻燃性，应符合《电缆和光缆在火焰条件下的燃烧试验 第31部分：垂直安装的成束电线电缆火焰垂直蔓延试验 试验装置》（GB/T 18380.31—2008的有关规定，并应根据电力电缆配置情况、所需防止灾难性事故和经济合理的原则，选择适合的阻燃性等级和类别。

2）在同一通道中，不宜把非阻燃电缆与阻燃电缆并列配置。

（5）明敷电力电缆实施耐火防护方式，应符合下列规定：

1）电力电缆数量较少时，可采用防火涂料、包带加于电力电缆上或把电力电缆穿于耐火管中。

2）同一通道中电缆较多时，宜敷设于耐火槽盒内，且对电力电缆宜采用透气型式，在无易燃粉尘的环境可采用半封闭式，敷设在桥架上的电力电缆防护区段不长时，也可采用阻火包。

（6）自容式充油电力电缆要求实施防火处理时，可采取埋砂敷设。

（7）靠近高压电流、电压互感器等含油设备的电缆沟，该区段沟盖板宜密封。

（8）在安全性要求较高的电力电缆密集场所或封闭通道中，宜配备适于环境的可靠动作的火灾自动探测报警装置。

明敷充油电力电缆的供油系统，宜设置反映喷油状态的火灾自动报警和闭锁装置。

（9）在地下公共设施的电力电缆密集部位、多回充油电力电缆的终端设置处等安全性要求较高的场所，可装设水喷雾灭火等专用消防设施。

（10）电缆用防火阻燃材料产品的选用，应符合下列规定：

1）阻燃性材料应符合《防火封堵材料》（GB 23864—2009/XG1—2012）的有关规定。

2）防火涂料、阻燃包带应符合《电缆用阻燃包带》（XF 478—2004）的有关规定。

3）用于阻止延燃的材料产品，除上述第2款外，尚应按等效工程使用条件的燃烧试验满足有效的自熄性。

4）用于耐火防护的材料产品，应按等效工程使用条件的燃烧试验满足耐火极限不低于1h的要求，且耐火温度不宜低于1000℃。

5）用于电力电缆的阻燃、耐火槽盒，应确定电力电缆载流能力或有关参数。

6）采用的材料产品应适于工程环境，并应具有耐久可靠性。

五、设计案例

（一）工程概述

本工程拟由A变电站10kV开关室新出1条ZC-YJY22-8.7/15kV-3×300mm^2 电力电缆引至B线路53号杆东侧新立电缆终端杆。

需新建：ZC-YJY22-8.7/15kV-3×300mm^2 电力电缆1496m，户内终端1套，户外终端1套，新装断路器2台，新立架空电杆9基；新敷设管道光缆1637m。

工程实施后，将10kV B线路47号杆以下全部负荷电流约30A、10kV C线路D8036开关以下全部负荷电流约35A、10kV C线路D8037开关以下全部负荷电流约118A等倒入新

出路。

新出路带约183A负载电流，负载率约为34%。10kV B线路剩余负载电流约336A，10kV B线路负载率由95%降为65%。

（二）电力电缆及附件选型

根据某公司提供的B线路解决重载工程方案，综合考虑10kV电力电缆规格及电力电缆备品备件的统一性，故本工程电力电缆型号选用ZC-YJY22-8.7/15kV-3×300mm²，满足供电要求。

本工程终端及中间接头均选用冷缩型，型号为8.7/15kV-3×300mm²。

（三）电力电缆截面积选择

电力电缆导体截面积的选择应结合敷设环境来考虑，按照《电缆载流量计算》（JB/T 10181—2014）计算。电力电缆敷设在电缆夹层、电力隧道及管井中，在环境温度40℃、导体最高运行温度不超过90℃，参考现状运行电力电缆的技术资料，铜芯、交联聚乙烯绝缘、截面积300mm²、阻燃外护套电力电缆的载流量不小于550A，经过核算满足最大负荷需求的匹配要求，且有一定裕度。

（四）电力电缆敷设方式

电力排管结构设计使用年限50年，结构安全等级为二级，结构抗震设防烈度为8度，防水等级为三级。根据现场踏勘情况，电力排管位于现状道路下方，采用ϕ150热浸塑钢管、CPVC管，ϕ1050顶管内敷12ϕ150+2ϕ150（二次用）M-PP管。

（五）电力电缆接地方式

本工程新建电力电缆的接地方式均采用两端直接接地，即在每路电力电缆两端的户内终端、户外终端，电力电缆金属屏蔽层及铠装层分别经接地引线引出，与变电站站侧接地网、电缆终端杆接地装置可靠连接，接地引线为铜编织带。

（六）在线监测手段

井盖监控系统：本工程为新建排管加装井盖监控系统，通过光纤接入原井盖监控主机，为工程新建电力接头井、检查井的井盖安装井盖监控，监控信号通过数据通信网传送至电网运行监控中心，从而实现对电力电缆井盖的集中控制、远程开启、非法开启报警等功能。

（七）防火设计

变电站内电力电缆引上孔、土建隔墙预留孔需用防火板和防火堵料封堵。

第五章　中压电力电缆敷设及附件安装

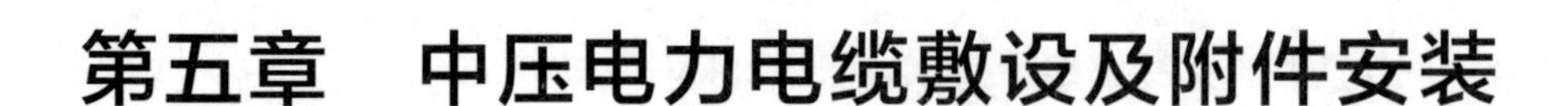

第一节　中压电力电缆敷设

本节介绍中压电力电缆常见的几种敷设方式的要求和方法，通过概念解释、要点讲解和流程介绍，熟悉各种敷设方式的特点、基本要求，掌握各种敷设施工方法。

电力电缆线路敷设方式应根据所在地区的环境地理条件、敷设电缆用途、供电方式、投资情况而定，可采用隧道敷设、排管敷设、电缆沟敷设、直埋敷设、桥架桥梁敷设、综合管廊敷设等一种或多种敷设方式。

一、隧道敷设

容纳电力电缆数量较多、有供安装和巡视的通道、全封闭的电缆构筑物为电缆隧道，其断面如图 5-1 所示。将电缆敷设于预先建设好的隧道中的安装方法，称为电缆隧道敷设。

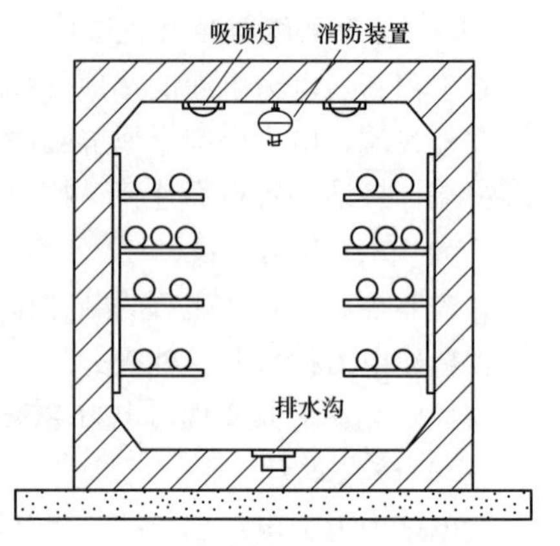

图 5-1　电缆隧道断面示意图

（一）电缆隧道敷设的特点

电缆隧道应具有照明、排水装置，并采用自然通风和机械通风相结合的通风方式。隧道内还应具有烟雾报警、自动灭火、灭火箱、消防栓等消防设备。

电力电缆敷设于隧道中，消除了外力损坏的可能性，对电力电缆的安全运行十分有利，但是隧道的建设投资较大，建设周期较长。

（二）电缆隧道敷设方法

电缆隧道敷设方法如图 5-2 所示，其主要作业流程如图 5-3 所示。

1. 电缆隧道敷设作业前的准备

（1）电缆隧道应无积水、杂物及其他妨碍电力电缆敷设的物体。

（2）电缆隧道应具备通风条件，可采取自然通风或机械通风。

（3）电缆隧道敷设应有可靠的通信联络设施。

（4）电缆隧道内支架应安装完成，支架本体及连接部位应安装稳固，表面需平整，尺寸及间距应符合电力电缆放置及固定的要求。

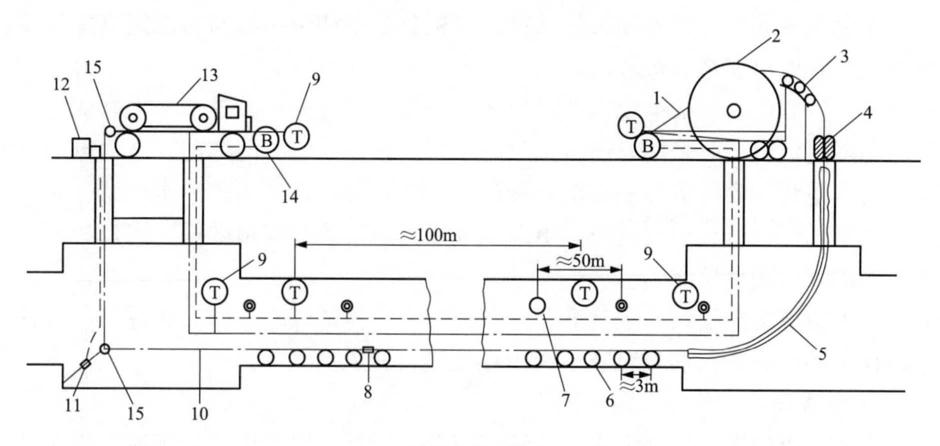

图 5-2　电缆隧道敷设方法示意图

1—电缆盘制动装置；2—电缆盘；3—上弯曲滑车组；4—履带牵引机；5—波纹保护管；6—滑车；7—紧急停机按钮；8—防捻轮；9—电话；10—牵引钢丝绳；11—张力感受器；12—张力自动记录仪；13—卷扬机；14—紧急停机报警器；15—开口葫芦

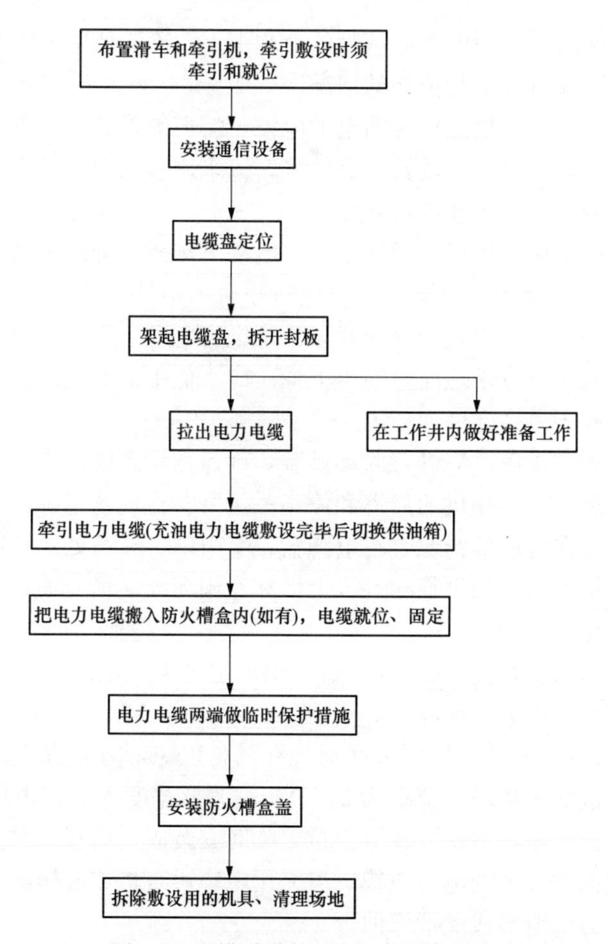

图 5-3　电缆隧道敷设主要作业流程图

（5）根据电力电缆参数及现场条件选择敷设机具。电缆牵引机与滑车组搭配使用，根据电力电缆的规格选取电缆牵引机及滑车组。

（6）确定敷设方法，包括电缆盘架设位置、电缆牵引方向，校核牵引力和侧压力等。

（7）电缆隧道敷设一般采用卷扬机钢丝绳牵引。在敷设电力电缆前，电力电缆端部应制作牵引端。将电缆盘和卷扬机分别安放在隧道入口处，并搭建适当的滑车支架。

（8）当隧道相邻入口相距较远时，电缆盘和卷扬机安置在隧道的同一入口处，牵引钢丝绳经隧道底部的开口葫芦反向牵引。

（9）针对电力电缆敷设环境进行准备，布置施工所需的临时电源，布置照明灯具，清除电力电缆路径上的障碍及积水，对隧道密闭环境进行通风换气等。

2. 电缆隧道敷设的操作步骤

（1）敷设前检查电缆型号、电压、规格，应符合设计。电力电缆外观应无损伤，当对电力电缆的密封有怀疑时应进行校潮，并检查电力电缆金属护套内部是否存有残留气体。

（2）电缆放线架应放置稳妥，钢轴的强度和长度应与电缆盘质量和宽度相配合。

（3）敷设前应按设计和实际路径计算每根电缆的长度，核对电缆中间接头位置，合理安排每盘电缆。

（4）敷设电力电缆时，电力电缆应从盘的上端引出，不应使电力电缆在支架上及地面摩擦拖拉。电力电缆上不应有外护套损伤的情况。

（5）对于长度比较短、质量比较轻的电力电缆，隧道敷设路径平直，可采用机械牵引的方式敷设。隧道路径复杂，水平、垂直拐点较多，应采用人工牵引的方式敷设。为防止影响电力电缆敷设质量，通常不采用输送机敷设。

（6）机械牵引一般采用卷扬机钢丝绳牵引、电动滑车相结合的方法。敷设时，关键部位应有人监视。高度差较大的隧道两端部位，应防止电力电缆引入时因自重产生过大的牵引力、侧压力和扭转应力。隧道中宜选用交联聚乙烯电力电缆，当敷设充油电力电缆时，应注意监视高、低端油压变化。位于地面电缆盘上油压应不低于最低允许油压，在隧道底部最低处电力电缆油压应不高于最高允许油压。

（7）全部机具布置完毕后，应进行联动试验，确保敷设系统正常。

（8）敷设电力电缆时，卷扬机的启动和停车一定要执行现场指挥人员的统一指令。

（9）敷设时应注意保持通信畅通，在电缆盘、牵引端、转弯处及控制箱等地方设置通信工具。常用的通信联络手段是架设临时有线电话和专用无线通信。通信系统应在敷设前进行试验，确保通信系统正常。

（10）电力电缆敷设完后，应根据设计施工图规定将电力电缆安装在支架上，单芯电力电缆必须采用适当夹具将电力电缆固定。

（11）大截面单芯电力电缆应使用可移动式夹具，以蛇形方式固定。蛇形的波节、波幅应符合设计要求。一般蛇形敷设的节距为6～12m，波形宽度为电力电缆外径的1～1.5倍。对于截面积较小的电力电缆，可在支架恰当位置临时安装固定挡板，靠人力推动电力电缆形成蛇形弯曲；对于截面积较大的电力电缆，可采用电缆矫直机或液压缸配合弧形钢板粘贴橡胶垫等机械方法使电力电缆形成蛇形弯曲。

（12）电力电缆蛇形布置时，应配合电缆输送机或其他机械、人力按需要移送电力电缆，防止因蛇形布置使电力电缆局部受力过大。

（13）电力电缆要固定牢固，抱箍或固定金具应和电力电缆垂直。固定电力电缆时应在抱箍或固定金具与电力电缆之间垫橡胶垫，橡胶垫要与电缆贴紧，露出抱箍或固定金具两侧的橡胶垫基本相等。抱箍或固定金具两侧螺栓应均匀受力，直至橡胶垫与抱箍或固定金具紧密接触，固定牢固。

3．大长度垂直段敷设的控制要求

大长度垂直段电力电缆敷设一般有三种方法，即钢丝绳牵引法、阻尼缓冲器法和垂吊式电缆敷设法。

（1）钢丝绳牵引法是在上端设置卷扬机，利用吊具抱箍、卡具等把电力电缆分段固定到钢丝绳上，卷扬机提升钢丝绳来提升电力电缆。这种方法对空间要求小，避免了电力电缆自重大于抗拉能力造成的电力电缆变形或破坏。在工器具的准备中，在电力电缆起始端采用具有消除电力电缆及钢丝绳旋转扭力，以及垂直受力锁紧特性的旋转头网套连接器；在上水平段与垂直段的拐弯处，采用覆式侧拉型中间网套连接器 A；每隔 50m 增设一副覆式侧拉型中间网套连接器 B，直至电缆终端，用以分担吊重，使垂直段受力均匀。专用连接网套如图 5-4 所示。

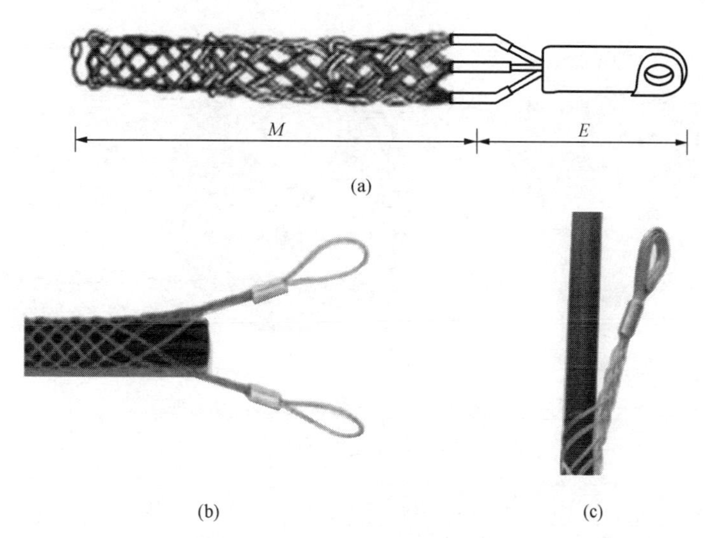

图 5-4　专用连接网套示意图

（a）旋转头网套连接器；（b）中间网套连接器 A；（c）中间网套连接器 B

吊装过程中还需使用专用电缆防晃吊具，控制电力电缆摆动幅度，如图 5-5 所示。采用专用抱箍卡具，用以固定电力电缆和吊装绳。该方法适用施放非钢丝铠装电力电缆。

（2）阻尼缓冲器法是利用高位势能从上往下输送，阻尼缓冲器由 3 个轮子和型钢支架组成，如图 5-6 所示，分段设置阻尼缓冲器以确保安全的下放速度。该方法所需装置简易、成本低、人工少、安全性高，且能有效避免电缆损伤，但对施工人员的操作熟练度要求高，对现场和施工组织要求较高。

（3）垂吊式电力电缆是一种特殊结构的电力电缆，自带 3 根扇形组合吊装钢丝低烟无卤 10kV 垂吊式交联电力电缆如图 5-7 所示。不同于传统的铠装电力电缆，该电力电缆自身可承受较大的拉力，缆体受力均匀，可以按常规方法敷设，但采购周期长、成本高。钢丝铠装电力电缆可按常规施放方法进行敷设。

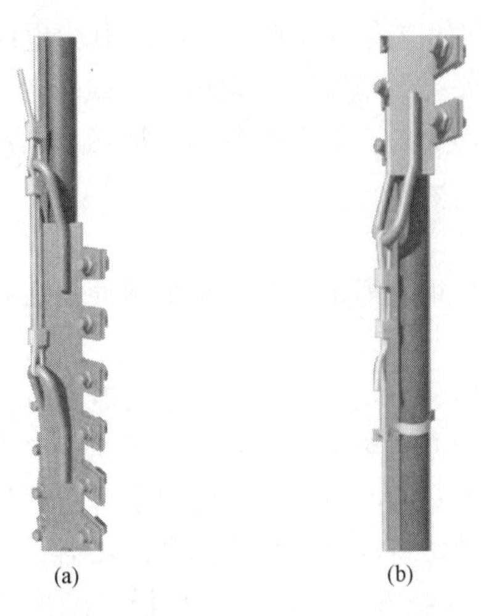

图 5-5　专用电缆防晃吊具示意图

（a）端部连接 1；（b）端部连接 2

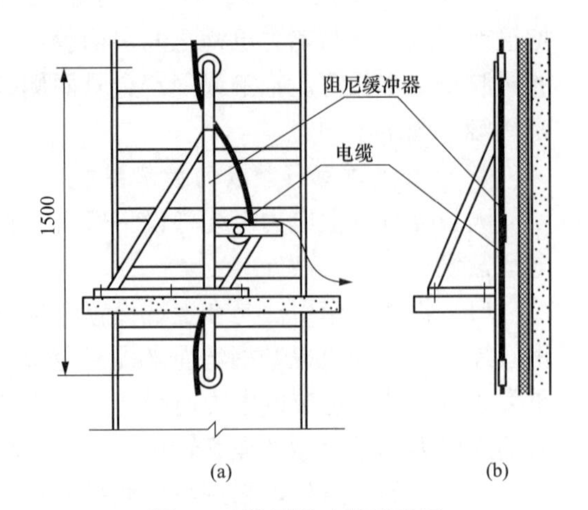

图 5-6　阻尼缓冲器示意图

（a）正视图；（b）侧视图

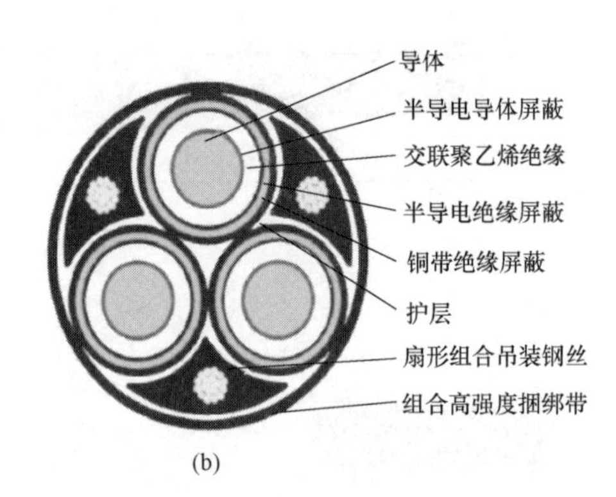

图 5-7　低烟无卤 10kV 垂吊式交联电力电缆示意图

（a）缆芯；（b）截面图

电力电缆吊装完成后，电力电缆处于自重垂直状态下，将每个井口的电力电缆用抱箍固定在槽钢台架上，电力电缆与抱箍之间应垫有胶皮，以免电力电缆受损。

（三）质量标准及注意事项

（1）隧道内应采用自然通风和机械通风相结合的通风方式。当电力隧道长度超过 100m 但在 300m 以内时，应在隧道两端各设立一座通风亭，或在一端电力竖井内安装一台轴流风机。隧道长度超过 300m 的，应在电力隧道两端以及中间每隔 250m 适当位置设立一座通风亭，或在电力隧道两端以及中间每隔 250m 适当位置顺次设立通风竖井，并在竖井内安装进风轴流风机和排风轴流风机。

（2）深度较浅的电缆隧道应至少设置两个以上的人孔，长距离一般每隔 100～200m 应设一人孔。设置人孔时，应综合考虑电力电缆施工敷设。在敷设电力电缆的地点设置两个人孔，一个用于电力电缆进入，另一个用于人员进出。近人孔处装设进出风口，在出风口处装设强迫排风装置。深度较深的电缆隧道，两端进出口一般与竖井相连接，并通常使用强迫排风管道装置进行通风。电缆隧道内的通风要求以在夏季不超过室外空气温度 10℃为原则。

（3）电缆隧道两侧应架设用于放置固定电缆的支架。电缆支架与顶板或底板之间的距离，应符合规定要求。支架上蛇形敷设的中压电力电缆应按设计节距用专用金具固定或用尼龙绳绑扎。电力电缆与控制电缆应分别安装在隧道的两侧支架上，如果条件不允许，则控制电缆应该放在电力电缆的上方。

（4）电缆隧道内应装设贯通全长的连续的接地线，所有电缆金属支架应与接地线连通。电力电缆的金属护套、铠装除有绝缘要求（如单芯电缆）以外，应全部相互连接并接地；这是为了避免电力电缆金属护套或铠装与金属支架间产生电位差，从而发生交流腐蚀。

（5）电力电缆允许敷设最低温度，在敷设前24h内的平均温度及敷设时温度不应低于0℃；当温度低于0℃时应采取加热措施。

（6）电力电缆敷设过程应统一指挥，电缆盘刹车处、转弯处及控制箱处、牵引机处应设置专门的操作及看护人员，同时电缆盘处应设专人检查电缆外观有无破损。

（7）电缆盘应配备制动装置，保证在异常情况下能够使电缆盘停止转动，防止电力电缆损伤。

（8）单芯交联聚乙烯绝缘电力电缆的最小弯曲半径应为$20D$（D为电缆外径）。根据电力电缆弯曲半径及牵引力计算侧压力，转弯处的侧压力不应大于3kN/m。

（9）敷设过程中，若局部电力电缆出现余度过大的情况，应立即停止敷设，处理后方可继续敷设，防止电力电缆弯曲半径过小或撞坏电缆。

（10）用机械敷设电力电缆时不宜采用钢丝网套直接牵引电缆护套，电力电缆应预制或现场制作牵引头进行牵引，最大牵引强度见表5-1。

表5-1　电力电缆最大牵引强度　（N/mm^2）

牵引方式	牵引头	
受力部位	铜芯	铝芯
允许牵引强度	70	40

（11）机械敷设电力电缆的速度不宜超过6m/min，在较复杂路径上敷设时，其速度应适当放慢。

（12）当盘上剩余约2圈电力电缆时，应立即停车，在电缆尾端捆好尾绳，用人牵引缓慢放下，严禁电力电缆尾端自由落下，防止摔坏电力电缆和弯曲半径过小。

（13）电力电缆就位应轻放，严禁磕碰支架端部和其他尖锐硬物。

二、排管敷设

将电力电缆敷设于预先建设好的地下排管中的安装方法，称为电缆排管敷设。排管敷设断面如图5-8所示。

（一）排管敷设的特点

电缆排管敷设保护电力电缆效果比直埋敷设好，电力电缆不容易受到外部机械损伤，占用空间小，且运行可靠。当电力电缆敷设回路数较多、平行敷设于道路的下面、穿越公路、铁路和建筑物时，排管敷设是一种较好的选择。排管敷设适用于交通比较繁忙、地下走廊比较拥挤、敷设电力电缆数较多的地段。敷设在排管中的电力电缆应有塑料外护套，不宜用裸金属铠装层。

工作井和排管的位置一般在城市道路的非机动车道，也可设在人行道或机动车道。工作

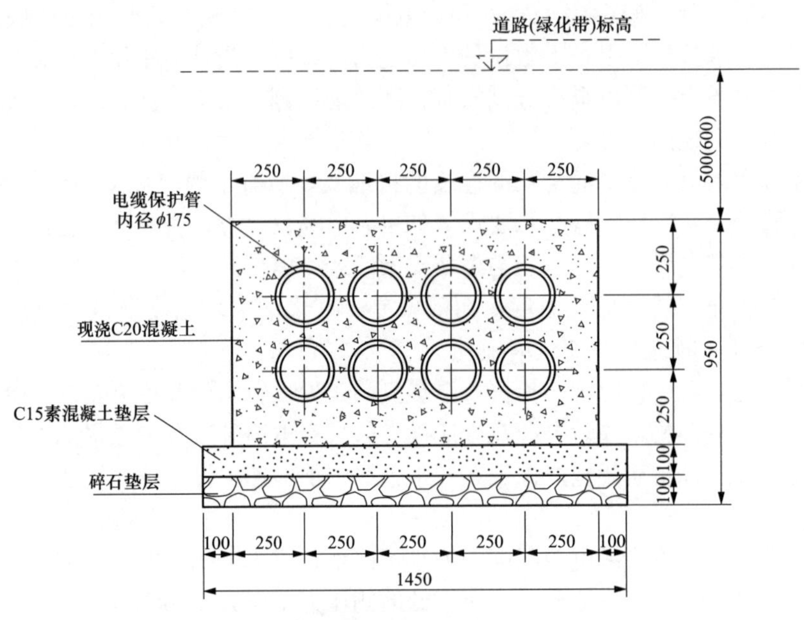

图 5-8　排管敷设断面示意图

井和排管的土建工程完成后，除敷设近期的电缆线路外，以后相同路径的电力电缆线路安装维修或更新电力电缆不必重复挖掘路面。

电缆排管敷设施工较为复杂，敷设和更换电缆不方便，散热差，影响电力电缆载流量；土建工程投资较大，工期较长。当管道中电力电缆或工作井内接头发生故障，往往需要更换两座工作井之间的整段电力电缆，修理费用较大，且查找故障是其他沟型中最为困难的。

（二）排管敷设方法

电缆排管敷设方法及其主要作业流程分别如图 5-9 和图 5-10 所示。

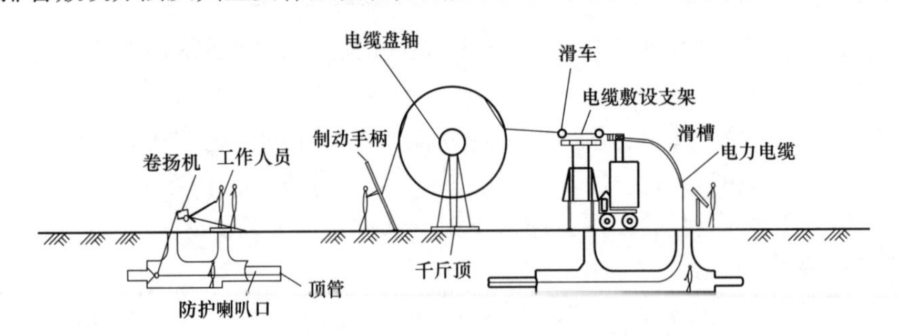

图 5-9　电缆排管敷设示意图

1. 排管敷设作业前的准备

排管建好后，敷设电力电缆前，应检查电缆管安装时的封堵是否良好。电缆排管内不得有因漏浆形成的水泥结块及其他残留物。衬管接头处应光滑，不得有尖凸。如发现问题，应进行疏通清扫，以保证管内无积水且无杂物堵塞。在疏通检查过程中发现排管内有可能损伤电缆护套的异物时必须及时清除，可用钢丝刷、铁链和疏通器来回牵拉。必要时，用管道内窥镜探测检查。只有当管道内异物清除、整条管道双向畅通后，才能敷设电力电缆。

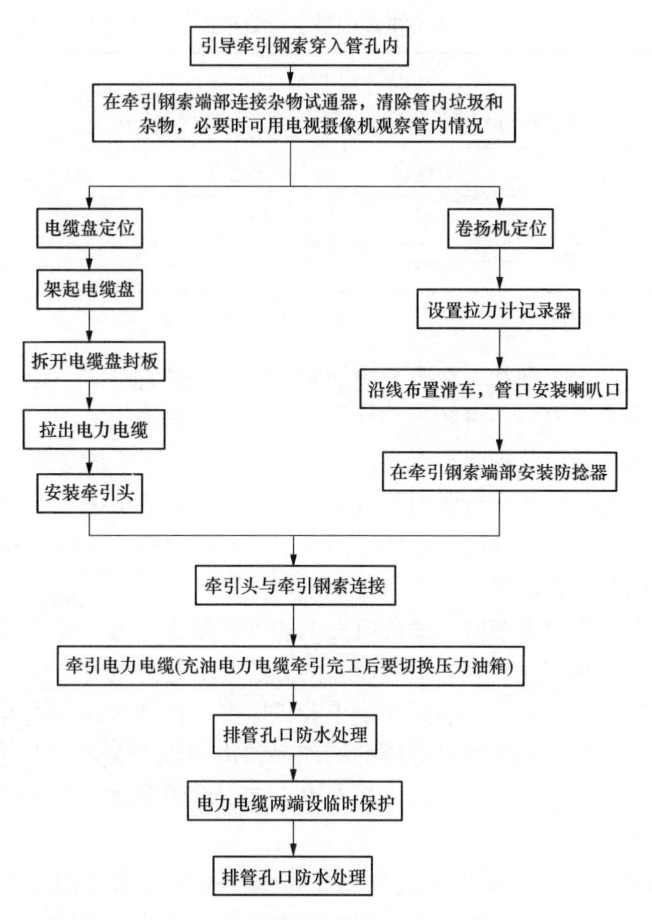

图 5-10　电缆排管敷设主要作业流程图

2. 排管敷设的操作步骤

在疏通排管时，可用直径不小于 0.85 倍管孔内径、长度约 600mm 的钢管来回疏通，再用与管孔等直径的钢丝刷清除管内杂物。疏通电缆排管如图 5-11 所示。

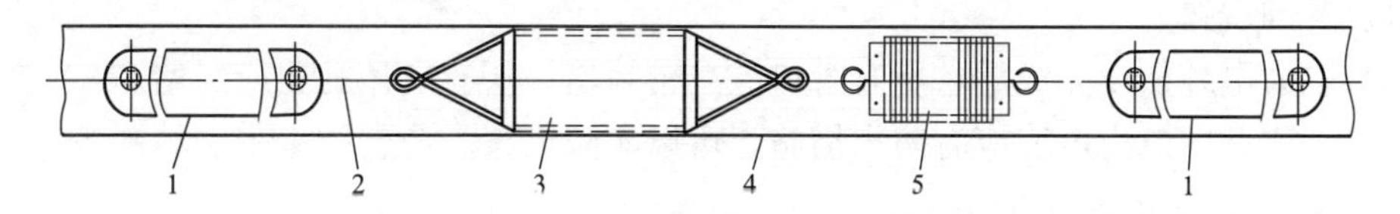

图 5-11　疏通电缆排管示意图

1—防捻器；2—钢丝绳；3—试验棒；4—电缆排管；5—圆形钢丝刷

（1）敷设在管道内的电力电缆一般为塑料护套电缆。敷设电力电缆时，不得损伤护层，可采用无腐蚀性的润滑剂（粉），以减少电力电缆和管壁间的摩擦力从而便于牵引。

（2）在排管口应套以波纹聚乙烯或铝合金制成的光滑喇叭管用以保护电力电缆。如果电缆盘搁置位置离开工作井口有一段距离，则需在工作井外和工作井内安装滑车支架组，或采用保护套管，以确保电力电缆敷设牵引时的弯曲半径（电力电缆的最小弯曲半径应符合表 5-2 要求），减小牵引的摩擦阻力，防止损伤电缆外护套。

表 5-2　　电力电缆的最小弯曲半径

项目	35kV 及以下电力电缆				66kV 及以上电力电缆
	单芯电力电缆		三芯电力电缆		
	无铠装	有铠装	无铠装	有铠装	
敷设时	20*D*	15*D*	15*D*	12*D*	20*D*
运行时	15*D*	12*D*	12*D*	10*D*	15*D*

注　*D* 为成品电力电缆标称外径。

(3) 润滑钢丝绳。一般钢丝绳涂有防锈油脂，但用作排管牵引、进入管孔前仍要涂抹润滑剂。这不但可减小牵引力、还可防止钢丝绳对管孔内壁的擦损。

(4) 牵引力监视。装设监视张力表是保证质量的较好措施，除了克服启动时的静摩擦力大于允许的牵引力外，一般如发现张力过大应找出其原因，如电缆盘的转动是否和牵引设备同步，制动有可能未释放，等解决后才能继续牵引。比较牵引记录和计算牵引力的结果，可判断所选用的摩擦因数是否适当、牵引力是否超限。

(5) 排管采用人工敷设电缆时，短段电力电缆可直接将电力电缆穿入管内，稍长一些的管道或有直角弯时，可采用先穿入导引钢丝绳的方法牵引电力电缆。

(6) 管路较长时需用牵引，一般采用人工和机械牵引相结合的方式敷设电力电缆。将电缆盘放在工作井口，然后借预先穿过管道的钢丝绳将电力电缆拖拉过管道到另一个工作井。对大长度、质量大的电力电缆，应制作电缆牵引头牵引电缆导体，在牵引力不超过外护套抗拉强度时，可用钢丝网套牵引。

(7) 电力电缆敷设前后应用绝缘电阻表测试电缆外护套绝缘电阻，并做好记录，以监视电缆外护套在敷设过程中有无受损。如有损伤，应立即采取修补措施。

(8) 从排管口到接头支架之间的一段电力电缆，应借助夹具弯成两个相切的圆弧形状，即形成伸缩弧，以吸收电力电缆因温度变化所引起的热胀冷缩，从而保护电力电缆和接头免受热机械力的影响。伸缩弧的弯曲半径应不小于电力电缆允许弯曲半径。

(9) 在工作井的接头和单芯电力电缆，必须用非磁性材料或经隔磁处理的夹具固定。每只夹具应加橡胶衬垫。

(10) 电力电缆敷设完成后，所有管口应严密封堵，所有备用孔也应封堵。

(11) 工作井内电力电缆应有防火措施，可以涂防火漆、绕包防火带、填沙等。

(三) 质量标准及注意事项

(1) 电缆排管内径应不小于电缆外径的 1.5 倍，且最小不宜小于 100mm。管道内部必须光滑，管道连接时，管孔应对准，接缝应严密，不得有地下水和泥浆侵入。管道接头相互之间必须错开。

(2) 电缆管的埋设深度，自管道顶部至地面的距离，一般地区不应小于 0.7m，在人行道下不应小于 0.5m，室内不宜小于 0.2m。

(3) 为了便于检查和敷设电缆，在埋设的电缆管其直线段电缆牵引张力限制的间距处（包含转弯、分支、接头、管路坡度较大的地方）应设置电缆工作井。电缆工作井的高度不应小于 1.9m，宽度不应小于 2.0m，应满足施工和运行要求。

（4）电力电缆穿管的位置及穿入管中电力电缆的数量应符合设计要求，这样可以避免占用预留通道和减少故障查找的难度。交流单芯电力电缆管不得单独穿入钢管内，以免因电磁感应在钢管中产生损耗导致发热，进而影响电力电缆的正常运行。

（5）排管内部应无积水，且应无杂物堵塞。穿电力电缆时，不得损伤护层，可采用无腐蚀性的润滑剂（粉）。

（6）电缆排管在敷设电力电缆前应进行疏通，清除杂物。

（7）管孔数应按发展情况预留适当备用。

（8）电缆芯工作温度相差较大的电力电缆，宜分别置于适当间距的不同排管组。

（9）排管地基应坚实、平整，不得有沉陷。不符合要求时，应对地基进行处理并夯实，并在排管和地基之间增加垫块，以免地基下沉损坏电力电缆。管路顶部土壤覆盖厚度不宜小于 0.5m。纵向排水坡度不宜小于 0.2%。

（10）管路纵向连接处的弯曲度应符合牵引电缆时不致损伤的要求。

（11）电力电缆敷设到位后应做好电力电缆固定和管口封堵，并应做好管口与电力电缆接触部分的保护措施。工作井中电缆管口应按设计要求做好防水措施，避免电力电缆长时间浸泡在水中影响电缆寿命。

（12）在 10%以上的斜坡排管中，应在标高较高一端的工作井内设置防止电力电缆因热伸缩和重力作用而滑落的构件。

三、电缆沟敷设

封闭式不通行、盖板与地面相齐或稍有上下、盖板可开启的砖混或混凝土构筑物形式的电缆沟，其断面如图 5-12 所示。将电力电缆敷设于预先建设好的电缆沟中的安装方法，称为电缆沟敷设。

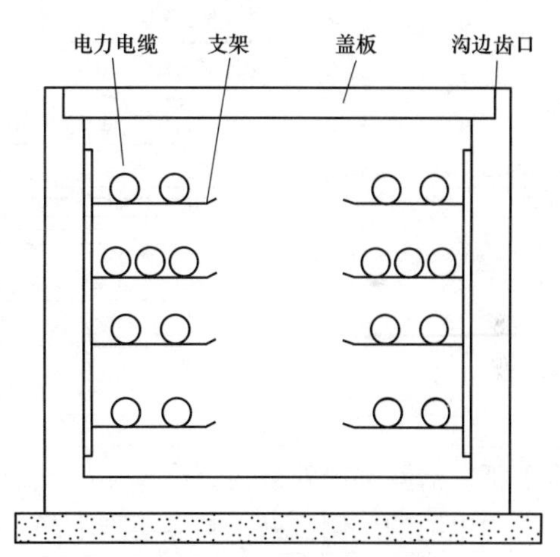

图 5-12　电缆沟断面示意图

（一）电缆沟敷设的特点

电缆沟敷设适用于并列安装多根电力电缆的场所，如发电厂及变电站内、工厂厂区或城市人行道等。采用该方法时，电力电缆不容易受到外部机械损伤，占用空间相对较小。根据并列安装的电力电缆数量，需在沟的单侧或双侧装置电缆支架，敷设的电力电缆应固定在支架上。敷设在电缆沟中的电力电缆应满足防火要求，如具有不延燃的外护套或裸钢带铠装，重要的电力电缆线路应具有阻燃外护套。

地下水位太高的地区不宜采用普通电缆沟敷设，因为电缆沟内容易积水、积污，而且清除不方便。电缆沟施工复杂、周期长，电缆沟中电力电缆的散热条件较差，影响其允许载流量，但电力电缆维修和抢修相对简单、费用较低。

（二）电缆沟敷设方法

电缆沟敷设的主要作业流程如图 5-13 所示。

1. 电缆沟敷设作业前的准备

电力电缆敷设施工前需揭开全部电缆沟盖板。特殊情况下，可以采用间隔方式揭开电缆

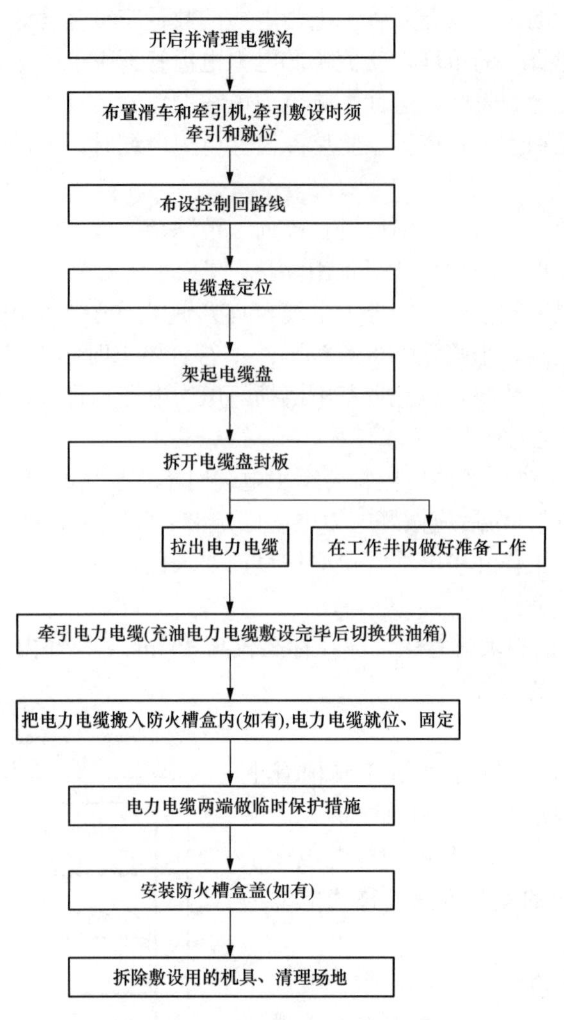

图 5-13　电缆沟敷设主要作业流程

沟盖板；清除沟内外杂物，检查支架预埋情况并修补，并把沟盖板全部置于沟外地面不利展放电力电缆的一侧，另一侧应清理干净，用于便道行走；如采用钢丝绳牵引施放电力电缆，先在电缆沟底安放滑车，电力电缆牵引完毕后，用人力将电力电缆定位在支架上；如采用全部人力敷设，先在便道上施放，然后把电力电缆放入电缆沟支架上；检查电力电缆外观有否损坏，如有则立即修补；电缆在支架上固定好后，将所有电缆沟盖板恢复原状。

2. 电缆沟敷设的操作步骤

施放电力电缆的方法，一般情况下是先放支架最下层、最里侧的电力电缆，然后从里到外、从下层到上层依次展放。

电缆沟中敷设电力电缆如采用牵引施放，需要特别注意的是，要防止电力电缆在牵引过程中被电缆沟边或电缆支架刮伤。因此，在电力电缆引入电缆沟处和电缆沟转角处，必须搭建转角滑车支架，用滚轮组成适当圆弧，减小牵引力和侧压力，以控制电力电缆弯曲半径，防止电力电缆在牵引时受到沟边或沟内金属支架擦伤，从而对电力电缆起到很好的保护作用。

电力电缆搁在金属支架上应加一层塑料衬垫。在电缆沟转弯处使用加长支架，让电力电缆在支架上允许适当位移。单芯电力电缆要采用非磁性材料固定，如用尼龙绳将电力电缆绑扎在支架上，每2挡支架扎一道，也可将三相单芯电力电缆呈“品”字形绑扎在一起。

在电缆沟中应有必要的防火措施，这些措施包括适当的阻火分割封堵，将电缆接头用防火槽盒封闭，电力电缆及电缆接头上包绕防火带阻燃处理；或将电力电缆置于沟底再用黄沙将其覆盖；也可选用阻燃电缆等。

电力电缆敷设完后，应及时将沟内杂物清理干净，盖好盖板。必要时，应将盖板缝隙密封，以免污水、油、灰等侵入。

（三）质量标准及注意事项

电缆沟采用钢筋混凝土或砖砌结构，用预制钢筋混凝土或钢制盖板覆盖，盖板顶面与地面相平。电力电缆可直接放在沟底或电缆支架上。

（1）电力电缆固定于支架上，在设计无明确要求时，各支撑点间距应符合相关规定。

（2）电缆沟的内净距尺寸应根据电力电缆的外径和总计电缆条数决定。电缆沟内最小允许距离应符合表5-3的规定。

表5-3　　电缆沟内最小允许距离　　（mm）

项　目		最小允许距离
通道高度	两侧有电缆支架时	500
	单侧有电缆支架时	450
电力电缆之间水平净距离		不小于电力电缆外径
电缆支架的层间净距	电力电缆为10kV及以下	200
	电力电缆为20kV及以下	250
	电力电缆在防火槽盒内	1.6×槽盒高度

（3）电缆沟内金属支架、裸铠装电力电缆的金属护套和铠装层应全部和接地装置连接。为了避免电缆外皮与金属支架间产生电位差，从而发生交流腐蚀或电位差过高危及人身安全，电缆沟内全长应装设连续的接地线装置，接地线的规格应符合规范要求。电缆沟中应用扁钢组成接地网，接地电阻应小于4Ω。电缆沟中的预埋铁件与接地网应以电焊连接。所有支架均有防锈措施。

电缆沟中的支架，按结构不同有装配式和工厂分段制造的电缆托架等种类。按材质分类，有金属支架和塑料支架。金属支架应采用热浸镀锌，并与接地网连接。以硬质塑料制成的塑料支架又称绝缘支架，其具有一定的机械强度并耐腐蚀。

（4）电缆沟盖板必须满足道路承载要求。钢筋混凝土盖板应有角钢或槽钢包边。电缆沟的齿口也应有角钢保护。盖板的尺寸应与齿口相吻合，不宜有过大间缝。盖板和齿口的角钢或槽钢要除锈后刷红丹漆两遍、黑色或灰色漆一遍，或采用热浸镀锌钢材。

（5）室外电缆沟内的金属构件均应采取镀锌防腐措施；室内外电缆沟也可采用涂防锈漆的防腐措施。

（6）为保持电缆沟干燥，应适当采取防止地下水流入沟内的措施。在电缆沟底设不小于0.5%的排水坡度，在沟内设置适当数量的积水坑。

（7）充砂电缆沟内，电力电缆平行敷设在沟中，电力电缆间净距不小于35mm，层间净

距不小于100mm，中间填满砂子。

(8) 敷设在普通电缆沟内的电力电缆，为防火需要，应采用裸铠装或阻燃性外护套的电力电缆。

(9) 电缆线路上如有接头，为防止接头故障时殃及邻近电力电缆，可将接头用防火槽盒保护或采取其他防火措施。

(10) 电力电缆和控制电缆应分别安装在沟的两边支架上；若不能满足时，则应将电力电缆安置在控制电缆之下的支架上，高电压等级的电力电缆宜敷设在低电压等级电力电缆的下方。

四、直埋敷设

将电力电缆敷设于地下壕沟中，沿沟底和电力电缆上覆盖有细土或砂且设有保护板再埋齐地坪的敷设方式称为电缆直埋敷设。典型的直埋敷设沟槽布置断面图，如图5-14所示。

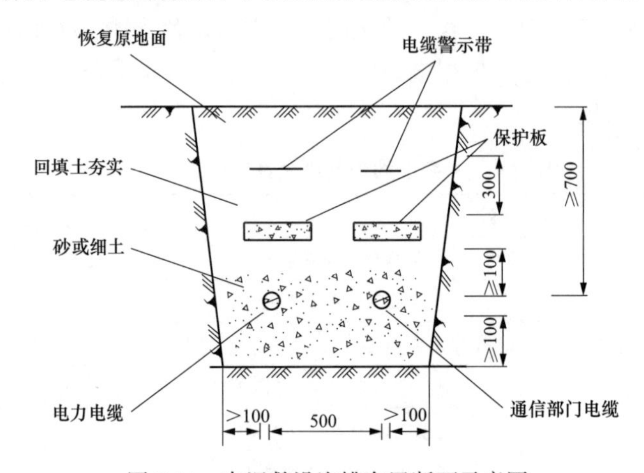

图5-14 直埋敷设沟槽布置断面示意图

(一) 直埋敷设的特点

直埋敷设适用于电力电缆线路不太密集和交通不太繁忙的城市地下走廊，如市区人行道、公共绿化、建筑物边缘地带等。直埋敷设不需要大量的前期土建工程，施工周期较短，是一种比较经济的敷设方式。电缆埋设在土壤中，一般散热条件比较好，线路输送容量比较大。

直埋敷设较易遭受机械外力损坏和周围土壤的化学或电化学腐蚀，以及白蚁和老鼠危害。地下管网较多的地段，可能有熔化金属、高温液体和对电缆有腐蚀液体溢出的场所，待开发、有较频繁开挖的地方，不宜采用直埋敷设。

(二) 直埋敷设方法

1. 直埋敷设作业前的准备

根据敷设施工设计图所选择的电缆路径，必须经城市规划管路部门确认。敷设前应申办电力电缆路径管线图、掘路施工许可证等手续。沿电力电缆路径开挖样洞，查明电力电缆线路路径上邻近地下管线和土质情况，按电力电缆电压等级、品种结构和分盘长度等，制订详细的分段施工敷设方案。如有邻近地下管线、建（构）筑物或树木迁让，应明确各管线和绿化管理单位的配合、赔偿事宜，并签订书面协议。

明确施工组织机构，制订安全生产保证措施、施工质量保证措施及文明施工保证措施。熟悉施工图纸，根据开挖样洞的情况，对施工图做必要修改。确定电力电缆分段长度和接头位置。编制敷设施工作业指导书。

确定各段敷设方案和必要的技术措施，施工前对各盘电力电缆进行验收，检查电力电缆有无机械损伤，封端是否良好，有无电缆质量保证书，进行绝缘校潮试验、外护层绝缘试验。

除电力电缆外，主要材料包括各种电缆附件、电缆保护盖板、过路管道。机具设备包括各种挖掘机械、敷设专用机械、工地临时设施（工棚）、施工围栏、临时路基板。运输方面的准备，应根据每盘电力电缆的质量制订运输计划，同时应备有相应的大件运输装卸设备。

2. 直埋敷设的操作步骤

直埋电力电缆敷设作业操作步骤应按照图 5-15 所示电缆直埋主要作业流程图操作。

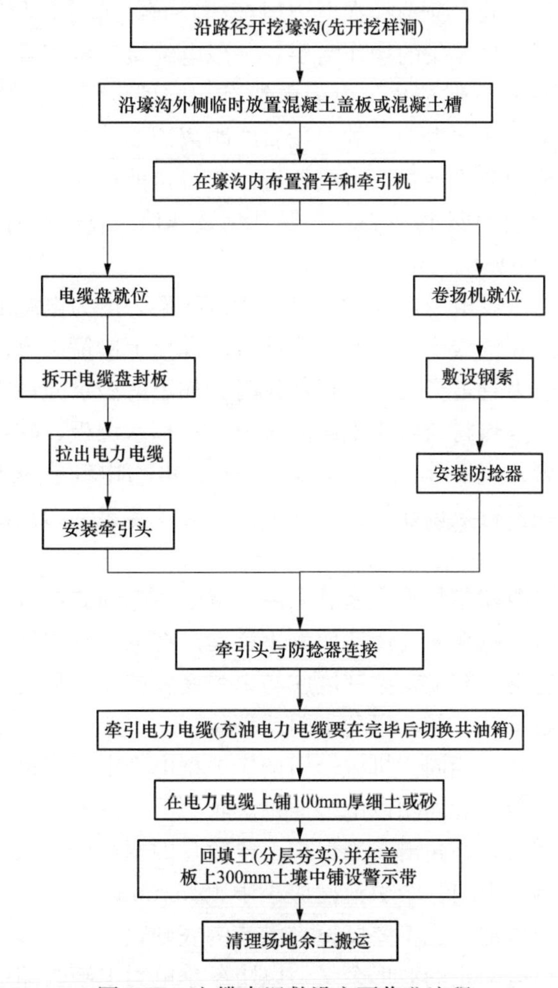

图 5-15　电缆直埋敷设主要作业流程

直埋沟槽的挖掘应按图纸标示电力电缆线路坐标位置，在地面划出电缆线路位置及走向。凡电力电缆线路经过的道路和建筑物墙壁，均按标高铺设过路管道和过墙管。根据划出电力电缆路径位置及走向开挖电缆沟，直埋沟的形状挖成上大下小的倒梯形，电力电缆埋设

深度应符合标准，其宽度由电力电缆数量来确定，但不得小于 0.4m；电缆沟转角处挖成圆弧形，并保证电力电缆的允许弯曲半径。保证电力电缆之间、电力电缆与其他管道之间平行和交叉的最小净距离。

在电力电缆直埋的路径上凡遇到以下情况，应分别采取保护措施。

（1）机械损伤：加保护管。

（2）化学作用：换土并隔离（如陶瓷管），或与相关部门联系，征得同意后绕开。

（3）地下电流：屏蔽或加套陶瓷管。

（4）腐蚀物质：换土并隔离。

（5）虫鼠危害：加保护管或其他隔离保护等。

挖沟时应注意地下的原有设施，遇到电缆、管道等应与有关部门联系，不得随意损坏。

在安装电缆接头处，电缆沟应加宽和加深，这一段沟称为接头坑。接头坑应避免设置在道路转弯处及地下管线密集处，应选择在电力电缆线路直线部分，与管道口的距离应在 3m 以上。接头坑的大小要能满足接头的操作需要：一般电缆接头坑宽度为电力电缆土沟宽度的 2～3 倍；接头坑深度要使接头保护盒与电力电缆有相同埋设深度；接头坑的长度需满足全部接头安装和接头外壳临时套在电缆上的一段直线距离需要。

对挖好的沟进行平整和清除杂物，全线检查，应符合前述要求。合格后可将砂、细土铺在沟内，厚度 100mm，沙子中不得有石块、锋利物及其他杂物。所有堆土应置于沟的一侧，且距离沟边 1m 以外，以免放电力电缆时滑落沟内。

在开挖的电缆沟槽内敷设电力电缆时必须使用放线架，电力电缆的牵引可采用人工牵引和机械牵引。将电缆盘放在放线支架上时，应注意电缆盘上的箭头方向，不要放反。

电力电缆的埋设与热力管道交叉或平行敷设时，如不能满足允许距离要求，应在接近或交叉点前后做隔热处理。隔热材料可用泡沫混凝土、石棉水泥板、软木或玻璃丝板。埋设隔热材料时除热力的沟（管）宽度外，两边各伸出 2m。电力电缆宜从隔热后的沟下面穿过，任何时候不能将电力电缆平行敷设在热力沟的上、下方。穿过热力沟部分的电力电缆除隔热层外，还应穿管保护。

人工牵引展放电力电缆就是每隔几米有人肩扛着电力电缆并在沟内向前移动，或在沟内每隔几米有人持展开的电力电缆向前传递而人不移动。在电缆轴架处有人分别站在两侧用力转动电缆盘。牵引速度宜慢，转动轴架速度应与牵引速度同步。遇到保护管时，应将电力电缆穿入保护管，并有人在管孔守候，以免卡阻或移位。

机械牵引和人力牵引基本相同。机械牵引前应根据电力电缆规格先沿沟底放置滑车，并将电力电缆放在滑车上。滑车的间距以电缆通过滚轮不下垂碰地为原则，避免与地面、沙面摩擦。电力电缆转弯处需放置转角滑车来保护。电缆盘的两侧应有人协助转动。电力电缆的牵引端用牵引头或牵引网套牵引。牵引速度应小于 15m/min。

敷设时电力电缆不要碰地，也不要摩擦沟沿或沟底硬物。

电力电缆在沟内应留有一定的波形余量，以防冬季电力电缆收缩受力。多根电力电缆同沟敷设时，应排列整齐。先向沟内充填厚度不小于 100mm 的细土或砂，然后盖上保护盖板；盖板应安放平整，板间接缝严密。也可把电力电缆放入预制钢筋混凝土槽盒内，填满细土或砂，然后盖上槽盒盖。

为防止电力电缆遭受外力损坏，应在电缆接头做完后再砌井或铺砂盖保护板。在电缆保

护盖板上铺设印有“电力电缆”和管理单位名称的标志。

回填土应分层填好夯实，保护盖板上应全新铺设警示带，覆盖土要高于地面 0.15～0.2m，以防沉陷。将覆土压平，把现场清理和打扫干净。

在电力电缆直埋路径上应按要求规定的适当间距位置设置标示桩（牌）。

冬季环境温度过低，电缆绝缘和塑料护层在低温时物理性能发生明显变化，因此不宜进行电缆的敷设施工。如果必须在低温条件下进行电力电缆敷设，应对电力电缆进行预加热处理。

当施工现场的温度不能满足要求时，应采用适当的措施，避免损坏电力电缆，如采取加热或躲开寒冷期等。一般加温预热方法有如下两种：

（1）用提高周围空气温度的方法加热。温度为 5～10℃。

（2）用电流通过电缆导体的方法加热。加热电力电缆的电流不得大于电缆的额定电流，加热后电力电缆的表面温度应根据各地的气候条件决定，但不得低于 5℃。

经加热的电力电缆应尽快敷设，敷设前放置的时间一般不超过 1h。当电力电缆降温至低于规定温度时，不宜弯曲。

电力电缆直埋敷设沟槽施工断面和纵向断面分别如图 5-16 和图 5-17 所示。

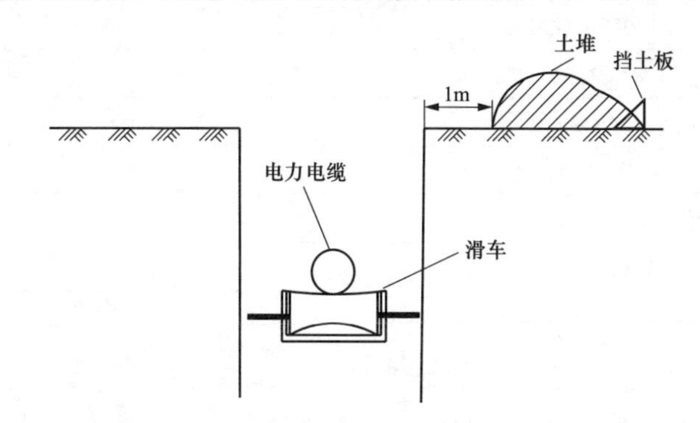

图 5-16　电力电缆直埋敷设沟槽施工断面示意图

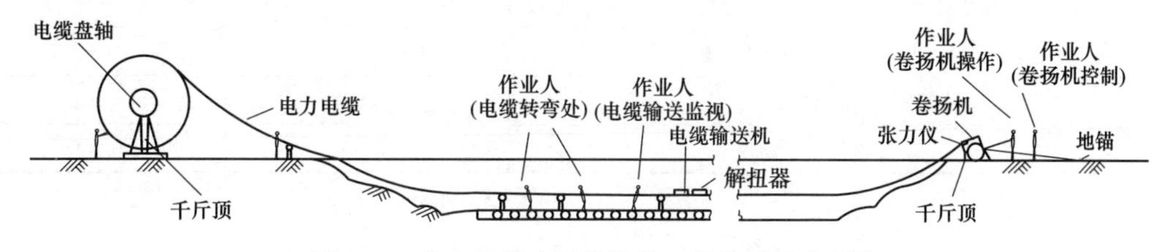

图 5-17　电力电缆直埋敷设施工纵向断面示意图

（三）质量标准及注意事项

（1）直埋电力电缆一般选用铠装电缆。只有在维修电缆时，才允许用短段无铠装电缆，但必须加机械保护。选择直埋电力电缆路径时，应注意直埋电力电缆周围的土壤中不得含有腐蚀电力电缆的物质。

（2）电力电缆表面距地面的距离不应小于 0.7m，穿越农田或在车行道下敷设时不应小于 1m。引入建筑物、与地下建筑物交叉及绕过地下建筑物处可浅埋，但应采取保护措施。电力电缆应埋设于冻土层以下，当受条件限制时，应采取防止电力电缆受到损伤的措施。

（3）直埋电力电缆上、下部位应铺不小于100mm厚的细土或砂，并应加盖保护板，其覆盖宽度应超过电力电缆两侧各50mm，保护板可采用混凝土盖板或其他坚硬材质的盖板，特殊情况下可采用少量的砖块覆盖保护。细土或砂中不应有石块或其他硬质杂物。

（4）电缆中间接头外面应有防止机械损伤的保护盒。

（5）直埋电力电缆在直线段每隔50～100m处、电缆接头处、转弯处、进入建筑物等处，应设置明显的方位标志或标示桩。

（6）直埋敷设的电力电缆不得平行敷设于管道的正上方或正下方，高电压等级的电力电缆宜敷设在低电压等级电力电缆的下面。

（7）电力电缆之间、电力电缆与其他管道、道路、建筑物等之间平行和交叉时的最小净距，应符合设计要求，无设计要求时应符合表5-4规定。

表5-4　电力电缆之间、电力电缆与其他管道等之间平行和交叉时的最小净距　（m）

项　目		平行	交叉
电力电缆之间及其与控制电缆间	10kV及以下	0.10	0.50
	10kV以上	0.25	0.50
不同部门使用的电缆之间		0.50	0.50
热管道（管沟）及热力设备		2.00	0.50
油管道（管沟）		1.00	0.50
可燃气体及易燃液体管道（管沟）		1.00	0.50
其他管道（管沟）		0.50	0.50
铁路路轨		3.00	1.00
电气化铁路路轨	非直流电气化铁路路轨	3.00	1.00
	直流电气化铁路路轨	10.00	1.00
公路		1.50	1.00
城市街道路面		1.00	0.70
电力电缆与1kV以下架空线电杆		1.00	—
电力电缆与1kV以上架空线杆塔基础		4.00	—
建筑物基础（边线）		0.60	—
排水沟		1.00	0.50

当采取隔离或防护措施时，可按下列规定执行：

1）电力电缆之间及其与控制电缆间或不同部门使用的电缆之间，当电力电缆穿管或用隔板隔开时，平行净距可为0.1m；在交叉点前后1m范围内，当电力电缆穿入管中或用隔板隔开时，其交叉净距可为0.25m。电力电缆的接头与邻近电缆的净距，不得小于0.25m，并列电力电缆的接头位置宜相互错开，且净距不宜小于0.5m。

2）电力电缆与热管道（沟）、油管道（沟）、可燃气体及易燃液体管道（沟）、热力设备或其他管道（沟）之间，虽净距能满足要求，但检修管路可能伤及电力电缆时，在交叉点前后1m范围内应采取保护措施；当交叉净距不能满足要求时，应将电力电缆穿入管中，其净距可为0.25m；电力电缆与热管道（管沟）及热力设备平行、交叉时，应采取隔热措施，使

电力电缆周围土壤的温升不超过10℃。

3）当电力电缆与直流电气化铁路路轨平行、交叉，其净距不能满足要求时，应采取防电化腐蚀措施；防止的措施主要有增加绝缘和增设保护电极。

4）直埋电力电缆穿越城市街道、公路、铁路，或穿过有载重车辆通过的大门，进入建筑物的墙角处，进入隧道、人井，或从地下引出到地面时，应将电力电缆敷设在满足强度要求的管道内，并将管口封堵好。

5）当电力电缆穿管敷设时，与公路、街道路面、杆塔基础、建筑物基础、排水沟等的平行最小间距可按表5-4中的数据减半。

（8）电力电缆与铁路、公路、城市街道、厂区道路交叉时，应敷设于坚固的保护管或隧道内。电缆管的两端宜伸出道路路基两边0.5m以上，伸出排水沟0.5m，在城市街道应伸出车道路面。引入构筑物，在贯穿墙孔处应设置保护管，管口应进行阻水堵塞。

（9）直埋敷设电力电缆采取特殊换土回填时，回填土的土质应对电缆外护层无腐蚀性。在电力电缆线路路径上有可能使电力电缆受到机械性损伤、化学作用、地下电流、振动、热影响、腐蚀物质、虫鼠等危害的地段应采取保护措施，如穿管、铺砂、筑槽、毒土处理等。

（10）直埋电力电缆回填土前，应经隐蔽工程验收合格，回填料应分层夯实。覆盖土要高于地面0.15～0.2m，以防沉陷。

五、桥架桥梁敷设

为跨越河道，将电力电缆敷设在交通桥梁或专用电缆桥架上的电缆安装方式称为电缆桥架桥梁敷设。

（一）桥架桥梁上电力电缆敷设的特点

利用市政交通桥梁敷设电力电缆是一种经济高效的敷设方式，既提高了城市基础设施的利用率，又大大降低了工程造价和施工、运行、维护难度。在短跨距的交通桥梁上敷设电力电缆，一般在建桥时同步放置好电缆管道，然后将电力电缆穿入内壁光滑、耐燃的管道内，并在桥堍部位设过渡井，以吸收过桥部分电力电缆的热伸缩量。电力电缆专用桥架一般为水平框架箱型，内置电缆管道，其断面结构与电缆排管相似；如果电力电缆根数不多，桥架也可做成拱形，电力电缆直接敷设在桥面支架上，再覆盖遮阳板。

（二）桥架桥梁上的电力电缆敷设方法

1. 桥架桥梁上电力电缆敷设作业前的准备

桥架桥梁上电力电缆敷设一般采用卷扬机钢丝绳牵引的办法。将电缆盘和卷扬机分别安放在桥箱入口处，并搭建适当的滑车支架。其敷设方法与排管敷设基本相同。电力电缆牵引完毕后，用人力将电缆定位在支架上。

电缆桥架桥梁敷设，必须有可靠的通信联络设施。

2. 桥架桥梁上电力电缆敷设的操作步骤

电力电缆桥架桥梁敷设施工方法与电力电缆沟道或排管敷设方法相似。电力电缆桥架桥梁敷设的最难点在于两个桥堍处，此位置电力电缆的弯曲和受力情况必须经过计算确认在电力电缆允许值范围内，并有严密的技术保证措施，以确保电缆施工质量。

短跨距交通桥梁，电力电缆应穿入内壁光滑、耐燃的管道内，在桥堍部位设电缆伸缩

图 5-18 电缆伸缩弧示意图

弧，以吸收过桥电力电缆的热伸缩量，如图 5-18 所示。

长跨距交通桥梁人行道下敷设电力电缆，为降低桥梁振动对电力电缆金属护套的影响，应在电力电缆下每隔 1～2m 加垫橡胶垫块。在两边桥堍建过渡井，设置电力电缆伸缩弧。高压大截面电力电缆应做水平或垂直蛇形敷设。

长跨距交通桥梁如采用箱型电缆通道，当通过交通桥梁电力电缆根数较多时，应按市政规划把电力电缆通道作为桥梁结构的一部分进行统一设计。这种过桥电力电缆通道一般为箱型结构，类似电力电缆隧道，桥面应有临时供敷设电力电缆的人孔。在桥梁伸缩间隙部位，应按桥桁最大伸缩长度设置电力电缆伸缩弧。高压大截面电力电缆应做蛇形敷设。

在没有交通桥梁可通过电力电缆时，应建专用电力电缆桥架。专用电力电缆桥架一般为水平型，少数情况下采用弓形（如通航航道），采用钢结构或钢筋混凝土结构，断面形状与排管、电力电缆沟相似。

公路、铁道桥梁上的电力电缆，应采用防止振动、热伸缩以及风力影响下金属护套因长期应力疲劳导致断裂的措施。

电力电缆桥架桥梁敷设，除填砂和穿管外，应采用与电力电缆沟敷设相同的防火措施。

（三）质量标准及注意事项

（1）桥架桥梁上电力电缆的敷设方式应具有防止电力电缆着火危害桥梁的可靠措施：木桥上的电力电缆应穿管敷设；在其他结构的桥上敷设的电力电缆，应在人行道下设电力电缆沟或穿入由耐火材料制成的管道中。

（2）桥架桥梁上电力电缆的敷设方式应有防止外力损伤电力电缆的措施。在人员不易接触处可在桥上裸露敷设，但应采取避免太阳直接照射的措施或采用满足耐气候性要求的电力电缆。

（3）悬吊架设的电力电缆与桥梁架构之间的净距不应小于 0.5m。

（4）长跨距交通桥梁人行道下敷设电力电缆，为降低桥梁振动对电力电缆金属护套的影响，应有防振措施。在桥墩两端和伸缩缝处，电力电缆应充分松弛。当桥梁中有挠角部位时，宜设置电力电缆迂回补偿装置。高压大截面电力电缆应做蛇形敷设。

（5）公路、铁道桥梁上的电力电缆，应采取防止振动、热伸缩以及风力影响下金属护套因长期应力疲劳导致断裂的措施。

（6）电力电缆在桥梁上敷设时，要求：

1）电力电缆及附件的质量在桥梁允许承载值之内，且不应影响桥梁结构稳定性；

2）在桥梁上敷设的电力电缆及附件，不得低于桥底距水面的高度；

3）在桥梁上敷设的电力电缆及附件，不得有损桥梁及外观。

（7）单芯电力电缆不得单根敷设在形成封闭磁回路的金属构架内。

六、综合管廊敷设

（一）综合管廊的特点

将电力、通信，燃气、供热、给排水等各种工程管线集于一体的一个隧道空间为综合管廊，实施共建共管或共建分管，其断面如图 5-19 所示。将电力电缆敷设于预先建设好的综合管廊中的安装方法，称为综合管廊敷设，也称为电力电缆独立舱敷设。

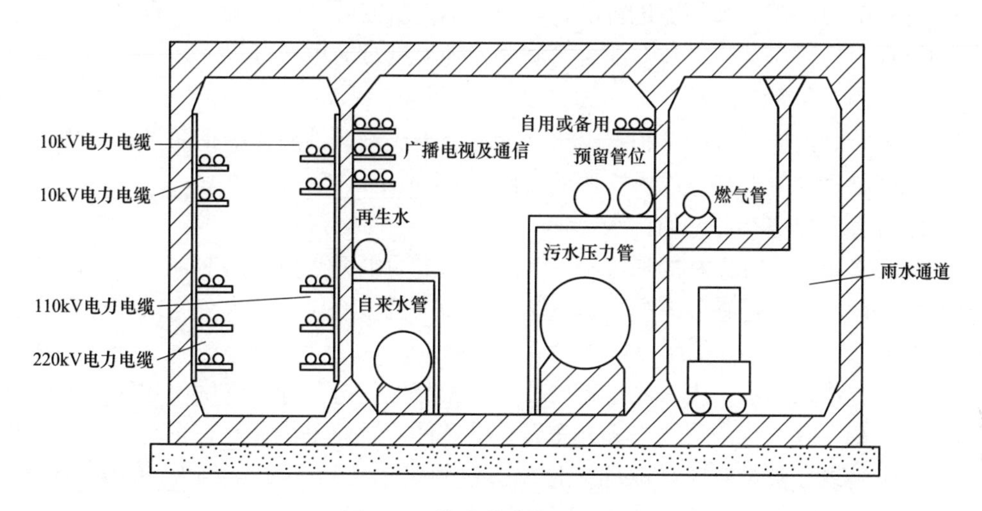

图 5-19　综合管廊断面示意图

（二）综合管廊敷设方法

综合管廊敷设与电缆隧道敷设作业基本相同，其主要作业流程可参考图 5-3。

1. 综合管廊敷设作业前的准备

（1）综合管廊敷设一般采用卷扬机钢丝绳牵引。在敷设电缆前，电力电缆端部可用钢丝网套制作牵引端。

（2）电力电缆施放场地主要考虑电缆盘堆放和运输通道，电力电缆入城市综合管沟前一段应在投料口延长线上（15～20m），电力电缆沿地面敷设角度不超过 45°。在城市综合管廊内合适处，设置绞磨场地。

（3）必须有可靠的通信联络设施。

（4）检查是否具备逃生通道以及通道是否畅通。

（5）电力电缆如与其他非压力管线同舱，应做好防止损坏其他管线的保护措施。

（6）电力电缆如与其他压力管线同舱，应做好与压力管线的隔离措施。

2. 综合管廊敷设的操作步骤

（1）综合管廊应无积水、杂物及其他妨碍电力电缆敷设的物体。

（2）综合管廊应具备通风条件，可采取自然通风或机械通风。

（3）综合管廊敷设应有可靠的通信联络设施。

（4）综合管廊内支架应安装完成，支架本体及连接部位应安装稳固，表面需平整，尺寸及间距应符合电缆放置及固定的要求。

（5）根据电力电缆参数及现场条件选择敷设机具，电缆牵引机与滑车搭配使用，根据电力电缆的规格选取电缆牵引机及滑车。为保证统包电力电缆敷设质量，通常不使用电缆输送机。

(6) 确定敷设方法，包括电缆盘架设位置、电缆牵引方向，校核牵引力和侧压力等。

(7) 综合管廊敷设一般采用卷扬机钢丝绳牵引。在敷施放电力电缆前，电力电缆端部应用钢丝网套制作牵引端。将电缆盘和卷扬机分别安放在综合管廊入口处，并搭建适当的滑车支架。

(8) 针对电力电缆敷设环境进行准备，布置施工所需的临时电源，布置照明灯具，清除电力电缆路径上的障碍及积水，对综合管廊密闭环境进行通风换气等。

(三) 质量标准及注意事项

(1) 综合管廊内应具有烟雾报警、自动灭火、灭火箱、消防栓等消防设备。

(2) 综合管廊内应有良好的电气照明设施。

(3) 综合管廊内应有良好的排水装置。

(4) 综合管廊内应有良好的通风降温装置。当电力电缆数量较多时，一般将电力电缆设置在独立舱室内，并通过感温电缆、自然通风、辅助机械通风、防火分区及监控系统来保证电力电缆的安全运行。

(5) 电力电缆入廊前，应首先进行管线空间相容性分析。综合管廊内相互无干扰的管线可同舱设置，相互有干扰的管线应分开布置。受条件所限而不能分开布置时，为避免电磁干扰，强、弱电管线在敷设时应采取屏蔽措施。热力管道不应与 10kV 以上的电力电缆同舱敷设。

(6) 入廊电力电缆所用支架宜根据“同电压、同尺寸”的原则进行设计。支架的层间垂直距离应满足电力电缆及其固定、安装接头的要求，同时应满足电力电缆纵向蛇形敷设幅宽及因温度升高所产生的变形量的要求。管廊内需布置电力电缆接头时，支架层间布置应以能方便安装为宜。支架长度宜在满足前述要求的基础上增加 50～100mm。水平支架宜根据计算挠度及安装误差设置预起拱值及预偏量。大截面电力电缆应根据蛇形敷设和电动力计算结果确定固定位置，且其固定方式的选择应满足电动力要求，所用固定材料宜采用非铁磁性材料。电力电缆靠近终端、接头或转弯处的部位应有不少于 1 处的刚性固定，其垂直或斜坡上的高位侧部位，宜有不少于 2 处的刚性固定。

(7) 支架上蛇形敷设的电力电缆，应按设计节距用专用金具固定或用尼龙绳绑扎。电力电缆与控制电缆应分别安装在综合管廊的两侧支架上，如果条件不允许，则控制电缆应该放在电力电缆的上方。

(8) 电力电缆如与其他管线同舱，应做好防止损坏其他管线的保护措施或隔离措施。

(9) 综合管廊内应装设贯通全长的连续的接地线，所有电力电缆金属支架应与接地线连通。电力电缆的金属护套、铠装除有绝缘要求（如单芯电缆）以外，应全部相互连接并接地。这是为了避免电力电缆金属护套或铠装与金属支架间产生电位差，从而发生交流腐蚀。

七、危险点分析与控制

(1) 同一隧道内不得同时进行两条电力电缆的敷设施工。

(2) 每次吊装电缆盘时，应先检查起重工具，如钢丝绳型号是否符合要求，钢丝绳有无断股，轴承座及吊装环是否开裂等；认真检查钢丝绳规格，严禁以小代大；吊装时起重臂下严禁站人，设专人指挥。

（3）进入隧道或综合管廊等有限空间前，检测空间内的氧气含量、有毒有害及可燃气体含量；气体含量不符合要求时要进行通风处理，合格后方可进入施工。

（4）专人负责敷设施工电源的管理。接电源时，不得少于2人操作，设专人监护，电源箱要加锁，收工时注意断开电源，每天要设专人检查临时电源；使用电源时，电源出口处必须加装漏电保护器，遇潮湿结露地段，导线接头必须用绝缘胶带绕包绝缘，防止人员触电。

（5）电缆盘及电力电缆在隧道入口处应安装围栏。如占路施工，电力电缆敷设过程中注意来往车辆及行人，设专人负责指挥，路面人员穿反光服。夜间施工工作位置来车方向20～30m处设闪烁红灯。

（6）电缆隧道等有限空间内工作人员严禁吸烟，动火作业须清除周围易燃易爆物体。

（7）电缆隧道内工作备好手电筒、头灯等照明工具，熟悉隧道内的井口或出口位置，遇到紧急情况及时撤离。

（8）敷设过程中电力电缆移动时，不许用手在滑车上游方向调整滑车或垫放东西。

（9）在运行隧道内敷设电力电缆，应有可靠的电力电缆保护措施。吊装设备材料时要用护凳对井口下方的电力电缆进行防护。

（10）敷设作业中起吊电力电缆在高度超过1.5m的工作地点工作时，应系安全带，或采取其他可靠的安全措施。

（11）敷设作业中起吊电缆遇到高处作业必须使用工具包防止掉落物品。所用的工器具、材料等必须用绳索传递，不得乱扔，终端塔下应防止行人逗留。现场人员应按安全工作规程标准戴安全帽。

（12）在使用电锯锯电缆时，应使用合格的带有防护罩的电锯。不准使用无合格防护罩和有裂纹及其他不良情况的砂轮机和无齿锯。

（13）移动式电动设备或电动工具应使用软橡胶电力电缆，电力电缆不得破损、漏电。

（14）电缆盘在运输、敷设过程中应设专人监护，防止电缆盘倾倒。用滑车敷设电缆时，不要在滚轮滚动时用手搬动滑车，工作人员应站在滑车前进方向。

（15）用机械牵引电力电缆时，绳索应有足够的机械强度；工作人员应站在安全位置，不得站在钢丝绳内角侧等危险地段；电缆盘转动时应用工具控制转速。

（16）进行电焊、起重等特种作业时需持相应的特种作业证；动用明火等作业时，须持动火工作票。

（17）在交通路口、人口密集地段工作时，应设安全围栏、挂标示牌。

第二节　中压电力电缆附件安装

本节介绍35kV及以下的常用中压电力电缆各种类型附件的基本特性、安装要求及制作程序。通过概念描述、分类介绍、图解示意、流程介绍、工艺归纳等方式，掌握10～35kV常用电力电缆附件安装的工艺流程及各操作步骤的质量控制要点。

35kV及以下的中压电力电缆分为统包和单芯电缆两种，本章的中压电力电缆主要指10～35kV的交联聚乙烯统包电力电缆，35kV及以下的单芯电力电缆敷设及接地系统安装方式参照《高压电力电缆技术培训教材》分册相关内容。

一、中压电力电缆附件安装的关键工序

（一）电力电缆主绝缘界面的性能

1. 主绝缘表面的处理

交联电缆附件中，电缆主绝缘表面的处理是制约整个电缆附件绝缘性能的决定性因素，是电缆附件绝缘的最薄弱环节。对中压交联电缆附件来说，电缆本体绝缘表面尤其是与预制件相接触部分绝缘及绝缘屏蔽处的超光滑处理是一道十分重要的工艺，电缆绝缘表面的光滑度（根部击穿强度）与处理用的砂纸目数相关，如图5-20所示。因此，在10～35kV电压等级的电力电缆终端头制作过程中，至少应使用400号及以上的砂纸进行光滑打磨处理。

2. 界面压力

中压交联电缆附件界面的绝缘强度与界面上所受的压力呈指数关系，如图5-21所示。界面压力除了取决于绝缘材料特性外，还与电缆绝缘的直径的公差偏心度有关。因此，在电力电缆终端头制作过程中，必须严格按照工艺规程处理界面压力。

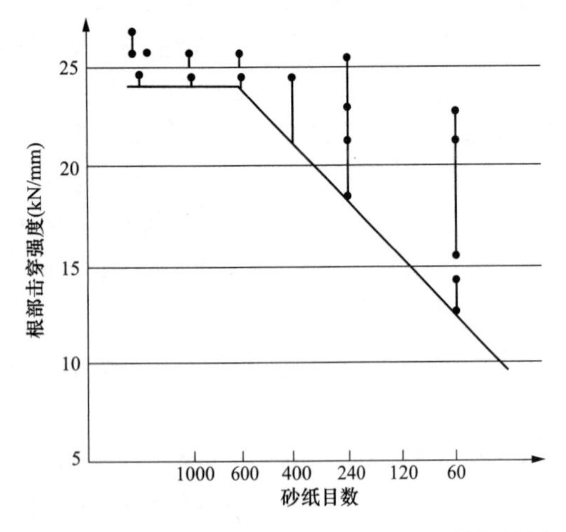

图5-20　电缆绝缘表面光滑度与砂纸目数相关图

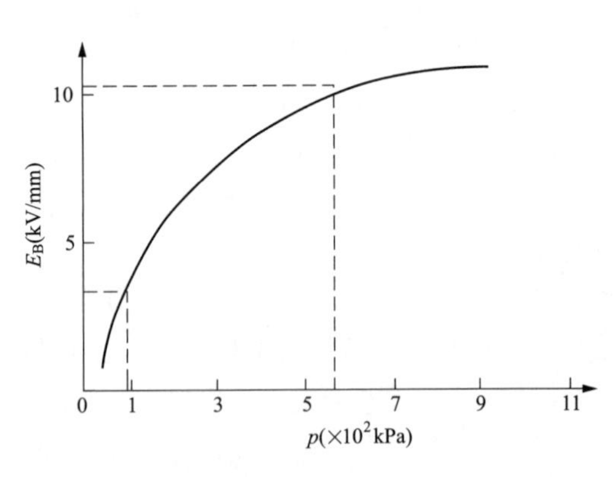

图5-21　界面绝缘强度与所受压力的指数关系

（二）主绝缘回缩

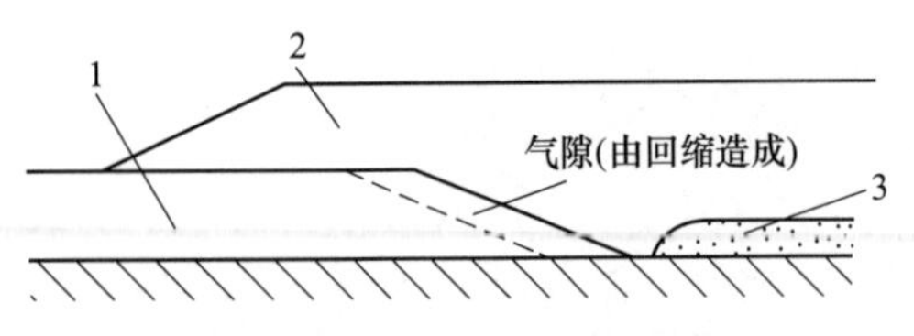

图5-22　电缆端部绝缘回缩示意图

1—电缆绝缘；2—接头绝缘；3—导体连接管

在中压交联电力电缆生产过程中，电缆绝缘内部会留有应力。这种应力会使电缆导体端部附近的绝缘有向绝缘体中间收缩的趋势。当切断电缆时，就会出现电缆端部绝缘逐渐回缩并露出线芯，如图5-22所示。一旦电缆绝缘回缩，将严重影响工艺尺寸和应力锥的最终位置，并有可能在界面处产生气隙，导致击穿。因此，在电力电缆终端头制作过程中，必须做好电力电缆加热校直工艺，确保上述应力的消除与电力电缆的笔直度。

（三）主体附件安装

套入主体附件前，应测量经过处理的电缆主绝缘外径。要求符合工艺及图纸尺寸，测量点数及X—Y方向测量偏差满足工艺要求。

套入主体附件前，应确认需套入电力电缆的终端下部部件已就位。清洁电缆主绝缘表面，要求使用无水、无毒环保溶剂，从绝缘部分向半导电屏蔽层方向清洁。要求清洁纸不能来回擦，擦过半导电屏蔽层的清洁纸绝对不能再擦绝缘层，擦过的清洁纸不能重复使用。

待清洁剂挥发后，在电缆主绝缘表面、预制式主体附件内表面上应均匀涂上少许硅脂，硅脂应符合工艺要求。

将主体附件小心套入电力电缆，采取保护措施防止主体附件在套入过程中受损。要求主体附件不受损伤，电缆绝缘表面无伤痕、杂质和凹凸起皱。清除剩余硅脂，释放主体附件安装过程中受压产生的应力，确认其就位于最终标注位置。

需预先扩张的接头主体预制件，利用专用工具将预制件进行扩张，将扩张后的预制件套入电缆本体上。要求仔细检查预制件，确保无杂质、裂纹存在。扩张时不得损伤预制件，控制预制件扩张时间不得过长，一般不宜超过 4h。

（四）防水和防潮

高压交联电力电缆一旦进水，在长期运行中电缆绝缘内部会出现水树枝现象，从而使交联聚乙烯绝缘性能下降，最终导致电缆绝缘击穿。潮气或水分一旦进入电缆附件后，就会从绝缘外铜丝屏蔽的间隙或从导体的间隙纵向渗透进入电缆绝缘，从而危及整个电缆系统。因此，在中压电力电缆终端头制作过程中，必须做好密封处理工作。

（五）附件制作安装记录填写

1. 附件制作安装记录应包括的要素

（1）工程名称。

（2）甲方/业主。

（3）电压等级。

（4）电缆型号及截面尺寸。

（5）电缆制造厂。

（6）线路名称。

（7）终端位置（相位）。

（8）安装时间。

（9）安装地点。

（10）附件安装工姓名。

（11）天气情况、温度和湿度。

（12）外护套阻值及电缆无潮。

（13）电缆附件型式。

（14）电缆附件制造厂。

（15）预制件编号。

（16）工艺及图纸编号及版本。

（17）工序项目、工艺标准值和实测值。

（18）电缆附件施工安装单位。

（19）记录人员和确认人员。

2. 附件制作安装记录的填写要求

（1）附件制作安装记录应真实准确，无漏项。

（2）附件制作安装记录一般要求现场进行填写，终端安装记录应整洁、无涂改。

（3）附件制作安装记录管理项目中的各项管理值应由记录者负责记录，并由确认者认可。

（4）附件制作安装记录应与工艺和图纸的版本对应统一，并根据版本的修订及时更新。

（5）附件制作安装记录工序项目中的各项标准值均应提供公差。

二、中压电缆附件安装基本要求

（一）安装环境要求

（1）电缆终端施工所涉及的场地如高压室、开关站、电缆夹层、户外终端杆（塔）以及电缆接头施工所涉及的场地如工作井、敞开井或沟（隧）道等的土建工作及装修工作应在电缆附件安装前完成。施工场地应清理干净，没有积水、杂物。

（2）土建设施设计应满足电缆附件的施工、运行及检修要求。

（3）电缆附件安装时应控制施工现场的温度、湿度与清洁度。温度宜控制在0～35℃，相对湿度应控制在70%及以下或以供应商提供的标准为准。当浮尘较多、湿度较大或天气变化频繁时应搭制附件工棚进行隔离，并采取适当措施净化工棚内施工环境。

（二）安装质量要求

（1）电缆附件安装质量应满足以下要求：导体连接可靠、绝缘恢复满足设计要求、密封防水牢靠、防机械振动与损伤、接地连接可靠且符合线路接地设计要求。

（2）电缆附件安装质量应满足变电站防火封堵要求，并与周边环境协调。

（3）电缆附件安装范围的电缆必须校直、固定，还应检查电缆敷设弯曲半径是否满足要求。

（4）电缆附件安装时应确保接地缆线连接处密封牢靠，防止潮气进入。

（5）电缆终端安装完成后，应检查相间及对地距离是否符合设计要求。

（三）安全环境要求

（1）电缆附件安装如处在带电设备区域，安全措施应按照《电力安全工作规程　电力线路部分》（GB 26859—2011）、《电力安全工作规程　发电厂和变电站电气部分》（GB 26860—2011）等有关规程的相关规定执行。

（2）电缆附件安装消防措施应满足施工所处环境的消防需求。施工现场应配备足够的消防器材，动火应严格按照有关动火作业消防管理规定执行。

（3）电缆接头应与其他邻近电力电缆和接头保持足够安全距离，必要时应采取防爆、防水措施。

（4）电缆附件安装如处在交通环境里，应先做好安全隔离措施，设置警示装置，作业人员应穿戴反光背心。

（四）环境保护要求

电缆附件安装完毕应做到工完料净场地清。电缆附件施工完毕后，应拆除施工用电源，清理施工现场，分类存放回收施工垃圾，确保施工环境无污染。

（五）施工工具要求

以10kV电缆中间接头附件安装为例，其所需要的主要设备与常用施工工具见表5-5。

表 5-5　　10kV 电缆中间接头附件安装所需要的主要设备与常用施工工具

序号	名称	规格及型号	数量	单位	备注
1	电锯		1	台	
2	电缆剥削器		1	把	
3	电动液压接钳	六角模及圆模	1	台	
4	发电机		1	台	
5	电缆刀		4	把	
6	电动切割机		4	把	
7	钢丝钳		4	把	
8	手锤		1	把	
9	活络扳手	6、8、10、12in	各 1	把	
10	内六角扳手	5～16mm	1	套	
11	力矩扳手		1	套	
12	游标卡尺		1	把	
13	手锯		4	把	
14	卷尺	5m	1	把	
15	钢尺	30cm	1	支	
16	液化气枪		1	把	
17	鲤鱼钳		1	把	
18	万用表		1	只	
19	温度计		1	支	
20	湿度计		1	支	
21	锉刀		1	把	
22	剪刀		1	把	
23	玻璃刀		1	支	
24	电吹风	3kW	1	台	
25	手动葫芦	0.75/1.5t	4/2	个	
26	吊带	1.5t	4	根	
27	钢丝刷		1	把	
28	平口起子		1	把	
29	梅花起子		1	把	
30	防护眼镜		4	副	

（六）施工材料要求

以 10kV 电缆中间接头附件安装为例，所需要的材料除附件厂商供应材料外，还应准备的材料见表 5-6。

表 5-6　　10kV 电缆中间接头安装所需要的常用材料

序号	名称	规格及型号	数量	单位	备注
1	电缆中间接头附件	QS1000	1	套	
2	手锯锯条		10	根	
3	不起毛白布		1	kg	
4	无铅汽油	93 号	12	L	
5	无毛纸		1	打	
6	保鲜膜		2	卷	
7	锡纸		2	卷	
8	塑料布		5	m	
9	液化气瓶		1	瓶	
10	砂纸	120、240、320 号	各 5	张	
11	铜扎丝		2	卷	
12	PVC 绑带		5	卷	
13	玻璃片	100mm×20mm×2mm	10	块	
14	无水酒精	纯度 99.7%	1	瓶	
15	口罩		4	只	
16	手套		4	双	
17	记号笔		4	支	

（七）危险点分析

（1）挂接地线时，误登同塔架设的 10kV 架空线，及没有使用合格 10kV 验电器验电，强行盲目挂地线伤人。

（2）接地线不合格，如电压等级不符、截面积过小、接地棒的绝缘电阻不合格、缠绕接地或挂接地线顺序错误。

（3）电力电缆拆、接引线时，感应电触电，高空坠落物体伤人或登高人员坠落。

（4）工作人员思想波动较大，情绪反常，身体状况不佳，心理不正常。

（5）与带电线路、同回路线路未保持足够的安全距离。

（6）电缆终端头制作前准备工作不落实，另一端未可靠接地，感应触电。

（7）抬运物件时挤压，施工过程物体砸伤。

（8）使用液化气枪时发生烫伤。

（9）移动电气设备未可靠接地，低压触、漏电伤人。

（10）易燃物起火。

（11）电缆附件主要部件受潮或损伤。

（12）使用方法不当，机、器具伤人。

（13）高空坠物或接地不良、雷击触电。

（14）吊装时绑扎不牢，起吊方式不当；现场未设监护人，指挥不当。

（15）传递物件，抛递抛接。

（16）高温天气未采取防暑措施，寒冷天气未采取保暖措施。

（17）施工现场未设围栏，未悬挂“在此工作”标示牌。

（八）安全措施

（1）与带电线路、同回路线路保持足够的安全距离。

（2）装设接地线时，应先接接地端，后接导线端，接地线连接可靠，不准缠绕，拆接地线时的程序与此相反。

（3）工作人员思想稳定，情绪正常，身体状况良好，心理正常。

（4）制作电缆终端头前，应先搭好临时工棚，工作平台应牢固、平整并可靠接地，在带电区域搭设工棚应保证足够的安全距离。

（5）施工现场必须配置2只专用灭火器，并有专人值班，做好防火、防渍、防盗措施。

（6）施工现场必须设置专用保护接地线，且所有移动电气设备外壳必须可靠接地，认真检查施工电源，杜绝漏电伤人，按设备额定电压正确接线。

（7）施工现场设置专用垃圾桶，施工后废弃带材、绝缘胶或其他杂物应分类回收，集中处理，严禁破坏环境。

（8）制作电缆终端头前，要对电缆主芯核对相位。

（9）制作电缆终端头前，应对电缆留有足够的余线，并检查电力电缆外观无损伤，电缆主绝缘不能受潮，如果进潮，必须进行抽真空充氮除潮处理。

（10）抬运电缆附件人员应相互配合，轻抬轻放，防止损物伤人。

（11）制作电缆终端头时，传递物件必须递接递放，不得抛接。

（12）用刀或其他切割工具时，正确控制切割方向；用电锯切割电力电缆时，工作人员必须戴护目镜，打磨绝缘时必须佩戴口罩。

（13）使用液化气枪应先检查液化气瓶减压阀是否漏气或堵塞，液化气管不能破裂，确保安全可靠。

（14）液化气枪点火时，火头不准对人，以免人员烫伤，其他工作人员应与火头保持一定距离。

（15）液化气枪使用完毕应放置在安全地点，冷却后装运；液化气瓶要轻拿轻放，不能同其他物体碰撞。

三、中压电力电缆户外附件安装质量控制要点

中压电力电缆户外附件安装质量控制要点见表5-7。

表5-7　中压电力电缆户外附件安装质量控制要点

工序	控制要点	操作事项	工作要求
施工准备工作	确保人员具备相应技能	培训作业人员	完成人员技能培训工作，持证上岗
	确保工器具完备可用	检查工器具	完成工器具检查工作
	确保产品质量合格	验收附件材料	完成材料验收工作
	确保安装人员掌握施工工艺流程	施工工艺交底	完成施工人员现场交底
	确保现场环境安全和谐	现场环境控制	制订现场环境控制方案

续表

工序	控制要点	操作事项	工作要求
切割电缆及电缆护套的处理	确保后续工序施工	剥除电缆外护套	符合工艺图纸要求，无防腐剂残余
		去除石墨层/外护套半导电层	长度符合工艺图纸要求
		剥除金属护套	符合工艺图纸要求，无金属末残余
	确保金属护套可靠接地	铝护套搪底铅	严格控制温度，去除表面氧化层，确保接触良好
电缆加热校直处理	防止电缆过热	控制好电缆绝缘温度	电缆绝缘不得过热，建议通过试验确定，一般厂家推荐在75～80℃
	确保加热校直效果	有充足时间加热校直	加热校直时间不宜过短，建议通过试验确定，一般推荐3h以上
		减少电缆弯曲度	小于2～5mm/400mm
电缆主绝缘预处理	确保电缆主绝缘表面光滑，提高界面击穿场强	主绝缘表面用砂纸精细加工	用至少400号以上绝缘砂纸进行打磨
		外半导电层与主绝缘层的台阶形成平缓过渡	按照附件厂商工艺尺寸进行处理
		主绝缘直径与应力锥尺寸匹配	检查主绝缘直径与应力锥尺寸相配
安装主体附件	确保主体附件正确顺利安装在预定位置	确认最终安装位置	符合工艺尺寸的要求
压接金具	确保电缆导体连接后能够满足电缆持续载流量及运行过程中机械力的要求	用压接模具压接，将电缆导体连接	线芯、金具及压接模具三者匹配，确保压力和压接顺序
		接管表面进行打磨	接管表面光滑无毛刺
安装套管及金具	确保电缆附件的密封	确认附件密封性能	确认密封圈型号规格匹配，并完全放入密封槽内，符合螺栓拧紧力矩要求
接地与密封处理	确保电缆金属护套可靠接地，并确保实现电缆附件密封防水	确认接地与密封	根据设计要求，完成金属护套恢复及接地工作； 根据工艺图纸要求进行密封处理

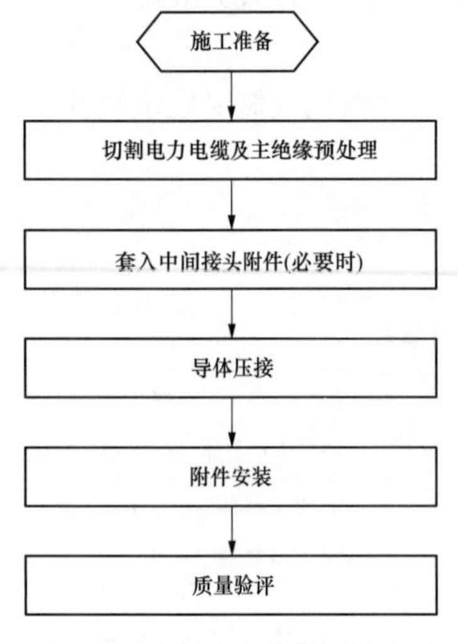

图5-23　中压电力电缆附件安装工艺流程图

四、中压电力电缆中间接头的安装步骤

中压电力电缆附件安装工艺流程如图5-23所示。

（一）工作前准备

（1）检查电力电缆和接头工作井设施；

（2）清除接头工作井内杂物、积水、有毒有害气体等；

（3）工器具准备；

（4）材料准备；

（5）明确作业人员分工，阅读安装说明书。

（二）中间接头安装流程（非绕包型）

中压电力电缆中间接头安装过程中，绕包型和非绕包型的安装流程略有区别，后面将分别介绍。非绕包型的中压统包电力电缆中间接头结构如图5-24所示。

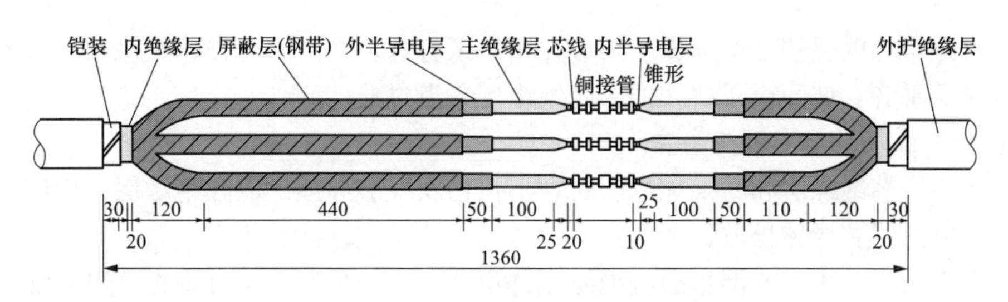

图 5-24　中压统包电力电缆中间接头结构示意图（非绕包型）

下面介绍非绕包型中压电力电缆中间接头安装流程，分相电力电缆、单芯电力电缆的附件安装同理。

1. 剥除电缆外护层

（1）剥除外护套。在剥切电缆外护套时，应分两次进行，以避免电力电缆铠装层钢铠松散。按规定尺寸剥除外护套，要求断口平整。

（2）剥除铠装。在末端用绑线扎好，以防止铠装层松脱，沿绑线的边缘用钢锯锯铠装层，锯切的深度不能超过铠装层厚度的 1/2。如锯穿铠装层，一般会损坏内护套；锯深不够时，铠装层断面不能断整齐。

（3）剥除内护层（内护套及填料等）。在应剥除内护套处用刀横向切一环形痕，深度不超过内护套厚度的一半。纵向剥除内护套时，刀子切口应在两芯之间，防止切伤金属屏蔽层。剥除内护套后，应将金属屏蔽带末端扎牢，防止松散。切除填料时刀口应向外，防止损伤金属屏蔽层。

2. 电力电缆分相、锯除多余电缆线芯

（1）在电力电缆线芯分叉处将线芯扳弯，弯曲不宜过大，以便操作。一定要保证弯曲半径符合规定要求，避免铜屏蔽层变形、褶皱和损坏。

（2）将接头中心尺寸核对准确后，按相色要求将各对应线芯绑好，锯断多余电缆线芯。锯割时，应保证电缆线芯端口平直。

3. 剥除铜屏蔽层和外半导电层

（1）剥切铜屏蔽层时，在其断口处用绑线扎好固定；切割时，只能环切一刀痕，不能切透，以防损伤半导电层；剥除时，应从刀痕处撕剥，断开后向线芯端部剥除。

（2）铜屏蔽层的断口应切割平整，不得有尖端和毛刺。

（3）外半导电层应剥除干净，不得留有残迹。剥除后必须用细砂纸将绝缘表面吸附的半导电粉尘打磨干净，并清洗光洁。剥除外半导电层时，刀口不得伤及绝缘层。遇不可剥离的外半导电层，应使用 3mm 玻璃刮去外半导电层，或使用专用刀具剥除外半导电层。打磨处理后应测量绝缘表面直径，测量位置如图 5-25 所示，宜选择 2 个测量点，测量完毕应再次打磨抛光测量点以去除痕迹。

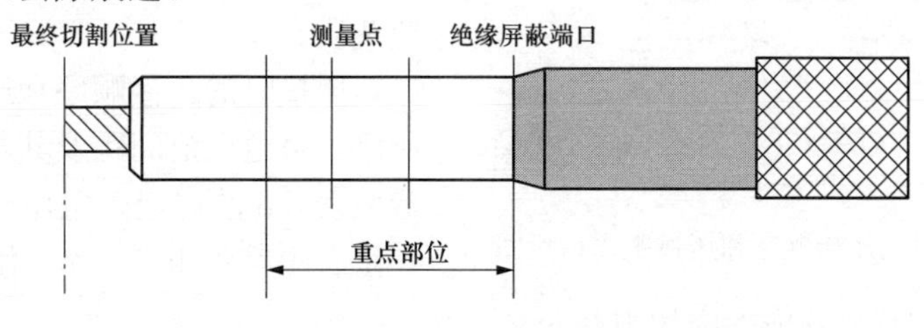

图 5-25　电缆绝缘表面直径测量位置示意图

（4）将外半导电层端部切削成小斜坡并用砂纸打磨，注意不得损伤绝缘层。打磨后，半导电层端口应平齐，坡面应平整光洁，与绝缘层平滑过渡。

4. 剥切绝缘层、套中间接头管

（1）剥切线芯绝缘层和内半导电层时，不得伤及线芯导体。剥除绝缘层，应顺线芯绞合方向进行，以防线芯导体松散。

（2）绝缘层端口用刀或倒角器将绝缘端部倒 45°角。线芯导体端部的锐边应锉光，清洁干净后用细铜线扎好，防止线芯松散。

（3）中间接头绝缘管应套在电缆铜屏蔽保留较长一端的线芯上，套入前必须将绝缘层、外半导电层、铜屏蔽层用清洁纸依次清洁干净；套入热缩管前应根据附件安装工艺要求对外半导电层端口绕包应力带；套入时，应注意不得损伤绝缘管内壁。

（4）将中间接头绝缘管和电缆绝缘用新保鲜膜临时保护好，以防碰伤和灰尘杂物落入，保持环境清洁。

10kV 交联电力电缆终端剥切尺寸如图 5-26 所示。

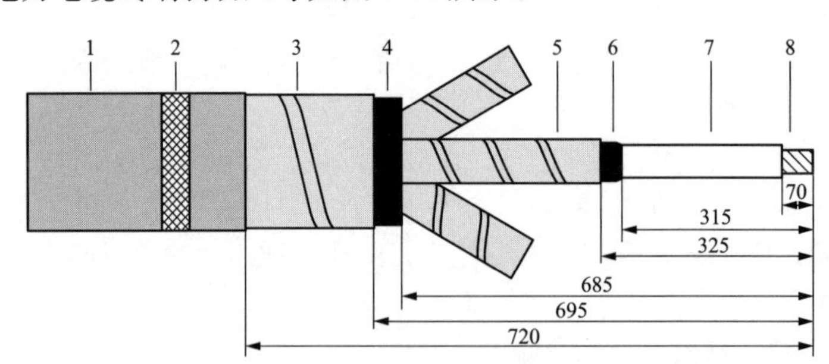

图 5-26　10kV 交联电力电缆终端剥切尺寸示意图

1—外护套；2—防水带；3—钢铠；4—内护套；5—铜屏蔽；6—外半导电；7—绝缘；8—铜芯

5. 压接连接管

（1）必须事先检查连接管与电力电缆线芯标称截面积相符，压接模具与连接管规范尺寸应配套。

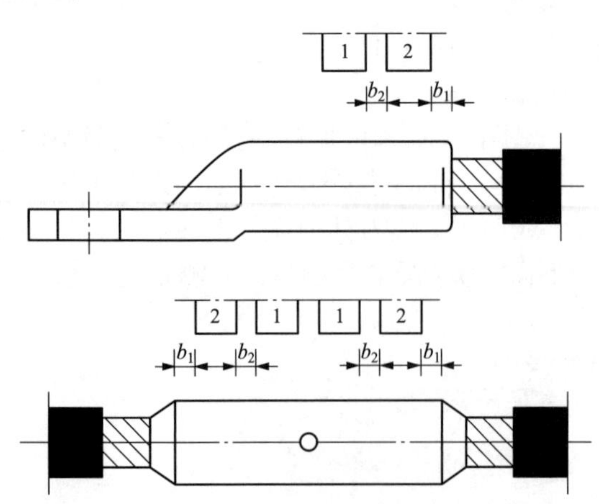

图 5-27　压接时的压接顺序和压痕距离示意图

（2）连接管压接时，两端线芯应顶牢，不得松动。核对绝缘之间的距离与连接管长度是否到位。

（3）压接后，连接管表面尖端、毛刺用锉刀和砂纸打磨平整光洁，必须用清洁纸将绝缘层表面和连接管表面清洁干净。应特别注意不能在中间接头位置留有金属粉屑或其他杂质。

压接时的压接顺序和压痕距离如图 5-27 所示，每道压痕间距及其与圆筒端部距离应参照表 5-8 的规定。每压一次，在压模合拢到位后应停留 10～15s，使压接部位金属塑性变形达到基本稳定后才能消除压力。

表 5-8　　压痕距离及其与圆筒端部距离尺寸

导体标称截面积（mm^2）	铜压接圆筒		铝压接圆筒	
	离筒端距离	压接间距离	离筒端距离	压痕间距离
	b_1	b_2	b_1	b_2
10	3	3	3	3
16	3	4	3	3
25	3	4	3	3
35	3	4	3	3
50	3	4	5	3
70	3	5	5	3
95	3	5	5	3
120	3	5	5	4
150	4	6	5	4
185	4	6	5	5
240	4	6	6	5
300	5	7	7	6
400	8	7	7	6

6. 安装中间接头绝缘管

（1）在中间接头绝缘管安装区域表面均匀涂抹一薄层硅脂，并经认真检查后，将中间接头绝缘管移至中心部位，其一端必须与记号齐平。

（2）定位后用双手从接头绝缘管中部向两端圆周捏一捏，使中间接头绝缘管内壁结构与电缆绝缘、外半导电屏蔽层有更好的界面接触。

7. 连接两端铜屏蔽层

铜网带应以半搭盖方式绕包平整紧密，铜网两端与电缆铜屏蔽层搭接，用铜扎线固定时用力收紧，或用烙铁焊锡焊接。焊接后清除表面杂物，用 PVC 绑带缠紧覆盖。

8. 恢复内护套

（1）电力电缆三相接头之间的间隙必须用填充料填充饱满并把三相并拢扎紧，检查接头两端外护套之间有无毛刺尖物并清除。先用白布带半重叠两个来回将电力电缆三相并拢包扎，再用 PVC 绑带包扎，以增强接头整体结构的严密性和机械强度。

（2）绕包防水带，将胶带拉伸至原来宽度的 3/4 半重叠绕包，完成后，双手用力挤压所包胶带，使其紧密服帖。防水带应覆盖接头两端的电缆内护套足够长度，绕包前先清洁内护套表面。

9. 连接两端铠装层

作接地用的铜编织带两端与铠装层连接时，必须先用锉刀或砂纸打磨钢铠表面，将铜编织带端头沿宽度方向略加展开，用铜扎线用力收紧绑扎，用烙铁焊锡进行焊接。焊接后清除表面杂物，用 PVC 绑带缠紧覆盖，以增加铜编织带与钢铠的接触面和稳固性。焊接前，对钢铠表面、铜编织带端头进行焊锡预处理，连接后再焊牢固定。

10. 恢复外护套

(1) 绕包防水带，将胶带拉伸至原来宽度的3/4半重叠绕包，绕包两个来回完成后，双手用力挤压所包胶带，使其紧密服帖。防水带应覆盖接头两端的电缆外护套足够长度，绕包前先清洁外护套表面，并打磨防水带覆盖区域，以增强接触密闭性。

(2) 在外护套防水带上绕包两层铠装带。绕包铠装带以半重叠方式绕包，必须紧固，并覆盖接头两端的电缆外护套足够长度。

(3) 30min以后，方可进行电缆接头搬移工作，以免损坏外护层结构。

(三) 中间接头安装流程（绕包型）

绕包型附件的安装流程中，剥除电缆外护层、锯除多余电缆线芯、剥除铜屏蔽层和外半导电层、剥切绝缘层、压接连接管与非绕包型相同，此处不再赘述。

1. 套铜丝网套、热缩管

(1) 将铜丝网套套入一端相线上，临时收拢绑扎，不影响后续带材绕包。

(2) 将放置热缩管的电缆本体位置处理干净，将热缩管拉至该位置，临时固定。

(3) 将电缆绝缘、铜丝网套和热缩管用新保鲜膜临时保护好，以防碰伤和灰尘杂物落入，保持环境清洁。

2. 绕包增包绝缘层

(1) 接管表面屏蔽处理。在接管外绕包半导电带（应力带），半重叠绕包一个来回，两端各搭叠导体屏蔽层5mm。

(2) 外半导电层断口应力处理。在外半导电层端口绕包半导电带，半重叠绕包一个来回，搭叠铜屏蔽带5mm、绝缘5mm。再从铜屏蔽层断口开始绕包应力控制带，半重叠绕包两个来回；第一个来回从半导电带外侧5mm处铜屏蔽层上开始（见图5-28），缠绕到主绝缘层上，然后返回起始处，绕包长度为100mm；第二个来回从同一个起始点（半导电带外侧5mm处铜屏蔽层开始）开始，绕包长度为45mm，然后返回至起始处。

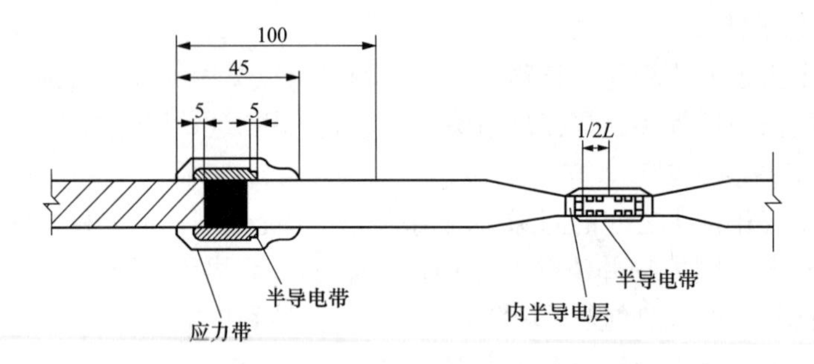

图5-28 绕包半导电带及应力带示意图

(3) 绕包增包绝缘。用卡尺测量电缆绝缘层的直径最大值 d，绕包绝缘带，直至绝缘外径包至 $d+24$mm，绝缘带覆盖应力控制带外至两侧铜屏蔽带各5mm处，两端应用斜坡平滑过渡，斜坡长度为30～40mm。

(4) 恢复外半导电屏蔽层（见图5-29）。按图5-29半重叠绕包半导电带一个来回，半导电带搭叠绝缘带外两侧铜屏蔽带各5mm。

(5) 将铜丝网套拉到接头中间，套在整个接头外部并与接头电缆绝缘屏蔽层（半导电层）表面紧密贴合，同时搭叠在电缆铜屏蔽带上，采用焊接连接。如采用恒力弹簧连接，两

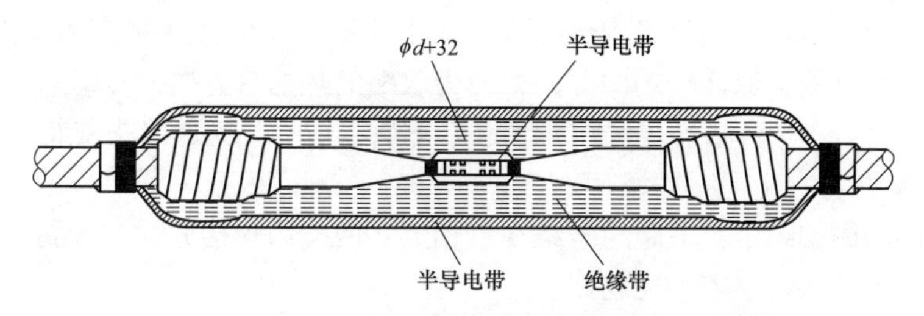

图 5-29　恢复外半导电屏蔽层示意图

端在电缆铜屏蔽带 30mm 左右上用恒力弹簧先缠绕固定一圈，然后将铜丝网套的两端反折到恒力弹簧里，再将恒力弹簧全部绕紧固定。铜丝网套安装如图 5-30 所示。

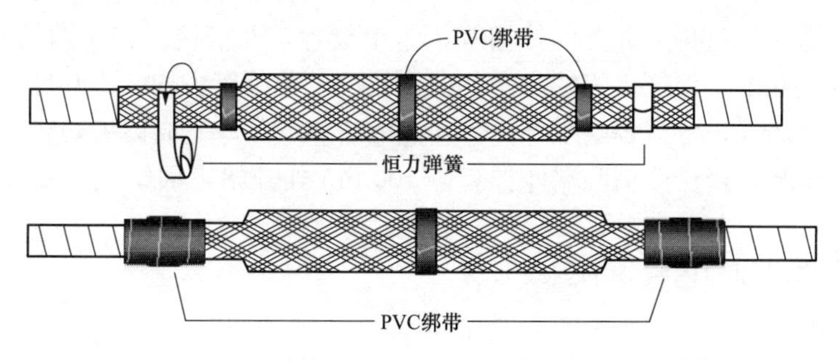

图 5-30　铜丝网套安装示意图

（6）打磨毛刺。用平锉刀把焊接处锉平，再用 PVC 绑带将每相接头外的铜丝网套端部焊接处缠绕 3 层，防止毛边刺破其他密封结构（如采用恒力弹簧，恒力弹簧固定的位置缠绕 3 层）。

（7）尖突物处理。在绕包防水带前，接头两端外护套之间用白纱带半重叠来回绕包共 4 层，以手触感没有毛刺、尖突且圆滑为佳。

3. 恢复内护套

将三相并拢，用白纱带捆扎绑紧，且半重叠来回绕包 4 层。用绝缘砂纸将两端内护套断口向外 50mm 的范围内打毛；清洁内护套打毛处，从一侧内护套断口向外 50mm 处开始，到另一侧内护套断口向外 50mm 之间，半重叠绕包防水带一个来回。恢复内护套如图 5-31 所示。

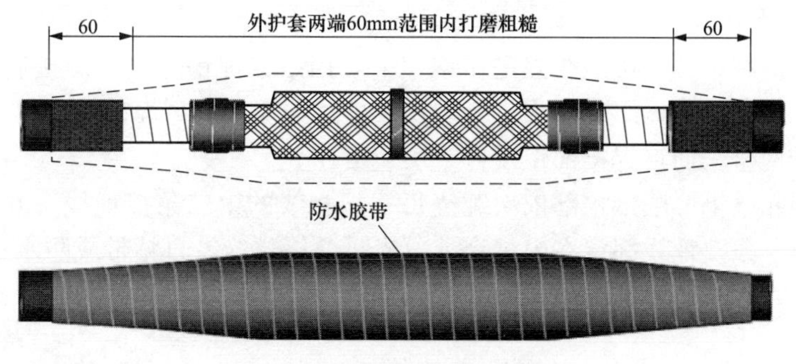

图 5-31　恢复内护套示意图

如采用热缩管，拉过预先放置的热缩管，居中放置，并搭接在接头两端内护套打毛处。从中间向两边加热收缩，保证火焰的方向朝向为收缩的热缩管方向。冷却后，在热缩管两端各绕 PVC 绑带 100mm，各搭叠电缆内护套和热缩管 50mm，完成接头安装。

4. 恢复金属铠装电气连接

用厂家提供的铜编织带大节距地缠绕在三相上，两端用焊接方式与金属铠装连接，锉平毛刺后绕包白纱带 4 层，覆盖尖突物。

5. 恢复外护套

用绝缘砂纸将两端外护套断口向外 100mm 的范围内打毛，清洁外护套打毛处，绕包防水带，从一侧外护套断口向外 50mm 处开始，到另一侧外护套断口向外 50mm 之间，半重叠绕包防水带一个来回。

如采用热缩管，拉过预先放置的热缩管，居中放置，并搭接在接头两端外护套打毛处。从中间向两边加热收缩，保证火焰的方向朝向为收缩的热缩管方向。冷却后，在热缩管两端各绕 PVC 绑带 100mm，各搭叠电缆外护套和热缩管 50mm，完成接头安装。

如采用 3M 铠装带，从接头两端外护套各 100mm 处开始来回绕包，要求用完厂家配置的全部铠装带。

五、中压电力电缆户内终端的安装步骤

（一）工作前准备

（1）检查电缆和终端装置（支架）；

（2）工器具、材料准备；

（3）做好安全措施；

（4）明确作业人员分工，阅读安装说明书。

（二）户内终端安装流程

1. 电缆外护层、内护层开剥处理

（1）把电缆置于预定位置，剥去外护套、铠装及衬垫层。锯铠装层时，不能伤到电缆内护套，内护套开剥总长度应大于分叉处至相线搭头长度。单芯电缆一般无金属铠装。

（2）再往下剥 25～50mm 的外护套，露出铠装，并擦洗外护套端口往下 50mm 以上长度的外护套表面污垢。

（3）外护套口往下 15mm 处绕包两层绝缘自粘带或防水自粘填充带。

（4）在相线顶部将铜屏蔽带绕包 PVC 绑带临时固定。

2. 接地线安装

（1）用铜扎线将第一条接地线固定在钢铠上，用烙铁焊锡焊接，焊接后清除表面杂物。焊接前，对钢铠表面、铜编织带端头进行焊锡预处理，连接后再焊牢固定。绕包绝缘胶带或防水自粘填充带两个来回将焊接部位及衬垫层包覆住。

（2）在三根相线铜屏蔽带根部依次缠绕每一根相线的第二条接地线，并将其向下引出，用细铜扎线将第二条接地线固定在内护套外，半重叠绕包绝缘自粘带或防水自粘填充带将铜扎线全部包覆住，第二条接地线位置与第一条相背，且第一条接地线与第二条接地线相互间绝缘。

（3）在绕包第二层防水带时，把接地线夹在防水带当中，以防水气沿接地线空隙渗入。

（4）在整个接地区域及防水带外面绕包几层 PVC 绑带，将它们全部覆盖住。

3. 套入分支手套和相线绝缘管

（1）在适当位置用PVC绑带将接地线临时固定在电缆外护套上，把分支手套放到电力电缆三根相线分叉根部。

（2）校验从电力电缆三相尾线顶部到分支手套分叉管端口的长度尺寸：该长度须大于主绝缘长度＋接线端子孔深＋5mm。在满足该尺寸条件下，确定三相尾线搭头长度，锯去多余尾线。主绝缘长度来自附件安装图纸所标注的尺寸。

（3）根据附件安装图纸标注的主绝缘长度，从尾线顶部向下测量出主绝缘长度＋接线端子孔深＋5mm（即电缆主绝缘预处理）长度，做好标记后，将相线绝缘管分别套入三相尾线，使绝缘管重叠在分支管上15mm以上。如果尾线较长，须多根绝缘管接龙延长至标记处，绝缘管如有多余则割去多余长度。

4. 电缆主绝缘预处理

（1）相线绝缘管口（即标记处）上方留30mm的铜屏蔽带，其余的切除，注意不要伤及外半导电层和主绝缘。

（2）铜屏蔽带口往上留10mm的半导电层，其余的全部剥去，剥离时切勿划伤到主绝缘。

（3）按线端子孔深加上5mm切除相线顶部绝缘。

（4）绝缘管口往下25mm处，绕包PVC绑带作一标识，此处为主绝缘套管安装基准。

（5）半重叠绕包半导电带，从铜屏蔽带上10mm处开始，绕包至10mm主绝缘上，根据图纸要求来回绕包。

5. 线端子压接及清理

（1）套入接线端子，对称压接，并挫平打光，仔细清洁接线端子。压接后如有尖角、毛刺应挫平打光并且清洗。

（2）用清洁剂将主绝缘擦拭干净。

6. 安装终端套管

（1）在半导电带与主绝缘搭接处涂上少许硅脂，将剩余的涂抹在主绝缘表面。

（2）用绝缘带填平接线端子与绝缘之间的空隙。

（3）套入主绝缘套管至PVC标识处。

（4）从主绝缘套管开始，半重叠来同绕包耐气候性胶带（俗称防光带）至接线端子上。

（5）如接线端子的宽度大于主绝缘套管的直径，那么先安装主绝缘套管，最后压接线端子。

六、中压电力电缆户外终端的安装步骤

（一）工作前准备

（1）检查电力电缆和终端装置（支架）。

（2）工器具、材料准备。

（3）做好安全措施。

（4）明确作业人员分工，阅读安装说明书。

（二）户外终端安装流程

1. 电力电缆预切断

核对电力电缆线路正确后，校直电缆，根据终端头固定位置量取需要的长度，锯去多余电缆。

2. 电缆外护层、内护层开剥处理

（1）把电力电缆置于预定位置，剥去外护套、铠装及衬垫层。锯铠装层时，不能伤到电缆内护套，内护套开剥总长度应大于分叉处至相线搭头长度。单芯电力电缆一般无金属铠装。

（2）再往下剥25～50mm的外护套，露出铠装，并擦洗外护套端口往下50mm以上长度的外护套表面污垢。

（3）外护套口往下15mm处绕包两层绝缘自粘带或防水自粘填充带。

（4）在相线顶部将铜屏蔽带绕包PVC绑带临时固定。

3. 接地线安装

（1）用铜扎线将第一条接地线固定在钢铠上，用烙铁焊锡焊接，焊接后清除表面杂物。焊接前，对钢铠表面、铜编织带端头进行焊锡预处理，连接后再焊牢固定。绕包绝缘胶带或防水自粘填充带两个来回将焊接部位及衬垫层包覆住。

（2）在三根相线铜屏蔽带根部依次缠绕每一根相线的第二条接地线，并将其向下引出，用细铜扎线将第二条接地线固定在内护套外，半重叠绕包绝缘自粘带或防水自粘填充带将铜扎线全部包覆住，第二条接地线位置与第一条相背，且第一条接地线与第二条接地线相互间绝缘。

（3）在绕包第二层防水带时，把接地线夹在防水带当中，以防水气沿接地线空隙渗入。

（4）在整个接地区域及防水带外面绕包几层PVC绑带，将它们全部覆盖住。

4. 套入分支手套和相线绝缘管

（1）在适当位置用PVC绑带将接地线临时固定在电缆外护套上，把分支手套放到电力电缆三根相线分叉根部。

（2）校验从电缆三相尾线顶部到分支手套分叉管端口的长度尺寸：该长度须大于主绝缘长度＋接线端子孔深＋5mm。在满足该尺寸条件下，确定三相尾线搭头长度，锯去多余尾线。主绝缘长度来自附件安装图纸所标注的尺寸。

（3）根据附件安装图纸标注的主绝缘长度，从尾线顶部向下测量出主绝缘长度＋接线端子孔深＋5mm（即电缆主绝缘预处理）长度，做好标记后，将相线绝缘管分别套入三相尾线，使绝缘管重叠在分支管上15mm以上。如果尾线较长，须多根绝缘管接龙延长至标记处，绝缘管如有多余则割去多余长度。

5. 电缆主绝缘预处理

（1）相线绝缘管口（即标记处）上方留30mm的铜屏蔽带，其余的切除，注意不要伤及外半导电层和主绝缘。

（2）铜屏蔽带口往上留10mm的半导电层，其余的全部剥去，剥离时切勿划伤到主绝缘。

（3）按线端子孔深加上5mm切除相线顶部绝缘。

（4）绝缘管口往下25mm处，绕包PVC绑带作一标识，此处为主绝缘套管安装基准。

（5）半重叠绕包半导电带，从铜屏蔽带上10mm处开始，绕包至10mm主绝缘上，根据图纸要求来回绕包。

6. 线端子压接及清理

（1）套入接线端子，对称压接，并挫平打光，仔细清洁接线端子。压接后如有尖角，毛刺应挫平打光并且清洗。

（2）用清洁剂将主绝缘擦拭干净。

7. 终端套管安装

（1）在半导电带与主绝缘搭接处涂上少许硅脂，将剩余的涂抹在主绝缘表面。

（2）用绝缘带填平接线端子与绝缘之间的空隙。

（3）套入主绝缘套管至 PVC 标识处。

（4）从主绝缘套管开始，半重叠来回绕包耐气候性胶带至接线端子上。

（5）如接线端子的宽度大于主绝缘套管的直径，那么先安装主绝缘套管，最后压接线端子。

（6）电缆终端的放置要考虑最小净距，对于安装于开关柜体内部或类似环境的终端，主体部件应位于地板上方，其他相关尺寸要求见表 5-9。

表 5-9　　　　　　　　电缆终端运行最小净距（空气净距）要求

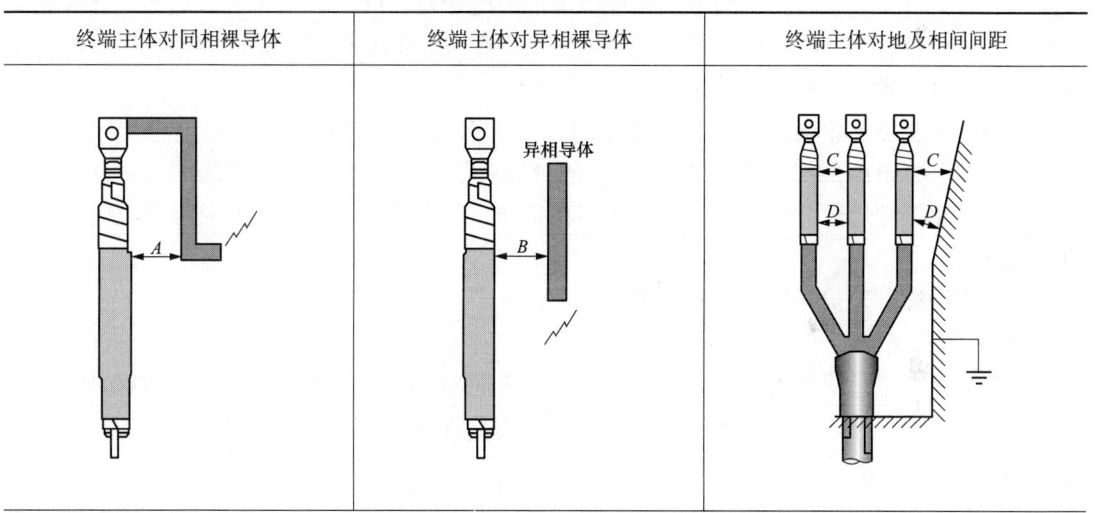

电缆终端运行最小净距（空气净距）要求表

尺寸	说明	最小净距要求（mm）		
		10kV	20kV	35kV
A	终端主体对同相裸导体的最小净距	127	190	350
B	终端主体对异相裸导体的最小净距	190	267	457
C	终端主体上端对地或相间最小净距	30	40	50
D	终端主体下端对地或相间最小净距	20	25	35

第六章　中压电力电缆试验

第一节　中压电力电缆交接试验

电力电缆及其附件在敷设和安装完毕后，由于安装、运输及现场敷设等因素，即使已通过出厂试验的电力电缆及附件的电气性能也可能遭受影响。因此，为了验证电力电缆线路的可靠性，避免在施工过程中出现的缺陷影响电力电缆线路的安全运行，需要通过试验的方法进行验收，这一类试验称为交接试验。

电力电缆交接试验项目包括：①主绝缘及外护套绝缘电阻测量；②主绝缘交流耐压试验；③检查电力电缆线路两端的相位；④金属屏蔽层（金属套）电阻和导体电阻比测量；⑤振荡波、超低频局部放电试验；⑥介质损耗检测；⑦避雷器试验；⑧线路参数试验；⑨接地电阻测量。

一、主绝缘及外护套绝缘电阻测量

（一）试验目的

测量绝缘电阻是检查电力电缆线路绝缘状态最简单、最基本的方法。测量绝缘电阻一般使用绝缘电阻表，可以检查出电缆主绝缘或外护套是否存在明显缺陷或损伤。

（二）试验原理

电力电缆线路的绝缘电阻大小同加在电缆导体上的直流测量电压及通过绝缘的泄漏电流有关，绝缘电阻和泄漏电流的关系符合欧姆定律，即：

$$R=\frac{U}{I} \tag{6-1}$$

绝缘电阻的大小取决于绝缘的体积电阻和表面电阻的大小，把直流电压 U 和绝缘的体积电流 I_V 之比称为体积电阻 R_V，U 和表面泄漏电流 I_s 之比称为表面电阻 R_s，即：

$$R_V=\frac{U}{I_V} \tag{6-2}$$

$$R_s=\frac{U}{I_s} \tag{6-3}$$

正确反映电力电缆绝缘品质的是绝缘的体积电阻 R_V。

（三）试验方法及要求

（1）测量绝缘电阻时，应分别在电力电缆的每一相上进行。对一相进行测量时，其他两

相导体、金属屏蔽或金属套和铠装层一起接地。三相电缆芯线和电缆外护套的绝缘电阻试验接线分别如图 6-1 和图 6-2 所示。试验结束后应对被试电力电缆进行充分放电。

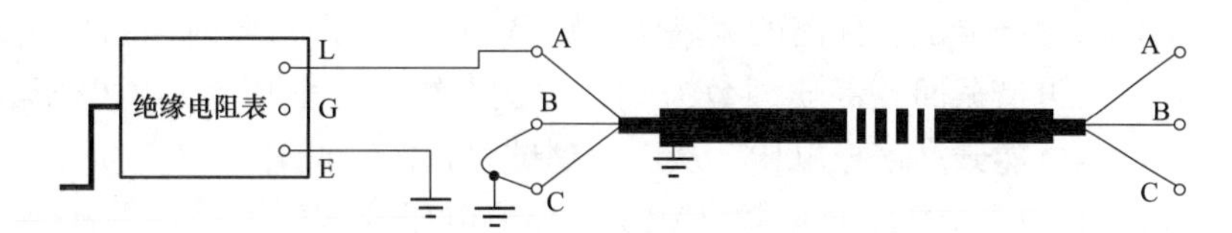

图 6-1　三相电缆芯线绝缘电阻试验接线示意图

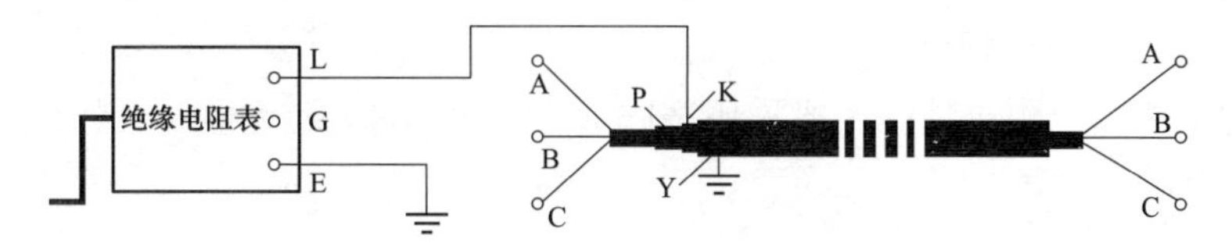

图 6-2　电缆外护套绝缘电阻试验接线示意图

P—金属屏蔽层；K—金属护层（铠装层）；Y—绝缘外护套

（2）电缆主绝缘绝缘电阻测量应采用 2500V 及以上电压的绝缘电阻表，外护套绝缘电阻测量宜采用 1000V 绝缘电阻表。

（3）耐压试验前后，绝缘电阻应无明显变化。电缆外护套绝缘电阻不低于0.5MΩ·km。

（四）试验设备

绝缘电阻试验设备为绝缘电阻表，一般分为手摇式和指针式，如图 6-3 和图 6-4 所示。

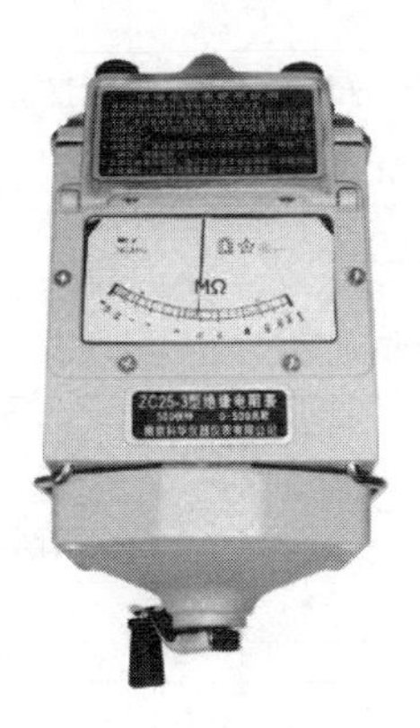

图 6-3　手摇式绝缘电阻表示意图

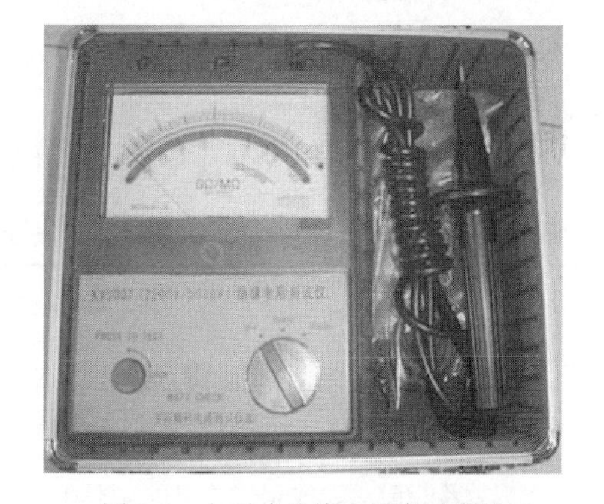

图 6-4　电子式绝缘电阻表示意图

二、主绝缘交流耐压试验

（一）试验目的

交流耐压试验是电力电缆敷设完成后进行的基本试验，是判断电缆线路是否可以运行的基本方法。当电缆线路中存在微小缺陷时，在运行过程中可能会逐渐发展成局部缺陷或整体缺陷。因此，为了考验电缆承受电压的能力，需要进行交流耐压试验。

（二）试验原理

对于电力电缆而言，其电容量相对其他类型设备较大，在进行耐压试验时，要求试验电压高、试验设备容量大，现场往往难以解决。为了克服这种困难，采用串联电抗器谐振的方法进行耐压试验，通过调节试验回路的频率 ω，使得 $\omega L=1/\omega C$，此时回路形成谐振，这时的频率为谐振频率。设谐振回路品质因数为 Q，被试电缆上的电压为励磁电压的 Q 倍，这时通过增加励磁电压就能升高谐振电压，从而达到试验目的。此外，对于35kV及以下电压等级的电力电缆，可采用0.1Hz超低频（VLF）交流电压的试验方法，根据无功功率的计算公式 $Q=2\pi fCU^2$，理论上0.1Hz的试验设备容量可以是工频交流试验设备容量的1/500。此外0.1Hz超低频试验设备远小于工频试验设备，具有设备轻便、易于接线等优点。

（三）试验方法及要求

（1）电力电缆交流耐压试验一般采用20～300Hz的谐振交流电压，变频串联谐振试验接线如图6-5所示。

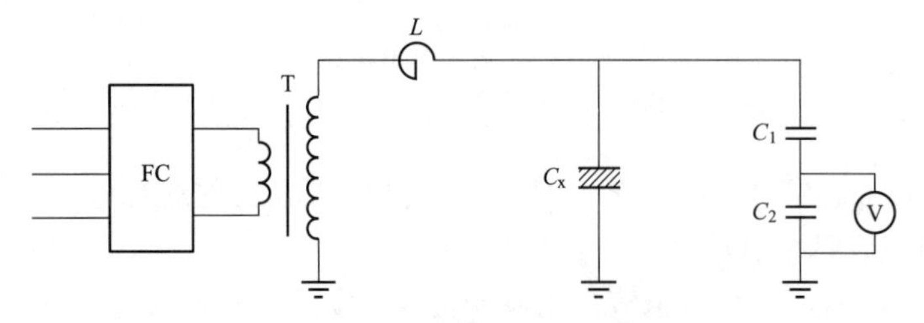

图6-5　电力电缆变频串联谐振试验接线示意图

FC—变频电源；T—励磁变压器；L—串联电抗器；

C_x—被试电缆等效电容；C_1、C_2—分压器高、低压臂电容

（2）对电力电缆做耐压试验时，应分别在每一相上进行。对一相进行试验时，其他两相导体、金属屏蔽或金属套和铠装层一起接地。试验结束后应对被试电力电缆进行充分放电。

（3）交联电缆20～300Hz交流耐压试验电压和时间见表6-1。

表6-1　　交联电力电缆20～300Hz交流耐压试验和时间

额定电压 U_0/U(kV)	试验电压		时间（min）
	新投运线路或不超过3年的非新投运线路	非新投运线路	
18/30及以下	$2.5U_0(2.0U_0)$	$2.0U_0(1.6U_0)$	5（60）
21/35与26/35	$2.0U_0$	$1.6U_0$	60

注　非新投运线路指由于线路切改或故障等原因重新安装电缆附件的电缆线路。对于整相电缆和附件全部更换的线路，试验电压和耐受时间按照新投运线路要求。

（4）当不具备谐振交流耐压的试验条件时，可采用频率为0.1Hz的超低频交流电压进行耐压试验。

（5）橡塑电缆0.1Hz超低频交流耐压试验电压和时间见表6-2。

表 6-2　　　橡塑电力电缆 0.1Hz 超低频交流耐压试验和时间

额定电压 U_0/U(kV)	试验电压	时间（min）
18/30 及以下	$3.0U_0(2.5U_0)$	15（60）
21/35 与 26/35	$2.5U_0(2.0U_0)$	

注　非新投运线路指由于线路切改或故障等原因重新安装电缆附件的电缆线路。对于整相电缆和附件全部更换的线路，试验电压和耐受时间按照新投运线路要求。

（四）试验设备

谐振交流耐压试验设备由变频电源、励磁变压器、电抗器及分压器等设备组成，如图 6-6 所示。超低频耐压试验对设备容量要求较小，一般为一体化设备，如图 6-7 所示。

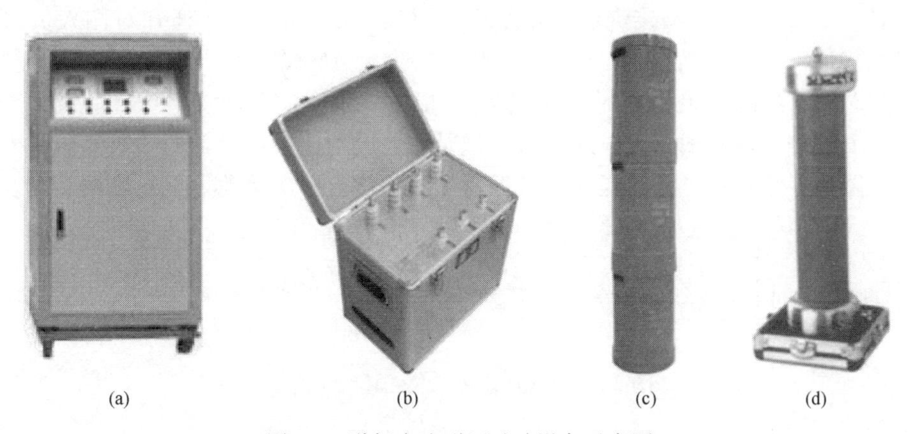

图 6-6　谐振交流耐压试验设备示意图
（a）变频电源；（b）励磁变压器；（c）电抗器；（d）分压器

三、检查电力电缆线路两端的相位

（一）试验目的

电力电缆线路在敷设、安装附件后，为了保证两端的相位一致，需要对两端的相位进行检查。这项工作对于单相用电设备关系不大，但对于输电网络、双电源系统和有备用电源的重要用户等有重要意义。

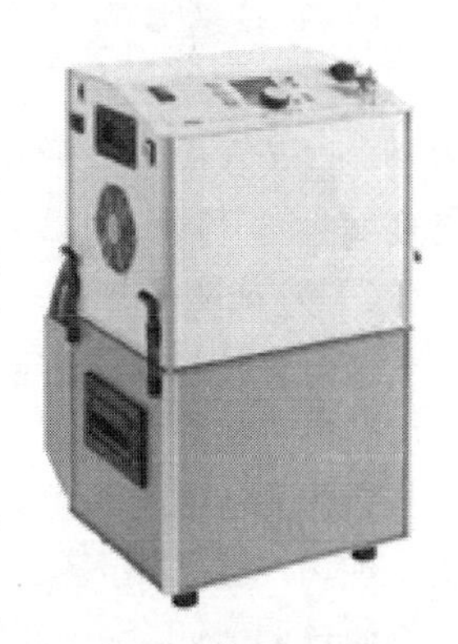

图 6-7　电力电缆超低频耐压试验设备示意图

（二）试验原理

在三相制电力网络中，三相之间有固定的相角差，电气设备与电网之间、电网与电网之间连接的相位必须一致才能正常运行。电力电缆线路连接电网和电气设备必须保证两端的相位一致，所以电缆线路安装竣工或经过检修后都要认真进行核相工作。

（三）试验方法及要求

核相测试包括两种方法，分别是干电池法和绝缘电阻表法。

（1）干电池法核相接线如图 6-8 所示。采用干电池法核对相位时，将电力电缆两端的线路接地开关拉开，对电力电缆进行充分放电，对侧三相全部悬空。在电力电缆的一端 A 相接电池组正极，B相接电池组负极。在电力电缆的另一端用直流电压表测量任意两相芯线。当直流电压表正向偏转时，直流电压表正极为A相，负极为B相，剩下一相则为C相，如图6-8所示。电池组为2～4节干电池串联使用。

图6-8　干电池法核相接线示意图

（2）绝缘电阻表法核相接线如图6-9所示。采用绝缘电阻表法核对相位时，将电力电缆两端的线路接地开关拉开，对电力电缆进行充分放电，对侧三相全部悬空，将测量线一端接绝缘电阻表"L"端，另一端接绝缘杆，绝缘电阻表"E"端接地。通知对侧人员将电力电缆其中一相接地（以A相为例），另两相空开。试验人员驱动绝缘电阻表，将绝缘杆分别搭接电缆三相芯线，绝缘电阻为零时的芯线为A相。试验完毕后，将绝缘杆脱离电缆A相，再停止绝缘电阻表。对被试电力电缆放电并记录。完成上述操作后，通知对侧试验人员将接地线接在线路另一相，重复上述操作，直至对侧三相均有一次接地。

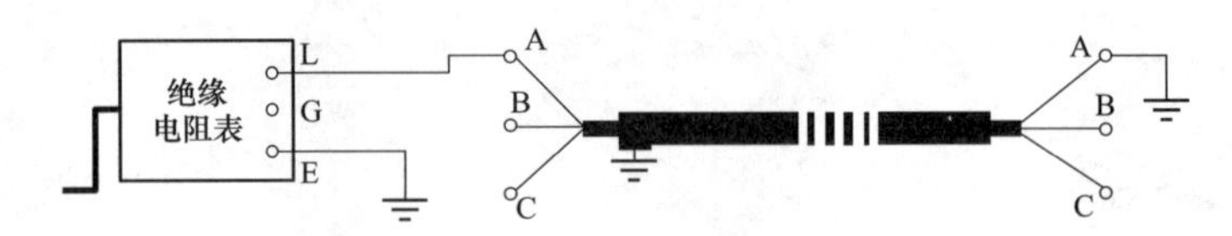

图6-9　绝缘电阻表法核相接线示意图

（3）电力电缆线路两端的相位应一致，并与电网相位相符合。

四、金属屏蔽层（金属套）电阻和导体电阻比测量

（一）试验目的

金属屏蔽层（金属护套）电阻和导体电阻比测量用于检查电力电缆金属屏蔽层是否发生锈蚀，以及在电力电缆线路重新制作接头后，用于检查接头的导体连接是否良好。因此，在交接试验时开展此项试验，可以为运行阶段提供基准参考。

（二）试验原理

当电缆外护套发生破损时，金属屏蔽层（金属套）可能会发生腐蚀导致电阻增加。此外，当电缆接头的导体连接点连接不良时，也会导致导体回路的电阻增加。通过测试金属屏蔽与导体的电阻比，可以帮助运维人员了解是否存在上述问题。由于电力电缆导体电阻很低，现场一般采用双臂电桥进行测试，双臂电桥工作原理如图6-10所示。

通过调节四个可调电阻，使 $I_g=0$ 时，电桥达到平衡，此时通过式（6-4）可以得到被测电阻 R_x 的值：

$$R_x=\frac{R_2}{R_1}R_n \tag{6-4}$$

式中：R_1 为可调电阻1；R_2 为可调电阻2；R_n 为标准电阻。

（三）试验方法及要求

（1）结合其他连接设备一起，采用双臂电桥或其他方法，测量在相同温度下的回路金属

屏蔽（金属套）和导体的直流电阻，并求取金属屏蔽（金属套）和导体电阻比，作为今后监测基础数据。

（2）现场由于电力电缆较长，无法在电缆两端接线，测试可采用以下方法：

1）将电力电缆线路末端三相短路，按照图 6-11 连接双臂电桥，首先测量 AB 两相导体直流电阻之和 R_{AB}。

2）测量时，先将灵敏度调节到适当的位置，运用调节倍率、刻度盘和微调盘，调节桥臂的电阻。

3）当电桥平衡时，读取刻度盘和微调盘读数，记录 R_{AB}的值。

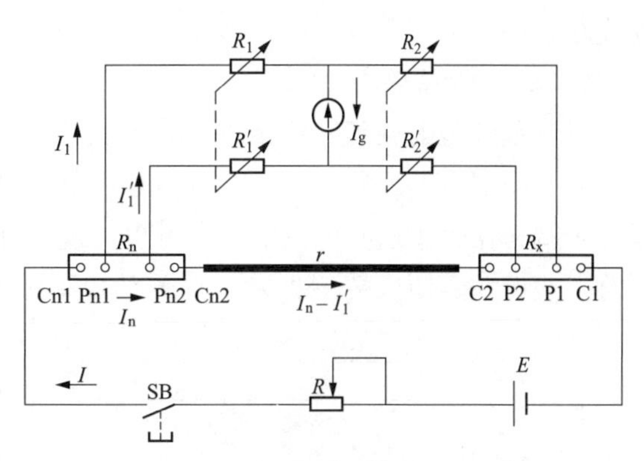

图 6-10　双臂电桥工作原理示意图

R_n—标准电阻；R_x—被测电阻；R_1、R_2、R'_1、R'_2—可调电阻；r—附加电阻；P1、P2—电压极；C1、C2—电流极

4）更改接线，继续测量 BC、AC 两相的导体直流电阻之和 R_{BC}、R_{AC}。

5）完成测试后，根据式（6-5）即可计算出单相的导体直流电阻 R_A、R_B、R_C：

$$\begin{cases} 2R_A = R_{AB} + R_{AC} - R_{BC} \\ 2R_B = R_{AB} + R_{BC} - R_{AC} \\ 2R_C = R_{AC} + R_{BC} - R_{AB} \end{cases} \tag{6-5}$$

6）同理可测得三相金属屏蔽层的直流电阻，即可得到导体与金属屏蔽层的电阻比。

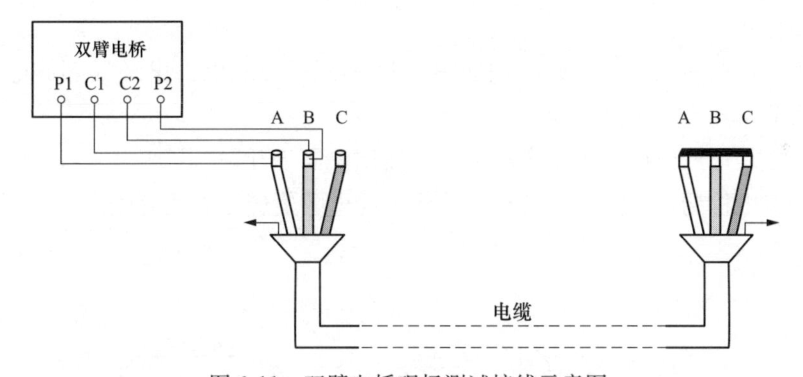

图 6-11　双臂电桥现场测试接线示意图

（四）试验设备

该试验用到的主要设备为直流双臂电桥，如图 6-12 所示。

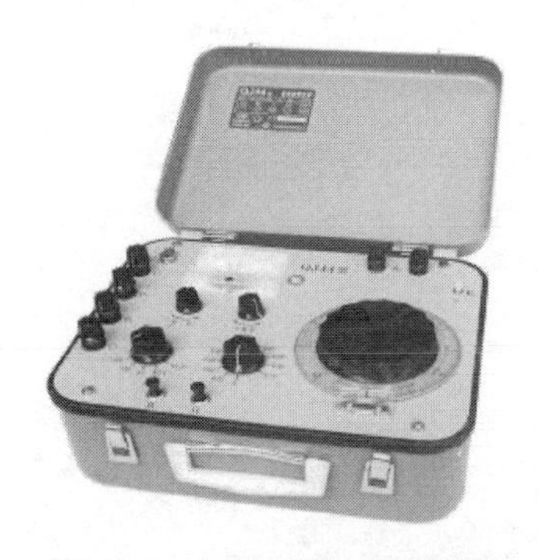

图 6-12　直流双臂电桥示意图

五、振荡波、超低频局部放电试验

（一）试验目的

当电力电缆在敷设、安装附件过程中由于操作不当，可能会在电力电缆线路中残留微小缺陷，这些微小缺陷可能会在运行过程中产生局部放电，并逐渐发展扩大成局部缺陷或整体缺陷。因此，为了提前发现这些缺陷，需要采用振荡波、超低频局部放电试验的方法来进行排查。该试验主要针对中压电力电

缆线路。

（二）试验原理

对电缆外施电压到一定条件下，会使电力电缆中缺陷处电场畸变程度超过临界放电场强，激发局部放电现象，局部放电信号以脉冲电流的形式向两边同时传播。通过在测试端并联一个耦合器收集这些电流信号，可以实现局部放电缺陷的检测。当测试一条长度为 l 的电缆时，假设在距测试端 x 处发生局部放电，放电脉冲沿电缆向两个相反方向传播，其中一个脉冲经过时间 t_1 到达测试端；另一个脉冲向测试对端传播，在对端电缆末端发生反射之后再向测试端传播，经过时间 t_2 到达测试端，根据两个脉冲到达测试端的时间差可计算出局部放电发生的位置。该试验方法称为脉冲反射法，其原理如图 6-13 所示。

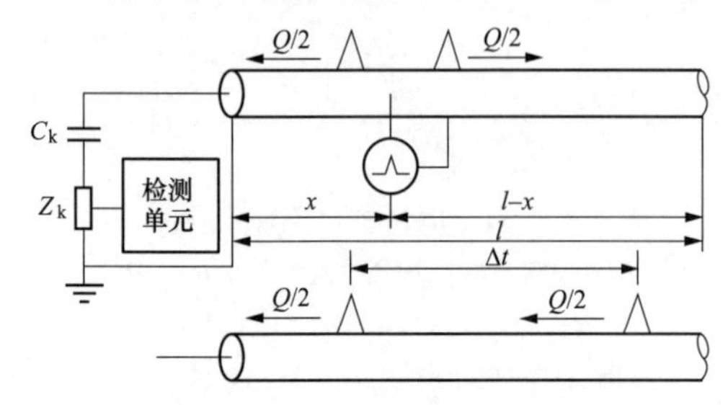

图 6-13　脉冲反射法原理示意图
Q—放电信号幅值；C_k—高压电容；
Z_k—匹配阻抗

$$\Delta t = t_2 - t_1 = 2(l - x)/v \tag{6-6}$$

式中：v 为放电脉冲在电力电缆中的传播速度；x 为局部放电脉冲的起始位置。

（三）试验方法及要求

（1）交接试验中电缆主绝缘局部放电检测可采用振荡波、超低频正弦、超低频余弦方波三种电压激励形式。

（2）采用振荡波激励时，测试原理如图 6-14 所示。交联电力电缆局部放电检测试验电压及要求见表 6-3。

（3）超低频局部放电检测可结合超低频耐压试验同步开展。

（4）局部放电检测试验前后，各相主绝缘绝缘电阻值应无明显变化。

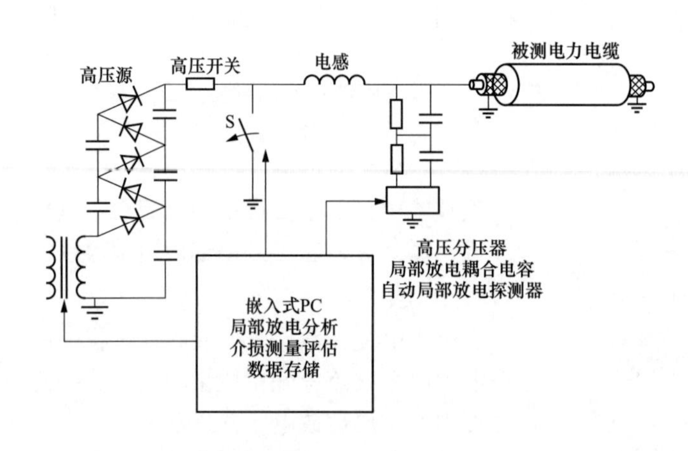

图 6-14　振荡波测试原理示意图

表 6-3　　交联电力电缆局部放电检测试验电压及要求

<table>
<tr><td>电压形式</td><td colspan="2">最高试验电压</td><td>最高试验电压激励次数/时长</td><td colspan="2">试验要求</td></tr>
<tr><td rowspan="2">振荡波电压</td><td>全新电缆</td><td>非全新电缆</td><td rowspan="2">不低于 5 次</td><td>新投运电缆部分</td><td>非新投运电缆部分</td></tr>
<tr><td>2.0U_0</td><td>1.7U_0</td><td rowspan="3">（1）起始局部放电电压不低于 1.2U_0；
（2）本体局部放电检出值不大于 100pC；
（3）接头局部放电检出值不大于 200pC；
（4）终端局部放电检出值不大于 2000pC</td><td rowspan="3">（1）本体局部放电检出值不大于 100pC；
（2）接头局部放电检出值不大于 300pC；
（3）终端局部放电检出值不大于 3000pC</td></tr>
<tr><td>超低频正弦波电压</td><td>3.0U_0</td><td>2.5U_0</td><td rowspan="2">不低于 15min</td></tr>
<tr><td>超低频余弦方波电压</td><td>2.5U_0</td><td>2.0U_0</td></tr>
</table>

（5）振荡波试验电压应满足：

1）波形连续 8 个周期内的电压峰值衰减不应大于 50%；

2）频率应介于 20～500Hz；

3）波形为连续两个半波峰值呈指数规律衰减的近似正弦波；

4）在整个试验过程中，试验电压的测量值应保持在规定电压值的±3%以内。

（6）超低频试验电压应满足：

1）波形为超低频正弦波或超低频余弦方波，电压波形分别如图 6-15 和图 6-16 所示；

2）频率应为 0.1Hz；

3）在整个试验过程中，试验电压的测量值应保持在规定电压值的±5%，正负电压峰值偏差不超过 2%。

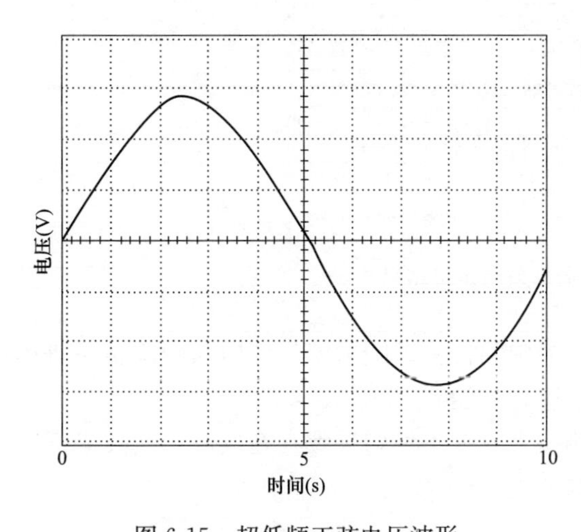

图 6-15　超低频正弦电压波形

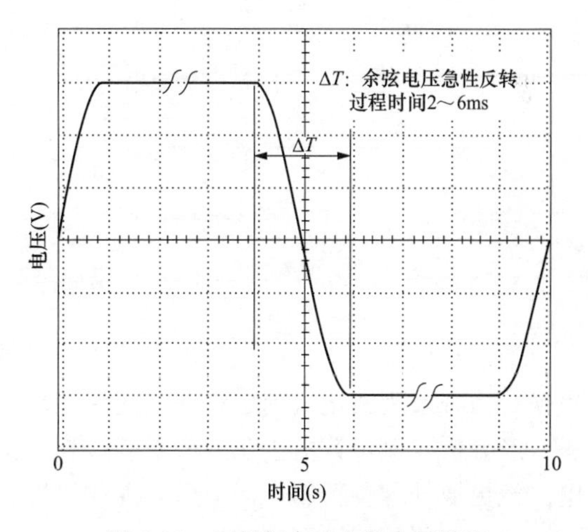

图 6-16　超低频余弦方波电压波形

（四）试验设备

振荡波、超低频局部放电试验所用到的设备主要为振荡波局部放电测试仪和超低频局部放电测试仪，如图 6-17 和图 6-18 所示。

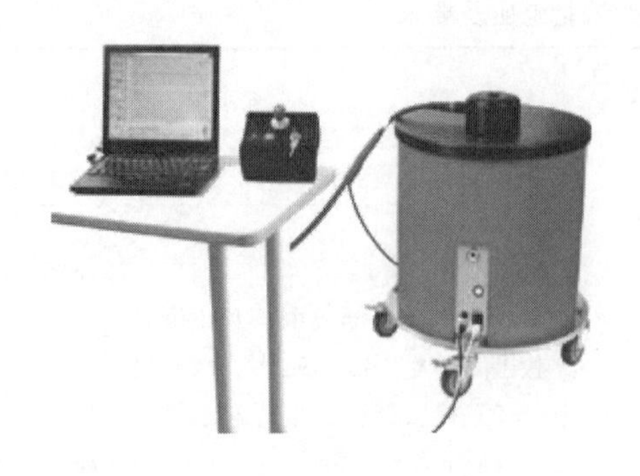

图 6-17　振荡波局部放电测试仪示意图

图 6-18　超低频局部放电测试仪示意图

（五）振荡波局部放电检测典型技术缺陷故障案例

2017 年 6 月 16 日，A 单位电缆检测人员使用振荡波局部放电测试仪对某 35kV 电力电缆线路开展振荡波局部放电测试，测试定位结果如图 6-19 所示，图中可见在 409、770、976m 存在局部放电异常现象。

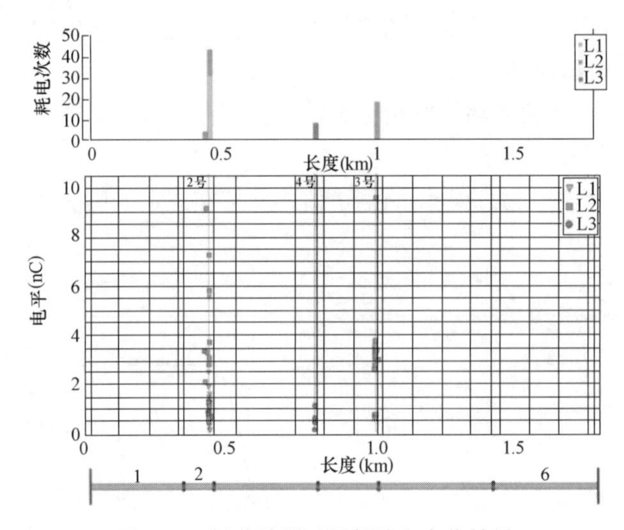

图 6-19　振荡波测试局部放电定位结果

通过对局部放电疑似位置进行核实，发现均为中间接头。随后安排停电对缺陷接头进行更换，检查发现在接头绝缘管外表面存在放电痕迹，如图 6-20 所示。

经分析，该位置由于在接头安装过程中，热缩管收缩不均匀导致存在气隙，引发局部放电。经更换处理重新制作接头后，复测局部放电消失。

六、介质损耗检测

（一）试验目的

介质损耗检测主要用于评估电缆绝缘的老化程度，在电力电缆刚刚竣工时，介质损耗值应很低，可作为后期状态评估的基准依据。若介质损耗值偏高，有可能在接头处存在进水受潮，需要进一步判断。

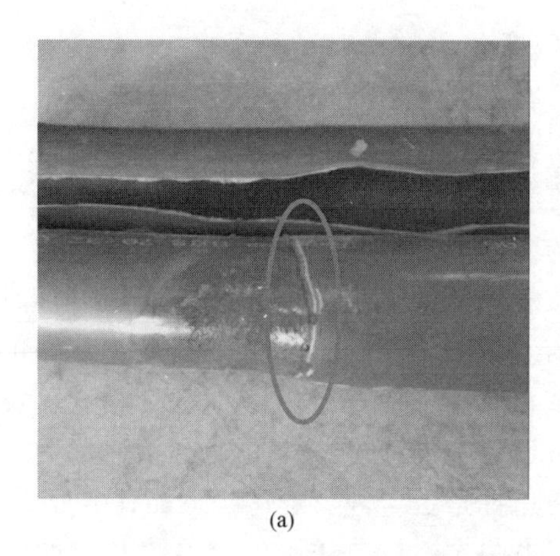

(a)

(b)

图 6-20　绝缘管外表面放电痕迹示意图

（a）整体图；（b）局部图

（二）试验原理

介质损耗检测是通过测量介质损耗角正切值 $\tan\delta$ 的大小及其变化趋势判断试品的整体绝缘情况。在交变电场下，电缆绝缘中流过的总电流可分解为容性电流 I_C和阻性电流 I_R，$\tan\delta$ 即为I_R与 I_C的比值。对于新的交联聚乙烯电力电缆来说，$\tan\delta$ 一般不超过 0.002。若绝缘发生受潮、变质、老化等，$\tan\delta$ 的数值会增大，该手段是判断绝缘老化程度的一种传统、有效的方法。

（三）试验方法及要求

交接试验中电缆主绝缘介质损耗检测可采用工频和超低频正弦波两种电压激励形式，试验电压及要求见表 6-4。

表 6-4　　橡塑电力电缆交接试验中介质损耗检测试验电压及要求

<table>
<tr><th rowspan="2">电压形式</th><th colspan="2">试验电压</th><th rowspan="2">介质损耗检测数量</th><th colspan="2">试　验　要　求</th></tr>
<tr><th>全新电缆</th><th>非全新电缆</th><th>全新电缆</th><th>非全新电缆</th></tr>
<tr><td>超低频正弦波电压</td><td>$1.0U_0$
$2.0U_0$</td><td>$0.5U_0$
$1.0U_0$
$1.5U_0$</td><td>每级电压下不低于 5 次</td><td>（1）$1.0U_0$下介质损耗值偏差$<0.1\times10^{-3}$；
（2）$2.0U_0$与 $1.0U_0$超低频介质损耗平均值的差值$<0.8\times10^{-3}$；
（3）$1.0U_0$下介质损耗平均值$<1.0\times10^{-3}$</td><td>（1）$1.0U_0$下介质损耗值偏差$<0.5\times10^{-3}$；
（2）$0.5U_0$与 $1.5U_0$超低频介质损耗平均值的差值$<80\times10^{-3}$；
（3）$1.0U_0$下介质损耗平均值$<50\times10^{-3}$</td></tr>
<tr><td>工频电压</td><td colspan="2">$1.0U_0$</td><td>—</td><td colspan="2">$<0.1\times10^{-2}$</td></tr>
</table>

七、避雷器试验

（一）试验目的

对于电力电缆线路，为了防止线路发生过电压对电缆设备造成损害，会在电缆终端处并联安装避雷器，如图 6-21 所示。若避雷器发生故障，也会造成电力电缆线路跳闸停电。因此，对电力电缆线路上安装的避雷器，也应开展相应的试验。

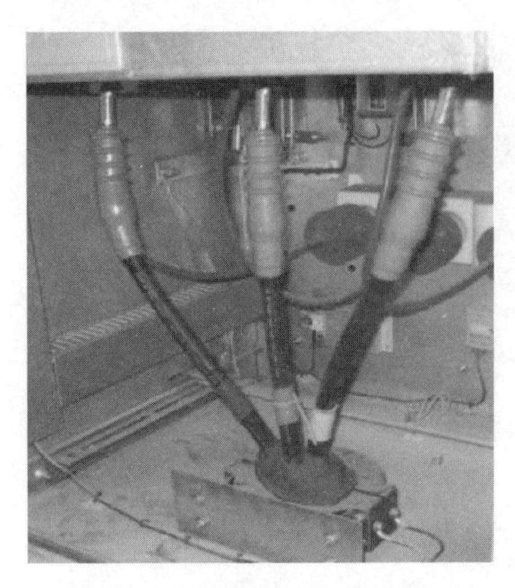

图 6-21　电缆终端及避雷器示意图

（二）试验原理

在完成避雷器现场安装后，根据相关规定和标准对其进行绝缘电阻、工频参考电压和持续电流、直流参考电流下的参考电压及 0.75 倍直流参考电压下的泄漏电流等测试，检查避雷器制造、运输和安装质量，保证其安全投入运行。其中直流参考电流下的参考电压及 0.75 倍直流参考电压下的泄漏电流测试，有利于检查避雷器直流参考电压及避雷器在正常运行中的荷电率，对确定阀片片数、判断额定电压选择是否合理及老化状态都有十分重要的作用。绝缘电阻、运行电压下的全电流和阻性电流测量可以有效判断避雷器是否发生老化、受潮等情况。

（三）试验方法及要求

对于无间隙金属氧化物避雷器，可按下列第 1～5 条规定进行试验，其中不带均压电容器的无间隙金属氧化物避雷器，第 3 条和第 4 条可选做一项试验，带均压电容器的无间隙金属氧化物避雷器，应做第 3 条试验。

1. 绝缘电阻

应采用 2500V 绝缘电阻表，绝缘电阻不应小于 1000MΩ。

2. 底座绝缘电阻

底座绝缘电阻测试应采用 2500V 绝缘电阻表，绝缘电阻不应低于 100MΩ。

3. 工频参考电压和持续电流

（1）金属氧化物避雷器对应于工频参考电流下的工频参考电压，整支或分节进行的测试值，应符合《交流无间隙金属氧化物避雷器》（GB/T 11032—2020）或产品技术条件的规定。

（2）测量金属氧化物避雷器在持续运行电压下的持续电流，试验接线如图 6-22 所示，其阻性电流和全电流值应符合产品技术条件的规定。

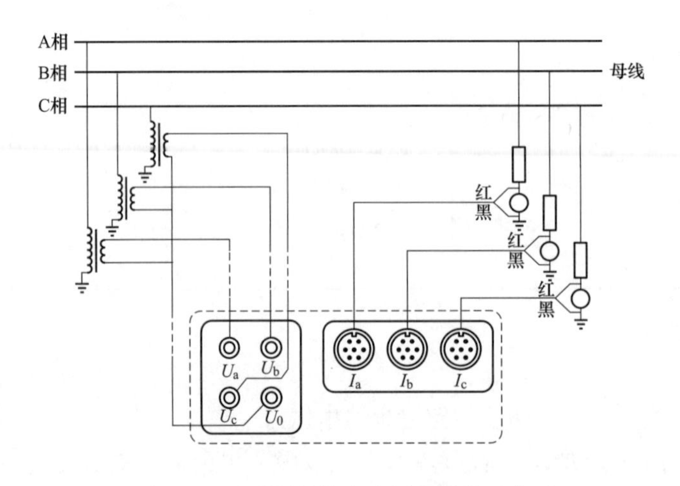

图 6-22　避雷器持续电流测量接线示意图

4．直流参考电压（U_{1mA}）和 $0.75U_{1mA}$ 下的泄漏电流

（1）金属氧化物避雷器对应于直流参考电压（U_{1mA}）和 $0.75U_{1mA}$ 下的泄漏电流测量接线如图 6-23 所示，整支或分节进行的测试值，不应低于 GB/T 11032—2020 规定值，并应符合产品技术条件的规定。实测值与制造厂实测值比较，其允许偏差应为±5%。

（2）$0.75U_{1mA}$ 下的泄漏电流值不应大于 50μA，或符合产品技术条件的规定。

（3）试验时若整流回路中的波纹系数大于 1.5%时，应加装滤波电容器，可为 0.01～0.1μF，试验电压应在高压侧测量。

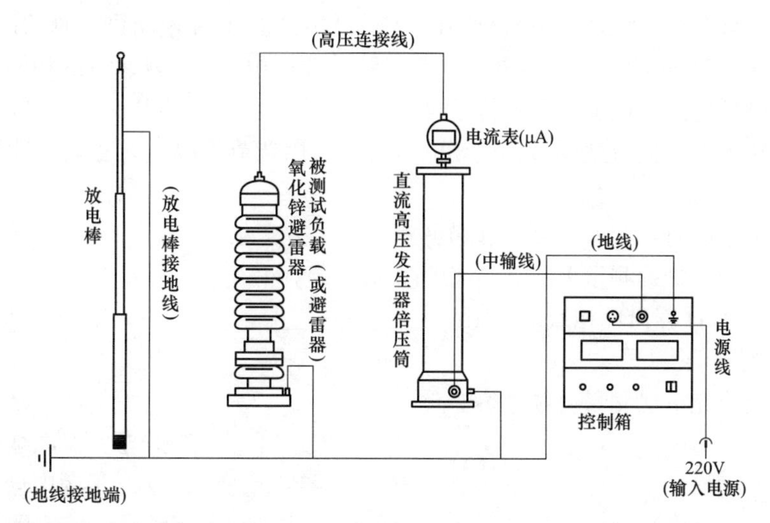

图 6-23　直流参考电压（U_{1mA}）和 $0.75U_{1mA}$ 下的泄漏电流测量接线图

5．检查放电计数器动作情况及监视电流表指示

放电计数器的动作应可靠，避雷器监视电流表指示应良好。

（四）试验设备

避雷器试验用到的主要设备包括避雷器特性测试仪、放电计数器校验仪、直流高压发生器、倍压筒及电流表（μA），如图 6-24 所示。

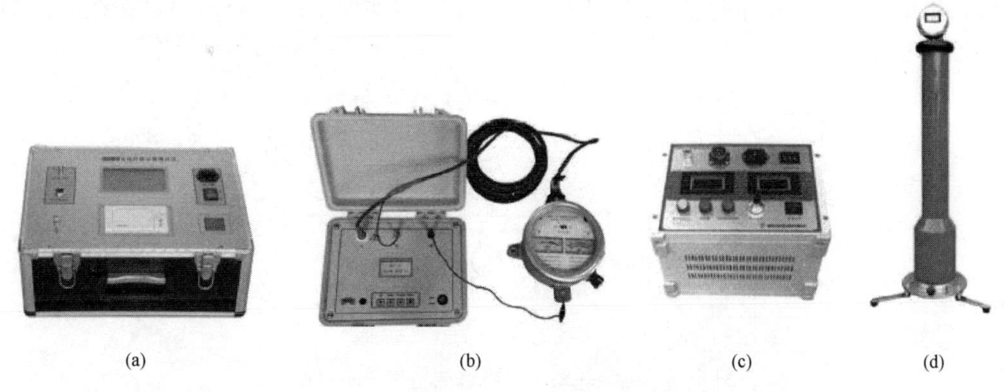

图 6-24　避雷器试验所用到的主要设备

（a）避雷器特性测试仪；（b）放电计数器校验仪；（c）直流高压发生器；（d）倍压筒及电流表（μA）

八、线路参数试验

（一）试验目的

电力电缆线路参数试验的项目很多，主要包括导体直流电阻测量、电缆电容测量、正序阻抗、负序阻抗和零序阻抗测量等项目，这些试验项目的数值主要用于电力电缆的运行计算。

（二）技术要求

1. 导体直流电阻测量

（1）采用双臂电桥法测量，依次对 AB、BC、CA 相间直流电阻进行测量。

（2）按照图 6-11 连接设备，将电力电缆线路末端三相短路，测量 AB 相间直流电阻。

（3）检查设备连接，保证设备连接正确可靠。

（4）测量时，先将灵敏度调节到适当的位置，运用调节倍率、刻度盘和微调盘，调节桥臂的电阻。

（5）当电桥平衡时，读取刻度盘和微调盘读数，并记录。

（6）更改接线，继续测量 BC、CA 相间直流电阻，并记录。

根据式（6-5）计算出单相直流电阻。

2. 电缆电容测量

（1）采用交流充电法测量电缆电容。

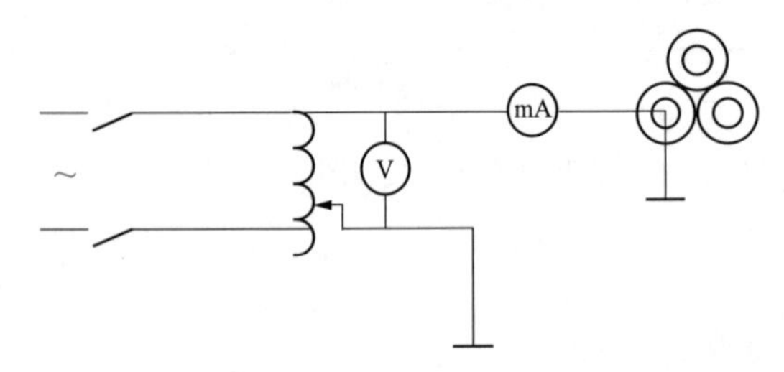

图 6-25　电缆导体对地电容测量接线示意图

（2）按照交流充电法测量电缆导体对地电容接线如图 6-25 所示。为了避免电压表内阻影响测量误差，应将电压表跨接在电流表之前。

（3）检查设备连接，保证设备连接正确可靠。

（4）读取电压表和电流表的度数，并记录。

（5）根据式（6-7）计算导体对地电容。

$$C=\frac{I}{\omega U}\times 10^{3}(\mu\text{F}) \tag{6-7}$$

3. 线路正序阻抗测量（负序阻抗测量相同）

（1）测量电缆线路正序阻抗接线如图 6-26 所示，将线路末端三相短路，在线路始端施加三相工频电源。

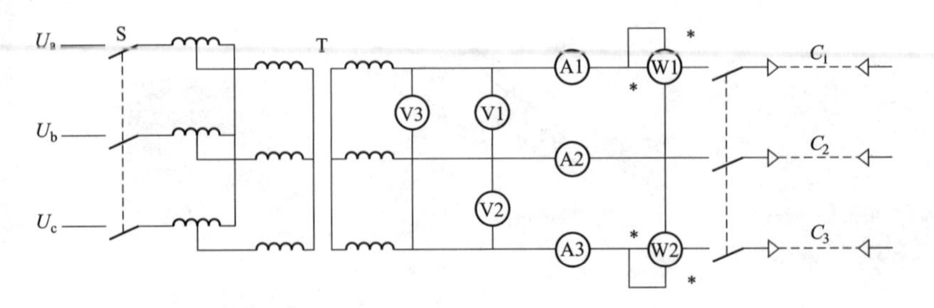

图 6-26　电缆线路正序阻抗测量接线示意图

（2）分别测量各相的电流、三相的线电压和三相的总功率。

（3）按式（6-8）计算线路的正序阻抗 Z_1、正序电阻 R_1、正序电抗 X_1 和功率因数角 φ_1。

$$\begin{cases}Z_1=\dfrac{U}{\sqrt{3}I}\\[2mm] R_1=\dfrac{P}{3I^2}\\[2mm] X_1=\sqrt{Z_1^2-R_1^2}\\[2mm] \varphi_1=\arctan^{-1}\left(\dfrac{X_1}{R_1}\right)\end{cases} \tag{6-8}$$

式中：U 为三个电压表所测值的算术平均值；I 为三个电流表所测值的算术平均值，P 为两个功率表所测值的代数和。

4. 线路零序阻抗测量

（1）按照测量电缆线路零序阻抗接线图（见图 6-27）连接设备，将线路末端三相短路接地，在线路始端接单相交流电源。

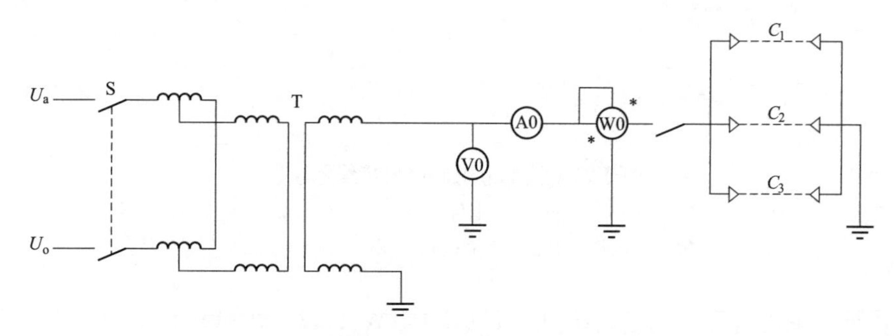

图 6-27　电缆线路零序阻抗测量接线示意图

（2）分别测量电流 I、电压 U 和功率 P。

（3）按式（6-9）计算线路的零序阻抗 Z_0、零序电阻 R_0、零序电抗 X_0 和功率因数角 φ_0。

$$\begin{cases}Z_0=\dfrac{3U}{I}\\[2mm] R_0=\dfrac{3P}{I^2}\\[2mm] X_0=\sqrt{Z_0^2-R_0^2}\\[2mm] \varphi_0=\arctan^{-1}\left(\dfrac{X_0}{R_0}\right)\end{cases} \tag{6-9}$$

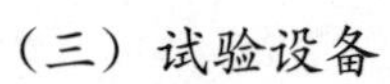

（三）试验设备

该试验用到的试验设备为线路参数测试仪，如图 6-28 所示。

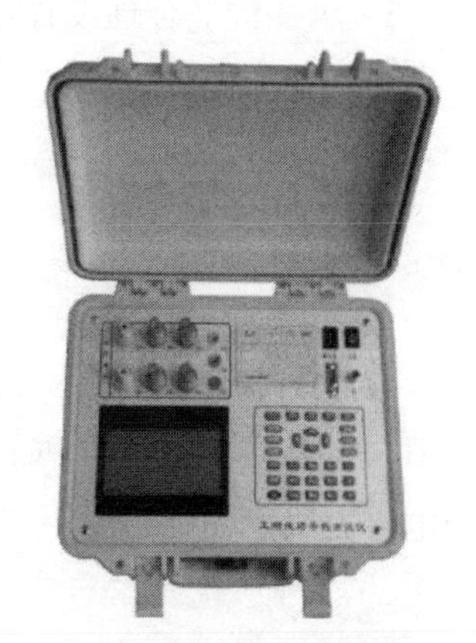

图 6-28　线路参数测试仪示意图

九、接地电阻测量

（一）试验目的

接地装置是确保电气设备在正常和事故情况下可靠和安全运行的主要保护措施之一。接

地电阻的测量主要是检查接地装置是否符合相关规程要求，及时发现接地引下线或焊点腐蚀、损坏情况。为了保证电缆设备和人身安全，按相关规程规定，电缆沟、电缆工作井、电缆隧道等电缆线路附属设施的所有金属构件都必须可靠接地。

（二）试验方法及要求

（1）采用接地电阻测试仪测量接地电阻，接线如图 6-29 所示。

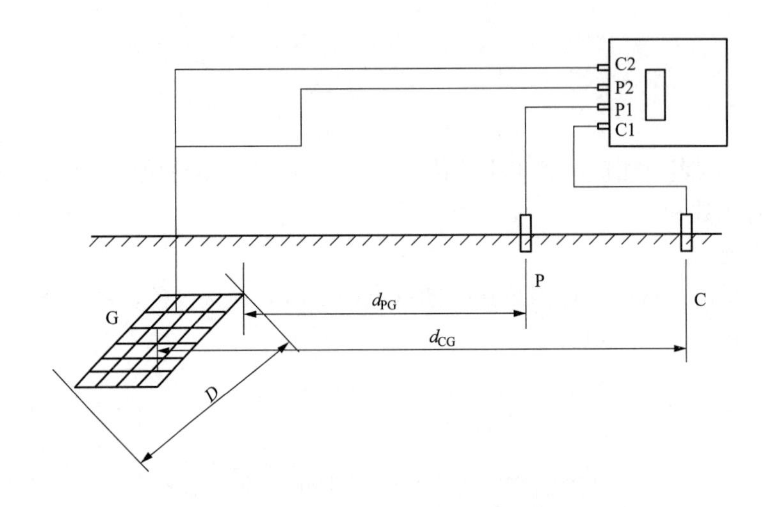

图 6-29　接地电阻测试仪接线示意图

G—被试接地装置；C—电流极；P—电位极；D—被试接地装置最大对角线长度；d_{CG}—电流极与被试接地装置中心的距离；d_{PG}—电位极与被试接地装置边缘的距离

（2）依据《电力电缆及通道运维规程》（Q/GDW 1512—2014）和《城市电力电缆线路设计技术规定》（DL/T 5221—2016）规定：

1）电缆终端站、终端塔的接地电阻应符合设计要求。

2）电缆沟应合理设置接地装置，接地电阻应小于 5Ω。

3）每座工作井应设独立的接地装置，接地电阻不应大于 10Ω。

4）隧道内的接地系统应形成环形接地网，接地网通过接地装置接地，接地网综合接地电阻不宜大于 1Ω，接地装置接地电阻不宜大于 5Ω。

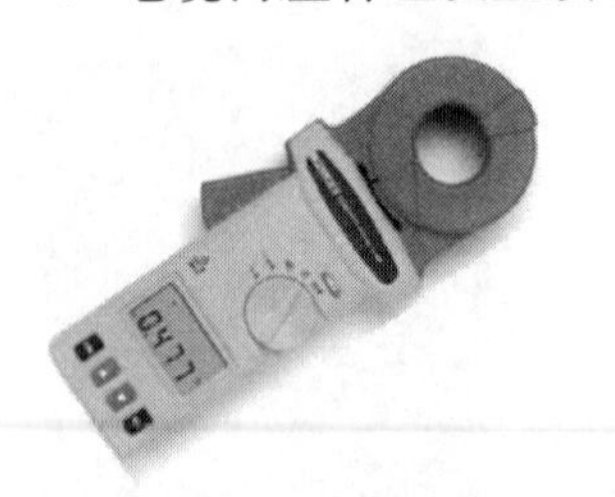

图 6-30　钳形接地电阻测试仪

（三）试验设备

该试验用到的设备类型包括绝缘电阻表（摇表）、钳形接地电阻测试仪等，如图 6-30 所示。

第二节　中压电力电缆例行试验

电力电缆线路在投入运行后，由于运行工况变化、设备自身老化及周围环境因素影响等，对电力电缆线路的正常运行可能造成不良影响。为了保证电力电缆线路的安全运行，并经常保持良好状态，运行部门必须注意设备的正确运行，利用不同的技术手段对电力电缆线

路开展例行试验，来评估电力电缆的运行状态。本节介绍了中压电力电缆线路运维检修阶段涉及的例行试验项目和方法，通过对电力电缆例行试验项目和标准的介绍，掌握电力电缆线路例行试验的要求和内容。

电力电缆例行试验项目包括：①主绝缘及外护套绝缘电阻测量；②主绝缘交流耐压试验；③接地电阻测试；④振荡波、超低频局部放电试验；⑤介质损耗检测；⑥避雷器直流参考电压（U_{1mA}）和 $0.75U_{1mA}$下的泄漏电流检测；⑦避雷器底座绝缘电阻测量；⑧避雷器放电计数器功能检查。

一、主绝缘及外护套绝缘电阻测量

（一）试验目的

测量绝缘电阻是检查电力电缆线路绝缘状态最简单、最基本的方法。测量绝缘电阻一般使用绝缘电阻表，可以检查出电缆主绝缘或外护套是否存在明显缺陷或损伤。

（二）试验原理

电力电缆线路的绝缘电阻大小同加在电缆导体上的直流测量电压及通过绝缘的泄漏电流有关，绝缘电阻和泄漏电流的关系符合欧姆定律。

绝缘电阻的大小取决于绝缘的体积电阻和表面电阻的大小，把直流电压 U 和绝缘的体积电流 I_V之比称为体积电阻 R_V，U 和表面泄漏电流 I_s之比称为表面电阻 R_s。

正确反映电力电缆绝缘品质的是绝缘的体积电阻 R_V。

（三）试验方法及要求

（1）测量绝缘电阻时，应分别在电缆的每一相上进行。对一相进行测量时，其他两相导体、金属屏蔽或金属套和铠装层一起接地（见图 6-1 和图 6-2）。试验结束后应对被试电力电缆进行充分放电。

（2）电缆主绝缘绝缘电阻测量应采用 2500V 及以上电压的绝缘电阻表，外护套绝缘电阻测量宜采用 1000V 绝缘电阻表。

（3）主绝缘及外护套绝缘电阻测量周期及要求见表 6-5。

表 6-5　　主绝缘及外护套绝缘电阻测量周期及要求

电压等级	基准周期	要求
35kV 及以下	随主绝缘耐压试验停电时开展	（1）耐压试验前后，绝缘电阻应无明显变化。 （2）电缆外护套绝缘电阻不低于 0.5MΩ · km

（四）试验设备

绝缘电阻测量主要采用绝缘电阻表（见图 6-3 和图 6-4）。

二、主绝缘交流耐压试验

（一）试验目的

交流耐压试验是目前鉴定电力设备绝缘强度最直接、最有效的方法。橡塑绝缘电力电缆的交流耐压试验用来验证被试电力电缆的耐电强度，对发现电缆绝缘的局部缺陷，如绝缘受潮、开裂等缺陷十分有效，是检验电缆绝缘性能、安装工艺、施工质量的重要手段。

（二）试验原理

对于电力电缆而言，其电容量相对其他类型设备较大，在进行耐压试验时，要求试验电压高、试验设备容量大，现场往往难以解决。为了克服这种困难，采用串联电抗器谐振的方法进行耐压试验，通过调节试验回路的频率 ω，使得 $\omega L=1/\omega C$，此时回路形成谐振，这时的频率为谐振频率。设谐振回路品质因数为 Q，被试电力电缆上的电压为励磁电压的 Q 倍，这时通过增加励磁电压就能升高谐振电压，从而达到试验目的。此外，对于 35kV 以下电压等级的电力电缆，可采用 0.1Hz 超低频交流电压的试验方法，根据无功功率的计算公式 $Q=2\pi fCU^2$，理论上 0.1Hz 的试验设备容量可以是工频交流试验设备容量的 1/500。此外 0.1Hz 超低频试验设备远小于工频试验设备，具有设备轻便、易于接线等优点。

（三）技术要求

（1）电力电缆交流耐压试验一般采用 20～300Hz 的谐振交流电压，试验接线如图 6-5 所示。

（2）对电力电缆做耐压试验时，应分别在每一相上进行。对一相进行试验时，其他两相导体、金属屏蔽或金属套和铠装层一起接地。试验结束后应对被试电缆进行充分放电。

（3）主绝缘交流耐压试验周期及要求见表 6-6。

表 6-6　主绝缘交流耐压试验周期及要求

电压等级（kV）	基准周期	试验电压	时间（min）
10	必要时	$2U_0$	5
35		$1.6U_0$	

（四）试验设备

谐振交流耐压试验设备包括变频电源、励磁变压器、电抗器及分压器等设备组成，如图 6-6 所示。

三、接地电阻测量

接地电阻测量的试验目的、试验方法及要求、试验设备与本章第一节中接地电阻测量相同，此处不再赘述。

四、振荡波、超低频局部放电试验

（一）试验目的

当电力电缆线路中存在微小缺陷时，这些微小缺陷可能会在运行过程中产生局部放电，并逐渐发展扩大成局部缺陷或整体缺陷。因此，为了尽早发现这些缺陷，需要采用振荡波、超低频局部放电试验的方法来进行排查。该试验主要针对中压电力电缆线路。

（二）试验原理

对电力电缆外施电压到一定条件下，会使电力电缆中缺陷处电场畸变程度超过临界放电场强，激发局部放电现象，局部放电信号以脉冲电流的形式向两边同时传播。通过在测试端并联一个耦合器收集这些电流信号，可以实现局部放电缺陷的检测。当测试一条长度为 l 的电力电缆时，假设在距测试端 x 处发生局部放电，放电脉冲沿电力电缆向两个相反方向传播，其中一个脉冲经过时间 t_1 到达测试端；另一个脉冲向测试对端传播，在对端电力电缆末端发生反射之后再向测试端传播，经过时间 t_2 到达测试端，根据两个脉冲到达测试端的时间差计算公式 $\Delta t=t_2-t_1=2(l-x)/v$ 可计算出局部放电发生的位置。其中，v 为放电脉冲在电缆中的传播速度，x 为局部放电脉冲的起始位置。试验原理如图 6-13 所示。

（三）试验方法及要求

（1）例行试验中局部放电试验可采用振荡波、超低频正弦波、超低频余弦方波三种电压

激励形式。采用振荡波时最高试验电压为 $1.7U_0$，采用超低频正弦波时最高试验电压为 $2.5U_0$，采用超低频余弦方波时最高试验电压为 $2.0U_0$。

（2）检测对象及环境的温度宜在－10～＋40℃范围内，空气相对湿度不宜大于90%，不应在有雷、雨、雾、雪环境下作业。试验端子要保持清洁，避免电焊、气体放电灯等强电磁信号干扰。

（3）被测电力电缆本体及附件应当绝缘良好，存在故障的电力电缆不能进行测试。被测电力电缆的两端应与电网的其他设备断开连接，避雷器、电压互感器等附件需要拆除，被测电力电缆终端处需留有足够的安全距离。

（4）振荡波局部放电测试原理如图6-14所示，检测周期及要求见表6-7，采用超低频法时可参考执行。

表6-7　　振荡波局部放电检测周期及要求

电压等级	基准周期	要求	
		5年及以内	5年以上
35kV及以下	必要时	（1）本体检出局部放电量<100pC； （2）接头检出局部放电量<300pC； （3）终端检出局部放电量<3000pC	（1）本体检出局部放电量<100pC； （2）接头检出局部放电量<500pC； （3）终端检出局部放电量<5000pC

（5）超低频局部放电检测可结合超低频耐压试验同步开展。

（6）局部放电检测试验前后，各相主绝缘绝缘电阻值应无明显变化。

（7）振荡波试验电压应满足：

1）波形连续8个周期内的电压峰值衰减不应大于50%；

2）频率应介于20～500Hz；

3）波形为连续两个半波峰值呈指数规律衰减的近似正弦波；

4）在整个试验过程中，试验电压的测量值应保持在规定电压值的±3%以内。

（8）超低频试验电压应满足：

1）波形为超低频正弦波或超低频余弦方波；

2）频率应为0.1Hz；

3）在整个试验过程中，试验电压的测量值应保持在规定电压值的±5%，正负电压峰值偏差不超过2%。

（四）试验设备

振荡波、超低频局部放电试验所用到的设备主要为振荡波局部放电测试仪和超低频局部放电测试仪，如图6-17和图6-18所示。

五、介质损耗检测

（一）试验目的

介质损耗检测主要用于评估电缆绝缘的老化程度。随着电力电缆线路运行时间增加，绝缘材料逐渐发生老化，介质损耗会随之逐渐增长。通过检测电力电缆的介质损耗，能够了解电力电缆线路绝缘整体的老化程度，为运行检修提供技术参考。该试验主要针对中压电力电缆线路。

（二）试验原理

介质损耗检测是通过测量介质损耗角正切值 $\tan\delta$ 的大小及其变化趋势判断试品的整体

绝缘情况。在交变电场下，电缆绝缘中流过的总电流可分解为容性电流 I_C 和阻性电流 I_R，$\tan\delta$ 即为 I_R 与 I_C 的比值。对于新的交联聚乙烯电缆来说，$\tan\delta$ 一般不超过 0.002，若绝缘发生受潮、变质、老化等，$\tan\delta$ 的数值会增大，该手段是判断绝缘老化程度的一种传统、有效的方法。

（三）试验方法及要求

（1）例行试验中介质损耗检测试验一般采用超低频正弦波电压激励。

（2）检测对象及环境的温度宜在－10～＋40℃范围内，空气相对湿度不宜大于 90%，不应在有雷、雨、雾、雪环境下作业，试验端子要保持清洁。

（3）被测电力电缆本体及附件应当绝缘良好，存在故障的电力电缆不能进行测试。被测电力电缆的两端应与电网的其他设备断开连接，避雷器、电压互感器等附件需要拆除，电缆终端处的三相间需留有足够的安全距离。

（4）介质损耗检测前后应测量电缆主绝缘绝缘电阻，且应无明显变化。

（5）检测参数应包括介质损耗因数（VLF-TD，介质损耗平均值）、介质损耗因数差值（VLF-DTD，$0.5U_0$～$1.5U_0$）和介质损耗因数时间稳定性（VLF-TDTS）三项指标。试验时，电压应以 $0.5U_0$ 的步进值从 $0.5U_0$ 开始升高至 $1.5U_0$。每一个步进电压下应至少完成 5 次介质损耗因数测量。超低频介质损耗测试周期及要求见表 6-8。

表 6-8　　超低频介质损耗测试周期及要求

电压等级	基准周期	要求					
		$1.0U_0$ 下介质损耗值标准偏差（10^{-3}）	关系	$1.5U_0$ 与 $0.5U_0$ 超低频介质损耗平均值的差值（10^{-3}）	关系	$1.0U_0$ 下介质损耗平均值（10^{-3}）	评价结论
35kV 及以下	必要时	<0.1	与	<5	与	<4	正常
		0.1～0.5	或	5～80	或	4～50	关注
		>0.5	或	>80	或	>50	异常

六、避雷器直流参考电压（U_{1mA}）和 $0.75U_{1mA}$ 下的泄漏电流检测

（一）试验目的

避雷器直流参考电压是衡量避雷器材料特性、几何尺寸和串联片数的主要参数，是在避雷器通过直流 1mA 下避雷器两端电压的峰值。运行一定时期后，通过测量 U_{1mA} 和 $0.75U_{1mA}$ 下的泄漏电流，能直接反映避雷器的老化、变质程度。

（二）试验原理

金属氧化物避雷器阀片为非线性电阻，在运行电压下时，阀片相当于一个很高的电阻，阀片中流过很小的电流；而在雷击等过电压条件下，它相当于一个很小的电阻，流过很大电流并维持一适当残压，从而起到保护设备的作用。通过该试验测得的数值并与初始值比较，能够检查金属氧化物避雷器的非线性特性及绝缘性能。

（三）试验方法及要求

（1）测量接线如图 6-23 所示。对于单相多节串联结构，应逐节进行。U_{1mA} 偏低或 $0.75U_{1mA}$ 下泄漏电流偏大时，应先排除电晕和外绝缘表面漏电流的影响。

（2）检测周期及要求见表 6-9。若避雷器存在下列情形之一时，也应进行本项目：

1）红外热像检测时，温度同比异常；

2）运行电压下持续电流偏大；

3）有电阻片老化或者内部受潮的家族缺陷，隐患尚未消除。

表 6-9　　避雷器 U_{1mA} 和 0.75U_{1mA} 下的泄漏电流检测周期及要求

电压等级	基准周期	要　求
35kV 及以下	4 年	（1）U_{1mA} 初值差不超过±5%且不低于 GB/T 11032—2020 规定值（注意值）； （2）0.75U_{1mA} 泄漏电流初值差≤30%或≤50μA（注意值）

七、避雷器底座绝缘电阻测量

（一）试验目的

测量避雷器底座绝缘电阻，主要是检查密封情况，若密封不严会引起内部受潮，导致绝缘电阻下降。

（二）试验原理

避雷器底部的基座一般是一个绝缘的瓷柱，基座上并联有放电计数器，基座对地起绝缘作用。若避雷器底座内部进水受潮，将会导致放电计数器不能正常工作。此外底座内部积水后，在冬天结冰会导致瓷套胀破，严重时会导致避雷器倒塌。

（三）试验方法及要求

（1）用 2500V 的绝缘电阻表测量。

（2）测量周期及要求见表 6-10。当运行中持续电流异常减小时，也应进行本项目。

表 6-10　　避雷器底座绝缘电阻测量周期及要求

电压等级	基准周期	要求
35kV 及以下	4 年	≥100MΩ

八、避雷器放电计数器功能检查

（一）试验目的

避雷器放电计数器用来指示避雷器动作情况，定期对计数器功能进行检查，确保运行人员准确记录避雷器动作情况。

（二）试验原理

放电计数器并联在避雷器底部基座上，用于记录运行中避雷器是否发生动作及动作的次数，以便积累资料，分析电力系统过电压的情况。

（三）试验方法及要求

（1）结合避雷器停电例行试验开展本项目。

（2）如果已有基准周期以上未检查，有停电机会时进行本项目。检查完毕应记录当前基数。若装有电流表，应同时校验电流表，校验结果应符合设备技术文件要求。

第七章　中压电力电缆工程生产准备及验收

本章所称的电力电缆工程生产准备及验收工作涵盖了中压电力电缆及通道工程的可研与初设审查、施工过程管控、生产准备及工程验收等阶段的工作，适用于运检部门35kV及以下电压等级电力电缆及通道工程的生产准备及工程验收工作。本章包括可研审查、初设审查、施工过程管控、生产准备及工程验收四节，分别介绍了各个阶段的主要工作，为运维人员顺利开展审查、验收等运检工作提供依据。

第一节　可研审查

可行性研究是电力电缆工程的前期研究工作，对待建电力电缆及通道的可行性、合法合规性进行分析，从技术、经济、社会环境等多方面进行科学论证，是工程决策的基础。本节从路径选取、通道选型、断面管理、设备选型等八个方面对可研阶段的审查重点进行了详细说明。

一、电缆通道可研审查

（一）路径选取

电力电缆路径应合法，满足安全运行要求。电力电缆路径、附属设备及设施（互联箱、余缆井等）的设置应通过规划部门审批；电力电缆路径不应进入规划红线范围；不应邻近热力管线和腐蚀性介质管道。

（二）通道选型

电缆通道型式应满足电缆敷设要求。电缆通道应满足电力电缆敷设时最小转弯半径的要求；应避免连续采用非开挖，非开挖不宜过长；排管路径尽量保持直线，减少转弯；应进行牵引力和侧压力计算，必要时加设直通接头；尽可能减少直埋方式，选择排管、沟体等方式。

（三）断面管理

电缆通道断面占有率应合理，避免电力电缆密集敷设。密集敷设的电缆通道，原则上不允许新增电力电缆进入；同一负荷的双路或多路电力电缆，宜选用不同的通道路径，若同通道敷设时应两侧布置。

（四）电力电缆及通道防火

防火设施应与主体工程同时设计、同时施工、同时验收。严禁在变电站电缆夹层、桥架和竖井等缆线密集区域布置电缆接头；密集区域（4回及以上）的电缆接头应采用隔板、防

火毯等防火防爆隔离措施；中性点非有效接地方式且允许带故障运行的电力电缆线路不应进入隧道、密集敷设的沟道、综合管廊电力舱，未落实防火防爆隔离措施的电缆不进入高压电缆通道。

二、电力电缆线路可研审查

（一）设备选型

电力电缆及附件选型应符合系统和环境要求。电缆导体和金属护套截面积应满足输送容量及系统短路容量的要求；腐蚀性较强的区域应选用铅包电缆；沟道内应选用阻燃电缆；运行在潮湿或浸水环境中的电力电缆应有纵向阻水功能；人流密集区域的电缆终端应选用复合材料套管；户外终端应满足当地污秽等级要求；同一负荷的双路或多路重要电力电缆线路的电缆及附件应选用不同厂家的产品。

（二）交接试验方案

可研方案应充分考虑电力电缆安全运行及运检需求。应满足运行及检修作业时足够的安全距离；应充分考虑电力电缆交接试验的可行性，确保试验车辆进出通道、试验设备摆放及作业空间等。

（三）附属设备

安防、辅控系统、监测（控）系统等附属设备设置应满足要求。电缆终端站、重要区域的工作井井盖应设置视频监控、门禁、井盖监控等安防措施。

三、收资及概算费用

方案收资及概算费用应充足。设计单位应完成电缆路径沿线土壤地质、地面环境和地下管线等可研方案编制需要的收资工作；利用原有通道的项目方案应完成通道内现状的收资工作；应审查开井核查、竣工试验、改接工程调换原有铭牌、搬迁通道内电力电缆及其余市政管线、开挖路面和绿化带的赔偿、电缆线路及通道三维测量等费用是否列支。

根据本节所阐述可研阶段的内容，结合实际运检工作经验，运维人员在参与可研审查时应重点关注电力电缆路径的选择是否合法、合规以及是否进入规划红线范围，电力电缆及通道防火是否满足最新防火要求，方案收资及概算费用是否充足。电力电缆运检部门应要求审查单位在可研审查前1周提供电力电缆项目完整的书面资料。

第二节　初设审查

电力电缆工程的初设阶段是对待建电缆线路进一步的细化和分析。本节对初设阶段的深度、方案等总体要求进行了说明。此外，还对电缆通道外部环境、内部构造、附属设施、接地系统等多个方面的要求进行了详解。

一、初设阶段总体要求

（1）初步设计的深度应满足规定的要求。设计单位应完成现场勘探；设计方案经过优化比较、论证和确定；通道路径的规划部门批准文件及有关协议应落实；主要设备型号及材料用量应明确；应进行工程投资分析。

（2）可研阶段的修改意见已落实。对应可研评审纪要，核查相关意见和建议的落实情况，没有落实到位的应继续加强督促；初设方案如果与可研方案存在较大差异的，应督促项目单位执行重大设计变更流程，对变更内容进行重新审查。

二、电力电缆通道初设审查

（一）电缆通道布置

电缆通道的布置及埋深应符合要求。电缆通道宜布置在人行道、非机动车道及绿化带下方；与其他管线、铁路、建筑物等之间的最小距离应满足设计规范的要求，不满足时应采取隔离措施；电缆通道位于河边等土质不稳定区域时应采取加固措施；在未建成区新建电缆通道，应充分考虑周边区域规划及标高（防止通道被覆盖或后续有大型施工影响电缆安全运行）；尽可能减少直埋方式，选择排管、沟体等方式。

（二）工作井

工作井的设计应满足运行、检修的要求。接头工作井尺寸应满足接头作业、接头布置、敷设作业以及抢修的要求；工作井深度应方便人员上下出入；工作井的凸头应设置合理，排管接入工作井部分应垂直于工作井端墙；三通及以上工作井不应设置电缆接头。井盖应满足防盗、防坠落、防位移等功能。

（三）隧道

隧道的设计应满足运行、检修的要求。隧道的吊物孔及人孔位置应满足施工和运行要求；隧道的检修通道符合设计规范标准；隧道与其他通道的连接方式合理；隧道的出入口、通风口等宜高于地面500mm，并设置防倒灌措施；隧道的排水泵积水井有效容积应满足最大排水泵15～20min的流量；隧道的总体标高应避免较大起伏造成局部容易积水。

（四）排管

排管的设计应满足运行、检修的要求。排管与工作井交接处应采用1m长混凝土包封以防顺排管外壁渗水；排管管孔应考虑封堵措施及费用，包括敷设电力电缆的管孔。

（五）直埋

（1）直埋电缆不得采用无防护措施的直埋方式。

（2）直埋电缆的埋设深度一般由地面至电缆外护套顶部的距离不小于0.7m，穿越农田或在车行道下时不小于1m。在引入建筑物、与地下建筑物交叉及绕过建筑物时可浅埋，但应采取保护措施。

（3）敷设于冻土地区时，宜埋入冻土层以下。当无法深埋时可埋设在土壤排水性好的干燥冻土层或回填土中，也可采取其他防止电力电缆受损的措施。

（4）电缆周围不应有石块或其他硬质杂物以及酸、碱强腐蚀物等，沿电缆全线上、下各铺设100mm厚的细土或砂，并在上面加盖保护板，保护板覆盖宽度应超过电力电缆两侧各50mm。

（5）直埋电缆在直线段每隔30～50m处、电缆接头处、转弯处、进入建筑物等处，应设置明显的路径标志或标示桩。

（六）终端塔

电缆终端应优先设置于站内，应具备单回检修的作业空间，并保证足够的安全距离；终端塔应设置围墙/围栏等防盗、防入侵措施；应确保运维人员能够正常开展电缆设备检测、检修工作；终端塔下方宜留有一定的放置余缆的空间；电缆终端区域都应有便道与市政道路相连，便于运检车辆到达终端所在区域；电缆架空线引线应经支撑绝缘子连到电缆终端；采

用终端塔形式，应设置上下爬梯及检修平台，登杆装置应采用国家电网有限公司相关典型设计方案。

（七）附属设施

电缆通道附属设施应符合施工及运行要求。通道防火及防水设施应与主体工程一同设计，满足《高压电缆专业管理规定》（国家电网运检〔2016〕1152号）要求；与电力电缆同通道敷设的低压电缆、通信光缆等应穿入阻燃管，或采取其他防火隔离措施；户外金属电缆支架、电缆固定金具等应使用防盗螺栓。

三、电力电缆线路初设

（一）电力电缆排列布置

（1）电力电缆排列布置应符合设计规范标准。电力电缆的敷设断面（孔位）已经电力电缆运检部门同意并符合运行要求；三相单芯电力电缆应采用三角形或“一”字形布置；同一通道内的电力电缆按电压等级高低由下向上布置；排管的孔数应满足规划需要，并保留一定的裕度（预留检修孔）；隧道、沟槽、竖井和接头井内电力电缆应采取蛇形布置。

（2）直埋敷设的电力电缆，严禁位于地下管道的正上方或正下方。

（二）附属设备

安防、辅控系统、监测（控）系统等附属设备设计应符合运行要求。电缆终端场站、重要区域的工作井井盖应有安防措施，满足防水、防盗、防坠落、防位移等功能。应设置二层子盖，二层子盖宜选用复合材料，并加装在线监控装置。

（三）电缆金属护层接地

电缆金属护层接地方式应符合设计规范标准。通常变电站端设置直接接地，用户站端设置经保护器接地；一端在站内另一端在站外的电缆线路，站内端应设置为直接接地，站外设置为保护接地；统包型电力电缆的金属屏蔽层、金属护层应两端直接接地；单芯电力电缆线路可采用中间一点接地、单端接地或交叉互联接地方式。

第三节　施工过程管控

在施工阶段，电力电缆运检部门通过施工图审查、现场抽查以及设备材料质量抽查等方式，加强待建电力电缆线路的质量管控，具体施工现场检查内容和要求参照第四章、第五章和第六章。本节分为施工图审查、现场施工抽查、出厂监造及质量抽查、物资质量监督、施工人员考核及施工阶段施工要点审查等六个部分。

一、施工图审查

（1）运检部门应组织电缆项目施工图内部审查，形成书面意见（签字盖章），由参会人员在审查会上提出并列入评审会议纪要。

（2）运检部门应参加施工现场交底，核实审查意见落实情况。

二、现场施工抽查

施工阶段，电力电缆运检部门应不定期进行现场抽查，例如检查安装现场的温度、湿度和清洁度是否符合安装工艺要求；是否在雨、雾、风沙等有严重污染的环境中安装电缆附件；垫层混凝土浇筑是否充分振捣密实，上表面是否平整，浇筑时是否为无水施工等。发现的问题留存影像资料，督促整改。

三、出厂监造及质量抽查

(1) 电力电缆运检部门应配合物资部门，参与主要设备和材料的出厂监造。工程投产前，电缆运检部门应要求物资部门提供监造报告。

(2) 开展质量抽查，未经检验或检验不合格的设备、材料一律不得在工程中使用。

四、物资质量监督

电力电缆运检部门应督促物资部门开展电缆物资质量监督，物资质量监督工作应坚持覆盖所有招标批次、覆盖所有物资规格型号、覆盖所有供应商的“三个百分百”原则。

五、施工人员考核

电缆附件安装人员应通过电缆附件安装培训与考核。对于重要电力电缆及通道工程，电力电缆运检部门应对附件安装人员进行关键安装工艺水平的现场考核。

六、施工阶段施工要点审查

(一) 电力电缆敷设

(1) 应做好电缆通道排水、杂物清理、通风、有毒气体检测等工作，满足电力电缆敷设条件，电缆不得潜水敷设。

(2) 敷设电力电缆时，电力电缆应从电缆盘的上端引出，不应使电力电缆在支架或地面上摩擦拖拉。

(3) 用机械敷设电力电缆时，应控制电力电缆牵引力。牵引头牵引线芯方式，铜芯不大于 $70N/mm^2$，铝芯不大于 $40N/mm^2$；钢丝网套牵引金属护套方式，铅套不大于 $7N/mm^2$，铝套不大于 $40N/mm^2$；机械牵引采用牵引头或钢丝网套时，牵引外护套时，最大牵引力不大于 $7N/mm^2$。

(4) 用机械敷设电力电缆的速度不宜超过 15m/min。110kV 及以上电力电缆或在较复杂路径上敷设时，其速度应适当放慢，其速度不宜超过 6～7m/min。

(5) 用机械敷设电力电缆时，应在牵引头或钢丝网套与牵引钢缆之间装设防捻器。

(6) 转弯处的侧压力应符合制造厂的规定，无规定时在圆弧形滑板上不应大于 3kN/m。在电缆路径弯曲部分有滑车时，电力电缆在每只滚轮上所受的侧压力：对无金属护套的挤包绝缘电力电缆为 1kN，对波纹铝护套电力电缆为 2kN，铅护套电力电缆为 0.5kN。

(7) 电力电缆的最小弯曲半径应符合表 7-1 要求。

表 7-1　　电力电缆最小弯曲半径

项目	35kV 及以下的电力电缆			
	单芯电缆		三芯电缆	
	无铠装	有铠装	无铠装	有铠装
敷设时	20*D*	15*D*	15*D*	12*D*
运行时	15*D*	12*D*	12*D*	10*D*

注 1. 表中 *D* 为电力电缆外径。
2. 非本表范围电力电缆的最小弯曲半径按照制造厂提供的技术规定。

(8) 敷设时应设专人指挥，在牵引机控制装置、电缆下盘处、入孔洞处、电缆卷扬机、输送机（同步）装置、排管（拉管）出入口、转弯半径等关键点布置人员专人监视，确保现场通信联络畅通，并配置有可靠的紧急制动装置。

（9）在电力电缆进入建筑物、隧道，穿过楼板及墙壁处，从沟道引至电杆、设备、墙外表面或屋内行人容易接近处，距地面高度2m以下的一段，可能有载重设备移经电缆上面的区段及其他可能受到机械损伤的地方，电缆应有一定机械强度的保护管或加装保护罩。

（10）电力电缆在终端头与接头附近宜留有备用长度。

（11）电力电缆敷设完后，应排列整齐，排列间距应符合规定要求。检查电缆密封端头、电缆外护套，应无损伤；如有局部损伤，应及时修复。

（12）电力电缆敷设后应进行电缆核相、主绝缘、外护层绝缘电阻试验，对电力电缆进行线路名称、编号、相位标识，电缆主绝缘、外护层试验应合格并做好记录。

1. 排管（拉管）电缆敷设

（1）复核排管中心线走向、折向控制点位置及宽度的控制线。排管的中心线及走向应符合设计要求。

（2）排管基坑底部施工面宽度为排管横断面设计宽度并两边各加500mm，便于支模及设置基坑支护等工作。

（3）基坑开挖不宜对排管埋深下的地基产生扰动；开挖至设计埋深后应进行地基处理，保证地基的平整和夯实度。

（4）基坑开挖采用机械开挖人工修槽的方法。机械挖土应严格控制标高，防止超挖或扰动地基；基底设计标高以上200～300mm应用人工修整。

（5）基坑开挖，沟槽边沿1.5m范围内严禁堆放土、设备或材料等，1.5m以外的堆载高度不应大于1m。

（6）做好基坑降水工作，以防止坑壁受水浸泡造成塌方。

（7）基坑四周用钢管、安全网围护，设安全警示杆，夜间设警示灯，并安排专人看护。

（8）若因客观条件限制无法放坡开挖时，应根据相关规程、规范要求，在基坑开挖前及过程中设置基坑的围护或支护措施。基坑围护的样式和尺寸应满足工程所在地的安全文明施工要求。

（9）一般情况下，开挖深度小于3m的沟槽可采用横列板支护；开挖深度不小于3m且不大于5m的沟槽宜采用钢板桩支护。采用钢板桩支护时，钢板桩的施工方法及布桩型式应满足相关规程、规范及技术标准的要求，坑底以下入土深度与沟槽深度之比一般不小于0.35。

（10）基坑开挖，若有地下水或流砂等不利地质条件，应采取必要的处理措施。

（11）进行特殊地段的基坑支护时，应加强基坑监测，根据监测数据采取有效的加固处理措施。

（12）回填土方应采用自然土、黄沙或其他满足要求的回填料，回填料中不应含有建筑垃圾或其他对混凝土有破坏或腐蚀作用的物质。

（13）回填土应分层夯实，回填料的夯实系数应达到设计要求。

（14）排管垫层材料宜采用混凝土；若采用其他材料，应根据工程实际情况合理选取并满足强度及工艺的要求。

（15）应确保排管垫层下的地基稳定且已夯实、平整。垫层混凝土的强度等级不应低于C15。

（16）铺设管材，应根据管材的具体长度，每间隔4～6m沿管材方向浇注500mm混凝土或采取其他方式对管材进行固定。管材接头应错开布置。

（17）管材垫块应根据施工图进行预制，垫块上衬管搁置圆弧的半径误差范围为－5～0mm；铺设的垫块应完好，并达到混凝土的强度要求。垫块与管材接头之间的距离不小于300mm。

（18）管材下的垫块间距应根据管材的实际长度合理布置，一般不大于1.2m。

（19）管材必须分层铺设，管材的水平及竖向间距应满足管材铺设、混凝土振捣等相关要求。根据管材直径的不同，一般水平间距为230～280mm，竖向间距为240～280mm。

（20）管材铺设完毕后，应采用管道疏通器对管道进行检查。

（21）支护模板应平整、表面应清洁，并具有一定的强度，保证在支撑或维护构件作用下不破损、不变形。

（22）支护模板尺寸不应过小，应尽量减少模板的拼接。

（23）支模时应确保模板的水平度和垂直度。

（24）支护模板的拼接、支撑应严密、可靠，确保振捣中不走模、不漏浆。

（25）支护模板安装的允许误差：截面内部尺寸±10mm；表面平整度≤8mm；相邻板高低差≤2mm；相邻板缝隙≤3mm。

（26）钢筋的绑扎应均匀、可靠，确保在混凝土振捣时钢筋不会松散、移位。

（27）绑扎的铁丝不应露出混凝土本体。

（28）用于单芯电缆敷设的排管钢筋应避免形成闭合环路。

（29）受力钢筋的连接、钢筋的绑扎等工艺应符合相关规程、规范及技术标准的要求。

（30）同一构件相邻纵向受力钢筋的绑扎接头宜相互错开。

（31）钢筋强度等级应满足设计要求。如设计无规定，受力钢筋一般采用HRB335，构造筋一般采用HPB300。

（32）混凝土的强度等级不应低于C25，宜采用商品混凝土。

（33）混凝土浇筑完成后，应平整表面并采取适当的养护措施，保证本体混凝土强度正常增长。

（34）若处于严寒或寒冷地区，混凝土应满足相关抗冻要求。

（35）排管混凝土结构的抗渗等级不应小于S6。

（36）井盖的强度应满足使用环境中可能出现的最大荷载要求，且应满足防盗、防水、防振、防跳、耐老化、耐磨、耐极端气温等使用要求；井盖的使用寿命不宜小于30年；安装时保证密封性、防水性要求，与路面保持平整，高度一致。

2. 沟体电缆敷设

（1）基坑底部工作面宽度为电缆沟断面设计宽度并两边各加500mm，便于支模及设置基坑支护等工作；基坑开挖采用机械开挖、人工修槽的方法，机械挖土应严格控制标高，槽底设计标高以上200mm应用人工修整。

（2）垫层混凝土浇筑前应确保垫层下的地基稳定且已夯实平整，基底标高符合设计要求。

（3）垫层混凝土浇筑时必须保证无水施工，必要时采取降水等措施。

（4）垫层混凝土浇筑应充分振捣密实，上表面应平整。

（5）采取覆膜养护、洒水养护等措施，保证混凝土养护强度。

（6）模板应平整、表面应清洁，并具有一定的强度，保证在支撑或维护构件作用下不破

损、不变形。

(7) 支模应确保模板的水平度和垂直度。

(8) 钢筋强度等级、型号、长度、间距均应符合设计要求。

(9) 钢筋的绑扎应均匀、可靠，确保在混凝土振捣时钢筋不会松散、移位。绑扎的铁丝不应露出混凝土本体。同一构件相邻纵向受力钢筋的绑扎搭接接头宜相互错开，绑扎的铁丝头应向内弯折。

(10) 支立木板前，必须按设计要求将止水钢板、橡胶止水带等安装到位并采取加固措施。

(11) 混凝土浇筑完成后，应平整表面并采取适当的养护措施，保证本体混凝土强度正常增长。

(12) 若处于严寒或寒冷地区，混凝土应满足相关抗冻要求。

(13) 在底板平面上方不小于300mm处应设置水平施工缝。

(14) 伸缩缝、施工缝处应按图纸要求采取适当的防水措施。

(15) 底板散水坡度应统一指向集水井，散水坡度不小于0.5%。

(16) 集水井应合理设置，一般布置在电缆沟低点、下翻段等部位。

(17) 集水井基础施工时应做好结构泛水，保证表面散水畅通，一般采取混凝土或水泥进行地面硬化处理的措施。

(18) 盖板上、下表面应干净、平整，无弯折、无裂缝、无蜂窝麻面、无漏筋；表面、边缘及四角不能有磕碰损伤。上部按设计要求安装吊装用的拉环。

(19) 电缆沟盖板间的缝隙应在5mm左右，安放到位后按设计要求使用细石混凝土灌缝，缝隙灌浆密实、不渗水。

(20) 盖板安装后，盖板与两侧墙体交汇处应使用水泥砂浆勾缝，勾缝应整齐、密实，表面压光处理。

(21) 接地扁铁焊接完成后要测量接地电阻，接地电阻值必须符合设计要求且不得大于5Ω。测量完接地电阻后方可回填接地极。

(22) 接地极、接地扁铁、电缆支架之间的焊缝应满焊，并且焊缝高度及搭接焊缝长度应满足设计要求，一般焊缝高度不小于扁铁、角钢厚度，也不得小于6mm。90°垂直交叉的接地扁铁之间、接地扁铁与电缆支架之间搭接焊缝长度不得小于扁铁宽度，双面满焊；接地扁铁搭接长度不小于扁铁宽度的2倍，也不小于10cm，搭接处三面满焊。

(23) 相关构件在焊接和安装后，应按设计要求进行相应的防腐处理。

(24) 外接地极及接入点布设间距及预留长度应符合设计要求，一般为每50m布置2根外接地极及接入点。

3. 直埋电缆敷设

(1) 根据敷设施工设计图所选择的电力电缆路径，必须经城市规划管路部门确认。敷设前应申办电力电缆线路管线制执照、掘路执照和道路施工许可证。沿电力电缆路径开挖样洞，查明电力电缆线路路径上邻近地下管线和土质情况，按电缆电压等级、品种结构和分盘长度等，制订详细的分段施工敷设方案。如有邻近地下管线、建筑物或树木迁让，应明确各公用管线和绿化管理单位的配合、赔偿事宜，并签订书面协议。

(2) 直埋沟槽的挖掘应按图纸标示电力电缆线路坐标位置，在地面划出电力电缆线路位置及走向。凡电力电缆线路经过的道路和建筑物墙壁，均按标高铺设过路导管和过墙管。根据划出电缆线路位置及走向开挖电缆沟，电缆沟的形状挖成上大下小的倒梯形。电力电缆埋设深度应符合相关标准，一般由地面至电缆外护套顶部的距离不小于0.7m，穿越农田或在车行道下时不小于1m。敷设于冻土地区时，电力电缆应埋设于冻土层以下，当受条件限制时，应采取防止电力电缆受到损坏的措施。电缆沟的宽度由电力电缆数量来确定，但不得小于0.4m；电缆沟转角处要挖成圆弧形，并保证电力电缆的允许弯曲半径。保证电力电缆之间、电力电缆与其他管道之间平行和交叉的最小净距离。

（3）电力电缆之间，电力电缆与其他管道、道路、建筑物等之间平行和交叉时的最小净距，应满足《电力电缆及通道运维规程》（Q/GDW 1512—2014）的要求。电力电缆之间应采取有效隔离措施，严禁不同相电力电缆表面直接接触。电力电缆与热力管道（沟）、油管道（沟）、可燃气体及易燃液体管道（沟）、热力设备或其他管道（沟）之间，虽净距能满足要求，但检修管路可能伤及电力电缆时，在交叉点前后1m范围内尚应采取保护措施；当交叉净距不能满足要求时，应将电力电缆穿入管中，其净距可降低为0.25m。电力电缆与热力管道（沟）及热力设备平行、交叉时，应采取隔热措施，使电力电缆周围土壤的温升不超过10℃。当直流电力电缆与电气化铁路路轨平行、交叉，其净距不能满足要求时，应采取防电化腐蚀措施。

（4）直埋敷设的电力电缆严禁位于地下管道的正上方或正下方。

（5）在电力电缆直埋的路径上凡遇到机械损伤、化学作用、地下电流、腐蚀物质、虫鼠危害等情况，应分别采取保护措施，如加保护管、换土并隔离或与相关部门联系，征得同意后绕开等。

（6）挖沟时应注意地下的原有设施，遇到电力电缆、管道等应与有关部门联系，不得随意损坏。

（7）在安装电缆接头处，电缆沟应加宽和加深，这一段沟称为接头坑。接头坑应避免设置在道路交叉口、有车辆进出的建筑物门口、电力电缆线路转弯处及地下管线密集处。接头坑的位置应选择在电力电缆线路直线部分，与导管口的距离应在3m以上。接头坑的大小要能满足接头的操作需要。一般接头坑宽度为电缆沟宽度的2～3倍；接头坑深度要使接头保护盒与电力电缆有相同埋设深度；接头坑的长度需满足全部接头安装和接头外壳临时套在电力电缆上的一段直线距离需要。

（8）对挖好的电缆沟进行平整和清除杂物，全线检查，应符合前述要求。合格后可将细土砂层铺在沟内，厚度不小于100mm，细土或砂中不得有石块、锋利物及其他杂物。所有堆土应置于沟的一侧，且距离沟边1m以外，以免放电缆时滑落沟内。

（9）应按敷设平面布置图要求，将电缆盘、卷扬机和输送机放置到位。清理电缆沟，排除积水。根据电力电缆规格，先沿沟底放置滑车，并将电缆放在滑车上。滑车的间距以电缆通过滚花不下垂碰地为原则，避免与地面、沙面的摩擦。电力电缆转弯处需放置转角滑车来保护。

（10）电力电缆在沟内应留有一定的波形余量，以防冬季电力电缆收缩受力。多根电力电缆同沟敷设时，应排列整齐。

（11）直埋敷设电力电缆的接头配置，接头与邻近电力电缆的净距不得小于0.25m，并列电力电缆的接头位置宜相互错开，且净距不宜小于0.5m。

(12) 直埋电力电缆应经隐蔽工程验收合格后，方可回填土。先向沟内充填厚度不小于100mm的细土或砂，然后盖上保护盖板，盖板应安放平整，板间接缝严密。保护盖板应采用混凝土钢筋浇筑而成，宽度应超过直埋电力电缆宽度两侧各50cm，不得采用砖替代保护盖板。当采用电力电缆穿波纹管敷设时，应沿波纹管顶全长浇注厚度不小于100mm的素混凝土，宽度不应小于管外侧50mm。

(13) 回填土应分层填好夯实，覆盖土要高于地面0.15～0.2m，以防沉陷。

4. 隧道（综合管廊）电缆敷设

(1) 电缆隧道（综合管廊）敷设牵引一般采用卷扬机钢丝绳牵引和输送机（或电动滑车）相结合的方法，使用同步联动控制装置。电缆从工作井引入，端部使用牵引端和防捻器。牵引钢丝绳如需应用葫芦及滑车转向，可选择隧道内位置合适的拉环。在隧道底部可每隔2～3m安放一个滑车；用输送机敷设时，一般根据电力电缆质量每隔30m左右设置一台，敷设时关键部位应有人监视。

(2) 电缆隧道（综合管廊）高落差竖井敷设，可采用下降法或上引法，应结合现场实际情况通过计算对比明确适用的方法，确保电缆牵引力、侧压力、扭力、弯曲半径等满足技术要求。对于垂直高落差电缆隧道敷设，优先推荐采用下降法。高度差较大的隧道（综合管廊）两端部位，应防止电缆引入时因自重产生过大的牵引力、侧压力和扭转应力。隧道、电缆夹层等两端的高落差竖井中，应采取措施，以确保上端90°转弯处电力电缆因自重所承受的侧压力不超过允许值。

(3) 敷设电力电缆时，卷扬机的启动和停车应执行现场指挥人员的统一指令。常用的通信联络手段是架设临时有线电话或专用无线通信。

(4) 敷设电力电缆应有可靠的制动装置，可随时安全可靠制动。

(5) 高电压、大截面电力电缆应采用机械工器具上支架，并采取保护措施，防止在上支架时损伤电缆。

(6) 高电压、大截面电力电缆敷设后，应采取措施，满足热应力释放的要求。如在高电压、大截面电力电缆敷设后，锯开电缆密封头，重新封上既满足热机械应力伸出长度又满足密封防水要求的密封专用装置，根据厂家要求，给予一定的放置时间以释放热机械应力。

(7) 隧道（综合管廊）内的电力电缆应按电压等级的高低从下向上分层排列。重要变电站和重要用户的双路电源电力电缆不应布置在相邻位置。通信光缆应布置在最上层且置于防火槽盒内。

5. 桥梁电缆敷设

(1) 在桥梁上敷设电力电缆，一般采用卷扬机钢丝绳牵引和电缆输送机牵引相结合的办法。将电缆盘和卷扬机分别安放在桥箱入口处，并搭建适当的滑车支架。在电缆盘处和隧道中转弯处设置电缆输送机，以减小电力电缆的牵引力和侧压力。在电缆桥箱内安放滑车，清除桥箱内外杂物；检查支架预埋情况并修补；采用钢丝绳牵引电缆。

(2) 木桥上的电力电缆应穿管敷设。在其他结构的桥上敷设的电力电缆，应在人行道下设电缆沟或穿入由耐火材料制成的管道中。在人不易接触处，电力电缆可在桥上裸露敷设，但应采取避免太阳直接照射的措施。

(3) 短跨距交通桥梁，电力电缆应穿入内壁光滑、耐燃的管道内，在桥堍部位设电缆伸缩弧，以吸收过桥电力电缆的热伸缩量。

(4) 长跨距交通桥梁人行道下敷设电力电缆，为降低桥梁振动对电缆金属护套的影响，应有防振措施。在桥墩两端和伸缩缝处，电缆应充分松弛。当桥梁中有挠角部位时，宜设置电缆迂回补偿装置。高电压、大截面电缆应作蛇形敷设。

(5) 公路、铁道桥梁上的电力电缆，应采取防止振动、热伸缩以及风力影响下金属套因长期应力疲劳导致断裂的措施。

(6) 悬吊架设的电力电缆与桥梁架构之间的净距不应小于 0.5m。

(7) 在桥梁上敷设的电力电缆，不得低于桥底距水面的高度。

(8) 单芯电力电缆不得单根敷设在形成封闭磁回路的金属构架内。

6. 水底电缆敷设

(1) 水底电缆应是整根的。当整根电力电缆超过制造厂的制造能力时，可采用软接头连接。

(2) 通过河流的电力电缆，应敷设于河床稳定及河岸很少受到冲损的地方。在码头、锚地、港湾、渡口及有船停泊处敷设电力电缆时，必须采取可靠的保护措施。当条件允许时，应深埋敷设。

(3) 根据电力电缆电压等级、电力电缆的敷设长度、外径、质量、水域地质状况、跨度、水深、流速、潮汐、气象资料以及电缆埋深等综合情况，通过计算，确定电缆敷设方案、明确敷设船只和敷设设备、敷设方法。

(4) 水底电缆敷设应在小潮汛、憩流或枯水期进行，并应视线清晰，风力小于五级。

(5) 水底电缆的敷设，当全线采用盘装电力电缆时，根据水域条件，电缆盘可放在岸上或船上。敷设时可用浮筒浮托，严禁使电力电缆在水底拖拉。

(6) 水底电缆不能盘装时，应采用散装敷设法。其敷设程序应先将电力电缆圈绕在敷设船舱内，再经舱顶高架、滑车、刹车装置至入水槽下水，用拖轮绑拖、自航敷设或用钢缆牵引敷设。

(7) 敷设船上的放线架应保持适当的退扭高度。

(8) 水底电缆敷设时，应注意控制敷设工程船按设计路径航行，两岸应按设计设立导标。敷设时应定位测量，及时纠正航线和校核敷设长度。

(9) 应控制电力电缆放出的速度，采用牵引顶推敷设时，其速度宜为 20～30m/min；采用拖轮或自航牵引敷设时，其速度宜为 90～150m/min。敷设时根据水的深浅控制敷设张力，应使其入水角为 30°～60°，确保电缆在水下不打小圈。

(10) 水底电缆引到岸上时，应将余线全部浮托在水面上，再牵引至陆上。浮托在水面上的电力电缆应按设计路径沉入水底。

(11) 水底电缆引到岸上的部分应采取穿管或加保护盖板等保护措施。其保护范围，下端应为最低水位时船只搁浅及撑篙达不到之处；上端高于最高洪水位。在保护范围的下端，电力电缆应固定。

(12) 水底电缆的敷设，必须平放水底，不得悬空。当条件允许时，宜埋入河床（海底）0.5m 以下。

(13) 水底电缆平行敷设时的间距不宜小于最高水位水深的 2 倍；当埋入河床（海底）以下时，其间距按埋设方式或埋设机的工作活动能力确定。

(14) 电力电缆线路与小河或小溪交叉时，应穿管或埋在河床下足够深处。

（15）在岸边水底电缆与陆上电缆连接的接头，应装有锚定装置。

（16）水底电缆敷设后，应做潜水检查，电力电缆应放平，河床起伏处电力电缆不得悬空。并测量电力电缆的确切位置，在两岸必须设置标示牌。

（二）电缆附件安装

电缆附件的安装包括电力电缆支持与固定、安装前准备、电缆切割及处理、绝缘处理、预制部件安装、导体连接、接地与密封收尾处理和电缆附件安装后的连接与固定。

1. 电力电缆支持与固定

（1）电力电缆固定在支架上，电缆排列、夹具固定间距应符合设计、规程要求。

（2）固定电力电缆用的夹具、扎带、捆绳或支托件等部件，应表面平滑、便于安装，具有足够的机械强度和适合使用环境的耐久性。除交流单芯电力电缆外，可采用经防腐处理的扁钢制夹具、尼龙扎带或镀塑金属扎带。对于强腐蚀环境，应采用尼龙扎带或镀塑金属扎带。交流单芯电力电缆的刚性固定，宜采用符合设计机械强度的铝合金、阻燃工程塑料等不构成磁性闭合回路的夹具；其他固定方式，可采用尼龙扎带或绳索，不得用铁丝直接捆扎电缆。

（3）电力电缆明敷时，应沿全长采用电缆支架、桥架、挂钩或吊绳等支持与固定。最大跨距应满足支架件的承载能力和无损电力电缆的外护层及其导体的要求。

（4）在电力电缆垂直敷设或超过45°倾斜敷设的电缆在每个支架上，水平敷设的电力电缆，在电缆首末两端及转弯、电缆接头的两端处、当对电力电缆间距有要求时，每隔5～10m处，桥架上每隔2m处，应固定电力电缆。

（5）35kV及以下电力电缆明敷，水平敷设固定部位应设置在电力电缆线路首、末端和转弯处以及接头的两侧，且宜在设置直线段每隔不少于100m处；垂直敷设固定部位应设置在上、下端和中间适当位置处；斜坡敷设，固定部位应遵照以上条款，因地制宜设置；当电力电缆间需保持一定间隙时，固定部位宜设置在每隔10m处；交流单芯电力电缆，还应满足按短路电动力确定所需予以固定的间距。

（6）固定电缆夹具应根据设计、施工、厂家固定方案要求，使用力矩扳手紧固，夹具两边的螺钉应交替进行，不能过松或过紧，松紧程度应一致。

（7）电力电缆敷设于直流牵引的电气化铁道附近时，电力电缆与金属支持物之间宜设置绝缘衬垫。

（8）裸铅（铝）护套电力电缆的固定处，应加软衬垫保护。

（9）护层有绝缘要求的电力电缆，在固定处应加绝缘衬垫。

（10）电力电缆固定要牢固，防止脱落，避免使电力电缆受机械振动影响，并应做好防火和防机械损伤措施。

（11）电缆终端上杆塔处，除底部基础应夯实，必要时应采取垫沙包等措施，防止地基下沉而使上杆电力电缆长期受力。电力电缆弯曲半径应满足要求；按厂家规定要求，保持电缆终端头以下垂直固定，电缆终端底座以下应有不小于1m的垂直段，且刚性固定不应少于2处。电缆终端处应预留适量电力电缆，长度不小于制作一个电缆终端的裕度。

（12）电缆终端上杆塔处，夹具应满足紧固接触面的要求，紧固力应满足电力电缆长期稳定不下垂、不过于受力损坏电力电缆的技术要求。

（13）大截面电力电缆采用蛇形敷设，电力电缆固定时，根据设计要求的间距和挠性、刚性要求进行固定，间距应符合设计、规程规定。

（14）电力电缆拉管、排管口的固定应采用管口柔性专用固定装置，防止短路电动力引起电缆鞭击受损。

（15）竖井电力电缆敷设完毕后，应立即自下而上将电缆固定在井壁支架上。在垂直或斜坡的高位侧，宜设置不少于 2 处的刚性固定；采用钢丝铠装电力电缆时，还宜使铠装钢丝能夹持住并承受电力电缆自重引起的拉力。高落差电缆竖井敷设后固定，可根据实际高度采用刚性固定或挠性固定方式。刚性固定适用于截面积不大的电力电缆，可每隔 1～2m 内进行固定；挠性固定使用可移动式电缆夹具，使电力电缆呈蛇形固定。

2. 安装前准备

（1）电缆附件安装人员应经过专业培训并取得由厂家或具备资质的单位颁发的操作证，方可从事附件安装工作。对于新进电缆附件厂家，运行单位应对附件安装人员的技能水平进行现场评价。

（2）施工前进行现场勘察，编制附件安装施工方案，明确安全措施、组织措施、技术措施。在附件供货前应核对电缆附件与电力电缆匹配情况，两者应匹配。由供应商按照投标文件承诺的施工工艺要求，开展技术培训，并提供安装关键技术要求和数据。施工单位结合厂家相关要求编制切实可行的作业指导书并开展技术交底。对于新产品、新技术、新工艺等新成果应用及重要电力电缆工程，应组织专家评审。

（3）应做好施工用工器具检查，确保施工用工器具齐全完好、便于操作、状况清洁。

（4）施工前应做好施工用电及照明检查，确保施工用电及照明设备能够正常工作，施工场地应满足起重机械的作业要求。

（5）施工前应检查电力电缆，电力电缆状况应良好，无受潮，电缆绝缘偏心度满足标准要求，电力电缆相位应正确，护层耐压试验合格。

（6）施工前应进行电缆附件及资料检查。附件规格、型号、数量、生产日期、有效期应与设计、合同一致。附件与电缆匹配一致，零部件应齐全、无损伤。绝缘材料不得受潮，密封材料不应失效，壳体结构附件应预先组装，内壁清洁，结构尺寸符合工艺要求。各类消耗材料齐备，清洁绝缘表面的溶剂宜遵循工艺要求准备齐全。附件质保书或合格证、装配图纸、出厂试验报告、装箱清单等资料应齐全。

（7）电缆附件定位安装完毕，确保作业面水平。电缆 GIS 终端安装前，电缆应垂直固定在电缆支架上，电力电缆筒底部以下至少 1m 电缆应保持垂直，如必须移动电缆终端，施工现场必须有防止电力电缆和终端损伤的安全措施。电缆户外终端安装前，需搭制临时脚手架，做好现场围护工作，并配置起吊工具，其支撑结构应具有足够空间安装电缆尾管。

3. 电缆切割及处理

（1）先将电力电缆临时固定于运行位置并校直，做好附件中心位置标记，再将电力电缆移至临时施工位置并固定。

（2）检查电力电缆长度，确保在制作电缆终端和接头时有足够的长度和适当的余量。

（3）根据安装工艺要求确定的位置剥除电缆外护套，外护套的切口应平齐。剥除外护套时应按照附件说明书尺寸，外护套断口以下 100mm 部分用砂纸打磨并清洗干净，在电缆线芯分叉处将线芯校直、定位。

（4）绑扎固定金属铠装层的金属花丝或恒力弹簧，其缠绕方向应与金属铠装层的缠绕方向一致。剥除金属铠装层及内护套时应严格控制切口深度，严禁切口过深而损坏电缆的内部

结构，金属铠装层断口应平齐。对于金属包装层断口的尖刺及残余金属碎屑要进行清理。

（5）根据安装工艺要求确定的尺寸切除电缆内护层、金属屏蔽层，切除内护层时不得伤及电缆金属屏蔽层。切除电缆金属屏蔽层前，应用扎丝临时固定，防止金属屏蔽层散开。剥切金属屏蔽层时不得伤及半导电屏蔽层，切口应平齐、无尖刺。

（6）电缆外护套表面有半导电层时，应将终端施工范围内的外护层表面半导电层处理干净。

（7）三芯电力电缆安装附件时应整形分相，电力电缆最终切割位置应根据安装工艺要求确定。

4. 绝缘处理

（1）电力电缆绝缘处理前应测量电缆绝缘以及预制冷缩件尺寸，确认上述尺寸是否符合安装工艺要求。

（2）对于绝缘屏蔽可剥离的电缆，划切绝缘屏蔽时应掌握划痕深度，不得伤及电缆绝缘层。对于绝缘屏蔽不可剥离的电缆，应采用专用的切削刀具或玻璃去除电缆绝缘屏蔽，操作过程中不应采用火烤加热。

（3）绝缘层屏蔽末端应进行倒角处理，与绝缘层间应形成平滑过渡，如附件供应商另有工艺规定，应严格按照工艺指导书操作。打磨过绝缘屏蔽的砂纸禁止再用来打磨电缆绝缘。处理完成好的屏蔽层断口应齐整，不应有凹槽、缺口或凸起。

（4）电缆绝缘表面应进行打磨抛光处理，宜采用 240～400 号及以上砂纸。初次打磨可使用打磨机或 240 号砂纸进行，并按照由小至大的顺序选择砂纸继续进行打磨。打磨时每一号砂纸应从两个方向打磨，直到上一号砂纸的痕迹消失。

（5）打磨处理后应测量绝缘表面直径，测量位置宜选择 2 个测量点，轴向测量角度间隔 90°，确保绝缘直径达到工艺图纸所规定的尺寸范围。测量完毕应再次打磨抛光测量点去除痕迹。

（6）打磨抛光处理完毕后，绝缘表面应无目视可见的颗粒、划痕、杂质、凹槽或突起。

（7）绝缘处理完毕后，应采用工艺规定的清洁纸将绝缘表面清洁并晾干。若不立即安装，应及时用洁净的望料薄膜覆盖绝缘表面，防止灰尘和其他污染物粘附。

5. 预制部件安装

（1）在安装预制部件前，应对硅脂、硅油等绝缘润滑剂进行检查，确保无污染、无受潮，符合供应商工艺及标准规定要求。

（2）电缆绝缘应保持干燥和清洁，施工过程中应避免损伤电缆绝缘，清除处理后的电缆绝缘表面上所有半导电材料的痕迹。

（3）在套入预制部件之前应清洁粘在电缆绝缘表面上的灰尘或其他残留物，清洁方向应分别由绝缘层朝向绝缘屏蔽层和绝缘层朝向导体。涂抹硅脂或硅油等绝缘润滑剂时，应使用清洁的专用手套。

（4）根据附件型式的不同，按照工艺要求恢复外半导电屏蔽层和金属屏蔽层。安装过程中带材的重叠率、拉伸率等应按照附件供应商提供的安装工艺要求执行。

6. 导体连接

（1）导体连接前，应将预制橡胶绝缘件、尾管、冷缩管材等部件按照工艺要求的顺序预先套入电缆。

（2）铝芯电力电缆在导体连接前应进行防氧化处理。

（3）导体连接方式应采用机械压力连接方法，压缩连接宜采用围压压接法。若附件供应商有特殊工艺要求，应按照工艺执行。

（4）采用围压压接法进行导体连接时应满足下列要求。

1）压接前应检查核对连接金具和压接模具，选用合适的接线端子、压接模具和压接机；压接前应清除导体表面污迹与毛刺，分隔导体应在压接前去除压接部分的分隔纸，连接管压接前应检查两端电缆是否在一直线上；接线端子压接前应检查接线端子与导体是否平直。

2）将电缆导体端部圆整后插入连接管或端子圆筒内，中间连接时，导体每端插入长度至截止坑止，端子连接时，导体应充分插入端子圆筒内再进行压接。在压接部位，围压的成形边应各自同在一个平面上，压缩比宜控制在15%～25%。围压压接每压一次，在压模合拢到位后应停留10～15s，使压接部位金属塑性变形达到基本稳定后，才能消除压力。

3）压接完成后，电缆导体与接线端子应平直无翘曲，确认压接管延伸的长度符合工艺要求，并对压接部位进行处理，清除金属屑末、压接痕迹。压接后压接部位表面应光滑，不应有裂纹和毛刺，所有边缘处不应有尖端。连接管与导体屏蔽应有可靠的等电位连接。

7. 接地与密封收尾处理

（1）附件接地线可采用恒力弹簧或焊接等连接方式。采用焊接工艺时，焊接前应在钢铠及铜屏蔽上焊接处进行打磨处理、清理、镀锡。接地线焊接面积应符合工艺要求，焊接面光滑、牢固，完成后应将焊锡膏清理干净。

（2）若附件不带金属壳体时，附件密封宜采用绕包防水带或收缩冷缩护套管等方式进行。附件长期浸水运行时，应在安装好的附件外及时增加防水盒，并浇注绝缘防水剂，增强其防水性能。

（3）绕包防水带时，注意绕包的重叠率、拉伸率应符合工艺要求，不得漏包，确保防水密封可靠。冷缩接头的绕包防水带，应覆盖接头两端的电缆内护套，搭接电缆外护套不少于120mm。

（4）除附件接地线的引出部分满足工艺要求外，还应对附件密封内的接地线进行防渗水处理，防止潮气、水分从编织型接地线内部进入附件。

（5）附件的电缆铠装层、金属屏蔽层恢复连接要可靠，跨接接地线截面积应满足相关标准要求。

（6）附件应牢靠固定在附件支架上，附件两侧各有一副刚性固定夹具。直埋电缆附件应安放平直，衬垫土平整。

（7）电缆铜屏蔽及铠装层应单独引出并可靠接地。接地线应采用钢绞线或镀锡铜编织线与电缆屏蔽层连接，其截面积不应小于25mm^2。对于铜线屏蔽的电缆，应用原铜线绞合后引出作为接地线。

8. 电缆附件安装后的连接与固定

（1）电缆附件固定、连接时，终端和接头主体部件不应弯曲。若空间狭小，本体外的其他部件可以弯曲，弯曲半径不小于电缆外径的15倍。

（2）电缆终端安装完成后、投入运行前应固定牢靠。第一道固定抱箍应安装在电缆终端最后一道密封层下方50mm处，第二道固定抱箍位于距第一道抱箍500～800mm处，两道抱箍之间的电力电缆应保持平直。其余电缆固定抱箍的位置，应根据电缆终端下方电力电缆的长度确定，固定抱箍的间距不得大于1500mm。

（3）电缆接头须上下分层或左右两侧放置，若空间无法满足要求，接头外部需要加装防

护装置。接头两侧电缆宜根据其所摆放的位置进行固定，固定位置应位于接头两侧最后一道密封层间距 50mm 处。

（4）单芯电力电缆终端、接头用于固定的金属抱箍不得形成闭合磁路。

（5）电缆终端的放置需要考虑最小净距。对于安装于开关柜柜体内部或类似环境的终端，主体部件应位于底板上方。

第四节　生产准备及工程验收

一、生产准备

生产准备工作包括信息采集、人员组织、设备配置和方案编制，关系到电力电缆线路投运后的生产工作，电缆运检部门应给予足够重视。

（一）信息采集

（1）工程竣工验收前，生产准备人员要做好沿线环境调查、外部隐患及可能危及线路人员安全的隐患信息排查、线路沿线属地化信息收集等工作，形成资料、照片，建立基础台账。

（2）工程竣工验收前，生产准备人员要做好施工遗留问题及隐患排查，形成问题清单。

（3）生产准备人员要提前收集设备信息、基础数据相关资料，建立设备基础台账（PMS 台账）。

（二）人员组织

工程投运前，电力电缆运检部门应配置相应的生产准备人员，指定设备主人，制订培训计划，组织开展生产准备人员培训。

（三）设备配置

工程投运前，电力电缆运检部门应完成生产装备、安全工器具配置，完成标示牌的制作安装，做好基建移交工器具与备品备件的接收。

（四）方案编制

由电力电缆运检部门负责组织制订专项生产准备方案，并对验收班组（人员）进行专项交底。

二、工程验收

电力电缆工程是隐蔽工程，验收工作应贯穿于施工全过程。为保证电力电缆工程质量，电力电缆运检部门应制定验收标准，对验收人员进行专项培训，加强验收工作管理。以下首先对验收总体要求、资料验收、标示标牌验收进行介绍，然后从电缆排管、直埋、沟槽、隧道和综合管廊等不同电缆敷设形式出发介绍电缆通道验收，并根据不同专业和设备对电缆线路验收进行说明。此外，还将对电力电缆防火设施验收的内容进行列举。

（一）验收总体要求

验收工作包括到货验收、验收方案编制和交底、隐蔽工程验收、土建验收和竣工验收。

1. 到货验收

（1）设备到货后，运检单位应参与现场物资验收。

（2）重点检查设备外观、设备参数是否符合技术标准和现场运行条件，检查设备合格证、试验报告、专用工器具、设备安装与操作说明书、设备运行检修手册等是否齐全。

（3）对于首次中标的电力电缆敷设单位或附件厂家，运检单位应加强对厂家关键工艺的现场监督和质量把控，明确具体考核关键节点和需提供的技术资料。

（4）每批次电力电缆应提供抽样试验报告。

2. 验收方案编制和交底

（1）验收方案由电力电缆运检部门负责编制，均应由分管领导审核通过。

（2）验收方案应由编制人员对验收人员进行交底，应保存书面记录。

3. 隐蔽工程验收

（1）电力电缆运检部门应不定期对施工现场进行检查。

（2）现场应核查监理和施工单位关键工序的影像资料。

（3）对检查过程中发现的问题，书面反馈并督促整改。

4. 土建验收

（1）建设单位应在土建验收前1周提出书面申请。

（2）电力电缆运检部门按验收方案进行验收，缺陷清单以书面形式反馈至建设单位，并督促按期整改。

（3）电力电缆运检部门根据建设单位反馈的消缺闭环单，逐条复检，复检合格后方可进行电气施工。

5. 竣工验收

（1）竣工验收应包括现场验收和资料验收。

（2）建设单位应在竣工验收前1周提出书面申请。

（3）电力电缆运检部门根据竣工验收方案和土建复检结果进行验收，缺陷清单以书面形式反馈至建设单位，并督促按期整改。

（4）电力电缆运检部门根据建设单位反馈的消缺闭环单，逐条复检，复检合格后方可投入运行。

（二）电力电缆资料验收

（1）电力电缆及通道验收时应做好资料的验收和归档。

（2）电力电缆及通道走廊以及城市规划部门批准文件，应包括建设规划许可证、规划部门对于电缆及通道路径的批复文件、施工许可证等。

（3）完整的设计资料，应包括初步设计、施工图及设计变更文件、设计审查文件等。

（4）电力电缆及通道竣工图纸应提供电子版及三维坐标测量成果。

（5）电力电缆及通道竣工图纸和路径图，比例尺一般为1∶500，地下管线密集地段为1∶100，管线稀少地段为1∶1000。在房屋内及变电所附近的路径用1∶50的比例尺绘制。平行敷设的电力电缆，应标明各条线路相对位置，并标明地下管线剖面图。电力电缆如采用特殊设计，应有相应的图纸和说明。

（6）电力电缆原始记录，应包括长度、截面积、电压、型号、安装日期、电缆及附件生产厂家、设备参数，电力电缆及电缆附件的型号、编号、各种合格证书、出厂试验报告、结构尺寸、图纸等。

（7）电力电缆敷设施工记录，应包括电缆敷设日期、天气状况、电力电缆检查记录、电力电缆生产厂家、电缆盘号、电力电缆敷设总长度及分段长度、施工单位、施工负责人等。

（8）电缆附件施工记录，应包括安装工艺说明书、装配总图和安装记录。

（9）电力电缆敷设及附件安装等关键环节应留有视频和图片资料，清晰记录关键环节安装过程，符合相关厂商工艺要求，并经监理人员确认签字。

（10）电力电缆及通道地理信息图应能标示出电力电缆及通道路径、电力电缆敷设断面、电缆中间接头位置、通道井口断面、通道埋深、高程、纵断面、支架排列、支架水平、垂直间距等基本信息。

（11）非开挖定向钻拖拉管竣工图应提供三维坐标测量图，包括两端工作井的绝对标高、断面图、定向孔数量、平面位置、走向、埋深、高程、规格、材质和管束范围等信息。

（12）根据设计图纸核对电力电缆线路名称、回路、相位，电缆线路名称、回路、相位应正确。

（13）检查工程竣工完工报告、验收申请、施工总结、验收总结、电力电缆试验报告。

（三）标识标牌验收

标识标牌验收具体内容见表7-2。

表7-2　标识标牌验收内容

序号	验收内容
1	在电缆终端头、电缆接头、拐弯处、夹层内、工作井内等地方，应装设标示牌，标示牌上应注明线路编号，当无编号时，应写明电力电缆型号、规格及起讫地点，双回路电力电缆应详细区分
2	检查标示牌、标示桩、警示带是否装设正确、齐全。在生产厂房及变电站内电缆终端头、沿线电缆接头处、电缆管两端、人孔及工作井处、电缆隧道内转弯处、电缆分支处、直线段应每隔30～50m在通道两侧对称设置标示牌，标示牌上应注明线路名称、编号、电力电缆型号、规格及起讫地点，并联使用的电缆应有顺序号。标示牌的字迹应清晰、不易脱落，标示牌规格宜统一。标示牌应能防腐，挂装应牢固
3	直埋通道两侧应对称设置标识标牌，每块标识标牌设置间距一般不大于50m。直埋电力电缆沿线、水底电缆应装设永久标识
4	电缆附件应有铭牌，标明型号、规格、制造厂家、出厂日期等信息。现场安装完成后应规范挂设安装牌，包括安装单位、安装人员、安装日期等信息

（四）电缆通道验收

1. 电缆排管验收

电缆排管验收具体内容见表7-3。

表7-3　电缆排管验收内容

序号	验收内容
1	排管路径走向和通道断面应与规划设计一致
2	排管与其他管线、构筑物基础等最小允许间距应满足有关规程的要求。严禁将电力电缆平行敷设于地下管道的正上方或正下方
3	66～220kV排管和18孔及以上的6～20kV排管方式应采取（钢筋）混凝土全包封防护
4	用于敷设单芯电力电缆的管材应选用非铁磁性材料
5	排管管材的内径不宜小于电缆外径或多根电力电缆包络外径的1.5倍，且不宜小于150mm。内部应光滑、无毛刺，管口应无毛刺和尖锐棱角，管材动摩擦系数应符合《电力工程电缆设计标准》（GB 50217—2018）的规定
6	排管要求管孔无杂物，双向疏通检查无明显拖拉障碍
7	排管在10%以上的斜坡中，应在标高较高一端的工作井内设置防止电力电缆因热伸缩而滑落的构件
8	排管管路顶部土壤覆盖厚度不宜小于0.5m

续表

序号	验 收 内 容
9	排管管路应置于经整平夯实土层且有足以保持连续平直的垫块上。纵向排水坡度不宜小于0.2%
10	排管管路纵向连接处的弯曲度，应符合牵引电缆时不致损伤的要求
11	排管管孔端口应采取防止损伤电力电缆的处理措施
12	排管在选择路径时，应尽可能取直线，在转弯和折角处，应增设工作井。在直线部分，两工作井之间的距离不宜大于150m，排管连接处应设立管枕
13	排管管道径向段应无明显沉降、开裂等迹象
14	排管内所有管孔（含已敷设电力电缆）和电缆通道与变、配电站（室）连接处均应采用阻水法兰等措施进行防水封堵
15	排管上方沿线土层内应铺设带有电力标识的警示带，宽度不小于排管，地面应设置明显的警示标志
16	排管端头宜设工作井，无法设置时，应在埋管端头地面上方设置标识
17	工作井应采用钢筋混凝土结构，设计使用年限不应低于50年。防水等级不应低于二级
18	工作井应无倾斜、变形及塌陷现象。井壁立面应平整光滑，无突出铁钉、蜂窝等现象。工作井井底平整干净，无杂物
19	工作井内连接管孔位置应布置合理，上管孔与盖板间距宜在20cm以上
20	工作井尺寸应考虑电缆弯曲半径和满足接头安装的需要，工作井高度应使工作人员能站立操作。工作井底板应设置集水坑，向集水坑泄水坡度不应小于0.5%
21	工作井应设独立的接地装置，接地电阻不应大于10Ω
22	工作井顶盖板处应设置2个安全孔。位于公共区域的工作井，安全孔井盖的设置宜使非专业人员难以开启，人孔内径应不小于800mm

2. 电缆直埋验收

电缆直埋验收具体内容见表7-4。

表7-4　　电缆直埋验收内容

序号	验 收 内 容
1	采用直埋的地段地面上不应有不便于日后开挖区段，尤其是正式道路油面、障碍物等
2	有通信等需求应同步敷设通信管
3	电力电缆及通道标识应齐全。电缆路径指示桩，主要用于电力电缆线路在绿化隔离带、风景区绿化带、灌木丛等设置电力电缆路径标志块不明显的地方；直埋电力电缆在直线段每隔30～50m处、电力电缆接头处、转弯处、进入建筑物等处，应设置明显的方位标志或标示桩
4	警示装置材料可采用水泥预制桩、复合材料桩等多种型式。为防止偷盗，宜采用非金属材料
5	警示牌内容应包含单位名称、警示标语和联系电话

3. 电缆沟（槽）验收

电缆沟（槽）现场验收具体内容见表7-5。

表 7-5　　电缆沟（槽）验收内容

序号	验收内容
1	电缆沟应采用（钢筋）混凝土型式，不得采用砖砌型式
2	电缆沟本体结构应无坍塌、开裂、下沉、变形、钢筋外露等结构表观现象。盖板应无缺失、损坏情况
3	电缆沟盖板、底板及墙壁表面平整、干净，无露筋、蜂窝、孔洞、夹渣、疏松、裂缝等现象，无残余钉子、钢筋头及未拆除的模板
4	电缆通道畅通，无本体渗水、底板积水、其他管线穿越等情况。电缆沟内无施工杂物遗留、周边人员生活垃圾、流水带入的淤泥、杂物等
5	电缆沟内部有效断面尺寸（净空）应根据其内规划敷设的电缆电压等级、截面积、数量来确定。电缆沟深小于 1m 时，两侧支架间净通道宽度不应小于 0.5m，单列支架与壁间通道宽度不应小于 0.5m；电缆沟深在 1～1.9m 之间，两侧支架间净通道宽度不应小于 0.7m，单列支架与壁间通道宽度不应小于 0.6m
6	电缆沟内所有金属构件和固定式用电器具均应可靠接地，应合理设置接地装置，接地电阻应小于 5Ω
7	电缆沟盖板为钢筋混凝土预制件，其尺寸应严格配合电缆沟尺寸。盖板应不存在缺失、破损、不平整现象，不应影响行人、过往车辆安全。盖板四周应设置预埋件的护口件，盖板的上表面应设置一定数量的供搬运、安装用的拉环
8	露面盖板应有电力标志、联系电话等；不露面盖板应根据周边环境条件按需设置标志标识
9	电缆沟伸缩（变形）缝应满足密封、防水、适应变形、施工方便、检修容易等要求，施工缝、穿墙管、预留孔等细部结构应采取相应的止水、防水措施
10	电缆沟底部低于地下水位、电缆沟与工业水管沟并行临近时，宜加强电缆沟防水处理；电缆沟与工业水管沟交叉时，电缆沟宜位于工业水管沟的上方
11	中间接头井低洼处、重点线路的易积水段应设置集水井。底板散水坡度应统一指向集水井，散水坡度不小于 0.5%。集水井尺寸应能满足排水泵放置要求。集水井顶宜设置保护盖板，盖板上设置泄水孔
12	电缆沟与变、配电站（室）、电缆终端、分支通道连接处均应采用阻水法兰等措施进行防水封堵
13	电缆沟内明敷电力电缆固定应满足如下要求：水平敷设的电力电缆，在电力电缆首末两端及转弯处应有不少于 1 处的刚性固定，电力电缆直线段每隔 5～10m 应有 1 处刚性固定，其余部位应用具有足够强度的绳索或其他夹具固定于支架上；垂直敷设或超过 45°倾斜敷设时，电力电缆刚性固定间距应不大于 2m，在垂直或斜坡的高位侧，应有不少于 2 处的刚性固定；交流单芯电力电缆的固定夹具应采用非铁磁性材料，还应满足按短路电动力确定所需予以固定的间距；固定或绑扎时应垫以橡胶垫加以保护，以防损坏电缆外护套；电缆沟中回填的细砂或土能对电力电缆起到固定和支持的作用时，可不再考虑电力电缆的固定和热伸缩对策；固定电力电缆用的夹具、扎带、捆绳或支托件等部件，应表面平滑、便于安装，具有足够的机械强度和适合使用环境的耐久性

4. 电力电缆隧道验收

电力电缆隧道验收具体内容见表 7-6。

表 7-6　　　　电力电缆隧道验收内容

序号	验收项目	验收内容
1	通风设施	（1）通风亭符合设计要求，表面平整、洁净、色泽一致，无裂痕和缺损。 （2）通风亭顶板应有排水坡度，避免积水。 （3）百叶窗应安装牢固，叶片间隙应均匀，防尘网安装齐全。 （4）通风亭内应具备防坠箅子，避免重物掉落
2	照明设施	（1）灯具采用 LED 防爆灯具，功率符合设计要求。 （2）具备防水工程，达到 IP67 等级。 （3）灯具安装位置为隧道正上方，间距符合设计要求，高度不能影响运维人员通行。 （4）灯具连接线缆应敷设在阻燃管中
3	排水设备	（1）排水设备尺寸、功率符合设计要求。 （2）安装距离符合设计要求，排水通畅、固定牢固
4	在线监测设备	（1）环境监测。应配置视频监测、消防报警、通风、排水、水位监控、出入口门禁、可燃气体等监测装置。 （2）电气参数监测。220kV 及以上新建电缆工程应同步建立电缆本体监测系统，包括分布式光纤测温、金属护层接地电流监测、在线局部放电监测等
5	通信设备	应布置永久无线通信系统和语音广播系统
6	接地装置	（1）焊接牢固饱满、无虚焊，焊接位置两侧 100mm 范围内及锌层破损处应做防腐处理并刷防锈漆。 （2）接地线焊接要求搭接长度为 2 倍扁铁宽，三面焊牢，清渣后施作防腐并涂灰色防锈漆，遇电力隧道转弯处，为保证地线搭接长度，转弯处扁铁需冷压麻花状过渡。 （3）接地电阻检测符合设计要求，不大于 5Ω，综合接地电阻不大于 1Ω
7	支架	（1）尺寸、材料符合设计要求。 （2）外观良好，焊接牢固饱满，安装横平竖直、排列整齐、一致、紧贴墙面、无毛刺、不变形，且与接地线良好连接。 （3）防腐层符合国家规范，无锈蚀
8	隧道墙体	（1）明挖隧道顶部断面应为矩形，尺寸及转弯半径符合设计要求。 （2）隧道内整洁平滑，无漏水、无蜂窝麻；步道平直顺滑，无空鼓、无裂痕、两侧间距一致；基面为麻面的必须平整，台阶均匀、错落有致。 （3）侧墙和顶板的变形缝应与底板的变形缝对正、垂直贯通。 （4）缝宽平直、均匀，混凝土密实、不渗漏。 （5）预埋铁（件）尺寸、位置符合相关规范要求
9	井盖	（1）尺寸满足设计要求，材质构成应满足可能承受荷载及适合环境要求。 （2）所用井盖必须满足防水、防盗、防跳、防位移、防坠落的要求。 （3）井盖安装要略高于地面（在路面上时应高出路面 3mm，在绿地或其他位置时应高出地面 200mm 以上）

续表

序号	验收项目	验 收 内 容
10	爬梯	（1）尺寸满足设计要求，人孔爬梯应安装牢固、便于攀爬，施工用料符合设计要求，并满足防腐蚀要求。 （2）非拆卸式电缆竖井中，应有容纳供人上下的活动空间，高度未超过 5m 时，可设爬梯且活动空间不宜小于 800mm×800mm。 （3）高度超过 5m 时，宜设楼梯，且每隔 3m 左右设休息平台。梯子不能从井口直通井底，应在休息平台处转折设置。第一层平台必须满铺。平台开口处必须设篦子，箅子应满足一定的承载力，且不能采用钢板制作。 （4）高度超过 20m 且电力电缆数量多、重要性要求较高时，可设简易式电梯

5. 综合管廊验收

综合管廊验收具体内容见表 7-7。

表 7-7　综合管廊验收内容

序号	验 收 内 容
1	全过程参与验收工作，关键节点应留有影像资料并留档。敷设电力电缆前，电力舱土建及配套设施应通过政府专业部门的验收
2	综合管廊投运前应明确管理职责，原则上电力舱内电缆线路电气部分运维管理由电力部门负责，电力舱土建及通风、照明、排水、消防等配套设施运维管理由当地政府负责
3	电力舱应设置人员出入口、逃生口、吊装口、进风口、排风口等，有坠落危险处，应设栏杆或盖板；电力舱内通道净高、净宽应满足《电力电缆隧道设计规程》（DL/T 5484—2013）的规定，便于运行人员通行；电力舱应设置环境监控系统，对环境参数进行准确的监测与报警，气体报警设定值应符合《密闭空间作业职业危害防护规范》（GBZ/T 205—2007）的规定
4	电力舱应做好防火隔断及封堵，电缆应选用阻燃电缆和技术成熟可靠的电缆附件，应安装火灾报警和灭火装置；电力电缆密集敷设区域的电缆接头，应加装防火槽盒或其他防火隔离措施，应设置无源、清洁可靠的灭火装置
5	高压电力舱应采用金属支架，禁止采用复合材料支架；电力舱应设置独立的接地系统
6	电力舱应配置视频监测、消防报警、通风、排水、水位监控、出入口门禁、可燃气体等监测装置；电力电缆线路配置测温、接地环流等监测装置
7	电力舱内应布置永久无线通信系统
8	满足电缆隧道验收要求

（五）电力电缆线路验收

电力电缆线路验收主要指电力电缆敷设、附件安装、电气试验、附属设备设施及在线监测设备等验收。

1. 电力电缆敷设验收

电力电缆敷设验收具体内容见表 7-8。

表 7-8　　电力电缆敷设验收内容

序号	验收内容
1	检查电力电缆通道路径走向和通道断面应与设计一致；电力电缆排管及拉管口应符合电力电缆敷设要求，隧道、排管、工作井电力电缆敷设应按要求做好电缆排管疏通检查工作，按设计要求摸清管孔位置，敷设路径管孔应畅通，没有损伤电力电缆的尖刺和杂物，排水良好，电力电缆通道应畅通，电力电缆通道深度、宽度、转弯点弯曲半径应符合设计和规程敷设要求；中间接头沟、电力电缆沟、工作井内应无其他障碍物；电力电缆通道预留孔洞、预埋件应安装牢固，强度符合设计要求；电力电缆沟、电力电缆井盖板应齐备完好；电力电缆梯架（托盘）的规格、支吊跨距、防腐类型应符合设计要求；电力电缆梯架（托盘）、电力电缆梯架（托盘）的支（吊）架、连接件和附件的质量应符合现行的有关技术标准；通道应验收合格，满足放缆条件
2	电力电缆通道现场应满足运输和吊装车辆停放等工作要求。现场勘察、检查应做好记录，并留有影像资料
3	开展电力电缆通道内附属设施检查。电力电缆通道内电力电缆支架、接地、通风、排水、照明、检修电源等附属设施安装验收合格，符合设计和规程要求，满足现场安全施工要求
4	根据设计图纸核对电力电缆线路名称、回路、相位，电力电缆线路名称、回路、相位应正确
5	电力电缆管孔封堵：所有管口应严密封堵，所有备用孔也应封堵；封堵应严实可靠，不应有明显的裂缝和可见的孔隙，堵体表面平整，孔洞较大处应加耐火板后再进行封堵；电力电缆穿过竖井、墙壁、楼板或进入电气盘、柜的孔洞处应用防火堵料密实封堵
6	电力电缆支架沿侧墙布置，立铁垂直于底板安装，纵向应平顺，各支架的同层横档应在同一水平面上，高低偏差不应大于5mm；材质以普通钢材为主，支架表面进行防腐处理，防腐层应牢固且耐久稳定
7	固定或绑扎电力电缆时应垫橡胶垫加以保护，以防损坏电缆外护套
8	固定电力电缆用的夹具、扎带、捆绳或支托件等部件，应表面平滑、便于安装，具有足够的机械强度和适合使用环境的耐久性
9	电力电缆支架应平直、稳固、无扭曲，表面光滑、无毛刺，不存在缺件、锈蚀、破损现象。托架支吊架的固定应按设计要求进行

2. 附件安装验收

附件安装验收具体内容见表 7-9。

表 7-9　　附件安装验收内容

序号	验收内容
1	电力电缆附件主要性能应符合国家相应技术标准要求
2	电力电缆接头不应浸水，外部无损伤及变形，环氧外壳密封良好，无密封胶渗漏现象
3	检查电力电缆中间接头是否满足《额定电压 35kV（U_m=40.5kV）及以下预制式电力电缆附件安装规程》（DL/T 5758—2017）技术要求
4	电力电缆接头应用托板托置固定，电力电缆并列敷设时，接头位置宜相互错开，并不应设置在倾斜位置上；电力电缆接头两端应刚性固定，每侧固定点不少于 2 处；设计为回填电力电缆沟内的接头应安放平直、衬垫平整，应有防外力破坏的措施
5	插拔式电力电缆附件应满足相关规程技术要求

续表

序号	验 收 内 容
6	户（内）外终端：检查户（内）外终端是否满足《额定电压 35kV（U_m=40.5kV）及以下预制式电缆附件安装规程》（DL/T 5758—2017）；户外终端安装平台装置离地面高度不宜超过 10m；电缆终端底座以下应有不小于 1m 的垂直段，且刚性固定不应少于 2 处；终端如安装于终端塔上，终端塔设计与安装需考虑装设上塔防坠设施以及安全的终端检修平台；对于全预制式干式终端，可不设计检修平台，但终端宜垂直布置，且终端下部 0.1m 处应有可靠固定电缆的装置，终端的接线端子处应有附加固定装置，如悬式绝缘子、支柱绝缘子、避雷器等
7	避雷器不应存在倾斜、连接松动、破损、连接引线断股、脱落、螺栓缺失等现象，引流线不应过紧，本体连接法兰、连接螺栓、底座不应存在严重锈蚀或油漆脱落现象，均压环不应存在缺失、脱落、移位现象
8	避雷器底座绝缘电阻测量值不小于 100MΩ
9	导体连接可靠，绝缘恢复满足设计和厂家工艺要求，接地与密封牢靠
10	应满足变电站、工作井或隧道防火封堵要求
11	电力电缆弯曲半径应满足运行要求

3. 电气试验验收

电力电缆电气试验验收具体内容见表 7-10。

表 7-10　　电力电缆电气试验验收内容

序号	验 收 内 容
1	测量绝缘电阻
2	直流耐压试验及泄漏电流测量
3	交流耐压试验
4	测量金属屏蔽层电阻和导体电阻比
5	检查电缆线路两端的相位
6	充油电缆的绝缘油试验
7	交叉互联系统试验
8	交流耐压试验同步局部放电试验
9	充油电缆油压报警系统试验
10	线路参数试验，包括测量电缆线路的正序阻抗、负序阻抗、零序阻抗、电容量和导体直流电阻等
11	电力电缆线路接地电阻测量

4. 附属设备设施验收

附属设备设施验收具体内容见表 7-11。

表 7-11　　附属设备设施验收内容

序号	验 收 内 容
1	工程投运前要求接地箱铭牌正确，接地箱、交叉互联箱内连接应与设计相符，铜牌连接螺栓应拧紧，连接螺栓无锈蚀现象。箱体完整，门锁完好、开关方便

续表

序号	验 收 内 容
2	接地箱、交叉互联箱内电气连接部分应与箱体绝缘。箱体本体不得选用铁磁材料，并应密封良好，固定牢固可靠，满足长期浸水要求，防护等级不低于 IP68
3	电缆护层电压限制器配置选择应符合《电力工程电缆设计标准》(GB 50217—2018) 的要求。电压限制器和电缆金属护层连接线宜在 5m 内，连接线应与电缆护层的绝缘水平一致
4	如接地箱、交叉互联箱置于地面上，接地箱、交叉互联箱安装应与基础匹配，膨胀螺栓安装稳固，箱内接地缆出线管口空隙应进行防火泥封堵，接地电缆不应裸露
5	接地箱、交叉互联箱箱体正面应有不锈钢设备铭牌，铭牌上应有换位或接地示意图、额定短路电流、生产厂家、出厂日期、防护等级等信息
6	接地箱和交叉互联箱应有运行编号
7	供油装置不应存在渗、漏油情况，充油电缆压力箱供油量不得小于供油特性曲线所代表的标称供油量的 90%
8	充油电力电缆线路应装设油压监视和报警装置，仪表安装牢固，室外仪表应有防雨措施
9	终端站、终端塔（杆、T 接平台）上相位牌悬挂应正确，铭牌应规范悬挂
10	电力电缆上塔引上部分应装设电缆保护管，宜选用符合防盗要求的材质

5. 在线监测设备验收

在线监测设备验收具体内容见表 7-12。

表 7-12　　在线监测设备验收内容

序号	验 收 内 容
1	新建电力电缆工程宜同步建立电缆本体监测系统，如金属护层接地电流监测
2	在线监测装置应能实现被监测设备状态参量的自动采集、信号调理、模数转换和数据的预处理功能；实现监测参量就地数字化和缓存；监测结果可根据需要定期上传
3	在线监测装置运行后应能正确记录动态数据，装置异常等情况下应能够正确建立事件标识。应有数据存储功能，不应因电源中断、快速或缓慢波动及跌落丢失已记录的动态数据；不应因外部访问而删除动态记录数据，不提供人工删除和修改动态记录数据的功能；按任意一个开关或按键，不应丢失或抹去已记录的信息
4	在线监测装置应具备报警功能，对各种异常状态发出报警信号，报警功能限值可修改
5	在线监测装置应具备自诊断功能，并能根据要求将自诊断结果远传
6	在线监测装置应具备数据传送功能，能响应上位机召唤传送记录数据，断开装置的通信网络连接，应正确报出通信中断
7	在线监测装置应有防雨、防潮、防尘、防腐蚀措施。外壳的防护性能应符合《外壳防护等级（IP 代码）》(GB/T 4208—2017) 规定的 IP68 级要求。电源应有可靠的保护措施，应避免因电源故障对电力电缆造成损伤。采集单元应小型轻便，避免影响电力电缆的电气性能和安全性能
8	在线监测装置采集单元的电源应能保证长期连续供电的要求
9	在线监控平台和子站的子站屏、工控机、打印机等设备应完好，系统运行应正常

（六）防火设施验收

1. 总体要求

防火验收总体要求见表 7-13。

表 7-13 防火验收总体要求

序号	总体要求
1	对电力电缆着火易导致严重事故的回路、易受外部影响波及火灾的电力电缆密集场所，应有适当的阻火分隔。阻火分隔包括设置防火门、防火墙、耐火隔板与封闭式耐火槽盒。防火门、防火墙用于电缆隧道、电缆沟、电缆桥架以及上述通道分支处及出入口
2	应封闭电缆沟盖板缝隙，避免易燃物进入电缆沟。运检部门应保持电缆通道、夹层整洁、畅通，消除各类火灾隐患。通道沿线及其内部、隧道通风口（亭）外部不得积存易燃、易爆物。电力电缆贯穿隔墙、竖井的孔洞处、电力电缆引至控制设施处等均应实施具有足够机械强度的防火封堵
3	电缆通道临近易燃、易爆或腐蚀性介质的存储容器、输送管道时，应开展气体监测

2. 电缆沟

电缆沟防火设施验收具体内容见表 7-14。

表 7-14 电缆沟防火设施验收内容

序号	验收内容
1	在电缆沟中应有必要的防火措施，这些措施包括适当的阻火分割封堵。如将电缆接头用防火槽盒封闭，电力电缆及电缆接头上包绕防火带等阻燃处理，或将电力电缆置于沟底再用黄沙将其覆盖，也可选用阻燃电缆等
2	电缆沟内应采取可靠的阻火分隔措施，公用主沟道的分支处、长距离沟道相隔约 200m 或通风区段处应设置防火墙
3	电缆沟内通信光缆与电力电缆同沟敷设时，应采取有效的防火隔离措施

3. 电缆隧道和综合管廊

电缆隧道和综合管廊防火设施验收具体内容见表 7-15。

表 7-15 电缆隧道和综合管廊防火设施验收内容

序号	验收内容
1	隧道两侧支架上方及支架各层间防火隔板安装齐全，防火槽盒安装齐全，表面应平整、无缝隙、无破损，槽盒盖板封盖严密，尺寸符合设计要求，材料达到阻燃 B1 级别；管孔防火封堵密实，无机堵料封堵表面光洁，无粉化、硬化、开裂等缺陷，材料达到阻燃 B1 级别。中压电力电缆隧道和城市综合管廊电力舱固定消防装置原则上应选用高压细水雾灭火系统
2	电缆隧道和综合管廊内应采取可靠的阻火分隔措施，对隧道（管廊）内各种孔洞进行有效的防火封堵，并配置必要的消防器材，防火分区间隔不得大于 200m
3	隧道内敷设的通信光缆和低压电源线，应采取放入阻燃管或防火槽盒等防火隔离措施

4. 电缆竖井和工作井

电缆竖井和工作井防火设施验收具体内容见表 7-16。

表 7-16　　电缆竖井和工作井防火设施验收内容

序号	验　收　内　容
1	电缆竖井中应分层设置防火隔板；电缆通道与变电站和重要用户的接合处应设置防火隔断
2	工作井内电缆应有防火措施，可以涂防火漆、绕包防火带、填沙等
3	电缆接头井也可采取填沙等措施

5. 电力电缆线路

电力电缆线路防火设施验收具体内容见表 7-17。

表 7-17　　电力电缆线路防火设施验收内容

序号	验　收　内　容
1	非直埋电缆接头的外护层及接地线应包覆阻燃材料，充油电缆接头应采用耐火防爆槽盒，密集区域（4回及以上）电缆接头应选用防火槽盒、防火隔板、防火毯等防火隔离措施。未采用阻燃电缆时，电缆接头两侧及相邻电缆 2～3m 长的区段应采取涂刷防火涂料、缠绕防火包带等措施
2	电缆接头两侧各约 3m 区段及其临近并行敷设的其他电缆，宜采用阻燃包带或电缆防火涂料实施阻燃
3	电缆接头不应布置于变电站夹层内，变电站夹层内在役接头应移出
4	隧道、沟道和综合管廊电力舱内中压电力电缆与其他中性点非有效接地方式的电力电缆线路间应全线加装防火隔板、防火槽盒等防火隔离措施
5	与中压电力电缆同一隧道、沟道、综合管廊电力舱敷设的中性点非有效接地方式电力电缆线路，应开展中性点接地方式改造，或做好防火隔离措施并在发生接地故障时立即拉开故障线路
6	隧道内电缆中间接头应加装防火防爆槽盒。槽盒内的防火措施（如小型气溶胶）应根据现场实际情况设置

验收是把控电力电缆工程质量的最后一道关卡，运检人员在验收现场应严格按照标准开展验收工作并填写缺陷，做好缺陷闭环管理。在验收过程中还应重点关注电力电缆及通道的防火设施，应满足防火设计要求。

第八章　中压电力电缆运行维护

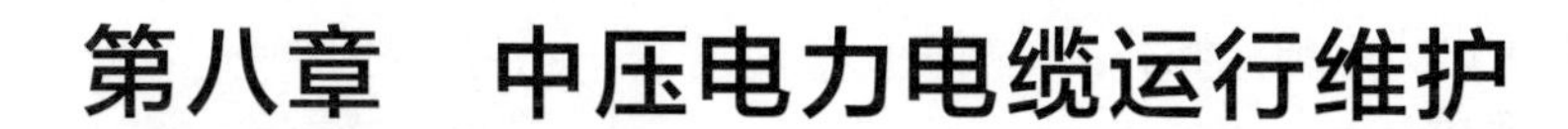

第一节　巡视与维护

一、基本要求

巡视是指为提高电力电缆线路的安全可靠性，及时发现电力电缆线路可能存在的缺陷或隐患，为电力电缆线路维护、检修及状态评价等提供依据，运行人员根据运行状态对管辖范围内的电力电缆线路进行的经常性观测、检查、记录等工作。

维护是指运行单位依据电力电缆线路的状态监测和试验结果、状态评价结果，考虑设备风险因素，动态制订设备的维护检修计划，合理安排状态检修的计划和内容。

巡视与维护的基本要求涵盖以下几点：

(1) 电力电缆及通道运行维护工作应贯彻安全第一、预防为主、综合治理的方针，严格执行电力安全工作规程的有关规定。

(2) 运维人员应熟悉《中华人民共和国电力法》《电力设施保护条例》《电力设施保护条例实施细则》及《国家电网公司电力设施保护管理规定》［国网（运检/2）294—2014］等国家法律、法规和国家电网有限公司有关规定。

(3) 运维人员应掌握电力电缆及通道状况，熟知有关规程制度，定期开展分析，提出相应的事故预防措施并组织实施，提高设备安全运行水平。

(4) 运维人员应经过技术培训并取得相应的技术资质，认真做好所管辖电力电缆及通道的巡视、维护和缺陷管理工作，建立健全技术资料档案，并做到齐全、准确，与现场实际相符。

(5) 运维单位应参与电力电缆及通道的规划、路径选择、设计审查、设备选型及招标等工作。根据历年反事故措施、安全措施的要求和运行经验，提出改进建议，力求设计、选型、施工与运行协调一致。应按相关标准和规定对新投运的电力电缆及通道进行验收。

(6) 运维单位应建立岗位责任制，明确分工，做到每回电缆及通道有专人负责。每回电力电缆及通道应有明确的运维管理界限，应与发电厂、变电所、架空线路、开闭所和临近的运行管理单位（包括用户）明确划分分界点，不应出现空白点。

(7) 运维单位应全面做好电力电缆及通道的巡视检查、安全防护、状态管理、维护管理和验收工作，并根据设备运行情况，制订工作重点，解决设备存在的主要问题。

(8) 运维单位应开展电力设施保护宣传教育工作，建立和完善电力设施保护工作机制和责任制，加强电力电缆及通道保护区管理，防止外力破坏。在邻近电力电缆及通道保护区的打桩、深基坑开挖等施工，应要求施工方做好电力设施保护。

（9）运维单位对易发生外力破坏、偷盗的区域和处于洪水冲刷易坍塌区等区域内的电力电缆及通道，应加强巡视，并采取针对性技术措施。

（10）运维单位应建立电力电缆及通道资产台账，定期清查核对，保证账物相符。对与公用电网直接连接的且签订代维护协议的用户电力电缆应建立台账。

（11）运维单位应积极采用先进技术，实行科学管理。新材料和新产品应通过标准规定的试验、鉴定或工厂评估合格后方可挂网试用，在试用的基础上逐步推广应用。

（12）同一户外终端塔，电力电缆回路数不应超过 2 回。采用两端 GIS 的电力电缆线路，GIS 应加装试验套管，便于电力电缆试验。

二、电力电缆及通道巡视要求

（1）运维单位对所管辖电力电缆及通道，均应指定专人巡视，同时明确其巡视的范围、内容和安全责任，并做好电力设施保护工作。

（2）运维单位应编制巡视检查工作计划，计划编制应结合电力电缆及通道所处环境、巡视检查历史记录以及状态评价结果。电力电缆及通道巡视记录见表 8-1。

表 8-1　　电力电缆及通道巡视记录表

序号	巡视对象	
1	电力电缆	
2	附件	终端
		电缆接头
3	附属设备	避雷器
		接地装置
		在线监测装置
4	附属设施	电缆支架
		终端站
		标识和警示牌
		防火设施
5	电缆通道	直埋
		电缆沟
		隧道
		工作井
		排管（拖拉管）
		桥架和桥梁
		水底电缆
6	电缆保护区内情况	

（3）运维单位对巡视检查中发现的缺陷和隐患进行分析，及时安排处理并上报上级生产管理部门。

（4）运维单位应将预留通道和通道的预留部分视作运行设备，使用和占用应履行审批手续。

（5）巡视检查分为定期巡视、故障巡视、特殊巡视三类。

1）定期巡视包括对电缆及通道的检查，可以按全线或区段进行。巡视周期相对固定，并可动态调整。电力电缆及通道的巡视可按不同的周期分别进行。

2）故障巡视应在电力电缆发生故障后立即进行，巡视范围为发生故障的区段或全线。对引发事故的证物证件应妥为保管并设法取回，并对事故现场应进行记录、拍摄，以便为事故分析提供证据和参考。

3）特殊巡视应在气候剧烈变化、自然灾害、外力影响、异常运行和对电网安全稳定运行有特殊要求时进行，巡视的范围视情况可分为全线、特定区域和个别组件。对电力电缆及通道周边的施工行为应加强巡视，已开挖暴露的电力电缆线路，应缩短巡视周期，必要时安装移动视频监控装置进行实时监控或安排人员看护。

三、巡视周期

运维单位应根据电力电缆及通道特点划分区域，结合状态评价和运行经验确定电力电缆及通道的巡视周期。同时依据电力电缆及通道区段和时间段的变化，及时对巡视周期进行必要的调整。

（1）35kV及以下电缆通道外部及户外终端巡视：每1个月巡视一次。

（2）发电厂、变电站内电缆通道外部及户外终端巡视：每3个月巡视一次。

（3）电缆通道内部巡视：每3个月巡视一次。

（4）电缆巡视：每3个月巡视一次。

（5）35kV及以下开关柜、分支箱、环网柜内的电缆终端：结合停电巡视检查一次。

（6）单电源、重要电源、重要负荷、网间联络等电力电缆及通道的巡视周期不应超过半个月。

（7）对通道环境恶劣的区域，如易受外力破坏区、偷盗多发区、采动影响区、易塌方区等应在相应时段加强巡视，巡视周期一般为半个月。

（8）水底电缆及通道应每年至少巡视一次。

（9）对于城市排水系统泵站供电电源电缆，在每年汛期前进行巡视。

（10）电力电缆及通道巡视应结合状态评价结果，适当调整巡视周期。

四、电力电缆巡视检查要求及内容

（1）电力电缆巡视应沿电缆逐个接头、终端建档进行并实行立体式巡视，不得出现漏点（段）。

（2）电力电缆巡视检查的要求及内容按照表8-2执行。

表8-2　电力电缆巡视检查的要求及内容

巡视对象	部件	要求及内容
电缆本体	本体	（1）是否变形。 （2）表面温度是否过高
	外护套	是否存在破损情况和龟裂现象
附件	电缆终端	（1）套管外绝缘是否出现破损、裂纹，是否有明显放电痕迹、异味及异常响声；套管封是否存在漏油现象；瓷套表面不应严重结垢。 （2）套管外绝缘爬距是否满足要求。 （3）电缆终端、设备线夹、与导线连接部位是否出现发热或温度异常现象。 （4）固定件是否出现松动、锈蚀、支撑绝缘子外套开裂、底座倾斜等现象。 （5）电缆终端及附近是否有不满足安全距离的异物。 （6）支撑绝缘子是否存在破损情况和龟裂现象。 （7）法兰盘尾管是否存在渗油现象。 （8）电缆终端是否有倾斜现象，引流线不应过紧
	电缆接头	（1）是否浸水。 （2）外部是否有明显损伤及变形，环氧外壳密封是否存在内部密封胶向外渗漏现象。 （3）底座支架是否存在锈蚀和损坏情况，支架是否稳固及是否存在偏移情况。 （4）是否有防火阻燃措施。 （5）是否有铠装或其他防外力破坏的措施
	避雷器	（1）避雷器是否存在连接松动、破损、连接引线断股、脱落、螺栓缺失等现象。 （2）避雷器动作指示器是否存在图文不清、进水和表面破损、误指示等现象。 （3）避雷器均压环是否存在缺失、脱落、移位现象。

续表

巡视对象	部件	要求及内容
附件	避雷器	（4）避雷器底座金属表面是否出现锈蚀或油漆脱落现象。 （5）避雷器是否有倾斜现象，引流线是否过紧。 （6）避雷器连接部位是否出现发热或温度异常现象
	接地装置	（1）接地箱箱体（含门、锁）是否缺失、损坏，基础是否牢固可靠。 （2）主接地引线是否接地良好，焊接部位是否做防腐处理。 （3）接地类设备与接地箱接地母排及接地网是否连接可靠，是否松动、断开。 （4）同轴电缆、接地单芯引线或回流线是否缺失、受损
附属设施	在线监测装置	（1）在线监测硬件装置是否完好。 （2）在线监测装置数据传输是否正常。 （3）在线监测系统运行是否正常
	电缆支架	（1）电缆支架是否稳固，是否存在缺件、锈蚀、破损现象。 （2）电缆支架接地是否良好
	标识标牌	（1）电缆线路铭牌、接地箱铭牌、警示牌、相位标示牌是否缺失，是否清晰、正确。 （2）路径指示牌（桩、砖）是否缺失、倾斜
	防火设施	（1）防火槽盒、防火涂料、防火阻燃带是否存在脱落。 （2）变电所或电缆隧道出入口是否按设计要求进行防火封堵

五、通道巡视检查要求及内容

（1）通道巡视应对通道周边环境、施工作业等情况进行检查，及时发现和掌握通道环境的动态变化情况。

（2）在确保对电力电缆巡视到位的基础上宜适当增加通道巡视次数，对通道上的各类隐患或危险点安排定点检查。

（3）对电力电缆及通道靠近热力管或其他热源、电力电缆排列密集处，应进行电力电缆环境温度、土壤温度和电力电缆表面温度监视测量，以防环境温度或电力电缆过热对电缆产生不利影响。

（4）通道巡视检查的要求及内容按照表 8-3 执行。

表 8-3　　通道巡视检查的要求及内容

巡视对象	要求及内容
直埋	（1）电力电缆相互之间，电力电缆与其他管线、构筑物基础等最小允许间距是否满足要求。 （2）电力电缆周围是否有石块或其他硬质杂物以及酸、碱强腐蚀物等
电缆沟	（1）电缆沟墙体是否有裂缝，附属设施是否故障或缺失。 （2）竖井盖板是否缺失，爬梯是否锈蚀、损坏。 （3）电缆沟接地网接地电阻是否符合要求
隧道	（1）隧道出入口是否有障碍物。 （2）隧道出入口门锁是否锈蚀、损坏。 （3）隧道内是否有易燃、易爆或腐蚀性物品，是否有引起温度持续升高的设施。 （4）隧道内地坪是否倾斜、变形及渗水。 （5）隧道墙体是否有裂缝，附属设施是否故障或缺失。 （6）隧道通风亭是否有裂缝、破损。 （7）隧道内支架是否锈蚀、破损。 （8）隧道接地网接地电阻是否符合要求。

续表

巡视对象	要　求　及　内　容
隧道	（9）隧道内电力电缆位置正常，无扭曲，外护层无损伤，电力电缆运行标识清晰齐全；防火墙、防火涂料、防火包带应完好无缺，防火门开启正常。 （10）隧道内电缆接头有无变形，防水密封是否良好；接地箱有无锈蚀，密封、固定是否良好。 （11）隧道内同轴电缆、保护电缆、接地电缆外皮无损伤，密封良好，接触牢固。 （12）隧道内接地引线无断裂，紧固螺钉无锈蚀，接地可靠。 （13）隧道内电缆固定夹具构件、支架应无缺损、无锈蚀，应牢固无松动。 （14）现场检查有无白蚁、老鼠咬伤电缆。 （15）隧道投料口、线缆孔洞封堵是否完好。 （16）隧道内其他管线有无异常状况。 （17）隧道通风、照明、排水、消防、通信、监控、测温等系统或设备是否运行正常，是否存在隐患和缺陷
工作井	（1）接头工作井内是否长期存在积水现象，地下水位较高、工作井内易积水的区域敷设的电力电缆是否采用阻水结构。 （2）工作井是否出现基础下沉、墙体坍塌、破损现象。 （3）盖板是否存在缺失、破损、不平整现象。 （4）盖板是否压在电缆本体、接头或者配套辅助设施上。 （5）盖板是否影响行人、过往车辆安全
排管	（1）排管包封是否破损、变形。 （2）排管包封混凝土层厚度是否符合设计要求的，钢筋层结构是否裸露。 （3）预留管孔是否采取封堵措施
电缆桥架	（1）电缆桥架电缆保护管、沟槽是否脱开或锈蚀，盖板是否有缺损。 （2）电缆桥架是否出现倾斜、基础下沉、覆土流失等现象，桥架与过渡工作井之间是否产生裂缝和错位现象。 （3）电缆桥架主材是否存在损坏、锈蚀现象
水底电缆	（1）水底电缆管道保护区内是否有挖砂、钻探、打桩、抛锚、拖锚、底拖捕捞、张网、养殖或者其他可能破坏海底电缆管道安全的水上作业。 （2）水底电缆管道保护区内是否发生违反航行规定的事件。 （3）临近河（海）岸两侧是否有受潮水冲刷的现象，电缆盖板是否露出水面或移位，河岸两端的警示牌是否完好
其他	（1）电缆通道保护区内是否存在土壤流失，造成排管包封、工作井等局部点暴露或者导致工作井、沟体下沉、盖板倾斜。 （2）电缆通道保护区内是否修建建筑物、构筑物。 （3）电缆通道保护区内是否有管道穿越、开挖、打桩、钻探等施工。 （4）电缆通道保护区内是否被填埋。 （5）电缆通道保护区内是否倾倒化学腐蚀物品。 （6）电缆通道保护区内是否有热力管道或易燃易爆管道泄漏现象。 （7）终端站、终端塔（杆、T接平台）周围有无影响电力电缆安全运行的树木、爬藤、堆物及违章建筑等

六、巡视注意事项及工器具（工器具制表）

（1）电力电缆及通道巡视期间，应对进入有限空间的检查、巡视人员开展安全交底、危险点告知等，交底告知内容包括：

1）有限空间存在的危险点及控制措施和安全注意事项；

2）进出有限空间的程序及相关手续；

3）检测仪器和个人防护用品等设备的正确使用方法；

4）应急逃生预案。

（2）为检查、巡视人员配备符合国家标准要求的检测设备、照明设备、通信设备、应急救援设备和个人防护用品，每人一份（见表 8-4）。

表 8-4　　个人用品表

序号	个　人　用　品
1	便携式气体检测仪，应选用氧气、可燃气、硫化氢、一氧化碳四合一复合型气体检测仪
2	头盔灯或手电筒（防爆型）
3	对讲机
4	正压隔绝式逃生呼吸器
5	安全帽、手套等
6	测距仪
7	照相机
8	录音笔
9	手持式智能巡检终端（RFID 等）

（3）安全措施要求：

1）进入有限空间前，应先进行机械通风，经气体检测合格后方可进入；

2）进入有限空间，通道内应始终保持机械通风，人员携带的便携式气体检测仪应开启并连续监测气体浓度；

3）通道内应急逃生标识标牌挂设应准确，逃生路径应通畅，应急逃生口应开启并设专人驻守；

4）照明、排水、消防、有毒气体等设备应运行正常且监测数据符合要求；

5）广播系统或有线电话等应急通信系统应运行正常；

6）消防系统应调整至手动状态，并派专人值守；

7）监控中心应设置专人监护。

第二节　状态评价及检修

运维单位应以现有配电网设备数据为基础，采用各类信息化管理手段（如配电自动化系统、用电信息采集系统等），以及各类带电检（监）测（如红外检测、开关柜局部放电检测等）、停电试验手段，利用配电网设备状态检修辅助决策系统开展设备状态评价，掌握设备发生故障之前的异常征兆与劣化信息，事前采取针对性措施控制，防止故障发生，减少故障停运时间与停运损失，提高设备利用率，并进一步指导优化配电网运维、检修工作。并应积极开展配电网设备状态评价工作，配备必要的仪器设备，实行专人负责。设备应自投入运行之日起纳入状态评价工作。

一、状态信息收集

（1）状态信息收集应坚持准确性、全面性与时效性的原则，各相关专业部门应根据运维单位的需要及时提供信息资料。

（2）信息收集应通过内部、外部多种渠道获得，如通过现场巡视、现场检测（试验）、

业扩报装、信息系统、95598、市政规划建设等获取配电网设备的运行情况与外部运行环境等信息。

（3）运维单位应制订定期收集配电网运行信息的方法。对于收集的信息，运维单位应进行初步的分类、分析判断与处理，为开展状态评价提供正确依据。

（4）设备投运前状态信息收集：

1）出厂资料（包括型式试验报告、出厂试验报告、性能指标等）；

2）交接验收资料。

（5）设备运行中状态信息收集：

1）运行环境和污区划分资料；

2）巡视记录；

3）修试记录；

4）故障（异常）记录；

5）缺陷与隐患记录；

6）状态检测记录；

7）越限运行记录；

8）其他相关配电网运行资料。

（6）同类型设备应参考家族性缺陷信息。

二、状态评价内容

（1）依据状态评价结果，针对电力电缆及通道运行状况，实施状态管理工作。

（2）对于自身存在缺陷和隐患的电力电缆及通道，应加强跟踪监视，增加带电检测频次，及时掌握隐患和缺陷的发展状况，采取有效的防范措施。有条件时，可对重要电力电缆线路采用带电检测或在线监测等技术手段开展状态监测。

（3）对自然灾害频发和外力破坏严重区域，应采取差异化巡视策略，并制订有针对性的应急措施。

（4）恶劣天气和运行环境变化有可能威胁电力电缆及通道安全运行时，应加强巡视，并采取有效的安全防护措施，做好安全风险防控工作。

（5）设备状态评价应按照《电缆线路状态评价导则》（Q/GDW 456—2010）等技术标准，通过停电试验、带电检测、在线监测等技术手段，收集设备状态信息，应用状态检修辅助决策系统，开展设备状态评价。运维单位应开展定期评价和动态评价：

1）定期评价 35kV 及以上电力电缆 1 年 1 次，20kV 及以下特别重要电力电缆 1 年 1 次，重要电力电缆 2 年 1 次，一般电缆 3 年 1 次；

2）新设备投运后首次状态评价应在 1 个月内组织开展，并在 3 个月内完成；

3）故障修复后设备状态评价应在 2 周内完成；

4）缺陷评价随缺陷处理流程完成，家族缺陷评价在上级家族缺陷发布后 2 周内完成；

5）不良工况评价在设备经受不良工况后 1 周内完成；

6）特殊时期专项评价应在开始前 1～2 个月内完成。

（6）设备状态评价结果分为以下四种状态。

1）正常状态：设备运行数据稳定，所有状态量符合标准。

2）注意状态：设备的几个状态量不符合标准，但不影响设备运行。

3）异常状态：设备的几个状态量明显异常，已影响设备的性能指标或可能发展成严重状态，设备仍能继续运行。

4）严重状态：设备状态量严重超出标准或严重异常，设备只能短期运行或需要立即停役。

三、状态评价结果

（1）对于正常、注意状态设备，可适当简化巡视内容、延长巡视周期；对于架空线路通道、电力电缆线路通道的巡视周期不得延长。

（2）对于异常状态设备，应进行全面仔细的巡视，并缩短巡视周期，确保设备运行状态的可控、在控。

（3）对于严重状态设备，应进行有效监控。

（4）根据评价结果，按照《配网设备状态检修导则》（Q/GDW 644—2011）制订检修策略。

四、缺陷管理

缺陷主要发现途径包括巡视、检测、检修、交接验收等。缺陷管理为闭环管理体制，包括从缺陷发现、缺陷审核、缺陷处理、验收闭环的全过程。运维班组发现缺陷后，上报给检修公司专责，经过逐级审核后，安排检修班组进行消缺。

（一）缺陷管理关键流程业务说明

（1）缺陷登记：缺陷的发现途径主要包括巡视、检测、检修，其中巡视、运维检修班组人员对发现的缺陷进行登记并进行初步定性。缺陷登记后需上报给班组长或技术员进行确认。

（2）班组确认：班长或技术员对本班组发现的缺陷进行确认，可重新对缺陷进行定性，并保留历史定性痕迹，便于后续跟踪。班长或技术员确认后，将缺陷上报给检修公司专责进行审核。

（3）检修专责审核：检修公司专责收到班组上报的缺陷后，对缺陷进行最终定性，并保留历史定性痕迹，便于后续跟踪，定性数据不能随意修改。对于自行消除缺陷，可结束流程；如果是重大缺陷，则将缺陷上报给检修公司领导进行审核后再安排消缺计划；如果是一般缺陷，可直接安排消缺计划。

（4）检修领导审核：检修公司领导对检修专责上报的缺陷进行审核定性，如果是重大缺陷，则将缺陷上报给运检部专责进行审核后再安排消缺计划；如果是一般缺陷，可直接安排消缺计划。

（5）运检部审核：运检部专责对检修公司上报的缺陷进行审核定性。运检部专责审核后，将可消缺的缺陷发送给检修公司检修专责进行消缺工作安排。

（6）专责组织消缺：检修公司检修专责将审核后的缺陷排入检修工作计划，或直接将消缺工作派发给汽检班组。

（7）运检班组消缺处理：检修公司运检班组接受检修专责派发的消缺任务后，首先进行现场勘察、工作票开票、作业文本编制、人员安排等准备工作，然后到现场执行消缺任务。如果消缺班组是运检一体化班组，则缺陷处理流程结束，如果不是运检一体化班组，继续提交消缺验收。

（8）运维人员消缺验收：检修公司运维人员对运检班组消除的缺陷进行验收，若验收合格，结束缺陷处理流程，否则将缺陷退回检修公司检修专责重新安排消缺。

（二）缺陷类型

电力电缆及通道缺陷分为危机缺陷、严重缺陷、一般缺陷三类。

（1）危急缺陷：严重威胁设备的安全运行，不及时处理随时有可能导致事故的发生，必须尽快消除或采取必要的安全技术措施进行处理的缺陷。

（2）严重缺陷：设备处于异常状态，可能随时发展成为事故，但设备仍可在一定时间内继续运行，须加强监视并进行大修处理的缺陷。

（3）一般缺陷：设备本身及周围环境出现不正常情况，一般不威胁设备的安全运行，可列入小修计划进行处理的缺陷。

消除时间的要求：危急缺陷消除时间不得超过 1d，严重缺陷应在 30d 内消除，一般缺陷可结合检修计划尽快消除，但必须处于可控状态。

（三）缺陷管理案例

1. 案例经过

2018 年 11 月 13 日，国网上海市电力公司市南供电公司对所辖设备进行年度的红外例行检测工作，大关站外红外测温发现大 7（大关）电力电缆 A 相终端处发热，发热温度为 28.9℃，相比正常相温升为 11.6℃，为电流型发热缺陷。电缆型号为 YJV22，截面积 400mm^2，电力电缆长度为 402m，电缆投运日期为 1996 年 1 月 24 日。

2. 检测分析方法

（1）现场检测。检测人员使用 FLIRT620 型红外成像仪对大关站外大 7（大关）电力电缆进行红外测温，如图 8-1 和图 8-2 所示。

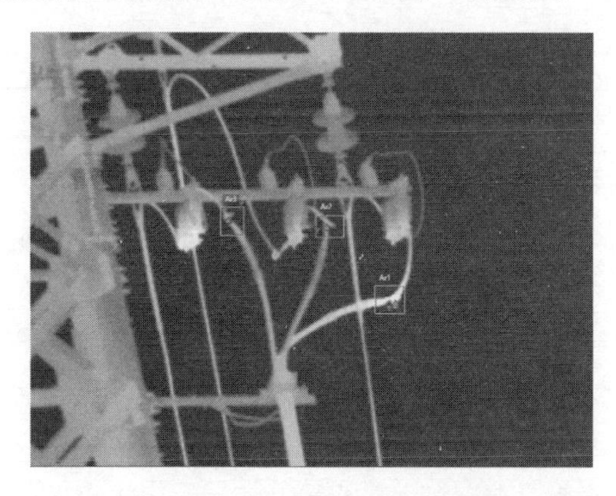

图 8-1　大 7（大关）电力电缆红外测温示意图

图 8-2　大 7（大关）电力电缆 A 相示意图

（2）数据分析。

1）温差对比。温差为：28.9－17.3＝11.6℃。

2）相对温差计算。分析：区域热点温度 T_1 为 28.9℃，正常相温度 T_2 为 17.3℃，环境温度为 14℃，$\delta=(T_1-T_2)/(T_1-T_0)\times100\%=78\%$，故判定大 7（大关）电力电缆 A 相接头为电流致热型一般缺陷。

3）结论：大 7（大关）电力电缆 A 相接头螺栓接触不良引起发热。

（3）检修处理。2018 年 12 月 28 日，结合电网电系变更改接停电，对此电缆终端进行消缺，检修人员停电后现场检查三相终端接头处，发现 A 相桩头处接触不良，重新用砂皮打磨连接排，涂抹导电膏，更换并紧固桩头螺钉。

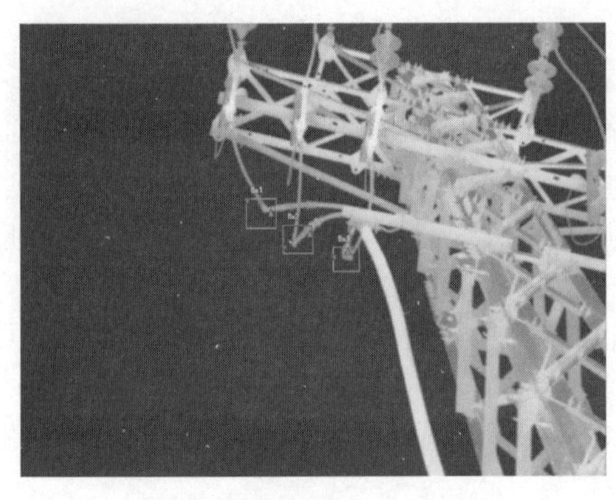
图 8-3　消缺后红外测温示意图

（4）消缺后红外测温复测。消缺后送电恢复运行，为再次确认消缺的结果，2019 年 3 月 4 日，对此户外终端进行跟踪红外测温复测，原发热点消除，未发现异常（见图 8-3）。

五、状态检修

状态检修是指对电缆巡视、检测发现的状态量超过状态控制值的部位或区段进行检修维护和修理的过程，是企业以安全、环境、成本为基础，通过设备状态评价、风险评估、检修决策等手段开展设备检修工作，达到设备运行安全可靠、检修成本合理的一种检修策略。电缆线路状态检修工作内容包括停电、不停电测试和试验以及停电、不停电检修维护工作。

一般按照工作性质内容及工作涉及范围，可将电力电缆线路检修工作分为四类：A 类检修、B 类检修、C 类检修、D 类检修。其中 A、B、C 类检修是停电检修，D 类检修是不停电检修。

A 类检修是指电力电缆线路的整体解体性检查、维修、更换和试验。B 类检修是指电力电缆线路局部性的检修，部件的解体检查、维修、更换和试验。C 类检修是指对电力电缆线路常规性检查、维护和试验。D 类检修是指对电力电缆线路在不停电状态下的带电测试、外观检查和维修。电力电缆线路的检修分类和检修项目见表 8-5。

表 8-5　　电力电缆线路的检修分类和检修项目

检修分类	检修项目	检修分类	检修项目
A 类	（1）电力电缆更换。 （2）电缆附件更换	C 类	（1）绝缘子表面清扫。 （2）电缆主绝缘绝缘电阻测量。 （3）电力电缆线路过电压保护器检查及试验。 （4）金具紧固检查。 （5）护套及内衬层绝缘电阻测量。 （6）其他
B 类	（1）主要部件更换及加装。 （2）更换少量电力电缆。 （3）更换部分电缆附件。 （4）其他部件批量更换及加装。 （5）主要部件处理。 （6）更换或修复电力电缆线路附属设备。 （7）修复电力电缆线路附属设施。 （8）诊断性试验。 （9）交、直流耐压试验	D 类	（1）修复基础、护坡、防洪、防碰撞设施。 （2）带电处理线夹发热。 （3）更换接地装置。 （4）安装或修补附属设施。 （5）电缆附属设施接地连通性测量。 （6）红外测温。 （7）在线或带电测量。 （8）其他不需要停电的试验项目

六、通道维护

（1）一般要求。

1）通道维护主要包括通道修复、加固、保护和清理等工作。

2）通道维护原则上不需停电，宜结合巡视工作同步完成。

3）维护人员在工作中应随身携带相关资料、工具、备品备件和个人防护用品。

4）在通道维护可能影响电力电缆安全运行时，应编制专项保护方案，施工时应采取必要的安全保护措施，并应设专人监护。

（2）维护内容。

1）更换破损的井盖、盖板、保护板，补全缺失的井盖、盖板、保护板。

2）维护工作井止口。

3）清理通道内的积水、杂物。

4）维护隧道人员进出竖井的楼梯（爬梯）。

5）维护隧道内的通风、照明、排水设置和低压供电系统。

6）维护电缆沟及隧道内的阻火隔离设施、消防设施。

7）修剪、砍伐电缆终端塔（杆）、T接平台周围安全距离不足的树枝和藤蔓。

8）修复存在连接松动、接地不良、锈蚀等缺陷的接地引下线。

9）更换缺失、褪色和损坏的标示桩、警示牌和标识标牌，及时校正倾斜的标示桩、警示牌和标识标牌。

10）对锈蚀电缆支架进行防腐处理，更换或补装缺失、破损、严重锈蚀的支架部件。

11）保护运行电缆管沟可采用贝雷架、“工”字钢等设施，做好悬吊、支撑保护。悬吊保护时应对电缆沟体或排管进行整体保护，禁止直接悬吊裸露电缆。

12）绿化带或人行道内的电缆通道改变为慢车道或快车道，应进行迁改。在迁改前应要求相关方根据承重道路标准采取加固措施，对工作井、排管、电缆沟体进行保护。

13）有挖掘机、吊车等大型机械通过非承重电缆通道时，应要求相关方采取上方垫设钢板等保护措施，保护措施应防止噪声扰民。

14）电缆通道所处环境改变致使工作井或沟体的标高与周边不一致，应采取预制井筒或现浇方式对工作井或沟体标高进行调整。

第三节　故障处置

一、故障查找与隔离

（1）电力电缆线路发生故障，应立即组织人员进行故障巡视，重点巡视电缆通道、电缆终端、电缆接头及与其他设备的连接处，确定有无明显故障点。

（2）如未发现明显故障点，则进行故障测寻工作。

二、故障测寻

（1）电力电缆故障的测寻一般分故障类型判别、故障测距和精确定位三个步骤。

（2）电力电缆故障的类型一般分接地、短路、断线、闪络及混合故障五种。

（3）故障点经初步测定后，在精确定位前应与电缆路径图仔细核对，必要时应用电缆路径仪探测确定其准确路径。

三、故障修复

（1）电力电缆线路发生故障，应积极组织抢修，快速恢复供电。

（2）锯断故障电力电缆前应与电缆走向图进行核对，必要时使用专用仪器进行确认，在保证电缆导体可靠接地后，方可工作。

（3）故障电力电缆修复前应检查电缆两头状态，分段电缆绝缘合格后，方可进行故障部位修复。

（4）故障修复应按照电力电缆及附件安装工艺要求进行，确保修复质量。

（5）故障电力电缆修复后，应参照相关标准进行试验并进行相位核对，经验收合格后方可恢复运行。

四、故障分析

（1）电力电缆故障处理完毕应进行故障分析，查明故障原因，制订防范措施，完成故障分析报告。

（2）故障分析报告主要内容应包括：故障情况（包括系统运行方式、故障经过、相关保护动作及测距信息、负荷损失情况等）；故障电力电缆线路基本信息（包括线路名称、投运时间、制造厂家、规格型号、施工单位等）；原因分析（包括故障部位、故障性质、故障原因等）；暴露出的问题；采取的应对措施。

五、资料归档

（1）电力电缆故障测寻资料应妥善保存归档，以便以后故障测寻时对比。

（2）每次故障修复后，要按照国家电网有限公司生产管理信息系统的要求认真填写故障记录、修复记录和试验报告，及时更改有关图纸和装置资料。

（3）对典型的非外力电力电缆故障，其故障点样本应按规定的要求妥善保管。

第四节 退役管理

电力电缆实物资产退役，是指生产运行中的电力电缆实物资产由于自身性能、技术、经济性等原因离开原运行功能位置或在运行功能位置与系统隔离的处置方式，也指电缆生产设备（设施）退出系统运行转为备用状态或报废。电力电缆设备资产退役一般由项目拆旧、设备损坏或系统运行方式改变形成。

一、电力电缆退役管理原则

电力电缆资产退役实行统一管理、分级负责的原则。退役设备资产应按照全寿命周期管理的要求，从安全性、经济性进行分析，提出修理、转备品或报废的处置意见，并严格履行手续。技改项目、配电网项目实施后拆旧设备应在项目立项时进行设备退役后的技术鉴定并提出处置意见。

以下电力电缆生产实物资产退役后，经各单位生产实物资产归口管理部门鉴定为报废时，需行文上报省电力公司审批，并附设备退役转报废的鉴定报告。省电力公司审批同意后，各单位方可办理资产报废手续。

（1）跨区电网资产。

（2）35kV 及以上整条输电电缆线路。

（3）单项固定资产累计折旧占原值比例小于 50%。

其中，跨区电网资产的电缆线路资产报废，需经省电力公司分管领导审批。

在上述要求范围外的其他生产实物资产退役转报废由省检修分公司、各地市供电公司负责审批。

退役设备技术鉴定报告应由相关设备管理专职、分管主任签字确认。其中 220kV 及以上整条输电线路的技术鉴定应由省检修分公司、地市供电公司总工程师主持。

符合以下任一标准的电力电缆固定资产报废，须上报国家电网有限公司总部审批：

（1）承担跨省、跨区输变电功能的关键输变电设备。

（2）未达规定报废条件，原值在2000万元及以上且净值在1000万元及以上的固定资产。

电力电缆资产再利用管理的管理要求如下：

（1）应加强资产再利用管理，最大限度发挥资产效益。退役资产再利用优先在本单位内部进行，不同单位间退役资产再利用工作由上级单位统一组织。

（2）工程项目原则上优先选用库存可再利用资产，基建、技改和其他项目可研阶段应统筹考虑资产再利用，在项目可研报告或项目建议书中提出是否使用再利用资产及相应再利用方案。

（3）对于使用再利用资产的工程项目，项目单位（部门）应根据可研批复办理资产出库领用手续，对跨单位再利用的资产应办理资产调拨手续。

（4）应加强库存可再利用资产的修复、试验、维护保养及信息发布等工作，每年对库存可再利用资产进行状态评价，对不符合再利用条件的资产履行固定资产报废程序，并及时发布相关信息。

二、电力电缆报废的条件

电力电缆固定资产在下列情况下，可作报废处理：

（1）运行日久，其主要结构、机件陈旧，损坏严重，经鉴定再给予大修也不能符合生产要求；或虽然能修复但费用太大，修复后可使用的年限不长、效率不高，在经济上不可行。

（2）腐蚀严重，继续使用将会发生事故、又无法修复。

（3）严重污染环境，无法修治。

（4）淘汰产品，无零配件供应，不能利用和修复；国家规定强制淘汰报废；技术落后不能满足生产需要。

（5）存在严重质量问题或其他原因，不能继续运行。

（6）进口设备不能国产化，无零配件供应，不能修复，无法使用。

（7）因运营方式改变全部或部分拆除，且无法再安装使用。

（8）遭受自然灾害或突发意外事故导致毁损，无法修复。

在满足上述有关条件基础上，电网输变（配）电资产的报废还应符合国家电网有限公司制定的相关设备报废技术标准。

三、电缆退役工作流程

（一）申请阶段

（1）对于由于事故等原因造成设备（设施）故障受损，需拆除作退役或报废处理的，实物资产使用保管部门在设备拆除后及时编制拆除设备清册。

（2）对于改造项目，项目主管部门负责组织编制待拆除退役设备（设施）清册，并至少于项目开工前30d报实物资产使用保管部门。实物资产保管部门在10d内组织对（待）退役设备进行技术鉴定，重要设备技术鉴定由实物资产管理部门专业人员参加。根据鉴定结果，实物资产保管部门提出（待）退役设备报废或转备品的处置意见，并报实物资产管理部门审批。

（二）审批阶段

（1）实物资产管理部门7d内完成实物资产保管部门提出（待）退役设备报废或转备品申请的审核。

（2）省检修分公司下属检修部、各县供电公司的（待）退役设备转报废，需上报省检修公司项目管理部、各地市供电公司生产技术部进行审核，有关单位应在7d内完成审核并批复。

（3）对于符合前文要求的部分（待）退役设备资产的报废需上报省电力公司生产技术部审核，省电力公司生产技术部在10d内完成审核并批复。

（4）省电力公司、省检修分公司、各地市供电公司的财务资产部会同实物资产管理部门进行（待）退役设备转报废的审批。

（5）对于国家电网有限公司所属资产退役转报废，须上报国家电网有限公司审批。

（三）处置阶段

（1）对于改造项目的生产实物资产退役，实物资产使用保管部门根据上级批复意见，通知项目主管部门。项目主管部门根据工程项目进展情况组织施工单位进行设备（设施）的拆除工作，并于设备拆除后7个工作日内与实物资产使用保管部门、物资部门进行拆除设备（设施）交接。

（2）对于非改造项目的生产实物资产退役，实物资产使用保管部门根据上级批复意见，于10个工作日内与物资部门进行退役设备的交接，并于交接后7个工作日内办结退库手续。作为备品的设备（设施）物资部门应妥善保管。需报废的设备（设施）由物资部门按报废物资处理的相关规定进行处置。

（3）实物资产使用保管单位（部门）负责现场处置废旧物资的临时保管工作。竞价前，废旧物资应全部拆除并集中存放，且处于可交接状态。线路材料类废旧物资处置申请数量与现场实际交接数量原则上偏差不超过±20%。

（四）信息更新阶段

（1）对退役后作为备品的设备资产，实物资产使用保管部门应于退役资产现场交接给物资部门后7个工作日内更新退役设备转备品台账，填写该退役设备的技术参数、设备健康状况等信息，并在生产管理信息系统（PMS）更新设备台账，财务资产部门根据需要更新资产台账。

（2）对退役后鉴定为报废的设备资产，由实物资产使用保管部门填报固定资产报废审批表并办理资产报废手续。实物资产使用保管部门于退役资产交接完成后7个工作日内在生产管理信息系统更新设备台账，财务资产部门在ERP中更新资产台账、卡片。

第五节　生产管理信息系统

电力电缆生产管理信息系统通过电力电缆台账管理、巡视管理、抢修管理等业务模块的实施，提高了电力电缆运维管理的技术水平，实现电缆的精益化、动态化、智能化管控以及全过程的闭环管理，大大提高了电力电缆设备的安全运行可靠性水平。

该系统建立了电力电缆台账的数字化台账管理库，完成了电力电缆管理的基础性数据收集，实时掌握并共享电力电缆设备信息、电力电缆巡视、测试和检修情况，使得运维、修试工作更加便捷高效。

一、三维测绘资料

（一）接收施工方提供的测绘资料

工程竣工汇报送电前，施工方应提交一整套测绘资料给运行单位验收，其包括电缆地下管线测量技术报告、现场电缆管线走向图CAD文件、现场电缆管线走向坐标点位文本文件、电缆沟、工作井几何图形尺寸及坐标点位文本文件、现场电缆穿管管道剖面及对应照片、电缆铭牌及照片、非开挖三维轨迹图及坐标点位文本文件（仅适用于工程中有非开挖管道情况）。

1. 电缆地下管线测量技术报告

电缆地下管线测量技术报告是建立计量标准的技术性文件，其内容包含施测方案、质量检查报告、技术总结、仪器校准证书、原始观测记录及计算资料、电力管线跟踪测量电子成果图等内容。

2. 现场电缆管线走向图CAD文件

现场电缆管线走向图CAD文件是记录本工程所测电缆实际走向的图形文件，其内容展示了电力电缆及其附属设施、电缆沟和电缆工作井的几何形状、电缆管道剖面及其方向、电缆管道剖面照片编号、电力电缆进站或上杆尺寸标注、电力电缆改接信息等，该文件能给电力电缆运维人员绘制生产信息管理系统内的图形带来便利。

3. 现场电缆管线走向坐标点位文本文件

现场电缆管线走向坐标点位文本文件是用于导入生产信息管理系统内的图形系统绘制电力电缆图形用的，其正确性需通过运维人员的检验，只有检验合格的坐标点位才能导入生产信息管理系统内的图形系统进行绘图。

4. 电缆沟、工作井几何图形尺寸及坐标点位文本文件

电缆沟及工作井大部分是矩形的，但也有一部分是“T”形、“L”形或其他特殊形状，它们的几何图形尺寸及坐标点位文本文件是根据现场实际测量的坐标点位文件，能正确体现电缆沟及工作井的形状，以便在生产信息管理系统内的图形系统中按实际情况绘制图形。

5. 现场电缆穿管管道剖面及对应照片

现场电缆穿管管道剖面及对应照片是测量施工方在现场采集的电缆实际穿孔情况，照片和现场电缆管线走向图CAD文件相对应可以正确地在生产信息管理系统内的图形系统中绘制电缆管道剖面图。这些管道剖面照片需运维人员检验合格后才能在生产信息管理系统内的图形系统中录入。

6. 电缆铭牌及照片

由于电缆运行铭牌和设计铭牌不一定相同，电缆铭牌及照片是检验测量施工方是否正确记录电缆铭牌的标准。按要求，测绘施工方需待铭牌扎到电缆上后拍摄。

7. 非开挖三维轨迹图及坐标点位文本文件

非开挖管道又称顶管，是通过导向、定向钻进等手段在地面极小部分开挖的情况下铺设的管道。与普通排管不同的是，非开挖管道铺设时只有两端位置可以精确测量，中间部分则需通过陀螺仪探测等技术实施测量，凡工程中设计有非开挖管道铺设的需提交非开挖三维轨迹图及坐标点位文本文件。

（二）测绘资料检验

（1）运行单位需认真核对施工单位移交的全套测绘资料是否齐全，内容是否正确无遗漏，是否具备录入生产信息管理系统的条件。

（2）通过运行单位在现场抽查的测量内容对施工单位移交的测绘资料进行比对核查，检验其资料的准确性。

（3）所有测绘资料检验合格后，运行单位方可在投运汇报单上签字确认。

（三）缺失的电缆资料进行三维测量补测

电缆管线测量的方法多种多样，经过技术革新，现在的测量方式已从原来的皮尺丈量、人眼读数改进至使用各种先进的光学测量仪器进行数字化三维测量。在不同的地理环境选择不同的测量仪器和方法，不仅可以有效提高测量精度，还能提高工作效率。

1. 用全站仪测量电缆管线

全站仪即全站型电子测速仪（electronic total station），是一种集光、机、电为一体的高技术测量仪器，是集水平角、垂直角、距离、高差测量功能于一体的测绘仪器系统，现广泛用于工程测量领域的地形图测量、施工放样、坐标测量、高差测量等工作。

用于电力管线测量的全站仪测角精度为±5°、测距精度为±（2mm＋2ppm×D）、测程3km、精确测速1.2s、粗测0.7s；仪器装有双轴补偿器，可提供电子气泡用于仪器整平，并可自动改正由于整平误差对水平角和垂直角观测的影响。该仪器的精度完全可以达到电缆测绘作业整体误差控制在10cm之内的精度要求。

全站仪是电缆管线测量运用最多的仪器，拥有视野广、测点快、精度高等特点，在全地形状态下测量电缆管线，在不需要很多测站点的情况下就能测量几千米甚至更大范围内的数据。但全站仪也存在不足之处，当遇到地形不全、单边已知点、1∶1000或1∶2000地形时，需要很多的测站点来弥补地形不全的状态，会使测量精度降低；另外，全站仪还存在通视能力差的缺点，在视线方向有障碍物遮挡就必须绕道测量。

2. 用GPS测量电缆管线

GPS（global positioning system）即全球定位系统，有24颗GPS卫星位于离地面12 000km的高空上，以12h的周期环绕地球运行，使得在任意时刻任意地点都可以同时观测到4颗以上的卫星，通过地面接收站接收4颗卫星的信号计算出X、Y、Z及卫星时钟与接收站时钟差四个值，从而精确计算出接收站的坐标值。

近年来，GPS技术在我国测绘领域迅速推广，广泛用于大地测量、精密工程测量、地壳和建筑物形变监测、石油物探、资源调查、城市测绘。目前运用的GPS精度：静态3mm＋0.1ppm、动态10mm＋1ppm，该仪器的精度完全可以达到电力电缆测绘作业整体误差控制在10cm之内的精度要求。

GPS测量技术的引入，大大提高了对于一些偏远地区电力电缆定位测量的精度。由于可参照利用的点位不多，可直接利用GPS全天候、连续实时的三维定位特点，进行电力电缆定位实测。但GPS也存在着弊端，当靠近高压铁塔、变电站、高层楼房等位置，GPS信号会降低导致不能测出点坐标。所以，结合全站仪和GPS运用到电力电缆测绘工作中，可以有效提高工作效率和测绘精度。

3. 用陀螺仪探测器测量非开挖电缆管道

陀螺是一个质量均匀分布的，具有轴对称形状的物体，其几何对称轴就是它的自转轴。

在一定的初始条件和一定的外力作用下，陀螺会在不停自转的同时，还绕着另一个固定的转轴不停地旋转，这就是陀螺的旋进，又称回转效应。人们利用陀螺的力学性质所制成的各种功能的陀螺装置称为陀螺仪。

陀螺仪三维精确定位技术作为新的地下管线定位方法，可应用与非开挖、燃气、排水、电力、化工、通信等行业，其具有测量不受地形、深度限制，不受电磁干扰，定位精度高，适用各种材质的地下管道，自动生成三维空间曲线图等特点。

陀螺仪的工作原理是一个旋转物体的旋转轴所指的方向在不受外力影响时是不会改变的，根据这个原理，可以用它来保持方向。在进行非开挖电缆管道测量时，将探测器穿入非开挖管道内，通过外力牵引将探测器从管道的入口端移动至管道的出口端，在移动的过程中自动将数据信号传给控制系统，并自动生成三维空间曲线图，在取得三维坐标后便可在GIS（地理信息系统）上记录该非开挖管道的精确位置。

（四）电缆台账及图形录入生产管理信息系统

生产管理信息系统的台账信息展示了一条电缆从施工到运行到退役的整个过程。在此期间，这条电缆经历过的巡视记录、缺陷、故障、搬迁、更名、休止、重新投运、退役等信息都有据可依，真正展现了电缆的资产全寿命管理模式；其图形信息可以让运行人员清楚地进行反外损工作及日常巡视工作，让维试人员快速准确地进行故障点定位，让检修人员方便地进行故障抢修及维护工作，让电力设计人员清楚了解电缆通道分布及使用情况以便合理设计电缆线路走向。生产管理信息系统电缆图形如图 8-4 所示。

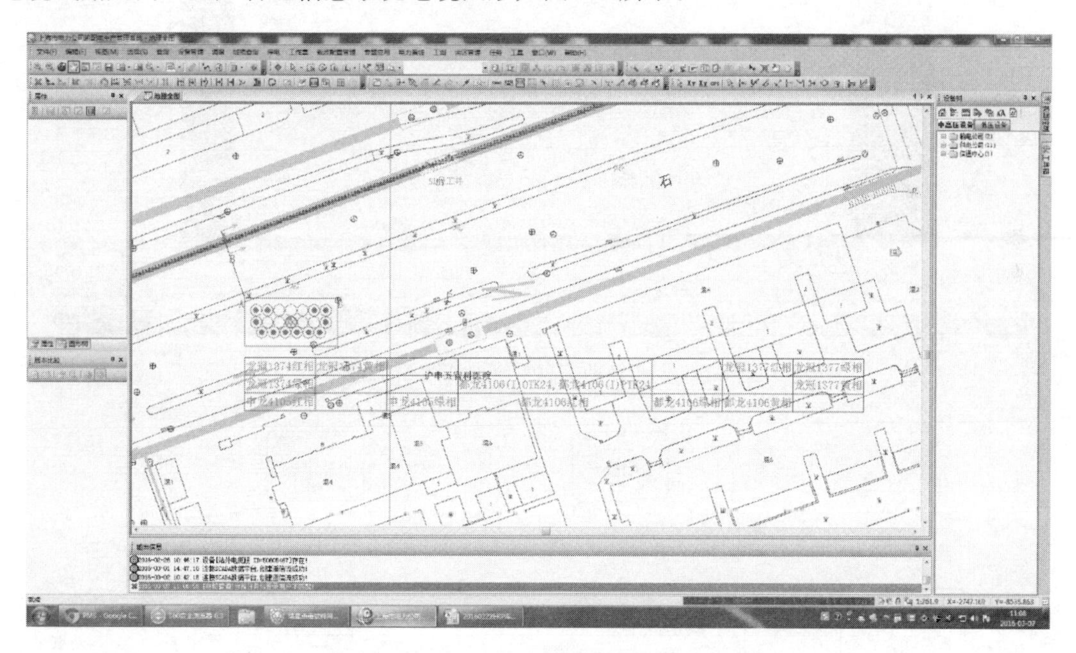

图 8-4　生产管理信息系统电缆图形示意图

二、电网资源管理

（一）图形管理要求

1. 工作内容

（1）电力电缆及排管地理图、设备台账的关联。

（2）电缆排管截面图。

（3）电力电缆和电站、用户站之间的连接关系。

（4）电缆地理图的绘制。

生产管理信息系统电缆台账如图 8-5 所示。

2. 工作要求

（1）设备投运前完成电力电缆和电站、用户站之间连接关系的维护、审核。电力电缆维护完成后，替换原有的超连接线，保证电力电缆和电站、用户站之间的连接关系。

（2）设备投运后 15 个工作日内完成维护并、审核内容：图形绘制、标注、电缆穿孔、与设备台账的关联。

台账图形录入流程如图 8-6 所示。

3. 主要指标

（1）图形维护及时率＝(图形维护及时的工程数量/工程总数量)×100％。

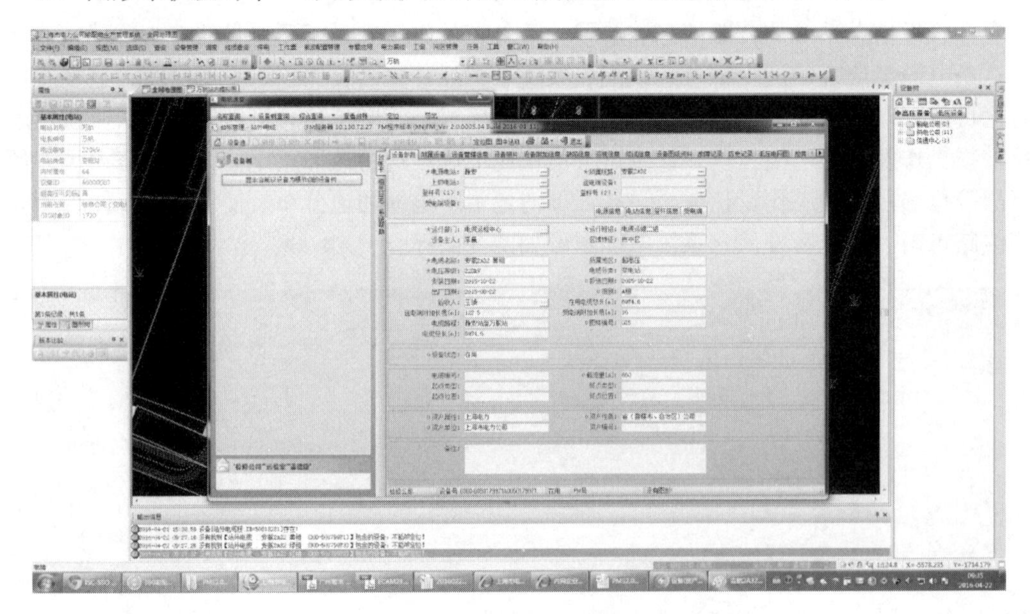

图 8-5　生产管理信息系统电缆台账示意图

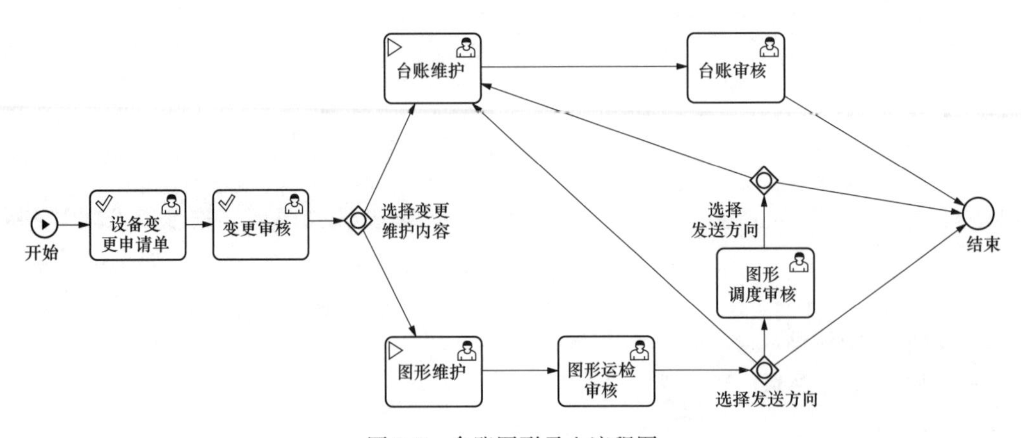

图 8-6　台账图形录入流程图

（2）图形维护正确率=（图形维护正确的工程数量/工程总数量）×100%。

（二）台账管理要求

1. 工作内容

（1）设备台账、设备照片及设备调换历史记录，包括一次、二次、三次设备、电缆设备和用户设备。

（2）新投运设备的资产编号、工程账号。

（3）详细设备类型及设备属性。

2. 工作要求

电缆设备台账：当月新投运设备台账必须在投运后15个工作日内录入系统，且已发布。

3. 主要指标

（1）电缆台账维护及时率=（台账维护及时的电缆设备数量/电缆设备总数量）×100%。

（2）电缆台账维护正确率=（台账维护正确的电缆设备数量/电缆设备总数量）×100%。

三、在线监测模块管理要求

电力电缆及通道在线监测装置用于电力电缆及通道状态量的实时监测，是提升电力电缆线路精益化管理的重要技术手段。在线监测系统涵盖了电力电缆及通道局部放电、接地电流、温度及通道水位、气体、井盖、视频监测等监测子系统。

（一）通用要求

（1）在线监测装置应能实现状态量的自动采集、信号调理、模数转换和数据的预处理功能，应具备定期发送、响应召唤、主动报送等数据传输方式。

（2）在线监测装置应具备数据保存功能。在线监测装置应能正确记录动态数据，装置异常时应能正确建立动态事件标识；保证记录数据的安全性；装置不应因电源中断、快速或缓慢波动及跌落丢失已记录的动态数据；应具备数据防误删除功能；按任意一个开关或按键，不应丢失或抹去已记录的数据。

（3）装置应能对各种异常状态发出报警信号，报警功能限值可修改。装置应对设备本身电源不足、损坏等异常状态发出报警信号。

（4）装置应具备自检功能，宜具备自恢复功能，并根据要求将自诊断结果上传。

（5）在线监测装置通信单元应采用标准、可靠的现场工业控制总线、以太网络总线或无线网络。

（6）在线监测装置宜采用符合《DL/T 860实施技术规范》（DL/T 1146—2009）规定的通信协议，便于系统的兼容。

（二）主要在线监测系统功能介绍

1. 局部放电在线监测

局部放电在线监测是基于电缆中间接头感应电流互感器传递的信号来统一分析电力电缆的局部放电程度。其核心技术应用包括：基于FPGA（现场可编程逻辑门阵列）的高速数据处理技术；基于光纤环网的海量数据传输技术；基于放电量与放电谱图互为验证的放电缺陷识别技术。

局部放电在线监测系统的主要功能有：

（1）实时放电谱图监测（界面介绍）。

（2）放电量发展趋势监测（界面介绍）。

（3）系统平台软件可以任意选择互联段，任意单个接头进行局部放电信息查询。软件实时显示每一相上放电量最大的接头放电谱图。

（4）当报警条件被触发时，图中谱图部分变为报警信息显示。

（5）系统每天9时向专业人员发送过去24h内在每相电缆上局部放电监测检测及报警信息。

（6）历史放电谱图查询，软件每隔15min（可设置）为每个测点保存1幅谱图。保存时间不小于2年。

2. 视频红外监控

隧道高清视频及红外测温监测系统可实现隧道通道层环境视频监控及每个接头处温度监测。高清摄像头均具有红外夜视功能，红外测温仪与高清视频进行了报警联动。安装了此系统后可以代替部分现场人工巡视工作，系统还可根据需要拓展人脸智能识别、隧道内人员定位、人流量统计、远程对话等功能。

3. 综合监控

隧道综合监控系统主要包括风机、水泵、照明、配电系统的监控，属于基础监控系统。利用该监控系统可以监控现场设备状态和数据，可以定时远程开闭照明，风机与温湿度传感器联动，水泵利用液位升降自动控制开闭。

四、各模块流程及管理要求

（一）巡视管理

（1）巡视管理主要分为巡视维护、计划编制、巡视记录登记三大功能。巡视维护分为周期维护、线路图维护、重点设备维护等，其中巡视周期维护结合GIS系统，可在GIS地理信息图上直接圈划设备维护巡视周期。巡视计划编制分为电站巡视计划和线路巡视计划，计划编制可以由巡视周期生成，也可新建编制计划，对于两条以上的同一个电站的巡视计划可以合并为一条计划，默认日期为较早的计划日期，但可以修改，合并后生成一条新信息。合并后的计划还可以拆分，取消合并。

（2）巡视完成后，巡视结果可直接在当前记录进行登记，也可基于巡视派工单或巡视计划进行登记（相关的信息直接带入），并可批量登记。登记巡视记录时，可直接对巡视过程发现的缺陷、隐患进行登记，登记的相关信息会转到缺陷、隐患处理模块。

（3）主要指标：

1）巡视维护及时率=(维护及时的巡视任务数量/巡视任务总数量)×100%。

2）巡视维护正确率=(维护正确的巡视任务数量/巡视任务总数量)×100%。

（二）检修管理

（1）检修计划包括年度检修计划、月度检修计划、周检修计划。遵循“年制订、月安排、周平衡、日执行”的原则，通过计划提前编制、通盘考虑的方式，提高计划的综合性和科学性。检修计划管理包括计划制订、审核、计划发布和完成情况统计的全过程管理。年度检修计划编制来源包括周期性工作和设备状态检修策略；月度检修计划编制来源包括年度检修计划、设备缺陷、状态检修策略和其他临时工作；周检修计划编制来源包括月度检修计划和其他临时性工作。

（2）检修计划业务流程。

1）检修计划编制：各级检修公司（中心）专责依据技改大修计划项目、状态检修策略、

周期检修工作、运维过程中发现的缺陷，编制年度、月度、周检修工作计划，编写后发送给运检部门进行审核；地（县）检修公司专责编制本检修公司所辖范围内设备的检修计划；省检修公司运检部（中心）专责编制省检修公司运检部（中心）所辖范围内设备的检修计划；国网运行分公司运检部专工编制所辖范围内设备的检修工作计划。

2）检修计划审核：各级运检部门专责审核年度、月度检修计划，修改后将停电相关的检修计划发送给相关的调度平衡，并将相关计划报备上级单位。

3）停电计划平衡发布：各级调度部门汇总各运维单位上报的停电检修工作计划进行平衡，并根据调度范围将涉及上级调度范围的停电计划报送上级调度审核，再根据批复情况平衡停电计划，整体平衡后进行发布。

4）停电计划接收：各级检修公司（中心）、各级公司接收调度部门平衡后的停电计划。

（3）主要指标：

1）检修维护及时率=(维护及时的检修任务数量/检修任务总数量)×100%。

2）检修维护正确率=(维护正确的检修任务数量/检修任务总数量)×100%。

（三）缺陷管理

（1）缺陷按性质可分为一般缺陷、危急缺陷和严重缺陷。缺陷主要发现途径包括巡视、检测、检修、交接验收等。缺陷管理为闭环管理体制，包括从缺陷发现、缺陷审核、缺陷处理、验收闭环的全过程。运维班组发现缺陷后，上报给检修公司专责，经过逐级审核后，安排检修班组进行消缺。

（2）缺陷管理关键流程业务说明：见本章第二节中缺陷管理相关内容。

（3）主要指标：

1）缺陷维护及时率=(维护及时的缺陷单数量/缺陷单总数量)×100%。

2）缺陷维护正确率=(维护正确的缺陷单数量/缺陷单总数量)×100%。

（四）故障管理

（1）故障管理涵盖故障登记、故障查询统计、故障报表审核、故障分析模板维护等功能。故障登记属于故障信息补录，原始的故障登记由班组人员在值班中进行登记。故障登记内嵌“登记电力设施保护事件”“标记故障点”“登记缺陷”等功能，并与 GIS 系统结合。故障管理具备强大的统计查询功能，有五种统计方式、两种显示类型，同时结合 GIS 系统在地理图上直观显示。故障报表还具有填报审核功能，有四种统计方法。故障分析模板也可以单独进行维护更改。

（2）业务流程说明如下。

1）登记故障：运维人员登记发现的故障信息，并提交至相关专工进行审核、定级。

2）地市公司审核：二级单位对一般设备故障审核后，安排抢修；对重大应急事件进行审核，并上报省电力公司。

3）省电力公司审核：省电力公司对重大应急抢修进行审核，对有跨省抢修资源需求的抢修事件，向国家电网有限公司上报资源调配申请单。

4）国家电网有限公司审核：国家电网有限公司对跨省的资源调配申请进行审核。

5）登记资源调配情况：根据资源调配申请的批复情况，进行资源调配，并对资源调配结果进行登记。

6）抢修：由抢修人员进行故障处理。

7）抢修登记：故障处理完毕后，由抢修人员进行抢修情况的登记，并结束流程。

8）归档：抢修情况登记无误后，进行归档。

（五）任务池管理

任务池用于缓冲各种随机或周期性触发的电网生产原生任务，包括检修任务（消缺、检修、试验）和日常运行工作任务。这些任务和对任务的反馈信息一起构成了任务池数据。任务池中的任务可以由不同级别的运检人员进行维护，包括各级供电公司、各级检修公司、运检班组的运检人员。

（六）工作票管理

工作票是允许在电气设备上进行工作的书面依据，也是明确安全职责、向工作人员进行安全交底、保障工作人员安全的组织措施。工作票管理模块主要实现工作票填写、工作票签发、工作票接收、工作票许可、工作负责人变更、工作间断、工作票延期、工作结束、工作票终结与作废、评价、查询统计、权限配置等功能。工作票管理包含工作票开票、工作票查询统计、工作票评价三大业务功能。工作票开票业务中包含工作票编制、审核流程等。工作票开票种类较多，每种工作票的审核流程各有不同。

第六节　档案资料管理

电力电缆及通道资料应由专人管理，建立图纸、资料清册，做到目录齐全、分类清晰、一线一档、检索方便。根据电力电缆及通道的变动情况，及时动态更新相关技术资料，确保与线路实际情况相符。

一、电缆工程竣工资料

（1）电力电缆线路工程施工依据性文件，包括经规划部门批准的电缆路径图（简称规划路径批件）、施工图设计书等。

（2）土建及电缆构筑物相关资料。

（3）电力电缆线路安装的过程性文件，包括电力电缆敷设记录、接头安装记录、设计修改文件和修改图、电缆护层绝缘测试记录、油样试验报告，压力箱、信号箱、交叉互联箱和接地箱安装记录。

（4）由设计单位提供的整套设计图纸。

（5）由制造厂提供的技术资料，包括产品设计计算书、技术条件、技术标准、电缆附件安装工艺文件、产品合格证、产品出厂试验记录及订货合同。

（6）由设计单位和制造厂商签订的有关技术协议。

（7）电力电缆线路竣工试验报告。

（8）与多条电力电缆线路相关的技术资料为共同性资料，主要包括电缆线路总图、电缆网络系统接线图、电缆在管沟中的排列位置图、电缆接头和终端的装配图、电力电缆线路土建设施的工程结构图等。

二、电力电缆运行档案资料类型

电力电缆运行档案资料包括以下类型。

（1）相关法律法规、规程、制度和标准。

（2）竣工资料。

（3）设备台账：

1）电力电缆设备台账。应包括电力电缆的起讫点、电力电缆型号规格、附件型式、生产厂家、长度、敷设方式、投运日期等信息。

2）电缆通道台账。应包括电缆通道地理位置、长度、断面图等信息。

3）备品备件清册。

（4）实物档案：

1）特殊型号电力电缆的截面图和实物样本。截面图应注明详细的结构和尺寸，实物样本应标明线路名称、规格型号、生产厂家、出厂日期等。

2）电力电缆及附件典型故障样本。应注明线路名称、故障性质、故障日期等。

（5）生产管理资料：

1）年度技改、大修计划及完成情况统计表。

2）状态检修、试验计划及完成情况统计表。

3）反事故措施计划。

4）状态评价资料。

5）运行维护设备分界点协议。

6）故障统计报表、分析报告。

7）年度运行工作总结。

（6）运行资料：

1）巡视检查记录。

2）外力破坏防护记录。

3）隐患排查治理及缺陷处理记录。

4）温度测量（电缆本体、附件、连接点等）记录。

5）相关带电检测记录。

6）电缆通道可燃、有害气体监测记录。

7）单芯电缆金属护层接地电流监测记录。

8）土壤温度测量记录。

三、档案资料管理要求

（1）档案资料管理包括文件材料的收集、整理、完善、录入、归档、保管、备份、借用、销毁等工作。

（2）档案资料管理坚持“谁主管、谁负责，谁形成、谁整理”的原则，应与检修业务开展同步进行资料收集整理，检修业务完成后及时归档档案资料。

（3）各级单位档案部门负责对本单位运维检修项目档案工作进行监督检查指导，确保运维检修项目档案的齐全完整、系统规范，并根据需要做好运维检修档案的接收、保管和利用工作。

（4）资料和图纸应根据现场变动情况及时做出相应的修改和补充，与现场情况保持一致，并将资料信息及时录入运检管理系统和GIS等信息系统。

（5）文件材料归档范围包含前述档案资料及备品备件、电缆检修报告，应确保归档文件材料的齐全完整、真实准确、系统规范。

（6）建设项目归档文件和案卷质量应符合《科学技术档案案卷构成的一般要求》

(GB/T 11822—2008) 和《建设项目档案管理规范》(DA/T 28—2018) 的要求。

(7) 建设项目所形成的全部项目文件应按档案管理的要求，在档案管理人员的指导下，由文件形成单位(部门) 按照《供电企业档案分类表》进行整理。

(8) 归档文件材料应齐全、完整、准确，符合其形成规律；分类、组卷、排列、编目应规范、系统。

(9) 各种原材料及构件出厂证明、质保书、出厂试验报告、复测报告要齐全、完整；证明材料字迹清楚、内容规范、数据准确，以原件归档；水泥、钢材等主要原材料的使用都应编制跟踪台账，说明在工程项目中的使用场合、位置，使其具有可追溯性。

(10) 各类记录表格必须符合规范要求，表格形式应统一。各项记录填写必须真实可靠、字迹清楚，数据填写详细、准确，不得漏缺项，没有内容的项目要划掉。

(11) 设计变更、施工质量处理、缺陷处理报告等，应有闭环交代的详细记录(包括调查报告，分析、处理意见，处理结论及消缺记录，复检意见与结论等)。

(12) 档案移交应通过档案信息管理系统进行，设计院的 CAD 竣工图应转换成版式文件通过档案信息管理系统进行移交；在移交纸质文件的同时，应移交同步形成的电子、音像文件。归档的电子文件应包括相应的背景信息和元数据，并采用《电子文件归档与电子档案管理规范》(GB/T 18894—2016) 要求的格式。

(13) 电子文件整理时应写明电子文件的载体类型、设备环境特征；载体上应贴有标签，标签上应注明载体序号、档案编号、保管期限、密级、存入日期等；归档的磁性载体应是只读型。

(14) 移交的录音、录像文件应保证载体的有效性、内容的系统性和整理的科学性。音像材料整理时应附文字说明，对事由、时间、地点、人物、背景、作者等内容进行著录，并同时移交电子文件。

第九章　中压电力电缆隐患管理

第一节　防 外 力 破 坏

本节主要介绍电力电缆线路外力破坏的分类与危害、发现与排查、防范与治理以及外力破坏事件典型案例等主要内容。

一、分类与危害

电力电缆线路外力破坏是人们有意或无意造成的线路部件的非正常状态，主要有毁坏电力电缆线路设备及其附属设施、蓄意制造事故、盗窃电缆线路器材、工作疏忽大意或不清楚电力知识引起的故障，如建筑施工、通道塌方、船舶锚泊等。

电力电缆线路保护区为电力电缆线路地面标示桩两侧各 0.75m 所形成的两平行线内的区域；海底电缆一般为线路两侧各 2n mile（港内为两侧各 100m），江河电缆一般不小于线路两侧各 100m（中、小河流一般不小于各 50m）所形成的两平行线内的区域。

电力电缆线路外力破坏分为盗窃及蓄意破坏、施工（机械）破坏、塌方破坏、船舶锚损、异物短路、非法取（堆）土六种类型，其分类和危害如下。

（一）盗窃及蓄意破坏危害

盗窃及蓄意破坏主要是由于电力电缆线路本体被盗割或附属设施被偷盗、破坏，引起电力电缆线路故障，主要包括电缆本体、接地电缆、回流缆、接地箱、井盖、支架、固定夹、接地极、接地引线等被盗或被破坏。电缆本体被盗割如图 9-1 所示，接地电缆被盗如图 9-2 所示，接地箱铜排被盗如图 9-3 所示，电缆铠装被盗如图 9-4 所示。盗窃及蓄意破坏易引发电缆线路故障，并造成人员触电伤亡。

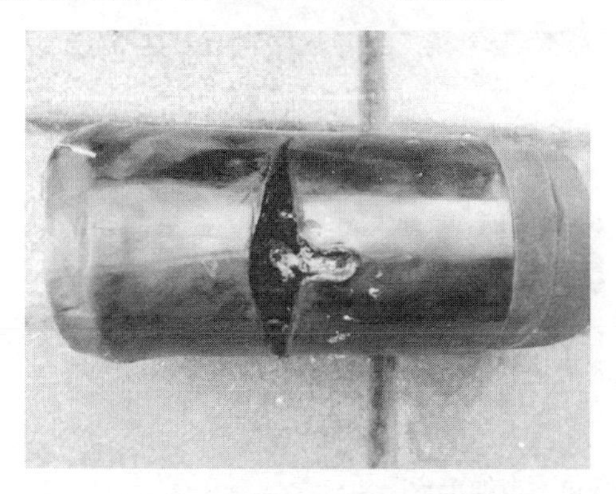

图 9-1　电缆本体被盗割示意图

图 9-2　接地电缆被盗示意图

图 9-3　接地箱铜排被盗示意图

图 9-4　电缆铠装被盗示意图

（二）施工（机械）破坏危害

随着城市改造步伐不断加快，各种市政施工全面展开，近几年来施工（机械）破坏是电力电缆线路外力破坏的主要形式。施工（机械）破坏主要是由于打桩机、钻机、挖掘机、镐头机、非开挖拖拉管等大型机械在电力电缆线路保护区内违章作业及重车通行、重物坠落等，造成电力电缆线路损坏或故障。挖掘施工造成电缆本体受损如图 9-5 所示，打桩施工破坏电缆如图 9-6 所示，非开挖拖拉管穿越破坏电力电缆如图 9-7 所示，重车通行造成电缆通道受损如图 9-8 所示，地质勘探钻机破坏电缆如图 9-9 所示。

(a)

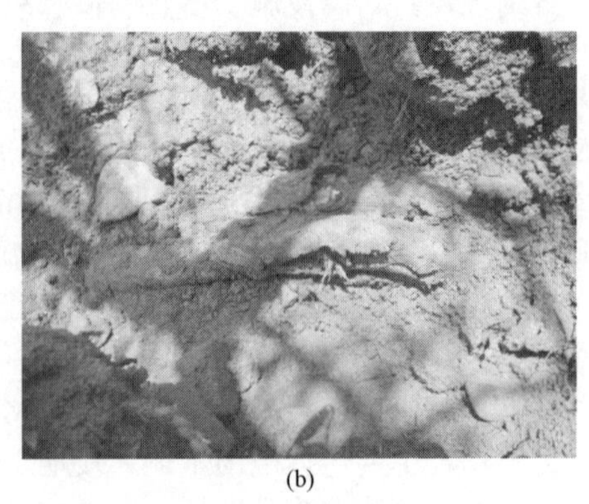

(b)

图 9-5　挖掘施工造成电缆本体受损示意图

(a) 挖掘机在电缆线路保护区内施工；(b) 受损电缆本体

(a)

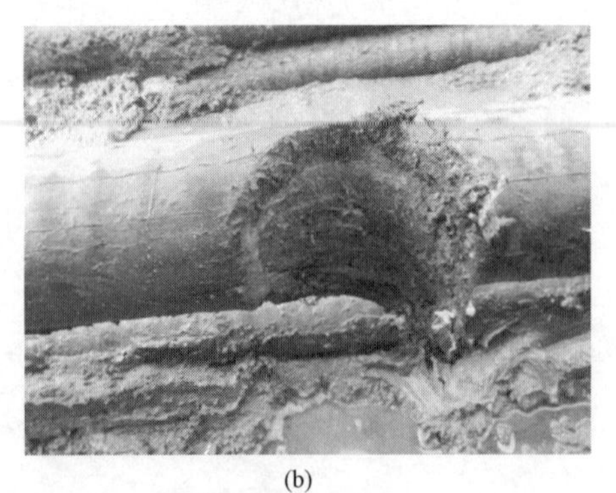

(b)

图 9-6　打桩施工破坏电力电缆示意图

(a) 打桩机在电缆线路保护区内施工；(b) 受损电缆本体

(a)

(b)

图 9-7 非开挖拖拉管穿越破坏电力电缆示意图

(a) 挖掘机在电缆线路保护区内施工；(b) 受损电缆本体

(a)

(b)

图 9-8 重车通行造成电缆通道受损示意图

(a) 重车在电缆通道上通行；(b) 受损电缆通道

(a)

(b)

图 9-9 地质勘探钻机破坏电力电缆示意图（一）

(a) 钻机作业现场；(b) 工地上的钻孔

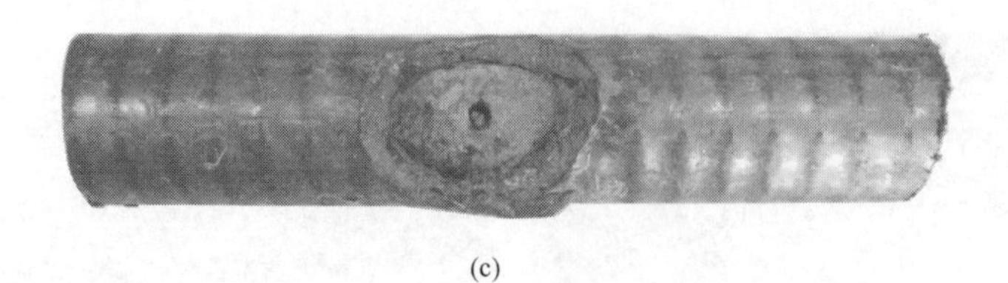

(c)

图 9-9 地质勘探钻机破坏电力电缆示意图（二）
（c）受损电缆本体

（三）塌方破坏危害

塌方破坏主要是由于地层结构不良、雨水冲刷、构筑物本体缺陷等原因，致使电缆通道塌陷从而造成电力电缆线路损坏或故障，主要包括深基坑塌方破坏、地质塌方破坏和堆土滑移破坏。深基坑塌方损坏电缆通道如图 9-10 所示，地铁施工造成电缆通道塌方如图 9-11 所示，电缆通道受损造成电力电缆损坏如图 9-12 所示，地质塌方造成电缆本体拉断如图 9-13 所示，堆土造成河道整体滑移损坏电缆通道如图 9-14 所示，通道受损造成电力电缆线路拉断如图 9-15 所示，顶板混凝土存在破损现象及墙体局部砖块倾斜、压裂如图 9-16 所示。塌方破坏面积大、破坏性强，极易造成电力电缆线路停运或严重损坏。

图 9-10 深基坑塌方损坏电缆通道示意图

图 9-11 地铁施工造成电缆通道塌方示意图

图 9-12 电缆通道受损造成电力电缆损坏示意图

图 9-13 地质塌方造成电缆本体拉断示意图

图 9-14　堆土造成河道整体滑移损坏电缆通道示意图

图 9-15　通道受损造成电力电缆线路拉断示意图

(a)

(b)

图 9-16　顶板混凝土存在破损现象及墙体局部砖块倾斜、压裂示意图
（a）顶板混凝土存在破损；（b）墙体局部砖块倾斜、压裂

（四）船舶锚损危害

船舶锚损主要是船舶在水底电缆保护区内违章锚泊，在下锚、走锚或起锚时钩到水底电缆，造成线路停运或严重损坏。水底电缆登陆点被破坏如图 9-17 所示，水底电缆被船舶起锚时钩断如图 9-18 所示。

图 9-17　水底电缆登陆点被破坏示意图

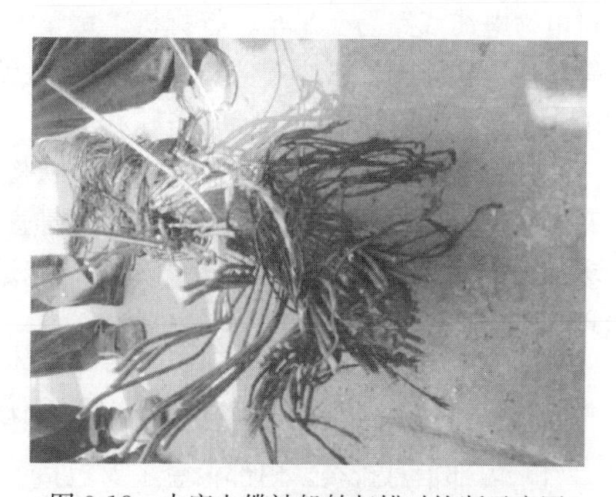

图 9-18　水底电缆被船舶起锚时钩断示意图

（五）异物短路危害

异物短路主要是由彩钢瓦、广告布、气球、飘带、锡箔纸、塑料遮阳布（薄膜）、风筝以及其他一些轻型包装材料缠绕至电缆终端上，以及树竹、藤蔓接触或接近终端，短接空气间隙后造成的短路故障。电力电缆线路终端异物隐患如图 9-19 所示。

（六）非法取（堆）土危害

非法取（堆）土主要是在电力电缆线路通道保护区内非法进行取土挖掘或堆积过程中，由于挖掘过量或堆积过高而直接造成电缆通道损坏，进而损伤电缆本体及附件等的各种危害。电力电缆线路通道取（堆）土隐患如图 9-20 所示。

图 9-19　电力电缆线路终端异物隐患示意图

图 9-20　电力电缆线路通道取（堆）土隐患示意图

二、发现与排查

（一）排查方式

1. 现场排查

（1）日常巡视。线路运检单位及属地供电单位结合线路特点、地域特征、季节变化，制订符合实际情况的日常巡视计划，系统摸清所辖电缆线路运行情况和周围地理环境情况，重点对电力电缆线路易受吊车、挖掘机、铲车等大型施工机械损害和影响线路运行的树障、房障等隐患进行排查，根据排查结果建立外力破坏隐患档案，认定风险等级，制订相应应对措施。

（2）特殊巡视。线路运检单位在春、秋检期间，根据外力破坏隐患档案和风险等级，重点开展机械施工作业等外力破坏隐患专项排查；在元旦、春节、清明节等各个法定节假日及专项保电期间加强各类施工防外力破坏特殊巡视，认真落实各项防控措施，及时进行综合治理。

2. 信息排查

除现场排查外，电力电缆线路运检单位还应对掌握的各类信息进行排查和分析。

（1）内部信息排查。内部信息主要包括各级属地管理供电所、信息员、护线驿站、护线员等内部人员和单位上报的隐患信息。

（2）外部信息排查。外部信息主要包括政府相关合作部门提供的隐患信息，以及企业、群众举报、95598热线等社会来源信息。

线路运检单位针对以上两种外力破坏隐患信息，及时组织人员开展现场勘察核实，迅速处置、上报、反馈和记录；对可能危及电力电缆线路安全运行的外力破坏隐患，建立档案并持续观察。

3. 企业内部协作排查

整合国家电网有限公司系统各种资源，充分发挥规划、建设、营销、安监、法律等部门职能，从工程报装环节对辖区内建设施工情况进行外力破坏隐患的预控。线路运检单位通过与各部门建立会签，排查客户审批项目在实施过程中是否有影响电力电缆线路安全运行的外力破坏隐患。

（二）隐患风险分级

一般电缆线路外力破坏隐患按其风险程度和发展趋势分为四级，重要电力电缆线路及重要电缆通道外力破坏隐患风险等级在一般电力电缆线路外力破坏危险源等级标准基础上上调一级。

（1）危急危险源：是指不立即制止，有可能立即或短时间内发生外力破坏事件的隐患。

（2）严重危险源：是指短时间内不会对电缆线路安全运行造成危害，但随时威胁电力电缆线路安全运行的隐患。

（3）一般危险源：是指在短时间内不影响电缆安全运行，但随着事件的发展可能威胁电力电缆线路安全运行的隐患。

（4）潜在危险源：是指现场还无任何危险源特征，暂时不影响电网安全运行，但已有规划或有可能发展成为一般危险源及以上的隐患风险。隐患风险分级见表9-1。

表9-1　电力电缆线路防外力破坏隐患风险分级表

序号	隐患风险级别	隐患风险内容
1	危急	（1）打桩机、顶管机、盾构机、挖掘机等大型机械临近电缆通道保护区5m范围内施工作业。 （2）在施工区域内电缆通道已敞开。 （3）在电缆通道附近埋设特殊（油、气）管道。 （4）电缆通道保护区内违章建房。 （5）电缆通道保护区内兴建易燃易爆材料堆放场及可燃或易燃易爆液（气）体储罐者。 （6）水底电缆通道保护区两侧50m范围内存在施工、挖沙、抛锚等现象。 （7）电缆通道基础塌陷、墙体坍塌、盖板断裂。 （8）回流线、接地线、接地箱等附属设备被盗
2	严重	（1）打桩机、顶管机、盾构机、挖掘机等大型机械临近电缆通道保护区10m范围内施工作业。 （2）顶管、盾构行进方向与电力电缆路径存在交叉的施工作业。 （3）电缆线路通道上堆置酸碱性排泄物或砌石灰坑、种植树木等。 （4）水底电缆通道保护区两侧100m范围内存在施工、挖沙、抛锚等现象。 （5）在运电缆沟道改造大修施工作业。 （6）多回路同沟道内拆除退运电缆作业。 （7）电缆通道上有重型车辆通过未采取保护措施。 （8）易遭受车辆剐碰的电缆终端杆塔未采取保护措施

续表

序号	隐患风险级别	隐患风险内容
3	一般	（1）电缆线路通道上堆置瓦砾、矿渣、建筑材料、笨重物。 （2）电缆终端下方、电力井盖板上方堆置易燃物品等。 （3）在运电缆沟道内的电力施工检修作业。 （4）电缆沟道工作井改造大修施工作业。 （5）井口下方有电缆未采取保护措施。 （6）电缆井盖丢失或损坏未及时更换。 （7）电缆通道路径标示桩、标识缺失
4	潜在	（1）应营销部门邀请已经联合勘察过现场但工地还未施工的情况。 （2）户外电缆支架电缆固定金具未使用防盗螺栓。 （3）电缆支架棱角尖锐，可能损坏电缆。 （4）户外电缆终端附近有树木。 （5）植被蔓藤攀爬至电缆终端杆塔。 （6）电缆保护管口未打磨处理损伤电力电缆。 （7）距地面 2m 以内的户外电力电缆未采用保护管保护。 （8）户外电力电缆下方有杂草。 （9）附近有易附着电缆终端的异物

（三）防控策略

危急危险源在现场当即处置，对危及电力电缆线路安全运行的行为立即制止，事后组织现场调查并根据调查结果采取相应防控策略。

严重危险源、一般危险源、潜在危险源可先组织现场调查，之后根据调查结果采取相应等级的风险防控策略。

1. 危急危险源防控策略

（1）联合政府下发违章通知书或签订安全协议。

（2）指定专人定点进行驻守看护。

（3）危急区段巡视周期至少 2 次/d。

（4）采取相应技术措施防止危害发生。

（5）联合政府采取强制措施消除隐患。

（6）编制针对性的现场应急处置方案。

2. 严重危险源防控策略

（1）联合政府下发违章整改通知书或签订安全协议。

（2）涉及区段巡视周期至少 1 次/d。

（3）采取相应技术措施防止危害发生。

（4）联合政府采取强制措施消除隐患。

3. 一般危险源防控策略

（1）联合政府下发违章通知书或签订安全协议。

（2）涉及区段巡视周期至少 1 次/周。

（3）采取相应技术措施防止危害发生。

4. 潜在危险源防控策略

（1）线路运维人员进行跟踪调查。

（2）涉及区段巡视周期至少 2 次/月。

（3）做好隐患详细记录。

三、防范与治理

运行不到位或外力破坏故障在危害电网安全稳定运行的同时，也对社会财产和人身安全构成威胁。在外力破坏隐患防范和治理过程中需与社会各方面接触，众多问题交织，不确定因素多，在具体工作中往往会因某一项措施的细节考虑不足、执行遗漏，就会引发严重的后果。

（一）防止盗窃及蓄意破坏措施

（1）建立警企联动机制，与公安部门联合成立“电力警务联络室”，加大联合执法检查力度，全力打击盗窃、破坏电力电缆等违法行为。

（2）健全群众护线网络。依靠和发动群众提供破案线索，向群众公布微信、95598 供电服务等相关举报平台、举报奖励办法。对举报、制止、抓获破坏、盗窃电缆犯罪嫌疑人的人员和单位，给予相应的奖励，提高群众保护输电电缆线路的积极性。

（3）对盗窃频发区域，加大巡视力度，缩短巡视周期。除保证正常巡视外，安排盗窃高发区域开展特殊巡视。

（4）电缆通道上方按照要求设置警示标识，防止违章开挖。电缆隧道、沟道井盖采取有效的防盗措施，防止人员非法进入。

（5）针对接地箱、回流线被盗问题，装设防盗、防撞接地箱防护围栏。

（6）安装智能接地箱。智能接地箱具备开门报警功能，如果箱门被打开或撬开，接地箱内报警装置立即发出报警声，利用监控软件显示报警信息，同时自动拨打事先设置好的报警电话。

（7）安装回流线在线防盗监测系统，利用源信一体的通信技术为系统提供可靠的通信通道，整合非闭合互感取电技术为系统提供稳定的电源。当接收端信号发生异常，立即上传报警信号到电缆监测平台，并显示报警电缆位置信息和类型，同时短信通知相关责任人，立即到现场处理。

（二）防止施工（机械）破坏措施

（1）加强大型机械施工点的巡视力度，结合施工情况，缩短巡视周期。在系统处于特殊运行方式及重点节假日保供电期间，开展施工点特殊巡视，时刻了解施工变化。

（2）对于大型机械使用频繁隐患风险等级高的施工点，设立专人驻守监护，实时了解施工现场进度，第一时间处理突发情况。现场驻守人员及时与施工单位负责人进行沟通协调，在电力电缆线路运行人员巡视空档期内，有效保障电力电缆线路的安全运行。

（3）加强与市政建设部门的信息沟通，密切关注电缆通道周边各类施工情况。

（4）悬挂、安装施工点警示牌。为加强施工点防外力破坏管控，除在电力电缆路径上安装必要的标示牌、标示桩、标示砖标识电缆路径外，还应悬挂、安装必要的警示标志。

（5）在电力电缆线路通道保护区两侧边界设置防撞墩，防止重型施工车辆进入电缆保护区内，对电缆通道造成破坏。

（6）针对非开挖拖拉管隐蔽性强、探测定位困难，利用惯性陀螺仪定位、示踪线电磁法、地质雷达、水冲洗法探测技术，对不同环境下的非开挖电力电缆路径进行探测，为现场安全交底及管控提供技术支持。

（7）利用物探技术、测绘技术和地理信息系统技术，打造数字化电缆管线系统，实现地下电力电缆线路清晰定位，为施工点安全交底、方案审查提供有效技术指导。

（8）电力电缆线路防外力破坏监控技术，视频设备利用智能行为分析功能通过自动报警装置产生报警，及时发现电力电缆线路保护区及周边机械施工作业行为。

（三）防止塌方破坏措施

（1）加强通道附近大型深挖施工现场的巡视，结合周期性巡视情况，对施工现场进行风险评估，并据此调整巡视周期。台风、大雨易引发塌方天气情况、系统处于特殊运行方式及重点节假日保供电期间，开展特殊巡视，实时掌握现场情况。

（2）对于施工周期长、区域大的电缆通道的大型深挖施工点，设立24h驻守人员，时刻了解施工现场进度。对于可能引发塌方点，第一时间处理突发情况。现场驻守人员及时与施工单位负责人进行沟通协调，在电力电缆线路运行人员巡视空档期内，有效保障电力电缆线路的安全运行。

（3）加强电缆通道附近深基坑开挖施工审批管控，对于电力电缆线路周围的深基坑开挖施工，要求制订完善的防塌方维护方案，并邀请结构及电力专家召开方案审查会议。

（4）加强电缆通道附近地铁、隧道等施工点管控，要求施工单位做好电缆通道沉降观测并定期向电力部门反馈，防止发生地质塌陷。

（5）完善新建电力电缆规划审查流程。对新建电缆工程，前期规划过程完善前期其他管线收资工作，避免新建电力电缆规划区域安全区内有自来水、污水管线，发现问题及时治理。

（6）针对塌方破坏面积大、破坏严重、抢修困难的特点，根据电力电缆运行人员居住位置，将城市电力电缆网进行网格化划分，一方面利用运行人员生活、休闲时间，及时发现制止外力破坏；另一方面，故障发生时保证第一时间赶赴现场，采取应急措施。

（四）防止水底电缆船舶锚损措施

（1）基于船舶自动识别系统（AIS）的报警监控。在监控中心电子海图上设置水底电缆保护报警区域，对进入报警区域停留或疑似锚泊的船舶进行报警提示并自动记录航行轨迹，及时制止船舶抛锚。

（2）雷达监控。利用雷达信号识别水底电缆保护区船舶，实现24h对保护区内过往船舶跟踪，防止船舶抛锚。

（3）远程视频监控。采用高清流媒体视频监控实现对水底电缆保护区内船舶实时、真实和直观的联动跟踪。

（4）应力监测。利用光纤应变原理，实时监测水底电缆应力信息，分析电缆因局部外力影响出现的异常情况，能准确地反映出外力引起的电力电缆锚损等异常情况，及时进行应急处置。

（5）利用远程语音警告系统预先录制警告语音。平时播放水底电缆保护宣传知识，应急情况能实现在监控中心远程对现场进行喊话、警告等。

（6）从内外两方面建立水底电缆突发事件应急联动机制。内部建立水底电缆违章锚泊应急处置流程，出现突发情况时进行有序、快速处理；外部与公安、海事等水上执法单位签订水底电缆协管协议，发生无法独立解决事件时在水上执法部门的协助下进行解决、处理。

（7）建设水底电缆防外力破坏综合监控一体化平台和水底电缆状态监测中心。对水底电缆运行状态进行24h多方位、全天候、远程化、可视化监控，并协调、指挥突发事件应急处理。

（8）完善水底电缆管理规定、运行规程、验收规范等规章制度。

（9）设置水底电缆警示标识。在水底电缆保护区岸基边界设置具有同步夜闪功能的警示标识，警示过往船舶不能在电缆保护区内违章锚泊。

（10）海缆施工完成后将海缆路由报海事部门，由海事部门在航海图上发布海缆路由、航行通告及保护区范围公告。

（11）对水底电缆进行深埋处理，即用水下挖钩、切割机等机械设备在海底开挖所需的深沟，将水底电缆敷设后再填埋处理。

（五）防止异物短路措施

（1）对电力设施保护区附近的彩钢瓦等临时性建筑物，运行维护单位应要求管理者或所有者进行拆除或加固。可采取加装防风拉线、采用角钢与地面基础连接等加固方式。

（2）针对危及电力电缆线路安全运行的垃圾场、废品回收场所，电力电缆线路运检单位要求隐患责任单位或个人进行整改；对可能形成漂浮物隐患的［如广告布、塑料遮阳布（薄膜）塑、锡箔纸、气球、生活垃圾等］，采取有效的固定措施。必要时提请政府部门协调处置。

（3）电力电缆线路保护区内日光温室和塑料大棚顶端与导线之间的垂直距离，在最大计算弧垂情况下，符合有关设计和运行规范的要求，不符合要求的进行拆除。

（4）请农林部门（镇政府和村委会等）加强温室、大棚、地膜使用知识宣传，指导农户搭设牢固合格的塑料大棚，敦促农户及时回收清理废旧棚膜，不得随意堆放在线路通道附近的田间、地头，不得在电缆线路通道附近焚烧。

（5）针对电力电缆线路保护区外两侧各100m内的日光温室和塑料大棚，要求所有者或管理者采取加固措施。夏季台风来临之前，电力电缆线路运检单位敦促大棚所有者或管理者采取可靠加固措施，加强线路的巡视，严防薄膜吹起危害电缆线路终端。

（6）电力电缆线路运检单位在巡线过程中，配合农林部门开展防治地膜污染宣传教育，宣传推广使用液态地膜，提高农民群众对地膜污染危害性的认识。要求农民群众对回收的残膜要及时清理清运，避免塑料薄膜被风吹起，危及电缆线路安全运行。

（7）根据电力电缆线路保护区周边垃圾场、种植大棚、彩钢瓦棚、废品回收站等危险源，在线路通道周边设置相关防止异物短路的警示标识，发放防止异物短路的宣传资料，及时提醒做好电缆线路保护工作。

（8）电缆户外终端旁的树竹、藤蔓应及时修剪、清理，保障电缆终端安全运行。

1）加大对电力电缆线路保护区内树线矛盾隐患治理力度，及时清理、修剪线路防护区内影响电缆终端安全的树竹、藤蔓等，加强治理保护区外树竹本身高度大于其与电缆终端之间水平距离的树木安全隐患。针对直接影响安全运行的树竹隐患，立即告知树主严重情况及相关责任，要求其立即进行砍伐或剪枝处理并监督处理情况；对于一般隐患，下达隐患告知书，明确处理意见限期整改，督促其进行移栽或砍伐，处理前加强巡视。

2）电力电缆线路运检单位在每年 11 月底前将树枝修剪工作安排和相关事项要求等书面通知各级园林部门、相应管理部门（如公路管理单位、物业等）和业主，并积极配合做好修剪工作。对未按要求进行树枝修剪的单位和个人，及时向政府电力行政管理部门或政府有关部门汇报。

3）建立电力电缆线路终端保护区涉及的森林、竹区、苗木种植基地、大型绿化区域等台账和主要负责人通讯录；依据台账在电力电缆线路通道周边设置相关防止树竹砍伐放电的安全警示标识。

4）电力电缆线路运检单位排查建立电力电缆线路终端保护区外超高树木档案明细，标明树种、树高、距线路水平距离、地点等，落实责任人，加强巡视检查。在此基础上，在每棵树木上装设警示标识，提示树木的管理单位在正常养护树木时控制树高，注意自身及周边电力电缆线路安全；同时，警示树木砍伐人员，超高树木砍伐易造成电缆线路故障或人员伤亡，使其主动联系供电企业。

5）一般 3～5 月春季植树造林和 7、8 月夏季大负荷时期为防树线放电易发时段，制订针对性巡视计划，重点区段通道巡视每周不少于 2 次。3～5 月密切注意线下违章植树情况，重点注意保护区附近农田、道路两旁的新植树情况，及早予以制止；7、8 月夏季大负荷时期，提高树木隐患巡视频率。

6）与当地林业部门、市政园林单位、绿化建设及养护单位建立长效的联络机制，定期召开相关绿化工作会议，宣贯电力电缆线路保护区域绿化树木（竹）存在的安全隐患问题，提醒有关单位做好电力电缆线路保护工作。

7）严格按照《国家电网公司电力安全工作规程》进行树竹、藤蔓的修剪工作，做好相应安全措施，确保不发生因树竹倾倒、弹跳等情况造成的人员伤亡及线路故障跳闸。

（六）防止非法取（堆）土措施

（1）针对直接威胁电力电缆线路安全运行的非法取（堆）土施工作业，随时可能导致线路故障的危急情况，立即制止；针对可控的施工行为，签订安全协议，加强监督检查。

（2）对于可预期的政府基础建设项目（如路桥、地铁建设等），可能导致电力电缆线路通道周围取（堆）土的情况，电力电缆线路运检单位积极与政府部门沟通，提前介入施工作业的安全管理，与其签订相关的安全施工协议。对于确定需要电力电缆线路迁改项目，在电力电缆线路迁改完成后，方可允许施工单位作业，未完成前加强重点区段的检查。

（3）对于因电力电缆周围及保护区内非法取（堆）土，已损伤电力电缆线路通道本体的隐患，电力电缆线路运检单位责成施工方，通过修复通道、移除保护区内堆放物等技术手段彻底消除隐患。

（七）外力破坏事件处置

电力电缆线路因外力破坏引发的应急事件，各级电力电缆线路运检单位依据《电力安全事故应急处置和调查处理条例》（国务院令〔2011〕599 号）文件要求，编制适合本地区实际情况的应急预案及现场应急处置方案。现场应急处置方案应充分结合本地区外力破坏档案中登记的隐患类型有针对性地进行编制，同时与档案同步进行更新，确保在因外力破坏导致线路故障时将电网的损失降到最低。外力破坏事件处置流程如图 9-21 所示。

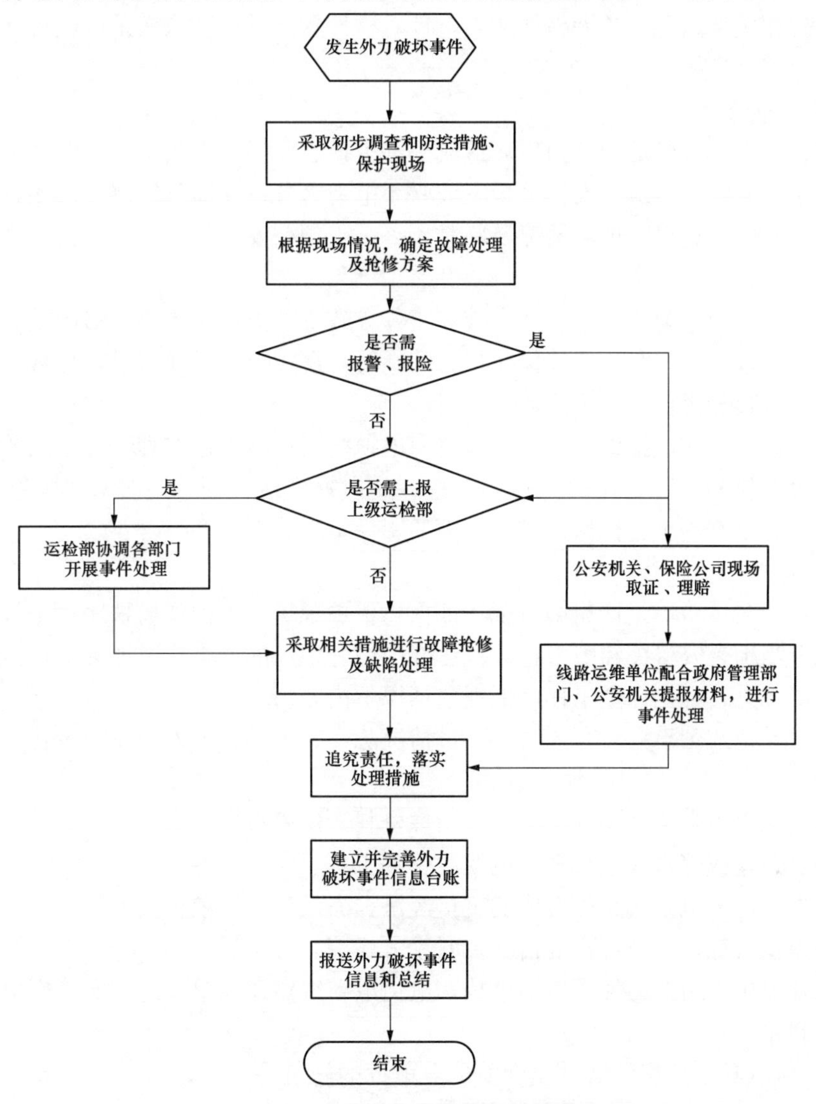

图 9-21　外力破坏事件处置流程图

1. 现场处置

（1）电力电缆线路发生外力破坏故障后，线路运检单位结合电缆线路受损严重程度和现场综合情况，确定故障抢修方案及安全组织措施，力争在最短的时间内恢复线路的常规运行方式，最大限度降低系统异常运行方式下的安全风险。

（2）采取相关措施进行故障抢修及缺陷处理。按照确定的抢修方案，线路运检单位准备好抢修工器具和材料，填写事故应急抢修单，向电力调度控制中心申请作业，开展故障抢修及缺陷处理。

（3）当由于非法盗窃、车辆（机械）施工、化学腐蚀等原因引发线路外力破坏故障，造成电力电缆线路等主要部件严重受损、车辆损毁、人员伤亡等严重后果时，立即上报上级专业管理部门，全力抢救伤员，设法保护现场。

（4）追究责任，落实处理措施。针对肇事的责任单位和个人，由政府电力电缆线路管理部门、安监等相关部门配合开展事件调查，针对事件的严重程度依法采取经济处罚、中止供电、限期整改等处理措施。

2. 报警、报险

（1）报警。电缆线路由于外力破坏造成部件失窃、受损、人员伤亡、财产损失时，线路运检单位在第一时间向当地公安机关报案或联系电力警务室立即赶往事故现场，报案时详细说明案件发生时间、地点、现场情况及联系人等，引领公安机关工作人员进行现场取证，并积极配合案件侦破相关工作。

（2）报险。电力电缆线路由于外力破坏事件导致部件失窃、受损、财产损失等情况涉及保险公司经济赔偿时，线路运检单位在报警的同时，还应第一时间报险，配合保险公司开展现场工作，并收集和提供相关报险理赔材料。

（3）记录留存。完成报警、报险后，电力电缆线路运检单位按理赔程序及要求，留存公安机关的报警回执和保险公司的出险记录单、受损财产清单等，同时对故障第一现场、出警、出险、应急抢修等全过程保留详细全面的影像资料。

3. 现场取证

电力电缆线路运检单位搜集第一现场证据，保护现场，维护现场秩序，等待后续人员到来。积极配合当地公安机关和电力行政执法部门做好现场的调查、取证等工作。办公室（法律事务部）协助处理证据保全工作，证据包括以下内容。

（1）肇事单位或肇事人所写的事件经过情况陈述、申辩、个人陈述的录音、录像、笔录资料等。

（2）损坏的电力电缆线路现场实物、图像资料、试验报告等。

（3）肇事单位或肇事人损坏电力电缆线路的工具、作业文件。

（4）因损坏电力电缆线路而造成的直接经济损失及其计算依据文件。

（5）能提供人证、物证群众的情况及联系方式等。

（6）因建设施工引发的外力破坏事故，电力电缆线路运检单位还应向肇事单位和肇事人索取如下材料：

1）市、区（县）住房和城乡建设委员会审批的施工许可证，有无经过有关部门对可能危及电力电缆线路安全的施工项目会审的相关证明。

2）肇事人的身份证和特种作业资格证书原件（复印件）。

3）建设单位与施工单位的承包合同（协议）。

4）市、区（县）规划局提供的地下管线规划图。

5）建设单位或施工单位与供电公司签订的电力电缆线路安全协议。

6）建设单位与施工单位、施工单位与分包单位工程安全技术交底资料。

7）建设单位、施工单位、分包单位资质材料。

8）临时施工用电审批材料等。

4. 信息报送

（1）信息报送要客观、准确、及时。报送事件内容包括发生时间、地点、电力电缆线路的损坏情况、管辖单位及具体负责单位、对外停电影响和处理情况等。

（2）发生特、重大事件要求2h内将有关情况以电话、手机短信或传真等方式第一时间报告上级管理部门；事件发生后12h之内将事件初步分析报告以电子邮件或传真形式报送；一般事件纳入电力设施保护工作月报的报送内容。

（3）要做好重大外力破坏事件的媒体记者接待和新闻报道处置工作，引导舆论关注保护电力电缆线路的重要性和破坏电力电缆线路对社会、用户和电力企业的危害性。如出现外力破坏事故引发的维稳事件，启动相应专项应急预案。

5. 索赔标准

参照《最高人民法院关于审理破坏电力设备刑事案件具体应用法律若干问题的解释》（法释〔2007〕15号），外力损坏电力设施事件的直接经济损失包括电量损失费和修复费用。

（1）电量损失费的计算：

电量损失费（元）＝损失负荷（kW）×停电时间（h）×当地平均电价（元/kWh）。

（2）修复费用的计算：

修复费用＝人工费＋材料费＋机械费＋试验费＋短路电流造成的其他主设备修复损失费＋其他费用＋间接费用。

修复费用的定额标准依据国家现行《电网检修预算定额》核算。

四、电缆通道防盗井盖典型案例

电缆通道缺乏必备的技防设备和监控手段，井盖时常被盗，不法分子通过电缆通道进出口和工作井进入电缆通道内盗窃电缆通道附属设施和同轴电缆、接地电缆（见图9-22），严重影响电缆的安全运行。另外，与变电站相连的电缆通道进出口技防装置不足，不法分子可能通过电缆通道进入变电站，破坏电力设备影响供电等。

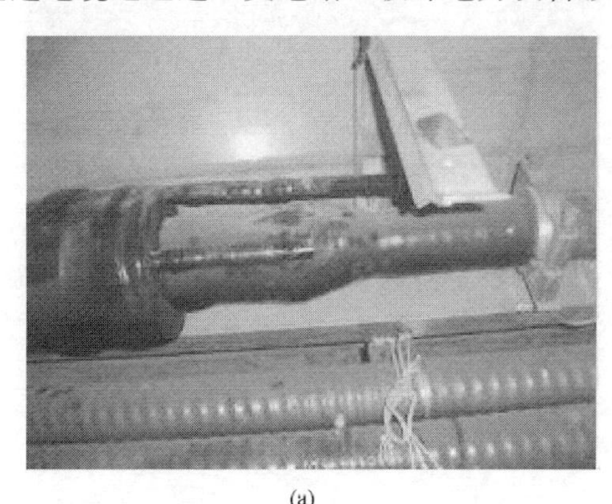

(a)

(b)

图9-22　电缆通道内同轴电缆、接地电缆被盗割现场

（a）通道内同轴电缆被盗；（b）接地箱接地电缆被盗

近年来，井盖由于人为破坏、偷盗而丢失、损坏的现象越来越多；井盖丢失不但会影响正常运行，还会成为马路杀手给人民的安全出行造成极大的安全隐患。检查井井盖损坏、丢失（见图9-23）而造成的车辆轮胎塌陷（见图9-24）、行人坠井的事故时有发生，加强井盖的检查维护工作、及时处理井盖丢失、破损问题是关系到民生安全的重要问题。然而由于井盖分布区域广且数量繁多，通过人力排查防范管理难度非常大，而且耗时、耗力，效率低、

成本高。

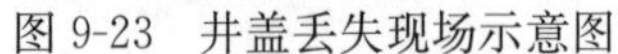

图 9-23 井盖丢失现场示意图

图 9-24 车辆轮胎塌陷示意图

井盖监控系统是隧道的生产管理系统，可以实现电缆隧道（地下设施）的有效管控。实现隧道井盖远程开启、远程关闭确认、非法入侵报警。在有效管理的同时，避免大量运行人员配合工作。所有井盖都在地理信息系统中精确定位，方便井盖监控操作管理，定位准确，出现报警时快速自动定位。通过实现对隧道出入口的管控，防止发生隧道内盗窃事件和外力破坏事件的发生。监控井盖安装如图 9-25 所示。

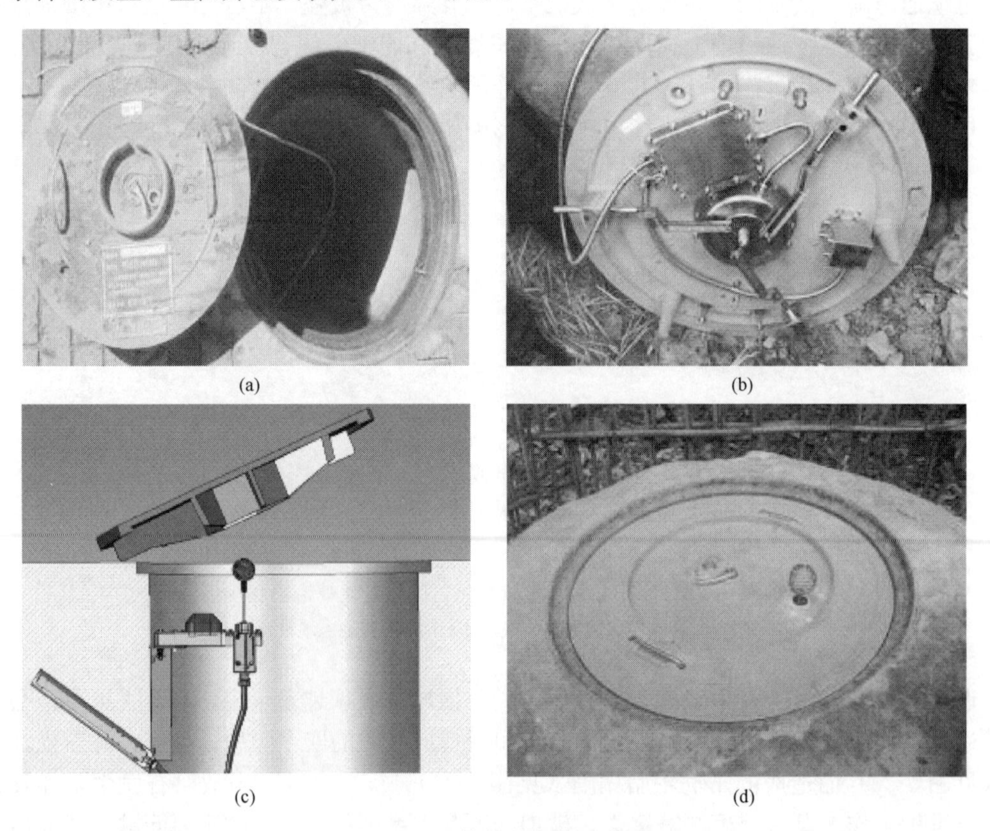

图 9-25 监控井盖安装示意图

（a）监控井盖；（b）三轴加固井盖；（c）检查井外盖打开后效果；（d）遥控型智能锁控井盖

近年来，某市充分利用井盖监控系统，且井盖全部为双层结构：上层为满足“五防”（防响、防跳、防盗、防坠落、防位移）要求的重型铸铁井盖，承重能力不小于 36t，装有简易机械锁；下层为玻璃钢子盖，承重能力不小于 3.4t。2007 年以来，逐步在子盖上安装可远程监控的电子锁，目前已完成 5599 套，占比 89.5%。所辖井盖整体运行情况良好，未发生人身伤害等恶性事件。每年铸铁井盖丢失、破损约 110 套左右，占比约 1.8%，均能及时修复。井盖监控系统技术成熟、性能稳定，针对电力隧道实际情况进行相应的技术改进后，适宜于在电力隧道广泛应用。

建议与防范措施：

（1）对于现场不具备通信条件的隧道井盖，应完善井盖和子盖的承重和防侵入功能。

（2）对于日常运维工作不需开启的井盖，进行封闭处理。

（3）对于未装井盖监控装置且现场具备通信条件的隧道井盖，安装井盖监控系统。

（4）对于隧道通风亭，逐步实施通风亭安全防侵入改造（政治供电生命线隧道的通风亭优先），并结合改造使其外观结构与周围环境协调。

通风亭是除井口外进入电缆隧道的唯一途径，为防止通风亭百叶窗外力破坏、非法人员进入电力隧道，可加装通风亭监控系统（见图 9-26）。

图 9-26　通风亭监控系统示意图

第二节　防　　火

电力电缆多埋于地下，一旦发生火灾，处理起来十分困难，往往要花费数小时甚至几天的时间，不仅浪费大量的人力、物力，而且会造成难以估量的停电损失。电力电缆防火日益成为供电企业的重要工作事项。

一、分类与原因

（一）本体因素

（1）由于电力电缆线路多点接地等因素导致的接地环流增大引发电力电缆起火。

（2）接地系统失效或受破坏导致的电火花引起电力电缆起火。

（3）电缆接头制作质量不良，导致电缆接头爆炸起火。

（4）电力电缆本身质量不过关（如绝缘强度达不到要求、内部绝缘制造缺陷等）引起电力电缆着火。

（5）电力电缆运行条件恶劣（高温或受潮）致使绝缘下降短路起火。

（6）电力电缆长期运行，绝缘老化导致击穿短路起火。

（7）电气设备故障起火导致电缆着火。

（8）中性点非有效接地系统，电力电缆在单相接地故障后继续运行过程中的电弧可能引起火灾。

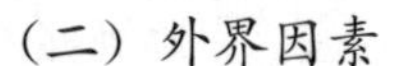
（二）外界因素

（1）多电压等级电力电缆混用通道时，未考虑防火、防爆隔离措施，造成某一条电力电缆起火引起临近电缆火灾。

（2）动火工程作业中的意外失火。

（3）电缆通道与热力管、石油管、煤气管线等距离过近，未采取其他防范措施，临近管线起火造成电缆通道火灾。

（4）电缆通道内有可燃气体引发火灾。

（5）电缆通道内和井口上方堆放易燃、易爆物品。

（6）电缆终端塔附近有枯草、树木等易燃物引发火灾。

（7）接地系统内的直接接地线、同轴电缆等被偷盗引起发热导致火灾（见图 9-27）。当电力电缆线路为一端金属护层直接接地，一端金属护层通过保护器接地时，直接接地线的失窃会造成电力电缆金属护套电压悬空，护层薄弱处拉弧导致护套升温，当温升至一定温度时，容易引起护套表皮起火，导致电缆火灾。

(a)

(b)

图 9-27　电缆接地系统接地线失窃引起火灾示意图

（a）接地线失窃现场；（b）火灾过后现场

（8）电力电缆接地电阻不达标，故障过流发热。

（9）电力电缆受外力机械损伤，绝缘破坏短路起火。

（10）电力电缆雷击、短路故障后保护器损坏，造成外护层薄弱处击穿起火。

（11）电力电缆线路的防火设计未达到设计标准或防火材料、安装不达标，如通道通风、防火、隔离等未到位，电缆接头及相邻电缆本体的防护隔离不到位，存在通道内火灾扩大风险，如图 9-28 和图 9-29 所示。

（12）电力电缆长期过负荷、谐振过电压运行或保护装置不能及时切除负载短路电流致使绝缘过热损坏，存在电缆故障起火风险。

二、发现与排查

（一）日常巡视

电力电缆线路防火隐患排查的日常巡视周期应与电力电缆线路巡检周期相结合，通常依据电缆通道、户外终端环境和电缆运行时间确定，排查周期小于 1 个月。对于距离热力管和燃气管不足 1.5m 的电缆通道，巡视周期应控制在 1 个星期以内。运维管理部门应根据电缆通道和电缆终端实际情况，参考每年电力电缆设备红外测温工作开展情况制订巡视周期，对于运行时间超过10年的电力电缆应调整巡视周期或安排特殊巡视。电力电缆巡视内容及标准见表9-2。

图9-28　通道内防火隔离不达标引起电力电缆火灾扩大事故示意图

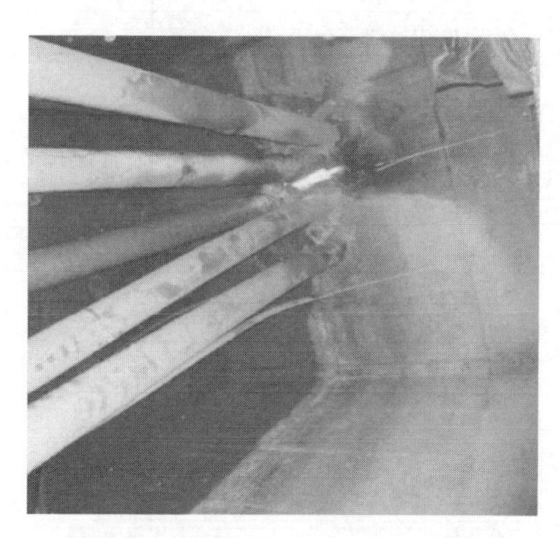

图9-29　通道孔洞封堵处起火示意图

表9-2　电力电缆巡视内容及标准

巡视部位	巡视项目	巡视标准
电缆终端	终端处温度	检测终端头整体、尾管、底座、护层接地连接处、与架空线连接处、避雷器及其电气连接处红外热像
	围栏	围栏内有无易燃易爆物堆积
电缆接头	电缆中间接头	接头及两端电缆防火涂料无脱落，防火包带无松弛，多条电缆线路共用防火隔墙应完好
电缆通道、隧道	电缆排管、电缆沟	电缆通道中宜设置防火隔断；电缆竖井中应分层设置防火隔板；电缆通道与变电站和重要用户的接合处应设置防火隔断
	电缆井	防火设施、涂料、阻火墙完好
	周边环境	检查电缆保护范围内有无杂物、易燃物
	电缆本体	多条并联运行的电缆要检测电流分配和电缆表面温度，防止引起火灾
	隧道内设施	（1）防火墙、防火涂料、防火包带应完好无缺，防火门开启正常。 （2）隧道内的消防设备能正常使用并在有效期内，每次巡视时做好检查记录，并指定专人定期更换

（二）隐患排查

电力电缆火灾隐患检查应按照表9-3所示内容进行开展，对现状存在不足的情况应采取相应措施。

表9-3　隐患检查表

序号	规程规范	条例	内容
1	《电力电缆及通道运维规程》（Q/GDW 1512—2014）	5.5.4 a)	在电力电缆穿过竖井、变电站夹层、墙壁、楼板或进入电气盘、柜的孔洞应封堵
2	《电力电缆及通道运维规程》（Q/GDW 1512—2014）	5.5.4 b)	在隧道、电缆沟、变电站夹层和进出线等电力电缆密集区域应采用阻燃电缆或采取防火措施

续表

序号	规程规范	条例	内容
3	《电力电缆及通道运维规程》(Q/GDW 1512—2014)	5.5.4 c)	在重要电缆沟和隧道中有非阻燃电缆时，宜分段或用软质耐火材料设置阻火隔离，孔洞应封堵
4	《电力电缆及通道运维规程》(Q/GDW 1512—2014)	5.5.4 d)	未采用阻燃电缆时，电缆接头两侧及相邻电缆 2～3m 长的区段应采取涂刷防火涂料、缠绕防火包带等措施
5	《电力电缆及通道运维规程》(Q/GDW 1512—2014)	5.5.4 e)	在封堵电缆孔洞时，封堵应严实可靠，不应有明显的裂缝和可见的缝隙，孔洞较大者应加耐火衬板后再进行封堵
6	《电力电缆及通道运维规程》(Q/GDW 1512—2014)	5.2.11	有防火要求的电力电缆，除选用阻燃外护套外，还应在电缆通道内采取必要的防火措施
7	《电力电缆及通道运维规程》(Q/GDW 1512—2014)	8.3.1	电力电缆的防火阻燃应采取下列措施： 1）按设计采用耐火或阻燃型电缆。 2）按设计设置报警和灭火装置。 3）防火重点部位的出入口，应按设计要求设置防火门或防火卷帘。 4）改、扩建工程施工中，对于贯穿已运行的电缆孔洞、阻火墙，应及时恢复封堵
8	《电力电缆及通道运维规程》(Q/GDW 1512—2014)	8.3.3	电缆接头应加装防火槽盒或采取其他防火隔离措施。变电站夹层内不应布置电缆接头
9	《电力电缆及通道运维规程》(Q/GDW 1512—2014)	8.3.4	运维部门应保持电缆通道、夹层整洁、畅通，消除各类火灾隐患，通道沿线及其内部不得积存易燃、易爆物
10	《电力电缆及通道运维规程》(Q/GDW 1512—2014)	8.3.5	电缆通道临近易燃或腐蚀性介质的存储容器、输送管道时，应加强监视，及时发现渗漏情况，防止电缆损害或导致火灾
11	《电力电缆及通道运维规程》(Q/GDW 1512—2014)	8.3.6	电缆通道接近加油站类构筑物时，通道（含工作井）与加油站地下直埋式油罐的安全距离应满足 GB 50156 的要求，且加油站建筑红线内不应设工作井
12	《电力电缆及通道运维规程》(Q/GDW 1512—2014)	8.3.9	变电站夹层宜安装温度、烟气监视报警器，重要的电缆隧道应安装温度在线监测装置，并应定期传动、检测，确保动作可靠、信号准确
13	《提升高压电缆线路“六防”工作规范化水平指导意见》(运检二〔2015〕158号)	第二十三条	通道路径应避开火灾爆炸危险区。电缆通道临近易燃管线时，应采取合理措施，加强监视，防止电缆损害或导致火灾
14	《提升高压电缆线路“六防”工作规范化水平指导意见》(运检二〔2015〕158号)	第二十四条	电缆通道中宜设置防火墙或防火隔断；电缆竖井中应分层设置防火隔板；电缆通道与变电站和重要用户的接合处应设置防火隔断
15	《提升高压电缆线路“六防”工作规范化水平指导意见》(运检二〔2015〕158号)	第二十五条	电缆夹层电缆隧道宜设置火情监测报警系统和排烟通风设施
16	《提升高压电缆线路“六防”工作规范化水平指导意见》(运检二〔2015〕158号)	第二十六条	采用排管、电缆沟、隧道、桥梁及桥架敷设的阻燃电缆，其成束阻燃性能等级应不低于C类。除直埋电缆外，电缆接头应采用必要的防火防爆措施。隧道和电缆沟内的低压电缆及光缆应单独敷设在防火槽盒（阻燃子管）内，余缆应加装防火盒

续表

序号	规程规范	条例	内　容
17	《提升高压电缆线路“六防”工作规范化水平指导意见》（运检二〔2015〕158号）	第二十七条	运检单位应对电缆通道临近易燃易爆管线、加油站情况进行排查，与相关单位对接，建立隐患台账，对电缆通道采取差异化管控措施
18	《提升高压电缆线路“六防”工作规范化水平指导意见》（运检二〔2015〕158号）	第二十八条	运检单位加强通道内动火作业审批手续的管理，落实各项消防安全保障措施，重要通道及重点部位宜配备温度监控系统
19	《提升高压电缆线路“六防”工作规范化水平指导意见》（运检二〔2015〕158号）	第二十九条	电缆通道、夹层内使用的临时电源应满足绝缘、防火、防潮要求。工作人员撤离时应及时断开电源

三、防范与治理

（一）电力电缆防火设备

（1）防火槽盒：防火槽盒是用于敷设电力电缆且能对电力电缆进行防火保护的槽（盒）形部件，用难燃材料或不燃材料制成。

（2）防爆接头盒：防爆接头盒以阻燃型复合材料为原材料，产品各项指标均符合难燃材料的要求。

（3）防火隔板：防火隔板也称不燃阻火板，具有阻燃性能好、机械强度高、不爆、耐水、耐油、耐化学腐蚀、无毒等特点。

（4）防火堵料：防火堵料分为有机和无机防火堵料两类。有机防火堵料具有长期柔软性，具有阻火、阻烟、防尘、防小动物等功能。无机防火堵料具有快速凝固特性。

（5）防火涂料：涂覆于电缆（如以橡胶、聚乙烯、聚氯乙烯、交联聚乙烯等材料作为导体绝缘和护套的电缆）表面，具有防火、阻燃保护及一定装饰作用，能有效地抑制、阻隔火焰的传播与蔓延。

（6）防火带：防火带又称阻燃织带，具有不易点燃、离火源自灭功能。

（7）防火包：防火包是由经特殊处理的耐用玻璃纤维布制成的袋状，内部填充特种耐火、隔热材料和膨胀材料，且防火抗潮性好，可有效地用于电缆贯穿孔洞处作防火封堵。

（8）防火泥：防火泥是一种柔性阻燃材料，具有良好的阻火、堵烟、耐油、耐水、耐腐蚀性能，还具有耐火极限高、发烟量低等特点。

（9）防火毯：防火毯采用柔性防火材料，指标达到难燃材料要求，可以任意裁剪，提高空间利用率。

（10）阻火墙：阻火墙是用不燃材料或难燃材料构筑，能阻止电缆着火后延燃的一道墙体。

（二）电力电缆消防设施

（1）灭火器：电缆通道内的灭火器一般采用干粉灭火器，由具有灭火效能的无机盐和少量的添加剂经干燥、粉碎、混合而成的微细固体粉末组成。

（2）隧道防火门：电缆隧道防火门始终处于敞开的状态，能够保证电缆隧道的通风良好；当电缆隧道内发生火情时，电缆隧道的感烟装置报警同时触发电缆隧道防火门自动关闭，关闭后的防火门仍然可以人工开启，防止工作人员被关在电缆隧道内。

（3）排烟通风系统：排烟通风系统由送排风管道、管井、防火阀、门开关设备、送排风机等设备组成。排烟口的设备位置应与人员疏散方向相反，当火灾发生时，人员逆烟气流而上，烟气浓度和周围温度逐渐降低，有利于人员辨别疏散门的位置，并能得到氧气的补给，从而保障人员顺利疏散到安全地点。这样的排烟系统既具备排烟功能，又能发挥安全作用。

（4）消防水系统：消防水系统是一种消防灭火装置，是应用十分广泛的一种固定消防设施，它具有价格低廉、灭火效率高等特点。根据功能不同可以分为人工控制和自动控制两种形式。系统安装报警装置，可以在发生火灾时自动发出警报，自动控制式的消防喷淋系统还可以自动喷水并且和其他消防设施同步联动工作，因此能有效控制、扑灭初期火灾。

（三）防火标识

禁止标志牌的基本型式是一长方形衬底牌，上方是禁止标志（带斜杠的圆边框），下方是文字辅助标志（矩形边框）。图形上、中、下间隙，左、右间隙相等。禁止标志牌长方形衬底色为白色，带斜杠的圆边框为红色，标志符号为黑色，辅助标志为红底白字、黑体字，字号根据标志牌尺寸、字数调整。常用禁止标志及设置规范见表 9-4。

表 9-4　　常用禁止标志及设置规范

序号	图形标志示例	名称	设置范围和地点
1	禁止吸烟	禁止吸烟	电缆隧道出入口、电缆井内、检修井内、电缆接续作业的临时围栏等处
2	禁止烟火	禁止烟火	电缆隧道出入口等处

警告标志牌的基本型式是一长方形衬底牌，上方是警告标志（正三角形边框），下方是文字辅助标志（矩形边框）。图形上、中、下间隙，左、右间隙相等。符号为黑色，辅助标志为白底黑字、黑体字，字号根据标志牌尺寸、字数调整。常用警告标志及设置规范见表 9-5。

表 9-5　　常用警告标志及设置规范

序号	图形标志示例	名称	设置范围和地点
1	注意通风	注意通风	电缆隧道入口等处
2	当心火灾	当心火灾	易发生火灾的危险场所，如电气检修试验、焊接及有易燃易爆物质的场所

续表

序号	图形标志示例	名称	设置范围和地点
3	当心爆炸	当心爆炸	易发生爆炸危险的场所，如易燃易爆物质的使用或受压容器等地点

常用消防安全标志及设置规范见表 9-6。

表 9-6　　常用消防安全标志及设置规范

序号	图形标志示例	名　　称	设置范围和地点
1		消防手动启动器	依据现场环境，设置在适宜、醒目的位置
2	119	火警电话	依据现场环境，设置在适宜、醒目的位置
3	消火栓	消火栓箱	生产场所构筑物内的消火栓处
4		灭火器	悬挂在灭火器、灭火器箱的上方或存放灭火器、灭火器箱的通道上。泡沫灭火器器身上应标注“不适用于电火”字样
5		消防水带	指示消防水带、软管卷盘或消火栓箱的位置
6		灭火设备或报警装置的方向	指示灭火设备或报警装置的方向
7		疏散通道方向	指示到紧急出口的方向。用于电缆隧道指向最近出口处
8	紧急出口	紧急出口	便于安全疏散的紧急出口处，与方向箭头结合设在通向紧急出口的通道、楼梯口等处

（四）防火材料的一般要求

（1）电力电缆防火阻燃材料应选用具有难燃性或耐火性的合格防火材料，并应考虑其使用寿命、机械强度、施工便利性、价格等综合因素。

（2）当防火材料使用在户外、潮湿或有腐蚀性的环境中时，应选用具有良好防水、防腐性能的产品。

（3）电力电缆防火涂刷、电力电缆用阻燃包带的理化指标、防火性能应符合《电缆防火涂料》(GB 28374—2012)、《电缆用阻燃包带》(XF 478—2004)的规定，耐火槽盒的理化指标、防火性能应符合《耐火电缆槽盒》(GB 29415—2013)的规定。

（五）防火技术措施

电力电缆防火的本质就是防止电缆本体起火、电缆起火导致临近电缆起火，或电缆本体起火导致大范围及其他区域的电缆发生火灾。

1. 本体防火技术措施

(1) 电力电缆在隧道、电缆沟、变电站内、桥梁内应选用阻燃电缆，其成束阻燃性能应不低于C级。隧道、沟道、竖井、桥架、桥梁、夹层内的非阻燃电缆应采取绕包防火带、涂防火涂料等防火措施。

(2) 电力电缆可能着火蔓延导致严重事故的回路、易受外部影响波及火灾的电力电缆密集场所，应按工程重要性、火灾概率及其特点和经济合理等因素，选用具有阻燃性的电力电缆、实施耐火防护或选用具有耐火性的电力电缆。

(3) 消防、报警、应急照明、断路器操作直流电源和发电机组紧急停机的保安电源等重要回路，以及计算机监控、双重化继电保护、保安电源或应急电源等双回路合用同一通道未相互隔离时的其中一个回路以及通信光缆等，在电缆隧道内，主要采用了电缆防火槽盒隔离的方法；而在变电所电缆夹层内也采取了隔离及防火涂料措施，主要在两者之间的电缆沟道内，需要穿入阻燃管或隔离防护，而往往此处缺乏阻燃隔离。建议采用耐火电缆或穿入阻燃管进行隔离，对于现役的电缆及光缆，可采用绕包防火带的形式。

(4) 电力电缆线路的防火设施必须与主体工程同时设计、同时施工、同时验收，防火设施未验收合格的电力电缆线路不得投入运行。所有电力电缆线路工程均应有电力电缆防火设计专门章节。

(5) 同一通道内不同电压等级的电力电缆，应按照电压等级的高低从下向上排列，分层敷设在电缆支架上。

(6) 隧道、沟道和综合管廊电力舱内高压电力电缆与其他中性点非有效接地方式的电力电缆线路间应全线加装防火隔板、防火槽盒等防火隔离措施。

(7) 同一隧道、沟道、综合管廊电力舱敷设的中性点非有效接地方式电力电缆线路，应开展中性点接地方式改造，或做好防火隔离措施并在发生接地故障时立即拉开故障线路。

(8) 同侧敷设的中性点非有效接地 66kV 电力电缆回路间应全线加装防火隔板、防火槽盒等防火隔离措施。

2. 附件及附属设施防火技术措施

(1) 直埋的电缆接头最外层应采用阻燃材料包覆，对防火防爆有特殊要求的电缆接头应采用填沙、加装防爆接头盒或防火毯等防火隔离措施。

(2) 隐蔽区域和偷盗频发地区的接地箱（互联箱）应设计相应的防盗措施。

(3) 与电压电力电缆同通道敷设的低压电缆、非阻燃通信光缆等应放置在耐火槽盒中。对于一些特别重要的电力电缆及回路，也应敷设在防火槽盒内保护。

(4) 隧道内敷设的通信光缆和低压电源线，应采取放入阻燃管或防火槽盒等防火隔离措施。

(5) 非直埋电缆接头的外护层及接地线应包覆阻燃材料，充油电缆接头应采用耐火防爆槽盒，密集区域（4 回及以上）电缆接头应选用防火槽盒、防火隔板、防火毯等防火隔离措

施。未采用阻燃电缆时，电缆接头两侧及相邻电缆2～3m长的区段应采取涂刷防火涂料、缠绕防火包带等措施。

（6）中性点非有效接地系统中，缆线密集区域的电力电缆应采取防火隔离措施，中性点非有效接地系统中的电力电缆中间接头应采取防火隔离措施，如绕包防火毯、安装耐火防爆槽盒等。

（7）对电力电缆易着火的接头部位，电力电缆通过高温、易爆、易燃、危险品仓库、油箱、油管道、热力管道以及其他等易引发电力电缆火灾的区域，应采用自粘性防火包带、防火涂料或难燃保护管保护。

（8）电缆接头应采用防火涂覆材料进行表面阻燃处理，即在接头及其两侧2～3m和相邻电力电缆上绕包氯丁橡胶为基的阻燃带或涂刷防火涂料，涂料总厚度应为0.9～1.0mm。

（9）电缆接头不应布置于变电站夹层内，变电站夹层内在役接头应移出。

3. 通道防火技术措施

（1）对电力电缆着火易导致严重事故的回路、易受外部影响波及火灾的电缆密集场所，应有适当的阻火分隔。阻火分隔包括设置防火门、防火墙、耐火隔板与封闭式耐火槽盒。防火门、防火墙用于电缆隧道、电缆沟、电缆桥架以及上述通道分支处及出入口。

（2）应封闭缆沟盖板缝隙，避免易燃物进入电缆沟。运维部门应保持电缆通道、夹层整洁、畅通，消除各类火灾隐患，通道沿线及其内部、隧道通风口（亭）外部不得积存易燃、易爆物。电力电缆贯穿隔墙、竖井的孔洞处、电力电缆引至控制设施处等均应实施具有足够机械强度的防火封堵。

（3）电缆夹层宜设置火情监测报警系统、排烟通风设施和灭火装置。

（4）防火重点部位的出入口，应设计设置防火门或防火卷帘。

（5）电缆通道接近加油站类构筑物时，通道（含工作井）与加油站地下直埋式油罐的安全距离应满足《汽车加油加气站设计与施工规范（2014年版）》（GB 50156—2012）的要求，且加油站建筑红线内不应设工作井。

（6）在隧道、沟、浅槽、竖井、夹层等封闭式电缆通道中，不得布置热力管道，严禁有易燃气体或易燃液体的管道穿越。

（7）通道路径应避开火灾爆炸危险区。电缆通道临近易燃管线时，应采取合理措施，加强监视，防止电力电缆损害或导致火灾。

（8）电缆沟内通信光缆与电力电缆、输电电力电缆与配电电力电缆同沟敷设时，应采取有效的防火隔离措施。

（9）电缆通道防火管理，消防设施与主体设备或项目同时设计、同时施工、同时投产管理。

（10）改、扩建工程施工中，对于贯穿已运行的电缆孔洞、阻火墙，应及时恢复封堵。

（11）电缆排管、电缆沟隔断和孔洞的封堵应使用防火泥。电力电缆周围、电缆穿管管口及其他小型孔隙的阻火封堵应使用有机堵料；竖井及其他井内无积水环境的封堵应使用无机堵料；电缆贯穿孔洞的封堵可使用无机或有机堵料。

（12）隧道内每隔100～200m应设置一道防火间隔，发生火灾时通过烟感传感器控制防火门关闭，使该段间隔内氧气隔离，防止火灾蔓延。人员在防火间隔内可以打开防火门，以便逃生。

(13) 建设电缆隧道时，应同步设置通风、防火基本设施。重要电缆隧道内应同步建设综合监控系统，包括电缆温度监测、局部放电在线监测、接地环流监测、隧道有害气体监测、火情监测报警、视频监测等，并应定期传动、检测，确保动作可靠、信号准确。

(14) 电缆隧道应配置独立的双路供电系统，以便为通风、排水、照明等辅助系统提供电力供应，通风、排水、供电及照明系统宜具备远程开启、关闭功能。

(15) 运维部门应保持电缆通道、夹层整洁、畅通，消除各类火灾隐患，通道沿线及其内部不得积存易燃、易爆物。

(16) 电缆通道临近易燃或腐蚀性介质的存储容器、输送管道时，应加强监视，及时发现渗漏情况，防止电缆损害或导致火灾。

(17) 运检单位应对电缆通道临近易燃易爆管线、加油站情况进行排查，与相关单位对接，建立隐患台账，对电缆通道采取差异化管控措施。

(18) 发现损坏的防火措施必须及时修复。

(19) 一、二级电缆隧道应设置火灾监控报警系统。在电缆进出线集中的隧道、电缆夹层和竖井中，如未全部采用阻燃电缆，为了把火灾事故限制在最小范围，尽量减小事故损失，可加设监控报警和固定自动灭火装置。

(20) 电缆通道临近易燃、易爆或腐蚀性介质的存储容器、输送管道时，应开展气体监测。

(六) 防火配置

1. 电缆沟的防火配置

电缆沟的防火配置位于电缆沟内，其配置见表 9-7。

表 9-7　　电缆沟防火配置

序号	防火产品	原理	安装方式	特点
1	防火隔断	防火隔断由防火板制成，中间填充防火包，缝隙用防火密封胶打死，全部为防火材料，在一侧起火时可以有效起到防火作用	延隧道四周墙壁将隧道完全封死，中间留有安装防火门的位置	防火隔断整体为不燃或者阻燃材料，密封性好，可以有效地阻隔热源，减缓火灾蔓延
2	非燃性或阻燃性材质电缆穿管电缆支架	材料自身不燃烧	—	防止支架引起的火灾
3	灭火器、沙桶	—	每个阻火段和接头附近配置 1～2 个	—

2. 电缆隧道防火配置

(1) 位置：电缆隧道。

(2) 方案：电缆隧道内通信光缆、控制电缆应该布置在支架最上层的防火槽盒内，如果没有槽盒应该补装槽盒，建议采用不锈钢防火槽盒。顶管隧道或者现浇隧道内每隔一定距离应该有防火隔断，确保在隧道发生火灾时防火隔断能够起到隔绝火源的作用；防火隔断必须配备常开式防火门，方便日常的巡检维修。防火隔断应有可靠的接地措施。防火隔断两侧电缆表面应做防火处理，建议缠绕防火包带。在电缆隧道工作井或者通风井内应配备相应的消防装置及消防器材，且需要配置相应的自动灭火装置。电缆隧道内宜加装光纤测温、接地电

流检测技术手段。电缆隧道防火配置见表 9-8。

表 9-8　　电缆隧道防火配置

序号	防火产品	原　理	安装方式	特点
1	不锈钢光缆防火槽盒	产品自身不燃烧，耐火温度高	安装于电缆支架顶端，固定于支架之上，可靠接地	防火能力强，对环境要求低
2	干粉温控灭火器	遇火灾温控装启动灭火	悬挂于重要防火位置上方	安装简单，在周围发生火灾时能主动灭火，效率高，可靠性高
3	防火隔断	防火隔断由防火板制成，中间填充防火包，缝隙用防火密封胶打死，全部为防火材料，在一侧起火时可以有效起到防火作用	延隧道四周墙壁将隧道完全封死，中间留有安装防火门的位置	防火隔断整体为不燃或者阻燃材料，密封性好，可以有效地阻隔热源，减缓火灾蔓延
4	自动防火门	防火门配备自动关闭装置，起到关闭防火的作用	安装在防火隔断的预留位置，即检修通道	与防火隔断配合，能有效地阻隔热源、减缓火灾蔓延
5	监测系统	温度自动探测报警与控制系统，一般考虑各种点式感烟探测器、线型感温电缆和空气样本分析系统	通过光纤传感器全线布置，能够把信号传输到监控室内	可靠性高，实时性好，能够实时反映隧道内的环境情况
6	火灾报警控制系统	火灾报警控制系统由主控制器、探测器、手动报警按钮、声光报警器等设备组成。当发生火灾时，探测器将火灾信号送至主控制器，在主控制器上能显示火灾发生的时间、地点，并发出报警信号。同时，火灾报警主控制器联动关闭隧道	通过光纤传感器全线布置	效率高，能够第一时间产生火灾报警信号
7	消防水系统	主动灭火装置，当发生火灾后，人为启动或通过检测装置自动启动消防水喷淋系统	安装于电缆隧道顶端	作为主动灭火系统，能够最有效地扑灭火灾，但是也会造成电缆隧道和电缆本体进水
8	防火接头盒	其氧指数高，拉伸、弯曲、压缩强度好，刚性好，耐腐蚀性、耐气候性较好	安装在电缆接头位置	能够有效防止接头引发的火灾
9	有效接地系统运行方式	—	不同电压等级中，隔离中性点非有效接地系统的电缆	防止电弧引起的火灾
10	非燃性或阻燃性材质电缆穿管电缆支架	材料自身不燃烧	—	防止支架引起的火灾
11	通风系统	机械通风为主，自然通风为辅	出入口处	隧道通风，形成良好的环境
12	灭火器、沙桶	—	每个阻火段和接头附近配置 1～2 个	—

（七）隐患治理

巡视人员发现电力电缆设备出现火灾隐患后，应立即采取应急措施，并上报有关部门，采取相应改进防控措施。主要隐患治理措施见表 9-9。

表 9-9　　隐患治理表

序号	隐　患	处　理
1	规划阶段未考虑周全，设计缺陷导致起火	（1）规划建设电缆通道时，应尽量避免多电压等级的电力电缆使用同一通道。多电压等级电力电缆混用通道时，应充分考虑防火、防爆隔离措施。 （2）规划建设电缆隧道时，应同步设置通风、照明、排水、防火、井盖防盗等基本设施，重要电缆隧道内宜同步建设综合监控系统，包括电缆温度、接地环流监测，隧道有害气体、水位、沉降、出入口等监控功能
2	由于电缆线路接地系统失效或受破坏而引发的电缆护套起火	组织接地系统排查，对有问题的接地系统进行技改： （1）两端直接接地系统技改成一段保护接地。 （2）对交叉互联相位错误段进行调整。 （3）接地系统未有效接地的进行恢复
3	由于电缆本体或附件击穿引发的电缆护套起火	组织故障分析会议，对电缆本体击穿部位进行解剖分析： （1）电力电缆老化严重的情况，组织厂家更换电缆本体。 （2）局部问题严重的情况，组织厂家更换严重段，并制作中间接头。 （3）更换附件
4	电缆绝缘老化局部放电造成火灾	组织故障分析会议，对绝缘老化电力电缆进行解剖分析：电力电缆老化严重的情况，组织厂家更换电缆本体
5	动火工程作业中的意外失火	立即停止动火作业，并采取灭火措施（使用干粉灭火器），最后对受影响的电力电缆段进行质量评估和分析，严重者进行停电检修
6	电缆沟、电缆层、电缆桥架、电缆竖井以及电缆隧道内高压电缆与低压电缆、通信电缆等缆线隔离措施不到位，邻近低压电缆、通信电缆起火造成高压电缆线路火灾	开展安全距离排查，安全距离不能满足安全运行要求时，采取防火隔离措施
7	电缆中间接头故障后，由于隔离措施不到位造成邻近电缆火灾	开展中间接头排查，防火隔离措施不能满足安全运行要求时，再次补强防火隔离措施
8	电缆通道与热力管、石油管、煤气管线等距离过近，未采取其他防范措施，临近管线起火造成电缆通道火灾	开展隐患排查，与电缆通道与热力管、石油管、煤气管线等距离过近时，采取合理措施，加强监视，防止电力电缆损害或导致火灾
9	电缆通道内有可燃气体引发火灾	开展通道隐患排查，进行通道通风，清除通道内气体
10	电缆通道内和井口上方堆放易燃、易爆物品	及时清除通道内和井口上的易燃、易爆物品
11	电缆终端塔附近有枯草、树木等易燃物引发火灾	进行隐患排查，清除易燃物体
12	接地线被盗引发火灾	停电检修，重新安装接地线，还原原有的接地方式，避免火灾

四、越江隧道消防改造典型案例

（一）改造项目背景

图 9-30 改造前电力电缆穿越楼板情况

某越江隧道是穿越黄浦江的专用电缆隧道，全长 525m，2004 年投运，穿越××路隧道的是两条由浦建站送至复兴路的交联电力电缆，这两条电力电缆是××市中心区域主要输电线路之一，隧道中电缆穿越楼板、525m，建设时隧道中未装设防火隔断，未设置防火墙，其他防火防爆措施也相对落后。为提高电力电缆的消防防火能力，保证电力电缆的安全，国网××公司通过技改项目对隧道进行防火反措改造。如图 9-30 所示为改造前电力电缆穿越楼板情况。

（二）改造项目内容

1. 防火隔断及防火墙

（1）原来部分电力电缆在竖井中穿越楼板时候未设置防火隔断，此次改造对所有穿越楼板的电力电缆装设防火隔断，并对穿越防火隔断的电力电缆及桥架进行防火涂料喷涂。

（2）原隧道中未设置防火墙，无法有效阻止隧道火灾蔓延，此次改造按照相关标准，在电缆隧道中每隔 100m 设置防火墙。

（3）电缆隧道选用的防火封堵产品为 CP675T 防火板、CP636 防火灰泥、CP620 膨胀型防火泡沫、CP678/9 水性电缆防火涂料等。

1）CP675T 防火板技术特性：烧蚀型防火封堵产品；安装方便；易于现场切割；利于电缆二次贯穿。

2）CP636 防火灰泥（封堵电缆沟、电缆隧道和电缆穿墙孔）技术特性：长达 30 年的使用年限，降低使用成本；不含有石棉、苯酚或卤素成分；在固化时或遇火时不收缩；可后续进行涂刷；与膨胀防火密封胶配合使用组成阻火墙。

3）CP620 膨胀型防火泡沫技术特性：施工中最大 6 倍体积膨胀率；火灾中最大 5 倍的二次体积膨胀率；良好的烟密性、水密性；30 年的长效使用性能；特别适用于难于施工操作的复杂孔洞。

4）CP678/9 水性电缆防火涂料技术特性：水性配方，无刺激气体放出；施工方便，可喷涂、刷涂；当涂层厚度为 1mm 时，对电缆热阻无影响，不会影响电缆载流量；固化后保持弹性；膨胀性能；30 年长效防火性能。

2. 火灾报警系统

此次改造新增火灾报警系统，主要由两部分组成：在隧道内安装光纤测温系统及在电缆井加装火灾报警主机、报警铃等并与闭门器等联动。

此次改造新放感温光纤敷设于隧道电缆支架上，新放光纤自外马路和白渡路北侧隧道竖井内控制器接出，沿隧道穿越黄浦江敷设至张扬路竖井后沿隧道北侧支架返回至控制器，全长 1.2km。火报警主机选用能美 R-23 型及相关模块，采用两通道线型光纤感温火灾探测器作为报警系统的探测主机，在每根电力电缆上敷设感温光纤及时探测电力电缆状态。当发生火灾，消防报警主机收到探测器报警信号后立即关闭防火门并发送声光报警信号。同时，可通过网络交换设备将各分布式光纤感温探测器的温度信号集成在系统工作站中，以便集中管理（预留信号端口用于远程传输）。

光纤传感在火灾和电力监测领域具有绝对的优势，只要沿着整个需要监测的区域敷设一根光缆就可以实现完整的监测方案。光纤传感具有不受电磁干扰影响、分布式测量、长期免维护、能够应对恶劣环境等优势，使之成为火灾探测和电缆监测项目的最好的解决方案。

与传统传感器相比较，分布式光纤测温系统具有的天然优势，主要包括：连续分布式测量；抗电磁干扰，在高电磁环境中可以正常的工作；本征防雷；测量距离远，适于远程监控；灵敏度高，测量精度高；寿命长，成本低，系统简单。

整条隧道分为3个保护区，每个区域发送火灾预警及火灾报警2个信号。一旦发生火灾，火灾报警主控判别发生火灾区域，同时联动关闭隧道内相应的防火分区防火门，以阻止火情蔓延。为保证报警系统可靠性，接地电阻应不大于1Ω。

3. 消防设施改造

此次消防设施改造主要涉及消火栓改造及电缆接头处安装悬挂式干粉灭火装置。其中，电缆竖井室内消火栓水源全部接入市政管网；所有电缆接头处安装的干粉灭火装置是一种应用广泛的无管网自动灭火系统，目前已在北京、吉林、辽宁、黑龙江等省市电力电缆隧道中大量使用。悬挂干粉灭火装置有着下述优点。

（1）灭火高效性：装置喷射迅速，能将火情迅速扑灭，超细级别干粉能够有效地防止火灾的二次复燃。

（2）环保安全性：磷酸铵盐干粉环保安全，对人体无毒无害，灭火二次灾害远远低于水和泡沫等灭火剂，且干粉经过超细及防潮处理喷射后不会粘附在设备表面，清理方便迅速。

（3）运用广泛性：灭火干粉能够广泛地使用于扑灭固体、液体、气体及带电电气设备等复合性的火灾，特别对于可燃物质复杂的试验仪器设备效果良好。

（4）可靠安全性：装置一体化结构简单，不会由于传统管网系统某个环节的失效（比如起火后将输送管路烧断）而失去灭火功能。

（5）造价经济性：相比传统灭火系统，省去了复杂的管网等各种零配件，造价经济。

（6）安装方便性：干粉灭火装置将传统灭火系统的灭火剂存储、释放、自动感应温度启动等功能集于一体，安装简单，无须各种穿孔走管及预埋等工序；在投入使用后，即使防护空间功能改变或者设备位置调整，灭火装置也可以方便地进行改变，加强灭火针对性；特别适合各种消防改造工程使用。悬挂式干粉灭火装置如图9-31所示。

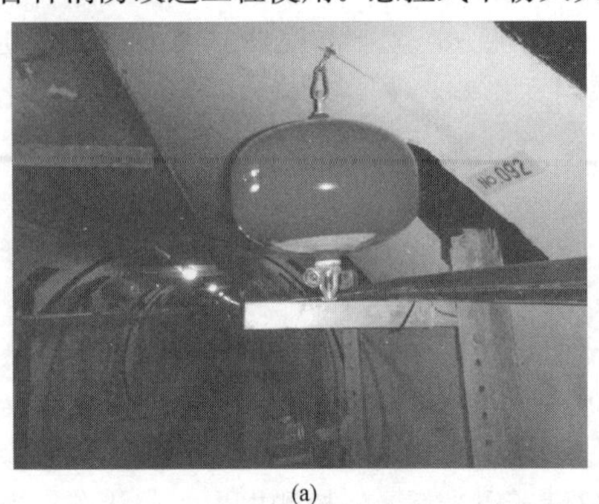

(a)

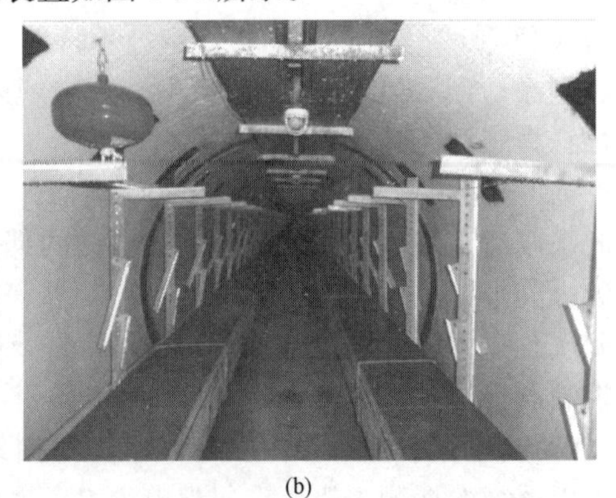

(b)

图9-31　悬挂式干粉灭火装置示意图

（a）局部图；（b）整体安装效果

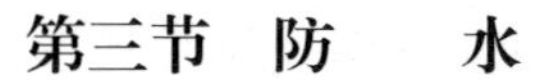

第三节　防　　水

本节主要介绍电力电缆线路水患危害的分类与原因，隐患巡视、检测及在线监测的三种隐患排查方式，电缆本体及附件、通道的防水治理措施，并介绍了电缆隧道防水典型案例。

一、分类与原因

电力电缆线路水患是指电缆线路由于规划设计施工不当、运行检修不到位、自然灾害等各种原因导致电力电缆及附件进水，或电缆隧道、综合管廊、工作井、排管等电力电缆通道渗水、积水等威胁电力电缆安全稳定运行的隐患。

（一）电力电缆线路进水危害

电力电缆线路进水主要可以分为电缆本体及附件进水和电缆通道进水。

电缆本体及附件进水主要包括电缆本体进水、电缆终端进水、电缆中间接头进水、电缆接地系统进水和电缆线路避雷器进水五类。

以上电力电缆水患的危害主要是进水后造成电力电缆及附件等设备的性能受到损坏，进而影响电网安全稳定和用户的可靠供电，详细危害如下。

1. 电缆本体及附件进水危害

（1）电缆本体进水。目前使用的电力电缆绝大部分是交联聚乙烯电缆。交联聚乙烯电缆由于在材料选择和制造工艺上的原因，使电缆本身内部可能存在着微孔、杂质或其他一些缺陷。而水分沿缺陷处进入电缆中，将很可能会产生水树枝，水树枝的两种形态如图 9-32 所示。

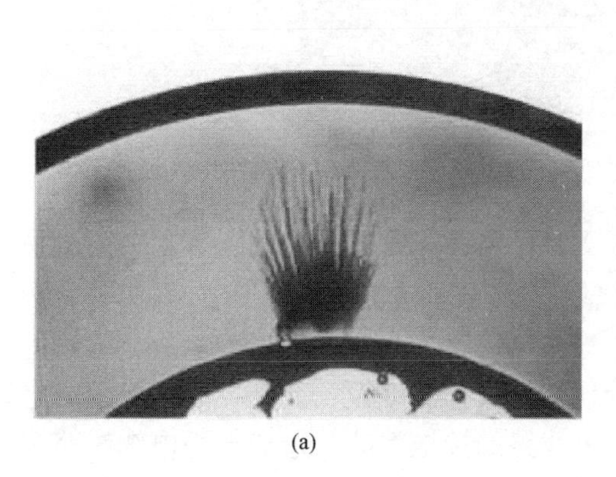

(a)

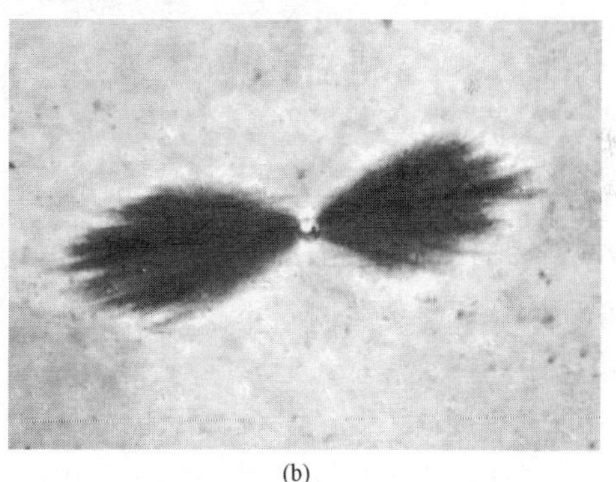

(b)

图 9-32　水树枝的两种形态示意图

（a）形态 1；（b）形态 2

水树枝（water tree）被认为是导致交联聚乙烯电缆绝缘老化的重要原因。水树枝造成电缆击穿可以分两种情况：

1）水树枝的生长相对较慢，伴随水树枝的生长，水树枝尖端的电场将愈加集中，高温下，水树枝里可能发生显著的氧化，导致吸水性增大、导电性增高，最终热击穿。

2）水树枝生长到一定程度时，严重过电压可能会在水树枝尖端形成较大的瞬态电流，该电流在水树枝中的损耗会造成水树枝微孔内水分温度的急剧上升甚至气化，进一步造成绝缘破坏，产生的局部高场强会使水树枝尖端处产生电树枝。电树枝一旦形成，即可能造成电缆在短期内被击穿。电缆绝缘击穿故障如图 9-33 所示。

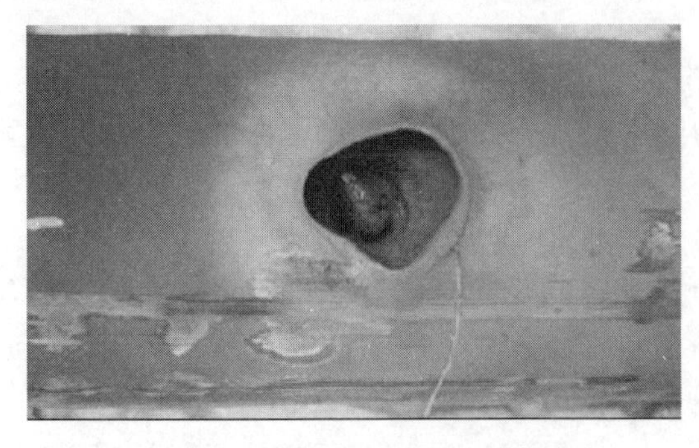

图 9-33　电缆绝缘击穿故障示意图

（2）电缆终端进水。电缆终端进水后，会引起绝缘油 tanδ 值显著增大，导致绝缘油电气性能的劣化。受潮后的绝缘油会发生电阻下降、介质损耗增大和击穿电压降低的现象。此外，由于水与绝缘油密度不同，水分会沉积在绝缘油底部，使该部位的绝缘油介质损耗变大，并引起终端电场分布畸变，导致电缆终端局部发热，加速终端热老化过程。积水部分会引起终端局部发热，应力锥部分由于积水的原因，温度明显高于其他部分，长期运行将导致过热部分发生故障（见图 9-34）。

图 9-34　终端局部发热示意图

（3）电缆中间接头进水。制作电缆中间接头时，由于阻水胶带及搪铅等工艺不到位、施工环境不达标、接地线密封不良、接地线连接端子无阻水措施等，造成中间接头受潮、进水。电缆中间接头进水会造成绝缘界面爬电，最终导致绝缘击穿。

（4）电缆接地系统进水。由于电缆直接接地箱、保护接地箱、交叉互联箱进水或电缆外护套破损浸在水中运行等原因，破坏了电力电缆线路的接地系统，造成电力电缆线路多点接地，导致护层发热，一方面减小电缆载流量，另一方面接地线进水可导致接头损坏。由于电力电缆长期高温运行，加速绝缘老化，减少电力电缆使用寿命，甚至引起电力电缆火灾，导致大规模电网事故。

（5）电缆线路避雷器进水。密封圈和密封胶老化导致潮气或水分浸入避雷器内部，引起避雷器阀片老化，绝缘管、避雷器阀片泄漏电流增大。避雷器泄漏电流增大将引起局部发热，导致避雷器损毁，严重时可引起避雷器爆炸。避雷器进水导致故障如图 9-35 所示。

2. 电缆通道进水危害

电缆通道主要有电缆隧道、电缆沟、工作井、排管等几种形式，电缆通道中积水，使电力电缆及其附件和监测系统浸泡在水中，可能产生直接危害：

（1）使电缆通道的电源系统进水，使运检人员产生触电危害，影响排水、通风及监控设备的正常使用。

（2）电缆本体浸没在水中运行，使电缆外护套防护性能下降。

（3）使电缆排水、通风、监测系统特别是其中的电子设备进水，影响这些系统正常使用。

图 9-35　避雷器进水导致故障示意图

（4）通道中的接地装置、支架等金属部件在水中运行会产生锈蚀，使接地电阻增大，金属支架性能降低。

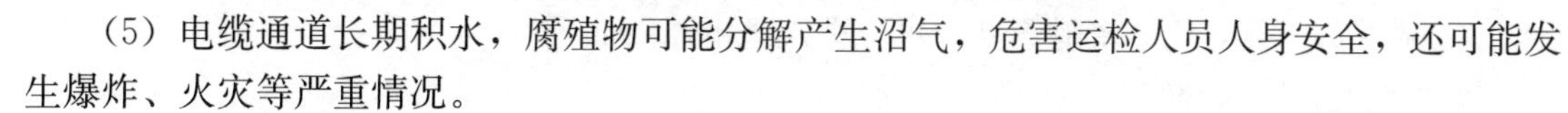

（5）电缆通道长期积水，腐殖物可能分解产生沼气，危害运检人员人身安全，还可能发生爆炸、火灾等严重情况。

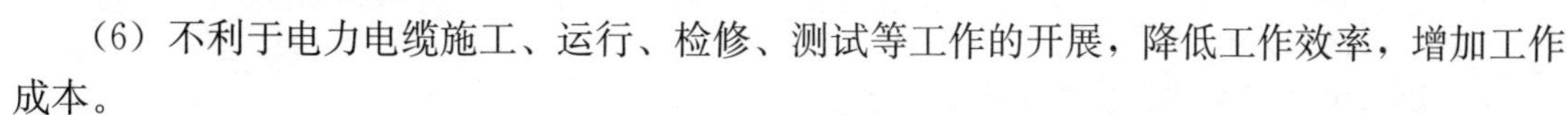

（6）不利于电力电缆施工、运行、检修、测试等工作的开展，降低工作效率，增加工作成本。

（二）水患原因

1. 电缆本体及附件水患原因

（1）电力电缆及附件设计选型不当。在部分地下水位较高、降雨量大、电缆通道中易积水地区，未根据实际情况选择具有防水、阻水性能的电缆和附件。

（2）生产过程。电缆线芯受潮、生产环境未达标、电缆端部防水密封措施不到位、外护套生产过程中有破损。

（3）运输阶段。电力电缆在运输过程中由于装卸吊盘不当，电力电缆受到机械碰撞，致使封头帽脱落或护套刮破。特别是在梅雨季节，潮气和水分更容易进入电力电缆内。

（4）仓储阶段。成盘电力电缆两端均要求使用热缩塑料密封套封住。用去一段之后，若剩余电力电缆断面只进行简单密封处理或不密封，长时间放置水分会渗入电缆。

（5）施工阶段。

1）电力电缆敷设不规范，电缆端部或牵引头密封不严，造成进水，例如：电缆端部牵引头密封锥管与铅护套连接处没有采用安全、可靠的压接铅封或焊接工艺导致电缆进水。

2）在牵引时，未使用合理的施工机具，牵引力过大或敷设时未采取保护措施致使外护套破裂，导致电力电缆进水。

3）敷设电力电缆前，未清理通道，存在石块等尖锐物体，损伤电缆外护套。

4）制作附件过程中，环境湿度较大，防潮措施不到位，导致绝缘受潮；主绝缘剥切后未及时进行附件安装，未做防潮处理，致使绝缘受潮。

5）电力电缆金属护层的接地引出线由于使用铜编织带，存在大量空隙，铜编织带和护层连接处未做防水措施，提供了外护层的进水通道。电缆终端尾管与金属护层密封不严。

6）电缆接头由于铜壳、防水壳、热缩管等部件的端口处理不符合要求，加装防水带时施工工艺及带材质量控制不严（包扎厚度、宽度不够，防水胶韧性差、与铜壳表面粘贴不够紧密），使水分沿着防水胶与铜壳间的空隙进入到铜壳内部。

7）电缆终端进水原因一般为终端未加装防雨罩、封铅工艺不当或密封圈安装不到位。

8）避雷器由于施工时使端部桩头或计数器引出端过于受力发生转动，导致密封性下降

进水。

（6）运行阶段。

1）当电缆运行时发生本体故障，电缆通道中的积水或潮气便会沿着故障位置进入电力电缆内部。

2）当电力电缆发生外力损伤，护套或绝缘局部破损，造成电力电缆外部进水。

3）电缆终端上部未加装防雨罩导致顶部积水或密封圈安装不到位由顶部进水，电缆终端底部接地封铅与尾管间产生虚焊或密封圈安装不到位，使终端底部绝缘受潮进水，导致终端内部绝缘性能下降，产生局部放电及发热等现象。

4）电缆护层与土壤之间发生电化学反应，腐蚀受损，导致水分进入电缆主绝缘。

5）接地箱损坏或有空隙进水，护层接地线受潮进水，使护层绝缘下降。

6）避雷器局部老化、密封不良，水分进入避雷器内部。

2. 电缆通道水患原因

（1）设计阶段。

1）电力电缆线路路径选择不当。

2）电缆通道设计防水标准不满足实际工程需要，如未设计集水井或集水井尺寸偏小。

3）隧道内部的排水口、出入口、通风口或者投料口设计不合理，露出地面部分未加装防雨栅栏等设备，导致雨水飘落进隧道或没有考虑防倒灌措施。寒冷及严寒地区的排水沟没有采取防冻措施。

4）井盖缝隙过大，未进行相关防水设计。

5）电缆通道排水功能不足或无排水设施，如未与市政排水系统连接，电缆通道内积水无法及时排出。

（2）施工阶段。电缆隧道、工作井等通道防水施工质量不达标，如管口未封堵或封堵失效。

图 9-36　电缆通道积水示意图

（3）运行阶段。

1）电缆隧道、工作井损坏未及时修复：电缆盖板破损、丢失，电缆工作井、隧道、沟等墙壁裂缝、严重损坏等。

2）洪涝灾害、雷雨、大风恶劣天气，电缆通道积水无法及时排出。

3）由于地质原因发生沉降、移位，造成电缆隧道管廊之间连接缝发生形变，导致隧道发生渗漏。

电缆通道积水情况如图 9-36 所示。

二、发现与排查

电力电缆线路防水隐患排查的主要方式包括巡视排查、检测排查和在线监测排查三种。

（一）巡视排查

1. 巡视内容及要求

对于电缆线路的防水隐患排查，日常巡视所针对的巡视对象包括电缆本体、附件和通

道，其巡视内容及要求见表 9-10 和表 9-11。

表 9-10　　电缆本体和附件的巡视内容及要求

巡视对象	部件	巡视内容及要求
本体	外护套	是否存在破损情况和龟裂现象
附件	电缆终端	（1）是否存在发热现象。 （2）是否存在渗漏油情况
	电缆接头	（1）是否浸水。 （2）外部是否有明显损伤及变形，防水密封良好。 （3）端头封堵是否存在缺陷
	接地装置	（1）接地箱箱体（含门、锁）是否缺失、损坏，基础是否牢固。 （2）接地箱箱体是否进水。 （3）接地电缆、同轴电缆外皮无损伤，密封良好、接触牢固
	避雷器	（1）避雷器动作指示器是否存在图文不清、进水和表面破损、误指示等现象。 （2）泄漏电流和计数器动作次数监测是否异常（由于避雷器进水可导致泄漏电流增大、计数器频繁动作，通过绘制泄漏电流和计数器动作次数随时间的变化曲线，可掌握避雷器内部进水情形）。 （3）避雷器是否存在发热现象
	在线监测装置	（1）在线监测硬件装置是否完好。 （2）在线监测装置数据传输是否正常。 （3）在线监测系统运行是否正常

表 9-11　　通道巡视内容及要求

巡视对象		巡视内容及要求
通道	电缆沟	（1）电缆沟墙体是否有裂缝，附属设施是否故障或缺失。 （2）竖井盖板是否缺失，爬梯是否锈蚀、损坏。 （3）电缆通道与变、配电站房连通处应做好防渗漏封堵，防止管道中积水流入变、配电站房内。重点变电站的出线管口、重点电缆通道的易积水段定期组织排水或加装水位监控和自动排水装置。 （4）电缆沟内部是否积水。 （5）封堵措施是否完好
	隧道	（1）电力隧道通风亭、投料孔应高出地面，并具有防渗漏、防地表渍水措施。 （2）隧道内地坪是否倾斜、变形及渗水。 （3）隧道墙体是否有裂缝，附属设施是否故障或缺失。 （4）隧道通风亭是否有裂缝、破损。 （5）现场检查有无白蚁、老鼠咬伤电缆。 （6）排水、监控等系统或设备是否运行正常，是否存在隐患和缺陷

续表

巡视对象		巡视内容及要求
通道	工作井	(1) 接头工作井内是否长期存在积水现象，地下水位较高、工作井内易积水的区域敷设的电力电缆是否采用阻水结构。 (2) 工作井是否出现基础下沉、墙体坍塌、破损现象。 (3) 盖板是否存在缺失、破损、不平整现象。 (4) 位于绿化带内的电缆井应高出地面，以防止绿化用水渗漏进电缆通道
	排管	(1) 排管包封是否破损、变形。 (2) 预留管孔是否采取封堵措施
	电缆桥架	(1) 电缆桥架、电缆保护管、沟槽是否脱开或锈蚀，盖板是否有缺损。 (2) 电缆桥架是否出现倾斜、基础下沉、覆土流失等现象，桥架与过渡工作井之间是否产生裂缝和错位现象
	其他	(1) 电缆通道保护区内是否存在土壤流失，造成排管包封、工作井等局部点暴露或者导致工作井、沟体下沉、盖板倾斜。 (2) 电缆通道保护区内是否有管道穿越、开挖、打桩、钻探等施工

2. 通道巡视周期

(1) 35kV 电缆通道外部：每 1 个月巡视一次。

(2) 发电厂、变电站内电缆通道外部：每 3 个月巡视一次。

(3) 电缆通道内部巡视：每 3 个月巡视一次。

(4) 单电源、重要电源、重要负荷、网间联络等电缆通道的巡视周期不应超过半个月。

(5) 对通道环境恶劣的区域，如易受外力破坏区、偷盗多发区、采动影响区、易塌方区等应在相应时段加强巡视，巡视周期一般为半个月。

3. 设备巡视周期

(1) 35kV 电缆户外终端巡视：每 1 个月巡视一次。

(2) 发电厂、变电站内电缆户外终端巡视：每 3 个月巡视一次。

(3) 电缆巡视：每 3 个月巡视一次。

(4) 35kV 电缆终端结合停电巡视检查一次。

(5) 单电源、重要电源、重要负荷、网间联络等电缆的巡视周期不应超过半个月。

(6) 对于城市排水系统泵站供电电源电缆，在每年汛期前进行巡视。

(7) 电力电缆及通道巡视应结合状态评价结果，适当调整巡视周期。

此外，电力电缆运维单位应根据电缆及通道特点划分区域，结合状态评价和运行经验确定电缆及通道的巡视周期。同时依据电力电缆及通道区段和时间段的变化，及时对巡视周期进行必要的调整。

(二) 检测排查

目前对于电力电缆线路水患检测手段主要是针对电缆本体及电缆附件，以下介绍一些常用检测手段。

1. 电缆本体进水检测

如前文所述，水树枝的存在会给交联聚乙烯电缆的运行带来以下三种危害：

(1) 一般而言，水树枝的数目越多、长度越长，电力电缆的绝缘电阻率会出现下降的趋势，同时会引起直流泄漏电流增大。

（2）水树枝越长，$\tan\delta$ 一般会增加。根据相关研究，当电力电缆的 $\tan\delta>5\%$ 时，电力电缆将无法安全运行。

（3）水树枝变长，交流击穿电压下降。

在电缆施工、运行过程中，现场检测电缆本体进水，常检查线芯等是否有水流出或明显潮湿。若无明显进水受潮现象，则采用干燥纸巾等进行检测。另外，基于电力电缆吸收过程的特点，国内外已经研究出几种有一定特点的停电试验方法，如恢复电压法、反向吸收电流法等，这些方法在实际应用中取得了较好的效果。

2. 电缆终端进水检测

电缆终端进水导致绝缘介质受潮或局部放电，都会出现发热的现象。因此，使用红外热像仪检测电缆终端是否存在异常发热是十分有效的手段。

使用红外热像仪（见图 9-37）可以直观地判断是否存在发热缺陷，但其使用的条件也较为苛刻，电缆终端为电压致热设备，缺陷温差较小，应采用精确检测方式。根据《带电设备红外诊断应用规范》（DL/T 664—2016），使用红外热像仪时应尽量满足以下条件：

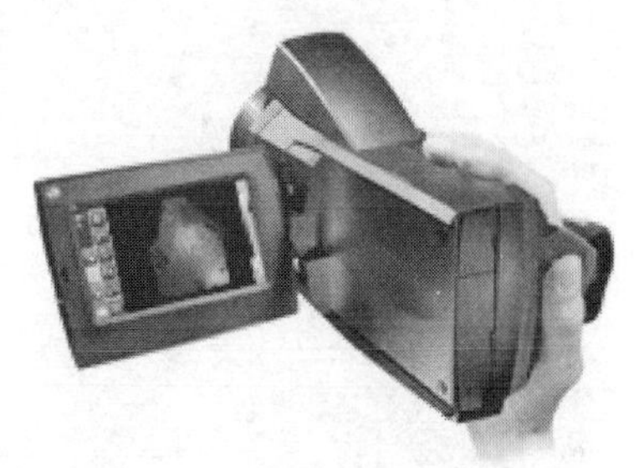

图 9-37　红外热像仪示意图

（1）检测时以阴天、多云气候为宜，晴天（除变电站外）尽量在日落后检测。在室内检测要避开灯光的直射，最好闭灯检测。

（2）不应在有雷、雨、雾、雪的情况下进行，风速一般不大于 5m/s。

（3）检测时环境温度一般不低于 5℃、空气湿度不大于 85%。

（4）由于大气衰减的作用，检测距离应越近越好。

（5）检测电流致热的设备，宜在设备负荷高峰状态下进行，一般不低于负荷的 30%。

电力电缆线路检测周期：对正常运行的电力电缆线路设备，主要是电缆终端，35kV 及以下电力电缆每年至少一次。对重负荷线路，运行环境差时应适当缩短检测周期；重大事件、重大节日、重要负荷以及设备负荷突然增加等特殊情况应增加检测次数。

电缆终端缺陷诊断判据见表 9-12。

表 9-12　电缆终端缺陷诊断判据

设备类别	热像特征	故障特征	处理建议
电缆终端	以整个电缆接头为中心的热像	电缆接头受潮、劣化或气隙	终端本体同部位相同温度差超过 2K 应加强监测，超过 4K 应停电检查
	伞裙局部区域过热	内部可能有局部放电	
	根部有整体性过热	内部介质受潮或性能异常	
	以护层接地连接为中心的发热	接地不良	

根据对电气设备运行的影响程度，过热缺陷分为以下三类：

（1）一般缺陷：指设备存在过热，有一定温差，温度场有一定梯度，但不会引起事故的缺陷。这类缺陷一般要求记录在案，注意观察其缺陷的发展，利用停电机会检修，有计划地安排试验检修消除缺陷。

（2）严重缺陷：指设备存在过热，程度较重，温度场分布梯度较大，温差较大的缺陷。这类缺陷应尽快安排处理。对电流致热型设备，应采取必要的措施，如加强检测等，必要时

降低负载电流；对电压致热型设备，应加强监测并安排其他测试手段，缺陷性质确认后，立即采取措施消缺。

（3）危急缺陷：指设备最高温度超过《高压交流开关设备和控制设备标准的共用技术要求》（GB/T 11022—2020）规定的最高允许温度的缺陷。这类缺陷应立即安排处理。对电流致热型设备，应立即降低负载电流或立即消缺；对电压致热型设备，当缺陷明显时，应立即消缺或退出运行，如有必要，可安排其他试验手段，进一步确定缺陷性质。

电缆终端为电压致热型设备，其发热缺陷一般定为严重及以上的缺陷。

图 9-38　环流现场测量示意图

3. 电缆接地系统进水检测

接地系统中接地箱是否进水可以通过人工巡检，采用钳形电流表测量护层环流的大小来判断电缆接地是否正常。环流现场测量 9-38 所示。

以某高压电缆线路接地箱进水为例，检测负载电流为多少，进水前护层电流为多少，进水后为多少。这种方法在以往的电力电缆线路运行中使用较多，优点是使用简单方便，缺点是受环境因素影响大，在人员不易到达、操作的区域，测量不方便，对大规模的电力电缆线路测量时需要花费大量的人力、物力，工作效率很难提高。

4. 电缆外护套破损的检测

单芯电缆外护套破损容易导致电力电缆金属护层形成多点接地，从而存在接地回路，产生较大环流，而使电缆金属套发热，降低电力电缆输送容量。同时外护套破损之后，金属护层与土壤之间产生电化学反应，腐蚀受损，导致水分从破损处进入绝缘，这会使得主绝缘产生水树枝老化的概率增加，容易产生局部放电和引发电树枝，对电力电缆的长期安全运行造成威胁，严重影响电缆寿命。因此，对外护套故障及时进行定位和修复非常必要。

单芯电力电缆结构的特点使得其外护套故障不能采用回波反射法进行预定位，而应采用高压电桥法进行预定位。高压电桥法是基于穆雷（Murray）电桥原理设计的，其依据是线芯（或屏蔽层）电阻均匀，且与长度成正比。如图 9-39 所示为电桥定位法接线，图中将被测故障相的铝套与非故障相铝套在远端短接，电桥两臂分别接故障相与非故障相近端铝套，调节电桥两臂上的可调电阻器，使得电桥平衡，利用比例关系和已知的电缆长度就能得出故障的位置。

（三）在线监测排查

1. 电缆本体及附件进水在线监测

（1）本体监测。近年来，随着对交联聚乙烯电缆研究的深入研究，提出了检测电缆绝缘进水的直流分量法、损耗电流谐波分量法、损耗因数 tanδ 测量法、工频泄漏电流法等方法。

（2）智能接地箱监测。接地电流检测是发现电缆接地系统缺陷的十分有效的检测手段，但是周期性人工检测难以实时掌握电缆接地电流状态，可采用智能接地箱实时监测电缆护层环流、工作井水位，出现异常现象可实时报警给运维人员。智能接地箱改造如图 9-40 所示，智能接地箱布置如图 9-41 所示，智能接地箱通信如图 9-42 所示，工作井水位监测如图 9-43 所示。

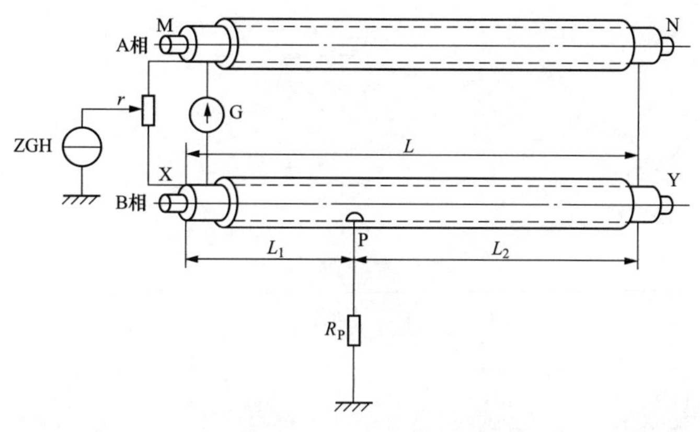

图 9-39　电桥定位法接线示意图

ZGH—高压恒流源；G—检流计；r—可调电阻器

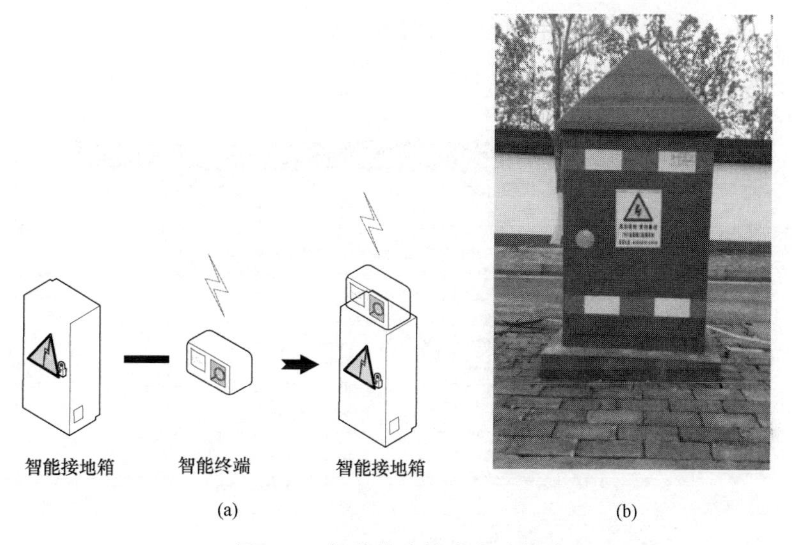

图 9-40　智能接地箱改造示意图

（a）改造过程示意图；（b）实物图

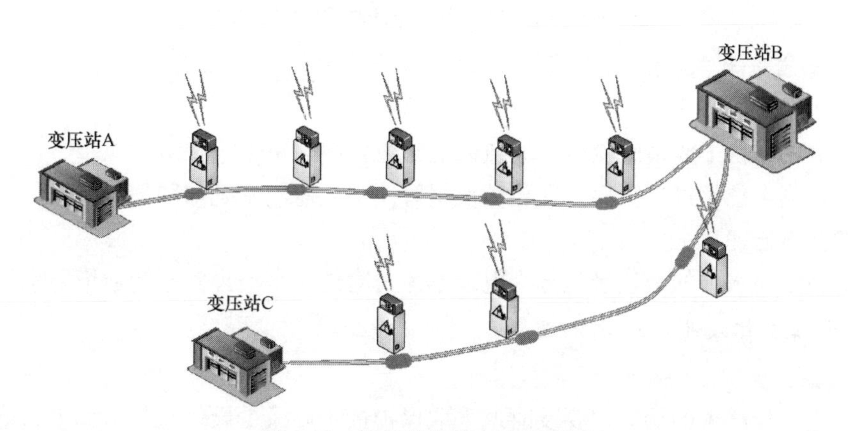

图 9-41　智能接地箱布置示意图

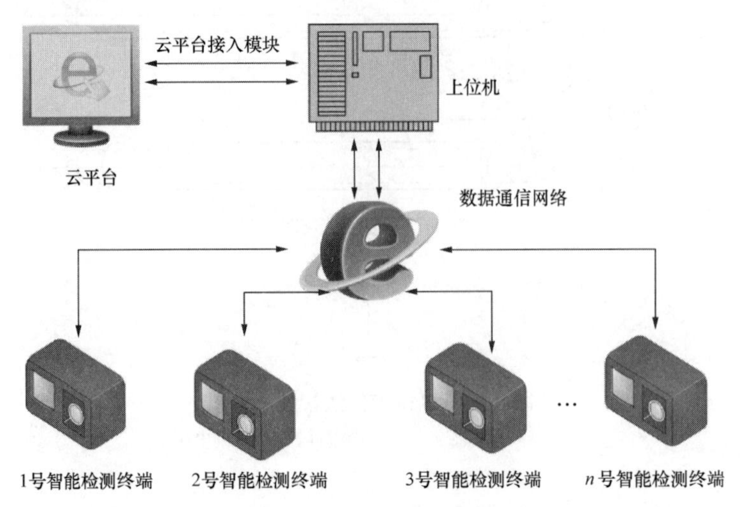

图 9-42　智能接地箱通信示意图

井编号	时间	水位状态	终端设备号
独墅湖大道南056	2016-03-09 09:40:46	正常	1000000003
独墅湖大道南056	2016-03-08 21:39:42	正常	1000000003
独墅湖大道南056	2016-03-08 09:38:41	正常	1000000003
独墅湖大道南056	2016-03-07 21:37:36	正常	1000000003
独墅湖大道南056	2016-03-07 09:36:35	正常	1000000003
独墅湖大道南056	2016-03-06 21:35:30	正常	1000000003
独墅湖大道南056	2016-03-06 09:34:29	正常	1000000003
独墅湖大道南056	2016-03-05 21:33:25	正常	1000000003
独墅湖大道南056	2016-03-05 09:32:24	正常	1000000003
独墅湖大道南056	2016-03-04 21:31:19	正常	1000000003
独墅湖大道南056	2016-03-04 09:30:18	正常	1000000003
独墅湖大道南056	2016-03-03 21:29:14	正常	1000000003
独墅湖大道南056	2016-03-03 09:28:13	正常	1000000003

图 9-43　智能接地箱工作井水位监测示意图

2. 电缆通道进水在线监测

通道进水的在线监测主要是对水位的在线监测。

水位监测的项目主要是监测电缆通道内的水位，并以正常、一级、二级、三级四个等级来进行衡量，当水位超过二级后，即超阈值报警。水位监测系统如图 9-44 所示。

三、防范与治理

电力电缆线路水患的治理措施分为电缆本体及附件防水治理及电缆通道防水治理。

（一）电缆本体及附件防水治理

1. 电缆除湿处理

受潮或进水较严重的端口，要及时地采取保护措施以减少导体氧化，而电力电缆的另一端口可以采取对电缆线芯充入氮气的方式进行处理。整个过程要在 2～3MPa 的气压环境下

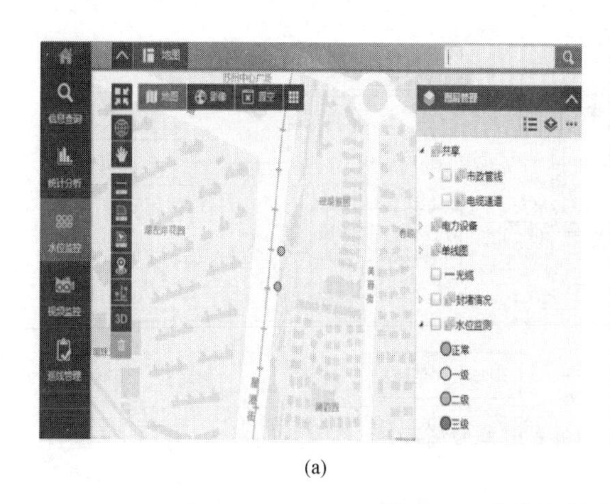

(a)

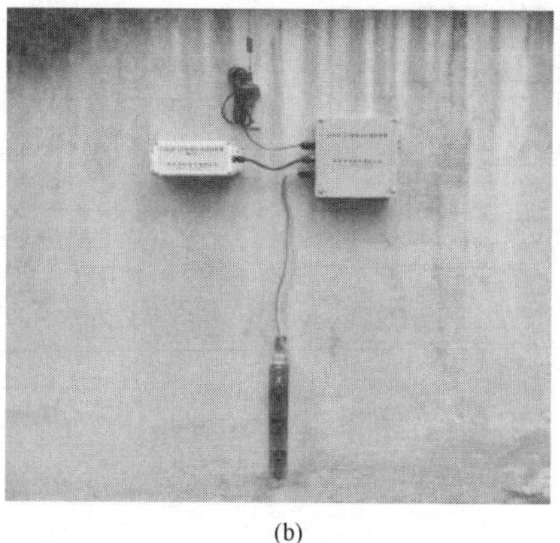

(b)

图 9-44　水位监测系统示意图

（a）后台通道内水位状态实时显示；（b）位于通道内的现场水位传感器

进行 4h 左右。等待操作结束，气压环境 0.1～0.05MPa 时，持续 120min 后恢复气压到 0.2～0.3MPa。通过这样反复处理待每根电力电缆充过 5 瓶左右氮气则可以开始对导体的检查。将导体的一段用硅胶堵住，放置于 0.05～0.1MPa 的气压环境下持续半分钟左右，同时通过观察硅胶颜色来判别是否可以停止对线芯处理（无颜色则可以停止）。如果硅胶变色就继续重复以上步骤。

图 9-45 所示电力电缆除湿装置中，各个部分分别表示如下：1 表示抽真空装置，2 表示开关控制，3 表示真空条件监控装置，4 表示连接装置，5 表示密封装置，6 表示充氮气装置，7 表示气体存储和分析装置。

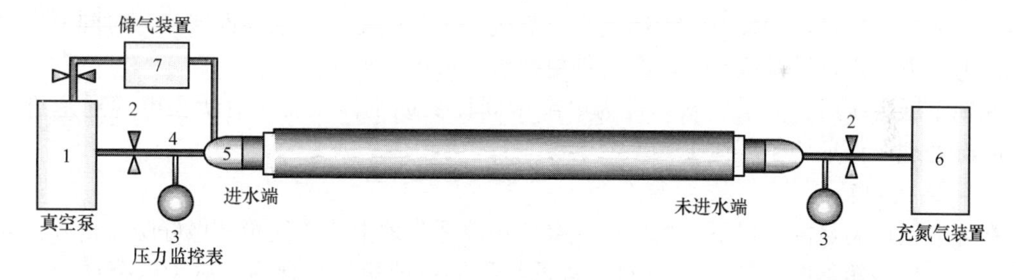

图 9-45　电力电缆除湿装置示意图

2. 修复破损的电缆外护套

当电缆外护套有破损时，按照图 9-46 所示电缆外护套修复流程进行处理。

确认电缆外护套受损情况时，应做好防护措施，再检查电缆外护套受损情况，重点检查电缆外护套损伤的程度和进水与否。如果进行带电检查，应做好防护层感应电的安全措施，并注意与带电部位保持足够的安全距离。如果电缆沟道有水时应先进行排水处理。

（1）当发现破损伤及电缆铠装层和加强带时，应选用与原铠装层或加强带相同的材料，按原节距绕包在内护层外面。在内护层上应垫 1～2 层塑料带，并且涂沥青漆，绕包的铠装或加强带应长出原破损部位 100～150mm 并搭接电缆本身的铠装层或加强带层。在包覆的加强带或铠装外要用镀锡铜丝缠绕并扎紧。在加强带或铠装的搭接处，用焊锡或焊铅将扎线及绕制的加强带或铠装与电缆本身的铠装或加强带焊牢，在其外侧涂以防腐材料层。

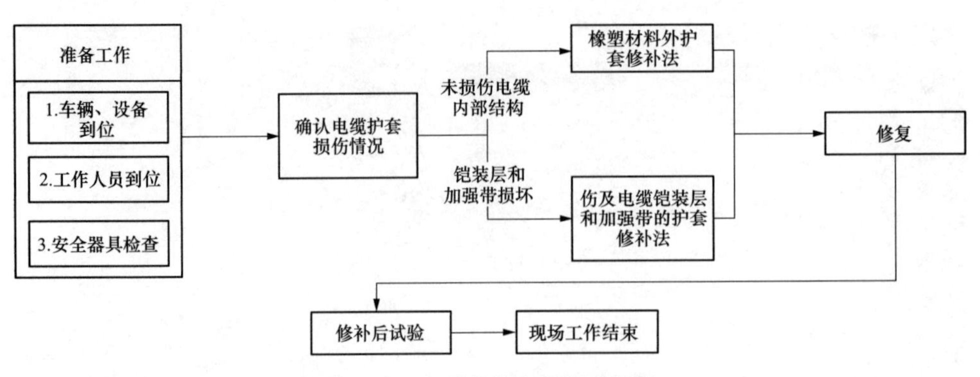

图 9-46　电缆外护套修复流程图

（2）当发现破损未伤及电缆铠装层和加强带时，对电缆外护套进行修补，方法有热补法和冷补法。

1）热补法：利用与原护层相同材料的补丁块以塑料焊枪热风吹焊，再在外面涂抹石墨层或包缠 2 层自黏半导电带＋2 层 PVC 绑带。

2）冷补法：包缠 4 层阻水带＋8 层绝缘自黏带＋2 层半导电带＋2 层 PVC 绑带。

根据电力电缆型号规格和护套受损的程度、有无进水等情况，明确未损伤电力电缆内部结构后，编制消缺修补技术方案并经审核批准。在无法确定有无损伤内部结构时，应根据上级技术部门批准的方案进行处理。

3. 及时更换进水的电力电缆及附件

如果发现电力电缆及其附件严重进水，需要按照下列流程对进水部位进行整体更换：首先截断电力电缆，判断电缆本体是否进水，进而确定方案，在保证本体干燥之后在进行附件更换。需要注意的是，如果电缆本体进水，需进一步判断是否是家族性缺陷，对同一厂家同一批次电力电缆进行试验检查。电缆附件更换流程如图 9-47 所示。

在施工准备阶段，如果进水部件为电缆中间接头或本体，需要对所在电缆通道进行吸水、除湿处理，保证施工环境干燥。

4. 更换接地箱

在环境条件满足的前提下，将地埋式接地箱改造为地上式接地箱并做好防盗措施。隐蔽式木栅格式接地箱如图 9-48 所示。对地势低洼处的接地箱进行升高，对于电缆通道内难以改造的接地箱应使其位于通道内高地势处。

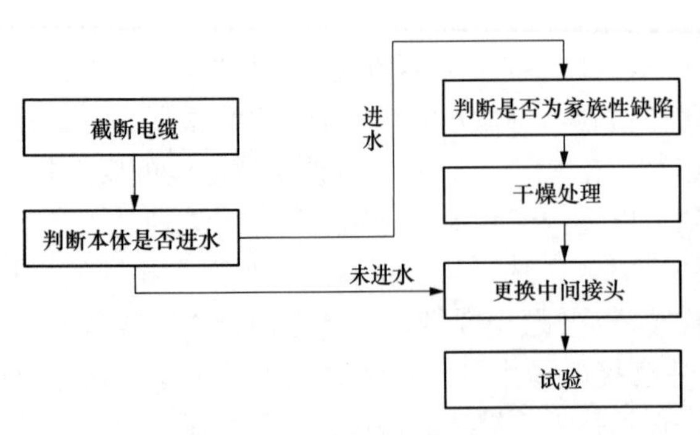

图 9-47　电缆附件更换流程图

图 9-48　隐蔽式木栅格式接地箱示意图

（二）电缆通道防水治理

1. 电缆通道防水基本内容

电缆通道防水治理应综合考虑外部环境差异、电缆敷设方式以及重要性等因素，疏堵结合、差异治理。

（1）隧道治理。电缆隧道内部二次附属设备较多，一旦浸水或受潮，极易影响设备正常运行。应重点对隧道内端部、接缝处、沉降缝以及人员出入口等处进行封堵。电缆隧道吊物孔、人孔（兼排风口）等出入口进行防水升高改造；电缆隧道内部的渗漏点封堵整治，填充混凝土内部裂缝。

1）可研初设阶段。出入口及巡线通道应结合周边地形与水文条件设置，尽量避免设置在低洼带；对于设置在低洼带处的进出口、通风口应采取防倒灌设计；尽量减少隧道投料口、管孔等数量。通过实施升高吊物孔、加装人孔（兼排风口）挡水板等出入口改造项目，提升隧道防水设防高度。

2）土建阶段。应按照重要电力设施标准建设，采用钢筋混凝土结构；主体结构设计使用年限不应低于 100 年；防水等级不应低于二级；隧道应有不小于 0.5%的纵向排水坡度，底部应有流水沟，应设置排水泵。

3）附属设施建设阶段。应在每个防火区或者隧道内地势较低处设置集水井，井内按“一备一用”原则配备两台水泵，常用水泵为自动抽水；配套排水管应满足两台抽水泵同时工作的排水需求，建议配置水位监控系统和视频监控，实现远程实时监视与控制；隧道附属设备防护等级应不低于 IP67，安放位置不易被淹且利于操作，箱内可配两片自动加热装置（一用一备）；隧道供电系统应稳定、可靠，采用双电源供电，每路电源均应满足该供电范围内全部设备同时投时用电的需求。

4）运维阶段。排水、防积水和防污水倒灌等措施完备，确保隧道内无积水、无严重渗、漏水；对隧道内部接缝、孔洞、渗漏点进行防水封堵；对凝露严重的部位进行除湿处理。针对隧道内部的渗漏点采用有效方法进行封堵，有效填充混凝土内部裂缝，将水流完全地堵塞在混凝土结构体之外。

（2）工作井治理。工作井井盖应满足密封性与防水性要求，井盖支座与工井密封良好；工作井两端排管管口，包括已敷设电缆和未敷设电缆的必须全部进行严密封堵；端部井渗漏是造成电缆隧道漏水的重要原因；化工区内地下水多带有腐蚀性，如防水措施不到位，极易影响电缆设备安全运行，因此需对上述部位进行防水；电缆工作井或管沟主体采用防水涂料或防水卷材；工作井与排管连接处应采用专业封堵夹具进行可靠封堵；电缆井盖宜采用双层防渗漏设计；井盖与井壁之间设置遇水膨胀橡胶垫等防水措施；可在需要重点防水的工作井附近设置集水井，及时排除井内积水。

（3）新建管沟。应严格按照《地下工程防水设计规范》（GB 50108—2008）等规范要求，提高新建管沟防水能力；新建沟体按照三级防水进行考虑，采用抗渗等级为 P6 的钢筋混凝土结构；工作井结构采用现场整体浇筑，减少施工缝；在预制混凝土盖板与工作井侧壁之间设置止水带；在工作井折角处附加防水卷材增强层；工作井施工完成后，用灰土或素黏土回填，并分层夯实；控制新建管沟的防水建设标准。

2. 电缆通道防水治理基本原则

电缆通道防水治理主要针对电缆通道渗漏水，治理的基本原则如下。

（1）基本要求。

1）电缆通道渗漏水治理前应掌握工程原防水、排水系统的设计、施工、验收资料。

2）渗漏水治理施工时应按先顶（拱）后墙而后底板的顺序进行，宜少破坏原结构和防水层。

3）有降水和排水条件的电缆通道，治理前应做好降水、排水工作。

4）治理过程中应选用无毒、低污染的材料。

5）治理过程中的安全措施、劳动保护应符合有关安全施工技术规定。

（2）设计。

1）电缆通道渗漏水治理，应由防水专业设计人员和有防水资质的专业施工队伍承担。

2）渗漏水治理方案设计前应搜集下列资料：

a. 原设计、施工资料，包括防水设计等级、防排水系统及使用的防水材料性能、试验数据。

b. 工程所在位置周围环境的变化。

c. 渗漏水的现状、水源及影响范围。

d. 渗漏水的变化规律。

e. 衬砌结构的损害程度。

f. 运营条件、季节变化、自然灾害对工程的影响。

g. 结构稳定情况及监测资料。

3）大面积严重渗漏水可采取下列措施：

a. 衬砌后和衬砌内注浆止水或引水，待基面无明水或干燥后，用掺外加剂防水砂浆、聚合物水泥砂浆、挂网水泥砂浆或防水涂料等加强处理。

b. 引水孔最后封闭。

c. 必要时采用贴壁混凝土衬砌。

4）大面积轻微渗漏水和漏水点，可先采用速凝材料堵水，再做防水砂浆抹面或防水涂层等永久性防水层加强处理。

5）渗漏水较严重的裂缝，宜采用钻斜孔法或凿缝法注浆处理；干燥或潮湿的裂缝宜采用骑缝注浆法处理。注浆压力及浆液凝结时间应按裂缝宽度、深度进行调整。

6）结构仍在变形、未稳定的裂缝，应待结构稳定后再进行处理。

7）需要补强的渗漏水部位，应选用强度较高的注浆材料，如水泥浆、超细水泥浆、自流平水泥灌浆材料、改性环氧树脂、聚氨酯等浆液，必要时可在止水后再做混凝土衬砌。

8）锚喷支护工程渗漏水部位，可采用引水带或导管排水，也可喷涂快凝材料及化学注浆堵水。

9）细部构造部位渗漏水处理可采取下列措施：

a. 变形缝和新旧结构接头应先注浆堵水或排水，再采用嵌填遇水膨胀止水条、密封材料，也可设置可卸式止水带等方法处理。

b. 穿墙管和预埋件可先采用快速堵漏材料止水，再采用嵌填密封材料、涂抹防水涂料、

水泥砂浆等措施处理。

c. 施工缝可根据渗水情况，采用注浆、嵌填密封防水材料及设置排水暗槽等方法处理，表面应增设水泥砂浆、涂料防水层等加强措施。

（3）治理材料。

1）衬砌后注浆宜选用特种水泥浆，如掺有膨润土、粉煤灰等掺合料的水泥浆或水泥砂浆。

2）工程结构注浆宜选用水泥类浆液，有补强要求时可选用改性环氧树脂注浆材料；裂缝堵水注浆宜选用聚氨酯或丙烯酸盐等化学浆液。

3）防水抹面材料宜选用掺各种外加剂、防水剂、聚合物乳液的水泥砂浆。

4）防水涂料宜选用与基面粘结强度高和抗渗性好的材料。

5）导水、排水材料宜选用排水板、金属排水槽或渗水盲管等。

6）密封材料宜选用硅酮、聚硫橡胶类、聚氨酯类等柔性密封材料，也可选用遇水膨胀止水条（胶）。

（4）施工。

1）地下工程渗漏水治理施工应按制订的方案进行。

2）治理过程中应严格每道工序的操作，上道工序未经验收合格，不得进行下道工序施工。

3）治理过程中应随时检查治理效果，并应做好隐蔽施工记录。

4）地下工程渗漏水治理除应做好防水措施外，尚应采取排水措施。

（5）竣工验收应符合下列要求：

1）施工质量应符合设计要求。

2）施工资料应包括施工技术总结报告、所用材料的技术资料、施工图纸等。

3. 电缆通道防水治理技术路线

针对不同电缆通道防水治理，其技术路线有灌浆止水法、水泥砂浆砖墙内表面防水法、玻璃钢内表面防水法、钢丝绳网片＋聚合物砂浆法、水泥基渗透结晶防水法及孔洞防水堵漏法。

（1）灌浆止水法。此方法是目前明开挖浇注、暗挖、顶管隧道止水堵漏的最常用方案，钻完孔后向孔内压注水泥浆液或化学浆液，用以阻塞地下水通道，防止出现涌水。灌浆出现于19世纪初，至今已有近两个世纪的历史。随着灌浆技术的广泛应用，灌浆材料得到了较大的发展，从最早的石灰和黏土、水泥，发展到今天的水泥—水玻璃浆液和各种化学灌浆浆液。而灌浆材料的开发与应用，又反过来推动了灌浆工法在更广泛的领域内的应用。化学灌浆是用高分子材料配制成的溶液作为浆液的一种新型灌浆技术。浆液灌入地基或建筑物裂隙中，经凝固后，可以达到较好的防渗、堵漏和补强加固的效果。

单就防水方法而言，如果运用得当，灌浆是能够比较直接解决漏水问题的重要方法。但此方法造价较高，实际防水施工治理过程中往往对漏水点没有一个良好的分析，诸如漏水原因、外围土壤的含水率、地下水位、钻孔位置等情况分析，大压力的灌浆也存在挤伤电缆隧道本体结构的可能。灌浆止水经常由于电缆隧道背后空洞、土体松散，造成浆液流向无法控制，注浆量多少无法预估，造成这种防水方式在前期立项有不小的麻烦，一般会因不知道治理的工作量而无法预算得十分精准。

（2）水泥砂浆砖墙内表面防水法。此方法在砖混结构隧道中较为常见，施工中也常称为EVA刚性防水层，叫法尚不确切。其实，防水砂浆分为普通防水砂浆与聚合物防水砂浆，区别在于是否采用聚合物胶乳起功能性防水作用。也就是说，普通防水砂浆是通过优化级配或同时添加无机铝盐等防水剂，达到防水效果；而聚合物防水砂浆是通过在砂浆中掺入一定比例的丙烯酯、EVA等乳胶，起到防水作用。在性能上，聚合物防水砂浆的抗折性能与粘结强度等指标一般高于普通防水砂浆。

（3）玻璃钢内表面防水法。无毒环氧树脂玻璃钢是常见的一种建筑防水材料，此方法一般常用于生活饮用水池、消防水池等各种蓄水池、游泳池等内壁。它的主要工艺流程如下，先进行基面清理和顶面及墙面的找平施工，涂抹水泥加无机盐防水剂，做刚性防水层，涂刷玻璃钢防水底层，涂刷玻璃钢防水腻子层，加贴玻璃钢防水粘布层，再进行面层涂刷，最后完工。

（4）钢丝绳网片＋聚合物砂浆法。此方法多用于明挖砖混结构的顶板防水和早期的明挖浇注结构的电缆隧道。钢丝绳网片＋聚合物砂浆这种方法起到结构加固和防水的功效，防水工程中提倡使用加钢丝绳网片，不光考虑其结构加固的需求，更重要的是通过钢丝绳网片能够挂住更厚的聚合物砂浆，增加了防水层的厚度。但实际涂刷太厚、太薄都不行。施工过程中，如果没有按着工艺要求施工，没有加装钢筋网片，会容易造成撕裂，脱皮。经实际应用反馈，此方法适用于水压不大、电缆隧道不长期浸泡的情况，地下水位季节性改变造成的电缆隧道渗漏水，可以用此方法，薄厚需均匀、厚度应适中。

（5）水泥基渗透结晶防水法。水泥基渗透结晶防水法采用一种新型刚性防水材料，它是以硅酸盐水泥或普通硅酸盐水泥、石英、砂等为基材，掺入活性化学物质制成的粉状材料。其防水机理是与水作用后，材料中含有的活性化学物质通过载体向混凝土中渗透，与氢氧化钙等化合形成不溶于水的晶体，填塞毛细孔道，从而使混凝土致密防水。按照使用方法，该材料又可分为：涂覆在混凝土表面的水泥基渗透结晶型防水涂料；掺入混凝土中使用的水泥基渗透结晶型防水剂；抢修时用的水泥基渗透型结晶型防水堵漏剂。该材料自20世纪90年代中期开始从国外引进母料（活性化学物质）在国内批量生产，应用于地下防水工程，因其良好的防水效果受到了工程界的好评。

水泥基渗透结晶型防水材料最大的好处是可以迎水施工，防水材料遇水起化学反应，即可起到防水作用，防水作业时不用排水或降水；可以满足对于水患较大而且地下水位难以降低施工的条件，拓宽了防水治理方法的适用范围。

（6）孔洞防水堵漏法。电缆孔洞防水封堵常采用防火泥封堵，封堵效果较差。目前针对孔洞防水堵漏，效果较好的方法有两种，即RDSS充气式电缆孔洞密封系统和法兰橡胶盘堵漏。

1）RDSS充气式电缆孔洞密封系统。RDSS由软式金属及多层高分子材料组成；充气完成时，两侧胶片会紧贴电缆隧道与电缆；安装便捷，空管及多芯均可应用；可抵抗严苛环境；可带水作业抢修；使用寿命长达25年；适用于新装、抢修，变电站、地下室、配电室、电缆井、电缆小室、沟道等场所的电力电缆进出线封堵，有电缆或无电缆的电缆孔洞；需安装在圆形或椭圆形的电缆孔洞中，其他形状（如方形）不适用，可改造后使用。经过在实际中的应用，该方法确实能够起到一定的防水作用。充气封堵前（防火泥堵漏失效）如图9-49所示，充气封堵后效果如图9-50所示。

图 9-49　充气封堵前（防火泥堵漏失效）示意图

图 9-50　充气封堵后效果示意图

2）法兰橡胶盘堵漏：此产品材质为天然橡胶，塑性固体，具有一定柔韧性；产品添加防腐剂、耐老化剂、阻燃剂、绝缘剂；其抗水浸、耐酸碱、抗老化、阻燃性、绝缘性达到行业标准；由于用于地下，不受光线照射，使用寿命长。法兰橡胶盘封堵如图 9-51 所示。

图 9-51　法兰橡胶盘封堵示意图

四、电缆隧道变形缝漏水缺陷典型案例

（一）案例概述

某电力电缆线路工程隧道施工过程中 575～600 段、675～700 段变形缝出现渗水漏水情况。

（二）处理过程

由于现场局部渗漏水面积较大，渗漏水情况比较严重，各参建单位共同确认并经专家论证后，采用针孔法高压注浆堵漏与速凝型防水材料修补相结合的方法进行处理。具体方法为先沿裂缝开凿出适当宽度、适当深度的沟槽，清洗干净沟槽，用针孔法高压注浆进行初步堵漏，接着再刷多层防水材料，最后在防水材料层外面再浇筑膨胀土，双管齐下确保根治漏水。

监理对处理过程进行了全过程旁站监督，处理完成后一周对原有漏水处进行了复查，漏水情况消失。在处理完成直至工程竣工期间，每逢下雨后对处理面进行复查，墙面均保持干燥起灰，确认漏水问题得到解决。

（三）原因分析

对两处变形缝渗漏水现象进行分析，造成这种情况的原因可能有以下几种：

（1）两段之间止水钢板间的焊接可能存在漏焊现象，未进行双面焊接，或者钢板搭接长度太短。

（2）止水带、遇水膨胀橡胶条安装工艺存在缺陷。

（3）混凝土浇筑时在隧道接头处的振捣不到位，致使混凝土与止水带、橡胶条的接触不够充分。

（4）在使用聚硫密封膏之前未清理干净使用部位，存在灰尘或其他附着物，导致粘结不良。

隧道变形缝处施工详图：外墙侧（顶板）处变形缝断面大样图如图 9-52 所示，底板处变形缝断面大样图如图 9-53 所示，变形缝处止水带固定大样图如图 9-54 所示，变形缝止水断面图如图 9-55 所示。整改前、后隧道变形缝渗漏水情况分别如图 9-56 和图 9-57 所示。

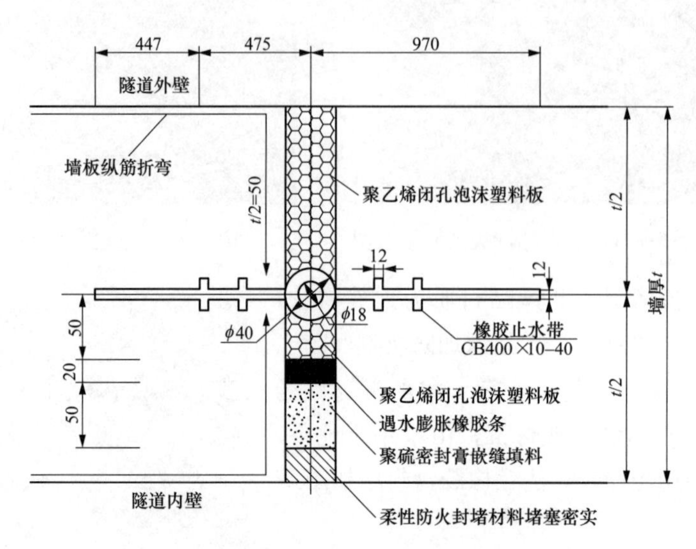

图 9-52　外墙侧（顶板）处变形缝断面大样图

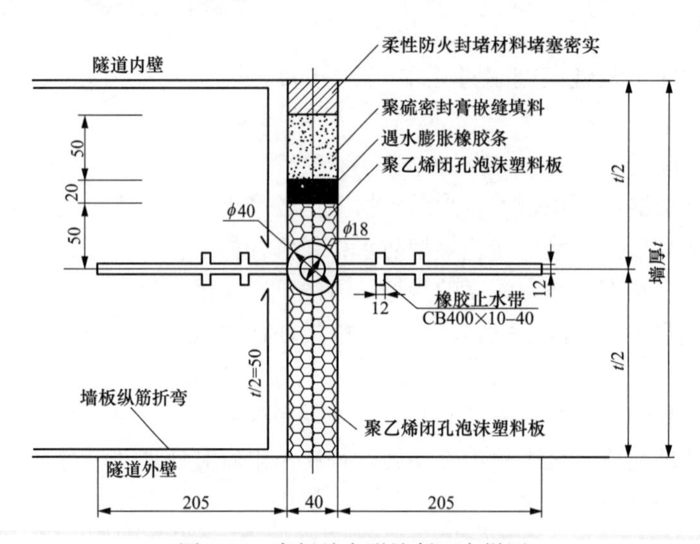

图 9-53　底板处变形缝断面大样图

（四）经验教训

经过此次渗漏水问题的处理，监理对之后浇筑的电缆隧道进行更加严格的质量把关，在隧道接头处加强检查以下几点：

（1）查看止水钢板是否在墙体中心位置，开口朝向迎水面（隧道外测），两块钢板间的焊接不能存在漏焊，焊接要求饱满并且双面焊接，搭接长度不小于 2cm。

（2）检查止水带、遇水膨胀橡胶条安装工艺是否满足标准工艺要求。

（3）混凝土浇筑时，要求对止水带附近、接头处充分振捣且不破坏止水带、止水钢板、泡沫塑料板。

（4）使用聚硫密封膏之前，清理干净使用部位。

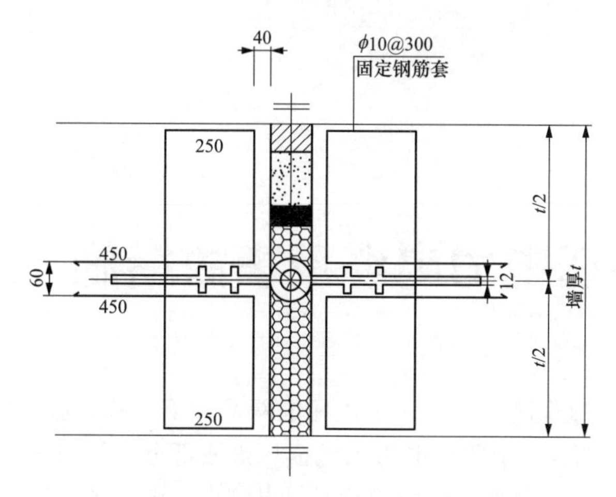

图 9-54　变形缝处止水带固定大样图

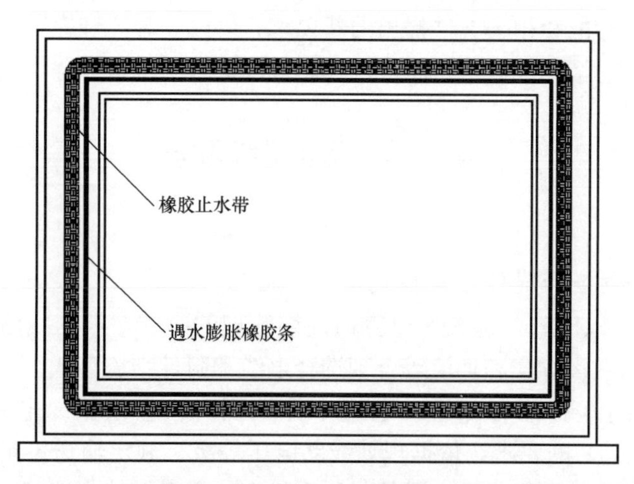

图 9-55　变形缝止水断面示意图

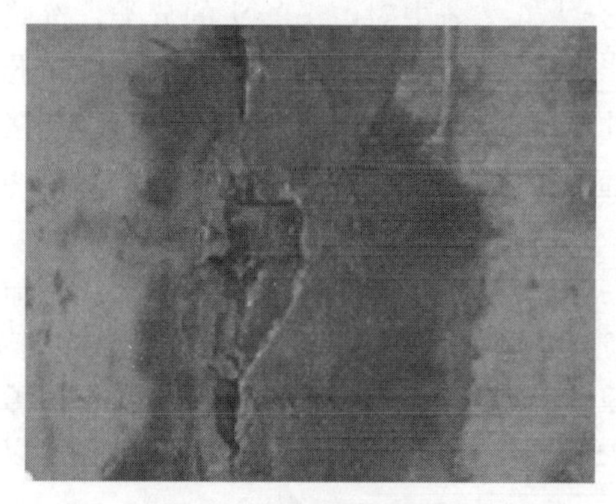

图 9-56　隧道变形缝渗漏水情况示意图（整改前）

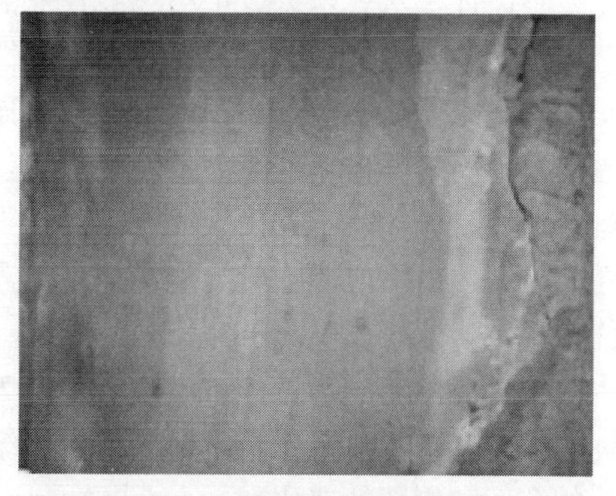

图 9-57　隧道变形缝渗漏水情况示意图（整改后）

第十章　中压电力电缆反事故措施

本章主要参考《国家电网有限公司十八项电网重大反事故措施（2018 年修订版及编制说明）》（以下简称《反措》）中防止电力电缆损坏事故部分。针对近几年的电力电缆故障、火灾事件等问题，从设计、基建、运行等阶段提出防止绝缘击穿、防止电力电缆火灾、防止外力破坏和设施被盗的措施，结合国家、地方政府、相关部委以及国家电网有限公司近几年发布的规范、规定、标准和相关文件提出的新要求，修改、补充和完善相关条款，对原文中已不适应当前电网实际情况或已写入新规范、新标准的条款进行删除、调整。

第一节　防止绝缘击穿

一、设计阶段

（一）合理选择电缆和附件结构型式

《反措》第 13.1.1.1 条："应按照全寿命周期管理的要求，根据线路输送容量、系统运行条件、电缆路径、敷设方式和环境等合理选择电缆和附件结构型式。"

为保证电力电缆运行的可靠性，电缆本体选型时，应根据《电力工程电缆设计标准》（GB 50217—2018）的要求，依据规划线路电压等级、额定输送容量、敷设方式、环境条件等因素，选择相应的绝缘水平、导体材质和护套。在电缆接头选型时，应根据《城市电力电缆线路设计技术规定》（DL/T 5221—2016）表 6.2.3 中对电缆接头的分类，按照用途和场合选择不同的接头，以保证良好的电气性能、机械强度和防潮密封性能。如在单芯电力电缆交叉互联处使用绝缘接头；电力电缆直连处使用直通接头；不同型式电力电缆连接处使用过渡接头。同时，根据电缆终端所处环境，选择相应的室内、室外终端，以满足电网安全可靠运行的要求。

在满足上述要求之后，电力电缆设备也需要考虑一定的经济性，根据《资产全寿命周期管理体系规范》（Q/GDW 1683—2015）4.4 资产管理策略中的要求，应以实现资产安全、效能以及全寿命周期成本三个维度综合最优为原则。因此，在电力电缆选型时不仅要考虑技术指标的优越性，也要考虑全寿命周期内的维护成本、安全指标以及社会环境效益，以达到最优化的全寿命周期效费比。

【案例 1】 2005 年，某电站 220kV 电力电缆进线工程启动投运过程中，发生 220kV 电缆瓷套终端爆炸的情况，经故障分析，发现该工程所采用的电缆应力锥规格型号同电缆截面积不匹配，导致终端头外屏蔽端口处的应力集中处发生击穿，如图 10-1 和图 10-2 所示。

图 10-1　220kV 电缆终端爆炸后现场示意图

图 10-2　故障电缆终端应力锥示意图

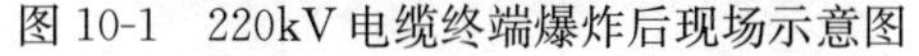

（二）加强电力电缆和电缆附件选型、订货、验收及投运的全过程管理

《反措》第 13.1.1.2 条："应加强电力电缆和电缆附件选型、订货、验收及投运的全过程管理。应优先选择具有良好运行业绩和成熟制造经验的生产厂家。"

根据《10(6)kV～500kV 电缆技术标准》（Q/GDW 371—2009）第 12 章的要求，对电力电缆及附件供货商提出明确的运行业绩要求是进一步加强电力电缆产品入网管理的有效手段，有助于从源头把住电力电缆产品的质量关，杜绝劣质和不合格电力电缆产品流入电网。运维单位应根据电缆行业的技术现状、市场现状和以往运行业绩，从确保电力电缆线路安全可靠运行的角度出发，对不同电压等级电力电缆产品的供货商进行比较，择优选取。

【案例 2】　2016 年，某 110kV 电力电缆线路本体故障，经电缆解剖分析发现电缆本体外屏蔽表面上存在不规则白斑（见图 10-3）。经分析发现，该批次电缆缓冲层体积电阻率和表面电阻率不符合标准要求，导致了电缆故障的发生。

图 10-3　故障电缆本体外屏蔽层表面白斑缺陷示意图

【案例 3】　2017 年，某 220kV 电缆接头故障击穿。解剖发现接头击穿位置在内电极端部环形合模缝处。该处在厂家制造过程中需要人工打磨，当打磨质量不够精细或有异物残留时，易成为运行过程的薄弱点。绕包的半导电层外表面不平整，且绕包部分外径与电缆绝缘外径有 2～6mm 的径差，导致中间接头内电极与接头绝缘交界面出现微小形变，加剧了合模缝区域的电场畸变。内电极设计为枕型，在枕端 R 处电场强度最大，合模缝临近该部位，而这一处因向外突出，硅橡胶绝缘厚度最小，是最容易发生击穿的区域。上述因素叠加，容易使该厂家该类型的电缆接头发生绝缘击穿。综上所述，该生产厂家在制造以及安装过程中存在的不足，已导致多次类似故障。硅橡胶接头典型故障如图 10-4 所示。

（三）电缆附件选型

《反措》第 13.1.1.3 条："110(66)kV 及以上电压等级同一受电端的双回或多回电缆线路应选用不同生产厂家的电缆、附件。110(66)kV 及以上电压等级电缆的 GIS 终端和油浸终端宜选择插拔式，人员密集区域或有防爆要求场所的应选择复合套管终端。110kV 及以

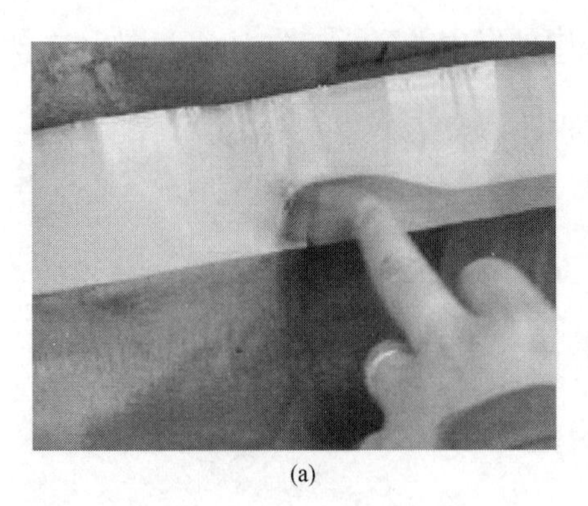
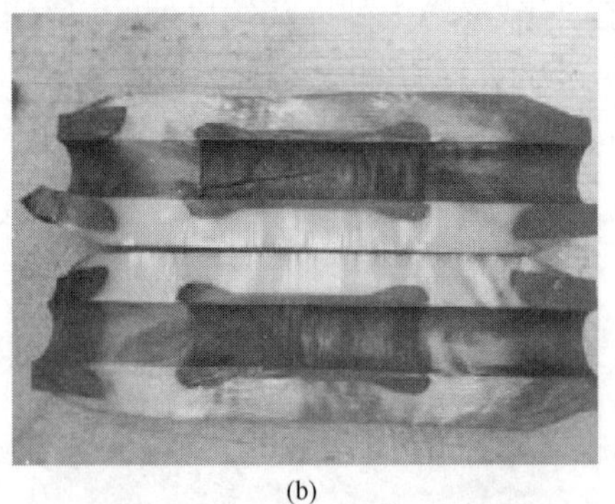

(a)　　(b)

图 10-4　硅橡胶接头典型故障示意图

（a）局部图；（b）整体图

上电压等级电缆线路不应选择户外干式柔性终端。”

同受电端多回路应选用不同制造商生产的电力电缆，以便降低故障率和变电站全停的概率。对于110(66)kV及以上电压等级电力电缆的GIS终端和油浸终端采用插拔式可以减少拆装过程中对GIS、变压器电缆舱密封性能的影响，在对电力电缆进行检修的同时可保持设备的可靠性，还可减少配合工作量。相较于瓷套式终端，复合套管式终端在发生事故时不易产生爆炸碎片，可大大降低人员伤亡和引发二次事故的概率。国内已发生很多起柔性干式终端的故障案例，户外干式终端在施工过程中容易受电缆弯曲应力的影响，从而引发微小位移和密封性问题，不适用于110kV及以上电力电缆线路。

【案例4】 2012年，某220kV电缆终端发生故障，站外终端炸裂。经解剖分析，由于该类终端上部顶盖密封不严，导致瓷套管内部进潮，从而引起终端内部的沿面放电，最终导致终端接头故障，后更改为复合套终端，如图10-5所示。

【案例5】 近几年发生多起110kV预制干式电缆户外终端击穿故障，原因为预制干式户外终端为柔性终端，自持力不足，终端电缆本体易产生弯曲，造成应力锥位移；电缆终端在塔下安装制作，上塔吊装过程中应力锥易产生位移；终端上塔设计方案不足及固定不牢靠，终端随风摆动造成应力锥位移，导致电缆终端绝缘击穿。柔性干式终端击穿如图10-6所示。

图 10-5　瓷套管内部进潮导致的220kV电缆终端炸裂示意图

图 10-6　柔性干式终端击穿示意图

（四）耐压试验作业空间、安全距离

《反措》第13.1.1.4条：“设计阶段应充分考虑耐压试验作业空间、安全距离，在GIS

电缆终端与线路隔离开关之间宜配置试验专用隔离开关，并根据需求配置GIS试验套管。”

根据《电力电缆线路试验规程》（Q/GDW 11316—2014）的要求，电力电缆线路的交接工作必须做主绝缘交流耐压试验，因此在设计阶段配套相应的试验套管可方便后期开展试验。同时，增加隔离开关可将终端与其他设备间进行隔离，方便耐压试验的进行，并有利于发生故障后进行检测维修。

【案例6】 某电站升压改造工程中，因老站的空间限制无法增设110kV GIS舱位室，因此无法在110kV GIS筒体位置增设隔离开关将终端与其他设备间进行隔离，影响耐压试验的开展以及电力电缆故障后的检测维修，如图10-7所示。

（五）检修平台

《反措》第13.1.1.5条：“110kV及以上电力电缆站外户外终端应有检修平台，并满足高度和安全距离要求。”

根据《电力电缆线路运行规程》（DL/T 1253—2013）的要求，运维单位需要对电力电缆线路进行定期巡检，其中包括电缆终端表面检查、带电检测等诸多项目。安装检修平台可便于运维人员开展巡视和检测工作，也有助于提高检修、抢修的效率。

【案例7】 某110kV户外电缆终端没有检修平台，不利于电缆运维人员开展电力电缆线路的终端巡检、运维及故障抢修等工作的开展，如图10-8所示。

图10-7　因空间受限无法增设隔离开关现场示意图

图10-8　户外电缆终端无检修平台现场示意图

（六）生产工艺

《反措》第13.1.1.6条“10kV及以上电压等级电力电缆应采用干法化学交联的生产工艺，110(66)kV及以上电压等级电力电缆应采用悬链式或立塔式三层共挤工艺。”

根据《电力工程电缆设计标准》（GB 50217—2018）的要求，采用干式交联工艺，较水蒸气交联方式能极大地降低含水量，从而有效防止交联聚乙烯中的水树枝现象，提高了绝缘材料的性能。同时，110kV以上电力电缆采用悬链或立塔式三层共挤工艺可确保电力电缆结构尺寸的稳定，在很大程度上提高了交联聚乙烯电缆的运行可靠性。

（七）阻水与密封防潮

《反措》13.1.1.7条：“运行在潮湿或浸水环境中的110(66)kV及以上电压等级的电缆

应有纵向阻水功能，电缆附件应密封防潮；35kV及以下电压等级电缆附件的密封防潮性能应能满足长期运行需要。”

根据《高压电缆专业管理规定》(国家电网运检〔2016〕1152号）的要求，运行在潮湿或浸水环境中的高压电力电缆应有纵向阻水功能，接头应密封防潮。由于南方地区土壤水含量较高，部分电缆接头长期运行于水下环境中。当电缆护层意外破损时，纵向阻水层可防止水分的进一步入侵；当电缆接头发生故障后，阻水层也可阻断故障点涌入的水分，避免了水分向电缆两侧蔓延后导致整根电缆报废。

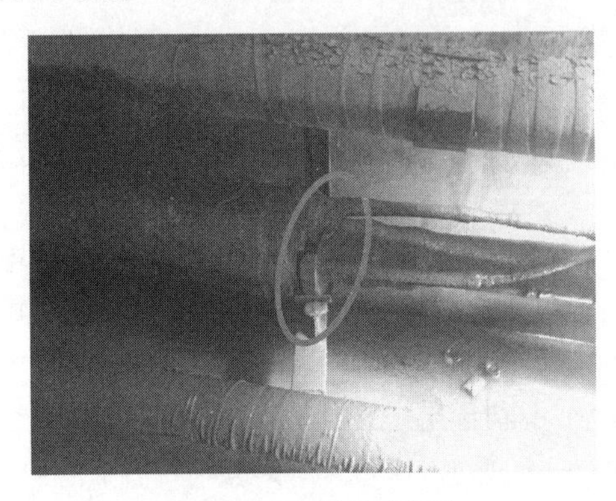

图10-9 电缆接头铜壳开裂进水示意图

【案例8】 2016年，电缆工作井设备大修整治中发现某220kV电力电缆附件开裂，导致接头铜壳进水（见图10-9)。通过更换电缆附件及时消除了一起重大隐患，确保电缆线路可靠运行。

（八）过电压保护与接地

《反措》第13.1.1.8条“电缆主绝缘、单芯电缆的金属屏蔽层、金属护层应有可靠的过电压保护措施。统包型电缆的金属屏蔽层、金属护层应两端直接接地。”

根据《城市电力电缆线路设计技术规定》(DL/T 5221—2016) 10.0.2的要求，单芯电力电缆的金属护套一般使用中间一点接地或交叉互联两端接地的方式。当系统发生单相接地故障时，绝缘接头两端会出现很高的感应电压，为保护电缆外护层免遭击穿，因此需在绝缘接头部位设金属护套电压限制器。而统包型电力电缆内的三芯金属护套的感应电压几乎等于零，故使用两端直接接地的方式即可。

【案例9】 某110kV电力电缆线路采用交叉互联两端接地方式运行，在电力电缆线路沿线发生多只电缆换位箱被盗的情况，造成该换位段电力电缆感应电压（电流）升高，造成电缆中间接头热击穿，如图10-10所示。

(a)

(b)

图10-10 电力电缆线路换位箱被盗割及接头热击穿示意图

(a) 被盗换位箱；(b) 接头热击穿

【案例10】 某区域110kV电缆接地箱被偷盗，导致该换位段电力电缆的金属护套产生悬浮电位过高击穿外护套，多点接地造成环流过大，电缆绝缘长期过热导致绝缘击穿，引起

故障，如图 10-11 所示。

（九）接头数量及位置

《反措》第 13.1.1.9 条“合理安排电缆段长，尽量减少电缆接头的数量，严禁在变电站电缆夹层、出站沟道、竖井和 50m 及以下桥架等区域布置电力电缆接头。110（66）kV 电缆非开挖定向钻拖拉管两端工作井不宜布置电力电缆接头。”

(a)

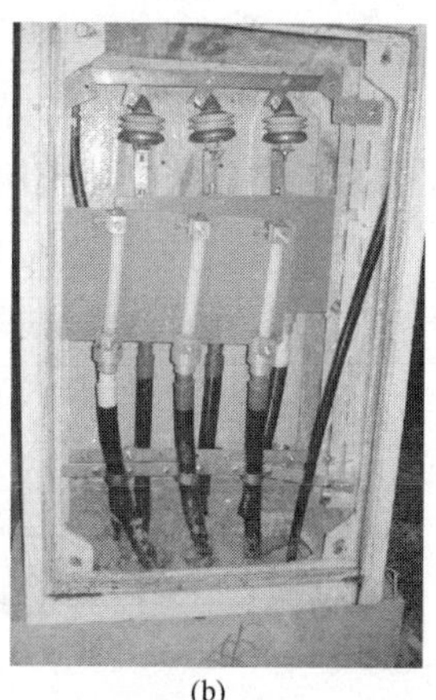

(b)

图 10-11　电缆接地箱被盗导致本体击穿示意图

（a）本体击穿；（b）被盗接地箱

综合考虑电力电缆的敷设环境、电缆护层换位段限制、运维检修的便捷性等各项因素合理安排电缆段长；而电缆接头是整条电力电缆线路的薄弱环节，也是故障的高发点，因此减少电缆接头数量有助于提高电缆运行的可靠性。同时，为了保证电力电缆输电网络的可靠性，根据《高压电缆专业管理规定》（国家电网运检〔2016〕1152 号）的要求，严禁在变电站电缆夹层、桥架和竖井等缆线密集区域布置电缆接头。

【案例 11】 2015 年，在对某 220kV 电力电缆进行红外热成像测温和护层电流测试时，发现电缆护层电流偏大，三相比值超过 3，超过负载电流 20%，存在异常现象。对电缆段长进行实测发现实际段长与设计段长偏差较大，段长偏差高达 37.3%。将交叉互联接地箱更换成一侧带保护、另一侧直接接地箱，护层电流所测数值正常。

【案例 12】 某变电站的电缆层内存在 110kV 电缆中间接头，一旦发生故障将会影响电缆层内其他电力电缆线路安全运行，并易产生火灾，后通过技改项目将电缆接头移至站外适当位置，如图 10-12 所示。

图 10-12　某变电站电缆层电缆中间接头示意图

二、基建阶段

（一）监造和工厂验收

《反措》13.1.2.1 条“对 220kV 及以上电压等级电缆、110（66）kV 及以下电压等级重要线路的电缆，应进行监造和工厂验收。”

重要线路电力电缆产品质量，应从生产阶段起严格把关。根据《国家电网公司基建管理通则》（国家电网企管〔2015〕223 号）第十二条相关内容：“设备材料供应（制造）商应配合设备监造和设备出厂验收工作，接受监造人员和验收人员的监督，确保产品制造质量和工艺水平符合供货合同要求。”对重要线路及新中标供应商采取全程监造，并由建设单位、物资公司及运维单位共同组织参加工厂验收，确保产品质量与技术协议相符。

【案例 13】 某 110kV 输变电工程在安装电缆终端的过程中，发现电缆铝护套有修补痕迹，如图 10-13 所示。经证实该段电力电缆的金属护套在出厂前因受损而修补过，后要求厂方将该段电力电缆予以更换。

（二）到货验收

《反措》第13.1.2.2条："应严格进行到货验收，并开展工厂抽检、到货检测。检测报告作为新建线路投运资料移交运维单位。"

为确保设备材料产品质量，及检测运输过程中有无损坏，应严格进行到货验收，根据《电力电缆及通道运维规程》（Q/GDW 1512—2014）第5.5.1和第5.5.2条要求开展工厂抽检、到货检测，确保设备材料供货与运输质量，并将检测报告作为新建线路投运资料移交运维单位。

【案例14】 某220kV变电站进线工程在电力电缆敷设过程中，发现新电缆外护套上有气泡（见图10-14），外观检验不合格，根据技术规范要求属于不合格产品，该段电缆重新更换。

图10-13　某110kV电缆铝护套受损修补情况示意图

图10-14　某220kV电缆外护套气泡缺陷示意图

【案例15】 2016年，某公司电力电缆迁改工程对所订35kV电力电缆进行抽样检测，检测发现电缆存在偏心率超标问题，随即对该批所生产电缆进行了全部退换货处理，待检测合格后方可投入运行，致使该项工程工期延长。

（三）防止电力电缆受到机械损伤

《反措》第13.1.2.3条："在电缆运输过程中，应防止电缆受到碰撞、挤压等导致的机械损伤。电缆敷设过程中应严格控制牵引力、侧压力和弯曲半径。"

为确保运输过程及敷设过程中电缆护层不受到损坏，应严格遵守《电气装置安装工程　电缆线路施工及验收标准》（GB 50168—2018）相关敷设要求。

【案例16】 2015年，某220kV电力电缆工程在敷设过程中，发现电缆外护层损伤、铝护套凹进去3～4mm，电缆变形、外护套有修补痕迹，电缆外护套破损与铝护套之间有积水，面积为120mm×100mm，电缆外护套多处起皱等质量问题（见图10-15）。经排查，为运输和保管不当造成，按规定进行了退货。

【案例17】 某项电力电缆工程敷设过程中，电力电缆转弯处的侧压力控制不当造成电缆护层受损，如图10-16所示。

(a)

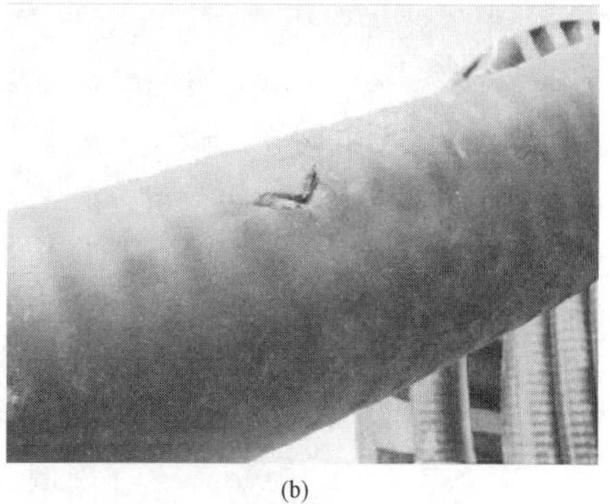

(b)

图 10-15　电缆外护层质量问题示意图

(a) 外护套变形起皱；(b) 外护层破损

（四）电力电缆敷设

《反措》第 13.1.2.4 条：“电缆通道、夹层及管孔等应满足电缆弯曲半径的要求，110（66）kV 及以上电缆的支架应满足电缆蛇形敷设的要求。电缆应严格按照设计要求进行敷设、固定。”

《电力电缆及通道运维规程》（Q/GDW 1512—2014）第 5.2.4 条：“电缆本体（护套、铠装等）不应出现明显变形，电缆敷设和运行时的最小弯曲半径按照附录 B，隧道内 110kV 及以上的电缆，应按电缆的热伸缩量作蛇形敷设。”

【案例 18】 某 110kV 电力电缆工程过程验收中，发现电力电缆敷设弯曲半径不符合允许最小弯曲半径 20D(D 为电缆外径）的要求，如图 10-17 所示。

图 10-16　某电缆转弯处护层受损示意图

图 10-17　电缆敷设弯曲半径不符合要求示意图

（五）电力电缆安装

《反措》第 13.1.2.5 条：“施工期间应做好电缆和电缆附件的防潮、防尘、防外力损伤措施。在现场安装高压电缆附件之前，其组装部件应试装配。安装现场的温度、湿度和清洁度应符合安装工艺要求，严禁在雨、雾、风沙等有严重污染的环境中安装电缆附件。”

附件安装作为电力电缆施工过程中的重点环节，其安装环境应严格符合附件材料规定的要求。根据《电气装置安装工程 电缆线路施工及验收标准》（GB 50168—2018）中规定："7.1.5 在室外制作 6kV 及以上电缆终端与接头时，其空气相对湿度宜为 70%及以下；当湿度大时，应进行空气湿度调节，降低环境湿度。110kV 及以上高压电缆终端与接头施工时，应有防尘、防潮措施，温度宜为 10～30℃。制作电力电缆终端与接头，不得直接在雾、雨或五级以上大风环境中施工。"按照规程要求严格控制附件安装环境，确保施工质量符合要求。

图 10-18 电缆终端临时挡雨措施示意图

【案例 19】 某 110kV 电缆终端消缺过程中遇天气下雨，现场施工人员采用临时挡雨措施（见图 10-18），以减少电缆安装中受天气因素的影响。

【案例 20】 2002 年，某 110kV 电力电缆在交接试验中发生户外终端击穿，经分析认定为施工期间环境控制措施不当所导致。附件组装期间气温在 0℃以下，同时有 4～5 级大风和扬尘，施工现场未采取有效防护措施，导致绝缘件被污染。

（六）金属护层与接地箱

《反措》第 13.1.2.6 条："电缆金属护层接地电阻、接地箱（互联箱）端子接触电阻，必须满足设计要求和相关技术规范要求。"

电力电缆金属护层接地电阻、接地箱（互联箱）端子接触电阻等共同构成电缆接地系统，电力电缆接地系统应满足设计和规范要求。根据《电力电缆试验规程》（Q/GDW 11316—2014）第 4.7.3 和第 6.3.2 条以及《电气装置施工安装工程 接地装置施工及验收规范》（GB 50169—2016）相关要求开展检测。

【案例 21】 某 110kV 电力电缆工程施工中，发现电缆沟内接地扁铁锈蚀脱落（见图 10-19），接地不良，存在安全隐患，重新更换接地扁铁并安装接地桩。

【案例 22】 某 110kV 电力电缆线路换位箱铜排连接点接触不良（见图 10-20），导致该换位排存在发热情况，影响线路安全运行，需要重新拧紧牢固。

图 10-19 电缆沟内接地扁铁锈蚀脱落示意图

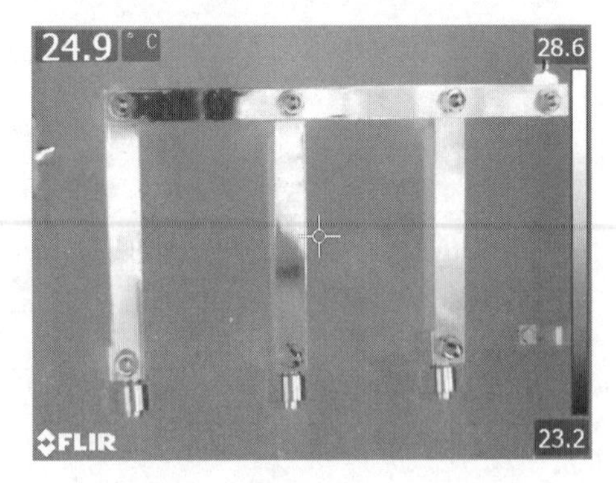

图 10-20 电力电缆线路换位箱铜排连接点接触不良示意图

（七）交叉互联方式金属护层

《反措》第 13.1.2.7 条："金属护层采取交叉互联方式时，应逐相进行导通测试，确保连接方式正确。金属护层对地绝缘电阻应试验合格，过电压限制元件在安装前应检测合格。”

为确保交叉互联装置连接方式正确，应正确开展逐相导通测试；为减少因短路故障引起的设备损坏，金属护层对地绝缘电阻应试验合格，过电压限制元件在安装前应检测合格。应满足《电力电缆及通道运维规程》（Q/GDW 1512—2014）相关要求。

【案例23】 某110kV电力电缆改接工程中，在同一换位段的一只护层换位箱内换位排接反，导致该换位段的感应电流不平衡，最大处电流要超过200A，通过停电重新电缆换位排后完成此项缺陷工作。金属护层连接错误如图10-21所示。

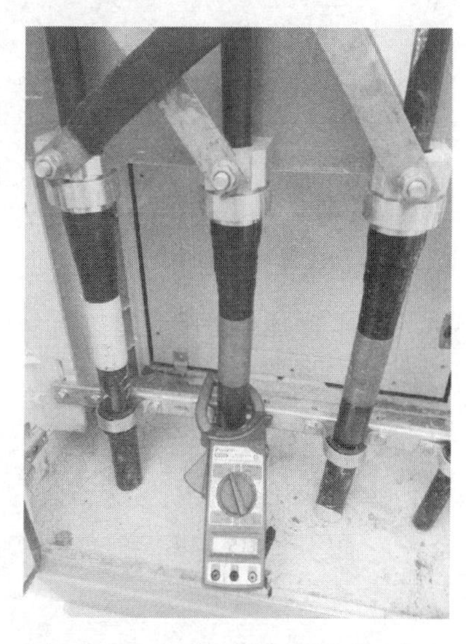

图10-21　金属护层连接错误示意图

（八）交流耐压试验

《反措》第13.1.2.8条：“110（66）kV及以上电缆主绝缘应开展交流耐压试验，并应同时开展局部放电测量。试验结果作为投运资料移交运维单位。”

交流耐压试验与局部放电测量是竣工交接试验的主要组成部分。根据《电力电缆试验规程》（Q/GDW 11316—2014）第4.3.2条和《电力电缆及通道运维规程》（Q/GDW 1512—2014）第5.5.1和第5.5.2条要求，110（66）及以上电缆工程主体施工完毕后应进行交流耐压、局部放电试验，并将试验结果附在竣工资料内移交运维单位。

【案例24】 2016年，某公司对110kV电力电缆线路进行交流耐压试验，在首次加压至120kV左右时失压，经停电检查确认故障点在66号杆侧全预制干式电力电缆终端处。经分析，故障发生原因为电缆附件储存不规范或未严格控制安装质量，属于电缆附件厂家责任。

（九）电缆支架、固定金具、排管

《反措》第13.1.2.9条：“电缆支架、固定金具、排管的机械强度和耐腐蚀性能应符合设计和长期安全运行的要求，且无尖锐棱角。”

电缆支架、固定金具、排管等作为电缆通道重要附属设备，在机械强度、抗腐蚀性能等方面需满足运行要求。《电力电缆及通道运维规程》（Q/GDW 1512—2014）中“5.5.1 支架应满足电缆承重要求。金属电缆支架应进行防腐处理，位于湿热、盐雾以及有化学腐蚀地区时，应根据设计做特殊的防腐处理。复合材料支架寿命应不低于电缆使用年限。”《电力工程电缆设计标准》（GB 50217—2018）中“6.2.1 表面应光滑无毛刺。”电力电缆在设计、排管施工等阶段应充分考虑电缆支架强度、抗腐蚀性等性能，且应考虑施工过程中对电缆护层的保护，边缘应平整无尖锐棱角。

【案例25】 某项电力电缆工程验收过程中发现局部电缆外护套表面有较深划痕（见图10-22）。经摸排发现，由于支架处有尖锐凸起，敷设电力电缆时没有对可能伤及电缆的金属构件采取防范措施导致伤及电缆的外护层。

（十）电缆终端

《反措》第13.1.2.10条：“电缆终端尾管采用封铅方式连接时，应加装铜编制线连接尾管和金属护套。”

电缆附件性能对附件的安全稳定运行至关重要，采用封铅方式较环氧泥等材料更为可

图 10-22　电缆外护套划痕缺陷示意图

靠，在潮湿、多振动区域尤为明显。环氧泥密封，易因现场 AB 胶搅拌不均，安装后多振动、多水造成密封性能下降，从而影响电缆附件稳定性，故要求户外终端采用封铅方式密封。电缆终端尾管处为电缆故障高发区，使用铜编织线连接尾管及金属护套能有效确保电缆外屏蔽、尾管、电缆金属护套等电位，提高设备电气稳定性。

【案例 26】 2017 年，某 220kV 电力电缆进行终端密封检查时，发现电缆终端尾管部位铜丝未和金属护套进行可靠连接。通过消缺将电缆铜丝屏蔽与金属护套和终端尾管连通，形成一个整体的接地铅。电缆终端尾管封铅消缺前后对比如图 10-23 所示。

(a)

(b)

图 10-23　电缆终端尾管封铅消缺前后对比示意图

（a）消缺前；（b）消缺后

【案例 27】 在某沿海地区发生过多起户外电缆终端故障，在分析过程中发现故障点位于电缆终端尾管处，结合现场故障情况及故障解剖结果，发现尾管位置环氧泥未充分固化（见图 10-24）。分析认为该终端位置环氧泥未固化，从而影响电缆终端的密封性，长期的风振及南方的多雨，导致电缆终端进潮，长期运行后，最终引起绝缘击穿引发电力电缆故障。

图 10-24　电缆终端尾管位置环氧泥未充分固化示意图

三、运行阶段

（一）电力电缆线路负荷和温度的检（监）测

《反措》第 13.1.3.1 条："运行部门应加强电缆线路负荷和温度的检（监）测，防止过负荷运行，多条并联的电缆应分别进行测量。巡视过程中应检测电缆附件、接地系统等关键接点的温度。"

为确保电力电缆线路运行安全稳定，根据《电力电缆及通道运维规程》（Q/GDW

1512—2014）5.2.3 电缆载流量和工作温度要求、7.3 电缆巡视检查要求及内容中相关规定，运行部门应加强缆线路负荷和温度的检（监）测，严禁电力电缆线路过负荷；同时，电力电缆巡视应沿电缆逐个接头、终端建档进行并实行立体式巡视，对电缆附件、接地系统、避雷器等装置的关键部位进行温度测定，要求电缆终端、设备线夹、与导线连接部位不应出现温度异常现象，电缆终端套管各相同位置部件温差不宜超过 2K；设备线夹、与导线连接部位各相相同位置部件温差不宜超过 20%，以确保电力电缆线路安全可靠。

【案例 28】 2017 年，通过测温发现某 220kV 电力电缆 B 相终端顶部出线桩头处发热，发热温度为 32.3℃（见图 10-25），相比正常相温升为 5.8℃，为电流型发热缺陷，后停电后进行紧固处理。

图 10-25　某 220kV 电力电缆 B 相终端顶部出线桩头处发热热像图

【案例 29】 2017 年，某公司红外测温时发现某 110kV 电力电缆线路 2 号电缆中间接头 C 相温度与其他两相同部位温度差别较大，温差最大点位于中间接头尾管与铝护套连接处附近。中间接头尾管与铝护套连接处温度分别为 46.8、40.7℃，明显高于其他两相周围温度。现场消缺时发现，两个接头均为中间接头铜壳与铝护套封铅处出现虚焊，致使接头温度升高，如图 10-26 所示。

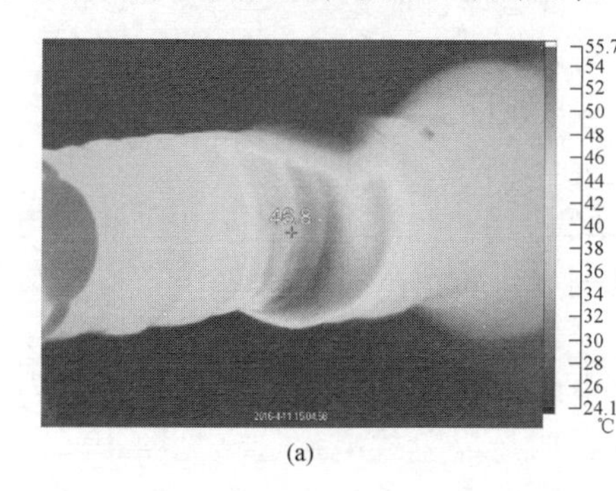

(a)

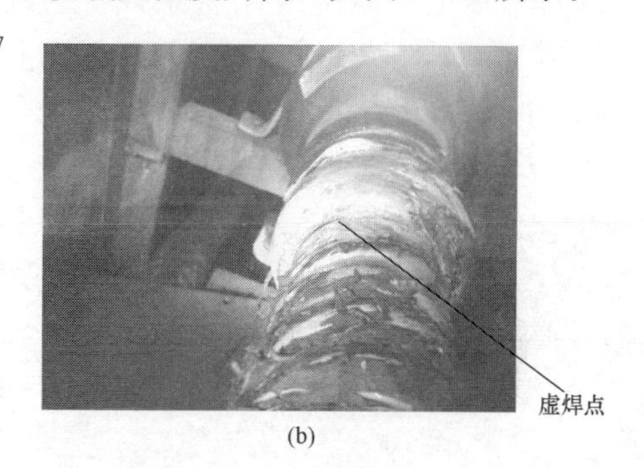

(b)

图 10-26　某 110kV 电力电缆接头发热缺陷示意图

（a）接头发热热像图；（b）虚焊点

（二）金属护层接地

《反措》第 13.1.3.2 条："严禁金属护层不接地运行。应严格按照试验规程对电缆金属护层的接地系统开展运行状态检测、试验。"

金属护层接地电流检测周期：新设备投运、解体检修后应在 1 个月内完成检测，在运设备 330kV 及以上每 1 个月检测 1 次、220kV 每 3 个月检测 1 次、110（66）kV 及以下每 6 个月检测 1 次；金属护层接地电流要求：绝对值应小于 100A，或金属护层接地电流/负荷比值小于 20%，或金属护层接地电流相间最大值/最小值比值小于 3。通过严格按照试验规程对电缆金属护层的接地系统开展运行状态检测、试验，确保设备安全运行。

【案例 30】 某 110kV 电力电缆线路在巡检过程中发现电缆感应电流值超标，经停电检修发现属于同轴电缆相位穿反，红外检测存在发热情况，在重新纠正相位后感应电流恢复正常。该电力电缆线路发热情况如图 10-27 所示。

(a)

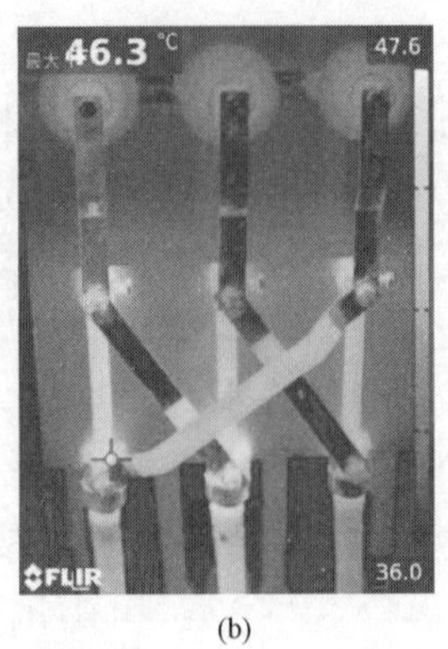

(b)

图 10-27　电力电缆线路发热情况示意图

(a) 现场相位情况；(b) 热像图

（三）电力电缆线路状态评价

《反措》第 13.1.3.3 条："运行部门应开展电缆线路状态评价，对异常状态和严重状态的电缆线路应及时检修。"

为提升电力电缆设备运行管理水平，根据《电力电缆及通道运维规程》（Q/GDW 1512—2014）以及《电缆及通道运维管理规定》（国家电网企管〔2014〕910 号）等文件要求，运行部门应认真开展电力电缆线路状态评价。设备状态评价应按照《电缆线路状态评价导则》（Q/GDW 456—2010）等技术标准，通过停电试验、带电检测、在线监测等技术手段，收集设备状态信息，应用状态检修辅助决策系统，开展设备状态评价，对异常状态和严重状态的电缆线路应及时检修。

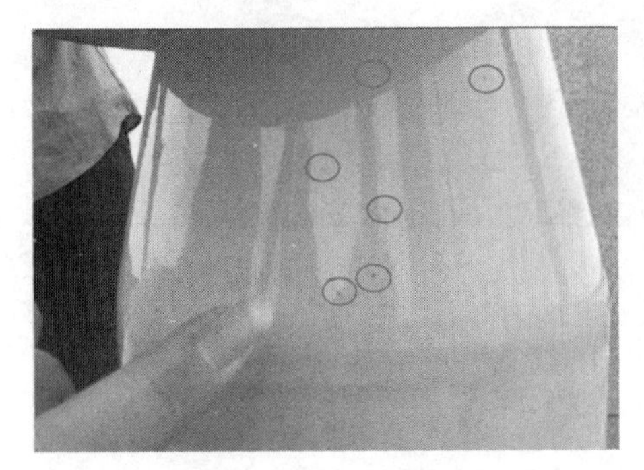

图 10-28　应力锥表面放电痕迹示意图

【案例 31】 2018 年，某 110kV 电力电缆线路户外终端进行带电局部放电检测，B 相发现明显局部放电信号，对出现异常局部放电信号的电缆终端停电解体检查，发现 B 相电缆终端内应力锥表面存在明显黑色放电痕迹（见图 10-28）。其他两相电缆终端内应力锥、绝缘表面未见明显异常放电痕迹。

（四）重载和重要电力电缆线路

《反措》第 13.1.3.4 条："应监视重载和重要电缆线路因运行温度变化产生的伸缩位移，出现异常应及时处理。"

电力电缆线路在运行过程中，因导体温度随负载电流的变化而产生温度应力，为确保电缆本体及附件受力稳定，根据《电力电缆及通道运维规程》（Q/GDW 1512—2014）第 5.2.4 条的要求，电缆本体（护套、铠装等）不应出现明显变形，隧道内敷设的 110kV 及以上的电力电缆，应按电力电缆的热伸缩量作蛇形敷设；以及《电力工程电缆设计标准》（GB 50217—2018）第 6.1.5 条的要求，在 35kV 以上高压电力电缆的终端、接头与电力电缆连接部位，宜设置伸缩节等措施。通过各类措施补偿在各种运行环境温度下因热胀冷缩引起的长度变化。

【案例 32】 某项电力电缆工程过程验收时，110kV 电力电缆部分未按照要求采用蛇形敷设，需要重新整改。该电力电缆工程电缆敷设形式如图 10-29 所示。

图 10-29　某项电力电缆工程电缆敷设形式示意图

（五）电力电缆线路运行故障

《反措》第 13.1.3.5 条："电缆线路发生运行故障后，应检查全线接地系统是否受损，发现问题应及时修复。"

电力电缆线路发生故障后，瞬时短路电流往往较大，短路电流通过接地系统进入大地，瞬时产生的能量易对故障点附近接地系统产生影响或破坏。同时，接地系统破坏也是导致电缆发生故障的主要原因，如未对全线路接地系统进行普查，易造成二次事故。

【案例 33】 某电力电缆线路发生故障后，虽然经故障测寻发现了击穿点并对故障接头进行更换抢修，但未对全线路接地系统进行普查，导致在抢修送电后，线路发生二次故障。经查，发现该线路临近接头接地箱内铜排被盗导致故障（见图 10-30），由于第一次故障后未实施全面检查，引发了二次事故。

（六）瓷套终端

《反措》第 13.1.3.6 条："人员密集区域或有防爆要求场所的瓷套终端应更换为复合套管终端。"

电缆附件发生故障，故障电流通常较大，瞬时高温易造成附件爆炸。相较于瓷套管，复合套管的防爆性能优越，在人员密集区域或有防爆要求的场所，能有效降低故障对附近设备及人员的影响，降低故障造成二次灾害的概率。

【案例 34】 2017 年，某 110kV 户外电缆终端头发生故障后，瞬时产生热量造成瓷套爆炸，碎片大范围散落，冲击力巨大，造成附近电力设备一定程度损伤，并存在发生行人伤亡、二次灾害的可能性，如图 10-31 所示。

图 10-30　接地箱内铜排被盗情况示意图

图 10-31　瓷套终端发生故障情况示意图

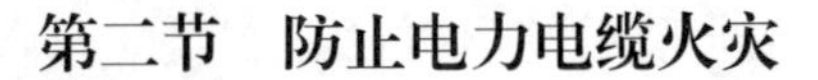

第二节　防止电力电缆火灾

一、设计和基建阶段

（一）电力电缆线路的防火设施

《反措》第 13.2.1.1 条："电缆线路的防火设施必须与主体工程同时设计、同时施工、同时验收，防火设施未验收合格的电缆线路不得投入运行。"

电力电缆防火工作必须抓好设计、制造、安装、运行、维护、检修各个环节的全过程管理，要严格施工工艺、合理选择防火材料以及落实各项防火措施。要求新建、扩建电力工程的电力电缆选择与敷设以及防火措施应按有关规范和规程进行设计，并加强施工质量监督及竣工验收，确保各项电力电缆防火措施落实到位，并与主体工程同时投产。

【案例 1】 2012 年 3 月，某电缆隧道内 4 回 220kV 电力电缆线路投运，防火设施安装滞后，未能同步完成验收。同年 8 月，其中 1 回线路中间接头故障起火，由于防火槽盒未安装到位，火势蔓延，引起隧道内其他 3 回线路故障跳闸，导致 1 座 220kV 变电站全停，如图 10-32 所示。

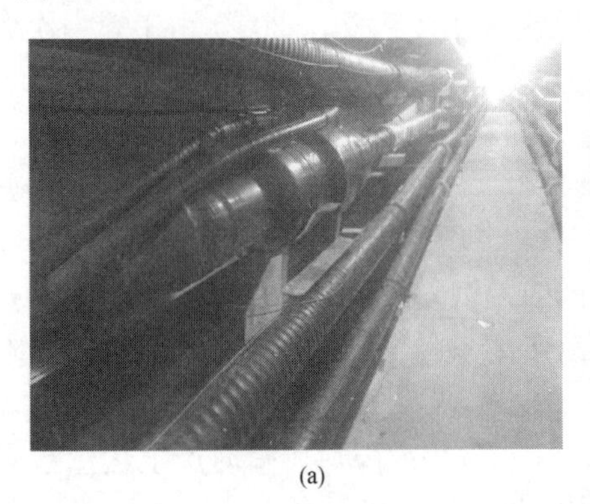

(a)

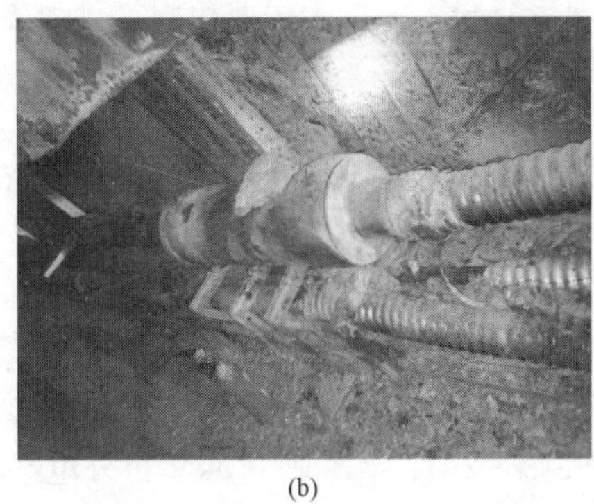

(b)

图 10-32　某电缆隧道火灾案例示意图

（a）电缆隧道；（b）火灾现场

（二）电力电缆敷设

《反措》第 13.2.1.2 条："同一电源的 110（66）kV 及以上电压等级电缆线路同通道敷设时应两侧布置。同一通道内不同电压等级的电缆，应按照电压等级的高低从下向上排列，分层敷设在电缆支架上。"

针对同一变电站各路电源电力电缆线路优先采用不同通道敷设，对路径受限区域可采用同通道敷设，但应两侧布置，降低同跳故障引起全所失电的电网风险。考虑防火因素，将高低压电缆分层布置，意在减小低压电缆故障时对高压电缆的影响；考虑外力破坏因素，将电压等级较低的电缆敷设于通道上层支架，降低电缆通道遭受外力破坏时，其影响高压电缆的概率。

【案例 2】 2013 年 12 月，某市地铁建设过程中，大型挖机野蛮施工，造成 2 回 110kV 电力电缆线路故障跳闸，该 2 回线路为同一变电站同通道同侧布置的电源线路，此次故障导致 1 座 110kV 变电站全停，如图 10-33 所示。

(a)

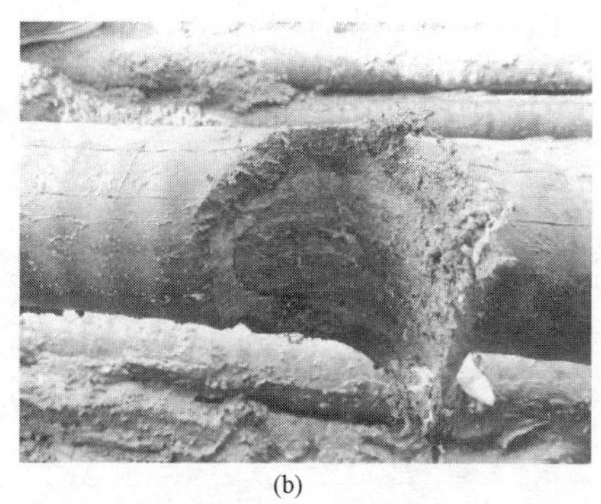
(b)

图 10-33　野蛮施工造成 2 回 110kV 电力电缆线路故障现场示意图
(a) 挖机施工现场；(b) 受损电缆

（三）防火与阻燃

《反措》第 13.2.1.3 条：“110（66）kV 及以上电压等级电缆在隧道、电缆沟、变电站内、桥梁内应选用阻燃电缆，其成束阻燃性能应不低于 C 级。与电力电缆同通道敷设的低压电缆、通信光缆等应穿入阻燃管，或采取其他防火隔离措施。应开展阻燃电缆阻燃性能到货抽检试验，以及阻燃防火材料（防火槽盒、防火隔板、阻燃管）防火性能到货抽检试验，并向运维单位提供抽检报告。”

采用隧道、沟道、桥梁敷设方式的非阻燃电缆起火后，易造成火势蔓延，导致故障范围扩大。为提高电力电缆耐火能力，隧道、沟道、桥梁内电缆应选用阻燃电缆，其成束阻燃性能应不低于 C 级，并开展阻燃电缆阻燃性能到货抽检试验。

低压电缆和通信光缆故障率高、防火能力差，同通道敷设时若无隔离措施易引起高压电缆故障。与电力电缆同通道敷设的低压电缆、通信光缆等应穿入阻燃管，或采取其他防火隔离措施，并开展阻燃防火材料防火性能到货抽检试验。

【案例 3】 2006 年，某市火灾导致某隧道内 6 回高压电力电缆烧毁，导致隧道火灾蔓延的原因是高压电缆选用 PE 护套，由于没有阻燃性能，导致火灾蔓延，损失扩大。

（四）中性点非有效接地

《反措》第 13.2.1.4 条：“中性点非有效接地方式且允许带故障运行的电力电缆线路不应与 110kV 及以上电压等级电缆线路共用隧道、电缆沟、综合管廊电力舱。”

中性点非有效接地系统通常指中性点不接地、谐振接地、经低电阻接地、经高电阻接地，该类系统中的电力电缆在单相接地故障后继续运行的过程中，电弧可能危害临近电力电缆，造成事故的进一步扩大。故该类电力电缆不应进入隧道、密集敷设的沟道、综合管廊电力舱等通道，以免造成更大面积的事故损失。

【案例 4】 某公司 110kV 电缆沟道起火，先后引发 4 条 110kV 线路及 12 条 10kV 出线停运，造成 4 座 110kV 变电站失电，共损失负荷 15.3 万 kW。故障原因为某 10kV 电力电缆因施工外力破坏受损发生单相接地烧弧，引燃电缆沟内光缆并蔓延烧损整个电缆沟断面，如图 10-34 所示。

【案例 5】 2006 年，某公司 1 回消弧线圈接地系统中的 35kV 电力电缆发生单相接地故障，在坚持运行过程中，电弧烧伤临近的多路 10、110kV 电力电缆和通信光缆，导致 1 座高层建筑停电、1座110kV变电站丧失1路电源，如图10-35所示。

图10-34 火灾烧损110kV电缆示意图

图10-35 某35kV电力电缆发生单相接地故障现场示意图

（五）防火阻燃材料与措施

《反措》第13.2.1.5条："非直埋电缆接头的外护层及接地线应包覆阻燃材料，充油电缆接头及敷设密集的10～35kV电缆的接头应用耐火防爆槽盒封闭。密集区域（4回及以上）的110（66）kV及以上电压等级电缆接头应选用防火槽盒、防火隔板、防火毯、防爆壳等防火防爆隔离措施。"

电缆接头是电力电缆线路防火薄弱环节，必须严格控制制作材料和防火措施。非直埋电缆接头的外护层及接地线应包覆阻燃材料，充油电力电缆接头及敷设密集的中压电力电缆的接头应用耐火防爆槽盒封闭。对于电缆敷设密集区域，故障电缆接头会对临近电缆产生影响，导致事故扩大，需采用多种防火防爆措施对电缆接头进行隔离。

【案例6】 2014年，某110kV电缆接头井内，1回电缆线路A相中间接头爆炸，该回电力电缆线路未安装防火防爆隔离措施，引起B相电缆主绝缘受损，导致故障扩大，如图10-36所示。

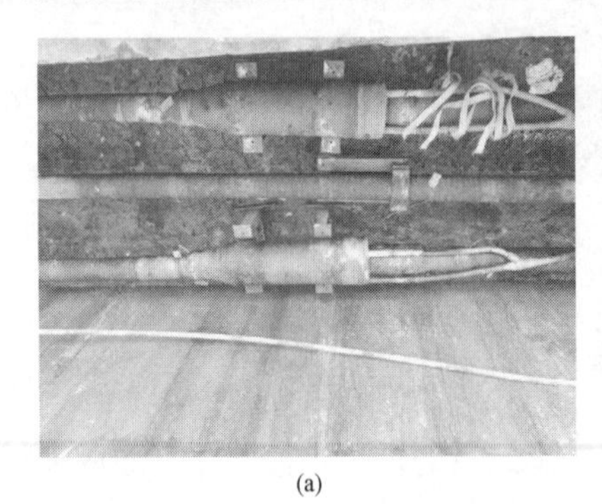

(a)

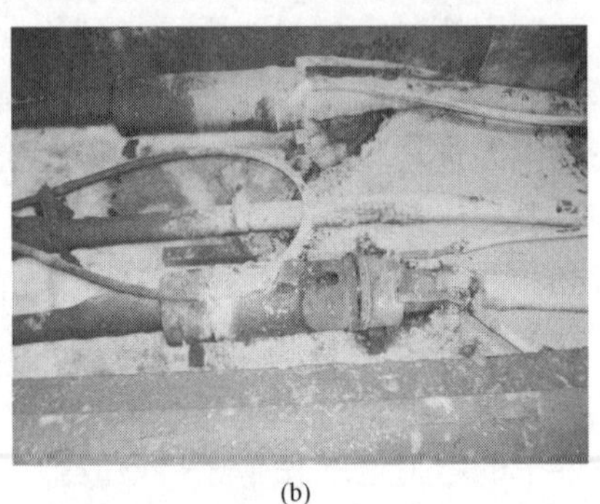

(b)

图10-36 某110kV电力电缆A相中间接头爆炸示意图

（a）整体图；（b）局部图

（六）电缆孔洞应加装防火封堵

《反措》第13.2.1.6条："在电缆通道内敷设电缆需经运行部门许可。施工过程中产生的电缆孔洞应加装防火封堵，受损的防火设施应及时恢复，并由运维部门验收。"

采用封、堵、隔的办法进行电缆防火，目的是要保证单根电力电缆着火时不延燃或少延燃，避免事故损失扩大。需封堵的部位必须采用合格的不燃或阻燃材料封堵。由于施工或材料老化造成原有防火墙或封堵失效时，应及时修复，并需通过运行部门验收。另外，电力电缆着火时会产生大量有毒烟气，特别是普通塑料电缆着火后产生氯化氢气体，气体会通过缝隙、孔洞弥漫到电气装置室内，在电气设备上形成一层稀盐酸的导电膜，从而严重降低设备、元件和接线回路的绝缘，造成对电气设备的二次危害。

【案例 7】 2011 年，某公司管辖的 110kV 线路故障后引起火灾，由于该工作井内管孔未进行防火封堵，火势蔓延至管孔内 20 多米，导致事故扩大，抢修工期延长至 5d。

（七）防火墙、防火隔板及封堵等防火措施

《反措》第 13.2.1.7 条："隧道、竖井、变电站电缆层应采取防火墙、防火隔板及封堵等防火措施。防火墙、阻火隔板和阻火封堵应满足耐火极限不低于 1h 的耐火完整性、隔热性要求。建筑内的电缆井在每层楼板处采用不低于楼板耐火极限的不燃材料或防火封堵材料封堵。"

电力电缆的防火隔离措施能有效避免事故扩大。电力电缆进出电缆通道处、电缆隧道内、竖井中、变电站夹层应设置防火分隔，且使用的组火材料耐火极限不低于 1h 的耐火完整性、隔热性要求，确保防火分隔效果。

【案例 8】 2011 年，某电厂竖井中电力电缆发生短路，电弧引燃电缆。由于部分电缆桥架及竖井隔断、穿墙孔洞封堵施工封堵不良且未按设计要求施工，未能有效阻断火势蔓延，造成事故扩大，导致一台机组停运和数百万元的经济损失。

（八）温度、烟气、火灾监视报警器

《反措》第 13.2.1.8 条："变电站夹层宜安装温度、烟气监视报警器，重要的电缆隧道应安装火灾探测报警装置，并应定期检测。"

运行人员无法实时掌握变电站夹层、电缆隧道内运行情况，为了预防电力电缆火灾事故，可在重要电缆隧道、变电站夹层加装温度探测、温度在线监测和烟气监视报警系统。温度在线监测系统可实时探测隧道和夹层环境温度，发现异常立刻报警，烟气监视报警系统可即时发现火情，避免事故扩大。针对监测系统，要确保数据准确，需及早发现在线监测装置缺陷，以免由于系统误报、不报等问题给生产运行工作带来压力。

【案例 9】 2015 年，某高压电缆隧道内多处诱导风机因主板受潮，电容器短路着火，临近消防装置未及时动作，最后火势自然熄灭，如图 10-37 所示。经检查，事故原因为消防设施二次回路断线，导致消防系统失效。

(a)

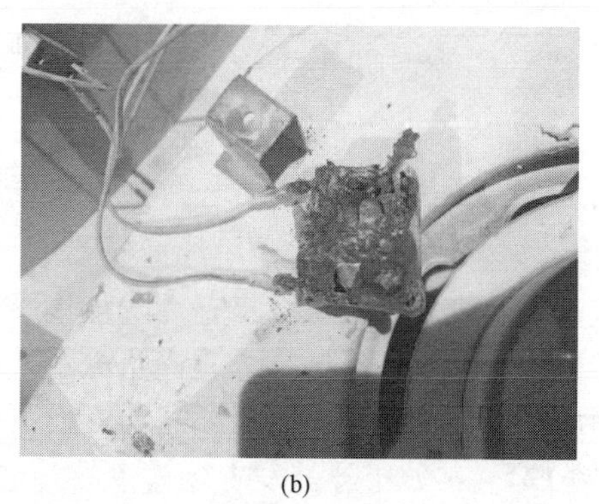

(b)

图 10-37　某高压电缆隧道内诱导风机受潮示意图

（a）电缆隧道；（b）受潮短路的风机主板

二、运行阶段

（一）电力电缆加装防火槽盒或采取其他防火隔离措施

《反措》第13.2.2.1条：“电缆密集区域的在役接头应加装防火槽盒或采取其他防火隔离措施。输配电电缆同通道敷设应采取可靠的防火隔离措施。变电站夹层内在役接头应逐步移出，电力电缆切改或故障抢修时，应将接头布置在站外的电缆通道内。”

电缆接头故障是电力电缆线路故障的重要原因，对电力电缆密集区域的中间接头应采取防火隔离等控制措施。配电电缆故障率高、防火能力差，同通道敷设的输、配电电缆应采取可靠的防火隔离措施。变电站夹层为电缆集中进出区域，在役接头应结合切改或抢修逐步移出，新建线路不应在夹层中设置中间接头。

【案例10】 某电厂室外电缆沟中一台循环水泵电缆中间接头发生爆破，损伤和引燃周围其他循环水泵的动力和控制电缆，造成了正在运行的5台循环水泵中的4台泵跳闸，导致2台汽轮发电机组由于真空低而被迫停机。

（二）电缆通道、夹层整洁、畅通

《反措》第13.2.2.2条：“运维部门应保持电缆通道、夹层整洁、畅通，消除各类火灾隐患，通道沿线及其内部、隧道通风口（亭）外部不得积存易燃、易爆物。”

电缆通道、夹层整洁畅通可便于开展运维检修工作，同时不留火灾隐患，避免易燃易爆物引发火灾，造成事故。

【案例11】 2016年，某公司管辖的电缆通道附近大量杂物堆积，拾荒者烧荒过程中，火势沿盖板缝隙蔓延至工井内，造成2回110kV电力电缆线路故障跳闸，如图10-38所示。

(a)

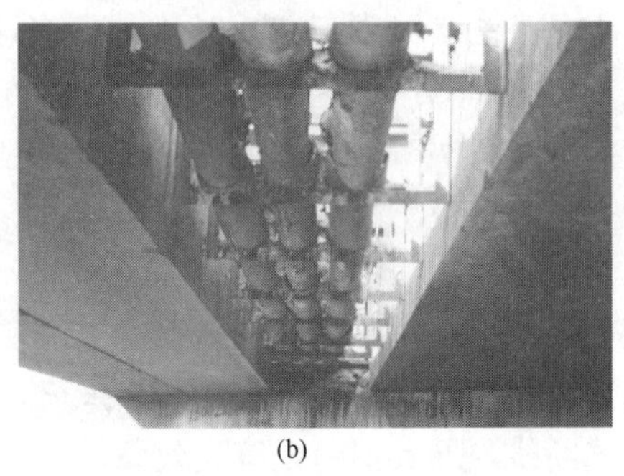
(b)

图10-38　110kV电力电缆线路故障现场示意图

(a) 烧荒现场；(b) 电缆通道

（三）加强电力电缆监视

《反措》第13.2.2.3条：“电缆通道临近易燃、易爆或腐蚀性介质的存储容器、输送管道时，应加强监视并采取有效措施，防止其渗漏进入电缆通道，进而损害电缆或导致火灾。”

邻近易燃、易爆或腐蚀性介质存储容器、输送管道的电缆通道，存在渗漏进入电缆通道引起电力电缆故障的隐患，有必要对重点区域采取监测、防范措施。

【案例12】 某城市隧道发生爆炸事故，隧道内电力电缆全部烧毁，爆炸起火原因为临近隧道的天然气管道发生泄漏进入电缆隧道，在放电火花或外界火源的诱发下发生爆炸起火，如图10-39所示。

(a)

(b)

图 10-39　隧道发生爆炸事故导致电力电缆全部烧毁现场示意图

(a) 隧道灭火现场；(b) 泄漏天然气管道

（四）临时电源应使用

《反措》第 13.2.2.4 条：“在电缆通道、夹层内使用的临时电源应满足绝缘、防火、防潮要求，并配置漏电保护器。工作人员撤离时应立即断开电源。”

应加强在电缆通道、夹层内使用的临时电源的管理，配置满足绝缘、防火、防潮要求的设备，并配备漏电保护器。工作人员撤离时应立即断开电源，避免临时电源引发火灾事故。

【案例 13】 2000 年，某市一电力隧道内施工用低压电缆的相线与在运 110kV 电缆外护层短路，长时间打火，将 110kV 电力电缆 A 相外护层及铝护套烧穿。经查，根本原因是由于施工人员未采用带统包绝缘的低压电缆，而且未安装熔断器和漏电保护器。

（五）动火作业

《反措》第 13.2.2.5 条：“在电缆通道、夹层内动火作业应办理动火工作票，并采取可靠的防火措施。”

电缆沟、夹层均属于密闭空间，为确保密闭空间作业人身和设备安全，在进行动火作业前应办理动火工作票，并有可靠的防火措施，避免措施不当引发火灾事故。

（六）电缆巡检

《反措》第 13.2.2.6 条：“严格按照运行规程规定对通道进行巡检，并检测电缆和接头运行温度。”

电力电缆的防火工作，不但要在设计、安装过程中落实好各项措施，还要加强电力电缆的生产管理，建立健全电缆维护、检查等各项规章制度，要按期对电力电缆和接头进行测试和红外测温，发现问题及时处理。

【案例 14】 2000 年，某公司电力电缆运行人员发现一 220kV 交联电力电缆 A 相终端套管局部发热，经停电解体检查，发现应力锥存在放电痕迹，后更换终端，如图 10-40 所示。

【案例 15】 2006 年，某公司运行人员检测某电力电缆线路 C 相终端出线端子，经红外测温发现温度异常，如图 10-41 所示。停电后对松动触点进行紧固，避免了一起故障。

（七）中性点接地方式

《反措》第 13.2.2.7 条：“与 110（66）kV 及以上电压等级电缆线路共用隧道、电缆沟、综合管廊电力舱的中性点非有效接地方式的电力电缆线路，应开展中性点接地方式改造，或做好防火隔离措施并在发生接地故障时立即拉开故障线路。”

上述条款为新增条款，强调了中性点非有效接地方式的电力电缆线路管控措施。根据《高压电缆专业管理规定》（国家电网运检〔2016〕1152 号）第十一条的规定，同一变电站

(a)

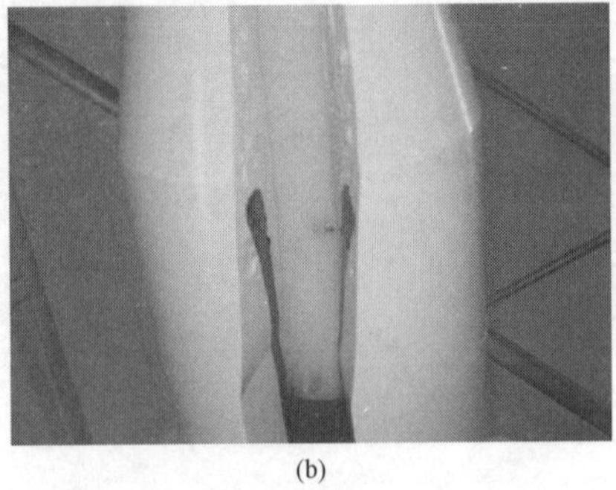

(b)

图 10-40　某 220kV 交联电力电缆 A 相终端套管局部发热示意图

（a）故障套管；（b）故障应力锥

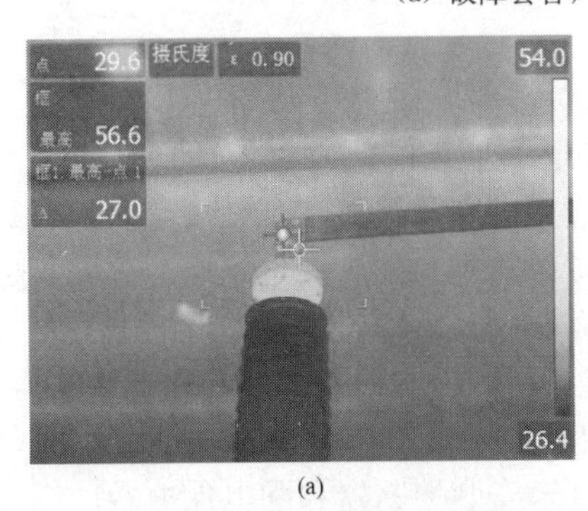

(a)

(b)

图 10-41　某电力电缆线路 C 相终端出线端子红外测温示意图

（a）热像图 1；（b）热像图 2

图 10-42　66kV 电力电缆接地弧光故障示意图

的各路电源电力电缆线路，宜选用不同的通道路径，若同通道敷设时应两侧布置。中性点非有效接地方式且允许带故障运行的电力电缆线路不应进入隧道、密集敷设的沟道、综合管廊电力舱。

【案例 16】 2016 年，某公司 66kV 电缆 A 相 2 号接头绝缘不良，接地弧光（66kV 系统采用经消弧线圈接地，单相接地允许运行 2h）引起其他回路 B、A 相相继接地短路起火，造成相间故障跳闸。接地弧光先后导致同隧道 3 回相邻高压电缆起火跳闸，如图 10-42 所示。

第三节　防止外力破坏和设施被盗

一、设计和基建阶段

（一）电力电缆线路路径、附属设备及设施设置

《反措》第 13.3.1.1 条："电缆线路路径、附属设备及设施（地上接地箱、出入口、通风亭等）的设置应通过规划部门审批。应避免电缆通道邻近热力管线、易燃易爆管线（输油、燃气）和腐蚀性介质的管道。"

根据《高压电缆专业管理规定（国家电网运检〔2016〕1152号）》第三章规划与设计第八条的规定，电缆线路路径、附属设备及设施（互联箱、出入口、通风亭、余缆井等）的设置应通过规划部门审批。通道路径选择宜避开地质不稳定区域、油气管道及火灾爆炸危险区。根据《国网运检部关于印发高压电缆及通道工程生产准备及验收工作指导意见的通知》（运检二〔2017〕104号）附件2高压电缆及通道工程生产准备及验收工作审查要点第一条的规定，电缆路径应合法，满足安全运行要求。电力电缆路径、附属设备及设施（互联箱、出入口、通风亭、余缆井等）的设置应通过规划部门审批。

【案例1】 2009年，某35kV单芯电力电缆累计发生电缆本体击穿8次。解剖结果发现电力电缆外半导电屏蔽层受损伤，电力电缆的屏蔽铜线嵌入外半导电屏蔽内，如图10-43所示。原因为电缆通道内存在热力管道，热力管道的绝热效果不理想，防空洞内部分地段温度在50℃以上，造成了电力电缆的加速老化击穿。

【案例2】 2014年，巡视某220kV线路时发现电力电缆路径上地表温度异常，最高温度达98℃。经查看，系相邻的热力管道破裂发生泄漏引起电缆周围土壤温度升高，立即联系发电厂对热力管道停止供热。经核实为发电厂热力管道破裂并发生泄漏。邻近热力管道破裂烫伤电缆如图10-44所示。

图10-43　电缆外半导电屏蔽层受损伤示意图

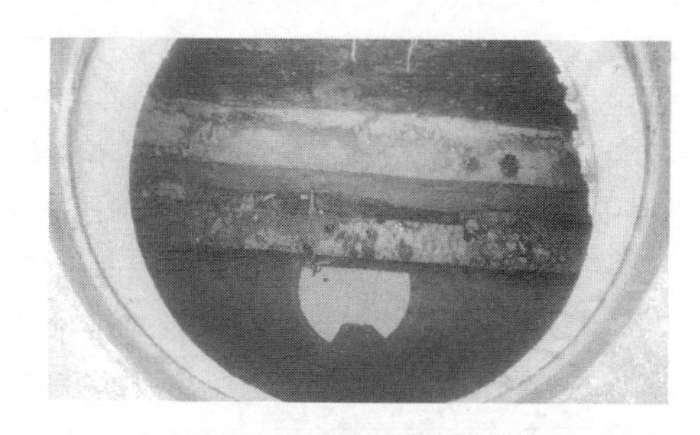

图10-44　邻近热力管道破裂烫伤电缆示意图

【案例3】 1997年，某市因煤气管道爆炸波及临近运行的2回110kV电力电缆线路，导致电力电缆线路通道损毁塌陷，电缆本体燃烧，最终2回线路先后发生故障跳闸，造成巨大经济损失和社会影响。事故发生后，检查发现燃气管道与电缆通道间距不满足规定要求。

（二）综合管廊中电力舱

《反措》第13.3.1.2条：“综合管廊中110kV及以上电缆应采用独立舱体建设。电力舱不宜与天然气管道舱、热力管道舱紧邻布置。”

《城市综合管廊电力舱规划建设指导意见》（国家电网发展〔2014〕1459号）中第九条规定：“为保障电网安全可靠运行，避免城市综合管廊内管线间相互影响，电力舱应采用独立舱体建设。热力、燃气、输油、雨污水管道不得与电力电缆同舱敷设；电力舱不宜与热力舱、燃气舱、输油管道紧邻布置，当受条件所限需要紧邻布置时，应采取有效的隔热、降温、防爆及可靠接地等措施。”

《城镇供热管网设计规范》（CJJ 34—2010）表8.2.11-1中规定：地下铺设热力网管道与35kV以下电力电缆最小水平净距2m，最小水平垂直净距0.5m，与110kV电力电缆最小水平净距2m，最小水平垂直净距1.0m。考虑热力舱的温度较高，降温、隔热措施较难实施，结合《城镇供热管网设计规范》（CJJ 34—2010）表8.2.11-1中对电力管线与供热管线的距离要求，因此建议“电力舱不宜与天然气管道舱、热力管道舱紧邻布置”。

《电力电缆及通道运维规程》（Q/GDW 1512—2014）第5.6.10条规定，电缆舱内不得有热力、燃气等其他管道；《城市综合管廊工程技术规范》（GB 50838—2015）第 4.3.4、4.3.6 条规定，热力管道、燃气管道不得同电力电缆同舱敷设。

【案例 4】 2009 年，某公司 220kV 电缆隧道与热力管道的交叉距离不满足规程要求，导致电缆沟内温度不满足运行要求，将该交叉点电缆井内温度与线路其他电缆井内温度进行对比，最大温差高达 21.4℃，负荷高峰时期电力公司不得不采取降温、负荷控制措施。

【案例 5】 2011 年，某市热力管线泄漏，热水渗入电缆隧道。该隧道内有多路 10、110kV 在运电缆，当时隧道内环境温度超过 60℃，远高于电力电缆正常运行温度，严重影响电网安全，电力公司被迫采取排水、通风降温、调整电网运行方式等应急措施。

（三）严格按照标准和设计要求施工

《反措》第 13.3.1.3 条："电缆通道及直埋电缆线路工程应严格按照相关标准和设计要求施工，并同步进行竣工测绘，非开挖工艺的电缆通道应进行三维测绘。应在投运前向运维部门提交竣工资料和图纸。"

电力电缆线路是隐蔽工程，竣工资料及图纸是电力电缆设备最为重要的基础信息来源，对电力电缆运行及检修工作起指导性的作用。此外，由于电缆通道和直埋线路施工的实际线路与设计图纸可能有偏差或变更，为准确反映通道和直埋电缆的实际敷设路径，便于电力电缆及通道的运维、检修，必须绘制竣工图纸。

《电力电缆及通道运维规程》（Q/GDW 1512—2014）第 6.5.2 条规定：①完整的设计资料，包括初步设计、施工图及设计变更文件、设计审查文件等；②电缆及通道竣工图纸应提供电子版，三维坐标测量成果；③电缆及通道竣工图纸和路径图，比例尺一般为 1∶500，地下管线密集地段为 1∶100，管线稀少地段，为 1∶1000，在房屋内及变电所附近的路径用 1∶50 的比例尺绘制，平行敷设的电缆，应标明各条线路相对位置，并标明地下管线剖面图，电缆如采用特殊设计，应有相应的图纸和说明；④非开挖定向钻拖拉管竣工图应提供三维坐标测量图，包括两端工作井的绝对标高、断面图、定向孔数量、平面位置、走向、埋深、高程、规格、材质和管束范围等信息。

【案例 6】 2009 年，某 110kV 电力电缆事故抢修，因图纸有误，按照所示位置和深度一直找不到顶管位置，无法确认电力设施受外力破坏的损伤程度，最后只能采取其他的检修方案，耗时近 1 个月才修复完毕，如图 10-45 所示。

图 10-45 某 110kV 电缆事故抢修现场示意图

（四）标识标牌设置

《反措》第 13.3.1.4 条："直埋通道两侧应对称设置标识标牌，每块标识标牌设置间距一般不大于 50m。此外电缆接头处、转弯处、进入建筑物处应设置明显方向桩或标桩。"

《电力电缆及通道运维规程》（Q/GDW 1512—2014）中规定："5.5.3 在水底电缆敷设后，应设立永久性标识和警示牌。8.4.9 电缆路径上应设立明显的警示标志，对可能发生外力破坏的区段应加强监视，并采取可靠的防护措施。对处于施工区域的电缆线路，应设置警告标志牌，标明保护范围。8.5.2 工作井正下方的电缆，应采取防止坠落物体损伤电缆的保护措施。"根据《高压电缆专业管理规定》（国家电网运检〔2016〕1152 号）第四章施工与

验收第二十二条：电缆通道两侧应对称设置标识标牌，每块标识标牌设置间距一般不大于50m。直埋电缆沿线、水底电缆应装设永久标识。

直埋电缆及水底电缆易发生外力破坏事故，设置永久标识能起到警示和告知的作用，减少外力事故的发生，同时便于运行人员开展巡视工作。

【案例7】 2015年，某市主干河道河面上有轮船搭载着大型挖机进行河道清理。河道两侧有明显的电力保护标志，且施工方作业之前未曾与供电公司做过沟通就盲目作业（见图10-46）。经勘测，河底下方有通过顶管敷设的110kV电力电缆线路，幸亏电缆运检室相关巡线人员及时制止施工，否则极有可能造成外力破坏事故发生。

【案例8】 某电缆排管通道位置由于没有按照规定装设电缆标示牌，遇挖机野蛮施工导致110kV电力电缆线路受损，如图10-47所示。

图10-46　水上作业现场示意图

图10-47　挖机施工造成110kV电力电缆线路受损示意图

（五）安防措施

《反措》第13.3.1.5条："电缆终端场站、隧道出入口、重要区域的工作井井盖应有安防措施，并宜加装在线监控装置。户外金属电缆支架、电缆固定金具等应使用防盗螺栓。"

《高压电缆专业管理规定》（国家电网运检〔2016〕1152）第十九条规定：电缆终端站、隧道出入口、重要区域的工作井井盖应设置视频监控、门禁、井盖监控等安防措施。《国网运检部关于印发高压电缆及通道工程生产准备及验收工作指导意见的通知》（运检二〔2017〕104号）附件2高压电缆及通道工程生产准备及验收工作审查要点第十九条规定：户外金属电缆支架、电缆固定金具等应使用防盗螺栓。

【案例9】 某公司2006年电力隧道内盗窃案件多达10余起，2007～2009年完善安防措施后，盗窃事件得到遏制，同时作业人员的出入也实现了可控在控，如图10-48所示。

图10-48　电力隧道内完善安防措施示意图

二、运行阶段

（一）设立警示标志、加强监视

《反措》第13.3.2.1条："电缆路径上应设立明显的警示标志，对可能发生外力破坏的区段应加强监视，并采取可靠的防护措施。"

《电力电缆及通道运维规程》(Q/GDW 1512—2014) 第 8.4.9 条规定：电缆路径上应设立明显的警示标志，对可能发生外力破坏的区域应加强监视，并采取可靠的防护措施。对于施工区域额电缆线路，应设置警告标示牌，标明保护范围。

电力电缆线路作为隐蔽设备，易被外力破坏，设置警示标志可以在一定程度上避免外力破坏。运行单位应及时了解和掌握电力电缆线路通道周边的施工情况，查看电力电缆线路路面上是否有人施工、有无挖掘痕迹，全面掌控路面施工状态；对于在电力电缆线路保护范围内的危险施工行为，运行人员应立即进行制止。

图 10-49　某 35kV 电力电缆线路路径上向地下打钢管支撑示意图

【案例 10】 2005 年，某施工单位进行写字楼施工时，在现场没有进行管线调查和挖探，直接在某 35kV 电力电缆线路路径上向地下打钢管支撑，其中一根钢管直接打在电缆本体上，电缆绝缘被破坏而发生击穿，如图 10-49 所示。

【案例 11】 2005 年，某变电站西出线电力隧道工程项目部进场开始施工，在变电站墙外西南角打降水井，在打第二口降水井至 1.5m 深时发现降水井内有气泡冒出，后立即停止施工。开挖事故点发现，此处地下直埋敷设的 35kV 某电力电缆线路有两相被降水打眼机器破坏。

（二）防止坠落物体打击

《反措》第 13.3.2.2 条：“工作井正下方的电缆，应采取防止坠落物体打击的保护措施。”

《电力电缆及通道运维规程》(Q/GDW 1512—2014) 第 8.5.2 条规定：工作井正下方的电缆，应采取防止坠落物体损伤电缆的保护措施。

工作井作为人员进出电缆通道的唯一途径，也有可能成为重物等危险物进入隧道的途径。对井口下电缆应加装刚性保护，以确保一旦有重物跌落井口内，不会对电缆造成损伤。

【案例 12】 2002 年，某 110kV 电力电缆安装工作已完成，但在井下尚未安装电缆保护凳。在人员撤离过程中，一根钢钎从井口坠落，扎伤电缆。施工方被迫延误送电，局部更换电缆、制作接头。

（三）电缆通道结构、周围土层和邻近建筑物等的稳定性

《反措》第 13.3.2.3 条：“应监视电缆通道结构、周围土层和邻近建筑物等的稳定性，发现异常应及时采取防护措施。”

根据《电力电缆及通道运维规程》(Q/GDW 1512—2014) 第 8.4.10 条规定：应监视电缆通道结构、周围土层和临近建筑物等的稳定性，发现异常应及时采取防护措施。

电缆通道是电力电缆敷设的重要路径，一旦通道发生事故，通道内的电力电缆均会遭受不同程度的损伤，电力电缆及通道抢修工作将十分困难，同时将会对周边区域供电带来严重影响。电缆通道周围土层、邻近建筑的稳定性都会对电缆通道的结构带来影响，通过对其进行监视，可以提前发现电缆通道潜在的隐患，通过提早采取必要措施，避免严重事故的发生。

【案例 13】 某公司 220kV 电缆通道发生结构沉降和侧移现象，长度约 60m。现场位移

最严重部位沉降量约为 50cm，侧移约 25cm。由于结构发生位移，电力电缆产生严重应力，部分地段由于结构侧移电缆与结构挤压产生变形。沉降产生原因：①在隧道西侧有约 8m 深的路面覆土，西高东低，产生巨大土压力，在土压力的作用下，隧道发生沉降、位移；②匝道周边的路面覆土无排水措施，雨水只能通过土层下渗，在雨量大时，下渗的雨水将隧道基础周边的沙土冲走，导致隧道底部、周边被掏空形成孔洞，从而导致隧道沉降；③路面匝道施工时，地基可能采取打桩处理，由于桩位距离电缆隧道较近，对隧道外壁产生挤压，导致隧道产生位移、沉降。电力电缆与结构挤压及伸缩缝处位移如图 10-50 所示。

(a) (b)

图 10-50 电力电缆与结构挤压及伸缩缝处位移示意图

(a) 电力电缆与结构挤压；(b) 伸缩缝处位移

【案例 14】 2008 年，某公司电缆运行人员巡视发现，某地铁盾构施工路段突然发生十几米的道路下陷，导致该路段敷设的 3 路 110kV 电力电缆线路基础下陷，6 根 110kV 电力电缆承受上方土方压力，该公司立即组织进行抢修，如图 10-51 所示。

(a) (b)

图 10-51 某地铁盾构施工导致 3 路 110kV 电力电缆线路基础下陷示意图

(a) 基础下陷现场；(b) 抢修现场

(四) 公用通道电缆

《反措》第 13.3.2.4 条：“敷设于公用通道中的电缆应制订专项管理和技术措施，并加强巡视检测。通道内所有电力电缆及光缆应明确设备归属及运维职责。”

根据《电力电缆及通道运维规程》(Q/GDW 1512—2014)第 4.6 条规定：运维单位应建立岗位责任制，明确分工，做到每回电缆及通道有专人负责；第 8.4.11 条规定：敷设于公用通道中的电缆应制定专项管理措施。

随着城市化建设的不断发展，公用通道逐步被应用于城市地下管线的综合走廊。公用通道中往往同时运行着电力、热力、给排水等市政管线，必须避免在其他管线非正常状态和发生渗漏等异常时危及电力电缆安全运行，同时还须防止由于电力电缆正常运行和故障时的电磁场、热效应、电动力等危及其他管线，进而造成次生事故。因此，敷设于公用通道中的电缆，应有专项管理措施。

【案例 15】 某公司公用通道内 220kV 电力电缆交叉互联箱长期接错运行，通道内发热严重，由于设备与通道的职责划分不明，导致线路巡视不到位，长期无人管理，最终导致线路护层击穿。

(五) 防盗与退运报废

《反措》第 13.3.2.5 条：“对盗窃易发地区的电缆设施应加强巡视，接地箱(互联箱)、工井盖等应采取相应的技防措施。退运报废电缆应随同配套工程同步清理。”

《电力电缆及通道运维规程》(Q/GDW 1512—2014)第 8.5.6 条规定：对盗窃易发地区的电缆及附属设施应采取防盗措施，加强巡视；第 8.5.7 条规定：对通道内退运报废电缆应及时清理。《高压电缆专业管理规定》(国家电网运检〔2016〕1152 号)第五章运行检修第二十八条规定：偷盗频发地区的接地箱(互联箱、工井盖)应采取相应的技防措施，以防接地线、回流线被盗。

电缆通道内的退运、报废缆线经常是盗窃目标，同时在盗窃过程中窃贼可能破坏在运电力电缆或支架、地线等辅助设置，所以必须及时清理退运报废线缆。

【案例 16】 2013 年，某市不法分子进入 110kV 高压电缆隧道，对两条 110kV 高压电缆回流线、接地线进行盗割，造成隧道内两条 110kV 高压电缆同时着火，两座变电站全停，近半个市区停电，引起当地政府、社会民众密切关注，对供电公司造成极其严重的负面影响，如图 10-52 所示。

(a)

(b)

图 10-52 接地线被盗割示意图

(a) 现场图 1；(b) 现场图 2

【案例 17】 2001 年，某市电力隧道内一路数千米长退运 220kV 充油电力电缆同轴电缆

被盗，通道内堆积大量电缆油，造成严重火灾隐患，如图 10-53 所示。

图 10-53　某电力隧道退运 220kV 充油电力电缆同轴电缆被盗示意图

第十一章　中压电力电缆状态检测与监测

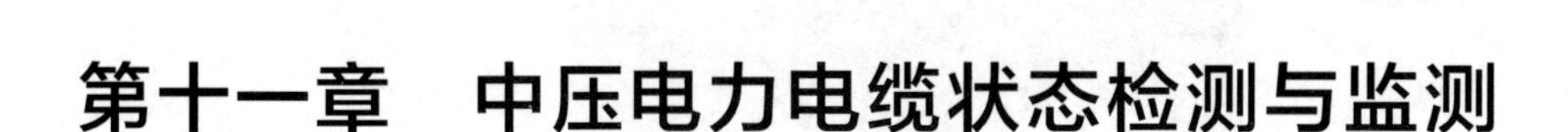

第一节　带电检测

随着电网规模的迅速扩大和用电需求的迅猛增长，社会对电网供电可靠性的要求越来越高。作为状态检修的重要内容，电力设备带电检测能及时发现电力设备潜伏性运行隐患，避免突发性故障，是电力设备安全、稳定运行的重要保障。

带电检测是指采用便携式检测设备，在运行状态下，对设备状态量进行的现场检测。其特点为短时间内检测，有别于长期连续的在线监测，具有投资小、见效快的优点。目前主要应用的几种带电检测技术有红外测温、局部放电检测以及近几年兴起的X射线检测和涡流探伤等新技术，本章将对以上几种检测技术逐一进行介绍。

一、红外测温

红外测温技术就是将物体发出的不可见红外能量转变为可见的热图像，通过查看热图像，可以观察到被测目标的整体温度分布状况，分析被测物体的发热情况。

（一）一般检测要求

1. 检测环境要求

（1）风速一般不大于0.5m/s。

（2）设备通电时间不小于6h，最好在24h以上。

（3）检测期间天气为阴天、夜间或晴天日落2h后。

（4）被检测设备周围应具有均衡的背景辐射，应尽量避开附近热辐射源的干扰，某些设备被检测时还应避开人体热源等的红外辐射。

（5）避开强电磁场，防止强电磁场影响红外热像仪的正常工作。

（6）被检设备是带电运行设备，应尽量避开视线中的封闭遮挡物，如门和盖板等。

（7）环境温度一般不低于5℃，环境相对湿度一般不大于85%；天气以阴天、多云为宜，夜间图像质量为佳；不应在雷、雨、雾、雪等气象条件下进行，检测时风速一般不大于5m/s。

（8）户外晴天要避开阳光直接照射或反射进入仪器镜头，在室内或晚上检测应避开灯光的直射，宜闭灯检测。

（9）检测电流致热型设备，最好在高峰负荷下进行。否则，一般应在不低于30%的额

定负荷下进行，同时应充分考虑小负载电流对测试结果的影响。

2. 检测线路及设备要求

红外检测时，电力电缆应带电运行，且运行时间应该在24h以上，并尽量移开或避开电缆与测温仪之间的遮挡物，如玻璃窗、门或盖板等；需对电力电缆线路各处分别进行测量，避免遗漏测量部位；最好在设备负荷高峰状态下进行，一般不低于额定负荷的30%。与电缆终端相连接的避雷器的红外检测可参照《带电设备红外诊断应用规范》（DL/T 664—2016）附录B要求执行。

（1）正确选择被测设备的辐射率，特别要考虑金属材料的氧化对选取辐射率的影响。辐射率的选取：金属导体部位一般取0.9、绝缘体部位一般取0.92。

（2）在安全距离允许的范围下，红外仪器宜尽量靠近被测设备，使被测设备充满整个仪器的视场，以提高仪器对被测设备表面细节的分辨能力及测温精度；必要时，应使用中、长焦距镜头；户外终端检测一般需使用中、长焦距镜头。

（3）将大气温度、相对湿度、测量距离等补偿参数输入，进行修正，并选择适当的测温范围。

（4）一般先用红外热像仪对所有测试部位进行全面扫描，重点观察电缆终端和中间接头、交叉互联箱、接地箱、金属套接地点等部位；发现热像异常部位后，对异常部位和重点被检测设备进行详细测量。

（5）为了准确测温或方便跟踪，应事先设定几个不同的方向和角度，确定最佳检测位置并做上标记，以供今后的复测用，提高互比性和工作效率。

（6）记录被检设备的实际负载电流、电压、被检物温度及环境参照体的温度值等。

（二）检测周期要求

依据《高压电缆线路状态检测技术规范》（Q/GDW 11223—2014），电力电缆红外检测周期见表11-1。

表11-1　　红外检测周期

电压等级	部位	周　期	说　明
35kV	终端	（1）投运或大修后1个月内。 （2）其他每6个月1次。 （3）必要时	（1）电缆接头具备检测条件的可以开展红外带电检测，不具备条件可以采用其他检测方式代替。 （2）当电力电缆线路负荷较重，或迎峰度夏期间、保电期间可根据需要应适当增加检测次数

二、超声波局部放电检测

在电缆中，局部放电形成电树枝的过程也会伴随着微弱的爆破，爆破产生的压力变化亦会产生声波，声波在传播过程中会引起介质（空气、设备外壳等）的振动。进行局部放电检测时，测试人员通常将超声传感器（声电换能器）通过导电硅脂粘附在设备外壳上，然后通过信号处理技术对采集的信号进行放大、滤波，并通过诊断系统对检测结果进行分析并显示诊断结果。

（一）检测要求

1. 检测环境要求

（1）检测目标及环境的温度宜在－10～＋40℃。

（2）空气湿度不宜大于90%，若在室外，不应在有雷、雨、雾、雪的环境下进行检测。

（3）在电缆设备上无各种外部作业。

2. 检测仪器要求

（1）在检测时，须保证仪器电量充足。

（2）检测中应保持超声波传感器正对检测对象，并避免超声波传感器受到损伤。

（二）检测方法

超声波局部放电现场检测可于电缆本体、中间接头、终端等处设置测试点。测试点的选取务必注意带电设备安全距离并保持每次测试点位置一致，以便于进行比较分析。

超声波局部放电现场检测步骤为：

（1）检测前正确安装仪器各配件，连接接触式或非接触式传感器。

（2）对检测部位进行接触或非接触式检测。检测过程中，传感器放置应避免摩擦，以减少摩擦产生的干扰。

（3）对于可调频率检测仪器：开启性能调节开关，在收到频率指示后调节频率到40kHz，对设备进行非接触式检测；开启性能调节开关，在收到频率指示后调节频率到20kHz，对设备进行接触式检测。

（4）做好测量数据记录。若存在异常，则应进行多点检测，查找信号最大点的位置，并出具检测报告。

超声波局部放电检测流程如图 11-1 所示。

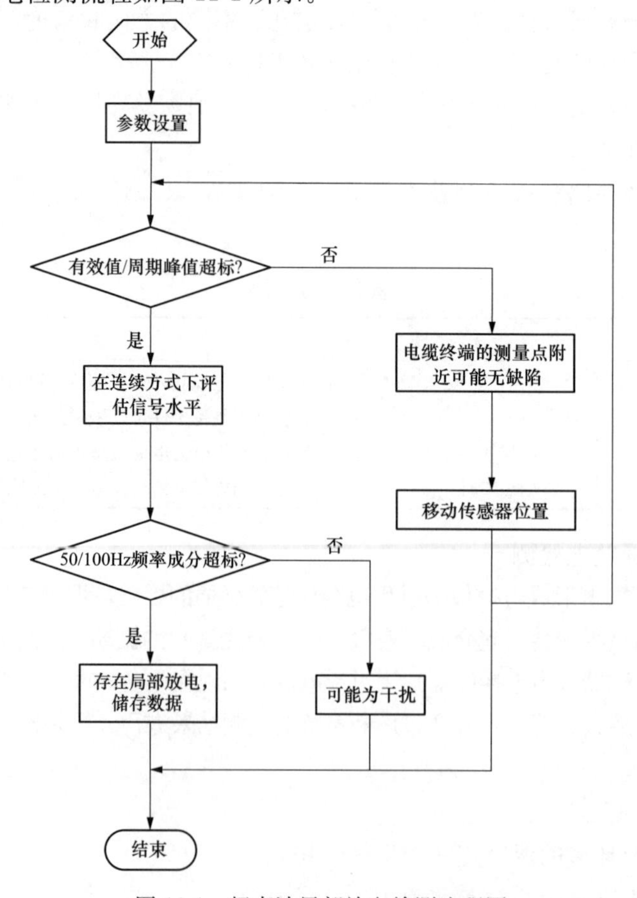

图 11-1　超声波局部放电检测流程图

（三）数据分析原则

（1）正常的电力电缆设备，不同相别测量结果应该相似。

（2）如果信号的声音明显有异，判断电力电缆设备或邻近设备可能存在放电。应与此测试点附近不同部位的测试结果进行横向对比（单相的设备可对比A、B、C三相同样部位的测量结果），如果结果不一致，可判断此测试点异常。

（3）也可以对同一测试点不同时间段测试结果进行纵向对比，看是否有变化，如果测量值有增大，可判断此测试点内存在异常。

当检测到异常时，需按照相应的格式记录异常信号所处的相别、位置，记录超声波检测仪显示的信号幅值、中心频率及带宽。

（四）检测案例

【案例1】 某10kV线路1号分支箱进线B相电力电缆局部放电缺陷。

（1）2011年3月7日，由试验人员对某10kV线路1号分支箱进线B相电力电缆进行超声波检测，测量的背景信号均为0.2mV、周期峰值0.85mV。图11-2所示为某10kV线路1号分支箱进线B相电力电缆。

图11-2　某10kV线路1号分支箱进线B相电力电缆示意图

（2）测量时，由试验专业人员对某10kV线路1号分支箱进线B相电压互感器上部、中部及下部的同一水平位置进行多点反复测试后，得到在连续模式下的测试图谱和相位模式下的测试图谱，分别如图11-3和图11-4所示。

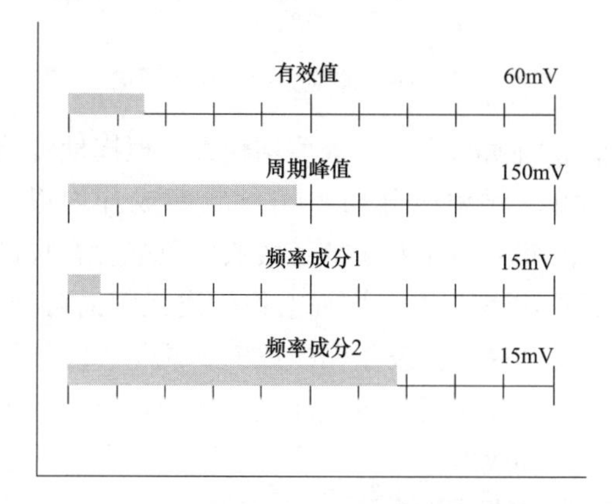

图11-3　超声波检测连续模式图谱

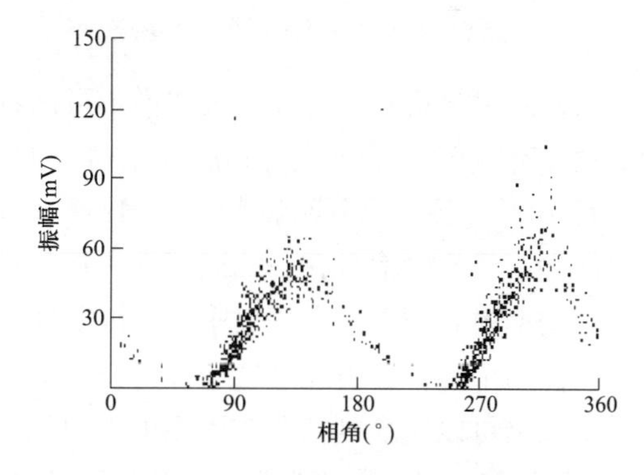

图11-4　超声波检测相位模式图谱

（3）结果分析：在连续模式图谱中可以看到，信号周期峰值和有效值均很大，但周期峰值明显大于有效值，可知检测到脉冲信号。同时，100Hz频率成分很明显，50Hz频率成分相对较弱，因此可初步判定电缆接头中可能存在局部放电缺陷。观察相位模式图谱在一个周期有两簇信号的集中区，说明缺陷处一个周期发生两次放电，这与连续模式下的图谱相符。由此可以进一步验证电缆接头中可能存在局部放电缺陷。

图 11-5　某 10kV 线路 4 号分支箱 A 相电力电缆示意图

【案例 2】　某 10kV 线路 4 号分支箱 A 相间隙造成的局部放电。

(1) 2011 年 2 月 16 日，由试验人员对某 10kV 线路 4 号分支箱 A 相电力电缆进行超声波检测，测量的背景信号均为 0.2mV、周期峰值 0.85mV。图 11-5 所示为某 10kV 线路 4 号分支箱 A 相电力电缆。

(2) 测量时，由试验人员对该线路 4 号分支箱 A 相电压互感器上部、中部及下部的同一水平位置进行多点反复测试后，得到在连续模式下的测试图谱和相位模式下的测试图谱，分别如图 11-6 和图 11-7 所示。

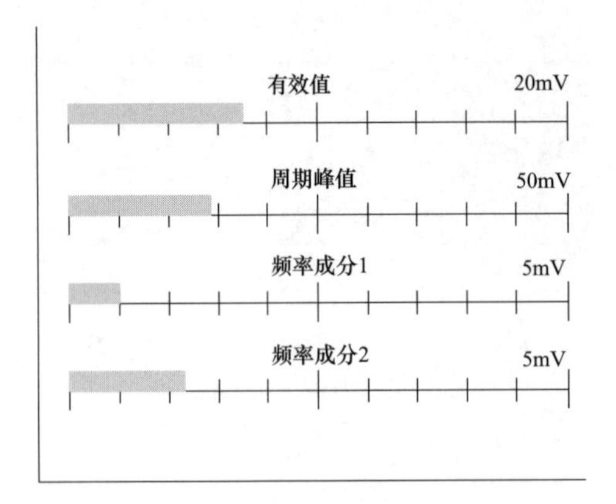

图 11-6　超声波检测连续模式图谱

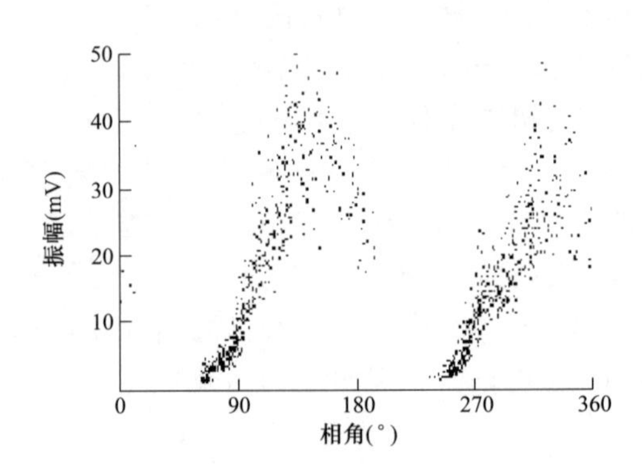

图 11-7　超声波检测相位模式图谱

(3) 结果分析：在连续模式图谱中可以看到信号周期峰值和有效值均较大，但周期峰值明显大于有效值，可知检测到脉冲信号。同时，50Hz 频率成分和 100Hz 频率成分均很明显，且 100Hz 频率成分明显大于 50Hz 频率成分，因此可初步判定电缆接头中可能存在局部放电缺陷，且放电信号在一个周期内的正负半波成对出现；进一步观察相位模式图谱可知，在一个周期内有两簇信号的集中区，说明缺陷处在一个周期内发生两次放电，这与连续模式下的检测结果相符。由此可进一步验证电缆接头中可能存在局部放电缺陷。再根据局部放电的特征图谱可以初步判断存在可能由于间隙造成的局部放电。

【案例 3】　某 10kV 线路 4 号分支箱 A 相间隙造成的局部放电。

(1) 2011 年 3 月 8 日，由试验人员对某 10kV 线路 4 号分支箱出线侧 A 相电力电缆进行超声波检测，测量的背景信号均为 0.2mV、周期峰值 0.85mV。图 11-8 所示为某 10kV 线路 4 号分支箱出线侧 A 相电力电缆。

(2) 测量时，由试验人员对该线路 4 号分支箱出线侧 A 相电压互感器上部、中部及下部的同一水平位置进行多点反复测试后，得到在连续模式下的测试图谱和相位模式下的测试图谱，分别如图 11-9 和图 11-10 所示。

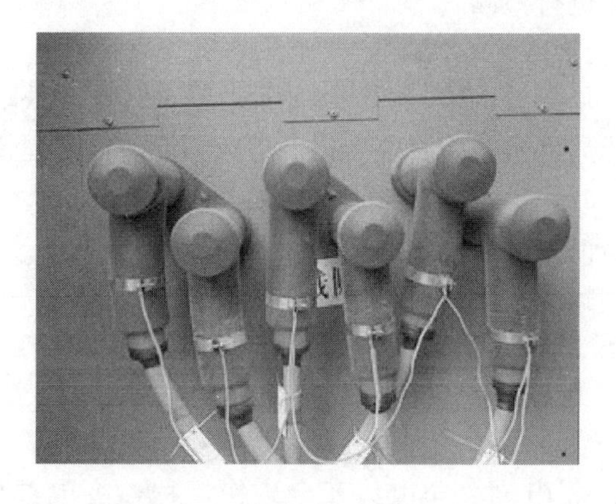

图 11-8　某 10kV 线路 4 号分支箱出线侧 A 相电力电缆示意图

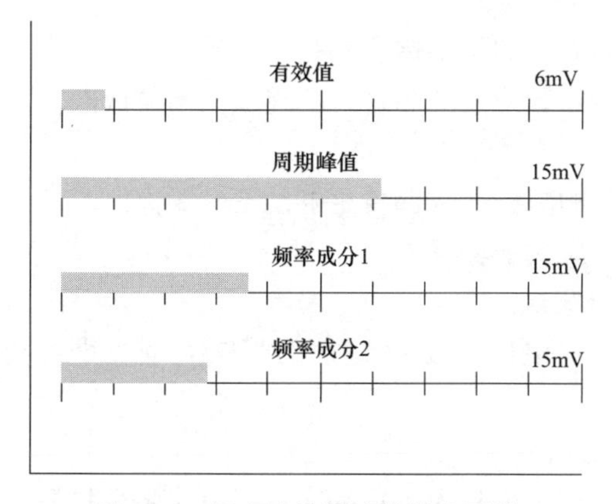

图 11-9　超声波检测连续模式图谱

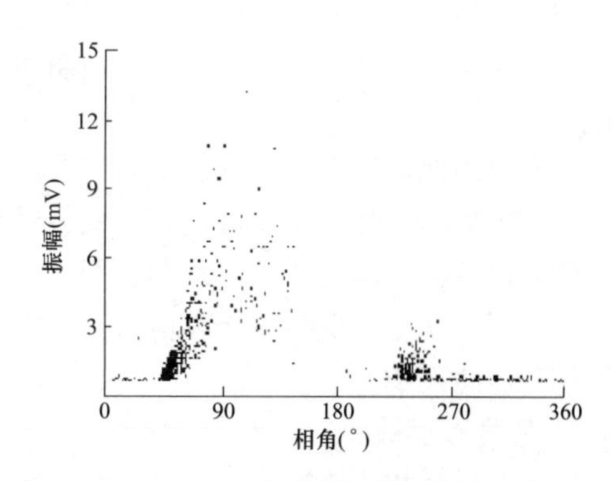

图 11-10　超声波检测相位模式图谱

（3）结果分析：在连续模式图谱中可以看到信号周期峰值和有效值均比较大，但周期峰值明显大于有效值，可知检测到明显的脉冲信号。同时，50Hz 频率成分和 100Hz 频率成分均较大，因此可初步判定电缆接头中可能存在局部放电缺陷；且其 50Hz 频率成分大于 100Hz 频率成分，由此可知，放电脉冲在一个工频周期内出现一次的概率较大。观察相位模式图谱在一个周期内有一簇大的集中区和一簇小的集中区，这与连续模式下的检测结果相符，由此可进一步确定电缆接头中有可能存在局部放电缺陷。

三、暂态地电压局部放电检测

暂态地电压局部放电检测技术是一种检测电力设备内部绝缘缺陷的技术，广泛应用于开关柜、环网柜、电缆分支箱等配电设备的内部绝缘缺陷检测。

（一）检测要求

1. 现场环境条件

（1）开关柜设备上无其他作业。

（2）开关柜金属外壳应清洁并可靠接地。

（3）应尽量避免干扰源（如气体放电灯、排风系统电机）等带来的影响。

（4）进行室外检测应避免天气条件对检测的影响。

(5) 发生雷电时禁止进行检测。

2. 检测人员要求

(1) 熟悉暂态地电压局部放电检测的基本原理、诊断程序和缺陷定性的方法。

(2) 了解暂态地电压局部放电检测仪的技术参数和性能；掌握暂态地电压局部放电检测仪的使用方法。

(3) 了解开关柜设备的结构特点、运行状况。

(4) 熟悉相关导则，接受过暂态地电压局部放电检测技术的培训，具备现场测试能力。

(5) 具有一定的现场工作经验，熟悉并严格遵守电力生产和工作现场的相关安全管理规定。

3. 工作安全要求

(1) 应严格执行《国家电网公司电力安全工作规程　变电部分》(Q/GDW 1799.1—2013) 的相关要求。

(2) 应严格执行相关变（配）电站巡视的要求。

(3) 检测至少由两人进行，并严格执行保证安全的组织措施和技术措施。

(4) 应有专人监护，监护人在检测期间应始终行使监护职责，不得擅离岗位或兼职其他工作。

(5) 应确保操作人员及测试仪器与电力设备的高压部分保持足够的安全距离。

(6) 不得操作开关柜设备，开关柜金属外壳应接地良好。

(7) 设备投入运行 30min 后，方可进行带电测试。

(8) 测试现场出现明显异常情况时（如异声、电压波动、系统接地等），应立即停止测试工作并撤离现场。

4. 检测周期要求

(1) 新投运和解体检修后的设备，应在投运后 1 个月内进行一次运行电压下的检测，记录开关柜每一面的测试数据作为初始数据，以后测试中作为参考。

(2) 暂态地电压检测至少一年一次。

(3) 对存在异常的开关柜设备，在该异常不能完全判定时，可根据开关柜设备的运行工况缩短检测周期。

(二) 检测方法

1. 检测步骤

(1) 测试环境（空气和金属）中的背景值，并在表格中记录。一般情况下，测试金属背景值时可选择开关室内远离开关柜的金属门窗；测试空气背景时，可在开关室内远离开关柜的位置，放置一块 20cm×20cm 的金属板，将传感器贴紧金属板进行测试。

(2) 对开关柜进行检测时，传感器应与高压开关柜柜面紧贴并保持相对静止，待读数稳定后记录结果，如有异常再进行多次测量。

(3) 一般可先采用常规检测，若常规检测发现异常，再采用定位检测进一步排查。

(4) 对于异常数据应及时记录保存，记录故障位置。

(5) 填写设备检测数据记录表，进行检测结果分析。

(6) 注意测试过程中应避免信号线、电源线缠绕一起。排除干扰信号，必要时可关闭开关室内照明灯及通风设备。

2. 定位步骤

（1）在暂态地电压检测结果出现异常时进行放电源定位。

（2）利用与定位仪器配套的检查设备确认定位仪器性能完好。

（3）将两只暂态地电压传感器分置于开关柜面板上，并保证间隔距离不小于 0.6m。

（4）使用自动或手动功能调节两个通道的触发电平，保证每个检测通道均能够连续、可靠、准确地被触发。

（5）启动仪器的定位功能。当某个通道的指示灯点亮时，表明放电源靠近该通道连接的传感器位置。

定位操作时的注意事项如下。

1）如果两个通道的指示灯交替点亮，可能存在两种原因：①暂态地电压信号到达两个传感器的时间相差很小，超过了定位仪器的分辨率；②两个传感器与放电点的距离大致相等，导致时序鉴别电路难以正常鉴别。解决方法：可略微移动其中一个传感器，使得定位仪器能够分辨出哪个传感器先被触发。

2）影响放电源定位测试结果的两种情况：①当局部放电源距离测量位置较远时，暂态地电压信号经过较长距离传输后导致波形前沿发生畸变，且因为信号不同频率分量传播的速度存在差异，会造成波形前沿进一步畸变，影响定位仪器判断；②强烈的环境噪声干扰也会导致定位仪器判断不稳定。

（三）检测案例

【案例 4】 10kV 开关柜局部放电检测案例。

（1）案例经过。2013 年 1 月，某供电公司在变电站巡视中，发现某 10kV XGN2-12（Z）型开关柜超声波及暂态地电压带电检测数据异常，检测人员根据现场情况分析判断开关柜内有局部放电。对其进行停电检查发现，开关柜内断路器、电缆、避雷器、带电显示装置等设备受潮严重，设备外绝缘表面有明显的水珠凝结，B 相电缆接头与铜排连接处存在过热现象，螺栓表面存在很厚的氧化膜，诊断性试验不合格。将设备进行更换后缺陷消失，有效地避免了事故的发生。

（2）检测分析方法。检测人员对 10kV 高压室进行暂态地电压与超声波局部放电带电检测，发现数据异常。暂态地电压检测数据见表 11-2，超声波检测数据见表 11-3。

表 11-2　　10kV 高压室暂态地电压检测数据　　(dB)

开关柜名称	前上	前下	后上	后中	后下	侧上	侧中	侧下
10kV 300B	17	17	15	15	15	15	15	15
10kV 344	19	19	16	17	16	—	—	—
10kV 346	22	22	21	20	20	—	—	—
10kV 348	25	24	23	23	23	25	26	25

注　1. 暂态地电压检测背景值：27dB。

2. 取窗户框架上、入口处挡板上、高压室大门三处的平均值。

表 11-3　　**10kV 高压室超声波检测数据**　　(dB)

开关柜名称	前上	前下	后上	后中	后下（观察窗关）	后下（观察窗开）
10kV 300B	6	6	6	6	6	29
10kV 344	6	6	6	6	6	6
10kV 346	6	6	6	6	6	6
10kV 348	6	6	6	6	6	6

由于 300B 开关柜位于高压室内最里侧，而暂态地电压检测数据从外向里有逐步减小的趋势，且最外侧的 348 开关柜的检测数据略低于窗户框架、大门上所测出的背景值，因此推断暂态地电压检测数据主要来源于高压室外的电磁干扰。即使开关柜内本身有一定的局部放电信号，也被外界的干扰所覆盖，无法准确辨别。

当 300B 开关柜后下柜门的观察窗封闭时，由于受到柜体的阻碍，超声波无法传播出来，所有位置的检测数据均为 6～7dB，与背景值一致。当打开观察窗，在窗口处检测时，300B 开关柜的超声波检测数据明显上升，数据在 27～35dB 之间波动。而其他开关柜在打开观察窗后，检测数据仍然维持在 6～7dB。

综合以上检测情况，可判断在 300B 开关柜内有局部放电，根据《电力设备带电检测技术规范》，当超声波局部放电检测数值大于 15dB 时属于缺陷。同时根据相关规程，暂态地电压检测数据不明显，而超声波局部放电检测数据较大时，此类缺陷极有可能为设备表面放电。建议及时对其进行停电检查，处理受潮缺陷，查找局部放电部位，进行消缺处理。

随后对 300B 间隔进行了停电检查试验。外观检查发现，开关柜内断路器、电缆、避雷器、带电显示装置等设备受潮严重，设备外绝缘表面有明显的水珠凝结，如图 11-11 所示。且 B 相电缆接头与铜排连接处存在过热现象，螺栓表面存在很厚的氧化膜。经检查发现，电缆穿墙处的堵泥开裂，电缆沟的水汽可直接进入断路器室，如图 11-12 所示。该水汽凝结的原因主要是由于柜内驱潮装置的温湿度控制器自动方式失效，不能正常启动，只能人工手动启动。因此潮气无法排除，在柜内设备外绝缘上凝结。

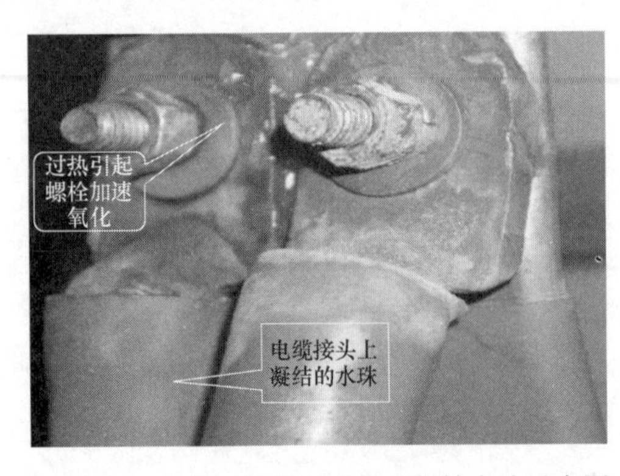

图 11-11　电缆接头外绝缘表面凝结水珠示意图

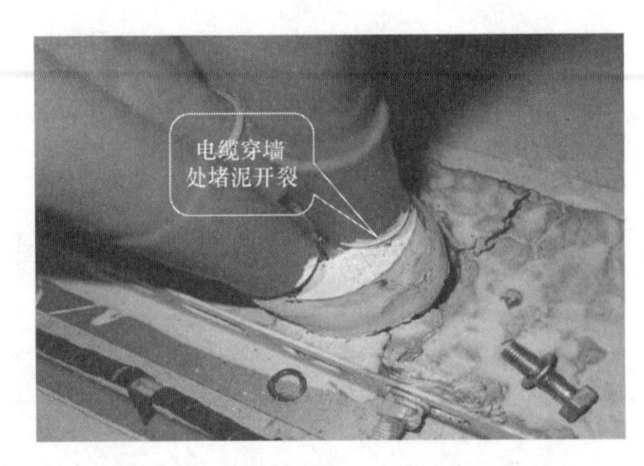

图 11-12　电缆穿墙处堵泥开裂示意图

随后试验人员对开关柜内各设备进行了诊断性试验，对300B断路器下端头至300B1隔离开关电缆接头一段进行了绝缘试验，试验结果为A相10MΩ、B相5MΩ、C相5MΩ；对300B断路器上端头连同10kVⅢ段母线进行绝缘试验，结果为A、B、C三相均为5MΩ左右。绝缘下降主要是外表面绝缘水珠凝结以及脏污引起。

接着，试验人员对柜内设备进行耐压试验。对300B1隔离开关下端头以下部分进行耐压试验，施加电压时发现C相有明显的放电声，A、B两相正常。当加到20kV左右电压时，肉眼发现300B断路器C相下出线部位明显的放电现象，如图11-13所示。为了排除该放电是脏污和尖端引起，检修人员对该部位进行了擦拭和酒精清洗，再进行绝缘电阻测试，A、B、C三相绝缘电阻上升至15MΩ。重新进行了耐压试验发现该部位还是存在放电现象。合上300B断路器后，对电流互感器、300B1隔离开关、300B断路器、300B2隔离开关及Ⅲ段母线一起进行了交流耐压试验，升压至26kV时，发现断路器外绝缘筒与机构连接处存在明显放电现象，放电部位见图11-14。

图11-13 300B断路器C相下出线放电部位示意图

图11-14 外绝缘筒与机构连接处放电部位示意图

综合试验以及检查情况，试验人员分析该断路器由于受潮，设备外绝缘发生沿面放电，长期的局部放电使得设备绝缘加速劣化，最终对设备绝缘造成不可逆转的损伤；如继续运行，将可能发生运行中绝缘击穿甚至爆炸的事故，立即安排对300B开关柜进行了更换。

(3) 经验体会。被测开关柜要有可以进行局部放电检测的开孔或缝隙，如果超声波信号没有传播渠道，其检测灵敏度将受到较大的影响；开关柜超声波检测具有很强的方向性，在检测中可以通过移动传感器来观察放电强度寻找放电源；在超声波检测开关柜局部放电时，应注意排除可能的干扰源，如风机、荧光灯等也可能会发出超声波，影响检测效果。

四、高频脉冲法局部放电检测

高频脉冲法局部放电检测技术使用高频电流互感器传感器来检测局部放电电流中的高频成分。其基本测试原理是：电力电缆绝缘内部的局部放电源可以看作是一个点脉冲信号源，当电缆绝缘内部产生局部放电时，放电所产生的高频电流脉冲沿着电缆线芯和金属屏蔽层同时向不同的方向传播，在金属屏蔽层和接地线上产生不均衡电流进而产生变化的磁场，在电缆本体上或接地引线上套以线圈高频电流互感器传感器，当测量位置上磁场变化时，线圈的积分电阻上就能感应到局部放电脉冲信号。

（一）检测要求

1. 检测环境要求

（1）检测目标及环境的温度宜在－10～＋40℃。

（2）空气湿度不宜大于90％，若在室外，不应在有雷、雨、雾、雪的环境下进行检测。

（3）在电缆设备上无各种外部作业。

（4）进行检测时应避免其他设备干扰源等带来的影响。

2. 检测仪器要求

（1）在检测时，须保证仪器电源电力充足。

（2）检测中应避免高频电流互感器传感器、同轴电缆受到损伤。

（二）数据分析原则

首先根据相位图谱特征判断测量信号是否具备50Hz相关性；若具备，说明存在局部放电，继续如下步骤：

（1）排除外界环境干扰，即排除与电缆有直接电气连接设备（如变压器、GIS等）或空间的放电干扰。

（2）根据各检测部位的幅值大小（即信号衰减特性）初步定位局部放电部位。

（3）根据各检测部位三相信号相位特征，定位局部放电相别。

（4）根据单个脉冲时域波形、相位图谱特征初步判断放电类型。

（5）在条件具备时，综合应用超声波局放仪、示波器等仪器进行精确的定位。

当检测到异常时，需按照相应的格式记录异常信号放电谱图、分类谱图以及频谱图，并填写初步分析判断结论。

五、检测新技术

（一）X射线检测

X射线探伤（X-rayinspection）可用于检验材料内部缺陷情况，其技术原理是X射线（也可以是γ射线或其他高能射线）能够穿透金属材料，并由于材料对射线的吸收和散射作用的不同，从而使胶片感光不一样，于是在底片上形成黑度不同的影像。

1. 射线成像检测安全要求

（1）检测单位应具备省级环境保护主管部门审批颁发的辐射安全许可证。

（2）作业人员应掌握辐射安全知识及辐射安全防护措施，射线操作人员取得省级卫生行政部门颁发的《放射工作人员证》；检测期间需登塔作业的人员，同时应具备高空作业资质。

（3）作业人员的放射卫生防护应符合《电离辐射防护与辐射源安全基本标准》（GB 18871—2002）、《工业X射线探伤放射防护要求》（GBZ 117—2015）的有关规定。

（4）作业人员应掌握压缩型金具液压操作工艺，了解X射线检测技术的基本原理和检测程序，熟悉检测系统的工作原理、技术参数和性能，掌握其操作程序和使用方法。

（5）现场进行X射线检测时，应按《工业X射线探伤放射防护要求》（GBZ 117—2015）的规定划定辐射控制区和辐射监督区、设置警告标志。检测工作人员应佩戴辐射个人剂量计，并携带剂量报警仪。

（6）检测工作应遵守电力安全工作规程的有关规定，当检测条件符合作业安全要求时方可进行检测工作。

（7）X射线现场检测不宜在雨、雾、雪等恶劣天气及风速超过5级的环境下进行。

2. 现场检测要求

(1) 检测用X射线机应提供稳定电源，确保设备正常平稳工作。

(2) 采用有线传输测量方式时，应防止传输线碰触带电体。

(3) 作业人员应在探伤作业前对仪器再次进行检查，并撤离至安全位置。

(4) 操作X射线机曝光时，作业人员应保持足够的安全距离。

(5) 检测工作完成后，应拆除所有接地线。

3. 技术要求

(1) 在实际检测时，应针对检测对象的不同材料、不同透照厚度合理选用管电压。

(2) 应按照检测速度、检测设备和检测质量的要求，通过协调管电流和曝光时间等参数来选择合适的曝光量，其调节原则为：

1) 通过增加曝光量达到提高信噪比和图像质量的目的。

2) 在满足图像质量、检测速度和检测效率要求前提下，可选择较低的曝光量。

3) 平板探测器数字射线照相（DR）可通过合理选择采集帧频、图像叠加幅数和管电流来控制曝光量。

4) 胶片射线检测和计算机辅助射线照相（CR）可通过合理选择曝光时间和管电流来控制曝光量。

5) 检测时，每组有效的X射线图像应做好标记，包括线路名称、调度编号、接头、电缆本体编号、相别、透照日期等信息。当采用胶片式射线检测时，应采用铅字方式成像于胶片上；当采用数字射线方式检测时，识别标记可由计算机写入，但应保证不能被随意更改。

（二）涡流探伤检测

涡流探伤检测仪适用于含有金属护套且封铅制作附件的35kV及以下单芯电力电缆线路。涡流探伤法就是运用电磁感应原理，将激励电流信号I加到探头线圈，当探头接近导体材料时，线圈周围的交变磁场H在导体材料表面产生电涡流I_E，电涡流也会产生一个磁场H_E。在磁场H_E的作用下，探头线圈中电流大小和相位都将发生变化，这些变化与电涡流强度、被测体的导电率、磁导率、几何尺寸、激励电流、电流频率及探头线圈与被测体之间的距离等有关。

检测要求如下：

(1) 检测前，应对被检电缆附件形状、尺寸、位置等有足够的了解，以便于合理选择检测系统及方法。

(2) 检测作业场所附近不应有影响仪器设备正常工作的磁场、振动、腐蚀性气体及其他干扰。

(3) 检测作业场所附近不得有火源、易燃、易爆品等。

(4) 实施检测的场地温度和相对湿度应控制在仪器设备和被检件允许的范围内。

(5) 涡流检测系统性能应满足相关标准要求，有关仪器性能的测试项目与测试方法参照《无损检测仪器》(GB/T 14480—2015) 的有关要求进行。

(6) 检测仪器应具有可显示检测信号幅度和相位的功能，仪器的激励频率调节和增益范围应满足检测要求。

(7) 检测线圈的形式和有关参数应与所使用的检测仪器、检测对象和检测要求相适应。

(8) 记录装置应能及时、准确记录检测仪器的输出信号。

第二节 本体及附件在线监测

电缆本体及附件在线监测系统主要由高压电力电缆护层接地电流在线监测系统、电缆接头红外矩阵式在线测温系统、高压电力电缆线路局部放电在线监测系统、电力电缆故障区段定位系统、隧道环境监控及设备自动化控制系统、电力隧道进出口门禁安全管理系统及电力隧道防外力破坏地音监测预警系统等应用系统组成。以下重点介绍光纤测温和局部放电监测相关内容。

一、光纤测温

分布式光纤测温系统的原理是光纤的后向拉曼散射的温度关系以及光纤的光时域反射（OTDR）原理。感温光缆采集被测设备各个位置的拉曼散射光脉冲并回传，通过在发射端接收并分析散射光中受温度调制的反斯托克斯光脉冲，实现对温度的监测。同时利用光时域反射技术，根据反斯托克斯光脉冲的回波时间，实现对感温点的定位。

光纤测温系统的接入不应改变电缆线路的连接方式、密封性能、绝缘性能及电气完整性，不应影响现场其他设备的安全运行。

（一）测温光缆

（1）单模光纤特性应符合《通信用单模光纤》（GB/T 9771 系列标准）的有关规定，多模光纤应符合《通信用多模光纤》（GB/T 12357 系列标准）的有关规定。

（2）测温光缆的最小弯曲半径应至少满足电力电缆线路最小弯曲半径要求，内置式测温光缆的中心管式结构在电力电缆线路最小弯曲半径情况下不应出现断裂等情况。

（3）如有阻水、阻燃要求，可采用合适的阻水、阻燃材料填充。阻水、阻燃材料应不损害光纤测温及传输特性和使用寿命。

（二）测温主机

测温主机应具有完整的光信号产生、传输及处理，以及数据采集、分析及存储，通信等单元，并应具备如下基本功能。

1. 电力电缆线路运行温度实时在线监测

实时测量电缆结构层的温度及温度分布，实时显示电力电缆线路运行温度的最大值、最小值和平均值等。

2. 热温点的测量与定位

对电力电缆线路上的热温点可实时进行温度测量及定位，可对热温点的位置变化进行连续测量与记录。

3. 数据通信

应满足 IEC 61850 通信标准，可与综合监测单元或站端监测单元进行信息数据交换；具有接收和执行远程对时、参数调阅和命令设置的功能。可采用 RS485、GPRS 等其他辅助通信方式。

4. 报警功能

异常情况下应自动启动报警，并将报警信息（位置、温度、时间等）按 IEC 61850 通信标准上传至上级综合监控平台，并可通过短信平台等途径通知相关人员。报警限值应不少于两级设置，报警事件的准确率应不低于 99%，应至少具有但不限于以下报警功能：

（1）温度超限报警。可分区设置超温报警值，当监测温度超过报警设定值及导体温度计算值超过报警设定值时启动报警。温度超限报警的最高限值为监测温度超过 50℃。

（2）温升速率报警。可分区设置升温速率报警值，规定时间内当监测温度变化超过设定值时启动报警。温升速率报警最高限值为在相邻测量周期内温度升高超过 2℃。

（3）温差报警。当电缆线路三相运行温度差值超过设定值时，或当电缆线路某段温度最高值和线路平均值的差值超过设定值时启动报警。温差报警的最高限值为温度差值超过 15℃。

（4）温度异常点报警。当电力电缆线路某一点的温度值与其周围 5m 内的其他点的温度值的差值超过设定值时启动报警。温度异常点报警的最高限值为温度差值超过 10℃。

（5）功能异常报警。当光纤测温系统的通信、温度测量、温度计算等功能出现异常情况时应启动报警。

（三）监测计算软件的基本功能

1. 电力电缆线路导体温度计算

应能实时计算电力电缆线路的导体温度值及温度分布，实时显示电缆导体温度的最大值、最小值和平均值等。

2. 电力电缆线路动态载流量计算

应能实时计算出电力电缆线路的动态载流量，给出电力电缆线路的最大允许载流量与允许时间及电缆导体温度的对应关系。

3. 数据保存及事件识别

应完整存储电力电缆线路运行温度、导体温度、负载电流、热温点温度及位置等数据，具有断电不丢失数据、数据自动定期保存及数据备份的功能，具有上传数据及异常数据单独保存功能，异常情况下应能够正确建立事件标识。

二、局部放电监测

电力电缆现场情况复杂、接头数多，现场采用分布式方法进行局部放电检测。该技术是在同一条电力电缆线路上同时布置多个测试点，同时对每个测试点的局部放电数据进行精确同步采样，将每个测试点的局部放电数据上传至远程服务器进行异地存储和实时分析。系统宜采用高频脉冲电流法，对运行状态下高压交流电力电缆的局部放电状态量进行连续或周期性的自动监测，应对监测数据进行长期存储、管理、综合分析，以数值、图形、表格、曲线和文字等形式进行展示和描述，能反映局部放电状态量的变化趋势，并在局部放电状态量异常时进行报警。

（一）监测要求

户外装置正工作条件，应符合《高压交流电缆在线监测系统通用技术规范》（DL/T 1506—2016）第 5.1 条的要求；户内装置正常工作条件，应符合《高压交流电缆在线监测系统通用技术规范》（DL/T 1506—2016）第 5.2 条的要求。

1. 监测功能

（1）局部放电在线监测系统宜布置在同轴电缆处。

（2）局部放电在线监测系统应由稳定的电源供电，装置的外壳防护等级应达到 IP65。

（3）信号采集单元应具备高压交流电缆局部放电状态量的自动采集、信号调理、模数转换和数据预处理功能。

（4）信号采集单元应能够将高压交流电缆局部放电状态量就地数字化和缓存，并根据需要定期将监测信息发送至监控主机。

（5）监测系统应具备干扰抑制功能，可抑制高压交流电力电缆线路内部及外界的干扰信号，如连续性窄带干扰、固定相位脉冲干扰、随机性脉冲干扰等。

（6）监测系统应具备手动检测功能。

2. 数据记录功能

（1）监控主机应具备局部放电状态量特征参数（放电量、放电相位、放电次数、放电量—放电相位图谱等）的自动记录与就地存储功能，存储时长应不小于1年。

（2）监测系统应具有数据保护功能，不应因供电电压中断、快速或缓慢波动及跌落丢失已储存的监测数据。

（3）监测系统应具有数据管理功能，应能导出备份超过规定存储时长的数据，并应具备历史数据浏览功能。

（4）应具备至少1年的数据储存能力，储存内容包括等效放电量、相位、重复率，以及必要的局部放电信号的原始波形等表征参量及检测辅助信息，数据库应具备自动检索、历史数据回放和数据导出功能。

3. 数据分析功能

（1）监测系统应能提供放电量、放电相位、放电次数等基本的局部放电状态量特征参数，展示二维（$Q—\varphi$、$n—\varphi$、$Q—t$、$n—t$ 等）、三维（$Q—\varphi—n$、$Q—\varphi—t$ 等）放电图谱，具备各种统计特征参数展示功能。

（2）监测系统应具备数据分析与识别诊断功能。

（3）监测系统应能以图形、曲线、报表等方式对局部放电状态量的变化趋势进行统计、分析和展示，时间段、时间间隔应可选。

（4）监测系统报警时，应能切换至手动检测与分析模式。

（5）监测系统发现放电或放电活动趋势异变后，应具备辅助查找放电源位置的功能。

（6）监测系统应提供离线分析功能。

4. 报警功能

监测系统应能实现局部放电状态量检出报警，宜具备在预设的监测周期内变化趋势异常报警功能，可设定报警条件。报警信息应能上传至综合监测分析系统，宜能同时发送至用户的手持式移动终端。监测系统异常情况下应能建立事件日志。

5. 通信功能

（1）信号采集单元和监控主机之间的通信应满足监测数据交换所需要的、标准的、可靠的现场工业控制总线、以太网络总线或无线网络的要求。

（2）监控主机应能够将经过处理的数据发送至综合监测分析系统；监控主机与综合监测分析系统之间应采用《电力自动化通信网络和系统》（DL/T 860系列标准）、《电力系统实时数据通信应用层协议》（DL/T 476—2012）或用户要求的其他标准通信协议进行通信。

（3）在线监测系统应满足信息安全防护方面的相关要求。

（4）在线监测系统应具有时钟同步功能，实现系统内各部分的时钟同步。

6. 检测频带

采用高频脉冲电流法的监测系统信号检测频带至少应包含200kHz～20MHz。

7. 测量灵敏度

（1）为便于对比分析局部放电在线监测系统的测量结果，放电量单位宜统一为 pC。

（2）在实验室环境下，监测系统中所有信号采集单元的最小可测局部放电幅值不应大于 5pC。

8. 装备试验项目及要求

（1）试验环境。除环境适应性试验和在现场进行的试验之外，其他试验项目应在以下试验环境中进行。

1）环境温度：15～35℃（户外试验不做要求）；

2）相对湿度：≤75%；

3）大气压力：80～110kPa。

（2）型式试验。当出现下列情况之一时，应进行型式试验：

1）新产品定型后、投运前；

2）正式投产后，如设计、工艺材料、元器件有较大改变，可能影响产品性能时；

3）产品停产两年以上又重新恢复生产时；

4）出厂试验结果与型式试验有较大差异时；

5）合同规定进行型式试验时。

（二）监测案例

广州供电局“输电电缆及隧道状态监测系统研发”成果引入了目前国际上最先进的高压电力电缆局部放电在线监测和智能分析报警技术，开发了电力电缆表面温度计算导体温度软件，实现了电缆导体温度和载流量的实时监测等，成功应用于担负广州亚运会主会场和广州中心商业区供电任务的 12 回路电力电缆线路上。

第三节　通道在线监测

随着社会的快速发展，我国对电力设备基础建设步伐加快。同时，电缆通道的建设也快速增长，为供电需求提供有力保障。但是，随着电缆通道建设的不断推进，在维护和管理工作中面临较多的问题。因此，电缆通道在线监测系统的需求不断增加。该部分结合电缆通道的实际需求，结合现有的通道在线监测技术和设备，对影响电缆通道正常工作的几类常见问题进行分析和介绍。

隧道内环境监测装置应满足《电力电缆及通道在线监测装置技术规范》（Q/GDW 11455—2015）中相关要求。

隧道内环境监测装置配置原则为：

（1）一级电缆隧道应配置分布式光纤测温、火灾报警、重点区域自动灭火、水位监测及自动排水、有毒有害气体监测、通风系统、井盖监控、视频监控、无线通信等装置；宜配置智能巡检机器人、防外力破坏和沉降监测装置。

（2）二级电缆隧道应配置分布式光纤测温、火灾报警、重点区域自动灭火、水位监测及自动排水、有毒有害气体监测、通风系统、双层防盗井盖；宜配置无线通信、视频监控、安装防外力破坏和沉降监测。

（3）三级电缆隧道宜配置分布式光纤测温、火灾报警、双层防盗井盖，可配置水位监测及自动排水（易积水区域应安装）、有毒有害气体监测、通风系统。

一、温度监测

（一）技术原理

分布式光纤测温系统的原理是光纤的后向拉曼散射的温度关系以及光纤的光时域反射原理。感温光缆采集被测设备各个位置的拉曼散射光脉冲并回传，通过在发射端接收并分析散射光中受温度调制的反斯托克斯光脉冲，实现对温度的监测。同时利用光时域反射技术，根据反斯托克斯光脉冲的回波时间，实现对感温点的定位，测温原理如图 11-15 所示。

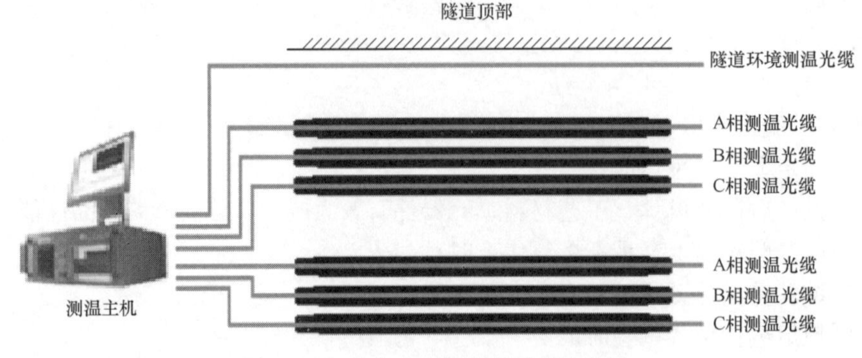

图 11-15　分布式光纤测温原理示意图

（二）监测案例

【案例 1】 国家电网有限公司野芷湖隧道综合监控项目设计为一套 8 通道 10km 的分布式光纤测温系统设备，应用于电缆隧道两回路电缆实时在线测温以及隧道顶端环境测温。测温光缆采用直线型方式进行捆扎敷设，重点监测每 500m 一个的电缆接头实时温度，并按要求加装了短信报警模块，起到提前预警的作用。该项目选用分布式光纤测温系统（包含 8 通道光纤测温主机和双芯测温光缆），可实现对全区域进行监控，按无人值班设计，实时将报警信息上传至综合监控系统。项目投运至今，光纤测温系统运行情况良好，技术指标完全符合设计要求。图 11-16 所示为电缆隧道测温系统。

图 11-16　电缆隧道测温系统示意图

二、水位监测

（一）技术原理

水位监测通常采用投入式液位探测器和光纤液位监测两种方法。投入式液位探测器基于所测液体静压与该液体的高度成比例的原理，即所测液体静压与该液体高度成正比的原理。光纤水位计传感器部分采用光路耦合调节设备与光缆连接，用于传递承载水位信息的光信号，控制电路终端部分采用激光调制技术，发送不同功能的调制激光信号，通过调制、对比与检测，获得水位的准确信息。

（二）监测案例

【案例 2】 泰兴市供电公司在 110kV 西郊变电站自主设计安装了一套变电站水位监测系

统。该系统由现场视频摄像头、水位监测传感器、通信平台和监测终端四部分组成，能实现变电运维管理人员在手机终端上实时接收变电站集水井水位报警信息，并可查看水泵工作状态，便于及时掌握变电站汛情，采取对应处理措施。该套水位监测系统满足了变电站现场防汛需求，提高了运维人员工作效率，而且成本极其低廉，仅为市场主流产品的1/6。

三、气体监测

（一）技术原理

1. 可燃性气体检测的原理

可燃气体探测器有催化型、红外光学型两种类型。催化型可燃气体探测器是利用难熔金属铂丝加热后的电阻变化来测定可燃气体浓度。当可燃气体进入探测器时，在铂丝表面引起氧化反应（无焰燃烧），其产生的热量使铂丝的温度升高，而铂丝的电阻率便发生变化。红外光学型是利用红外传感器通过红外线光源的吸收原理来检测现场环境的碳氢类可燃气体。

2. CO 气体检测的原理

利用直流稳压电源为整个电路系统供电，气体传感器将浓度信号转换成能进行测量的电压信号，但是这个电压信号的线性度不好而且电压值很小，需经过线性化补偿和放大器放大处理。因为需要远距离传输信号，所以使用电压/电流转换器将电压信号转换成易传输的电流信号进行传输，在下一步处理前再用电流/电压转换器将它转换成原来的电压信号。

3. CO_2 气体检测的原理

（1）红外 CO_2 传感器：该传感器利用非色散红外（NDIR）原理对空气中存在的 CO_2 进行探测。

（2）催化 CO_2 传感器：是将现场检测到的 CO_2 浓度转换成标准 4～20mA 电流信号输出。

（3）热传导 CO_2 传感器：根据混合气体的总导热系数随待分析气体含量的不同而改变的原理制成，由检测元件和补偿元件配对组成电桥的两个臂，遇可燃性气体时检测元件电阻变小，遇非可燃性气体时检测元件电阻变大（空气背景），桥路输出电压变量，该电压变量随气体浓度增大而增大，补偿元件起参比及温度补偿作用。

4. 瓦斯气体检测的原理

MQ-5 气体传感器所使用的气敏材料是在清洁空气中电导率较低的二氧化锡（SnO_2）。当传感器所处环境中存在可燃气体时，传感器的电导率随空气中可燃气体浓度的增加而增大。使用简单的电路即可将电导率的变化转换为与该气体浓度相对应的输出信号。

（二）监测要求

对电缆隧道内有害气体空气含氧量、水位等环境参量进行监测，同时系统本身具备联动功能，当隧道内的有害气体含量、积水情况及环境温湿度超过一定标准时，会自动启动排风、排水装置进行通风、排水，电缆隧道环境监测原理如图 11-17 所示。

1. 仪器设备要求

（1）检测仪器设备应符合《作业场所环境气体检测报警仪　通用技术要求》（GB 12358—2006）、《密闭空间直读式气体检测仪选用指南》（GBZ/T 222—2009）的要求，其中电气设备还应符合《爆炸性环境》（GB/T 3836—2017）的要求。

（2）检测仪器在量程、响应时间、灵敏度及选择性等方面应与被测对象相符合。

（3）检测仪器应通过技术认证，检测和报警准确可靠，连续正常工作时间在 4h 以上；

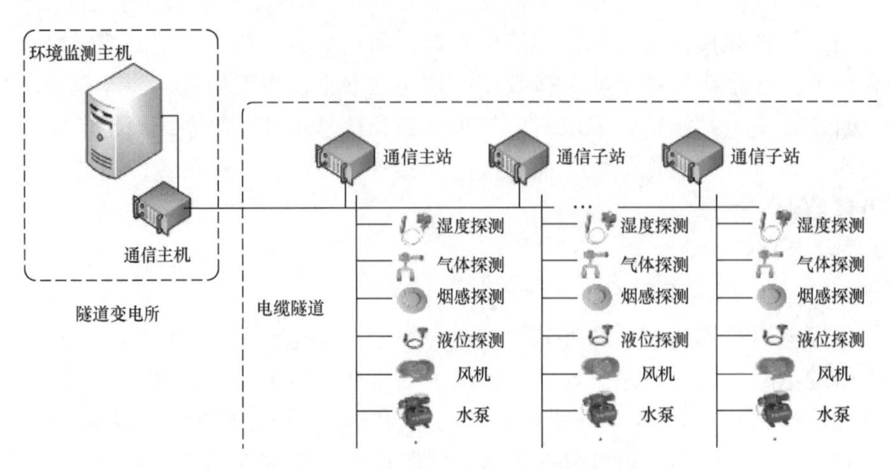

图 11-17　电缆隧道环境监测原理示意图

携带方便，操作简单，使用寿命长。

（4）气体检测管应有配套的抽气装置和定量标准，有标识，并应显示在有效期内。

2. 气体检测仪的选型要求

在现场调查的基础上，分析判断作业场所可能存在缺氧和有毒有害化学物质的种类、浓度范围及释放源情况作为选型的依据。

（1）一般选择直读式气体检测仪器，也可以采用采样分析仪器。

（2）选型应根据作业场所的气体组分，结合仪器的适用条件进行，同时避免仪器检测器受到其他组分干扰。采样管不能吸附被测物，也不能污染样品。

3. 气体检测仪的使用与维护要求

（1）应按照仪器使用说明书的要求使用和维护检测仪器设备，并建立档案台账。

（2）仪器实行专人管理和使用，使用人员应经过培训，应建立仪器操作规程、使用记录、校准记录、维护和维修记录。

（3）应按照规定用标准物质定期对仪器进行检定和校准。

（4）仪器要保存在干燥、通风、清洁的室内，仪器外出要做好防尘、防振、防潮和防污染工作。

（5）仪器应保持其完好性，无影响检测的损伤，操作正常、显示清晰。

（6）使用传感器的检测仪器，要根据其使用寿命定期更换传感器；过期的气体检测管应及时报废。

（7）仪器所用电池要及时充电或更换，以保持电量充足，保证仪器正常工作。

（三）监测案例

【案例 3】 2015 年 12 月 19 日下午 3 时许，在某市某丁字路口附近，安装工人在井下进行电力电缆安装作业时，有 10 人突发一氧化碳中毒，当时有 22 人在此处进行敷设电力电缆的工作。事发时，几名施工人员在一处电缆井下作业时气体中毒，与地面工友失去了联系。几分钟后，地面几名工友发现后赶紧下井救助，无奈由于井下有毒气体浓度过高，救人者与被救者同时被困井下。后在其他工友和消防官兵的营救下，所有中毒被困人员被成功救出，并被迅速送往医院进行救治。救援现场如图 11-18 所示。

【案例 4】 某市某井下施工地段 1991 年 12 月 25 日发生电力电缆燃烧，现场离井口

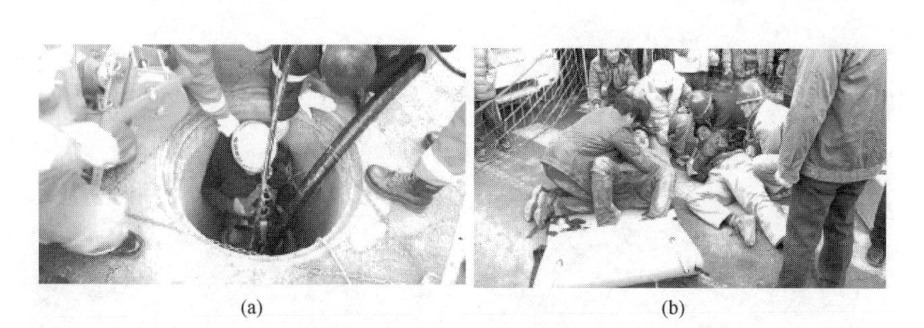

(a) (b)

图 11-18 救援现场示意图
(a) 下井救援；(b) 地面救援

50m 斜井巷道处，电力电缆为 ZQD20-10000V 罐装铅包纸绝缘不滴流电缆，直径为 30mm，铜芯导线，外护套为聚氯乙烯塑料、沥青和铅包纸包裹，铅包纸定性检查铅含量高。燃烧长度 10m，时间 20min，造成大量黑色焦臭味烟雾。

【案例 5】 2015 年 7 月 11 日晚上 11 时 30 分左右，某市某小区一电缆竖井起火，致 7 死 12 伤，遇难者死亡主要原因是吸入大量浓烟和电力电缆燃烧产生的有毒气体。

电力电缆的绝缘层由 PVC 等材料制作，在燃烧中会释放大量高温有毒气体，造成呼吸道热灼伤和中毒。火灾时吸入高温烟气，会导致呼吸道堵塞窒息，如抢救不及时，将很快致死。

四、视频监控

（一）技术原理

电力电缆视频监控系统由三个部分组成：前端系统、网络传输系统和监控中心系统。前端系统摄像头将采集的信号经过模拟线缆传输到视频编码服务器中，信号在视频编码服务器中经过编码和压缩之后，经过网络传输系统，传输至监控中心系统。

（二）监测案例

【案例 6】 视频联动技术。为了减少误报带来的困扰，创新性地增加了视频联动抓拍功能，主要可以实现以下功能：

（1）视频录像。当光纤振动主机判断地面有外力破坏信号，则会立即启动视频监控设备对通道现场的事件进行视频录像，录像时间长短可自由设置（一般都包括事件前、事件中及事件后等的视频录像），且监测报警主机会实时将录像的信息通过 4G 网络传输至监控中心。也可根据实际需求，将视频录像资料保存在本地的监测报警主机里。

（2）图片抓拍。与视频录像原理一样，区别是本功能仅仅将事件进行图片抓拍，且抓拍到的图片为事件正发生时的信息。图片可以采用微信方式推送至相关负责人手机，减少流量费用，更易于应用。图 11-19 所示为视频抓拍现场照片。

（3）自动定位。项目采用 360°球机摄像头，根据振动报警反馈的距离，再利用杆的高度，计算出云台的旋转角度准确定位。

五、巡检机器人

（一）技术原理

电力隧道智能机器人巡检系统以隧道智能巡检机器人为核心，结合实时监控平台、数据采集服务器以及相关附件，可实现对电力隧道环境与设备的不间断监控。隧道巡检机器人采用轨道移动方式，搭载高清摄像机及红外热成像仪，实现隧道实时监控与红外热成像诊断；

(a)

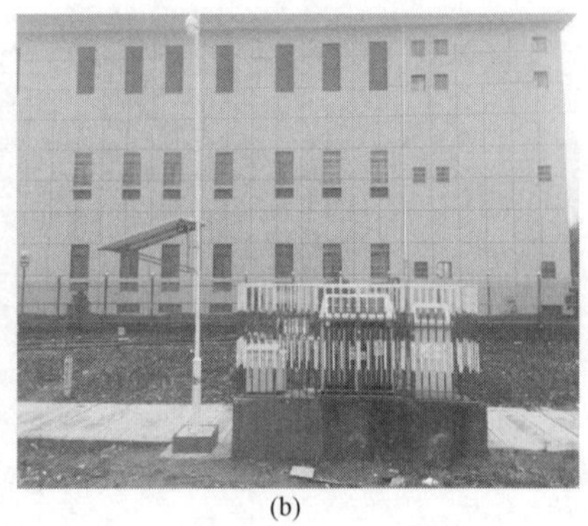

(b)

图 11-19　视频抓拍现场照片

(a) 抓拍现场照片 1；(b) 抓拍现场照片 2

集成有害气体、烟雾、光照度、温湿度等传感器以及定位装置和语音对讲系统，使用户实时掌控隧道环境信息，并通过监控平台实现对巡检机器人的控制、数据接入、存储、统计、GPS 定位以及立体展示。

（二）巡检机器人技术要求

智能巡检机器人应能实现全隧道的实时动态巡检，其主要功能包括：定时、遥控巡检，可见光/夜视视频实时监控，红外热成像与故障报警，温湿度超限报警，火灾检测及应急消防功能，有毒有害气体监测，监控及数据报表分析，交互式对讲平台等。

（三）应用案例

【案例 7】 郑州市南三环电缆隧道。

2017 年 8 月 27 日，由国网河南省电力公司自主研发的自动化监控巡检系统正式在某市南三环电缆隧道投入运行。作为河南省首条无人巡检电缆隧道，其首次采用了智能巡检机器人进行电缆设备故障特殊巡视作业，实现了对城市电网的安全实时监控，提高了城市电网运行的科技化水平。

图 11-20　电缆隧道智能巡检机器人示意图

智能巡检机器人是隧道无人巡检系统的核心。在某市南三环电缆隧道的负二层，距地面有 13m 深，亮灯的电缆隧道就犹如科幻片中的时光隧道，一眼看不到尽头，两侧外伸的钢架上敷设着 220kV 和 110kV 的高压电缆。隧道顶部另外铺设有一条轨道，轨道上倒挂着这款智能巡检机器人（见图 11-20）。这台巡检机器人搭载高清摄像机、热成像仪以及各种环境监测传感器；在行进中，可对隧道内的电缆温度、有害气体、温湿度以及隧道内照明、水泵、水位、风机等状态进行监控。

六、火灾监测报警

（一）技术原理

火灾探测器是探测火灾的仪器，由于在火灾发生的阶段，将伴随产生烟雾、高温和火

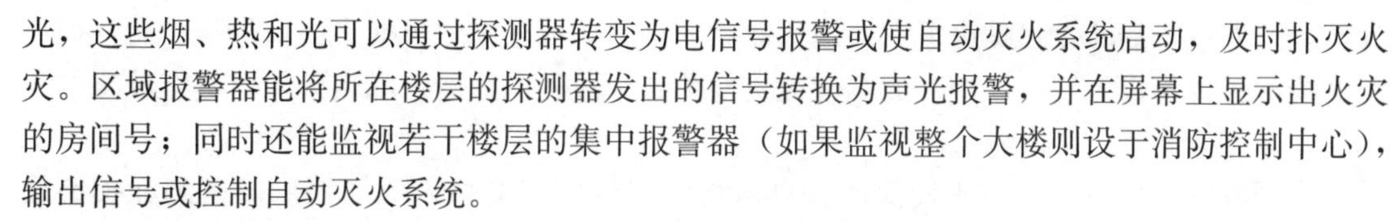

光，这些烟、热和光可以通过探测器转变为电信号报警或使自动灭火系统启动，及时扑灭火灾。区域报警器能将所在楼层的探测器发出的信号转换为声光报警，并在屏幕上显示出火灾的房间号；同时还能监视若干楼层的集中报警器（如果监视整个大楼则设于消防控制中心），输出信号或控制自动灭火系统。

1. 在线监测及消防报警系统

电缆隧道设置温度自动探测报警与控制系统，一般考虑各种点式感烟探测器、线型感温电缆和空气样本分析系统。点式感烟探测器安装在电缆隧道的顶部，易受灰尘、潮湿、振动和电磁干扰等因素的影响；特别是在潮湿的雨季，感烟探测器因无法判别是水蒸气的升腾还是烟雾，有时会发生误报。极度潮湿下的电磁干扰也会引起误报。

2. 光纤温度监控系统

目前电缆隧道内推荐一种用于实时测量空间温度场分布的光纤温度传感系统，自动连续测量光纤沿线的温度，测量距离达几千米，空间定位精度为米级，特别适用于需要大范围多点测量的应用场合。这种光纤传感技术在高压电力电缆、电气设备因接触不良原因易产生发热的部位、电缆夹层、电缆通道、大型发电机定子、大型变压器、锅炉等设施的温度定点传感场合具有广泛的应用前景。

温度监控报警系统通过温度数据的收集、存储、转换和传输，实现实时显示和报警，防止火灾。火灾事故大部分是由于温度过高引起的，通过对电缆接头或电力电缆本身的连续温度测量，能够预测电缆接头或电力电缆本身的故障趋势，及时提供电力电缆故障部位检修指导。

高压电力电缆运行温度在线监测系统是为了杜绝电缆沟内各电缆接头处由于温度过高引起火灾事故而设计的。它能将电缆沟内各电缆接头处的温度及时准确传送到主控室内，当被测点温度超过给定报警值时，系统能及时予以警，便于处理。高压电气设备中由于微波和电磁干扰的影响，传统的测温方法难于或者根本无法得到真实的测试结果。

对电缆隧道内的温度监控，可以将测温光纤随电缆隧道敷设在电缆支架上。而对电力电缆的监护，可以将测温光纤贴在电力电缆表面，在取得电力电缆表面数据后，将电力电缆的负载电流同时绘制成一组相关曲线，并从电流值推算出芯线导体的温度系数，从表面温度变化与导体温度变化之差（相同时刻做比较）便可以求出表面温度与运行负载电流的相互关系，并以此来支持供电系统的安全运行。现有光纤温度监控系统产品中包含可以根据电缆表面所测温度推算电缆导体温度、电缆载流量数据的附加软件（通过实验证明，其计算结果与实际情况基本相符），使用后能实时了解电力电缆运行状况，有利于电力电缆负荷的动态优化，使线路利用达到最大值。倘若电力电缆出现过负荷运行，电网调度将在第一时间获知，通过转移负荷或者切断线路的方式，及时纠正电力电缆线路的异常运行状态，避免电力电缆线路因过热产生火情。

与传统的各类温度传感器相比，分布式光纤温度传感器具有一系列独特的优点：使用光纤作为传输和传感信号的载体，有效克服了电力系统中存在的强电磁干扰；利用一根光纤为温度信息的传感和传导介质，可以测量沿光纤长度上的温度变化；采用先进的光时域反射技术和拉曼散射光对温度敏感的特性，探测出沿着光纤不同位置的温度变化；实现真正分布式的测量，非常适合各种长距离的温度测量、在线实时监测和火灾报警等。分布式光纤温度传感器根据被测信号的特殊性，在常规微弱信号检测的基础上，针对微弱信号检测采用软、硬件结合的方案，能够在强噪声下有效地提取微弱信号，以求得尽可能大的信号噪声比；而所需的器件与设备极为通用，相对成本较低，检测整个过程完成的时间也较短，具有较高的实用性。

光纤温度监控系统安装比较简便，只需在线路两侧变电站内增加控制、监测和报警设备，线路沿线仅需在电力电缆表面增敷一根光缆，不用额外空间。该系统采用特种感温光缆作探测器，本身不带电，具有防爆、防雷、防腐蚀、抗电磁干扰等优点；其测量温度分辨率一般可以达到 0.01℃，任何微小温度变化都会被探测到，测试距离最长一般可达 30km，空间分辨率最小一般为 0.1m；在相同温度分辨率、测量距离和空间分辨率的前提下，具有最短的测量时间，所以可实现大型电力电缆设备内部温度的实时在线监测。

3. 火灾报警控制系统

火灾报警控制系统由主控制器、探测器、手动报警按钮、声光报警器等设备组成。当发生火灾时，探测器将火灾信号送至主控制器，在主控制器上能显示火灾发生的时间、地点，并发出报警信号；同时，火灾报警主控制器联动关闭隧道内防火门，以便阻止火焰蔓延；通过无线模块将报警信号发送至相关值班人员的手机。目前，上海地区对隧道中重要电力电缆线路均采用温度在线监测系统，不仅可以及时发现故障，采取措施避免火灾，还能在线监测电缆载流量，为电缆安全运行提供保障。

（二）火灾监控要求

（1）隧道内敷设的通信光缆和低压电源线，应采取放入阻燃管或防火槽盒等防火隔离措施。

（2）一、二级电缆隧道应设置火灾监控报警系统。在电力电缆进出线集中的隧道、电缆夹层和竖井中，如未全部采用阻燃电缆，为了把火灾事故限制在最小范围，尽量减小事故损失，可加设监控报警和固定自动灭火装置。

（3）电缆通道临近易燃、易爆或腐蚀性介质的存储容器、输送管道时，应开展气体监测。

（4）一、二级电缆隧道应配置分布式光纤测温、火灾报警、重点区域自动灭火、通风系统等装置。

（5）火灾探测器离灯、离通风口 1～1.5m，至墙壁、梁边水平距离不应小于 0.5m；探测器周围 0.5m 内不应有遮挡物。

（6）感温探测器和感烟探测器的保护面积不应超过 $30m^2$。

（7）探测器的底座应固定牢靠，其导线必须可靠压接或焊接。

（8）探测器的“＋”应为红色，“－”应为蓝色，探测器的确认灯应面向便于人员观察的重要入口方向

（9）火灾感温电缆应绑扎牢固，与运行设备满足安全距离。

（10）引入火灾报警控制器的电缆或导线应避免交叉、固定牢固；导线端部应标明编号且与图纸相符；端子板接线端接线不得超过 2 根；导线应留有不小于 20cm 的余量，控制器的主电源引入线须直接与消防电源连接，禁用电源插头；主电源应有明显标志。

（11）线型感温火灾探测器采用 S 形布置或布置于有外部火源进入可能的电缆隧道内，应采用能响应火焰规模不大于 100mm 的线型感温火灾探测器。

（12）线型感温火灾探测器应采用接触式的敷设方式对隧道内的所有的动力电缆进行探

测；缆式线型感温火灾探测器应采用“S”形布置在每层电力电缆的上表面，线型光纤感温火灾探测器应采用一根感温光缆保护一根动力电缆的方式，并应沿动力电缆敷设。

（13）分布式线型光纤感温火灾探测器在电缆接头、端子等发热部位敷设时，其感温光缆的延展长度不应少于探测单元长度的1.5倍；线型光栅光纤感温火灾探测器在电缆接头、端子等发热部位应设置感温光栅。

七、结构监测

（一）技术原理

目前隧道运营监测中采用的传感器系统包括：差动电阻式位移传感器系统；振弦式传感器系统；分布式振动监测系统。

1. 差动电阻式位移传感器原理

在仪器内部采用两根特殊固定方式的钢丝，钢丝经过预拉，张紧支杆上。当仪器受到外界的拉压变形时，一根钢丝受拉，其电阻增加；另一根钢丝受压，其电阻减少。测量两根钢丝电阻的比值，就可以求得仪器的变形量。

2. 振弦式传感器原理

振弦式传感器包括振弦式压力传感器和振弦式转矩传感器。

（1）振弦式压力传感器。这种传感器的振弦一端固定，另一端连接在弹性感压膜片上。弦的中部装有一块软铁，置于磁铁和线圈构成的激励器的磁场中。激励器在停止激励时兼作拾振器，或单设拾振器。工作时，振弦在激励器的激励下振动，其振动频率与膜片所受压力的大小有关。

（2）振弦式转矩传感器。这种传感器可用于测量发动机轴的扭矩。测量时，将整个装置用两个套筒卡在被测轴的两个相邻面上。两个振弦传感器分别跨接在两个套筒的4个凸柱上。根据胡克定律，在弹性变形范围内，轴的扭转角度是与外加的扭矩成正比的，振弦的伸缩变形也就与外加的扭矩成正比。而振弦的振动频率的平方差与它所受应力成正比，因此可利用测量弦的振动频率的方法来测量轴所承受的扭矩。

3. 分布式振动监测原理

分布式振动监测系统是基于光时域反射原理的，光时域反射技术属于散射型分布式传感技术，通过发射光脉冲到光纤内，通过反射信号和入射脉冲之间的时间差来确定空间位置。事件点距离系统终端的距离 d 可以表示为 $d=(c\times t)/2n$ [c 为光在真空中的速度，t 为光脉冲发射后到接收到信号（双程）的总时间，n 为光纤的折射率]。

（二）监测要求

如隧道与轨道交通隧道或地下构筑物等产生交叉、穿越等，隧道建设初期，隧道内相关区域及其他重点区域应安装沉降检测系统。隧道建设完成后，如运行单位觉得有必要，可增设沉降检测系统。

（三）监测案例

【案例8】 城市地下资源日益紧张，电缆隧道经常临近地铁、污水、自来水等市政管线。近几年来，由于地铁施工等造成的路面塌方等事故给电力隧道的安全稳定运行带来极大威胁；部分电力隧道由于建设年代较早，已经出现局部开裂、露筋以及沉降等现象，成为确保电缆网安全稳定运行的重大隐患。

电缆隧道结构自身带有明显的特色：①重要的地下结构物；②耐久性要求高；③安全性

要求高。为了保证电缆隧道的正常运营，通过安装有效的结构监测系统，对于加强电缆隧道结构的有效控制并准确掌握电缆隧道结构的安全状况可起到较好的保障作用。

电力隧道沉降在线监测系统由传感器、数据采集、数据传输、系统供电以及数据处理五部分组成。当电缆隧道上部有大型车辆经过或其他振动时，电缆隧道结构的内力状况将发生变化，由安装在隧道顶部的Ω表面应变传感器来测量结构的应力应变的变化；Ω表面应变传感器连接到WDAS-JY静态（动态）应变采集仪上，由采集仪采集结构的应力应变数据，然后通过局域网将数据传至电缆网运行监控中心。图11-21所示为隧道沉降监测系统结构。

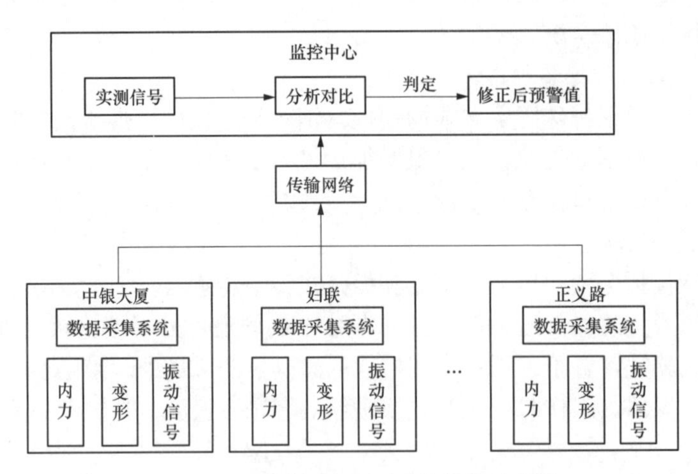

图11-21　隧道沉降监测系统结构示意图

Ω表面应变传感器适合于混凝土构件、钢结构构件的现场应变检测，其外观及尺寸如图11-22所示。传感器加工过程中进行了高温固化和加速老化流程，保证了输出信号的精确度和稳定性满足设计要求。产品设计中使用有限元软件进行了优化分析，在零件外形、几何尺寸和材料组成等参数之间进行优化组合，然后采用最佳参数组合关系，有限元分析结果如图11-23所示。

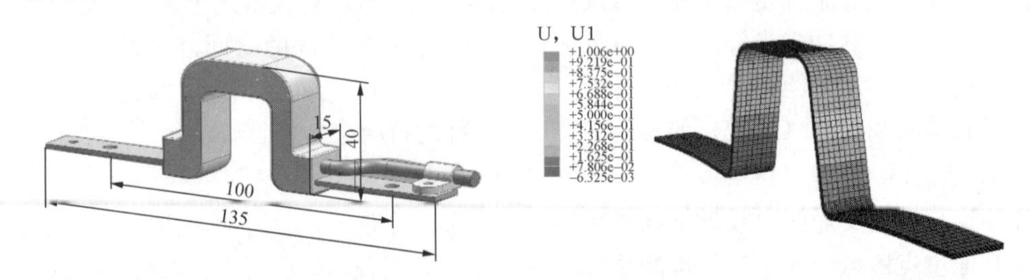

图11-22　Ω表面应变传感器外观及尺寸示意图　　　图11-23　有限元分析结果示意图

数据采集子系统分为静态采集、动态采集和加速度采集三种，沉降监测采集仪如图11-24所示。静态采集仪可以获得载重较大的车辆经过或隧道受力时其结构的静态应力应变情况；动态采集仪不但可以实现静态采集仪的功能，还可以反映结构在车辆行驶经过时实际的受力性能。电缆隧道上部有大型车辆经过时，电缆隧道的内力将发生变化，而且车辆载荷、行驶速度和道路状况等不同，对电缆隧道的冲击作用也不同。WDAS-DY动态应变采集仪可以以100Hz的采样频率实时采集结构的动态应力应变数据。动态加速度采集仪可以获得电缆隧道在载重较大的车辆经过时电缆隧道结构的振动特性，通过数据分析就可以得到电缆隧道结构在车辆经过时的自振频率。

沉降在线监测系统采用井盖监控通信电缆进行数据传输，采用就近电源箱或者电力供电控制柜取电方案，单路供电电源为 AC 220V，功率小于 100W。

前端采集数据传送到电缆网运行监控中心的应力应变监测服务器，所有数据经过定制的结构安全分析系统进行处理，将处理后的数据提供给电缆网运行监控系统，通过监控系统对隧道应力应变情况进行实时监测。

图 11-24　沉降监测采集仪示意图

八、安防系统

（一）技术原理

电缆通道缺乏必备的技防设备和监控手段，不法分子可能通过电缆通道进出口和工作井进入电缆通道内盗窃电缆通道附属设施和低压电缆，严重影响电缆网的安全运行；与变电站相连的电缆通道进出口技防装置不足，不法分子可能通过电缆通道进入变电站，破坏电力设备影响供电。针对上述运行现状，采用现代电子技术、计算机技术、行波定位技术、远程供电和载波通信讯号同芯线对共缆传输技术的电力隧道进出口门禁安全管理系统，可对进出电力隧道情况做全时记录，有效防止未经许可人员进入电力隧道。

（二）监测要求

井盖可加装井盖监控装置，监控信号应通过安全接入方式传至隧道监控中心，实现电缆井盖的集中控制、远端开启以及非法开启报警等功能。

（三）监测案例

【案例 9】 江苏省首次启用电缆智能管控平台井盖被盗自动报警。井盖发生倾斜，就会立即发出高分贝警报声，智能平台也会第一时间监控到，供电部门可以轻松地掌控电缆井盖的完好度，确保行人和车辆的安全。目前，南京市宁海路、板桥、江宁等处的电缆隧道，其周边使用的都是智能电缆井盖。图 11-25 所示为智能电缆防盗井盖。

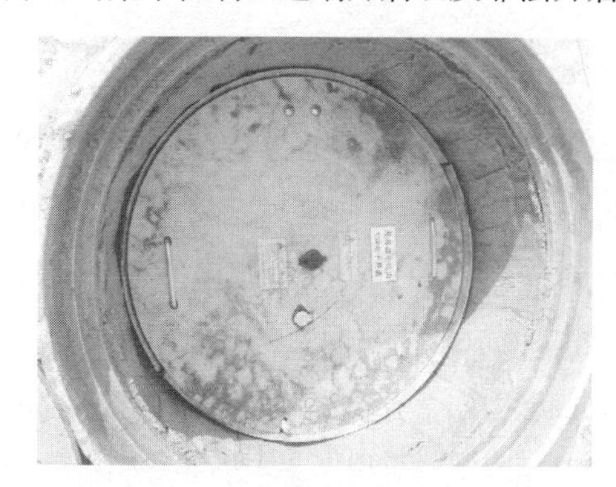

图 11-25　智能电缆防盗井盖示意图

智能防盗接地箱具备开门报警功能，如果箱门被打开或撬开，接地箱内报警装置立即发出报警声，利用监控软件显示报警信息，同时自动拨打事先设置好的接警电话，如图 11-26 所示。

用高压单芯回流电力电缆在线防盗监测系统，利用源信一体的通信技术为系统提供可靠的通信通道，整合非闭合互感取电技术为系统提供稳定的电源，如图 11-27 所示。当接收端信号发生异常，立即上传报警信号到电力电缆监测平台，并显示报警电力电缆位置信息和类型，同时短信通知相关责任人立即到现场处理。

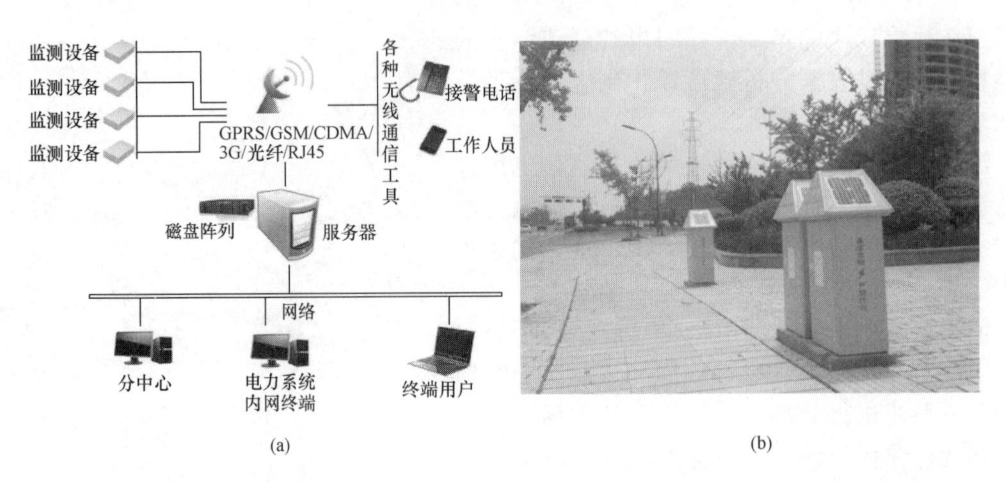

(a)

(b)

流水信息 自检信息 报警信息 环流信息 温度信息

序号	时间	设备名称	地址	状态
1	2011-11-22 12:46:38	公司演示	西堤南路	接地箱门打开报警
2	2011-11-22 9:26:15	宁潘2320线5#交叉	四明路	电流或电压上限报警!
3	2011-11-22 9:23:46	宁桥2483线4#直接	四明路	电流或电压上限报警!
4	2011-11-22 9:16:16	宁桥2483线7#直接	前河北路	电流或电压上限报警!
5	2011-11-22 9:16:14	宁桥2483线5#交叉	四明路	电流或电压上限报警!
6	2011-11-22 8:52:11	桑徐1087线3#直接	中兴路283号门口	后备电池电压低报警!
7	2011-11-22 8:43:44	宁潘2320线4#直...	四明路	电流或电压上限报警!
8	2011-11-22 7:59:51	永东扶苏1975线3...	龙湾下湾村对面	电流或电压上限报警!
9	2011-11-22 7:51:16	强东贫1974线4#交叉	龙湾下湾村对面	电流或电压上限报警!
10	2011-11-22 7:31:58	强东贫1974线3#交叉	龙湾下湾村对面	电流或电压上限报警!

(c)

图 11-26 智能防盗接地箱示意图

(a) 系统构架；(b) 现场实物；(c) 报警信息

九、监测新技术

(一) 内置测温技术

1. 测试原理

内置测温技术采用无线能量传输技术和射频通信技术同步工作原理，直接测量电缆接头导体运行温度，可用于 10～35kV 电压等级的电缆中间接头导体运行温度实时监测，对电力电缆动态增容和安全管理提供数据支持。

内置式电缆接头导体测温技术解决了内置式测温传感器的电能供应和信号传输的难题，实现直接测量电缆接头导体运行温度，具有测温精度高、实时性强的优点。主要包括两部分：内置测温模块和外置测温中继。外置测温中继通过电磁耦合方式将能量和信号传递到电缆接头导体部位的内置测温模块，内置测温模块获得电能的同时将温度数据以无线电磁波的方式发送至外置测温中继，实现电缆导体温度精准测量，不改变电缆接头物理结构和电气特性，具有安全免维护，安装方便等优点。

2. 测温要求

(1) 监测功能。应能实现电缆接头导体温度数据采集和转发。

(2) 数据记录功能。

1) 监测数据应能保存并上传。

2) 在短期断电等情况下不发生数据丢失。

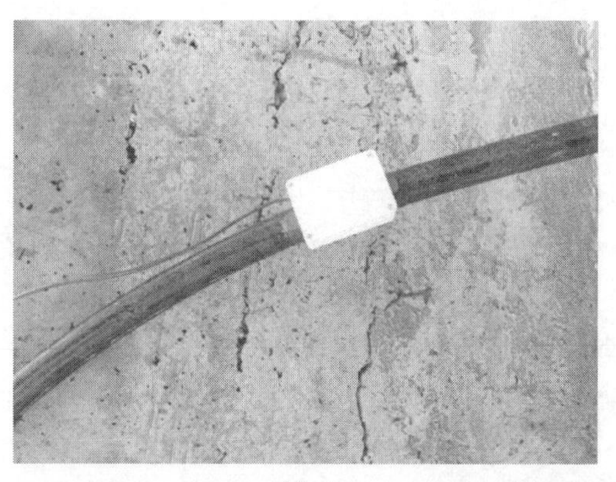

(a)

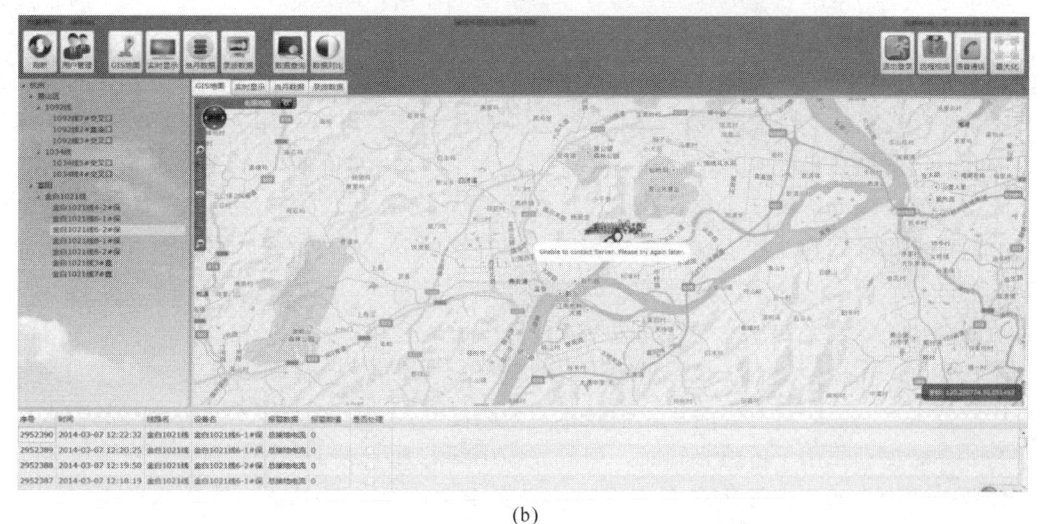

(b)

图 11-27　电缆在线防盗监测系统示意图

(a) 现场安装；(b) 后台显示

3）应能正确记录动态数据，装置异常时应能正确建立动态事件标识；保证记录数据的安全性；装置不应因电源中断、快速或缓慢波动及跌落丢失已记录的动态数据。

（3）自检功能。应具备自检功能，并根据要求将自诊断结果上传。

（4）通信功能。通信方式应满足以下任意一种（网络和接口）：

1）数据通信应符合标准工业控制总线、以太网总线或无线网络。

2）宜采用《输变电状态监测主站系统数据通信协议（输电部分）》（Q/GDW 562—2010），便于旧装置的扩展和新装置的兼容。

（5）测量误差。随机抽取一批 10 套测温装置，测温误差不超过±1℃。

（6）过热报警功能。提供接头温度过热报警，可在软件系统中预设电力电缆运行报警温度，一旦发生过热情况，立即报警。预警信息将通过信息发送给相关人员，通知其及时处理。

（7）安全与可靠性要求。

1）不应影响电缆接头的绝缘性能、密封性能及导电性能，且在装置发生故障时应不影响电缆接头正常运行。

2）应能承受电力电缆线路发生短路时产生的冲击电流。

3）内置测温单元应与电缆接头同寿命。

（8）结构要求。

1）内置测温单元结构要求：电缆附件有屏蔽罩结构时，外径与屏蔽罩的外径一致；电缆附件无屏蔽罩结构时，外径与电缆主绝缘外径一致；内置测温单元应无闭合磁路。

2）中继单元结构要求：若铜壳无灌胶孔，需在铜壳上打孔，具体位置与电缆附件厂商定，并应做好妥善的防水措施。

（二）光纤测温振动技术

1. 技术原理

城市地下电力电缆在输电过程中起着非常重要的作用，但是电力电缆在使用中时常受到人工挖掘、机械挖掘、非法入侵等第三方外力破坏，严重影响了电力电缆运行的安全性和可靠性。而电缆通道防外力破坏在线监测系统是专门用于保障电缆通道免遭外力破坏的监测系统，系统采用分布式光纤振动传感技术，结合高精度智能模式识别算法，能够实现对破坏性外力的实时监测和准确识别，是实现电力电缆安全预防性维护的必要的基础设施。

分布式光纤振动传感技术，是利用光纤作为传感元件，将“传”和“感”合为一体，传感光纤在外界物理因素（如运动、振动和压力）的作用下，改变光纤中的光纤相位，从而对外界参数进行检测。具体来说是当外界的振动作用于光缆时，引起光缆中纤芯发生形变，使纤芯折射率与长度发生变化，导致光缆中光的相位发生变化。

分布式光纤振动传感系统是一种基于光时域反射技术和光纤干涉技术发展而成的先进的光纤传感技术，它同时具有光时域反射技术定位精度高和光纤干涉技术灵敏度高的特点。

当外界有振动作用于传感光缆时，引起光缆中纤芯发生形变，纤芯长度和折射率发生变化，导致光缆中光的相位发生变化。当光在光缆中传输时，由于光子与纤芯晶格间发生作用，不断向后传输瑞利散射光。当外界有振动发生时，背向瑞利散射光的相位随之发生变化，这些携带外界振动信息的信号光反射回系统主机时，经光学系统处理，将微弱的相位变化转换为光强变化，经光电转换和信号处理后，进入计算机进行数据分析。系统根据分析的结果，判断入侵事件的发生，并确认入侵地点。

2. 监测要求

（1）系统应具有连续检测振动功能，能实时检测外界振动情况。报警方式除主控机屏幕显示、音效等基本要求外，并可提供符合工业标准的报警输出；报警信息应实时存入数据库，并具有对振动波形的播放功能。

（2）能对测量区域在长度上进行分区，对某些区域进行局部重点监测。

（3）可以自定义电子地图，以及对电子地图的编辑工作。如果有报警发生（事件入侵）时，电子地图会根据事先编辑好的参数信息，真实模拟现场情况进行报警定位功能，实现对监控现场环境的真实模拟，并有显著的报警图标标示出其位置。鼠标移动到报警图标上时，可显示该报警位置的详细信息。

3. 监测案例

【案例 10】 某市供电公司采用分布式光纤振动系统。2018 年 7 月 15 日下午 3 时 2 分，系统提示三级红色预警。预警位置距离变电站 2km，显示有多个振动源，持续大幅振动。根据拓扑图像显示能量分布和作业频率特征，分析判定为电缆 10m 范围内有大型机械作业。

赶赴现场，发现有挖掘机械紧挨电缆管廊 3～4m 正在进行施工。图 11-28 所示为施工现场检测及精准定位示意图。

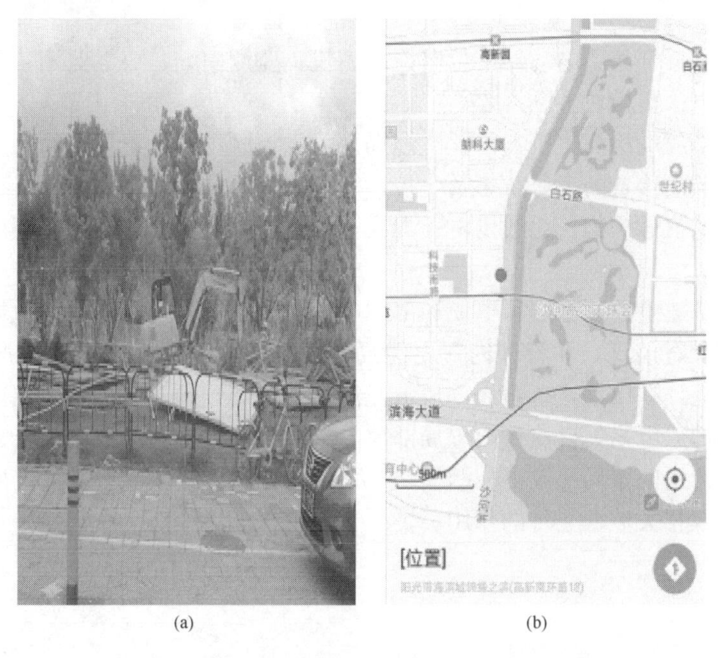

图 11-28　施工现场检测及精准定位示意图

（a）施工现场检测；（b）施工现场精准定位

2018 年 7 月 15 日下午 4 时 56 分，系统提示二级橙色预警。预警位置距离变电站 3.5km，有反复强烈振动源。据拓扑图像显示能量分布和作业频率特征，分析判定为存在顶管或打桩外力破坏隐患。经巡查现场发现有施工人员在进行河边景观带施工，工人使用冲击钻拆除混凝土墙体。图 11-29 所示为现场分析示意图。

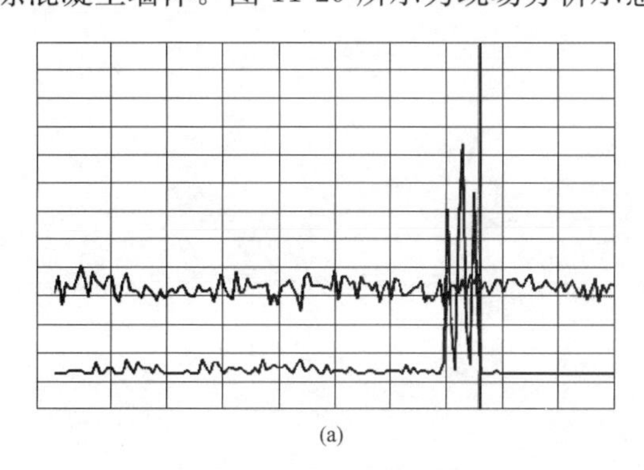

(a)

(b)

图 11-29　现场分析示意图

（a）分析波形；（b）施工现场

（三）内置式局部放电测试技术

1. 技术原理

内置式电缆局部放电监测技术是将局部放电传感器内置到电缆接头内部，通过电容耦合

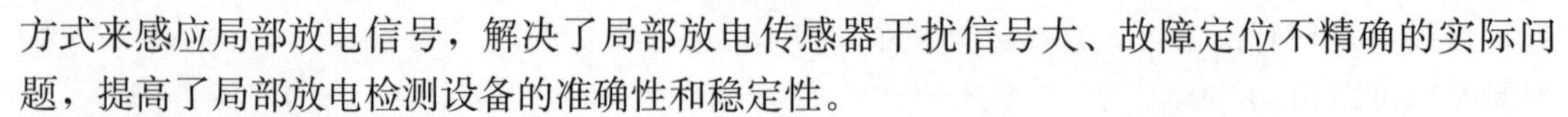

方式来感应局部放电信号，解决了局部放电传感器干扰信号大、故障定位不精确的实际问题，提高了局部放电检测设备的准确性和稳定性。

2. 系统构成

系统主要包括五部分：电缆局部放电检测主机、监测中继、放电监测装置、局部放电控制模块和局部放电采集模块。

(1) 电缆局部放电检测主机：内置电缆局部放电检测主机负责现场局部放电信号数据采集及数据上传，监测装置的工作状态及上传，管理采集板的电源。该装置具有数据通信、电源管理、局部放电信号采集、无线供电、无线通信功能，在内置式电缆局部放电监测系统中起到核心的作用。

(2) 电缆局部放电监测中继：电缆局部放电监测中继负责接收内置电缆局部放电监测装置数据采集及其状态信息，并管理内置电缆局部放电监测装置的供电。该产品具有数据通信、电源管理功能，在内置式电缆局部放电监测系统中起到承上启下的作用。

(3) 内置局部放电采集模块：内置局部放电采集模块负责局部放电信号采集、监测自身的工作状态并上传给内置局部放电控制模块。该模块在内置式电缆局部放电监测系统起到局部放电信号采集及相关数据上传的作用。

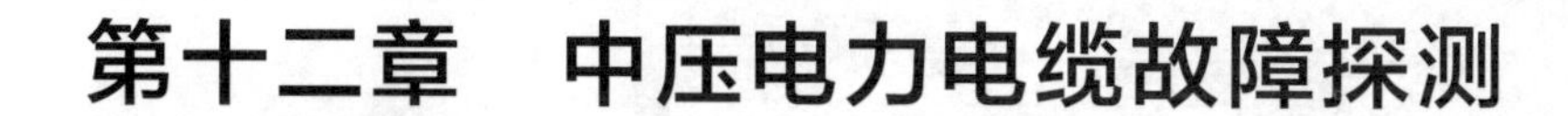

第十二章　中压电力电缆故障探测

第一节　故障原因及分类

一、电力电缆故障原因分析

电力电缆故障产生的原因和故障的表现形式是多方面的，有逐渐形成的，也有突然发生的，有单一型的故障，也有复合型的故障。电力电缆线路故障原因分类如图 12-1 所示。

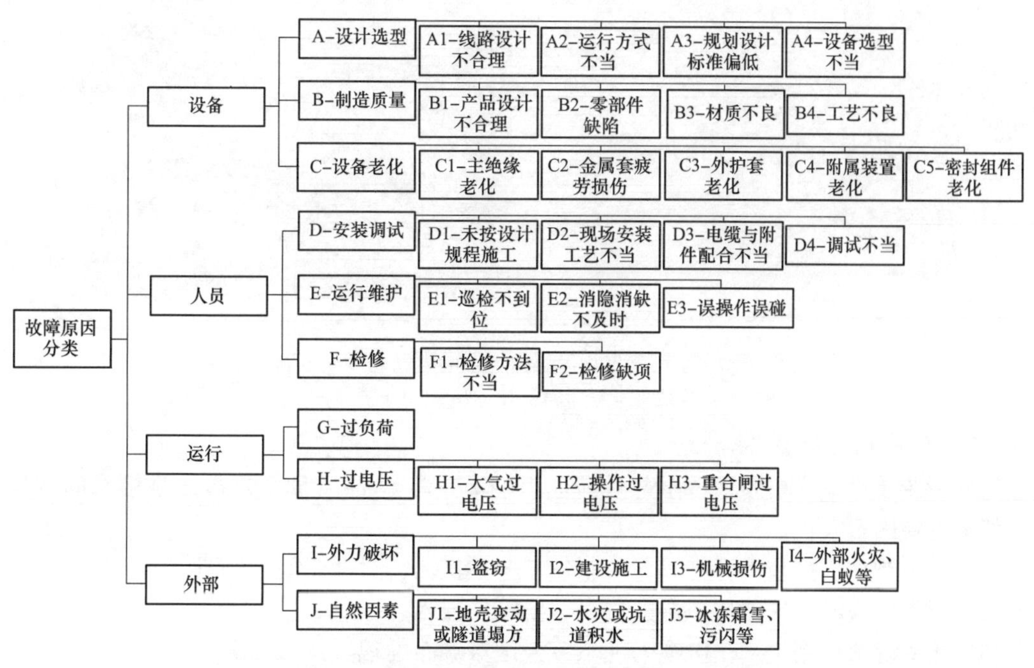

图 12-1　电力电缆线路故障原因分类示意图

国内有关部门曾经对电力电缆故障产生的原因做过统计，该统计中对故障发生原因给出了比例，大致如下。

（一）外力破坏

外力破坏因素占全部故障原因的 58%，其中主要因素有：

（1）由于市政建设工程频繁作业，不明地下管线情况，造成电力电缆受外力损伤的事故（见图 12-2）。

(a)

(b)

图 12-2　电力电缆受外力损伤示意图

（a）建设施工现场；（b）受损电缆

（2）电力电缆敷设到地下后，长期受到车辆、重物等压力和冲击力作用，造成路面下沉、电缆铅包龟裂、中间接头拉断、拉裂等事故的发生（见图 12-3）。

(a)

(b)

图 12-3　车辆、重物等压力导致电力电缆事故示意图

（a）车辆、重物压力；（b）路面下沉

（二）附件制造质量不合格

附近制造质量不合格因素占全部故障原因的 27%。附件质量主要指的是接头的制作质量，其中主要因素有：

（1）接头制作未按技术标准操作，制作工艺不良，密封性能差（见图 12-4）。

（2）制作接头时，周围环境湿度过大，使潮气侵入。

（3）接头材料使用不当，电缆附件不符合国家颁布的现行技术标准。

（4）电缆接头盒铸铁件出现裂缝、砂眼，造成水分侵入，形成击穿闪络故障。

（5）纸绝缘铅包电缆搪铅处有砂眼、气孔或封铅时温度过高，破坏了内部绝缘，使绝缘水平下降。

（6）塑料电缆由于密封不良，冷、热缩管厚薄不均匀，缩紧后反复弯曲引起气隙，造成闪络放电现象。

（三）敷设施工质量

敷设施工质量因素占全部故障原因的 12%，其中主要因素有：

（1）电力电缆的敷设施工未按要求和规程进行。

（2）敷设过程中用力不当，牵引力过大，使用的工具、器械不对，造成电缆护层机械损伤，日久产生故障（见图12-5）。

（3）单芯高压电力电缆护层交叉换位接线错误，使护层中感应电压过高，环流过大引发故障。

图12-4　安装工艺不当导致电缆接头故障示意图

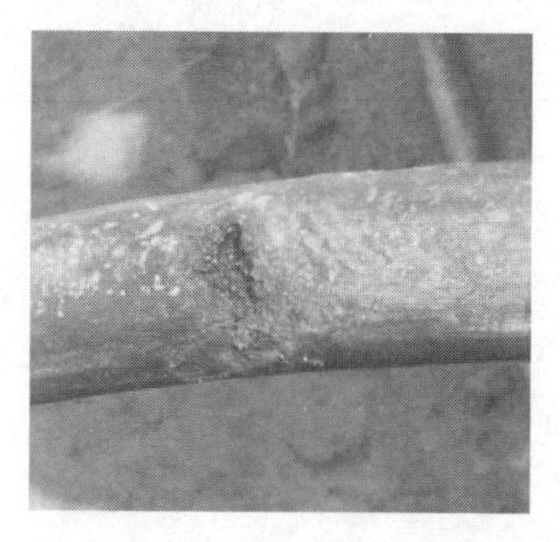

图12-5　敷设过程中导致接地电缆被砸伤示意图

（四）电缆本体

电缆本体因素占全部故障原因的3%，主要由电力电缆的制造工艺和电力电缆绝缘老化两种原因引起。

（1）因电力电缆制造工艺不良引起的电缆故障。由于电缆线芯与纸绝缘中的浸渍剂、塑料电缆中的绝缘物等物质各自的膨胀系数不同，所以在制造过程中，不可避免地会产生气隙，导致绝缘性能降低。如果电力电缆在制造过程中，绝缘层内混入了杂质、半导体层有缺陷（同绝缘剥离）、线芯绞合不紧或线芯有毛刺等，都会使电场集中，引起游离老化。交联聚乙烯电缆中由杂质和气隙引起的一些击穿故障，一般在电缆绝缘层中呈电树枝现象，如图12-6所示。

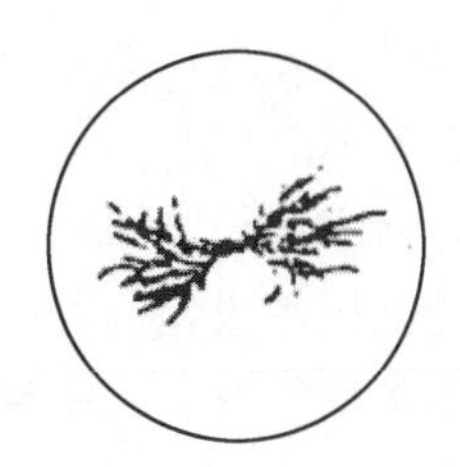

图12-6　交联聚乙烯电缆绝缘层中的电树枝现象示意图

（2）因电力电缆老化而引起的电缆故障。其主要因素有以下几种：

1）有机绝缘的电力电缆长期在高电压或高温情况下运行时，容易产生局部放电，从而引起绝缘老化。

2）电力电缆内部绝缘介质中的气泡在电场作用下产生游离，使绝缘性能下降。

3）塑料类绝缘的电力电缆中有水分侵入，使绝缘纤维产生水解，在电场集中处形成水树枝现象，使绝缘性能逐渐降低，如图12-7所示。

4）油浸纸绝缘的电力电缆运行时间过久时，会发生电缆中绝缘油干枯、结晶，绝缘纸脆化等现象。

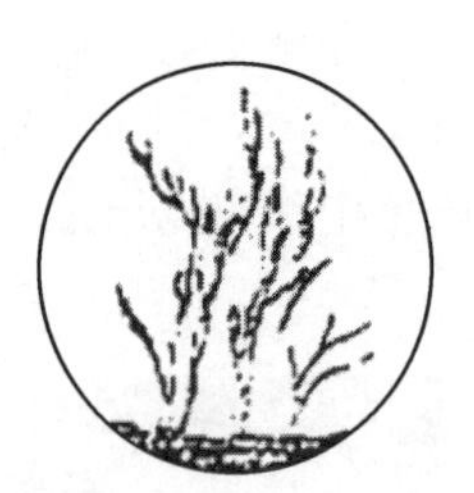
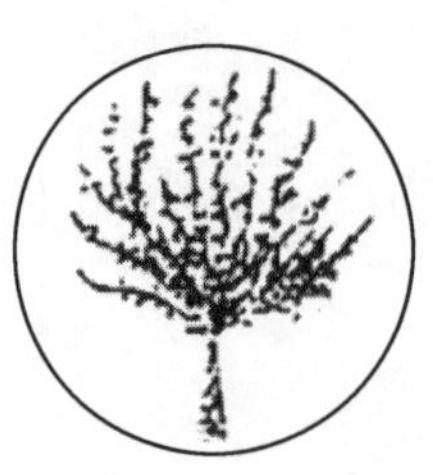

图 12-7　交联聚乙烯电缆绝缘层中的水树枝现象示意图

5）若电力电缆敷设后，长期浸泡在水中，经过含有酸碱及其他化学物质的地段，致使电缆铠装或铝包腐蚀、开裂、穿孔、塑料电缆护层硫化等，这时电缆绝缘层中一般会出现电化树枝现象，如图 12-8 所示。

只有充分了解和详细分析这些故障产生的前因后果，以及电力电缆路径上的外界环境，才能“对症下药”，采取必要措施，防止情况进一步恶化，并尽快找到故障点。

图 12-8　交联聚乙烯电缆绝缘层中的电化树枝现象示意图

二、电力电缆故障分类

电力电缆主要由线芯、主绝缘、金属护层（部分低压电缆无金属护层）与外绝缘护层组成，根据电缆绝缘进行分类，电力电缆故障被分为主绝缘故障与护层故障两大类。

（一）主绝缘故障

主绝缘故障是指因各种原因使电缆线芯主绝缘绝缘性能降低，达不到电力电缆正常运行标准的现象。各种电压等级、各种结构类型的电力电缆，都会发生主绝缘故障。人们常说的电力电缆故障基本都指的是主绝缘故障，上述电力电缆故障产生原因的分析，也是分析的主绝缘故障产生原因。

（二）护层故障

护层故障是指单芯中高压电力电缆外护层绝缘水平降低，达不到电力电缆运行标准的现象。原来定义护层故障时，只对 66kV 及以上的单芯高压电力电缆存在；但近些年高速铁路上的 10kV 贯通自备线与 35kV 电源线皆大量采用有金属护层的单芯电力电缆，所以护层故障就不能只针对高压电力电缆了，单芯中压电力电缆上也会发生护层故障。

一段单芯电力电缆金属护层出现两点及以上接地时，金属护层中感应的环流可达线芯电流的 50%～95%，感应电流所产生的热损耗会极大地降低电缆的载流量，并加速电缆主绝缘的电-热老化。大幅缩短电缆的使用寿命。更为严重的是，环流会使护层故障点发热着火，引起主绝缘击穿事故及电缆通道着火等特大安全事故。图 12-9 所示为护层故障点发热机理。

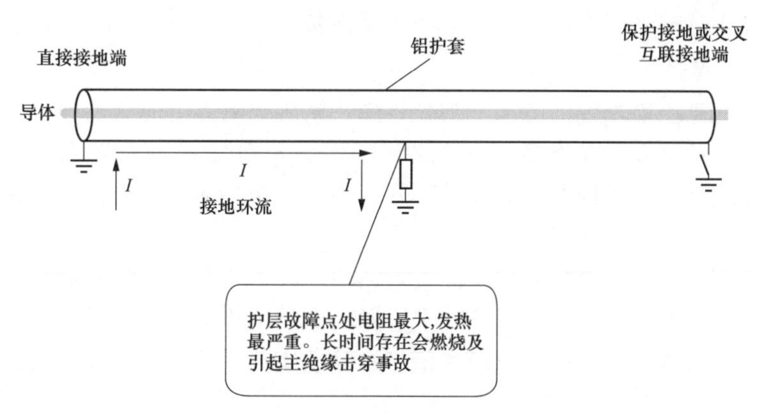

图 12-9　护层故障点发热机理示意图

第二节　故障探测步骤

电力电缆故障探测，包括主绝缘故障与护层故障探测，一般皆需经过诊断、测距、定点三大基本探测步骤。

一旦电力电缆线路发生故障，故障测试人员通常需要通过选择合适的测试方法和仪器，依照正确的探测步骤探寻故障点。

一、故障诊断

电力电缆故障诊断是了解电缆情况、明确故障类型、诊断故障性质的过程。

（一）了解电力电缆情况

了解电力电缆情况的目的是为了尽可能提前做到心中有数，情况了解得越清楚，故障越易于查找。其步骤如下：

(1) 首先了解电力电缆的电压等级，明确是多芯统包电缆还是单芯电缆，是主绝缘故障还是护层故障。

(2) 其次了解电缆全长、路径、敷设方式、中间接头的数量及大致位置。如为直埋敷设，需知道电缆中间接头是否有接头井。电缆接头发生主绝缘故障或接头附件发生护层故障的概率较大，若知接头的具体位置，对故障查找会非常有利。若直埋敷设的电缆中间接头也是直埋，路径与中间接头大致位置也不清晰，则故障探测所要准备的设备需更齐全，故障查找会更困难一些，需用的时间也可能会更长一些。

(3) 若电力电缆发生的是主绝缘故障，则还需了解是运行过程中发生的故障，还是耐压试验过程中发现的故障。运行过程中发生的主绝缘故障，故障点处常常烧损得较严重，为开放性的故障，加高压击穿故障点时，放电声音较大，易于故障的精确定位，而且挖出电力电缆时，故障点可看见，比较容易查找。而试验过程中发现的故障，一般为接头内部的封闭性故障，故障精确定点会比较困难，查找过程相对会比较曲折。抵达现场后，需巡查电力电缆路径上有无施工动土现象与两个终端头及其相关设备情况，了解两个终端头的位置、哪端有电源、哪端更便于测试等。实际上，一半以上的电缆主绝缘故障是由外力破坏引起的，其中大部分又是在电力电缆受破坏的同时，电力电缆线路就发生了停电事故，在电力电缆路径上巡查时就可以发现这些破坏点，不需要动用测试设备。

（二）诊断故障性质

对于经路径巡查不能发现的电缆主绝缘故障，则需把电力电缆从系统中拆除，使电力电缆彻底独立出来，两终端不要连接任何其他设备，用测试仪器探测故障点。探测故障前，需将电力电缆两端终端头同其他相连的设备断开，擦拭干净终端头的套管，排除外界环境可能造成的影响，再进行进一步测试。

主绝缘故障探测第一步为故障性质诊断，需用的设备主要有绝缘电阻表、万用表及耐压试验设备。通过这些设备对电力电缆顺次进行通断试验、绝缘电阻测量、耐压试验后，诊断电力电缆发生了何种性质的故障。电缆主绝缘故障性质分为开路（断线）、低阻（短路）、高阻和闪络性故障。

（1）开路（断线）故障：电缆导体有一芯（或数芯）不连续。在实际测量中发现，除电缆的全长开路外，开路故障一般同时伴随着高阻或低阻接地现象，单纯开路而不接地的现象几乎没有。

开路故障的诊断步骤与方法：在测量对端将各线芯短路，用万用表的电阻挡分别测量两相之间的电阻，判断线芯的连续性，检查电力电缆是否存在开路现象。

主绝缘故障性质诊断时，宜先进行电缆的通断试验，因该步骤可判断位于两地的两只电缆终端是否确为同一条电缆的两端。电缆双端的核对，虽然在故障测试前通过核对铭牌的方式校对过，但为防万一，通过电缆的通断试验再次校对也是必需的。

（2）低阻（短路）故障：电缆导体一芯（或数芯）对地绝缘电阻或导体芯与芯之间的绝缘电阻低于 100Ω。一般常见的故障有单相、两相或三相短路或接地。

低阻故障的判定是在绝缘电阻测量步骤中进行的。通断试验后，用绝缘电阻表测量电力电缆各相线芯对地、对金属屏蔽层和各线芯间的绝缘电阻。如果阻值过小，绝缘电阻表显示基本为零值时，改用万用表进一步测量：经万用表测量低于 100Ω 的故障，诊断为低阻故障；绝缘电阻大大低于正常值但高于 100Ω 的故障，则诊断为高祖故障。当电力电缆的故障线芯对地或线芯之间的绝缘电阻达到几十兆欧甚至于更高阻值时，可考虑电力电缆有闪络性故障存在的可能。

这里选择 100Ω 作为低阻故障与高阻故障的分界点，有两个来源：

1）20 世纪 90 年代某进口含低压脉冲测试法仪器的说明书上定义 100Ω 以下为低阻故障，故障电阻为 100Ω 以下时，用该仪器的低压脉冲法测试，可在故障点处出现能分辨出的低阻故障反射波形；大于 100Ω，故障点处的低压脉冲反射波形就分辨不出了。而实际测试时，故障点处低压脉冲反射波形的大小，主要取决于阻抗在该处的变化，而阻抗则主要与电容、电感有关，100Ω 为高、低阻故障的分界点只是理论数据，不是绝对的，某些接头进水、接地电阻 10kΩ 左右的故障，低压脉冲也有反射。

2）根据低压电桥能不能测试为判据。故障电阻 100Ω 以下时低压电桥可测，高于 100Ω，低压电桥不适用，需用大电流烧至 100Ω 以下，再用低压电桥测距。而现在低压电桥的电源电压已达 200～300V，特别是电源电压达数千伏以上的高压电桥出现后，部分资料把电力电缆高、低阻故障的分界点以高压电桥能不能测试为判据，把分界点定为 100kΩ，即 100kΩ 以下为低阻故障，大于 100kΩ 则为高阻故障。

随着探测技术与设备的发展，还会出现其他判据下的分界点，实际测试时，一定要参照所用测试设备的说明书。

（3）高阻故障：全称为高阻泄漏性故障，电缆导体有一芯（或数芯）对地绝缘电阻或线芯与线芯之间的绝缘电阻大大低于正常值但高于 100Ω，且导体连续性良好。一般常见的有单相接地、两相或三相高阻短路并接地。

这里把大于 100Ω、小于 100kΩ 这个范围定义到高阻故障中，是以低压脉冲法能不能测试为判据的，如果以高压电桥能不能测试为判据，则把这个范围定义到低阻故障中。

（4）闪络性故障：全称高阻闪络性故障。这类故障绝缘电阻很高，用绝缘电阻表不能被发现，大多数在预防性耐压试验时发生，并多出现于电缆中间接头或终端头内。有时在接近所要求的试验电压时击穿，然后又恢复；有时会连续击穿，间隔时间数秒至数分钟不等。

在故障探测过程中，上述四类故障会相互转化，特别是闪络性故障最不稳定，随时会转化为高阻故障。用直闪法测试这类故障时，测试人员应密切注意直流高压信号发生器的工作状态，适时转换高压信号发生器的高压输出方式，以防烧坏高压发生器。

（三）主绝缘故障分类方法

电力电缆主绝缘故障分类方法很多，上述把电缆主绝缘故障分为开路、低阻、高阻与闪络性故障的分类方法，是依照电力电缆的绝缘电阻和线芯连续性。其他分类方法还有：

（1）按电力电缆故障点处外护套是否烧穿分类，可分为开放性故障和封闭性故障。故障定点时，开放性故障比较容易查找。

（2）按故障位置分类，可分为接头（或终端）故障和电缆本体故障。受到外力破坏的电力电缆，发生本体故障的情况比较多，而非外力破坏的故障电力电缆，故障常发生在接头或终端处。

（3）按接地现象分类，可分为单纯的开路故障、相间故障、单相接地故障和多相接地混合性故障等。单纯的开路故障和相间故障不常见，常见的一般是单相接地或多相接地混合性故障。

（4）按电力电缆故障发生的直接原因分类，可分为试验过程中击穿的故障与运行过程中击穿的故障。

（四）主绝缘故障性质诊断具体操作步骤

为提高故障查找速度，根据电缆在试验过程中击穿与运行过程中击穿故障的不同特点，故障性质诊断的步骤也略有区别。

1. 试验击穿故障性质的诊断

在试验过程中发生击穿的故障，其性质比较简单，一般为一相接地或两相短路接地，很少有三相同时在试验中接地或短路的情况，更不可能发生断线故障。其另一个特点是故障电阻均比较高，绝缘电阻表有可能测不出，而需要借助耐压试验设备进行测试。其诊断方法如下：在试验中发生击穿时，对于分相屏蔽型电力电缆均为单相接地；对于非分相屏蔽型统包电缆，则应将未试相地线拆除，再进行加压，如仍发生击穿，则为单相接地故障；如果将未试相地线拆除后不再发生击穿，则说明是相间故障，此时应将未试相分别接地，再分别加压查验是哪两相之间发生短路故障。

在试验中，当电压升至某一定值时，电缆绝缘水平下降，发生击穿放电现象；当电压降低后，电缆绝缘恢复，击穿放电终止，这种故障即为闪络性故障。

2. 运行击穿故障性质的诊断

和试验击穿故障的性质相比，运行电力电缆故障的性质比较复杂，除发生接地或短路故障外，还可能发生断线故障。因此，故障性质诊断时应首先做电缆导体连续性的检查，以确定是否为断线故障。

确定电力电缆故障的性质，低压电缆一般应选用1000V绝缘电阻表和万用表进行测量，6kV及以上中高压电力电缆应选用2500V及以上的绝缘电阻表进行测量，并做好记录。

(1) 电缆导体连续性检查方法。在电力电缆一端将A、B、C三相短接（不接地），到另一端用万能表的蜂鸣挡测量各相间是否通路。正常情况下，电缆三相连续性良好时，则三次测量皆导通；发生一相断线时，则三次测量会有两次不导通；三次测量都不导通时，则可能是两相或三相断线，也有可能是所测量的两个电缆终端不属于同一条线路。为确保电力电缆双端正确，避免不必要的危险，将电力电缆三相短路线拆除后，还要用万能表蜂鸣挡对刚刚导通的两相再做测量，两个电缆终端属于同一条线路时，应至少有两次两相之间测量不导通，如果此时三次测量还是都导通，则可能是电缆发生了三相短路故障，也可能是测量的两个电缆终端不属于同一条线路。电力电缆一端三相短接两两之间测量都不导通与拆下短路线后测量两两之间都导通时，就需要警惕测量的两个电缆终端有不属于同一条线路的可能性，此时需要通过单相对金属护层做进一步测量，以确保电缆双端正确。

(2) 电缆绝缘测量方法。先在任意一端用绝缘电阻表测量A—地（金属护层）、B—地及C—地的绝缘电阻值，测量时另外两相接地，以判断是否为接地故障。分相屏蔽型电缆（如三相统包型中高压交联聚乙烯电缆、单芯中高压交联聚乙烯电缆、分相铅包电缆等），一般均为单相接地故障，当发现两相短路时，一般也是两相接地故障。在小电流接地系统中，常发生不同两点同时发生接地的“相间”短路故障。三相统包型铅包电缆，存在两相短路不接地的可能性，用第一步的方法测量绝缘电阻出现两相同时接地时，应单相对地再次测试；测量时，另外两相不接地，以判断该相是否确为接地故障。

测量各相间A—B、B—C及C—A的绝缘电阻，以判断有无相间短路故障。对于分相屏蔽型电缆，这一步测量意义不大。如用绝缘电阻表测得电阻基本为零时，则应用万用表复测出具体的绝缘电阻值，确定电阻是否小于100Ω，判断电力电缆发生的是高阻故障还是低阻故障。如用绝缘电阻表测得的电阻很高，无法确定故障相时，应对电缆进行耐压试验，判断电力电缆是否存在闪络故障。

二、故障测距

故障测距又称粗测，有些资料称之为预定位，是指在电力电缆的一端使用故障测距仪器测量电缆故障点的距离。电力电缆故障测距方法有行波法与电阻法两大类。

行波法主要用于电缆主绝缘故障的测距。因行波是在两条平行的金属导体之间进行传输，而护层故障的主体是金属护层对大地，只有一个金属导体，所以行波法不能测量护层故障的距离；护层故障测距只能选用电阻法。

三、故障定点

故障定点又称故障精确定位，由声测法（冲击放电声测法）、声磁同步法（声磁信号同步接收法）、音频感应法（音频电流信号感应法）与跨步电压法四种方法组成。

测得电力电缆故障距离后，先根据电力电缆的路径走向判断出故障点大致方位，再通过故障定点仪器到该方位处探测故障点精确位置。因声磁同步法是目前最先进、可靠性与精度

最高的，直埋电缆的主绝缘故障精确定点首选声磁同步法；对于用声磁同步法确实探测不到精确位置的死接地（金属性短路接地）故障，再选用音频信号感应法或跨步电压法等方法进行精确定位。而直埋敷设的高压电力电缆护层故障的精确定位则选用跨步电压法，对于非直埋敷设的高压电力电缆，为提高探测效率，护层故障精确定位可选用脉动电流信号分段法进行分段，在小范围内巡查故障点。

对于路径不明的电力电缆，需要先探测电力电缆的路径，再进行故障定点。实际工作时，电力电缆的路径探测是一个相对独立的过程，可以在故障测距后进行，也可以在抵达故障现场后测试准备阶段时进行，这样会节省探测时间。有关路径探测方法将在本章第五节展开详述。

四、探测方法选择

电力电缆故障诊断过程中，把电缆故障先分为主绝缘故障与护层故障，又把主绝缘故障分为开路、低阻、高阻及闪络性故障，其目的是选择合适的测试方法和适当的测试仪器，探测故障点。

合适的测试方法和适当的测试仪器对故障的查找起着至关重要的作用，合适的方法与探测设备往往会有事半功倍的效果；反之，若测试方法或仪器选择不恰当，故障点查找会非常困难，既会引起人力、物力的巨大浪费，又会延缓整个抢修工作进程，影响供电恢复。

各种类型电力电缆故障应选用的测试方法见表 12-1。

表 12-1　　电力电缆故障分类及测试方法选择表

故障类型	故障性质		测试方法	最优定点方法
主绝缘故障	开路（断线）故障		低压脉冲法	声磁同步法
	低阻（短路）故障（≤100Ω）		低压脉冲法 低压电桥法	声磁同步法，金属性短路接地故障选用音频感应法
	高阻（泄漏性）故障	≥100Ω ≤100kΩ	二次脉冲法 冲闪法 高压电桥法	声磁同步法
		≥100kΩ	二次脉冲法 冲闪法	声磁同步法
	（高阻）闪络性故障		二次脉冲法 冲闪法 直闪法	声磁同步法
护层故障			电桥法	直埋敷设方式：跨步电压法； 其他敷设方式：脉动电流信号分段法分段，然后小范围内寻迹

（1）表 12-1 中各电力电缆故障探测方法的原理在后文中会单独编制成节予以详尽说明。

（2）纯开路故障很少，精确定位方法为在电力电缆对端把故障相与地线短路后，在测试端按故障相闪络性接地故障选用声磁同步法精确定位；开路并伴随对地绝缘不好的故障，按接地故障选用声磁同步法精确定位。

（3）短路（低阻）故障，在知道电力电缆全长的条件下，可用低压电桥测距；电力电缆精确全长不清楚时，需用低压脉冲法测量，而低压脉冲法又可测试低阻故障，所以低压电桥测试在电力电缆故障测试中已很少选用。

第三节　故障测距方法

故障测距是测量从测试端到故障点的电缆线路长度，测试方法主要有行波法与电阻法两大类。下面对几种主要的测距方法进行详细介绍。

一、行波法

行波法又称脉冲法，主要有低压脉冲法、闪络回波法与二次脉冲法三种测距方法。

（一）低压脉冲法

低压脉冲法，又称雷达法，主要用于测量电力电缆的开路和低阻短路故障的距离，还可用于测量电力电缆的全长、波速度和识别定位电缆的中间头、“T”形接头等。

1. 基本原理

在测试时，在电力电缆一端通过仪器向电缆中输入低压脉冲信号，该脉冲信号沿着电缆传播，当遇到电缆中的波阻抗变化（不匹配）点时，如开路点、低阻短路点和接头点等，该脉冲信号就会产生反射，并返回到测量端被仪器接收并记录下来，如图 12-10 所示。通过检测反射信号和发射信号的时间差，可测得阻抗变化点的距离。因高阻和闪络性故障点阻抗变化太小，反射波无法识别，故低压脉冲法对高阻和闪络性故障不适用。

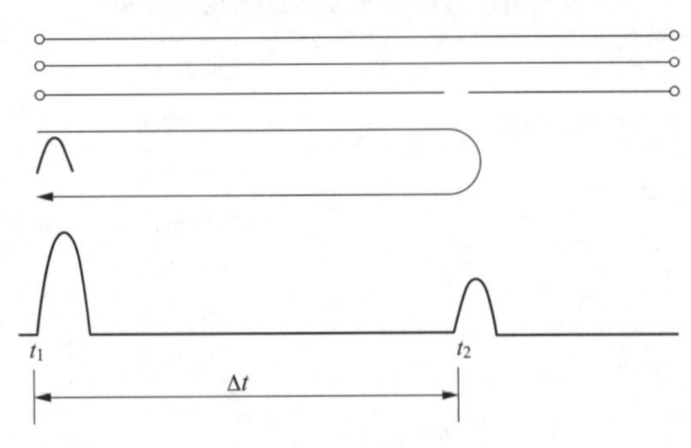

图 12-10　低压脉冲反射示意图

从仪器发射出低压脉冲到仪器接收到反射脉冲的时间差 $\Delta t = t_2 - t_1$，即脉冲信号从测试端到阻抗不匹配点往返一次的时间为 Δt，假设脉冲电磁波在电缆中传播的速度为 v，根据式（12-1）可计算出阻抗不匹配点距测量端的距离：

$$l = v \cdot \Delta t / 2 \tag{12-1}$$

电磁波在电力电缆中传播的速度简称波速度，理论分析表明，波速度只与电力电缆的绝缘介质的材质有关，而与电缆芯线的线径、芯线的材料以及绝缘厚度等都没有关系；不管线径是多少、线芯是铜芯的还是铝芯的，只要电缆的绝缘介质一样，波速度就一样。现在大部分电力电缆都是交联聚乙烯电缆或油浸纸电缆，油浸纸电缆的波速度一般为 160m/μs，而对于交联电缆，由于交联度、所含杂质等有所差别，其波速度也不太一样，一般在 170～172m/μs 之间。如果知道电力电缆的全长，则可以测得电缆的波速度。

2. 反射波的方向与故障距离测量

假设前行电压波为 U_{1q}，正常电力电缆的波阻抗为 Z_1，故障点的等效波阻抗为 Z_2，行

波从 Z_1 向 Z_2 传播，反射电压波为 U_{1f}，由行波反射理论可知：

$$U_{1f}=(Z_2-Z_1)U_{1q}/(Z_2+Z_1)=\beta U_{1q} \tag{12-2}$$

$$\beta=(Z_2-Z_1)/(Z_2+Z_1) \tag{12-3}$$

式中：β 为电压反射系数。

显然，当电力电缆开路时，Z_2 趋向于无穷，β 趋近于 1，波形发生正全反射，入射波与反射波同方向。如果仪器向电力电缆中发射的脉冲为正脉冲，其开路反射脉冲则也是正脉冲。开路波形如图 12-11 所示。

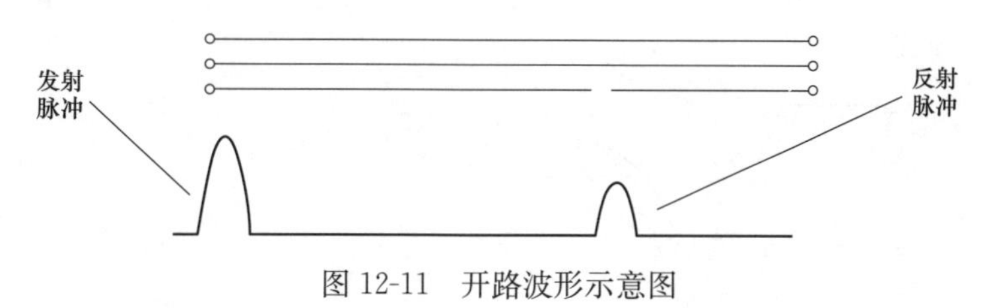

图 12-11　开路波形示意图

当电力电缆发生低阻短路或低阻接地故障时，由于 $Z_2<Z_1$，反射系数 β 将小于零，这时，入射波将与反射波方向相反，并且反射波的绝对值小于入射波的绝对值。显然，如果仪器向电缆中发射的脉冲为正脉冲，其短路反射脉冲则是负脉冲。短路或低阻波形如图 12-12 所示。

图 12-12　短路或低阻波形示意图

图 12-13 所示为低压脉冲法的一个实测波形。在测试仪器的屏幕上有两个光标：一个是实光标，一般把它放在屏幕的最左边（测试端），设定为零点；另一个是虚光标，把它放在阻抗不匹配点反射脉冲的起始点处，这样在屏幕的右上角，就会自动显示出该阻抗不匹配点离测试端的距离。

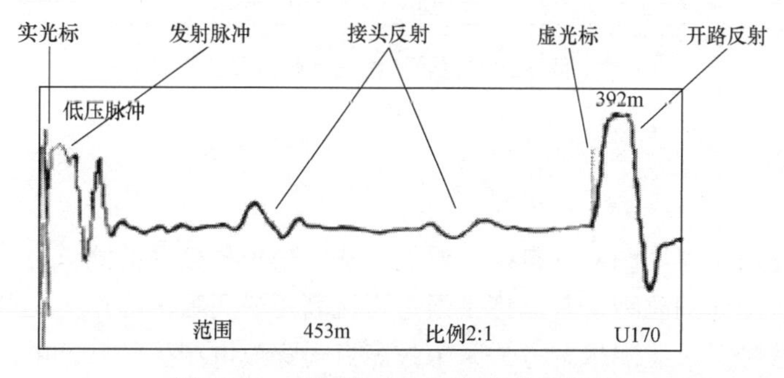

图 12-13　低压脉冲法实测波形示意图

一般的低压脉冲反射仪器依靠操作人员移动标尺或电子光标来测量故障距离。由于每个故障点反射脉冲波形的陡度不同，有的波形比较平滑，实际测试时，往往因不能准确地标定反射脉冲的起始点，从而增加了故障测距的误差；所以，准确地标定反射脉冲的起始点非常重要。

在测试时，应选波形上反射脉冲造成的拐点作为反射脉冲的起始点，如图 12-14（a）虚线所标定处，亦可从反射脉冲前沿作一切线，取切线与波形水平线相交点作为反射脉冲起始点，如图 12-14（b）所示。

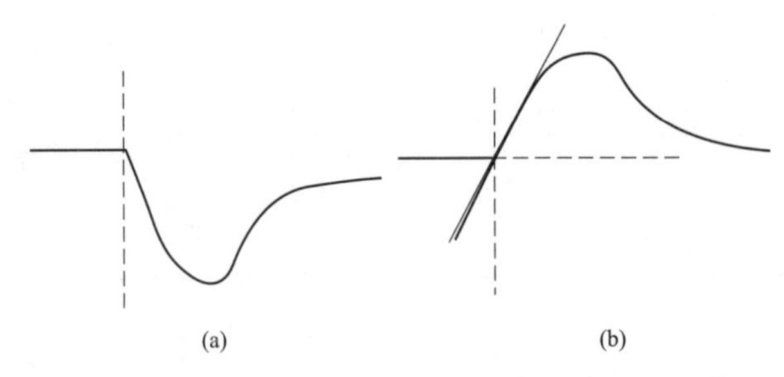

图 12-14　反射脉冲起始点的标定示意图

（a）以拐点作为起始点；（b）以反射脉冲前沿的切线与水平线交点作为起始点

实测时，电力电缆线路结构可能比较复杂，存在着接头点、分支点或低阻故障点等；特别是低阻故障点的电阻相对较大时，反射波形比较平滑，其大小可能还不如接头反射，更使得脉冲反射波形不太容易理解，波形起始点不好标定。对于这种情况，可以采用低压脉冲比较法测量。将通过故障导体测得的低压脉冲波形与通过良好导体测得的低压脉冲反射波形进行比较，波形明显分歧处即为故障点的反射。

图 12-15 所示为低压脉冲比较法实测低阻故障波形。从图 12-15 中可以看出，在故障点之前，良好导体波形与故障导体的波形基本重合，从虚光标所在位置开始，两个波形出现明显分歧，该处即是低阻故障点，距离为 94m。

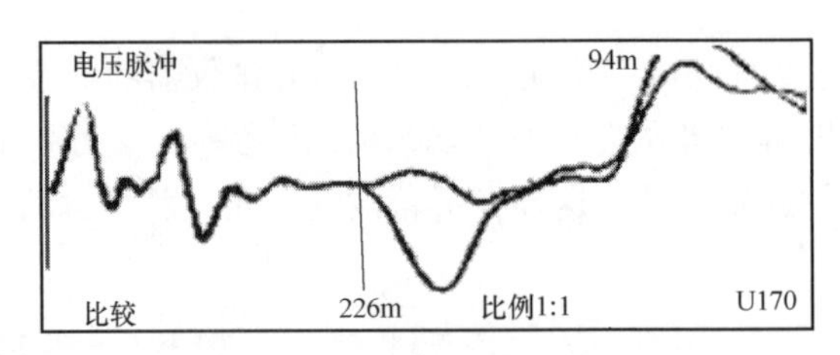

图 12-15　低压脉冲比较法实测低阻故障波形示意图

（二）闪络回波法

1. 基本原理

闪络回波法是较早应用的一种电缆故障测距法，是一种被动的测试方法，主要用于电力电缆高阻与闪络性故障的测距。其原理是通过直流高压或间隙击穿产生的脉冲高压将故障点击穿，然后在地线端通过线圈耦合方式采集故障点击穿放电产生的脉冲电流行波信号，或者在回路中并联分压电容或分压电阻采集故障点击穿放电产生的脉冲电压行波信号。

实际电力电缆故障中，断线开路与低阻短路故障很少，绝大部分故障都是高阻的或闪络性的单相接地、多相接地故障。而对于高阻或闪络性故障，由于故障点处的波阻抗变化太小，低压脉冲在此位置没有反射或反射很小，无法识别，所以低压脉冲法不能测试高阻或闪络性故障。对于这类故障，一般选用把故障点用高电压击穿的闪络法测试。

根据向电力电缆中加高电压的方式不同，闪络回波法又被分为直流闪络回波法（简称直闪法）与冲击闪络回波法（简称冲闪法）。向电缆中施加直流高电压的则为直闪法，适用于击穿电压很高的闪络性故障测距；施加脉冲高电压的则为冲闪法，适用范围较广，高阻、低阻及闪络性故障的测距皆适用。鉴于橡塑电缆绝缘自恢复性较差，闪络性故障较少，闪络性故障用冲闪法也可测试等原因，实测中直闪法很少使用。

根据采集行波的不同，闪络回波法又被分为脉冲电压法与脉冲电流法。高压闪络时采集电压行波称为脉冲电压法，采集电流行波的称为脉冲电流法。因用脉冲电压法测试有一定的安全隐患，目前大都选择用脉冲电流法测试高阻或闪络性故障。

综上所述，闪络回波法被细分为脉冲电流直闪法、脉冲电流冲闪法、脉冲电压直闪法、脉冲电压冲闪法四种（也有资料命名为直闪电流法、冲闪电流法、直闪电压法、冲闪电压法四种）。下文将对脉冲电流法与脉冲电压法进行说明。

2. 脉冲电流法

依上所述，脉冲电流法包括脉冲电流直闪法与脉冲电流冲闪法。

（1）脉冲电流法基本原理。如图 12-16 所示接线，将电力电缆故障点用直流或脉冲高电压击穿，用仪器采集并记录下故障点击穿后产生的电流行波信号，通过分析判断电流行波脉冲信号在测量端与故障点往返一次所需的时间差 Δt ，如图 12-17 所示，根据式（12-1）计算出故障距离的测试方法即脉冲电流法。脉冲电流法采用线性电流耦合器采集电力电缆中的电流行波信号。

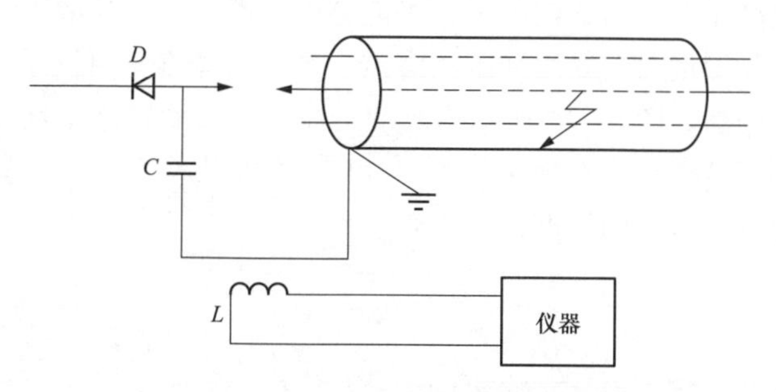

图 12-16　脉冲电流法测试接线示意图

与低压脉冲法不同的是，这里的脉冲信号是故障点放电产生的，而不是测试仪发射的。如图 12-17 所示，把故障点放电脉冲波形的起始点定为零点（实光标），那么它到故障点反射脉冲波形的起始点（虚光标）的距离就是故障距离。

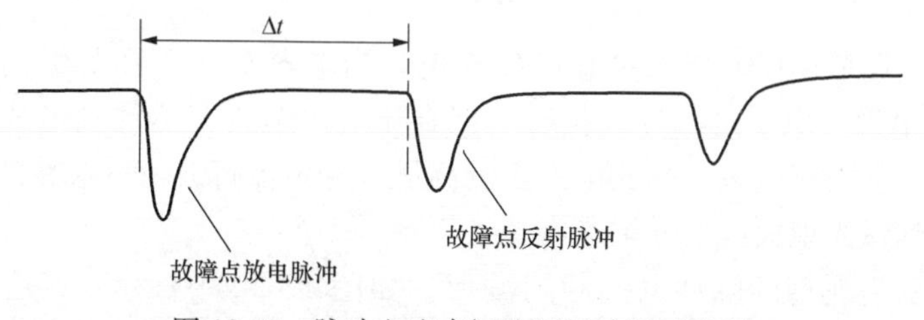

图 12-17　脉冲电流直闪法测试波形示意图

(2) 脉冲电流直闪法。脉冲电流直闪法主要用于高阻和闪络性故障，即故障点电阻极高，在用高压试验设备把电压升到一定值时就产生闪络击穿的故障。

图 12-18 所示为脉冲电流直闪法的测试原理接线图，AV 为调压器、T 为高压试验变压器，容量一般在 0.5～2.5kVA 之间，输出电压在 30～60kV 之间；C 为储能电容器；L 为线性电流耦合器。线性电流耦合器 L 的输出经屏蔽电缆接测距仪器的输入端子。注意：一般线性电流耦合器 L 的正面标有放置方向，应按标示的方向放置，否则输出波形的极性会反向。

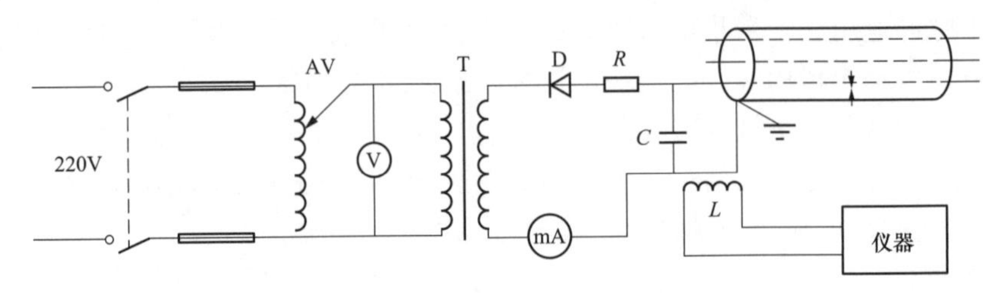

图 12-18　脉冲电流直闪法测试原理接线示意图

脉冲电流直闪法获得的波形简单、容易理解。图 12-17 所示波形就是用直流高压击穿闪络性故障所得的脉冲电流直闪法波形；而一些闪络性故障在几次闪络放电之后，往往造成故障点电阻下降，以致不能再用直闪法测试，故在实际工作中应珍惜能够进行直闪法测试而捕捉信号的机会。如果故障点电阻下降变成高阻泄漏性故障后再用直闪法测量，则所加的直流高压就会大部分加到高压发生器的内阻上，可能会引起高压发生器故障。为保险起见，橡塑电缆闪络性故障在实际测量时一般用冲闪法测试，直闪法基本不再使用。

(3) 脉冲电流冲闪法。图 12-19 所示为脉冲电流冲闪法的测试原理接线图。直闪法与冲闪法接线方式的不同点就在于，储能电容 C 与电缆之间串入的球形间隙 F，直闪法没有球间隙，是直接对电缆进行直流耐压的。

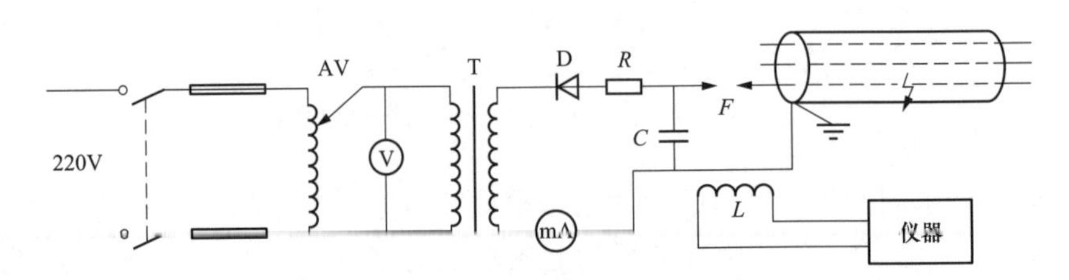

图 12-19　脉冲电流冲闪法测试原理接线示意图

测试时，通过调节调压升压器对电容 C 充电，当电容 C 上电压足够高时，球形间隙 F 击穿，电容 C 对电缆放电，这一过程相当于把直流电源电压突然加到电缆上去。如果电压足够高，故障点就会击穿放电，其放电产生的高压脉冲电流行波信号会在故障点和测试端往返循环传播，直到弧光熄灭或信号被衰减掉。

图 12-20 所示为典型的脉冲电流冲闪波形。如图 12-20 中标示：1 是高压信号发生器的放电脉冲，也就是球间隙的击穿脉冲，球间隙被击穿后，高压才被突然加到电力电缆

中，电容中电荷也随之向电力电缆中释放；3 是故障点的放电脉冲，这个脉冲会在故障点与电容端之间往返传播；5 是故障点放电脉冲的一次反射波；6 是故障点放电脉冲的二次反射波，从故障点的放电脉冲到一次反射波或者从一次反射波到二次反射波之间都是故障距离。测试时，把零点实光标（图 12-20 中标示 2）放在故障点放电脉冲波形的下降沿（起始拐点处），虚光标（图 12-20 中标示 4）放在一次反射波形的上升沿，显示的数字 380m 就是故障距离。

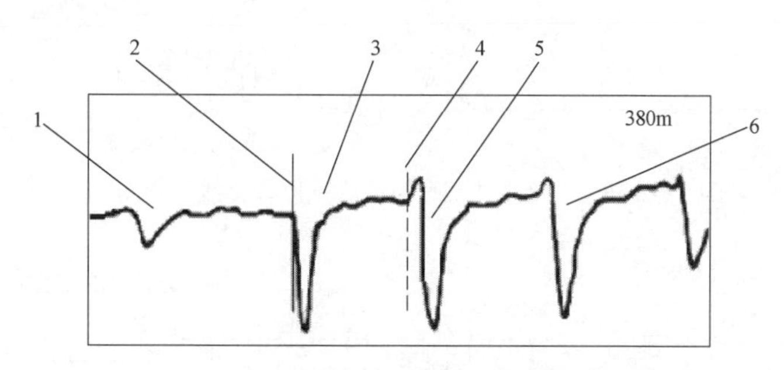

图 12-20　典型的脉冲电流冲闪波形示意图

实际测试时，脉冲电流的波形是比较复杂的，不同的电力电缆、不同的故障，得到的脉冲电流波形是不同的，正确识别和分析测试所得的波形是比较困难的，需要一定的技术与经验。

用脉冲电流冲闪法测试时需要注意以下几个问题：

1）如何使故障点充分放电。由高压设备供给电力电缆的能量可由下式代算

$$Q = CU^2/2 \tag{12-4}$$

即高压设备供给电力电缆的能量与贮能电容量 C 成正比，与所加电压的平方成正比。要想使故障点充分放电，必须有足以使故障点放电的能量，也就是说使故障点充分放电的措施有两条：①提高电压；②通过增大电容的办法来延长电压的作用时间。

2）故障点击穿与否的判断。冲闪法的一个关键是判断故障点是否击穿放电。一些经验不足的测试人员往往认为，只要球间隙放电了，故障点就击穿了，这种想法是不正确的。

球间隙击穿与否与间隙距离及所加电压幅值有关，距离越大，间隙击穿所需电压越高，通过球间隙加到电力电缆上的电压也就越高。而电力电缆故障点能否击穿取决于施加到故障点上的电压是否超过临界击穿电压，如果球间隙较小，其间隙击穿电压小于故障点击穿电压，故障点就不会被击穿。

可以根据仪器记录波形判断故障点是否击穿；除此之外，还可通过以下现象来判断故障点是否击穿：

1）电力电缆故障点未击穿时，一般球间隙放电声嘶哑，不清脆，甚至于有连续的放电声，而且火花较弱。而故障点击穿时，球间隙放电声清脆响亮，火花较大。

2）电力电缆故障点未击穿时，电流、电压表摆动较小，而故障点击穿时，电压、电流表指针摆动幅度较大。

3. 脉冲电压法

脉冲电压直闪法测试原理接线与脉冲电压冲闪法测试原理接线分别如图 12-21 和图 12-22 所示。从原理接线图上看，脉冲电压法与脉冲电流法的区别，只是采样方式不一样；脉

冲电压法是用分压电阻采集脉冲电压行波的，除此外没有其他区别。不过，也有厂家通过分压电容采样，因脉冲电压法有一定的安全隐患，目前基本没有厂家还在生产采用此测距方法的仪器，此方法不再细述。

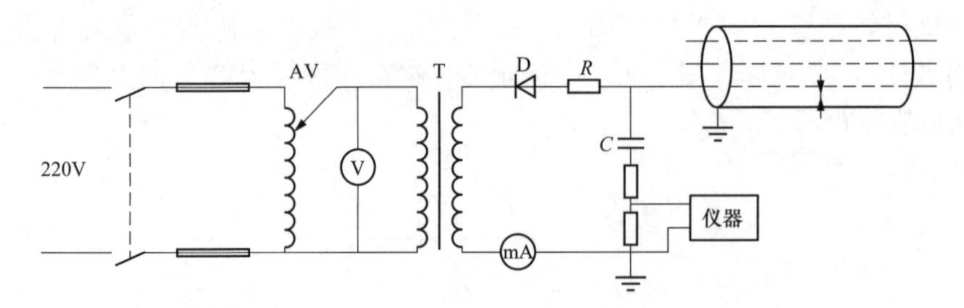

图 12-21　脉冲电压直闪法测试原理接线示意图

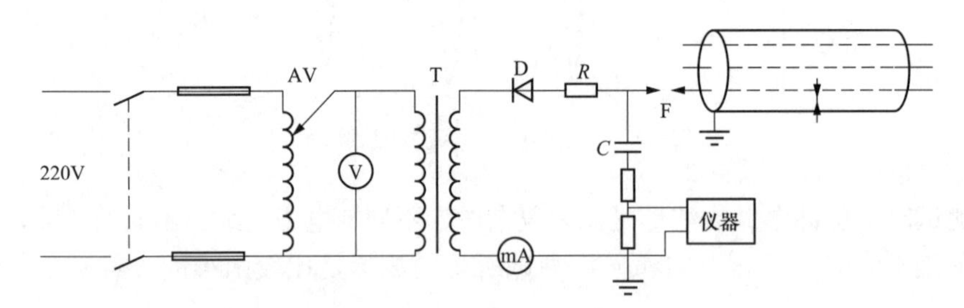

图 12-22　脉冲电压冲闪法测试原理接线示意图

（三）二次脉冲法

二次脉冲法是近些年来出现的一种比较先进的测试方法，是基于低压脉冲波形容易分析、测试精度高的情况开发出的测距方法，主要用于电缆高阻故障和闪络性故障的测距，其实质是低压脉冲比较法。

1. 基本原理

图 12-23 所示为二次脉冲法测试原理接线图。

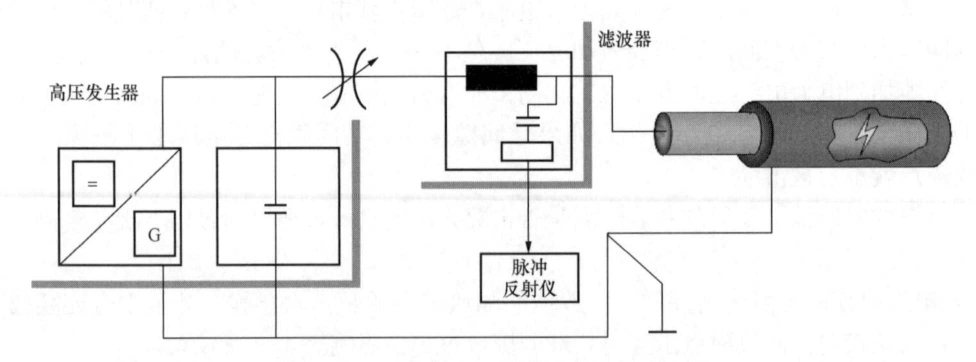

图 12-23　二次脉冲法测试原理接线示意图

二次脉冲法的测距原理是先用高压信号击穿高阻或闪络性故障点，故障点击穿时会出现弧光放电，由于电弧电阻很小，只有几个欧姆，在燃弧期间原本高阻或闪络性的故障变为低阻短路故障；此时用低压脉冲法测试，故障点处就会出现短路反射波形，称之为带电弧低压脉冲反射波形，如图 12-24（a）所示（实测波形）。

在高压电弧熄灭后或者故障点击穿前，电力电缆故障点处于高阻状态；此时用低压脉冲法测试，因对于低压脉冲来说高阻故障就和没故障一样，低压脉冲在故障点处没有反射，这个波形称之为不带电弧低压脉冲反射波形，如图 12-24（b）所示。

将带电弧低压脉冲反射波形与故障点击穿前或电弧熄灭后的不带电弧低压脉冲反射波形同时显示在显示器上进行比较，如图 12-24（c）所示，两波形在故障点处出现明显差异点，把虚光标移动到两波形的分叉点处，显示的 440.3m 就是故障距离。

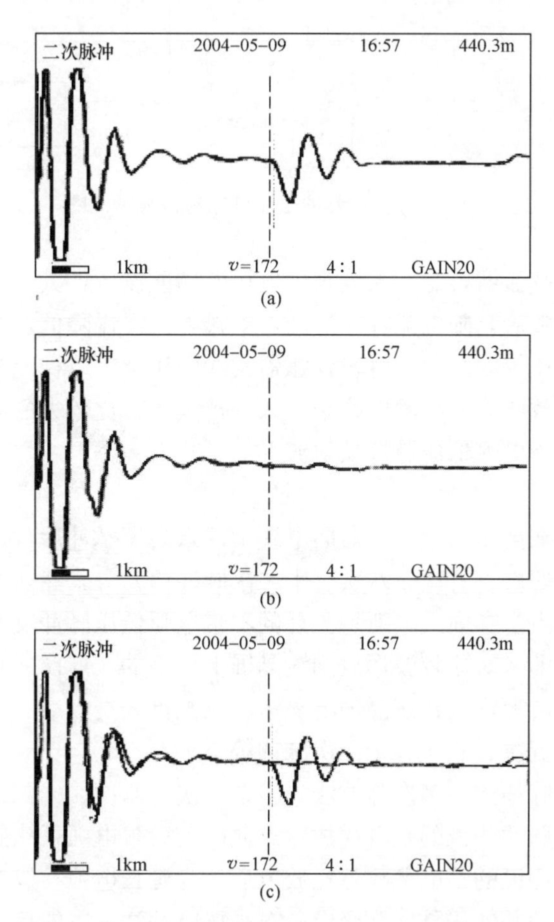

图 12-24　二次脉冲法低压脉冲反射波形示意图

（a）带电弧波形；（b）不带电弧波形；（c）波形对比

从图 12-24 所示的二次脉冲法波形图可以看出，二次脉冲法测得的波形简单、易于识别，是目前较为先进的测试方法。但由于用二次脉冲法测试时，故障点处必须存在一段时间较为稳定的电弧，对于部分高阻故障来说，这个条件很难达到，无法获得二次脉冲反射波形，所以较之闪络回波法来讲，用二次脉冲法测试成功的比例要小一些。大约有 30%的高阻故障，闪络回波法可以测试，但二次脉冲法不能。

随着测试技术与探测设备的发展，二次脉冲法又派生出三次脉冲法、多次脉冲法（包含五次、八次、十二次等脉冲法），新方法是对原方法的改良，目的是获取到最优二次脉冲波

形，提高故障测距的成功率。

2. 三次脉冲法

图 12-25 所示为三次脉冲法测试原理接线图，与图 12-23 比较可以看出，三次脉冲法测试原理接线图中增加了一台延弧器。

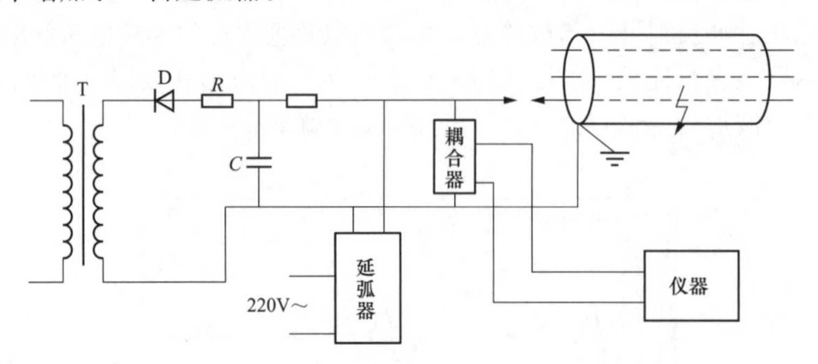

图 12-25　三次脉冲法测试原理接线示意图

延弧器有资料称为续弧器，是一大电容中电压的储能设备，其工作原理是：用高压脉冲击穿电缆故障点产生电弧后，随电弧存在时间，电弧电压慢慢降低，在电弧电压降到一定阈值（与延弧器的电容电压等同）时，触发延弧器发送中压脉冲以稳定和延长电弧时间。延弧器存在目的是在故障点放电后向故障电缆中注入一持续的、比较大的能量，用来延长电弧存在的时间，以便于获得带电弧低压脉冲反射波形。

3. 多次脉冲法

低压脉冲耦合设备在高压信号发生器向电缆中注入高压脉冲后，一次性向电缆中发生多次低压脉冲信号，例如四次、五次、八次、十二次脉冲信号等，然后把这些低压脉冲信号的反射脉冲波形，与故障点击穿前或电弧熄灭后的不带电弧低压脉冲反射波形分别比较，自动选择分歧最大、最明显的一对比较波形放到液晶屏上显示的，厂商一般称其设备使用的为多次脉冲；把所有对比较波形都放在液晶屏上显示，供测试人员点取、人工观察分析的，厂商一般称其设备使用的为五次、八次、十二次脉冲等。

二次脉冲法、三次脉冲法与多次脉冲法（包含五次、八次、十二次脉冲等）定义的根据不在一个频道上。二次脉冲法说的是电缆故障点放电前后带电弧低压脉冲反射波与不带电弧反射波的比较；三次脉冲说的是电缆故障点放电后，为延长电弧存续时间，增加了一个中压脉冲；而多次脉冲则说的是低压脉冲耦合设备在高压脉冲注入电缆后，一次性向电缆中发出多次低压脉冲信号。

二次脉冲法、三次脉冲法与多次脉冲法其实质都是二次脉冲，研发人员研发三次脉冲法与多次脉冲法的目的，皆为获取到更好的二次脉冲波形，提高二次脉冲测试的成功率。随着研发的深入，现在已有故障探测设备能在电缆故障点击穿瞬间，精确检测到放电电弧的起弧时刻，在电弧稳定时间段再注入低压脉冲信号，以获取最优二次脉冲波形。

随着技术及设备的发展，二次脉冲法已成为电缆主绝缘故障测距的首选方法。

二、电阻法

电阻法是通过测量故障电力电缆从测量端到故障点的线路电阻，或测量出电力电缆故障段与全长段电阻的比值，获得故障距离的测距方法。其包含传统直流电桥法、压降比较法和直流电阻法等几种故障测距方法。随着技术设备的发展，近年出现了综合使用压降比较法与直流电阻法测距的设备，厂商称其为智能电桥。

如图 12-26 所示，凡是通过设备测量电缆 AF 两点间电阻 R_{AF}大小或 R_{AF}/R_{AB}百分比，计算出故障距离的各种方法，都定义为电阻法。有些资料和生产厂家也把上述几种方法统称为电桥法，例如直流电阻法测距设备常被称为数字智能电桥，本书也把电阻法测距设备统称为电桥。

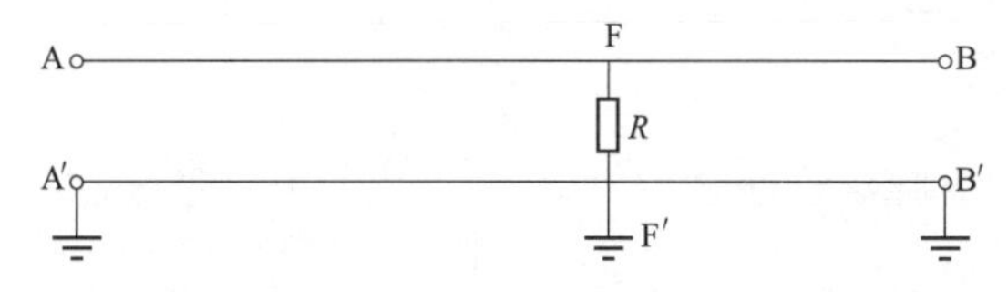

图 12-26　电阻法定义图

A、B—电缆的两终端；F—故障点；R—绝缘电阻；AB—电缆的全长

根据电桥内部电源的电压大小，电桥分为低压电桥与高压电桥两种。低压电桥的电源电压一般小于几十伏，而高压电桥的电源电压则大于几千伏。传统低压电桥一般被用于测量接地或短路电阻小于 100Ω 的故障，而高压电桥则可以测量绝缘电阻 100kΩ 以下的故障。现因低压脉冲法测距设备的存在，低压电桥已很少被选用。

不同型号的电桥，其电源电压亦不相同，电源电压越高，可测电阻的范围就越大。例如有些低压电桥内部的电源电压达 250V 或以上，最大可测电阻就会远高于 100Ω；如之目前高压电桥的最高电压可达 30kV，自然其最大可测电阻也就会高于 100kΩ。实际上，电桥能不能测量某电力电缆故障，在于用电桥向电力电缆通电时，故障点处能不能形成大于 20mA 的稳定电流，只要能形成 20mA 的稳定电流，就可以测试。有些材料上说，电流只要稳定，10mA 都可以测试，如电流不稳，50mA 也不能测。但根据现场测试经验，电力电缆的故障电阻在不同电压、不同电流下是变化的，20mA 以上电流时，故障电阻就基本相对稳定下来了。并且，回路电流达 20mA 以上时，电桥测试线夹和对端短路线夹与电力电缆接触点处的金属氧化膜可被烧穿，接触点的接触电阻可降至 0，接触电阻对测试结果的影响也基本下降到无。当然，一切都不是绝对的，要根据现场实际情况进行具体分析。

电桥法用于电力电缆故障测试的历史比较悠久，因习惯原因，在一些单位和地区一直把电桥法作为测试电力电缆故障的主要方法。电桥法最主要的缺点是对于电缆主绝缘出现的大部分高阻故障都不能很有效地测试，而且存在测试时必须有一个良好相做联络线在对端配合，并测距结果易受接触电阻与其他运行电力电缆感应电压的影响等缺陷；随着行波法的普及，电桥法的使用人群慢慢在减少。但是，对一些特殊结构类型电力电缆的故障，例如无铠低压电力电缆接地故障与单芯电力电缆护层故障等，电桥法有它本身的独到之处。特别是随着电缆冷缩接头的推广，接头进水受潮、高压不易击穿的主绝缘故障越来越多，电桥法近几年又被重视起来。

（一）直流电桥法

直流电桥法是一种传统的电桥测试法，其原理接线如图 12-27 所示，将被测电力电缆故障相终端与另一完好相终端短接，电桥两臂分别接故障相与非故障相。其等效电路如图 12-28所示。

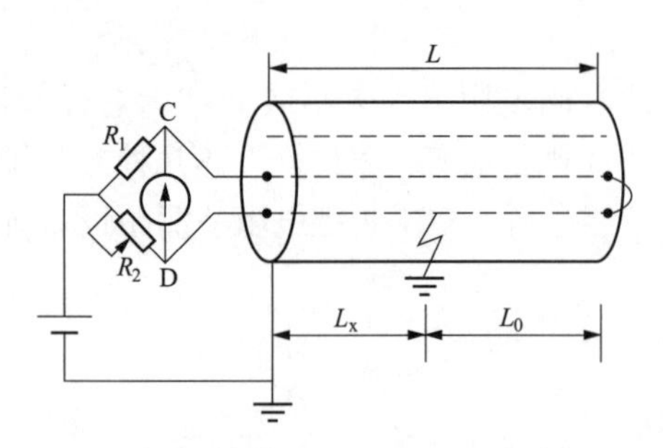

图 12-27 直流电桥法原理接线示意图

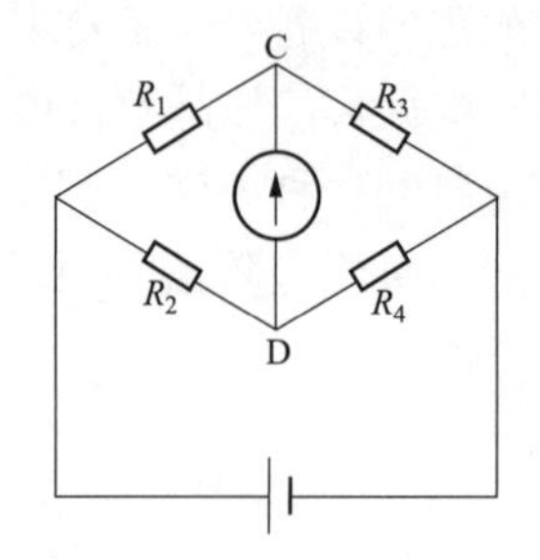

图 12-28 直流电桥法等效电路图

仔细调节电桥臂上的一个可调电阻器 R_2，使电桥平衡，即 CD 间的电位差为 0，无电流流过检流计，此时根据电桥平衡原理可得 $R_3/R_4=R_1/R_2$，经过推导可得：

$$R_1 \times L_x = (2L - L_x) \times R_2 \tag{12-5}$$

$$L_x = 2L\frac{R_2}{R_1+R_2} \tag{12-6}$$

式中：L 为电缆全长，m；R_2 为测量臂电阻，Ω；R_1 为比例臂电阻，Ω；L_x 为从测量端到故障点的距离。

电桥测量的是 $\frac{R_2}{R_1+R_2}$ 这个千分比值，实际测试时，为保证测试结果可靠，常常正接法测一次，反接法测一次，正接法测量的是 $\frac{L_x}{2L}$，反接法测量的是 $\frac{L_0+L}{2L}$，两个千分比的和必须接近 1，然后再用正接法测量的千分比与 $2L$ 相乘，得出故障距离 L_x。

（二）压降比较法

图 12-29 所示为压降比较法原理接线图。测试时，用导线在电力电缆远端将电力电缆故障相与电缆另一完好相连接在一起，将开关 S 调到 Ⅰ 的位置，调节直流电源 E，使电流表达到 20mA 以上的一定指示值，测出电力电缆完好相与故障相之间电压 U_1；而后再将开关 S 调到 Ⅱ 的位置，再调节直流电源 E，使电流表的指示值和刚才的值相同，测得电力电缆完好相与故障相之间电压 U_2，由此得到故障点距离：

$$L_x = 2LU_1/(U_1+U_2) \tag{12-7}$$

式中：L 为电缆全长。

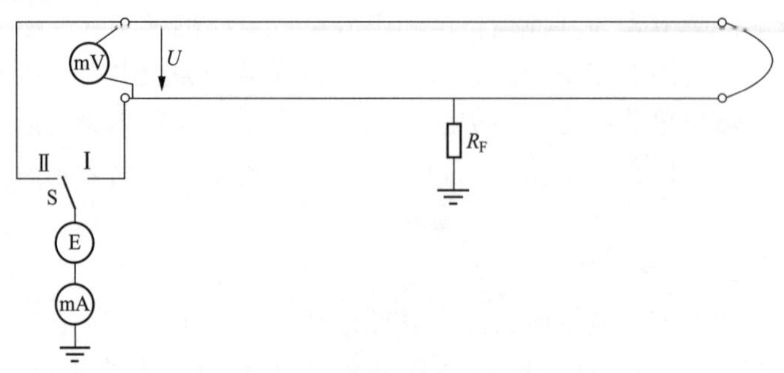

图 12-29 压降比较法原理接线示意图

（三）直流电阻法

图 12-30 所示为直流电阻法原理接线图。测试时，用导线在电力电缆远端将电力电缆故障相与良好相连接在一起，调节直流电源 E，在故障相与大地之间注入电流 I，测得故障相与非故障相之间的直流电压为 U_1。因从故障点到电力电缆远端再到完好电力电缆测量端部分的电路无电流流过，处于等电位状态，电压 U_1 即为故障相从电源端到故障点之间的电压降，因此，可以得到测量点与故障点之间的电阻：

$$R_x = U_1 / I \tag{12-8}$$

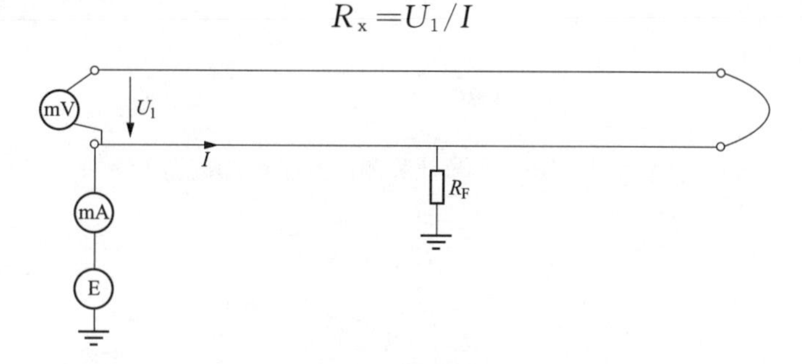

图 12-30　直流电阻法原理接线示意图

假定电力电缆相的电阻率为 R_0，则得故障距离：

$$L_x = R_x / R_0 \tag{12-9}$$

若不知道电力电缆确切的电阻率，可以通过现场测量的方法获得，具体做法与前面测量故障点距离的电阻法类似，不过要选另一个完好的电缆芯线代替故障电力电缆芯线，将被测电力电缆的远端直接接地（避开远端短接线接线点），如图 12-31 所示，这时测量到的电阻是电力电缆全长电阻 R，除以电缆全长即可得到电力电缆芯线单位长度的电阻率。

根据公式：$L_x = \dfrac{R_x}{R} \times L$ 即可计算出故障距离。

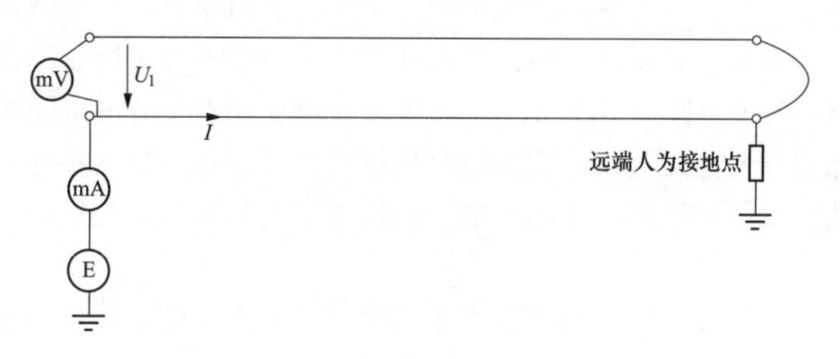

图 12-31　电缆全长电阻测量原理接线示意图

（四）智能电桥

图 12-32 所示为智能电桥故障测试原理接线图，其测试方法综合了压降比较法与直流电阻法的特点，并通过程序控制开关 K5 与 K6，自动测试，自动给出测试结果。

测试时，高压合闸后，仪器内部 K5 处于合闸、K6 处于分闸状态，调整电源至大于 20mA 以上的稳定电流，然后确认仪器可以开始测试工作，此时仪器则自动测量并记录 U_x 与 I_x，接着仪器通过程序自动控制 K5 开关分闸、K6 开关合闸，测出 U_n 与 I_n，根据以下公式计算出故障距离 L_x：

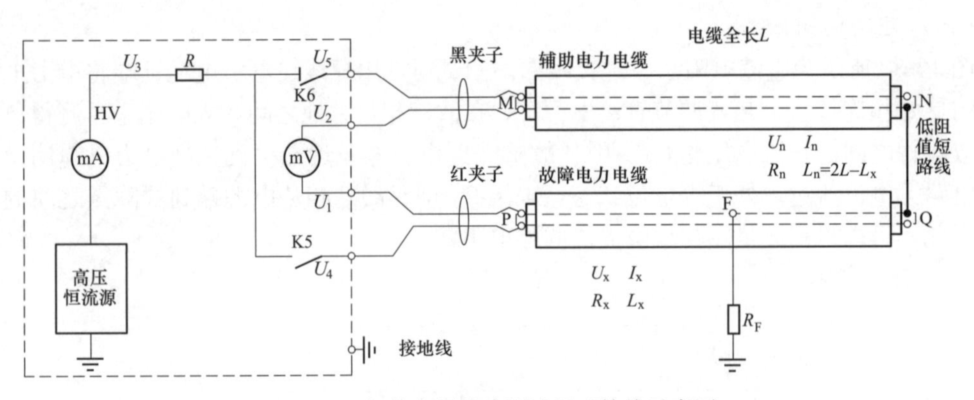

图 12-32 智能电桥故障测试原理接线示意图

$$L_x=\frac{\dfrac{U_x}{I_x}}{\dfrac{U_x}{I_x}+\dfrac{U_n}{I_n}}\times 2L \tag{12-10}$$

随着技术的发展与制作工艺的改进，目前选用电阻法作为测量原理的仪器设备得到了很大的提高，部分设备已不再需要人工调整电压、电流与检流计归零等，也不再需要人工计算故障距离。但选用电阻法测量电缆的故障距离时，需要注意如下问题：

（1）注入电流大小的选择。从提高测量灵敏度、克服干扰电压影响的角度出发，直流电源所提供的电流应该尽可能大一些，但直流电源提供的电流又受到电源元器件功率、体积、造价等因素的限制。考虑到直流电压表的测量分辨率在0.1mV以上，为达到10m的测距分辨率，注入电流一般应在20mA以上，电缆芯线的直径越大，注入的电流就应越大。实际应用中，建议使用电压5000V、额定电流100mA以上的直流电源。

（2）尽量减小接触电阻与对端短路线电阻的影响。直流电桥法与压降比较法的测量精度受对端短路线电阻与接触电阻影响，短路线及接触电阻一般在0.01～0.1Ω之间，而每千米电缆芯线电阻也基本在0.01～0.1Ω之间，如果不想办法减少这个电阻，将引起测试失败。常见的做法有加粗对端短路线与每次接线时都用钢锉处理连接点处的接触面等。而直流电阻法则不受对端短路线电阻与接触电阻的影响，但需要事先知道单位长度的电阻或专门测量单位长度的电阻。

（3）多点接地。如果故障电力电缆有多个接地点，以上介绍的测量原理将不再适用；并且如果有地电位的存在，电路中会引入地电位差的影响，测量结果也将不再准确。

第四节 故障定点方法

测得电力电缆故障距离后，先根据电力电缆的路径走向，判断出故障点大致方位，再通过故障定点仪器到该方位处探测故障点精确位置。常见的电力电缆故障精确定点的方法主要有声测法、声磁同步法、音频电流信号感应法与跨步电压法。

一、声测法

经高压信号发生器向故障电力电缆中施加高压脉冲信号后，一般故障点会产生放电声音信号。测试人员用耳朵监听故障点放电的声音信号或者用眼睛看故障点放电的声音信号所转换的可视信号，通过判断故障点放电声音的大小找到故障点的方法称为声测法。

对于直埋的电力电缆，故障点放电时产生的机械振动传到地面，通过振动传感器和声电转换器，在耳机中便会听到“啪啪”的放电声音；对于通过沟槽架设的电缆，把盖板掀开后，用人耳直接就可以听到放电声。

很显然声测法比较容易理解与掌握，可信性也较高。但用声测法探测电力电缆故障，也有其一定的缺点。

（1）受外界环境的影响较大。实际测试中，外界环境噪声的干扰很大，使人很难辨认出真正的故障点放电声音，有时为了排除外界噪声干扰，需要夜深人静时才能测试。

（2）受人的经验和测试心态的影响较大。因为声测法需要用人的耳朵去听放电声音，测试人员的经验和测试人员的耳朵分辨声音的灵敏度成为能否找到故障点的关键。实际测试时，操作人员远离高压放电设备后，往往因长时间听不到故障点的放电声音，心情浮躁，会怀疑高压设备已停止工作或怀疑自己已经偏移了电缆路径而使故障定点工作不能继续进行。

二、声磁同步法

目前，对于加高压后能产生放电声音的故障，最先进的定点方法是声磁同步法。

经高压信号发生器向故障电缆加脉冲高压信号使故障点放电时，故障点处除了发出放电声音信号，同时放电电流会在电力电缆周围产生脉冲磁场信号。由于磁场信号是电磁波，传播速度极快，从故障点传播到仪器传感器探头放置处所用的时间可忽略不计，而声波的传播速度则相对较慢，传播时间为毫秒级，同一放电脉冲产生的声音信号和磁场信号传到探头时会有一个时间差，称为声磁时间差。用传感器同步接收故障点放电产生的脉冲磁场信号与声音信号，测量出两个信号传播到传感器的声磁时间差，通过判断声磁时间差的大小探测故障点精确位置的方法称为声磁同步接收定点法，简称声磁同步法。

声磁时间差的大小即代表故障点距离的远近，找到时间差最小的位置，即为故障点的正上方，换句话说，此时传感器所对应的正下方即为故障点。注意：由于周围填埋物不同与埋设的松软程度不同等原因，很难知道声音在电缆周围介质中的传播速度，所以不太容易根据声、磁信号的时间差，准确地知道故障点与探头之间的距离。

同声测法一样，声磁同步法可以测试除金属性短路以外的所有加脉冲高压后故障点能发出放电声音的故障。所不同的是，用声磁同步法定点时，除了接收放电的声音信号外，还需接收放电电流产生的脉冲磁场信号。

通过感应线圈和振动传感器，用现代微电子技术可以把脉冲磁场信号和声音信号记录下来，并可把声音信号波形和磁场信号波形显示在同一屏幕上。图 12-33 所示为声磁同步法定点波形，上半部分显示磁场波形，下半部分显示声音波形，通过磁场波形的正负查找电力电缆的路径，使测试人员定点时不至于偏离电缆。由于在接收到脉冲磁场后到接收到放电声音前的这段时间内，外界是相对安静的，这段时间内的声音波形近似为直线，直线的长度就代表时间差的长短。放电声音波形的前面（虚线光标左边）的直线部分代表的就是声磁时间差，通过比较这段直线的长短就可以

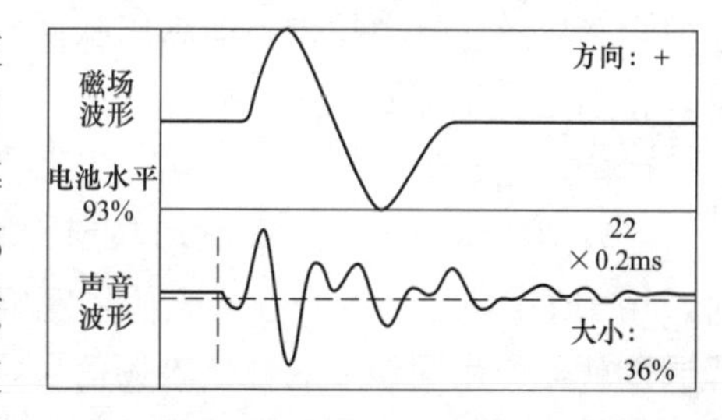

图 12-33　声磁同步法定点波形示意图

查找到故障点；这段直线最短时，探头所在位置的正下方就是故障点。

图 12-34 所示为采用声磁同步法定点时磁场正负与声磁时间。可以看出，图 12-34（a）所示磁场波形为负，图 12-34（b）所示磁场波形为正，说明这两次传感器放置的位置分别在电缆的不同侧。同时可以看出，图 12-34（a）所示声音波形前的直线段较长，说明图 12-34（a）所对应的传感器比图 12-34（b）所对应的传感器离故障点远一些。

声磁同步法定点的精度与可靠性很高，定点误差可达 0.1m 以内。但用这种方法定点时，高压信号发生器的接线一定要注意：高压应加在故障相与金属护层之间，金属护层两端接地。对于有金属护层的低压电缆发生相间故障时，要把其中一相两端与金属护层连接，然后金属护层接地，否则定点时，可能会没有磁场。

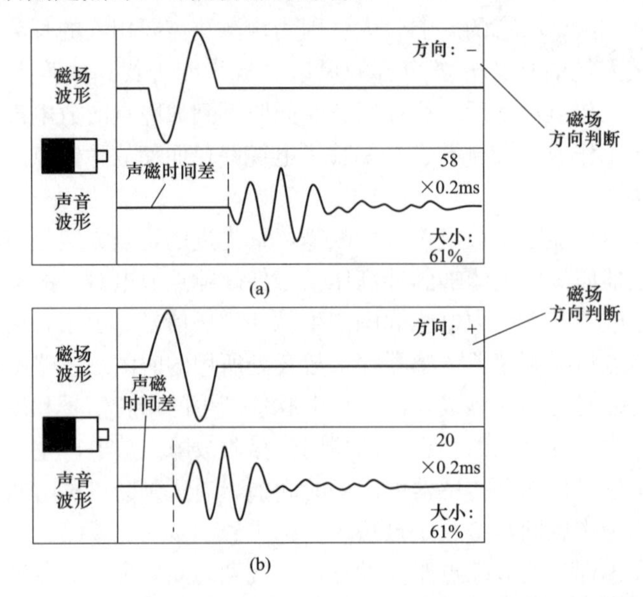

图 12-34　采用声磁同步法定点时磁场正负与声磁时间差示意图

（a）负磁场离故障点较远；（b）正磁场离故障点较近

三、音频电流信号感应法

（一）应用范围

音频电流信号感应法（简称音频感应法）一般用于探测故障电阻小于 10Ω 的金属性接地或短路故障。这类故障，加高压脉冲后放电声音微弱，用声测法与声磁同步法定点比较困难，特别是发生金属性短路故障的故障点根本无放电声音。

（二）定点方法

音频感应法定点的基本原理与用音频感应法探测地埋电力电缆路径的原理一样。探测时，用 1kHz 或以下的音频电流信号发生器向待测电力电缆中加入音频电流信号，在电力电缆周围就会产生同频率的音频磁场信号，接收并经磁电转换后送入耳机或指示仪表，根据耳机音频信号的强弱或指示仪表指示值的大小即可找到故障点的精确位置。

1. 电缆相间短路（两相或三相短路）故障的定点方法

如图 12-35 所示，用音频感应法探测相间短路（两相或三相短路）故障的故障点位置时，向两短路线芯之间注入音频电流信号，在地面上将接收线圈垂直或平行放置接收该音频信号（垂直于电缆），并将其送入接收机进行放大。向短路的两相之间加入音频电流时，地面上的磁场主要是两个通电导体的电流产生的，并且随着电力电缆的扭矩而变化；因此，在故障点前，感应线圈沿着电力电缆的路径移动时，会听到声响较弱但有规则变化的音频信号，当感应线圈位于故障点上方时，音频信号突然增强，再从故障点继续向后移动，音频信号即明显变弱甚至是中断，音频声响明显增强的点即是故障点。

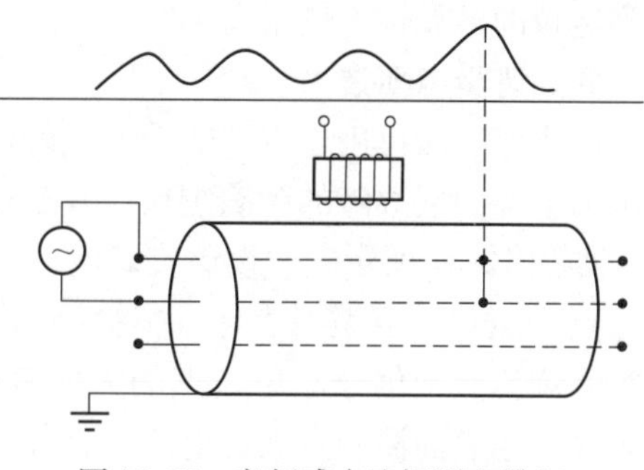

图 12-35　音频感应法探测电缆相间短路故障原理示意图

除低压电力电缆外，纯相间金属性短路的故障很少，一般的都伴随着接地故障同时出现。无金属护层的低压电力电缆发生金属性短路故障时，一般也会是开放性的对大地泄漏的故障；对有金属护层的电力电缆两相之间发生金属性短路时，如果在相间加入音频信号，收到的音频磁场的强度可能很小，测试时一定要细心。

2. 单相金属性接地故障的定点方法

如图 12-36 所示，用音频感应法探测低阻接地故障的精确位置时，向接地芯线和金属护层之间加入音频电流，并拆除金属护层对端的接地线。这时，地面上的磁场主要是电流 I' 产生的（如图 12-46 所示，将在下一节路径探测方法中论述），I' 是电力电缆金属护层对大地的泄漏电流、故障点处带电芯线与大地的回路电流和金属护层通过接地点与大地之间的回路电流共同组成的。当感应线圈在信号输入端到故障点这段电缆路径上移动时，会接收到有规律的、强度相等的音频声音；当感应线圈移动到故障点上方时，声音会突然增强数倍；再从故障点继续向电缆末端移动时，音频声音又会明显变弱，音频声音信号明显增强或中断的点即是故障点。

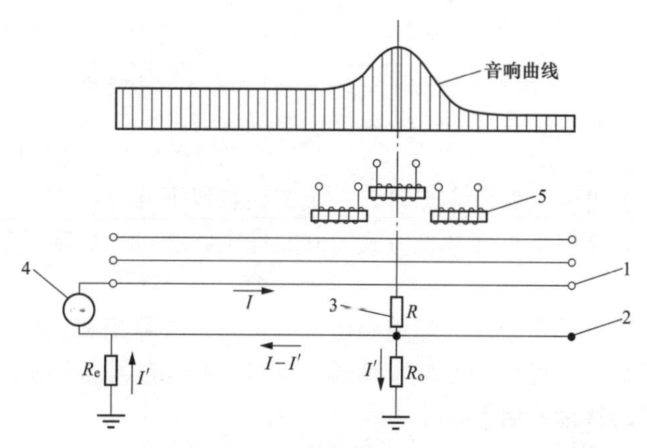

图 12-36　音频感应法探测低阻接地故障原理示意图

1—电缆线芯；2—护层（铠装）；3—故障点；4—音频信号发生器；5—探头

用音频感应法实际探测低阻故障点时，由于干扰和故障点后可能存在金属护层外的绝缘护层破损，在故障点处常会没有上述所说的信号变化特征，所以用音频感应法进行低阻故障

精确定位的可靠性不是很高。

四、跨步电压法

跨步电压法可用于直埋敷设方式的电力电缆故障点处护层破损的开放性主绝缘故障与单芯电力电缆护层故障的精确定点，其工作原理如下。

如图 12-37 所示，假设该直埋电缆发生开放性接地故障，AB 是芯线，A′B′是金属护层，故障点 F′处已经裸漏对大地。把护层 A′和 B′两点接地线解开，从 A 端向电缆线芯和大地之间加入高压脉冲信号，在 F′点的大地表面上就会出现喇叭型的电位分布；用高灵敏度的电压表在大地表面测两点间的电压，在故障点附近就会产生如图 12-38 所示的地面电位分布变化。在插到地表上的探针前后位置不变的情况下，在故障点前、后电压表指针的摆动方向是不同的，以此就可以找到故障点的位置。

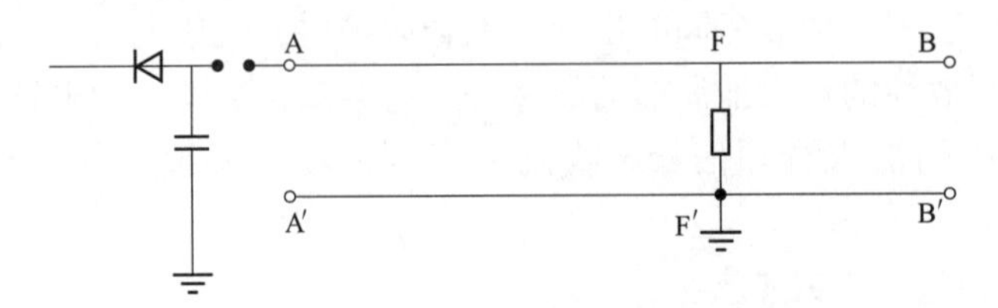

图 12-37　跨步电压法故障定点接线示意图

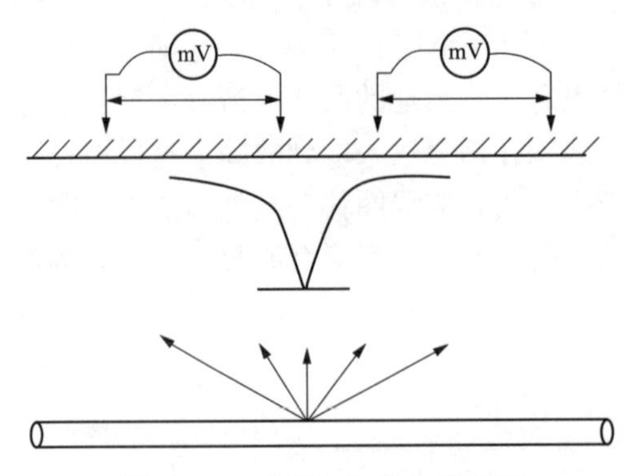

图 12-38　地面电位分布示意图

用跨步电压法对电力电缆故障定点时，一定要注意以下几点：

(1) 跨步电压法只能用于直埋敷设方式的开放性主绝缘接地故障和单芯电力电缆外护层故障的精确定位。

(2) 用跨步电压法进行主绝缘故障精确定位时，是在故障相和大地之间加脉冲高压，金属护层两端的接地线解开；进行护层故障精确定位时，是在故障金属护层与大地之间加脉冲高压，金属护层两端的接地线解开。

(3) 加高压进行主绝缘故障定位时，金属护层是瞬间带高压的，护层表面其他被破坏的地方也可能会在地表上产生跨步电压分布。所以用跨步电压法进行故障定点时，一定要参照测得的故障距离，否则找到的地方将可能不是真正的故障点。

(4) 根据跨步电压法原理，生产出了许多形式的仪表，其中以能显示故障点方向的为最佳。但不管何种表现形式，测试时插到地表上电压表的探针前后位置不能有变化，测试时一定要注意。

第五节　路径探测方法

在电力电缆发生故障后需要沿路径巡查；在电力电缆故障测距后，需根据电缆的路径，判断故障点的大体范围，范围越小，精确定点就会越快越容易。因此，查找电力电缆故障时，明确知道电力电缆的路径是非常重要的。但部分电力电缆是直埋或管沟敷设的，在图纸资料不齐全的情况下，很难明确判断出电缆路径，需用仪器进行探测。

目前电缆路径探测设备，包括地下金属管线定位仪与普通的电缆路径仪，主要采用的路径探测方法皆为音频感应法。电缆路径探测还有脉冲磁场方向法与脉冲磁场幅值法两种，其主要用于故障精确定位时电缆位置的确定，目的是使故障探测的人员不要远离电缆路径。

一、音频感应法

（一）基本原理

用音频信号发生器向电缆中输入一特定频率的音频电流信号，该电流信号在电缆周围就会产生音频磁场，通过传感器线圈接收这一特定频率的音频磁场，经磁声或磁电转换为人们容易识别的声音信号或其他可视信号，即可探测出电缆的路径。常见注入音频信号的频率为512Hz、1kHz、8kHz、10kHz、15kHz、66kHz、93kHz 等多种。之所以有这么多种可选频率，是为了防止干扰，当一种频率受干扰时，就换另外一种频率。

（二）音频电流信号输入方式及适用范围

音频电流信号输入电力电缆的方式有三种：

（1）直连法。在电力电缆的终端处，把信号发生器的两条信号输出线直接连接到被测电力电缆上，直接输入音频信号的方法，可用于停电电力电缆的探测。

（2）耦合法。在电缆终端处或中间某位置，通过大口径钳形互感器，把音频信号耦合到电缆上的方法，既可用于停电电力电缆的探测，也可用于带电电缆的探测。

（3）辐射法。在金属管线的上方，采用发射的方式用信号发生器向金属管线辐射音频信号，用于探测找不到金属管线两终端并无法用耦合方法输入信号的情况，电缆路径探测很少采用此种方法。

图 12-39 所示为音频感应法（直连法）路径探测接线，采用的是在芯线和金属护层之间注入信号的接线方式，电力电缆对端该芯线要与金属护层短路，金属护层两端需接地。直连法还有在金属护层和大地之间、芯线和大地之间、两相芯线之间等多种信号直接输入方式。

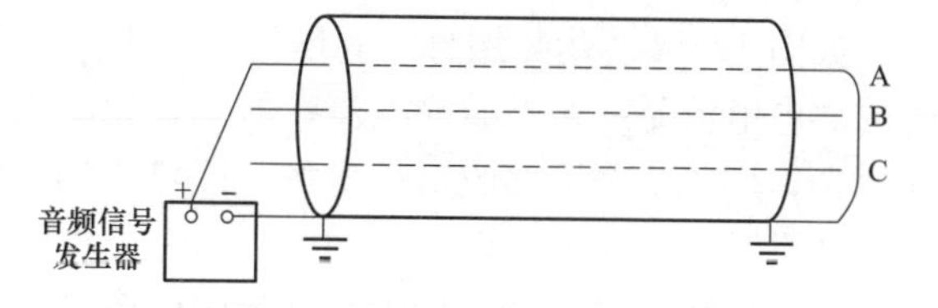

图 12-39　音频感应法（直连法）路径探测接线示意图

说明：无论采用哪种信号输入方式，都需有音频电流信号经过大地传播，例如经互感器耦合的接线方式中电力电缆金属护层的两端必须接地良好，否则电缆周围就没有音频磁场。在后面的篇幅中有关于这点的理论说明。

（三）普通路径仪电缆路径探测

普通路径仪由一台频率单一的音频信号发生器与单个线圈的音频信号接收器组成，一般只有直连法一种信号输出方式，只能用于停电电力电缆路径的探测。用普通路径仪探测电缆路径

时，根据传感器感应线圈放置的方向不同，又分为音峰法与音谷法两种电缆路径探测的方法。

（1）如图12-40所示，向电力电缆中注入音频电流信号后，在传感器感应线圈轴线垂直于地面时，电力电缆的正上方线圈中穿过的磁力线最少，线圈中感应电动势最小；线圈往电力电缆左右方向移动时，音频声音增强，当移动到某一距离时，响声最大，再往远处移动，响声又逐渐减弱。在电力电缆附近，磁场强度与其位置关系形成一马鞍形曲线，曲线谷点所对应的线圈位置就是电力电缆的正上方，这种方法就是音谷法。

（2）如图12-41所示，当感应线圈轴线平行于地面时（要垂直于电缆走向），在电力电缆的正上方线圈中穿过的磁力线最多，线圈中感应电动势也最大，线圈往电力电缆左右方向移动时，音频声音逐渐减弱，磁场最强的正下方就是电力电缆，这种方法就是音峰法。实际测量时，音峰法是最常用的测试方法。

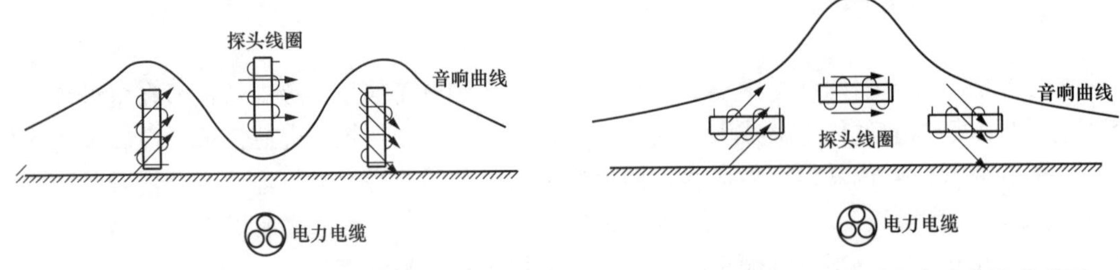

图12-40　音谷法测量时的音响曲线示意图

图12-41　音峰法测量时的音响曲线示意图

（四）地下金属管线定位仪电缆路径探测

金属管线定位仪由一台多频率的音频信号发生器与多线圈组合的音频信号接收器组成，音频信号接收器有液晶显示器，有直连法、耦合法与辐射法等多种信号输出方式，可用于停电及带电运行电力电缆的路径探测。

金属管线定位仪各线圈的位置已固定，通过比对线圈之间感应电动势的大小，可判断电力电缆的位置。用金属管线定位仪探测电缆路径时，只需面对电力电缆走向，把传感器垂直于地面即可，液晶可显示电力电缆的方位或信号的强度，并会用蜂鸣声的大小提示。

二、脉冲磁场方向法与脉冲磁场幅值法

如图12-42所示，用直流高压信号发生器向电缆中施加高压脉冲信号，故障点击穿放电时的放电电流是一暂态脉冲电流；如同音频电流一样，该脉冲电流会在电力电缆周围产生脉冲磁场，用感应线圈接收这个磁场，即可找到电力电缆的路径。

如果脉冲电流的方向是如图12-43所示的从平面中出来的方向，根据右手螺旋法则，其在电力电缆周围产生的磁场方向就如图中所示。

（一）脉冲磁场方向法

如图12-44所示，把感应线圈以其轴心垂直于大地的方向分别放置于电力电缆的左右两侧，在左侧磁力线是从上方进入并穿过线圈的，在右侧磁力线则是从下面进入并穿过线圈的。如果在左侧线圈感应到的电动势是正电动势，在右侧感应到的必是负电动势。可用波形把线圈感应到的电动势表示出来：如图12-44（a）所示为正电动势，波形初始方向朝上，称为正磁场；如图12-44（b）所示为负电动势，波形初始波形朝下，称为负磁场。电力电缆的左右两侧磁场的方向是不同的，在磁场方向交替的正下方就是电缆，利用这个特点可以找到电力电缆的位置，多点连线即是电力电缆的路径。

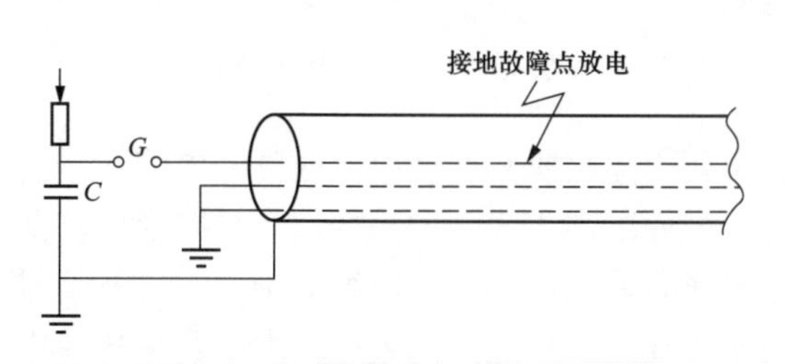

图 12-42　高压击穿方式接线示意图

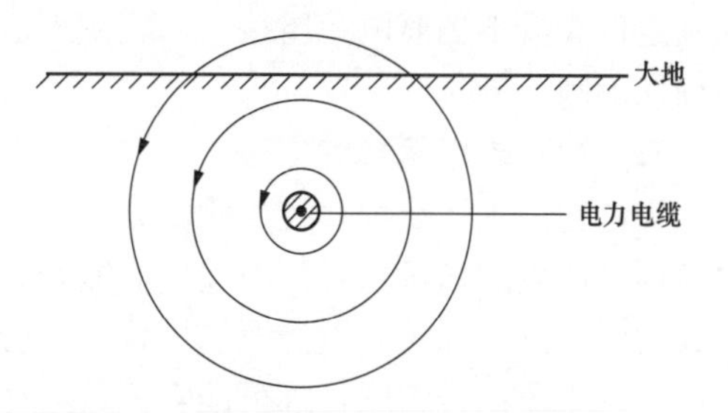

图 12-43　脉冲电流在电力电缆周围产生的脉冲磁场磁力线方向示意图

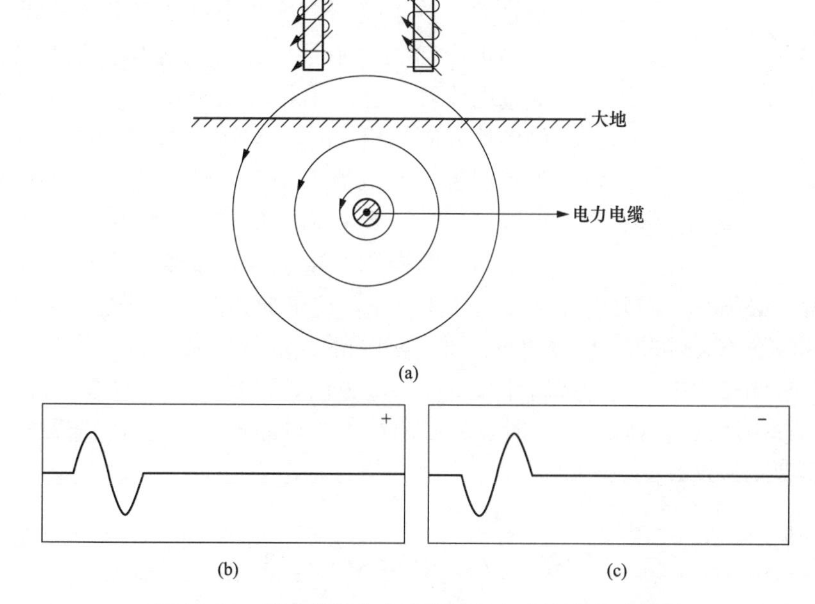

图 12-44　脉冲磁场方向法磁场及电动势波形示意图

（a）电缆上方脉冲磁场的方向；（b）正电动势波形；（c）负电动势波形

（二）脉冲磁场幅值法

如图 12-45 所示，同音频感应法一样，如果把感应线圈平行于地面（垂直于电缆），在电缆的正上方，线圈中穿过的磁力线最多，线圈中感应电动势也最大，往电力电缆的两侧会越来越小，用指针式电压表或其他方式显示感应电动势的大小，电动势最大的下方就是电力电缆，利用这种方法也可以查找电缆的路径。

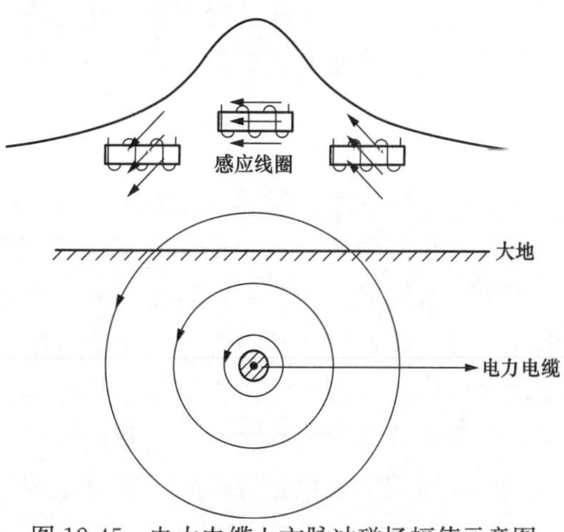

图 12-45　电力电缆上方脉冲磁场幅值示意图

实际测试时，用脉冲磁场的方向法与幅值法探测电缆路径，一般是和电力电缆故障的精确定位一起进行的，主要目的是使故障

精确定位人员不偏离电缆路径，而测试人员平时使用的路径仪一般都是选用音频感应法进行路径探测的。

三、增强磁场信号的方法

无论选用上述哪种路径探测的方法，都需感应线圈能接收到音频电流或脉冲电流在电力电缆周围产生的磁场信号，上述电流能否在电力电缆周围产生较强的磁场信号是路径探测能否成功的关键。如果向电力电缆中输入的音频电流或脉冲电流不能在电缆周围产生磁场信号或产生的磁场信号太弱，都可能会导致路径探测或者故障精确定点的失败。那么，怎样使电力电缆周围产生较强的磁场信号呢？

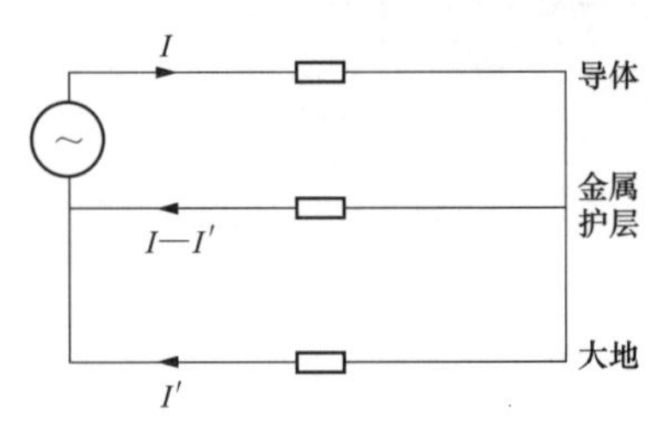

图 12-46　相铠之间注入电流信号的等效电路图

电流流经金属导体时，就会产生相应的磁场。图 12-46 所示为向线芯（相）与金属护层（铠）之间注入电流信号的等效电路图，从图中可知，电流从线芯进入，经金属护层与大地返回。线芯与金属护层都是金属导体，通过电流时都会产生相应的磁场，但线芯与金属护层中的电流方向是相反的，其产生的磁场方向也必是相反的；如果两者中的电流值相等，磁场就会相互抵消，在电力电缆周围就不会有相应的磁场。所以，如想使电流信号在电力电缆周围产生磁场，流经线芯与金属护层的电流值就不能相等，必须有一部分电流从其他导体分流，这里的其他导体就是大地；从大地中分流的电流 I，是路径探测的关键，I 越大，电缆周围的磁场就越强。

实际路径探测过程中，无论选用什么路径探测方法，一定要让大地参与到电流回路中。例如向电力电缆中注入高压脉冲信号时，尽量加在线芯与金属护层之间，金属护层两端特别是测试端一定要接地良好。

第六节　电缆线路识别

想在几条并列敷设的电力电缆中正确判断出已停电需要检修或切改的电力电缆线路，首先应核对电缆路径图。通常根据路径图上电缆和接头所标注的尺寸，在现场按建筑物边线等测量参考点为基准，实地进行测量，并与图纸核对，一般可以初步判断需要检修的电缆。更进一步对电缆线路作准确识别，可采用工频感应识别法、脉冲信号识别法和智能识别法三种方法。

一、工频感应识别法

工频感应识别法也称感应线圈法。当绕制在开口铁心上的感应线圈贴在运行电力电缆外皮上时，其线圈中将会产生交流电信号，接通耳机则可收听到。且沿电力电缆纵向移动线圈，可听出电缆线芯的节距、若将感应线圈贴在待检修的停运电缆外皮上，由于其导体中没有电流通过，因而听不到声音。而将感应线圈贴在邻近运行的电缆外皮上，则能从耳机中听到交流电信号。这种方法操作简单，缺点是只能区分出停电电缆；同时，当并列电缆条数较多时，由于相邻电力电缆之间的工频信号相互感应，会使信号强度难以区别。

选用普通的路径仪就可采用工频感应识别法识别出停电电力电缆。

二、脉冲信号识别法

脉冲信号法所用设备有脉冲信号发生器、感应夹钳及识别接收器等。脉冲信号法的原理如图 12-47 所示，脉冲信号发生器发射方波脉冲电流至电力电缆，此脉冲电流在被测电缆周围产生脉冲磁场，通过夹在电力电缆上的感应夹钳拾取，传输到识别接收器。识别接收器可以显示脉冲电流的幅值和方向，从而确定被选电缆（故障电力电缆或被切改电力电缆）。

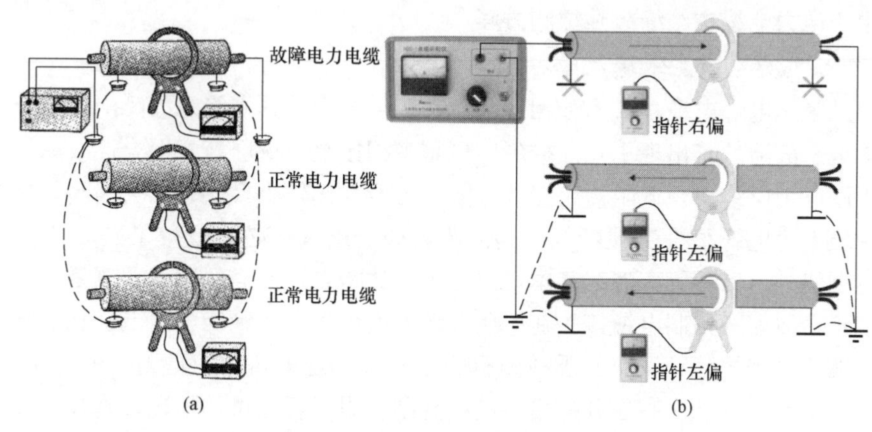

图 12-47　脉冲信号法原理示意图

（a）原理图 1；（b）原理图 2

常规的停电电缆识别仪都是采用这种方法识别目标电缆，优点是操作简单直观，可唯一性鉴别电力电缆；缺点是需要人工根据指针摆动方向进行分析识别电力电缆，有时需要一些经验。

三、智能识别法

常规的地下金属管线定位仪基本都含有智能识别电力电缆唯一性的功能。测试时，仪器可通过“√”“×”符号或其他方式直接自动给出识别结果，其采用的原理实际上是脉冲电流法，但不再需要人工分析。其输出脉冲电流的设备是管线定位仪自带的音频信号发生器，此信号发生器在路径探测用某特定频率下（例如 512Hz）并入一个 1～2Hz 的脉冲方波，把感应夹钳卡到电力电缆上时，识别接收器可记录并显示此脉冲电流的幅值和方向。测试时，先在信号发生器的输入端测试，记录下所测电缆中脉冲电流的幅值和方向等基本信息，然后携带识别接收器到电力电缆的任意位置，卡上感应夹钳，识别仪会自动测量并给出识别结果。

地下金属管线定位仪既可用于唯一性识别停电电缆，又可唯一性识别带电电力电缆。

注意：上述常规的电缆鉴别仪主要用于中压统包型电缆或停电高压电力电缆的唯一性识别，而运行带电单芯高压电力电缆唯一性识别时，因感应夹钳感应的电压太高，常规电缆识别仪可能会保护不工作或烧毁。目前，已经有可防强感应电压干扰的专用输电电缆识别仪面世。

第七节　故障探测方案

常见中压电力电缆一般为分相屏蔽三芯统包结构，只有少量中压电力电缆采取单芯结构。分相屏蔽三芯统包结构的电缆发生的故障皆为主绝缘故障，单芯结构电缆还会发生护层故障。故障探测前需知道电缆的基本结构，首先明确电力电缆所发生的故障类型，然后再携带对应故障类型的探测设备抵达现场，依据中压电缆故障探测步骤开展故障查找工作。故障类型不同，需用的探测设备亦不同，故障探测方案亦不同。

鉴于中压电力电缆一般为分相屏蔽三芯统包结构，下面只叙述主绝缘故障探测方案。

一、中压电力电缆主绝缘故障探测方案

（一）中压电力电缆主绝缘故障特点

（1）常见中压电力电缆一般为分相屏蔽三芯统包结构，其主绝缘故障绝大部分都是单相接地（铜屏蔽）故障。若出现了相间故障，也是多相接地（铜屏蔽）混合性故障。

（2）中压电力电缆出现低阻短路接地故障的可能性比较小，90%以上为高阻接地故障。

（3）中压电力电缆很少出现断线开路故障，如若出现，必然发生了破坏性特别强的事故，例如挖掘机外力破坏等，巡线基本可以巡查到故障点，不需要用仪器测量。

（4）近年，冷缩式预制电缆接头在中压电缆上大量使用，绝缘电阻低、高压脉冲很难彻底击穿的冷缩头受潮故障频发。此类故障行波法不适用，电桥法只能对100kΩ以下的故障有效。此类故障常发生几次高压脉冲后，绝缘升高至耐压可通过的情况，查找比较困难。

（二）中压电缆主绝缘故障测寻步骤

一旦电力电缆发生了巡线人员巡视无法找到的主绝缘故障，测试人员则需携带相应故障探测设备，按步骤开展故障查找工作。

1. 去现场前的准备工作

（1）去现场前，需根据电力电缆图纸资料，了解电力电缆基本结构、全长、中间接头的数量及大致位置，每个中间接头的类型，接头处是否有接头井，接头井是否方便进出等。

（2）要了解电力电缆是运行击穿还是试验击穿。若是试验击穿，电力电缆存在超高电阻闪络性故障的可能，应通知高压试验设备不要撤离现场，故障查找时可能会用到高压试验设备。

（3）随后进行安全工器具及故障探测设备的准备，并对所有准备的工具设备进行检查，确保能正常使用。所准备的高压电力电缆故障探测设备必须含有绝缘电阻表、万用表、高压信号发生器、行波法电缆故障测距仪、声磁同步法定点仪，最好还要准备一台高压电桥。其他的例如路径仪、识别仪、跨步电压法定点仪等是否准备，可根据所了解的电力电缆基本资料确定。

2. 抵达现场后的准备工作

抵达测试现场要先做好电力安全工作规程所要求的工作，核对电力电缆铭牌并确定电缆双端已处于接地状态。没有接地的，要做好验电、放电接地工作，然后再用仪器测寻故障点。

3. 通断试验

测试对端三相短路，测试端用万用表的蜂鸣挡测量两两之间是否导通。通断测量的“通”是为了测量导体线芯的连续性。拆除对端短路线后，任选一对两相导通线芯，再用万用表测量，此时应该不通，表明正进行通断测试的两个终端是同一条电缆的两端。如出现异常，必须利用其他相再测，以确保电缆双端正确，这个过程不可遗漏，以确保安全。

4. 绝缘电阻测量

用2500V或以上绝缘电阻表测量电缆三相各自对地（金属屏蔽层）的绝缘情况；三相绝缘电阻都良好时，做耐压试验，确认故障相及故障性质（测量方法在本章第一节中已详尽叙述）。对于高压试验击穿的闪络性故障，可再次做高压试验，选用试验过程中的在线故障定位设备测量故障点的距离，也可通过多次高压试验击穿，使电力电缆绝缘性能降低到故障探测用高压信号发生器可击穿的程度。

5. 全长及接头距离测量

用低压脉冲法测量电缆全长范围内的低压脉冲反射，可测得电缆全长及每一个接头的距离。并分析每个接头的反射波形，关注反射异常的接头波形，记录好其距离。

6. 故障测距

（1）低阻或断线故障测距。断线波形比较明显，可直接测量。低阻波形可用低压脉冲比较法测量，易于分析。

（2）高阻或闪络性故障测距。高阻或闪络性故障测距首选二次脉冲法，次选冲闪法。原因是二次脉冲法实质上是低压脉冲比较法，波形分析简单。

在故障绝缘电阻小于100kΩ时，也可选用高压电桥测试故障距离。

7. 故障点精确查找

电力电缆故障绝大部分都发生在接头处，接头都有接头井，故障测距后，可直接到对应距离的接头井查看即可，不需动用定点仪。对于直埋电缆，一般选用声磁同步法或声测法精确定点。但直埋电缆发生没有放电声音的金属性短路接地故障时，可选用音频感应法精确定点。

8. 收尾工作

电力电缆故障点找到并处理后，必须把带到现场的工器具和探测设备收好带回，以便于下次使用。

（三）中压电力电缆主绝缘故障测寻案例

1. 电力电缆故障性质诊断

某地10kV电力电缆发生故障，测试人员抵达现场测试。先采用绝缘电阻表测量，C相对地绝缘电阻为0，A相对地绝缘电阻为200MΩ，B相对地绝缘电阻符合要求。进一步用万用表测量C相对地绝缘电阻为300kΩ，对A相进行耐压试验，电压加到16kV时A相对地击穿，B相则通过了直流耐压测试。综上判断，电力电缆C相存在高阻接地故障，A相存在对地闪络故障，B相完好。

2. 电力电缆故障测距

测试设备：电力电缆故障测试高压信号发生装置、电缆故障测距仪、电缆故障定点仪。

第一步，使用电缆故障测距仪低压脉冲法测试电缆的全长为1417.2m，全长测距波形如图12-48所示。

第二步，对电力电缆C相进行脉冲电流故障测距。首先按要求接好测试连接线，然后调整电缆故障测距仪测试范围为2km，波速度为172m/μs，信号增益为19；再接通高压信号发生器电源，选择32kV/2μF组合电容挡位，调整输出电压为10kV，设置为单次手动放电工作模式，操作高压信号发生器对电缆放电，触发测距仪进行故障测距，采集到电力电缆C相接地故障的波形，故障距离为873.7m。C相对地脉冲测距波形如图12-49所示。

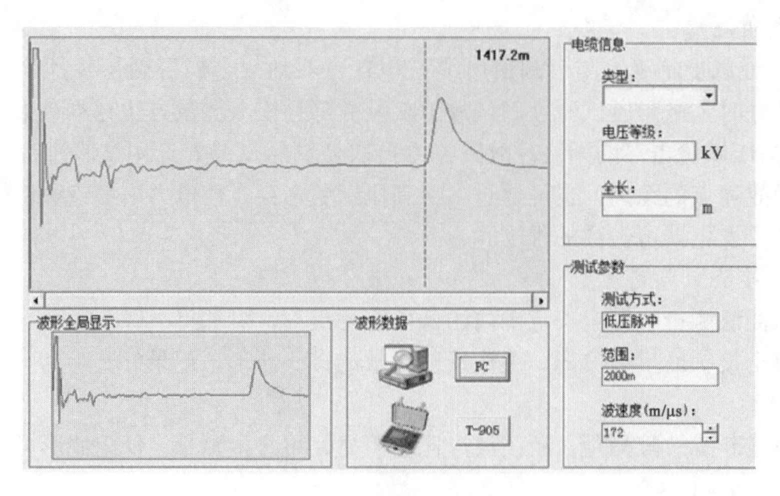

图 12-48　全长测距波形示意图

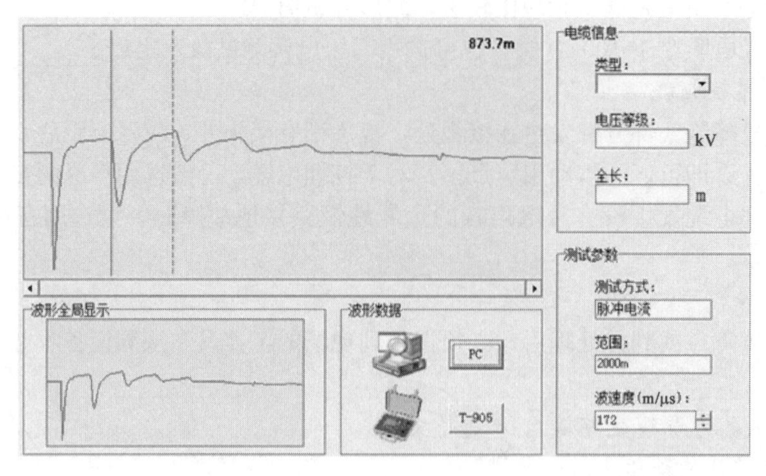

图 12-49　C 相对地脉冲测距波形示意图

第三步，对电力电缆 C 相进行二次脉冲故障测距。按要求接好测试连接线后，切换电缆故障测距仪与高压信号发生器至二次脉冲测距方式，然后调整高压信号发生器输出电压为 10kV，操作高压信号发生器手动单次放电，触发测距仪进行故障测距，采集到电力电缆 C 相故障的二次脉冲测距波形。波形分叉点对应着故障点位置，测得故障距离为 873.7m。C 相二次脉冲测距波形如图 12-50 所示。

第四步，对电力电缆 A 相进行脉冲电流故障测距。按要求接好测试连接线后，调整电缆故障测距仪测试范围为 2km，波速度为 172m/μs，信号增益为 19；然后接通高压信号发生器工作电源，设置为单次手动放电工作模式，调整输出电压为 25kV，手动单次放电，触发测距仪进行故障测距，采集到电力电缆 A 相接地故障的波形。A 相脉冲测距波形如图 12-51 所示。

观察图 12-51 发现，测试波形仅有全长反射，没有故障点击穿放电波形，说明是高压冲击信号在电力电缆中往复反射形成电压叠加导致的电力电缆故障击穿，这种故障类型可以通过测距仪延时触发或加大测试范围解决。重新调整测距仪测试范围为 4km，操作高压信号

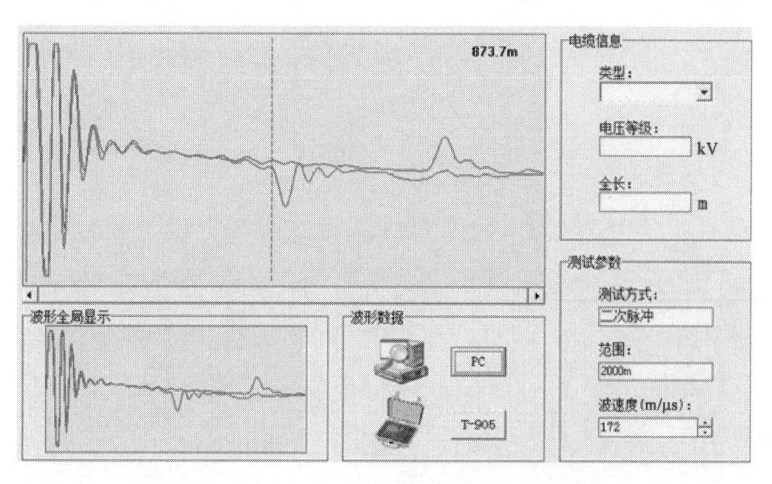

图 12-50　C相二次脉冲测距波形示意图

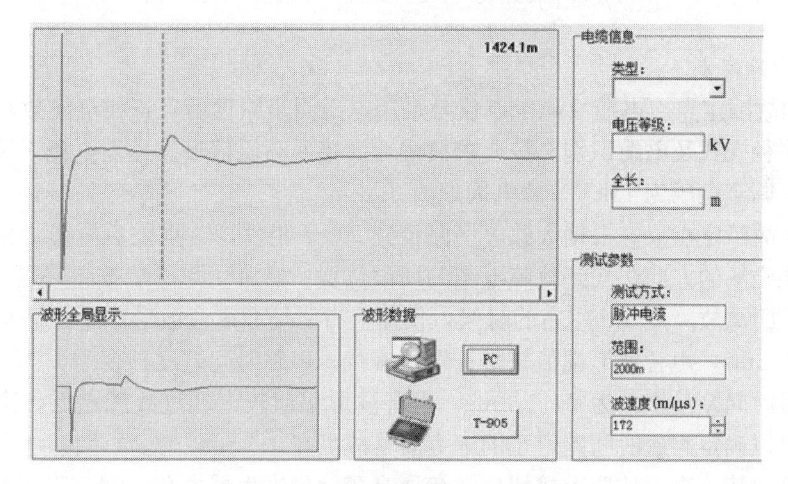

图 12-51　A相脉冲测距波形示意图

发生器再次放电，可以看到故障点放电波形，如图 12-52 所示。将故障测距波形放大后测得故障距离为 192.6m，局部放大后的 A 相脉冲测距波形如图 12-53 所示。

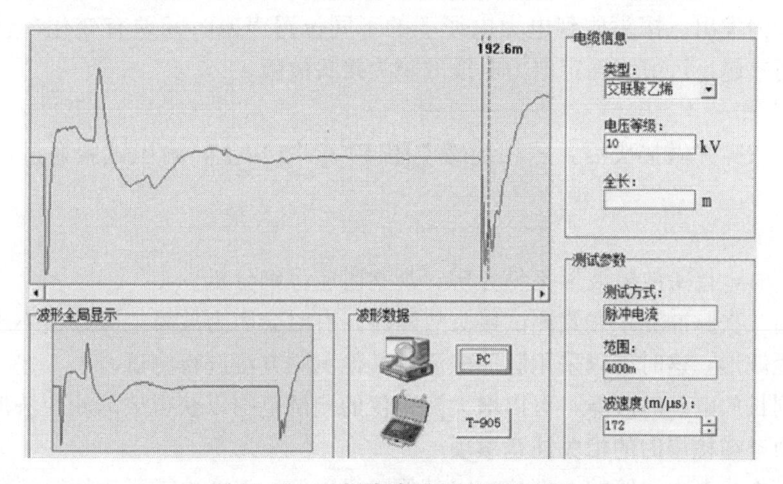

图 12-52　A相脉冲测距波形示意图

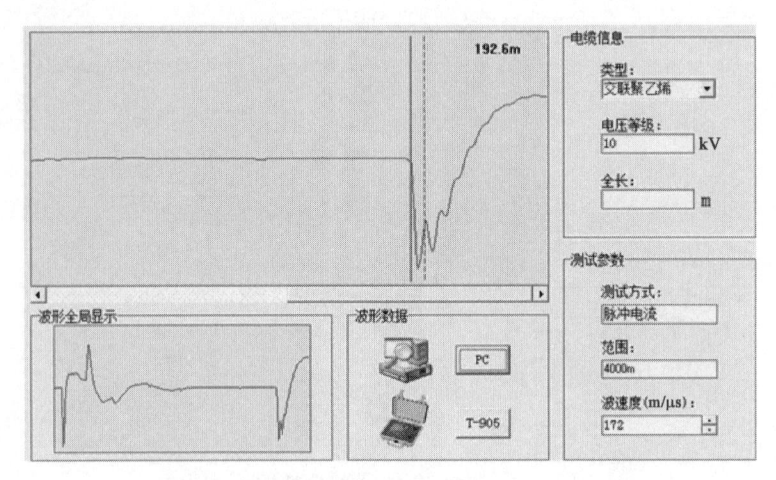

图 12-53　局部放大后的 A 相脉冲测距波形示意图

3. 电缆故障定点

（1）C 相故障定点。电缆故障定点仪是采用声磁同步原理精确查找电缆故障的仪器，也可用于电缆路径查找及电缆识别。按要求接线后，接通高压信号发生器电源，调整工作方式为周期放电，调至电压为 15kV，放电周期为 6s。

携带电缆故障定点仪，根据大致电缆路径到 900m 附件，这里往后电缆为架空形式，用定点仪的脉冲磁场的方向法找到故障电缆的埋设位置；然后往测试端方向每隔 1m 进行一次定点，当行至距离故障点 5m 左右的时候，仪器上有磁场和声音波形产生，波形显示声磁时间差为 60×0.2ms，声音波形幅值较小；继续查找，声磁时间差逐渐变小，当到达故障点正上方时，声磁时间差最小，为 7×0.2ms，声音波形幅值较大；过故障点后，声磁时间差又逐渐变大，可以确定声磁时间差最小的地方就是故障点。

（2）A 相故障定点。按要求接线后，接通高压信号发生器电源，调整工作方式为周期放电，调至电压为 25kV，放电周期为 6s。

沿电缆路径，直线行至 160m 左右，可听到放电声，在 190m 附近有电缆井，打开盖板，听到更清晰的放电声，并看到电力电缆在该位置有一外表无破损的电缆接头，放电声音大致从此接头内发出。探头放到电力电缆上的不同位置声磁时间差有变化，越接近接头位置，声磁时间差越小，最终确定电力电缆故障为接头故障。

4. 处理结果

切除两处故障并做接头后，三相绝缘电阻 1000MΩ 以上，耐压试验通过，电力电缆送电投入运行。

5. 测试经验总结

（1）测距时，接头故障波形不易分辨，观察时应仔细分析。

（2）采用二次脉冲测距方式测试接头故障时，有时会因为故障电弧续流不理想而难于获得理想的测距波形，这时可以采用脉冲电流等其他测距方法进行测试。

（3）遇到长放电延时故障，可以增大测距仪的测试范围以获得故障测距波形。

二、电力电缆检修时的相关注意事项

电力电缆作为电力线路的一部分，因其故障概率低、安全可靠、出线灵活而得到广泛应

用。但是电缆一旦出故障，检修难度较大，危险性也大，因此在检修、试验时应特别加以注意。

（一）准备过程中注意事项

电力电缆停电工作应填用第一种工作票，不需停电的工作应填用第二种工作票。工作前应详细查阅有关的路径图、排列图及隐蔽工程的图纸资料，必须详细核对电力电缆名称，确认标示牌是否与工作票所写的相符，在安全措施正确可靠后方可开始工作。

（二）工作中注意事项

工作时必须确认需检修的电力电缆。需检修的电力电缆可分为两种：

(1) 终端头故障及电力电缆表面有明显故障点的电缆。这类故障电缆，故障迹象较明显，容易确认。

(2) 电力电缆表面没有暴露出故障点的电缆。对于这类故障电缆，除查对资料、核实电缆名称外，还必须用电缆识别仪进行识别，使其与其他运行中的带电电缆区别开来；尤其是在同一断面内有众多电缆时，严格区分需检修的电缆与其他带电的电缆尤为重要。同时这也可以有效地防止由于电缆标牌挂错而认错电缆，导致误断带电电缆事故的发生。

锯断电力电缆必须有可靠的安全保护措施。锯断电力电缆前，首先必须证实确是需要切断的电力电缆且该电缆无电；然后，用接地的带木柄（最好用环氧树脂柄）的铁钎钉入电缆线芯后，方可继续工作。扶木柄的人应戴绝缘手套并站在绝缘垫上，应特别注意保证铁钎接地的良好。工作中如需移动电力电缆应小心，切忌蛮干，严防损伤其他运行中的电力电缆。电缆接头务必按工艺要求安装，确保质量，不留事故隐患。

电力电缆修复完成后，应认真核对电缆两端的相位，先去掉原先的相色标志，再套上正确的相色标志，以防新旧相色混淆。

（三）高压试验时注意事项

电力电缆进行高压试验应严格遵守电力安全工作规程。即使在现场工作条件较差的情况下，对安全的要求也不能有丝毫的降低。分工必须明确，安全注意事项应详细布置。试验现场应装设封闭式的遮栏或围栏，向外悬挂“止步，高压危险!”标示牌，并派人看守。尤其是电缆的另一端也必须派人看守，并保持通信畅通，以防发生突发事件。试验装置、接线应符合安全要求，操作必须规范。试验时注意力应集中，操作人员应站在绝缘垫上。变更接线或试验结束时，应先断开试验电源放电，并将高压设备的高压部分短路接地。高压直流试验时，每告一段落或试验结束时均应将电缆对地放电数次并短路接地，之后方可接触电缆。

（四）其他注意事项

打开电缆井或电缆沟盖板时，应做好防止交通事故的措施。井的四周应布置好围栏，做好明显的警告标志，并且设置阻挡车辆误入的障碍。晚上，电缆井应有照明，防止行人或车辆落入井内。进入电缆井前，应排除井内浊气。井内工作人员应戴安全帽，并做好防火、防水及防高空落物等措施，井口应有专人看守。

第十三章　中压电力电缆作业规范

第一节　交 接 试 验

一、工作范围

交接试验包括：中压电力电缆主绝缘绝缘电阻测量、核相测试、主绝缘交流耐压试验。

二、人员组合

本项目需 5 人，具体分工情况见表 13-1。

表 13-1　　人员分工

人员类别	职　　责	作业人数
工作负责人（专职监护人）	(1) 对工作全面负责，在测试工作中要对作业人员明确分工，保证工作质量。 (2) 对中压电力电缆交接试验结果负责。 (3) 识别现场作业危险源，组织落实防范措施。 (4) 工作前对工作班成员进行危险点告知，交代安全措施和技术措施，并确认每一个工作班成员都已知晓。 (5) 对作业过程中的安全进行监护	1 人
作业人员	验电、放电、挂接地线、相位核对、电缆测试	4 人

三、主要装备和工器具

电力电缆线路交接试验的主要装备和工器具见表 13-2。

表 13-2　　主要装备和工器具

序号	工器具名称	型号、规格	数量	单位	备注
1	验电器	—	1	支	选取相应电压等级
2	接地线	—	2	副	选取相应电压等级
3	绝缘手套	—	2	副	选取相应电压等级
4	放电棒	—	1	支	选取相应电压等级
5	试验引线		若干	根	
6	安全遮栏（围栏）		若干	套	

续表

序号	工器具名称	型号、规格	数量	单位	备注
7	安全标示牌		若干	块	
8	绝缘电阻表	2500V 及以上	1	只	
9	温湿度计		1	只	
10	万用表		1	只	
11	核相器		1	只	
12	干电池		若干	节	
13	交流耐压试验设备	—	1	套	选取相应电压等级

四、作业步骤

（一）工器具储运与检测

（1）校验核相器、绝缘电阻表、交流耐压试验设备性能是否正常，保证设备电量充足或者现场交流电源满足仪器使用要求。

（2）领用绝缘工器具和辅助器具，应核对工器具的使用电压等级和试验周期，并检查确认外观完好无损。

（3）检测作业前，清点并检查检测设备、仪表、工器具、安全用具等是否齐全，且在有效期内，并摆放整齐。

（4）工器具在运输过程中应存放在专用工具袋、工具箱或工具车内，以防受潮和损伤。

（二）现场操作前的准备

1. 准备工作

（1）工作负责人核对电缆线路名称。

（2）工作负责人在测试点操作区装设安全围栏，悬挂标示牌，检测前封闭安全围栏。

（3）工作负责人召集工作人员交代工作任务，对工作班成员进行危险点告知，交代安全措施和技术措施，确认每一个工作班成员都已知晓。检查工作班成员精神状态是否良好、人员是否合适。

（4）做好停电、验电、放电和接地工作。

（5）拆开电力电缆两端连接设备，清扫电缆两侧终端。

（6）在电力电缆另一端放置电池、引线、相色标识。

（7）检查绝缘电阻表外观有无损坏，接线桩头是否完好。对绝缘电阻表进行开路、短路自检试验。

2. 检修电源的使用

（1）确保在工作现场的电源引入处配置有明显断开点的隔离开关和触电保护器。

（2）根据设备容量核定检修电源的容量，检修电源必须是三相四线并有漏电保护器。

（3）接取电源前先验电，用万用表确认电源电压等级和电源类型无误后，从检修电源箱内出线闸刀下桩头接出。

（三）核相测试

核相测试包括两种方法，分别是干电池法和绝缘电阻表法。

（1）干电池法核相。

1）将电力电缆两端的线路接地开关拉开，对电力电缆进行充分放电，对侧三相全部悬空。

2）在电力电缆的一端A相接电池组正极，B相接电池组负极。

3）在电力电缆的另一端用直流电压表测量任意两相芯线。

4）当直流电压表正向偏转时，直流电压表正极为A相，负极为B相，剩下一相则为C相，并及时绕包相应的相色带，如图13-1所示。其中，电池组为2～4节干电池串联使用。

图13-1　干电池法核相接线示意图

（2）绝缘电阻表法核相。

1）将电力电缆两端的线路接地开关拉开，对电力电缆进行充分放电，对侧三相全部悬空。

2）将测量线一端接绝缘电阻表“L”端，另一端接绝缘杆，绝缘电阻表“E”端接地。

3）通知对侧人员将电力电缆A相接地，另两相空开，接线如图13-2所示。

4）试验人员摇动绝缘电阻表手柄，将绝缘杆分别搭接电力电缆三相芯线，绝缘电阻为零时的芯线为A相，并及时绕包相应的相色带。

5）试验完毕后，将绝缘杆脱离电缆A相，再关闭绝缘电阻表，对被试电力电缆充分放电并记录。

6）完成上述操作后，通知对侧试验人员将接地线接在线路B相，重复上述操作，绝缘电阻为零时的芯线为B相，另外一相为C相，并及时绕包相应的相色带。

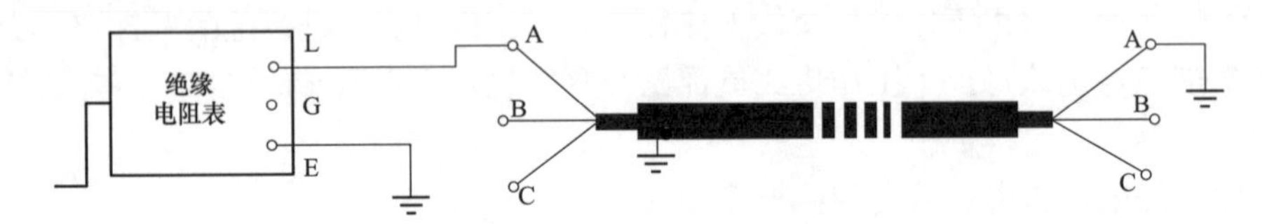

图13-2　绝缘电阻测试仪核相接线示意图

（四）主绝缘绝缘电阻测量

（1）将测试线一头插入绝缘电阻表接线端子“L”内，另一头接被试电力电缆。用另一根测试线一头插入绝缘电阻表接线端子“E”内，并将另一头夹子可靠接地。如需要用屏蔽则将测试线一头插入绝缘电阻表接地端子“G”内，另一头接线芯绝缘上（见图13-3）。

（2）试验绝缘电阻应读取加压后15s和60s的绝缘电阻值，即吸收比R_{60}/R_{15}，吸收比应不小于1.3。

（3）测试一相后充分放电，依次测出三相并记录。

（4）恢复电力电缆两端接线，注意搭头前核对相位是否准确。

（五）交流耐压试验

（1）检查并核实电力电缆两侧是否满足试验条件，测试电缆绝缘电阻。

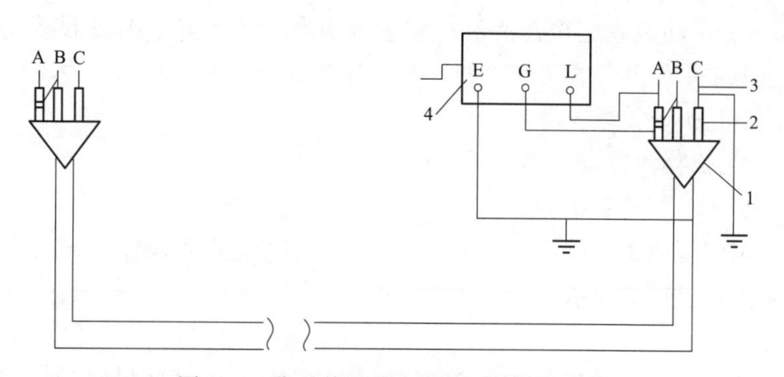

图 13-3　主绝缘绝缘电阻测试接线示意图

1—电缆终端头；2—套管或绕包的绝缘；3—线芯导体；4—2500V 绝缘电阻表

（2）按照图 13-4 正确连接设备，将试验设备外壳接地。变频电源输出与励磁变压器输入端相连，励磁变压器高压侧尾端接地，高压输出与电抗器尾端连接。如电抗器两节串联使用，注意上下节首尾连接。电抗器高压端采用大截面软引线与分压器和电力电缆被试芯线相连，若试品容量较小可并联补偿电容器，若试品容量较大可并联电抗器。非试验相、电缆屏蔽层及铠装层接地。

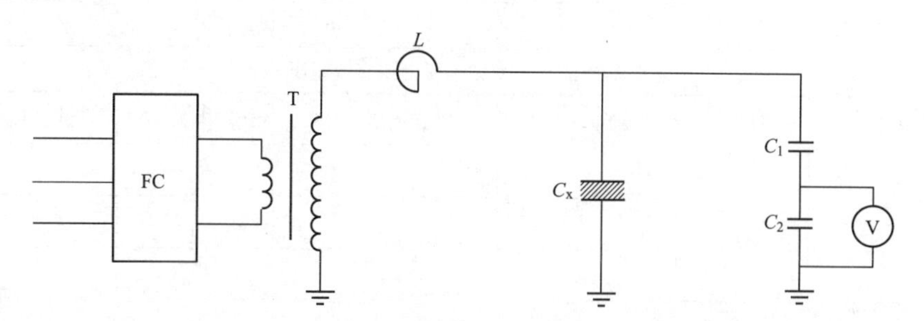

图 13-4　电力电缆变频串联谐振试验接线示意图

FC—变频电源；T—励磁变压器；L—串联电抗器；

C_x—被试电力电缆等效电容；C_1、C_2—分压器高、低压臂电容

（3）为减小电晕损失，提高试验回路 Q 值，高压引线宜采用屏蔽线。

（4）检查接线无误后开始试验。

（5）首先合上电源开关，再合上变频电源控制开关和工作电源开关，整定过电压保护动作值为试验电压值的 1.1～1.2 倍，检查变频电源各仪表挡位和指示是否正常。

（6）合上变频电源主回路开关，旋转电压旋扭，调节电压至试验电压的 3%～5%，然后调节频率旋扭，观察励磁电压和试验电压。

（7）当励磁电压最小，输出的试验电压最高时，则回路发生谐振，此时应根据励磁电压和输出的试验电压的比值计算出系统谐振时的 Q 值，根据 Q 值估算出励磁电压能否满足耐压试验值。

（8）若励磁电压不能满足试验要求，应停电后改变励磁变压器高压绕组接线，提高励磁电压。

（9）若励磁电压满足试验要求，按升压速度（1～2kV/s）要求升压至耐压值，记录电压和时间。

（10）升压过程中注意观察电压表和电流表及其他异常现象。到达试验时间后，降压，依次切断变频电源主回路开关、工作电源开关、控制电源开关和电源开关，对电力电缆进行充分放电并接地后，拆改接线。

（11）重复上述操作步骤进行其他相试验。

（六）主绝缘绝缘电阻复测

主绝缘绝缘电阻复测工具储运与检测、现场操作前准备以及操作步骤三个过程及要求同主绝缘绝缘电阻测量过程及要求。

（七）测试记录

电力电缆核相测试、主绝缘绝缘电阻测量、交流耐压试验同时做好测试记录。表 13-3 交联聚乙烯电缆交流试验报告中规定，记录内容包括线路名称、试验日期、试验地点、试验电压、占空比、谐振频率、励磁电压、励磁电流等。

表 13-3　××kV 交联聚乙烯电缆交流试验报告

线路名称			试验日期		试验地点	
天气			温度		湿度	
电缆规格	电缆型号			电缆截面积（mm²）		
	电压等级（kV）			电缆长度（m）		
试验方法一：变频串联谐振交流耐压						
相序	试验电压(kV)	占空比（%）	谐振频率（Hz）	励磁电压（V）	励磁电流（A）	试验时间（min）
黄相						
绿相						
红相						
试验设备型号：						
试验方法二：电缆主绝缘绝缘电阻值（MΩ）						
试验电压（kV）：				试验设备型号：		
耐压前	黄一地：			绿一地：	红一地：	
耐压后	黄一地：			绿一地：	红一地：	
试验结论	相位是否正确			耐压或绝缘电阻是否合格		
试验者				审核者		
备注						

（八）试验报表

测试结束后，填写试验报表。

（九）工作终结

（1）召开现场收工会，作业人员向工作负责人汇报测试结果，工作负责人对完成的工作进行全面检查并进行工作点评和总结。

（2）清点工具，清理工作现场，检查被试设备上有无遗留工器具和试验用导地线，回收设备材料，拆除安全围栏，人员撤离。

五、安全措施和注意事项

（一）气象条件

中压电力电缆交接试验应在良好天气下开展，若遇雷电、雪、雹、雨、雾等不良天气应暂停检测工作。试验过程中若遇天气突然变化，有可能危及人身及设备安全时，应立即停止工作，撤离人员，恢复设备正常状况，或采取临时安全措施。

（二）作业环境

如在车辆繁忙地段，应与交通管理部门联系以取得配合。

（三）安全距离

（1）应确保操作人员及测试仪器与电力设备的中压部分保持足够的安全距离。

（2）注意周边有电设备并保持安全距离，戴好绝缘手套及铺设橡皮绝缘毯，防止误碰有电设备。

（3）与带电线路、同回路线路带电裸露部分保持足够的安全距离。与带电导线最小安全距离见表 13-4。

表 13-4　　在带电线路杆塔上工作与带电导线最小安全距离

电压等级（kV）	安全距离（m）	电压等级（kV）	安全距离（m）
10 及以下	0.7	220	3.0
20、35	1.0	330	4.0
66、110	1.5	500	5.0

（四）关键点

（1）放电端部要渐渐接近试品的金属引线，反复几次放电，待放电不再有明显火花时，再用直接接地的接地线放电。

（2）装设接地线应先接接地端、后接导线端，拆接地线的顺序与此相反。

（3）试验工作现场应设好试验遮栏，悬挂好标示牌，应有专人监护，避免其他人员误入危险区域，引起误伤。

（4）放电时应使用合格的、相应电压等级的放电设备。

（5）试验结束后应放尽电力电缆内的剩余电荷后接地，避免引起后来操作的人员触电，或者损坏线路设备。

（6）操作时应采取戴绝缘手套、铺设橡皮绝缘毯等相关安全防护措施，防止误碰有电设备。

（五）其他安全注意事项

（1）装设接地线时，接地线应连接可靠，不准缠绕。

（2）认真核对现场停电设备与工作范围。

（3）现场安全设施的设置要求正确、完备，工作区域挂好标示牌。

（4）配备专人监护，影响安全，即刻停止操作。

六、规范性引用文件

（1）《电力电缆线路试验规程》（Q/GDW 11316—2014）。

（2）《电力电缆及通道运维规程》（Q/GDW 1512—2014）。

（3）《国家电网公司电力安全工作规程　线路部分》（Q/GDW 1799.2—2013）。

(4)《电力电缆故障探测技术》(机械工业出版社出版)。

(5)《国家电网公司生产技能人员职业能力培训专用教材　配电电缆》(中国电力出版社出版)。

第二节　主绝缘故障测寻

一、工作范围

主绝缘故障测寻包括：判别中压电力电缆主绝缘故障类型，并根据故障类型选择恰当的方法对主绝缘故障位置进行预定点和精确定点。

二、人员组合

本项目需5～9人，具体分工情况见表13-5。

表13-5　人员分工

人员类别	职　　责	作业人数
工作负责人（专职监护人）	（1）对工作全面负责，在测试工作中要对作业人员明确分工，保证工作质量。 （2）对电力电缆故障测试结果负责。 （3）识别现场作业危险源，组织落实防范措施。 （4）工作前对工作班成员进行危险点告知，交代安全措施和技术措施，并确认每一个工作班成员都已知晓。 （5）对作业过程中的安全进行监护	1人
作业人员	验电、挂接地线、相位核对、电缆测试	2～4人
故障测试人员	负责对电缆故障进行测试，查找故障点	2～4人

三、主要装备和工器具

中压电力电缆主绝缘故障测寻的主要装备和工器具配备见表13-6。

表13-6　主要装备和工器具

序号	工器具名称	型号、规格	数量	单位	备注
1	验电器		1	台	选取相应电压等级
2	放电棒		1	根	选取相应电压等级
3	接地线		2	副	选取相应电压等级
4	试验引线		若干	根	
5	高压电桥		1	台	传统直流电桥、压降比较法电桥或直流电阻法数字电桥等
6	低压电桥		1	套	可选
7	主绝缘故障测试成套设备		1	套	由高压信号发生单元、行波测距单元与精确定点仪组成。车载一体化系统与便携式系统等

续表

序号	工器具名称	型号、规格	数量	单位	备注
8	万用表		1	只	
9	电缆路径探测仪		1	套	由音频信号发生器与接收器组成。单频率普通路径仪与地下金属管线定位仪等
10	绝缘电阻表		1	只	
11	绝缘手套		2	副	选取相应电压等级
12	标示牌	—	若干	块	
13	安全遮栏（围栏）	—	若干	套	
14	电源线盘		1	个	带保护器
15	发电机	5kW及以上	1	台	

四、作业步骤

（一）工器具储运与检测

（1）校验中压电力电缆主绝缘故障测寻设备性能是否正常，保证设备电量充足或者现场交流电源满足仪器使用要求。

（2）领用绝缘工器具和辅助器具，核对工器具的使用电压等级和试验周期，并检查确认外观完好无损。

（3）检测作业前，清点并检查检测设备、仪表、工器具、安全用具等是否齐全，且在有效期内，并摆放整齐。

（4）工器具在运输过程中应存放在专用工具袋、工具箱或工具车内，以防受潮和损伤。

（二）现场操作前的准备

1. 准备工作

（1）根据工作时间和工作内容填写工作票（故障紧急抢修单）。收集故障电力电缆的技术资料和相关参数，包括线路名称、电缆型号、截面积、长度、生产厂家、路径图、中间接头数量及位置、附件类型、敷设条件、运行记录、预防性试验记录、历史故障检修记录等。

（2）经调度许可后，方可开始工作。

（3）工作负责人核对电力电缆线路名称。

（4）工作负责人在测试点操作区装设安全围栏，悬挂标示牌，检测前封闭安全围栏。

（5）工作负责人召集工作人员交代工作任务，对工作班成员进行危险点告知，交代安全措施和技术措施，确认每一个工作班成员都已知晓。检查工作班成员精神状态是否良好、人员是否合适。

（6）做好停电、验电、放电和接地工作，确认电力电缆两端的金属屏蔽和铠装层接地良好。

（7）断开故障电力电缆与其他电气设备的电气连接。测试端场地应平整，适宜仪器设备的放置和开展工作，测试端和对端应设围栏并有专人看护。

2. 检修电源的使用

（1）确保在工作现场的电源引入处配置有明显断开点的隔离开关和触电保护器。

（2）根据设备容量核定检修电源的容量，检修电源必须是三相四线并有漏电保护器。

（3）接取电源前先验电，用万用表确认电源电压等级和电源类型无误后，从检修电源箱内出线闸刀下桩头接出。

（三）操作步骤

1. 通断试验——判断线芯的连续性并核对电缆两端

（1）常见中压电力电缆一般为三芯统包电缆，通断测量在相间进行。即把对端三相短路不接地，测试端测量 AB、AC、BC 相之间的连续性。

（2）连续性判断后，采用核相或者其他方法确认电缆两端。

2. 绝缘电阻测量及故障性质诊断

测量电缆主绝缘绝缘电阻，根据绝缘电阻大小或耐压试验结果，判断电缆故障性质。

（1）判定是高阻接地还是低阻接地故障。用绝缘电阻表分别测量每相导体对地（金属护层）之间的绝缘电阻，绝缘电阻表测量结果接近为零的，用万用表复测，测得具体电阻值。通过测量绝缘电阻，判断电力电缆是否发生单相或多相接地故障。绝缘电阻值低于 100Ω 的称为低阻接地故障，绝缘电阻值高于 100Ω 的称为高阻接地故障。

（2）如果三相绝缘电阻测量均正常，进行闪络故障判断。对电力电缆线路进行耐压试验。当在耐压试验过程中出现不连续的击穿现象时，则判断电缆存在闪络性故障。

（3）根据上述两步骤结果，把电力电缆分为断线、低阻接地、高阻接地、闪络性接地和电缆无故障五种状态。

3. 故障测试方法选择

根据故障类型和故障性质，选择适宜的测距方法及定点方法确定故障点的位置。中压电力电缆故障类型、特点和测寻方法见表 13-7。

表 13-7　　中压电力电缆故障类型、特点和测寻方法

故障类型		特点	测距方法	定点方法（直埋敷设）
接地故障	低阻	绝缘电阻小于 100Ω	低压脉冲法 低压电桥法	声磁同步法，金属性短路接地故障选用音频感应法
	高阻	绝缘电阻大于 100Ω，小于 100kΩ	二次脉冲法 冲闪回波法 高压电桥法	声磁同步法
		绝缘电阻大于 100kΩ	二次脉冲法 冲闪法	声磁同步法
	闪络性	绝缘测量合格，耐压试验时击穿	冲闪法 直闪法	声磁同步法
断线故障		导体一相或多相不连续	低压脉冲法	声磁同步法

（1）纯开路故障很少，断线故障一般都伴随高阻或低阻接地共同存在。断线并高阻或低阻接地的，按接地故障精确定位方法定点；纯开路故障时，在电力电缆对端把故障相与地线短路后，在测试端按故障相闪络性接地故障选用声磁同步法精确定位。

（2）低阻（短路）故障，在已知电缆全长的情况下，可采用低压脉冲法、低压电桥法测

距。对于电缆全长未知的情况下，采用低压脉冲法测量。

（3）高阻与闪络性接地故障可用二次脉冲法测距。无法测出时，可使用闪络回波法和高压电桥法测距。

（4）故障测距后，可直接到对应距离的接头处查看。对于观测不到故障点的，可选用声磁同步法或声测法精确定点。

4. 全长测量

采用低压脉冲法测量电缆全长，并测量各接头的距离。同时对比故障相与良好相接头反射波形的区别，做好记录。

5. 主绝缘故障测距

基本步骤：①根据选择的测寻方法，准备所需要的检测设备和工器具；②按照选择探测设备的接线图接线，确保接线正确无误；③开启电源，进行故障距离测量，记录测量数据。

（1）低压电桥法故障测距。

1）跨接。在电力电缆对端跨接电缆，跨接线应选用低阻抗连接线，接触面应平整清洁。

2）正接法测量。采用正接法接线，如图 13-5 所示，低压电桥的红夹子接故障相，黑夹子接完好相。

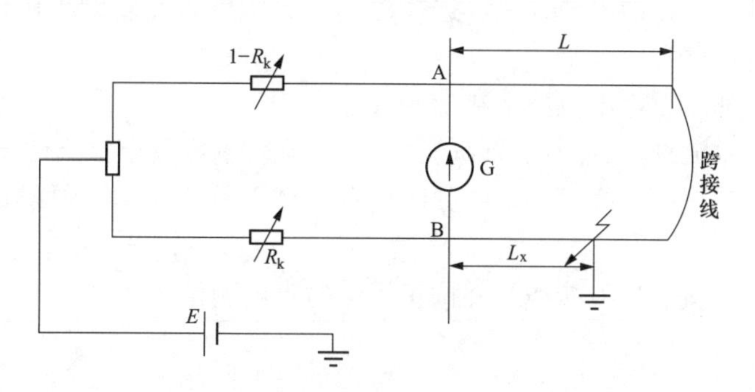

图 13-5　低压电桥正接法接线示意图

3）调零。打开检流计的电池开关，选择适当的灵敏度，旋转调零旋钮，检流计调至零位，然后关闭电池开关。

4）加压。均匀加压，至电流稳定在 10mA 左右。

5）读数。打开检流计，调至调零时的灵敏度；旋转刻度盘至检流计指零；读取数值。

6）降压。读数完毕，降压至零并关闭电源，戴上绝缘手套对被试电力电缆进行放电、接地。

7）反接法测量。在测试端将故障相导体接到“A”接线柱，将完好相接到“B”接线柱，并按正接法的步骤测量。

8）计算故障位置。根据同型号电缆导体的直流电阻与长度成正比得：

$$\frac{1-R_k}{R_k}=\frac{2L-L_x}{L_x} \tag{13-1}$$

简化后得：

$$L_x=R_k\times 2L \tag{13-2}$$

式中：L_x 为测量端至故障点的距离，m；L 为电缆全长，m；R_k 为电桥读数。

正接法和反接法两次测量的平均值即为电力电缆线路从测试端到故障点的初测距离。

（2）高压电桥法故障测距。

1）跨接。在电力电缆对端跨接电缆，跨接线应选用低阻抗连接线，接触面应平整清洁。

2）正接法测量。采用正接法接线，如图 13-6 所示。高压电桥的红夹子接故障相，黑夹子接完好相。

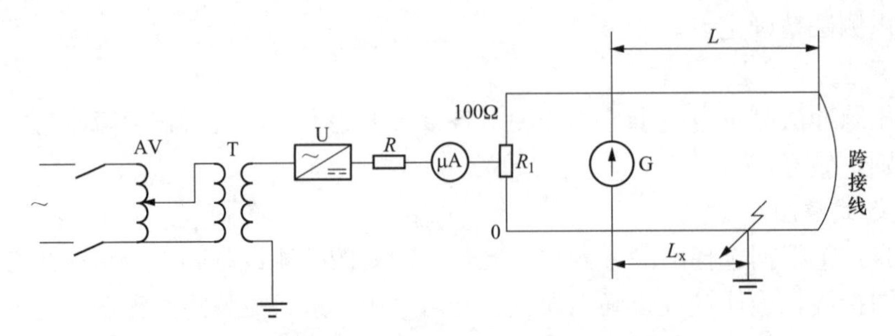

图 13-6　高压电桥正接法接线示意图

R_1—电桥电阻；U—高压硅整流器；

R—限流电阻；AV—调压器；T—高压试验变压器

3）调零。打开检流计的电池开关，选择适当的灵敏度，旋转调零旋钮，检流计调至零位，毕后即关闭电池开关。

4）加压。均匀加压，至电流稳定在 10mA 左右。

5）读数。打开检流计，调至调零时的灵敏度；旋转刻度盘至检流计指零；读取数值。

6）降压。读数完毕后，降压至零并关闭电源，戴上绝缘手套，对被试电力电缆进行放电、接地。

7）反接法测量。按反接发接线，并按正接法的步骤测量。

8）计算故障位置。

正接法：

$$L_x=\frac{C}{100}\times 2L \tag{13-3}$$

反接法：

$$L_x=\left(1-\frac{C}{100}\right)\times 2L \tag{13-4}$$

式中：C 为电桥平衡时一臂的读数。

正接法和反接法两次测量的平均值即为电力电缆线路从测试端到故障点的初测距离。

（3）智能电桥法故障测距。

1）正确连接设备。在测试端，红夹子接故障线芯，黑夹子接辅助线芯（用绝缘完好相或绝缘相对较好的相），接地夹与电缆屏蔽层可靠连接；在电缆远端，用低阻值短路线短接故障线芯和辅助线芯，如图 13-7 所示。

2）启动电源按钮，开机。

3）顺时针旋转“高压分”按钮，弹起“高压分”按钮。

4）按下“高压合”按钮，准备升压。

5）顺时针缓慢旋转“高压调节”按钮，观察电压表及电流表，电流应超过 20mA。

6）若电流不稳定，可继续升高电压，保持一段时间，形成稳定电弧或导电区，直至电

流稳定。

7）若电流始终小于20mA或不稳定，使用“烧穿”功能降低故障电阻。

8）在主菜单下，选择“电桥法”，输入电缆的全长。

9）等待数据采集与计算，读取显示屏上的测试结果。

10）逆时针旋转高压调节钮回零→放电棒放电，并观察电压表的示数是否为0，关断电源开关，经对端测试人员确认后拆线。

11）根据式（13-5）计算故障距离：

$$L_x=\frac{\frac{U_x}{I_x}}{\frac{U_x}{I_x}+\frac{U_n}{I_n}}\times 2L \tag{13-5}$$

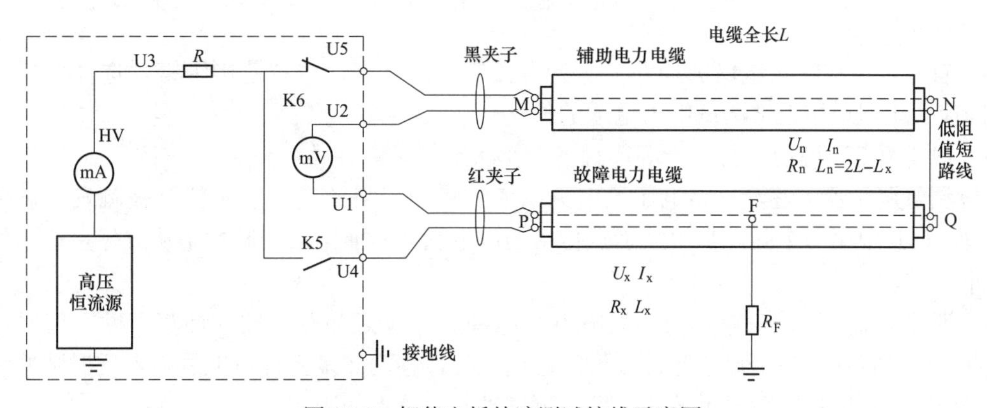

图13-7　智能电桥故障测试接线示意图

（4）低压脉冲法故障测距。

1）正确连接设备。将测试线插头插到仪器的输入插口上，测试线的芯线（红色夹）与电缆相线连接，测试线的屏蔽层连线（黑色夹）与电缆地线连接，如图13-8所示。

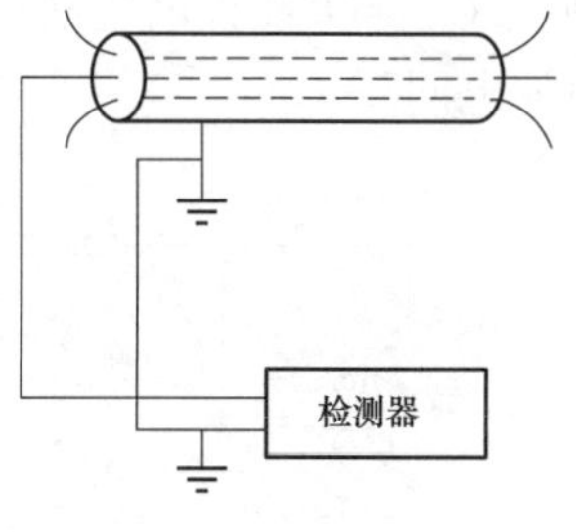

图13-8　低压脉冲故障测试接线示意图

2）设备调节。按动“开关”键，等仪器打开后，选取“低压脉冲方式”，进入“范围”菜单，同时向被测电力电缆发射低压脉冲，并将反射波形显示在屏幕上。

按“操作”键，进入“操作”菜单，按动“增益＋”“增益－”“平衡＋”“平衡－”等键，直到得到满意的波形。

在波形操作菜单下，将波形放大，得到更详细的波形。

3）波形比较法。在测量范围、波速度、增益等参数不变的情况下，通过比较电力电缆故障相与完好相的脉冲反射波形，可以准确判断电力电缆故障点。

先测量故障相的脉冲反射波形，将其记录下来，再测量完好相的脉冲反射波形，按“比较键”，将两波形同时显示在屏幕上，需将测量光标移动至波形开始差异处，即为故障点。此时显示的距离即为低阻接地故障点或断线点的距离。

（5）脉冲电流法故障测距。闪络回波法包含脉冲电流法与脉冲电压法。因脉冲电压法有一定的安全隐患，目前测试人员一般都不再选用脉冲电压法。根据施加直流高压还是脉冲高压的不同，脉冲电流法又分为脉冲电流直闪法与脉冲电流冲闪法。

1）脉冲电流法测闪络故障作业步骤。

a. 按图 13-9 正确连接设备，确保接线正确无误。

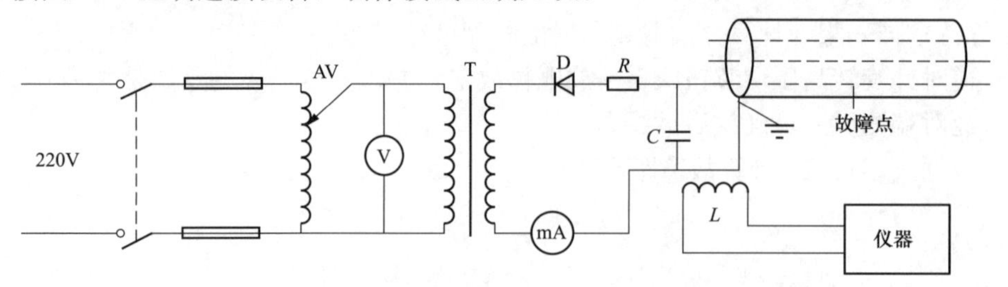

图 13-9　脉冲电流直闪法测试接线原理示意图

AV—调压器；T—升压变压器；D—高压硅堆；R—限流电阻；C—脉冲电容；L—线性电流耦合器

b. 首先，将故障测试仪选择在“脉冲电流”工作状态，按“范围”键，选择仪器的工作范围应大于但最接近被测试电力电缆的长度。

c. 按“预备”键使仪器处于等待触发工作状态。

d. 调节调压器，逐渐升高电压至电力电缆故障相闪络放电，这时仪器被触发，显示出当前波形；其中第一个脉冲是由故障点传来的放电脉冲，而第二个脉冲是从故障点返回的反射脉冲。

e. 调整增益，再次放电，直到故障点的脉冲波形满意为止；按“计算”键，仪器自动将零点光标设置在第一个放电脉冲波形的起始点处，移动测量光标对准故障点反射脉冲波形的起始处，显示屏右上角显示的长度即为测试端到故障点的距离。

2）脉冲电流法测高阻故障作业步骤。

a. 设备连接。根据图 13-10 所示进行测试接线，试验设备连接正确，接地可靠。在低压侧地线上卡上线性电流耦合器，线性电流耦合器注意方向（箭头方向朝电缆本体接地），调整放电间隙。

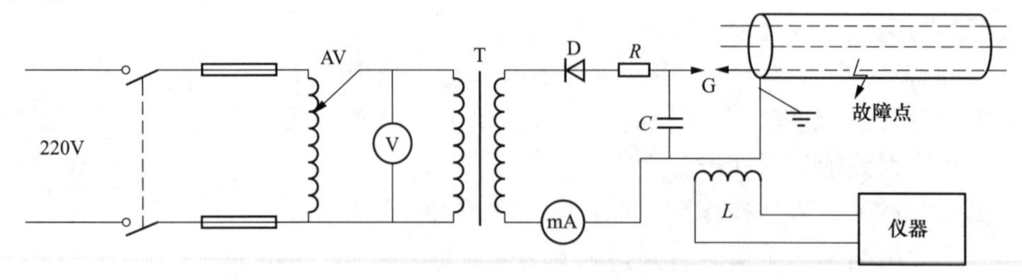

图 13-10　脉冲电流冲闪法测试接线原理图

AV—调压器；T—升压变压器；D—高压硅堆；R—限流电阻；C—脉冲电容；

G—放电球间隙；L—线性电流耦合器

b. 测量（加压，观察波形，判断故障位置）。按“方式”键选取“脉冲电流”方式，按“范围”键选择合适的工作范围（一般略大于被测电缆长度），调低增益并按下“预备”键等待接收放电脉冲电流。

调节球间隙间距到较小位置，然后加压到球间隙击穿放电，但电流表（μA）指示的电流很小，这时仪器触发并显示波形。由于此时加到故障点上的脉冲电压幅值较小，故障点并未击穿，波形中第一个负脉冲为高压电容器通过球间隙对电缆放电产生的，第二个脉冲为电缆另一端终端的反射脉冲。

逐渐加大球间隙的间距，使微安表指示达到数十微安，此时故障点击穿，仪器显示故障点放电脉冲，并把零点自动放在故障点放电脉冲的起始处。

调整零点光标位于故障点放电脉冲的起始点，移动测量光标到故障点反射脉冲的起始点处，此时显示屏右上角显示的长度即为测试端到故障点的距离。

当显示屏显示的电力电缆故障点波形易识别，即可调节或确认零点光标在故障点放电脉冲的起始处，然后按“计算”键，仪器自动计算故障点距离并显示在屏幕右上角。

（6）二次脉冲法。二次脉冲法包含三次脉冲法、多次脉冲法等，其基本作业步骤如下：

1）按设备使用手册内的接线图正确连接测试线，确保接线正确无误。

2）打开电缆故障测试仪，选择二次脉冲方式后，按“测试”键，等待。

3）打开电源开关，按动高压启动按钮，缓慢升压至预计故障点能击穿的电压值后，等待。

4）按高压放电按钮，击穿故障点，仪器显示屏上即显示出获得的二次脉冲波形。

注：单纯的二次脉冲法、三次脉冲法与多次脉冲法测量时，自动显示一个较好的低压脉冲比较波形；分析此波形，移动测量光标至低压脉冲比较波形的分歧点处，显示的距离既是故障距离。

5）如一次放电无法获取合适的二次脉冲波形，则可多次测试，直到获得易于分析的波形为止。

6）若一直无法获得合适的二次脉冲波形，可选择脉冲电流冲闪法测距，电阻小于100kΩ 时，也可选择高压电桥法测距。

7）图 13-11 所示为较标准的二次脉冲比较波形，两个低压脉冲波前半部分重合度较好，故障点处分歧明显，易于分析。

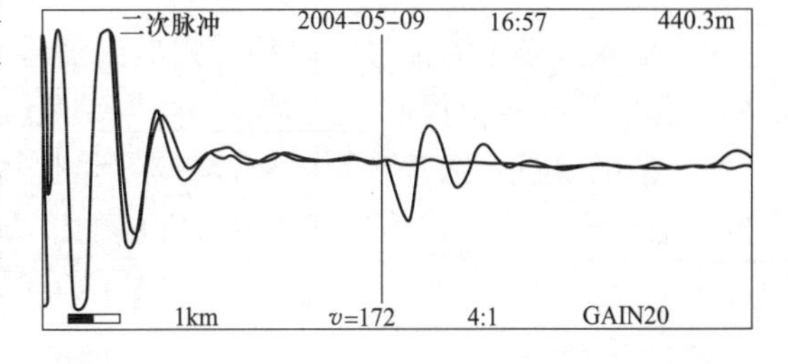

图 13-11　较标准的二次脉冲比较波形示意图

6. 主绝缘故障精确定点

故障测距后，可直接到对应距离的接头处查看。对于无法观测到故障点的，可选用声磁同步法或声测法精确定点。对于没有放电声音的金属性接地故障，可考虑用音频感应法精确定点。

（1）声磁同步法精确定点步骤。

1）正确连接高压冲击设备。高压冲击原理接线如图 13-12 所示。

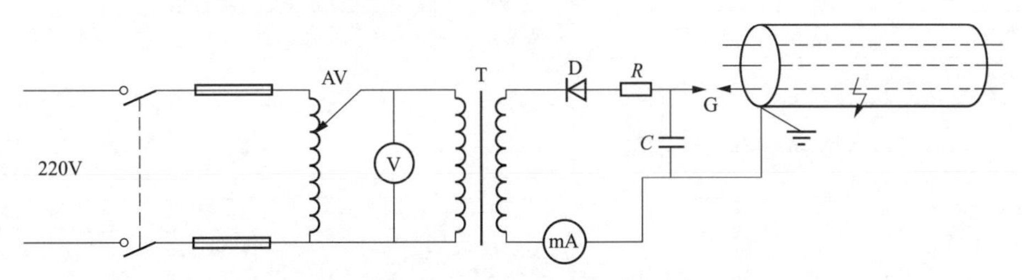

图 13-12　电缆接地故障精确定点高压冲击原理接线示意图

AV—调压器；T—升压变压器；D—高压硅堆；R—限流电阻；C—脉冲电容；G—放电球间隙

2）加压。对故障相施加冲击电压，使电力电缆故障点连续闪络放电，并根据电缆长度，调整两次放电时间间隔在 2～10s。在保证不损伤电力电缆的前提下，定点时冲击电压可适当提高，使放电声音明显，便于故障精确定点。

3）精确定点。对电力电缆施加周期性脉冲高压，在故障点击穿放电后，作业人员使用声磁同步定点仪，在故障点粗测距离的范围内的电缆路径正上方，每隔 1m 使探头紧贴地面，直至声磁同步法定点仪测得故障点放电的声磁时间差；同时，放电声音较大时，测试人员也可通过定点仪的耳机听到“啪啪”的放电声。移动探头至声磁时间差最小的点，下方即为电力电缆故障的精确位置。

（2）音频电流信号感应法精确定点步骤。

1）接线。按图 13-13 正确连接音频电流信号发生设备，电力电缆远端金属护层接地线悬空。

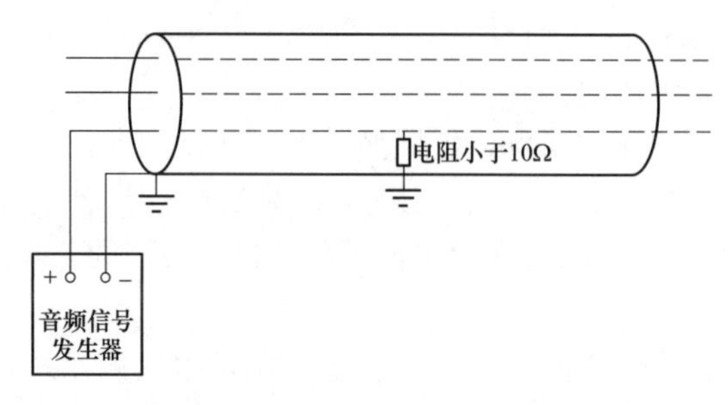

图 13-13　音频感应法探测金属性接地故障点原理接线示意图

2）输入音频电流信号。启动音频电流信号发生器，向电力电缆故障相中输入音频电流信号。若用管线定位仪的发生器输入信号，则应选择相对低的频率。

3）精确定点。携带音频信号接收器到测距结果附近，接收音频电流信号。故障点之前信号幅值比较均衡，在信号突然增大数倍的地方，初步判断为故障点；过初判点信号明显减弱甚至消失，则信号突然增大的点就是故障点的精确位置。

7. 测试记录

表 13-8 规定了测试记录的内容，包括线路名称、工作日期、绝缘电阻值、故障类型、精确定点位置和测试人员等。

表 13-8　　测试记录

线路名称			工作日期	年　月　日
电缆型号规格			附件型号规格	
相位	绝缘电阻值	故障类型	精确定点位置	测试人员
故障波形图				

8. 报告与记录

测试结束后，依据试验数据编制故障分析报告。

（四）工作终结

（1）召开现场收工会，作业人员向工作负责人汇报测试结果，工作负责人对完成的工作进行全面检查并进行工作点评和总结。

（2）清点工具，清理工作现场，检查被试设备上有无遗留工器具和试验用导地线，回收设备材料，拆除安全围栏，人员撤离。

（3）工作负责人向调度值班员汇报。

五、安全措施和注意事项

（一）气象条件

中压电力电缆线路主绝缘故障测寻应在良好天气下开展，若遇雷电、雪、雹、雨、雾等不良天气应暂停检测工作。主绝缘故障测寻过程中若遇天气突然变化，有可能危及人身及设备安全时，应立即停止工作，撤离人员，恢复设备正常状况，或采取临时安全措施。

（二）作业环境

如在交通繁忙地段，应与交通管理部门联系以取得配合。

（三）安全距离

（1）应确保操作人员及测试仪器与电力设备的高压部分保持足够的安全距离。

（2）注意周边有电设备并保持安全距离，戴好绝缘手套及铺设橡皮绝缘垫（毯），防止误碰有电设备。

（3）与带电线路、同回路线路带电裸露部分保持足够的安全距离［10kV 不小于 0.7m，20（35）kV 不小于 1.0m］。

（四）关键点

（1）装设接地线应先接接地端、后接导线端，拆接地线的顺序与此相反。

（2）试验工作现场应设好试验遮栏，悬挂好标示牌，应有专人监护，避免其他人员误入危险区域，引起误伤。

（3）操作时应采取戴绝缘手套、铺设橡胶绝缘垫等相关安全防护措施，防止误碰带电设备。

（4）放电时应使用合格的、相应电压等级的放电设备。

（5）试验结束后，应对电缆逐相充分放电后接地，避免人员触电。

（五）其他安全注意事项

（1）试验设备必须由专业检测人员接线；

（2）防止机械伤人，避免搬运盖板砸伤手脚；

（3）采取有效隔离措施，以防电缆烧坏引起火灾。

六、规范性引用文件

（1）《电力电缆线路试验规程》（Q/GDW 11316—2014）。

（2）《电力电缆及通道运维规程》（Q/GDW 1512—2014）。

（3）《国家电网公司电力安全工作规程　线路部分》（Q/GDW 1799.2—2013）。

（4）《国家电网公司电力安全工作规程（配电部分）（试行）》（中国电力出版社出版）。

(5)《电力电缆故障探测技术》(机械工业出版社出版)。

(6)《国家电网公司生产技能人员职业能力培训专用教材　输电电缆》(中国电力出版社出版)。

(7)《国家电网公司生产技能人员职业能力培训专用教材　配电电缆》(中国电力出版社出版)。

第三节　线路路径探测

一、作业范围

中压电力电缆线路路径探测。

二、人员组合

本项目需 2～3 人，具体分工情况见表 13-9。

表 13-9　　人员分工

人员类别	职　责	作业人数
工作负责人（专职监护人）	(1) 对工作全面负责，在测试工作中要对作业人员明确分工，保证工作质量。 (2) 对电力电缆路径探测结果负责。 (3) 识别现场作业危险源，组织落实防范措施。 (4) 工作前对工作班成员进行危险点告知，交代安全措施和技术措施，并确认每一个工作班成员都已知晓。 (5) 对作业过程中的安全进行监护	1 人
作业人员	验电、放电、挂接地线、相位核对、电缆测试	1～2 人

三、主要装备和工器具

中压电力电缆线路路径探测所需要的主要装备和工器具见表 13-10。

表 13-10　　主要装备和工器具

序号	工器具名称	型号、规格	数量	单位	备注
1	电缆路径探测仪		1	套	由音频电流信号发生器与信号接收器组成。 包含单频率普通路径仪及地下金属管线定位仪
2	绝缘手套		2	副	相应电压等级
3	标示牌	—	若干	块	
4	安全遮栏（围栏）	—	若干	套	
5	线夹	标准	若干	副	
6	接地线		3	副	相应电压等级

四、作业步骤

中压电力电缆线路路径探测作业流程如图 13-14 所示。

(一) 工器具储运与检测

(1) 校验路径探测设备性能是否正常，保证设备电量充足或者现场电源满足仪器使用

要求。

（2）领用绝缘工器具和辅助器具，核对工器具的使用电压等级和试验周期并检查确认外观是否完好无损。

（3）检测作业前，清点并检查检测设备、仪表、工器具、安全用具等是否齐全，且在有效期内，并摆放整齐。

（4）工器具在运输过程中应存放在专用工具袋、工具箱或工具车内，以防受潮和损伤。

（二）现场操作前的准备

（1）工作负责人核对电力电缆线路名称。

（2）工作负责人在测试点操作区装设安全围栏，悬挂安全标示牌，检测前封闭安全围栏。

（3）工作负责人召集工作人员交代工作任务，对工作班成员进行危险点告知，交代安全措施和技术措施，确认每一个工作班成员都已知晓。检查工作班成员精神状态是否良好、人员是否合适。

（4）停电电力电缆的路径探测需做好停电、验电、放电和接地工作，带电运行电力电缆的路径探测需严格遵守安全规程。

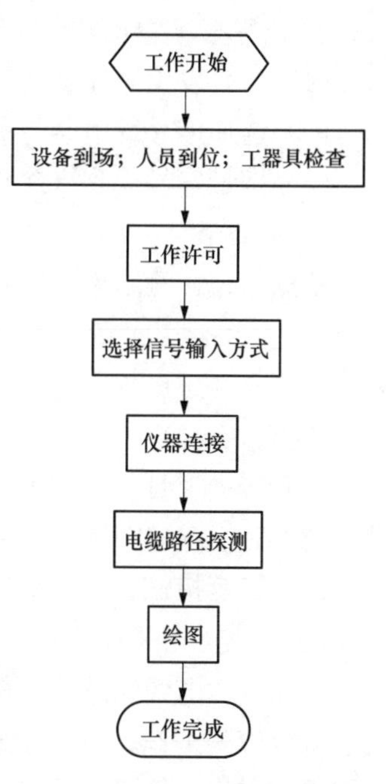

图 13-14　中压电力电缆线路路径探测作业流程图

（三）选择信号输入方式

电力电缆信号输入可选用直连法或耦合法，带电运行电力电缆信号输入选用耦合法。

（四）仪器连接

1. 直连法

直连法的仪器接线有相间接法、相铠接法、相地线法和铠地接法等接线方式。例如，停电中压电力电缆路径探测宜采用相铠接法，如图 13-15 所示。

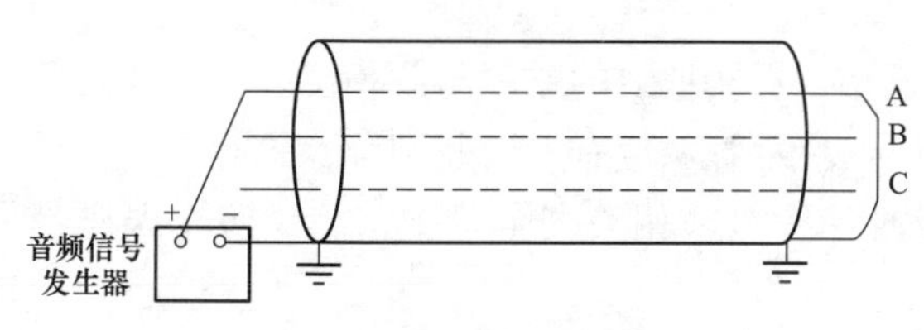

图 13-15　路径探测相铠接法示意图

2. 耦合法

中压电力电缆路径探测耦合法信号输入，将耦合互感器卡在电缆上，电缆两端须接地。

（五）操作步骤

1. 单频率普通路径仪探测步骤

信号发生器连接好后，开机向电力电缆中输入音频电流信号，选用音峰法或音谷法探测电缆路径。

（1）音峰法。沿着电力电缆的大致方向，将探测线圈置于水平放置，缓慢移动探测线圈，当发现信号由弱变强，再由强变弱，说明电缆就在这两点之间，声音最强的正下方就是电缆所在位置。

（2）音谷法。将探测线圈置于垂直放置，沿着电力电缆的大致方向上，缓慢移动探测线圈，当发现信号由强变弱，再由弱变强，说明电缆就在这两点之间，声音最弱的正下方就是电缆所在位置。

2. 地下金属管线定位仪路径探测步骤

（1）信号发生器连接好后，开机向电缆中输入音频电流信号。

（2）选择信号发生器与信号接收机的输出、接收频率一致。

（3）携带信号接收机探测电缆路径。

（六）绘图

根据路径探测结果，绘制中压电力电缆线路路径图。

（七）工作完成

（1）召开现场收工会，作业人员向工作负责人汇报测试结果，工作负责人对完成的工作进行全面检查并进行工作点评和总结。

（2）清点工具，清理工作现场，检查被试设备上有无遗留工器具和试验用导地线，回收设备材料，拆除安全围栏，人员撤离。

五、安全措施和注意事项

（一）气象条件

中压电力电缆线路路径探测应在良好天气下开展，若遇雷电、雪、雹、雨、雾等不良天气应暂停检测工作。路径探测过程中若遇天气突然变化，有可能危及人身及设备安全时，应立即停止工作，撤离人员，恢复设备正常状况，或采取临时安全措施。

（二）作业环境

如在交通繁忙地段，应与交通管理部门联系以取得配合。

（三）安全距离

（1）应确保操作人员及测试仪器与电力设备的高压部分保持足够的安全距离。

（2）注意周边有电设备并保持安全距离，戴好绝缘手套及铺设橡皮绝缘毯，防止误碰有电设备。

（3）与带电线路、同回路线路带电裸露部分保持足够的安全距离。

（四）关键点

（1）装设接地线应先接接地端、后接导线端，拆接地线的顺序与此相反。

（2）试验工作现场应设好试验遮栏，悬挂好标示牌，应有专人监护。

（3）操作时应采取戴绝缘手套、铺设橡胶绝缘垫等相关安全防护措施，防止误碰带电设备。

（五）其他安全注意事项

（1）根据工作任务，选择正确的工器具及材料。

（2）现场安全设施的设置要求正确、完备，工作区域挂好警示牌。

（3）作业前要认真核对铭牌。对停电电缆进行路径探测时，三相导体分别验电、放电、接地后才能继续工作。

（4）配备专人监护，影响安全的，即刻停止操作。

六、规范性引用文件

（1）《电力电缆线路试验规程》（Q/GDW 11316—2014）。

（2）《电力电缆及通道运维规程》（Q/GDW 1512—2014）。

（3）《国家电网公司电力安全工作规程　线路部分》（Q/GDW 1799.2—2013）。

（4）《国家电网公司电力安全工作规程（配电部分）（试行）》。
（5）《电力电缆故障探测技术》。
（6）《国家电网公司生产技能人员职业能力培训专用教材　输电电缆》。
（7）《国家电网公司生产技能人员职业能力培训专用教材　配电电缆》。

第四节　振荡波局部放电检测

一、工作范围

对被试电力电缆的放电、电缆主绝缘绝缘电阻测试、电缆长度测试及电缆接头位置测试、振荡波试验、局部放电校准与加压测试。

二、人员组合

本项目需 4 人，具体分工情况见表 13-11。

表 13-11　　人员分工

人员类别	工作职责	作业人数
工作负责人（专责监护人）	（1）对工作全面负责，在测试工作中要对作业人员明确分工，保证工作质量。 （2）工作前对工作班成员进行危险点告知，交代安全措施和技术措施，并确认每一个工作班成员都已知晓。 （3）对作业过程中的安全进行监护	1 人
监护人	对作业过程中的安全进行监护	1 人
作业人员	检查设备、进行测试、数据记录	2 人

三、主要装备和工器具

振荡波局部放电检测的主要装备和工器具配备见表 13-12。

表 13-12　　主要装备和工器具

序号	工器具名称	规格	数量	单位	备注
1	笔记本电脑		1	台	
2	外部控制开关		1	个	
3	电缆振荡波局部放电测试系统高压单元		1	个	
4	均压环		2	个	
5	校准器		1	个	
6	高压单元连接线		若干	根	
7	放电棒		1	根	
8	地线		20	m	
9	稳压电源		1	个	
10	闪测仪		1	台	

续表

序号	工器具名称	规格	数量	单位	备注
11	绝缘电阻表		1	只	
12	温湿度计		1	个	
13	补偿电容器		若干	个	
14	安全工器具		若干	个	

四、作业步骤

（一）工器具储运与检测

（1）检验参数测试设备性能是否正常，保证设备电量充足或者现场交流电源满足仪器使用要求。

（2）领用绝缘工器具和辅助器具，核对工器具的使用电压等级和试验周期并检查确认外观完好无损。

（3）检测作业前，清点并检查检测设备、仪表、工器具、安全用具等是否齐全，且在有效期内，并摆放整齐。

（4）工器具在运输过程中应存放在专用工具袋、工具箱或工具车内，以防受潮和损伤。

（二）现场操作前的准备

（1）工作负责人在测试点操作区装设安全围栏，悬挂标示牌，检测前封闭安全围栏。

（2）工作负责人召集工作人员交代工作任务，对工作班成员进行危险点告知，交代安全措施和技术措施，确认每一个工作班成员都已知晓。检查工作班成员精神状态是否良好、人员是否合适。

（3）做好停电、验电、放电和接地工作。

（4）拆开电力电缆两端连接设备，清扫电缆两侧终端。

（三）操作步骤

（1）被试电力电缆已停电，具备试验条件。

（2）将电力电缆接地进行充分放电。

（3）测量电缆主绝缘绝缘电阻，做好记录。

（4）测量电力电缆长度及电缆接头位置。

（5）进行振荡波试验设备接线，确认无误后启动系统，输入电力电缆基本信息。

（6）局放校准：

1）校准前，要检验校准仪的电量是否充足，检查校准仪的标定脉冲的频率设置是否正确。

2）校准仪信号输出线正极（红线）接电缆导体，负极（黑线）接电缆屏蔽接地线，保证校准信号线与电缆终端连接可靠；若校准仪输出信号线与电缆终端连接接反，会导致校准入射波极性为负，对定位分析中脉冲匹配首波峰的选择造成影响，进而影响定位结果。

3）选择三相（all），对100pC～100nC逐一标定放电量。在背景干扰较大情况下或对较长电缆（3000m以上）进行校准时，若低量程（100、200pC）校准反射波无法识别，该挡校准数据可放弃，选择更高一挡量程开始校准。

4）入射波波峰要调整到80％红线处，未达到或超出该红线都会使得放电量幅值校准不

准确，将造成实际测试放电量幅值出现偏差。

5）标定过程要注意仪器显示的电缆波速，如波速偏离范围（交联聚乙烯电缆波速为170～172m/μs）意味着电力电缆长度测量有误。

（7）加压测试，分别对三相电力电缆按表13-13顺序和要求进行测试，保存数据。

1）要根据每挡电压作用下仪器检测的电力电缆局部放电水平合理选择量程。量程选择过大，会导致局部放电检测结果偏大；量程选择过小，局部放电脉冲幅值超量程会导致局部放电定位分析过程中丢失部分脉冲信息，影响分析结果。

2）在出现局部放电的电压下保存局部放电起始放电数据，在最高测试电压（新电力电缆为2.0U_0）下保存局部放电熄灭放电数据。

表13-13　加压测试步骤

电压等级（×U_0）	加压次数	测试目的
0	1次	测量环境背景局部放电水平
0.5，0.7，0.9	各1次	（1）测试局部放电起始电压。 （2）测试电力电缆在U_0电压下的局部放电情况。 （3）电力电缆在1.7U_0电压下测试局部放电熄灭电压
1.0	3次	
1.2，1.3	各1次	
1.5	3次	
1.7	5次	
2.0	3次	对新投运电力电缆所加最高电压，测试局部放电熄灭电压
0	1次	放电

（8）测量电缆主绝缘绝缘电阻，做好记录。

（9）拆除试验设备，清理工作现场。

（10）办理工作终结手续。

（11）填写实验报告。

（四）工作终结

（1）召开现场收工会，作业人员向工作负责人汇报测试结果，工作负责人对完成的工作进行全面检查并进行工作点评和总结。

（2）清点工具，清理工作现场，检查被试设备上有无遗留工器具，拆除安全围栏，人员撤离。

五、安全措施和注意事项

（一）关键点

（1）装设接地线应先接接地端、后接导线端，拆接地线的顺序与此相反。

（2）试验工作现场应设好试验遮栏，悬挂好标示牌，应有专人监护，避免其他人员误入危险区域，引起误伤。

（3）放电时应使用合格的、相应电压等级的放电设备。

（4）试验结束后，应对电缆逐相充分放电后接地，避免人员触电。

（5）操作时应采取戴绝缘手套、铺设橡胶绝缘垫等相关安全防护措施，防止误碰有电设备。

（6）试验时与相关带电设备保持足够的安全距离［10kV不小于0.7m，20(35)kV不小于1.0m］。

（二）其他安全注意事项

（1）装设接地线时，接地线应连接可靠，不准缠绕。

（2）除试验相外，另两相电缆应接地。采用专用的试验线缆完成设备接线，确保试验装置的金属外壳可靠接地。

（3）认真核对现场工作范围。

（4）现场安全设施的设置要求正确、完备，工作区域挂好标示牌。

（5）配备专人监护，影响安全的，即刻停止操作。

（6）放电时要注意放电棒不可对准屏蔽线放电，这样会导致屏蔽线的外绝缘击穿，会导致置于高压端的电流表损坏。

六、规范性引用文件

（1）《6kV～35kV 电缆振荡波局部放电测试方法》（DL/T 1576—2016）。

（2）《配电电缆线路试验规程》（Q/GDW 11838—2018）。

第五节　超低频介质损耗检测

一、工作范围

对被试电力电缆的试验前预处理、电缆对地绝缘电阻测试、介质损耗测试等。

二、人员组合

本项目需 4 人，具体分工情况见表 13-14。

表 13-14　　人员分工

人员类别	职　　责	作业人数
工作负责人（专责监护人）	（1）对工作全面负责，在测试工作中要对作业人员明确分工，保证工作质量。 （2）工作前对工作班成员进行危险点告知，交代安全措施和技术措施，并确认每一个工作班成员都已知晓。 （3）对作业过程中的安全进行监护	1 人
监护人	对作业过程中的安全进行监护	1 人
作业人员	检查设备、进行测试、数据记录	2 人

三、主要装备和工器具

超低频介质损耗检测的主要装备和工器具配备见表 13-15。

表 13-15　　主要装备和工器具

序号	工器具名称	规格	数量	单位	备注
1	安全遮栏（围栏）		若干	套	
2	标示牌		若干	块	
3	测距仪		1	台	
4	绝缘电阻表	2500V 及以上	1	只	
5	接地棒		2	根	相应电压等级

续表

序号	工器具名称	规格	数量	单位	备注
6	绝缘手套		若干	副	相应电压等级
7	接地引线		20	m	
8	稳压电源		1	个	
9	屏蔽罩		1	个	
10	U盘		1	个	
11	绝缘鞋		若干	双	
12	超低频介质损耗测试仪		1	台	
13	笔记本电脑		1	台	

四、作业步骤

中压电力电缆超低频介质损耗检测流程如图13-16所示。

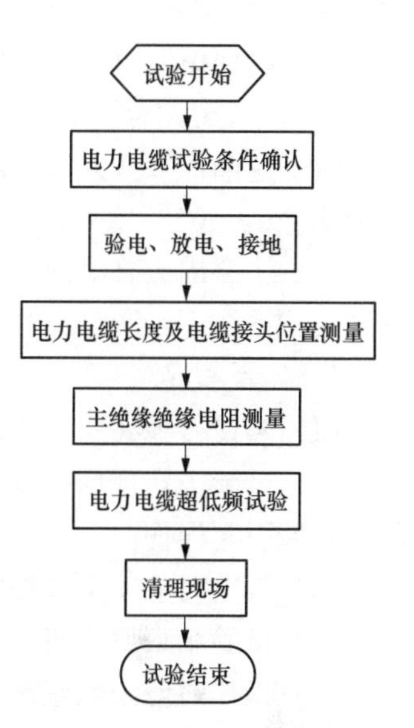

图13-16 中压电力电缆超低频介质损耗检测流程图

（一）工具储运与检测

（1）检验参数测试设备性能是否正常，保证设备电量充足或者现场交流电源满足仪器使用要求。

（2）领用绝缘工器具和辅助器具，核对工器具的使用电压等级和试验周期并检查确认外观完好无损。

（3）检测作业前，清点并检查检测设备、仪表、工器具、安全用具等是否齐全，且在有效期内，并摆放整齐。

（4）工器具在运输过程中，应存放在专用工具袋、工具箱或工具车内，以防受潮和损伤。

（二）现场操作前的准备

（1）工作负责人在测试点操作区装设安全围栏，悬挂安全标示牌，检测前封闭安全围栏。

（2）工作负责人召集工作人员交代工作任务，对工作班成员进行危险点告知，交代安全措施和技术措施，确认每一个工作班成员都已知晓。检查工作班成员精神状态是否良好、人员是否合适。

（3）做好停电、验电、放电和接地工作。

（4）拆开电力电缆两端连接设备，清扫电力电缆两侧终端。

（三）被试样品处理

对被试电力电缆终端表面进行清洁，确保表面光洁。

（四）检测步骤及要求

（1）确认被测电力电缆停电，被测电力电缆近端和远端与电力系统完全断开，远端三相悬空，并互相保持足够的安全距离。

（2）采用测距仪对电力电缆线路的长度、接头位置与数量进行测试。

（3）超低频介质损耗测试前，采用2500V及以上绝缘电阻表测量电力电缆的绝缘电阻。

（4）检查电缆终端清洁并使其处于良好状态，将高压连接电缆一侧与被测电力电缆终端连接，另一侧与测试主机连接，将其他相电缆终端与检测装置接地。

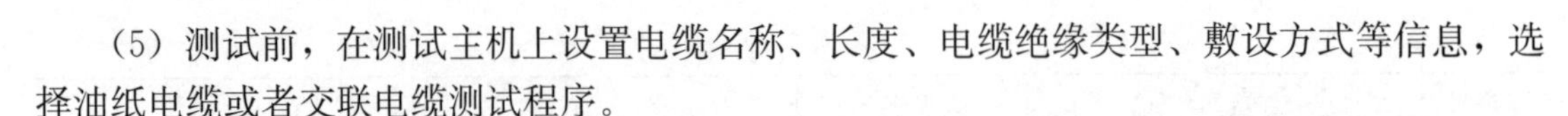

(5) 测试前，在测试主机上设置电缆名称、长度、电缆绝缘类型、敷设方式等信息，选择油纸电缆或者交联电缆测试程序。

(6) 点击介质损耗测试按钮，对被测电力电缆进行加压，自动测试 $0.5U_0$、$1.0U_0$、$1.5U_0$ 三个电压下相关介质损耗数据，得到介质损耗值以及测试曲线。

(7) 将测试结果与测试报告，通过 USB 接口保存至 PC 机。

五、安全措施和注意事项

(一) 气象条件

超低频介质损耗试验应在良好天气下开展，若遇雷电、雪、雹、雨、雾等不良天气应暂停检测工作。试验过程中若遇天气突然变化，有可能危及人身及设备安全时，应立即停止工作，撤离人员，恢复设备正常状况，或采取临时安全措施。

(二) 作业环境

电力电缆试验时，应确保试验场地具备足够的空间。

(三) 安全距离

(1) 应确保操作人员及测试仪器与电力设备的带电部分保持足够的安全距离 [10kV 不小于 0.7m，20(35)kV 不小于 1.0m]。

(2) 注意周边有电设备并保持安全距离，戴好绝缘手套及铺设橡胶绝缘垫，防止误碰有电设备。

(四) 关键点

(1) 装设接地线应先接接地端、后接导线端，拆接地线的顺序与此相反。

(2) 试验工作现场应设好试验遮栏，悬挂好标示牌。应有专人监护，避免其他人员误入危险区域引起误伤。

(3) 放电时应使用合格的、相应电压等级的放电设备。

(4) 试验结束后，应对电缆逐相充分放电后接地，避免人员触电。

(5) 操作时应采取戴绝缘手套、铺设橡胶绝缘垫等相关安全防护措施，防止误碰带电设备。

(五) 其他安全注意事项

(1) 装设接地线时，接地线应连接可靠，不准缠绕。

(2) 认真核对现场工作范围。

(3) 现场安全设施的设置要求正确、完备，工作区域挂好标示牌。

(4) 配备专人监护，影响安全的，即刻停止操作。

(5) 放电时要注意放电棒不可对准屏蔽线放电，这样会导致屏蔽线的外绝缘击穿，会导致置于高压端的电流表损坏。

六、规范性引用文件

(1)《配电电缆线路试验规程》(Q/GDW 11838—2018)。

(2)《有屏蔽层电力电缆系统绝缘层现场型试验与评估导则》(IEEE 400—2013)。

第六节　敷设现场作业规范

本节介绍了中压电力电缆在采用机械敷设时的工作范围、人员组成、主要装备、工器

具、材料、作业步骤、安全措施和注意事项及规范性引用文件。如采用人力敷设，应根据敷设长度适当增加作业人员和相应机具；如是单芯电力电缆，请参照高压电力电缆敷设相关规范执行。

一、工作范围

中压电力电缆的敷设作业，包括敷设前的检查和准备、安全措施、操作步骤、工作终结等。

二、人员组合

每个敷设段长（以整盘500m为例）至少需高级工4人、中级工15人，人员组成见表13-16。

表13-16　　中压电力电缆敷设作业人员组成

序号	人员类别	人数
1	工作负责人 （兼工作监护人）	1人
2	高级工	不少于4人
3	中级工	不少于15人

注　整盘500m以上的电力电缆，视实际情况相应增加作业人数和敷设器具。

三、主要装备、工器具和材料

中压电力电缆敷设所需的主要装备、工器具和材料配备见表13-17和表13-18。

表13-17　　中压电力电缆敷设所需主要装备和工器具

序号	名称	型号/规格	数量	单位	备注
1	牵引机		1	台	性能良好
2	卷扬机		1	台	性能良好
3	张力仪		1	只	性能良好
4	电缆盘支架		1	套	性能良好
5	防捻器		1	个	性能良好
6	牵引钢丝绳		550	m	
7	牵引钢丝网套		1	只	
8	钢钎锚桩		3	根	
9	拉锚钢丝绳套		6	根	
10	U形螺栓		6	只	
11	钢丝紧线器		4	只	
12	开口葫芦		4	只	性能良好
13	喇叭口		根据需要	只	性能良好
14	380V电源箱		1	只	检查合格
15	380V电源线		根据需要	m	检查合格
16	通信工具		根据需要	只	能够正常使用
17	照明灯具或应急灯		根据需要	只	电量充足

续表

序号	名称	型号/规格	数量	单位	备注
18	水平直线滑车		250	只	能够正常使用
19	水平转弯滑车组		3	组	
20	定位滑车		6	只	
21	悬吊式滑车		5	个	
22	V形滑车		1	个	
23	竖井转弯滑车组		2	组	
24	竖井直线滑车组		3	组	
25	扳手、钳子等工具		2	套	

表 13-18　　中压电缆敷设所需材料

序号	名称	型号/规格	数量	单位	备注
1	铁丝		若干	m	
2	防水带		2	卷	
3	PVC绑带		3	卷	
4	封帽	热缩型	2	只	
5	液化气瓶		1	瓶	带节流阀的喷枪头
6	滑石粉		若干	kg	
7	灭火器	手提式	2	只	

四、作业步骤

（一）敷设前的准备工作

（1）施工前根据施工图进行现场勘察，确定周边环境对电缆路径的影响、电缆盘的放置位置、终端安装位置、带电（停电）部位、交通及主要存在的危险源等情况。电缆通道土建应验收合格。

（2）敷设电力电缆前应检查电缆敷设路径，综合考虑路径长度、施工、运行和维修方便等因素。隧道要满足电力电缆弯曲半径的要求，电缆通道内应无积水、杂物及其他妨碍电力电缆敷设的物体。

（3）进入隧道或综合管廊等有限空间前，检测电缆隧道内的有毒有害及可燃气体含量；气体含量不符合要求时要进行通风处理，合格后方可进入施工。

（4）牵引时，电缆端头应从电缆盘上方引出。

（5）根据电力电缆施工现场勘察情况编写施工现场占道方案，并报相关部批准。

（6）根据施工图及现场勘察情况编写电力电缆敷设施工方案及作业指导书，要求切合实际，并根据要求进行审核、批准。

（7）对施工参与者进行施工方案及安全措施交底，并做好交底记录。

（8）敷设人员应熟悉敷设工艺方法及现场环境。参与作业人员工作前应经过交底及培训，明确敷设的工艺方法、电力电缆参数及质量要求，并熟悉现场环境。

（9）办理相关施工许可手续，如工作票等。

（10）联系电力电缆路径沿线遇到的相关设施所属单位，并做好相关许可或备案等手续。

（二）不同敷设方式的作业步骤

1. 隧道敷设的作业步骤

隧道敷设的作业流程如图 13-17 所示。

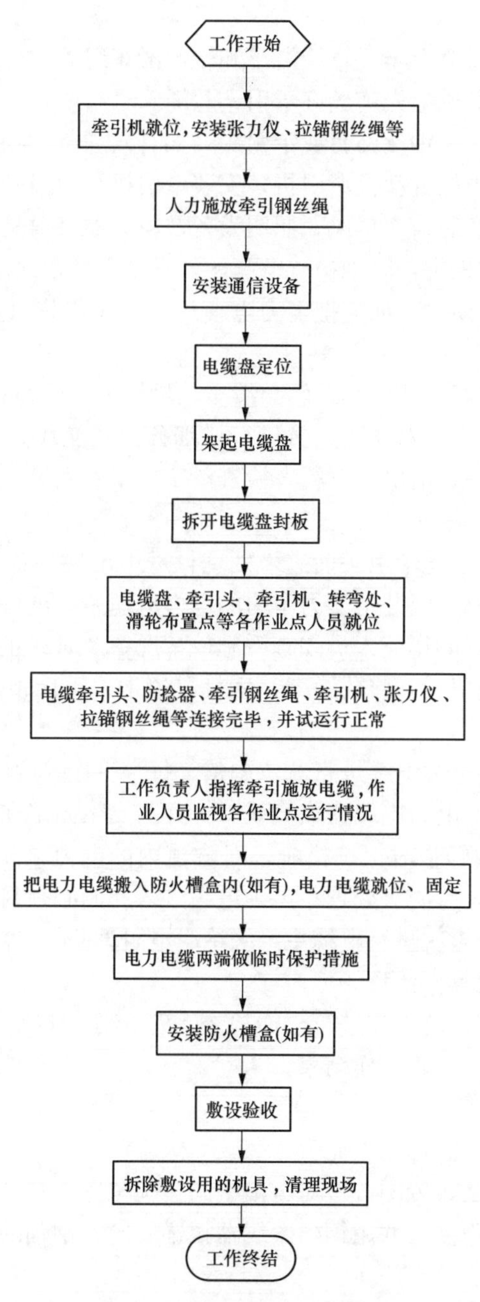

图 13-17　隧道敷设作业流程图

（1）根据敷设方案平面布置图，核对电缆中间接头位置，合理安排每盘电力电缆施放就位点。电缆放缆架应放置稳妥，并用钢丝紧线器拉锚固定；钢轴的强度和长度应与电缆盘质量和宽度相配合。

（2）敷设前，对电缆主绝缘绝缘电阻进行检测，并检查电缆是否受潮。

（3）检查清除电力电缆施放通道、管道管口杂物等。

（4）沿电力电缆敷设通道安装有线或无线通信设备，检查通道上照明、通风设备运行是否正常。

（5）在电力电缆敷设通道上布置直线滑车和转弯滑车组等。

（6）在电力电缆敷设通道上先施放好牵引钢丝绳。

（7）在电缆端部安装牵引钢丝网套或牵引头（如有）、防捻器和牵引钢丝绳。

（8）在敷设通道上适当位置就位牵引机，安装牵引机受力锚桩、张力仪。

（9）牵引前，再次检查通信、排风、照明设备及应急器具等是否正常。

（10）电力电缆敷设过程中，时刻检查电缆的外观是否异常或破损，并记录。

（11）人力敷设电力电缆时，如需把电力电缆从盘上拉出临时放置在地面上，电力电缆须盘绕“∞”字形堆放。

（12）沿施放通道调整好直线滑车、转角滑车、机械牵引机和管道入口喇叭口配置。

（13）施放前，工作负责人对作业人员进行详细分工及交代。施放中，由工作负责人统一指挥，作业人员各司其职，沿电缆巡视，检查滑车、牵引机等是否正常工作，特别加强检查转弯处和管道口的情况。

（14）作业人员须跟随电缆牵引头前进，处理行进中出现的各种情况；作业人员须对运转的电缆盘、运行的牵引机、竖井中受力牵引的电力电缆始终进行监视，一旦出现异常情况立即叫停；沿电力电缆巡视的作业人员须查看施放情况，及时纠正错误操作行为。

（15）电力电缆施放完毕后，将放缆架、大轴、道木、千斤顶等工器具和材料移至下一盘电缆施放工作点。

（16）施放结束后，对电力电缆进行就位调整。每个工作井内的电力电缆要有弯曲余度，全线通道上根据设计要求把电力电缆摆成直线状，并与支架固定在一起。

（17）电力电缆两端做好临时保护措施，对隧道内的电力电缆用线路标示牌进行标识，并按设计要求对电缆本体进行防火处理；电力电缆进入孔洞必须封堵。

（18）敷设完毕后，应再次进行电缆主绝缘绝缘电阻试验。

（19）撤出敷设用的机具，清理场地。

（20）工作负责人对完成的工作进行全面检查，符合验收规范要求后记录在册，并召开现场收工会进行工作点评，宣布工作结束。

2. 沟槽敷设的作业步骤

沟槽敷设的作业流程如图 13-18 所示。

（1）根据敷设方案平面布置图，核对电缆中间接头位置，合理安排每盘电力电缆施放就位点。电缆放缆架应放置稳妥，并用钢丝紧线器拉锚固定；钢轴的强度和长度应与电缆盘质量和宽度相配合。

（2）敷设前，对电缆主绝缘绝缘电阻进行检测，并检查电缆是否受潮。

（3）开启电缆沟槽，并清除电缆沟槽内的杂物。

（4）沿电力电缆敷设通道安装有线或无线通信设备，检查通道上照明、通风设备运行是否正常。

（5）沿沟布设直线滑车、转角滑车、悬吊滑车及在管道入口配置喇叭口。

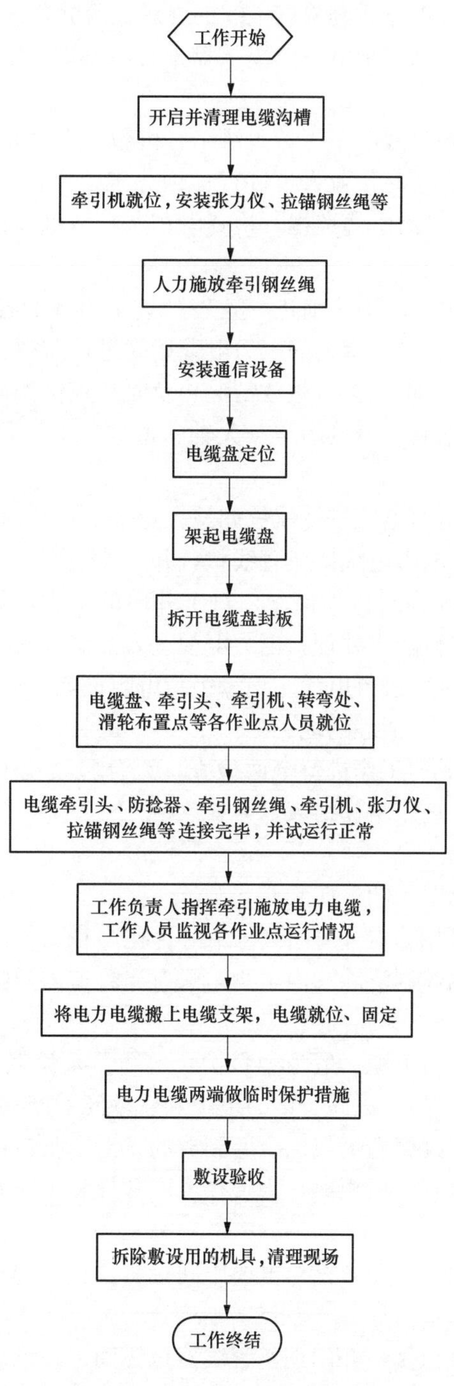

图 13-18　沟槽敷设作业流程图

（6）在电力电缆敷设通道上先施放好牵引钢丝绳。

（7）在电缆端部安装牵引钢丝网套或牵引头（如有）、防捻器和牵引钢丝绳。

（8）在敷设通道上适当位置就位牵引机，安装牵引机受力锚桩、张力仪。

（9）牵引前，再次检查通信、排风、照明设备及应急器具等是否正常。

（10）电力电缆敷设过程中，时刻检查电缆的外观是否异常或破损，并记录。

（11）人力敷设电缆时，如需把电力电缆从盘上拉出临时放置在地面上，电力电缆须盘绕“∞”字形堆放。

（12）沿施放通道调整好直线滑车、转角滑车、机械牵引机和管道入口喇叭口配置。

（13）施放前，工作负责人对作业人员进行详细分工及交代。施放中，由工作负责人统一指挥，作业人员各司其职，沿电缆巡视，检查滑车、牵引机等是否正常工作，特别加强检查转弯处和管道口的情况。

（14）作业人员须跟随电缆牵引头前进，处理行进中出现的各种情况；作业人员须对运转的电缆盘、运行的牵引机、受力牵引的电力电缆始终进行监视，一旦出现异常情况立即叫停；沿电力电缆巡视的作业人员须查看施放情况，及时纠正错误操作行为。

（15）电力电缆施放完毕后，将放缆架、大轴、道木、千斤顶等工器具和材料移至下一盘电力电缆施放工作点。

（16）施放结束后，对电力电缆进行就位调整。每个工作井内的电力电缆要有弯曲余度，全线通道上根据设计要求把电力电缆摆成直线状，并与支架固定在一起。

（17）电力电缆两端做好临时保护措施，对工井内的电力电缆用线路标示牌进行标识，并按设计要求对电缆本体进行防火处理；电力电缆进入孔洞必须封堵。

（18）敷设完毕后，应再次进行电缆主绝缘绝缘电阻试验。

（19）撤出敷设用的机具，清理场地。

（20）工作负责人对完成的工作进行全面检查，符合验收规范要求后记录在册，并召开现场收工会进行工作点评，宣布工作结束。

3. 排管敷设的作业步骤

排管敷设的作业流程如图 13-19 所示。

（1）在疏通排管时，可用直径不小于 0.85 倍管孔内径、长度约 600mm 的钢管来回疏通，再用与管孔等直径的钢丝刷清除管内杂物。只有当管道内异物已清除、整条管道双向畅通后，才可敷设电缆。

（2）敷设在管道内的电力电缆一般为塑料护套电缆。敷设电力电缆时，不得损伤护层，可采用无腐蚀性的润滑剂（粉），以减少电力电缆和管壁间的摩擦力从而便于牵引。

（3）在排管口应套以波纹聚乙烯或铝合金制成的光滑喇叭口用以保护电力电缆。如果电缆盘搁置位置离开工作井口有一段距离，则须在工作井外和工作井内安装滑车支架组，或采用保护套管。

（4）根据敷设方案平面布置图，核对电缆中间接头位置，合理安排每盘电力电缆施放就位点。

（5）电缆放缆架应放置稳妥，并用钢丝紧线器拉锚固定；钢轴的强度和长度应与电缆盘质量和宽度相配合。

（6）敷设前，对电缆主绝缘绝缘电阻进行检测，并检查电力电缆是否受潮。

（7）检查清除沿电力电缆施放通道杂物等。

（8）在电力电缆敷设通道上布置直线滑车等。

（9）在电力电缆敷设通道上施放牵引钢丝绳，施放前涂抹润滑剂润滑。

（10）在电力电缆端部安装牵引钢丝网套或牵引头（如有）、防捻器和牵引钢丝绳。

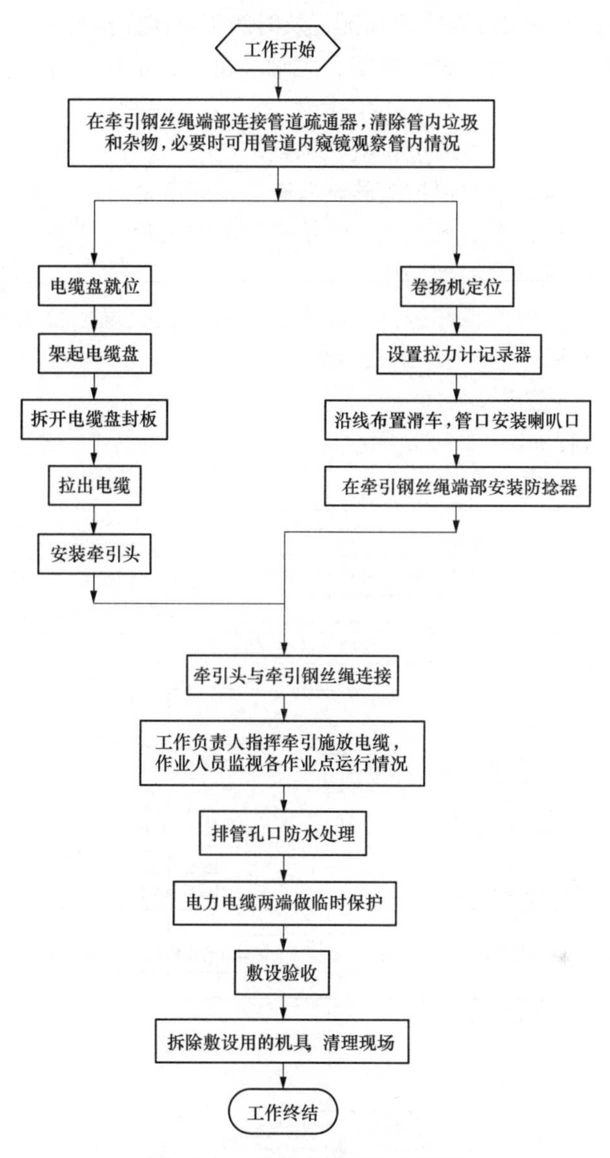

图 13-19　排管敷设作业流程图

(11) 在敷设通道上适当位置就位牵引机，安装牵引机受力锚桩、张力仪。

(12) 电力电缆敷设过程中，时刻检查电缆的外观是否异常或破损，并记录。

(13) 人力敷设电缆时，如需把电力电缆从盘上拉出临时放置在地面上，电力电缆须盘绕“∞”字形堆放。

(14) 沿施放通道调整好直线滑车、机械牵引机和管道入口喇叭口配置。

(15) 施放前，工作负责人对作业人员进行详细分工及交代。施放中，由工作负责人统一指挥，作业人员各司其职，沿电缆巡视，检查滑车、牵引机等是否正常工作，特别加强检查转弯处和管道口的情况。

(16) 作业人员须跟随电缆牵引头前进，处理行进中出现的各种情况；作业人员须对运转的电缆盘、运行的牵引机、受力牵引的电缆始终进行监视，一旦出现异常情况立即叫停；

沿电力电缆巡视的作业人员须查看施放情况，及时纠正错误操作行为。

（17）电力电缆施放完毕后，将放缆架、大轴、道木、千斤顶等工器具和材料移至下一盘电缆施放工作点。

（18）施放结束后，对电力电缆进行就位调整。

（19）电力电缆两端做好临时保护措施，所有管口应严密封堵，所有备用孔也应封堵。

（20）敷设完毕后，应再次进行电缆主绝缘绝缘电阻试验。

（21）撤出敷设用的机具，清理场地。

（22）工作负责人对完成的工作进行全面检查，符合验收规范要求后记录在册，并召开现场收工会进行工作点评，宣布工作结束。

4. 直埋敷设的操作步骤

直埋敷设的作业流程如图 13-20 所示。

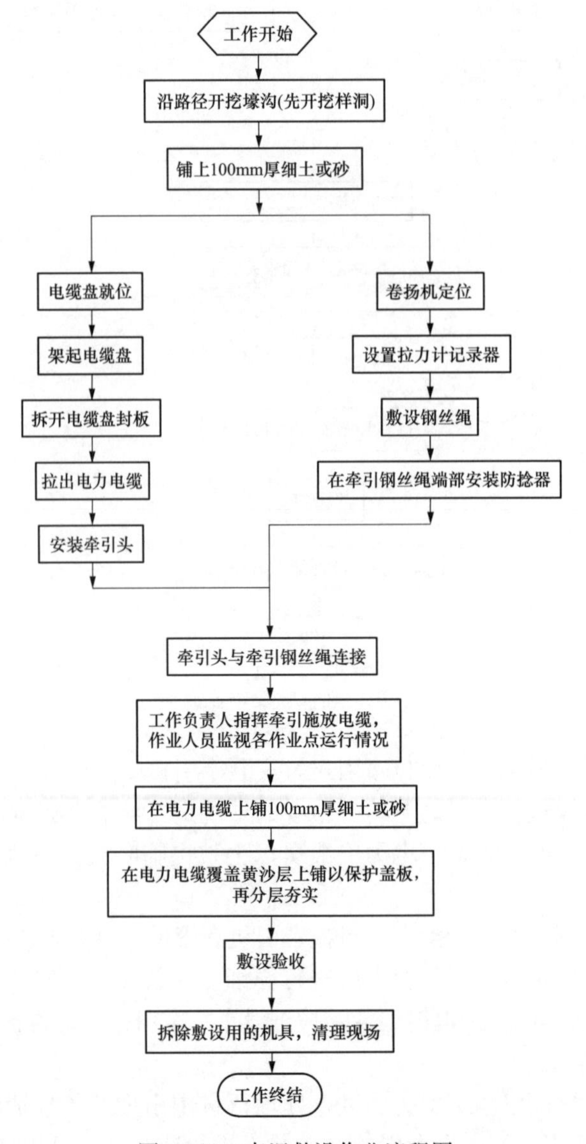

图 13-20　直埋敷设作业流程图

（1）对挖好的沟进行平整和清除杂物，全线检查，应符合相应要求。合格后可将细土或砂铺在沟内，厚度100mm，沙子中不得有石块、锋利物及其他杂物。

（2）所有堆土应置于沟的一侧，且距离沟边1m以外，以免放电力电缆时滑落沟内。

（3）根据敷设方案平面布置图，核对电缆中间接头位置，合理安排每盘电力电缆施放就位点。

（4）电缆放缆架应放置稳妥，并用钢丝紧线器拉锚固定；钢轴的强度和长度应与电缆盘质量和宽度相配合。

（5）敷设前，对电缆主绝缘绝缘电阻进行检测，并检查电缆是否受潮。

（6）检查清除沿电力电缆施放通道杂物等。

（7）在电力电缆敷设通道上布置直线滑车和转弯滑车组等。

（8）在电力电缆敷设通道上先施放好牵引钢丝绳。

（9）在电力电缆端部安装牵引钢丝网套或牵引头（如有）、防捻器和牵引钢丝绳。

（10）在敷设通道上适当位置就位牵引机，安装牵引机受力锚桩、张力仪。

（11）牵引前，再次检查通信设备和应急器具等是否正常。

（12）电力电缆敷设过程中，时刻检查电缆的外观是否异常或破损，并记录。

（13）人力敷设电力电缆时，如需把电力电缆从盘上拉出临时放置在地面上，电力电缆须盘绕“∞”字形堆放。

（14）沿施放通道调整好直线滑车、转角滑车、机械牵引机和管道入口喇叭口配置。

（15）施放前，工作负责人对作业人员进行详细分工及交代。施放中，由工作负责人统一指挥，作业人员各司其职，沿电缆巡视，检查滑车、牵引机等是否正常工作，特别加强检查转弯处和管道口的情况。

（16）作业人员须跟随电缆牵引头前进，处理行进中出现的各种情况；作业人员须对运转的电缆盘、运行的牵引机、受力牵引的电力电缆始终进行监视，一旦出现异常情况立即叫停；沿电缆巡视的作业人员须查看施放情况，及时纠正错误操作行为。

（17）电力电缆施放完毕后，将放缆架、大轴、道木、千斤顶等工器具和材料移至下一盘电缆施放工作点。

（18）施放结束后，对电力电缆进行就位调整。每个工作井内的电力电缆要有弯曲余度，全线通道上根据设计要求把电缆摆成直线状，并与支架固定在一起。

（19）电力电缆两端做好临时保护措施，并按设计要求对电缆本体进行防火处理。

（20）敷设完毕后，应再次进行电缆主绝缘绝缘电阻试验。

（21）向沟内充填不少于100mm厚的细土或砂，然后盖上保护盖板，盖板应安放平整，板间接缝严密。

（22）回填土应分层填好夯实，保护盖板上应全新铺设警示带。覆土要高于地面0.15～0.2m，以防沉陷。将覆土压平，把现场清理和打扫干净。

（23）撤出敷设用的机具，清理场地。

（24）工作负责人对完成的工作进行全面检查，符合验收规范要求后记录在册，并召开现场收工会进行工作点评，宣布工作结束。

五、安全措施和注意事项

（一）隧道敷设

（1）隧道内应具有烟雾报警、自动灭火、灭火箱等消防设备。

（2）隧道内应有良好的电气照明设施。

（3）隧道内应有良好的自动排水装置。在电缆隧道内设置适当数量的积水坑，一般每隔50m左右设积水坑一个，以使水及时排出。

（4）隧道内应采用自然通风和机械通风相结合的通风方式。

（5）电缆隧道两侧应架设用于放置固定电缆的支架。电缆支架与顶板或底板之间的距离应符合规定要求。电力电缆应分别安装在隧道的支架上，控制电缆应放置在防火槽盒内。

（6）电力电缆允许敷设最低温度，在敷设前24h内的平均温度及敷设时温度不应低于0℃；当温度低于0℃时应采取加热措施。

（7）电力电缆敷设过程应统一指挥，电缆盘刹车处、转弯处、牵引机处应设置专门的操作及看护人员，同时电缆盘处设专人检查电缆外观有无破损。

（8）电缆盘应配备制动装置，保证在异常情况下能够使电缆盘停止转动，防止电力电缆损伤。机械牵引电缆的速度不宜超过6m/min。当盘上剩余约2圈电缆时，应立即停车，在电缆尾端捆好尾绳，用人力牵引缓慢放下，严禁电缆尾端自由落下，防止伤及人员。

（9）电力电缆就位应轻放，严禁磕碰支架端部或其他尖锐硬物。

（二）沟槽敷设

（1）电力电缆固定于支架上，在设计无明确要求时，各支撑点间距应符合相关规定。

（2）充砂沟槽内，电力电缆平行敷设在沟中，电缆间净距不小于35mm，层间净距不小于100mm，中间填满细土或砂。

（3）敷设在普通沟槽内的电力电缆，为防火需要，应采用裸铠装或阻燃性外护套的电力电缆。

（4）电力电缆线路上如有接头，为防止接头故障时殃及邻近电缆，可将接头用防火槽盒保护或采取其他防火措施。

（5）电力电缆和控制电缆应分别安装在沟的两边支架上。若不能时，则应将电力电缆安置在控制电缆之下的支架上，高电压等级的电力电缆宜敷设在低电压等级电力电缆的下方。

（三）排管敷设

（1）交流单芯电缆管不得单独穿入钢管内，以免因电磁感应在钢管中产生损耗导致发热，进而影响电力电缆的正常运行。

（2）排管内部应无积水，且应无杂物堵塞。穿电力电缆时，不得损伤外护套，可采用无腐蚀性的润滑剂（粉）。

（3）在敷设电力电缆前，电缆排管应进行疏通，清除杂物。

（4）电缆芯工作温度相差较大的电缆，宜分别置于适当间距的不同排管组。

（5）管路纵向连接处的弯曲度应符合牵引电力电缆时不致损伤的要求。

（6）电力电缆敷设到位后应做好电力电缆固定和管口封堵，并应做好管口与电力电缆接触部分的保护措施。工作井中的电缆管口应按设计要求做好防水措施，避免电力电缆长时间浸泡在水中影响电缆寿命。

（四）直埋敷设

（1）电力电缆表面距地面的距离不应小于0.7m，穿越农田或在车行道下敷设时不应小于1m。引入建筑物、与地下建筑物交叉及绕过地下建筑物处可浅埋，但应采取保护措施。电力电缆应埋设于冻土层以下，当受条件限制时，应采取防止电力电缆受到损伤的措施。

（2）直埋电力电缆上、下部位应铺不小于100mm厚的细土或砂，并应加盖保护板，其覆盖宽度应超过电缆两侧各50mm。保护板可采用混凝土盖板或其他坚硬材质的盖板，特殊情况下可采用少量的砖块覆盖保护。细土或砂中不应有石块或其他硬质杂物。

（3）电缆中间接头外面应有防止机械损伤的保护盒。

（4）直埋敷设的电力电缆不得平行敷设于管道的正上方或正下方，高电压等级的电力电缆宜敷设在低电压等级电力电缆的下面。

六、规范性引用文件

（1）《电气装置安装工程　电气设备交接试验标准》（GB 50150—2016）。

（2）《电气装置安装工程　电缆线路施工及验收标准》（GB 50168—2018）。

（3）《电气装置安装工程　接地装置施工及验收规范》（GB 50169—2016）。

（4）《城市电力电缆线路设计技术规定》（DL/T 5221—2016）。

（5）《国家电网公司电力安全工作规程（配电部分）（试行）》。

（6）《国家电网公司电力安全工作规程　线路部分》（Q/GDW 1799.2—2013）。

第七节　电力电缆终端制作

一、工作范围

中压热缩式电缆终端、预制式电缆终端、冷缩式电缆终端的安装工作，主要包括：剥除外护套、电力电缆预处理、主绝缘预处理、终端头安装等。

二、人员组合

本项目至少需3人，人员组成见表13-19。

表13-19　中压电力电缆终端制作人员组成

序号	人员类别	职责	人数
1	工作负责人（兼工作监护人）	处理作业过程中出现的突发问题，保证作业质量和安全，作业开始前向参加工作的相关人员进行交底	1人
2	安装人员	按照附件安装工艺标准和时间要求进行电缆终端安装。对自己的工作质量和行为安全负责	不少于2人

三、主要装备、工器具和材料

电缆终端制作的主要装备、工器具和材料配备见表13-20～表13-23。

（一）10kV电力电缆终端制作所需主要装备、工器具和材料

表13-20　10kV电力电缆终端制作所需主要装备和工器具

序号	名称	规格	数量	单位	备注
1	常用工具		1	套	电工刀、钢丝钳、螺钉旋具、卷尺
2	绝缘电阻表	2500V	1	只	
3	万用表		1	只	
4	验电器	10kV	1	个	

续表

序号	名称	规格	数量	单位	备注
5	绝缘手套	10kV	1	副	
6	发电机	2kW	1	台	
7	电锯		1	把	
8	液压钳		1	把	根据电力电缆截面积适当选择
9	手锯		1	把	
10	液化气瓶	50L	1	瓶	
11	喷枪头		1	把	带节流阀
12	电烙铁	1kW	1	把	
13	锉刀	平锉/圆锉	各1	把	
14	电源盘		2	卷	220V
15	应急工作灯	200W	4	盏	
16	活络扳手	10/12in	各2	把	
17	棘轮扳手	10/19/22/24in	各2	把	
18	力矩扳手		1	套	
19	灭火器		2	个	
20	安全遮栏		若干	套	
21	标示牌		若干	块	

表 13-21　10kV 电力电缆终端制作所需主要材料

序号	名称	规格	数量	单位	备注
1	10kV 电缆终端头附件	根据电力电缆截面积、型号选用	1	套	热缩式、预制式、冷缩式
2	酒精	95%	1	瓶	
3	PVC 绑带	黄、绿、红、黑	各1	卷	20mm 宽
4	清洁布		若干	条	
5	清洁纸		1	包	
6	铜绑线	$\phi2$	0.5	kg	
7	镀锡铜绑线	$\phi1$	0.5	kg	
8	焊锡膏		1	盒	
9	焊锡丝		1	卷	
10	铜编织带	$25mm^2$	2	根	500mm/根
11	接线端子		3	个	根据需要选用
12	绝缘砂纸	180/240 号	各2	张	
13	玻璃片		若干	片	

（二）35kV电力电缆终端制作所需主要装备、工器具和材料

表 13-22　　35kV 电力电缆终端制作所需主要装备和工器具

序号	名称	规格	数量	单位	备注
1	常用工具		1	套	电工刀、钢丝钳、螺钉旋具、卷尺
2	绝缘电阻表	2500V 及以上	1	只	
3	万用表		1	块	
4	验电器	35kV	1	个	
5	绝缘手套	35kV	1	副	
6	发电机	2kW	1	台	
7	电锯		1	把	
8	压钳		1	把	
9	手锯		1	把	
10	液化气瓶		1	瓶	
11	喷枪头		1	把	
12	电烙铁	1kW	1	把	
13	锉刀	平锉/圆锉	各 1	把	
14	电源盘		2	卷	220V
15	应急工作灯	200W	4	盏	
16	活络扳手	10/12in	各 2	把	
17	棘轮扳手	10/19/22/24in	各 2	把	
18	力矩扳手		1	套	
19	灭火器		2	支	
20	安全遮栏		若干	套	
21	标示牌		若干	块	

表 13-23　　35kV 电力电缆终端制作所需主要材料

序号	名称	规格	数量	单位	备注
1	35kV 终端头附件		1	组	热缩式、预制式、冷缩式
2	酒精	95%	1	瓶	
3	PVC 绑带	黄、绿、红、黑	各 1	卷	
4	清洁布		1	kg	
5	清洁纸		1	包	
6	铜绑线	$\phi2$	0.5	kg	
7	镀锡铜绑线	$\phi1$	0.5	kg	
8	焊锡膏		1	盒	
9	焊锡丝		1	卷	
10	铜编织带	25mm^2	2	根	长度按实量取
11	接线端子		3	支	根据需要选用
12	绝缘砂纸	240/320 号	各 2	张	

四、作业步骤

（一）10kV 热缩式电力电缆终端头安装步骤

10kV 热缩式电力电缆终端头安装作业流程如图 13-21 所示。

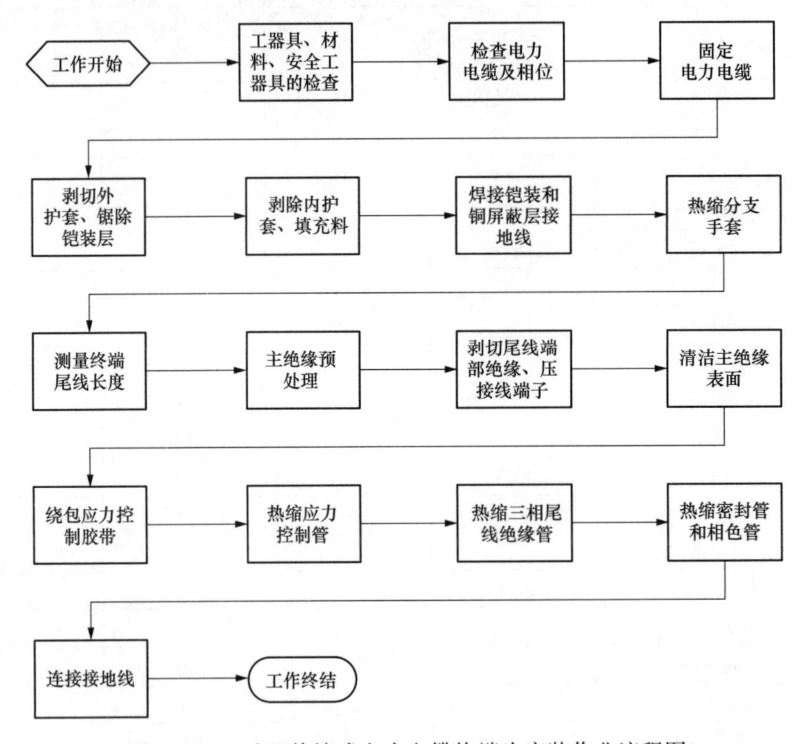

图 13-21 10kV 热缩式电力电缆终端头安装作业流程图

1. 工器具储运与检测

（1）领用终端安装所需工器具、安全用具及辅助器具，核对工器具的使用电压等级和试验周期，并检查确认外观完好无损。

（2）工器具在运输过程中，应存放在专用工具袋、工具箱或工具车内，以防受潮和损伤。

2. 现场操作前的准备

（1）工作负责人检查作业装置、现场环境符合作业条件。

（2）工作负责人召集工作人员交代工作任务，对工作成员进行危险点告知，交代安全措施和技术措施，确认每一个工作成员都已知晓。检查工作成员精神状态是否良好、人员是否合适。

3. 固定电缆

（1）将电力电缆固定在终端头支持卡子上并校直。

（2）根据终端头的安装固定位置至设备搭接位置测量长度，按照大于该长度要求将多余电力电缆锯除。

4. 剥切外护套、锯除铠装

按附件尺寸要求去除外护套、铠装层。切除钢铠时，用大恒力弹簧临时将钢铠固定，防

止钢铠在切除过程中松散。切除钢铠时，深度不应超过铠装厚度的2/3，不得伤及内护套。

5. 剥除内护套、填充料

按附件尺寸要求去除内护套、填充料，剥除内护套时深度不能超过内护套厚度的1/2，不应伤及金属屏蔽层。

6. 焊接铠装和铜屏蔽层接地线

（1）用锉刀打毛铠装表面，用铜绑线将一根铜编织带端头扎紧在铠装上，用锡焊牢；将另一根铜编织带一端分成三股，分别用铜绑线扎紧在内护套以上一定尺寸处的三相尾线铜屏蔽层上，用锡焊牢，清洁焊锡部位；两根铜编织带错开放置，在其外面绕包防水填充胶及PVC绑带，使铜编织带处在防水填充胶中。

（2）按工艺尺寸对自外护套断口以下一定范围内的铜编织带进行渗锡处理，使焊锡渗透铜编织带间隙，形成防潮段。

7. 热缩分支手套

（1）将两条铜编织带撩起，在防潮段处的外护套上包缠一层密封胶，再将铜编织带回，在铜编织带和外护套上再包两层密封胶带，以加强两条铜编织带的密封。

（2）在电力电缆三叉口附近绕包填充胶，使其绕包直径小于分支手套外径。

（3）套入分支手套，并尽量拉向三芯根部。

（4）从分支手套中间开始向下端热缩，然后向分叉方向热缩。

8. 核对电力电缆相位、测量终端尾线长度

（1）核对电力电缆相位与设备搭接相位，确认一致。

（2）根据终端头支持卡子（固定）位置，精确量取三相尾线长度，即分叉以下统包固定位置至每相线端子螺孔间的距离。

（3）锯去多余尾线。

9. 主绝缘预处理

按照附件工艺图尺寸，在三相尾线上标记好各个尺寸，剥切铜屏蔽带（要求铜屏蔽断口不得有尖端毛刺）和外半导电层（外半导电层断口处有2～3mm坡度，使其平滑过渡到主绝缘）。

10. 剥切尾线端部绝缘、压接线端子

（1）剥出线芯后，主绝缘层端口倒角，线芯表面用砂纸打磨光滑、擦净导体，套入接线端子进行压接，压接顺序自上而下，不要压接接管中心。

（2）压接后，将接线端子表面毛刺用锉刀及砂纸打磨光滑、平整，并清洁干净。

11. 清洁主绝缘表面

主绝缘表面打磨光滑以去除表面杂质，用清洁纸将主绝缘表面擦净。清洁时应从绝缘端口向外半导电层方向擦抹，接触外半导电层后清洁纸废弃，不再使用。

12. 绕包应力控制胶带

将应力控制胶带拉薄，将外半导电层断口填平，搭接半导电层及绝缘尺寸根据工艺要求确定。

13. 热缩应力控制管

（1）按工艺图尺寸做好标记，将应力控制管套在铜屏蔽层上。

（2）按工艺尺寸与铜屏蔽层重叠，从下端开始向电缆尾线末端方向均匀加热收缩。热缩

后，应力控制管应无空隙，表面完整无损伤。

14. 热缩三相尾线绝缘管

（1）在线芯裸露部分包密封胶，并按工艺要求与绝缘搭接，然后在接线端子的圆管部位包两层，在分支手套的支管上各绕包一层密封胶。

（2）在三相尾线上分别套入耐气候绝缘管，套至三叉根部，从三叉根部向电力电缆尾线末端热缩。

15. 热缩密封管和相色管

（1）在接线端子和相邻的绝缘端部包缠密封胶，然后热缩密封管。

（2）再次核对相位后，按相色在三相接线端子上套入相色管并热缩。

16. 连接接地线

将电缆终端头的铜屏蔽接地线和铠装接地线分别与铜端子压接后与接地网接地体连接。

17. 工作终结

（1）工作负责人组织工作人员清点工器具，并清理施工现场。

（2）工作负责人对完成的工作进行全面检查，符合验收规范要求后，记录在册并召开现场收工会进行工作点评，宣布工作结束。

（3）填写电缆终端安装记录。

（二）10kV 预制式电力电缆终端头安装步骤

10kV 预制式电力电缆终端头安装作业流程如图 13-22 所示。

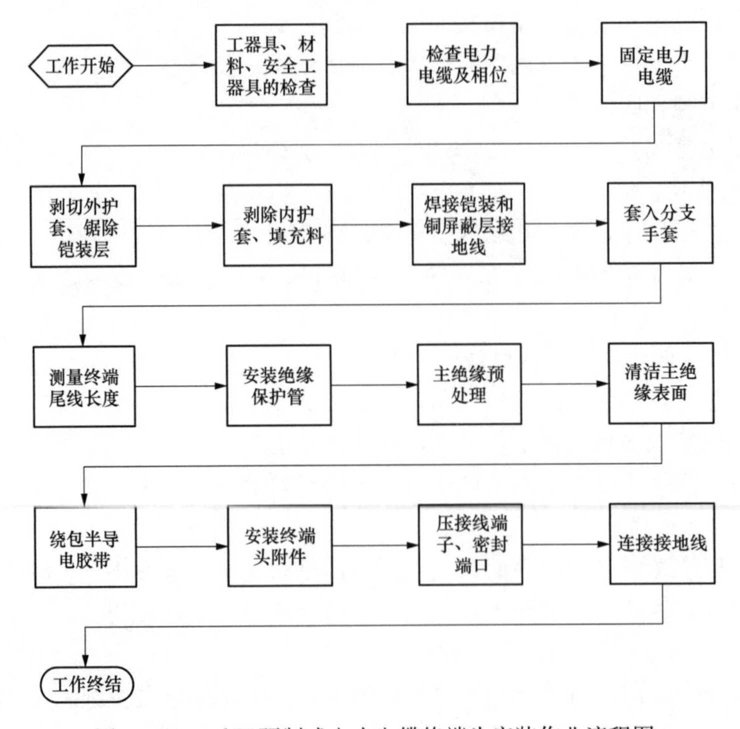

图 13-22　10kV 预制式电力电缆终端头安装作业流程图

1. 工器具储运与检测

（1）领用终端安装所需工器具、安全用具及辅助器具，核对工器具的使用电压等级和试

验周期，并检查确认外观完好无损。

（2）工器具在运输过程中，应存放在专用工具袋、工具箱或工具车内，以防受潮和损伤。

2. 现场操作前的准备

（1）工作负责人检查作业装置、现场环境符合作业条件。

（2）工作负责人召集工作人员交代工作任务，对工作成员进行危险点告知，交代安全措施和技术措施，确认每一个工作成员都已知晓。检查工作成员精神状态是否良好、人员是否合适。

3. 固定电力电缆

（1）将电力电缆固定在终端头支持卡子上并校直。

（2）根据终端头的安装固定位置至设备搭接位置测量长度，按照大于该长度要求将多余电缆锯除。

4. 剥切外护套、锯除铠装

按附件尺寸要求去除外护套、铠装层。切除钢铠时，用大恒力弹簧临时将钢铠固定，防止钢铠在切除过程中松散。切除钢铠时，深度不应超过铠装厚度的 2/3，不得伤及内护套。

5. 剥除内护套、填充料

按附件尺寸要求去除内护套、填充料，剥除内护套时深度不能超过内护套厚度的 1/2，不应伤及金属屏蔽层。

6. 焊接铠装和铜屏蔽层接地线

（1）用锉刀打毛铠装表面，用铜绑线将一根铜编织带端头扎紧在铠装上，用锡焊牢；将另一根铜编织带一端分成三股，分别用铜绑线扎紧在内护套以上一定尺寸处的三相尾线铜屏蔽层上，用锡焊牢，清洁焊锡部位；两根铜编织带错开放置，在其外面绕包防水填充胶及 PVC 绑带，使铜编织带处在防水填充胶中。

（2）按工艺尺寸对自外护套断口以下一定范围内的铜编织带进行渗锡处理，使焊锡渗透铜编织带间隙，形成防潮段。

7. 套入分支手套

（1）将两条铜编织带撩起，在防潮段处的外护套上包缠一层密封胶，再将铜编织带放回，在铜编织带和外护套上再包两层密封胶带，使两条铜编织带相互绝缘。

（2）在电缆三叉口附近绕包填充胶，使其绕包直径小于分支手套外径。

（3）套入分支手套，并尽量拉向三芯根部。

（4）用耐气候带材绕包分支手套统包管口密封。

8. 核对电力电缆相位、测量终端尾线长度

（1）核对电缆相位与设备搭接相位，确认一致。

（2）根据终端头支持卡子（固定）位置，精确量取三相尾线长度，即分叉以下统包固定位置至每相线端子螺孔间的距离。

（3）锯去多余尾线。

9. 安装绝缘保护管

（1）清洁分支手套的支管部分，分别包缠密封胶。

（2）将三根绝缘保护管分别套在三相尾线铜屏蔽层上，下端盖住分支支管。逆时针抽取

衬管条，加以固定。

10. 主绝缘预处理

按照附件工艺尺寸，在三相尾线上做好标记，剥切铜屏蔽带（要求铜屏蔽断口不得有尖端毛刺）和外半导电层（外半导电层断口处有2～3mm坡度，使其平滑过渡到主绝缘）。

11. 清洁主绝缘表面

去除主绝缘表面杂质后，用清洁纸将主绝缘表面擦净，清洁时应从绝缘端口向外半导电层方向擦抹，接触外半导电层后清洁纸废弃，不再使用。

12. 绕包半导电胶带

将半导电胶带拉薄，包在外半导电层断口将断口填平，搭接半导电层及绝缘尺寸根据工艺要求确定。

13. 安装终端头附件

（1）按附件工艺做好标记。

（2）擦净绝缘、半导电层及线芯表面。

（3）在线芯端部包两层PVC绑带，防止套入终端头附件时刺伤内部绝缘。

（4）在预处理好后的主绝缘、外半导电层表面及终端头附件内侧底部均匀地涂上一层硅脂。

（5）套入终端头附件至标记点，使线芯导体露出终端头附件上端，直到终端头附件应力锥部位至电缆尾线上的半导电带绕包体为止。

（6）擦净挤出的硅脂，检查确认终端头附件下部与半导电带有良好的接触和密封，包缠相色带。

14. 压接线端子、密封端口

（1）拆除导电线芯上的PVC绑带，将线端子套入线芯上并与终端附件头部接触，用压接钳进行压接线端子，压接顺序自上而下。

（2）压接后，将接线端子表面毛刺用锉刀及砂纸打磨光滑、平整，并清洁干净。

（3）线端子压接管口与终端附件头部间空隙用密封胶绕包填充，再套上密封管。再次核对相位后，做好相色标记。

15. 连接接地线

将电缆终端头的铜屏蔽接地线和铠装接地线分别与铜端子压接后与接地网接地体连接。

16. 工作终结

（1）工作负责人组织工作人员清点工器具，并清理施工现场。

（2）工作负责人对完成的工作进行全面检查，符合验收规范要求后，记录在册并召开现场收工会进行工作点评，宣布工作结束。

（3）填写电缆终端安装记录。

（三）10kV冷缩式电力电缆终端头安装步骤

10kV冷缩式电力电缆终端头安装作业流程如图13-23所示。

1. 工器具储运与检测

（1）领用终端安装所需工器具、安全用具及辅助器具，核对工器具的使用电压等级和试验周期，并检查确认外观完好无损。

（2）工器具在运输过程中，应存放在专用工具袋、工具箱或工具车内，以防受潮和

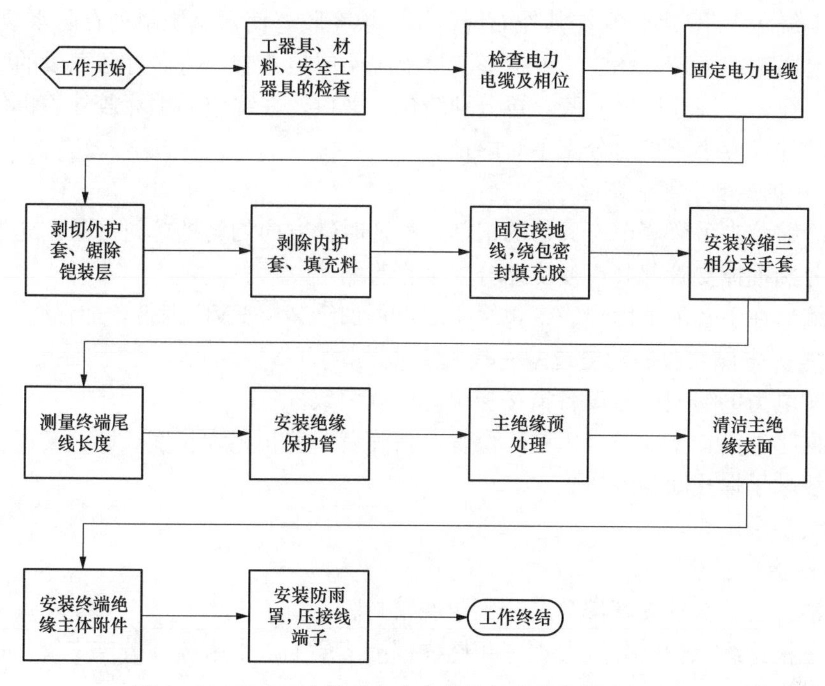

图 13-23　10kV 冷缩式电力电缆终端头安装作业流程图

损伤。

2. 现场操作前的准备

(1) 工作负责人检查作业装置、现场环境符合作业条件。

(2) 工作负责人召集工作人员交代工作任务，对工作成员进行危险点告知，交代安全措施和技术措施，确认每一个工作成员都已知晓。检查工作成员精神状态是否良好、人员是否合适。

(3) 若工作场所为有限空间，则需要按照有限空间作业要求，对工作场所进行通风，气体检测合格后方可入内工作。

3. 固定电缆

(1) 将电缆固定在终端头支持卡子上。

(2) 根据终端头的安装固定位置至设备搭接位置测量长度，按照大于该长度要求将多余电力电缆锯除。

4. 剥切外护套、锯除铠装

按附件尺寸要求去除外护套、铠装层。切除钢铠时，用大恒力弹簧临时将钢铠固定，防止钢铠在切除过程中松散。切除钢铠时，深度不应超过铠装厚度的 2/3，不得伤及内护套。

5. 剥除内护套、填充料

按附件尺寸要求去除内护套、填充料，剥除内护套时深度不能超过内护套厚度的 1/2，不得伤及金属屏蔽层。

6. 固定接地线，绕包密封填充胶

(1) 用锉刀打毛铠装表面，用铜绑线将一根铜编织带端头扎紧在铠装上，用大恒力弹簧固定；将另一根铜编织带一端分成三股，用小恒力弹簧分别固定三相；分别在大恒力弹簧及小恒力弹簧上绕包 PVC 绑带，在其外面绕包防水填充胶，使铜编织带处在防水填充胶中。

（2）掀起两铜编织带，在电缆外护套断口上绕两层填充胶，将做好防潮段的两条铜编织带压入其中，在其上绕几层填充胶，再分别绕包三叉口，在绕包的填充胶外表再包绕一层胶带。绕包后的外径应小于扩后分支手套内径。

7. 安装冷缩三相分支手套

（1）将冷缩分支手套套至三叉口的根部，沿逆时针方向均匀抽掉衬管条。先抽掉尾管部分，然后再分别抽掉支管部分，使冷缩分支手套收缩。

（2）收缩后在手套下端用绝缘带包绕 4 层，再加绕 2 层 PVC 绑带，加强密封。

8. 核对电力电缆相位、测量终端尾线长度

（1）核对电力电缆相位与设备搭接相位，确认一致。

（2）根据终端头支持卡子（固定）位置，精确量取三相尾线长度，即分叉以下统包固定位置至每相线端子螺孔间的距离。

（3）锯去多余尾线。

9. 安装绝缘保护管

（1）清洁分支手套的支管部分，分别包缠密封胶。

（2）将三根绝缘保护管分别套在三相尾线铜屏蔽层上，下端盖住分支支管。逆时针抽取衬管条，加以固定。

10. 主绝缘预处理

按照附件工艺尺寸，在三相尾线上做好标记，剥切铜屏蔽带（要求铜屏蔽断口不得有尖端毛刺）和外半导电层（外半导电层断口处有 2～3mm 坡度，使其平滑过渡到主绝缘）。

11. 清洁主绝缘表面

去除主绝缘表面杂质后，用清洁纸将主绝缘表面擦净。清洁时应从绝缘端口向外半导电层方向擦抹，接触外半导电层后清洁纸废弃，不再使用。

12. 安装终端绝缘主体附件

（1）用清洁纸从上至下把各相清洁干净，待清洁剂挥发后，在绝缘层表面均匀地涂上硅脂。

（2）将冷缩终端绝缘主体附件套入电缆尾线主绝缘预处理部位，均匀地抽掉衬管条使终端绝缘主体附件收缩（注意：终端绝缘主体收缩好后，其下端与标记齐平，即覆盖住绝缘保护管端口以下一定的长度，然后用扎带将终端绝缘主体尾部扎紧）。

13. 安装防雨罩、压接线端子

（1）按工艺尺寸做好标记，先安装防雨罩，再套上线端子，压接线端子，压接顺序自上而下。压接后，将接线端子表面毛刺用锉刀及砂纸打磨光滑、平整，并清洁干净。

（2）再次核对相位后，将相色带绕在各相尾线终端附件下方。

（3）将接地铜编织带压接后与接地网连接好。

14. 工作终结

（1）工作负责人组织工作人员清点工器具，并清理施工现场。

（2）工作负责人对完成的工作进行全面检查，符合验收规范要求后，记录在册并召开现场收工会进行工作点评，宣布工作结束。

（3）填写电缆终端安装记录。

（四）35kV热缩式电力电缆终端头安装步骤及工艺要求

35kV热缩式电力电缆终端头安装作业流程如图13-24所示。

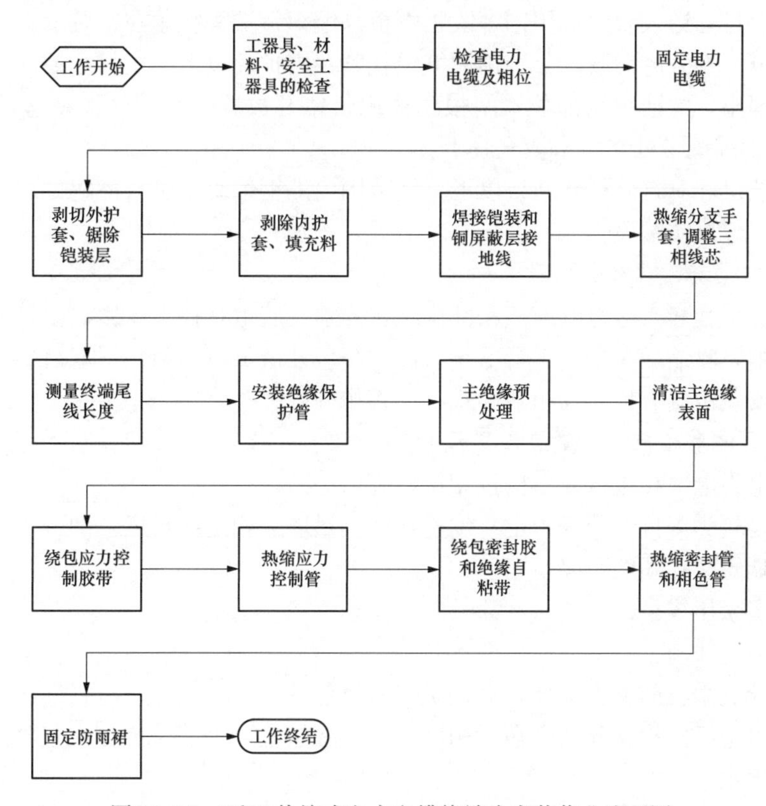

图13-24　35kV热缩式电力电缆终端头安装作业流程图

1. 工器具储运与检测

（1）领用终端安装所需工器具、安全用具及辅助器具，核对工器具的使用电压等级和试验周期，并检查确认外观完好无损。

（2）工器具在运输过程中，应存放在专用工具袋、工具箱或工具车内，以防受潮和损伤。

2. 现场操作前的准备

（1）工作负责人检查作业装置、现场环境符合作业条件。

（2）工作负责人召集工作人员交代工作任务，对工作成员进行危险点告知，交代安全措施和技术措施，确认每一个工作成员都已知晓。检查工作成员精神状态是否良好、人员是否合适。

3. 固定电缆

（1）将电缆固定在终端头支持卡子上。

（2）根据终端头的安装固定位置至设备搭接位置测量长度，按照大于该长度要求将多余电力电缆锯除。

4. 剥切外护套、锯除铠装

按附件尺寸要求去除外护套、铠装层。切除钢铠时，用大恒力弹簧临时将钢铠固定，防止钢铠在切除过程中松散。切除钢铠时，深度不应超过铠装厚度的2/3，不得伤及内护套。

5. 剥除内护套、填充料

按附件尺寸要求去除内护套、填充料，剥除内护套时深度不能超过内护套厚度的1/2，不应伤及金属屏蔽层。

6. 焊接铠装和铜屏蔽层接地线

（1）用锉刀打毛铠装表面，用铜绑线将一根铜编织带端头扎紧在铠装上，用锡焊牢，将另一根铜编织带一端分成三股，分别用铜绑线扎紧在内护套以上一定尺寸处的三相尾线铜屏蔽层上，用锡焊牢，清洁焊锡部位，两根铜编织带错开放置，在其外面绕包防水填充胶及PVC绑带，使铜编织带处在防水填充胶中。

（2）按工艺尺寸对自外护套断口以下一定范围内的铜编织带进行渗锡处理，使焊锡渗透铜编织带间隙，形成防潮段。

7. 热缩分支手套、调整三相线芯

（1）将分支手套套入电力电缆三叉部位绕包的填充胶上，往下压紧，由分支手套的中间向两端加热收缩，收缩后在分支手套下端口部位绕包几层PVC绑带，加强密封。

（2）根据安装位置、尺寸及布置形式将三相排列好。

8. 核对电力电缆相位、测量终端尾线长度

（1）核对电力电缆相位与设备搭接相位，确认一致。

（2）根据终端头支持卡子（固定）位置，精确量取三相尾线长度，即分叉以下统包固定位置至每相线端子螺孔间的距离。

（3）锯去多余尾线。

9. 安装绝缘保护管

（1）清洁分支手套的支管部分，分别绕包密封胶。

（2）将三根绝缘保护管分别套在三相尾线铜屏蔽层上，下端盖住分支支管。逆时针抽取衬管条，加以固定。

10. 主绝缘预处理、绕包应力疏散胶

剥切铜屏蔽带，不能伤及电缆外半导电层。剥除外半导电层，在断口处做过渡斜坡，断口应平整，断面应整齐。剥除线芯绝缘，切削反应力锥（“铅笔头”），保留一段内半导电层。具体操作步骤为：

（1）按工艺要求严格控制电力电缆各部位尺寸，去除多余铜屏蔽带，剥除外半导电层，剥除线芯绝缘。半导电层与绝缘层的断口应用玻璃刀片修整，使铜屏蔽层、外半导电层断口处平整、无毛刺，半导电层平缓过渡。

（2）先使用专用刀具或美工刀削出基本椎体形状，再用玻璃刀修理使椎体表面基本平滑。

（3）初始打磨时可使用打磨机或240号砂纸进行粗抛，并按照从小到大的顺序选择砂纸进行打磨。打磨每一号砂纸应从两个方向打磨10遍以上，直到上一号砂纸的痕迹消失。35kV电缆绝缘层建议打磨到400号砂纸。

（4）用清洁纸清洁绝缘层表面和半导电层，将应力疏散胶拉薄、拉窄，绕包在半导电层与绝缘层的交接处，把斜坡填平，绕包长度按工艺要求。

11. 热缩应力控制管、压接接线端子

（1）将应力控制管分别套入电力电缆三相尾线，按工艺要求各搭接铜屏蔽带上，均匀加热固定。

（2）拆除导体端头上的胶粘带，用清洁纸将导体表面沾上的胶膜清洁干净，套入线端

子，按先上后下顺序进行压接。压接后将接线端子表面毛刺用锉刀及砂纸打磨光滑、平整，并清洁干净。

12. 绕包密封胶和绝缘自粘带

(1) 用密封胶填平线端子压接凹痕，以及线端子与线芯绝缘之间空隙部位，并按工艺要求密封胶覆盖线端子和线芯绝缘。

(2) 按工艺要求在密封胶外半搭盖绕包绝缘自粘带，并覆盖线端子和线芯绝缘。

13. 热缩密封管和相色管

(1) 将密封管套在绕包的填充胶上，加热固定。

(2) 按照系统相序排列，在三相端部分别套入黄、绿、红相色管，加热固定。

14. 固定防雨裙

按工艺要求安装防雨裙。

15. 终端相间距离

户外终端相间距离应大于400mm，户内终端相间距离应大于300mm。

16. 工作终结

(1) 工作负责人组织工作人员清点工器具，并清理施工现场。

(2) 工作负责人对完成的工作进行全面检查，符合验收规范要求后，记录在册并召开现场收工会进行工作点评，宣布工作结束。

(3) 填写电缆终端安装记录。

(五) 35kV预制式电力电缆终端头安装步骤及工艺要求

35kV预制式电力电缆终端头安装作业流程如图13-25所示。

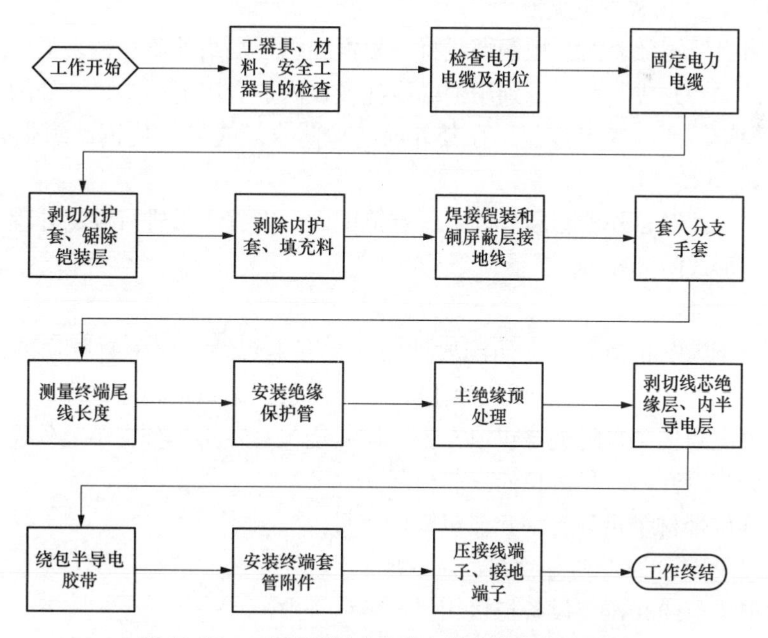

图13-25　35kV预制式电力电缆安装作业流程图

1. 工器具储运与检测

(1) 领用终端安装所需工器具、安全用具及辅助器具，核对工器具的使用电压等级和试验周期，并检查确认外观完好无损。

(2) 工器具在运输过程中，应存放在专用工具袋、工具箱或工具车内，以防受潮和损伤。

2. 现场操作前的准备

(1) 工作负责人检查作业装置、现场环境符合作业条件。

(2) 工作负责人召集工作人员交代工作任务，对工作成员进行危险点告知，交代安全措施和技术措施，确认每一个工作成员都已知晓。检查工作成员精神状态是否良好、人员是否合适。

3. 固定电缆

(1) 将电力电缆固定在终端头支持卡子上。

(2) 根据终端头的安装固定位置至设备搭接位置测量长度，按照大于该长度要求将多余电缆锯除。

4. 剥切外护套、锯除铠装

按附件尺寸要求去除外护套、铠装层。切除钢铠时，用大恒力弹簧临时将钢铠固定，防止钢铠在切除过程中松散。切除钢铠时，深度不应超过铠装厚度的 2/3，不得伤及内护套。

5. 剥除内护套、填充料

按附件尺寸要求去除内护套、填充料，剥除内护套时深度不能超过内护套厚度的 1/2，不应伤及金属屏蔽层。

6. 焊接铠装，绕包密封填充胶

(1) 用锉刀打毛铠装表面，用铜绑线将一根铜编织带端头扎紧在铠装上，用锡焊牢；将另一根铜编织带一端分成三股，分别用铜绑线扎紧在内护套以上一定尺寸处的三相尾线铜屏蔽层上，用锡焊牢，清洁焊锡部位；在其外面绕包防水填充胶，使铜编织带处在防水填充胶中。

(2) 按工艺尺寸对自外护套断口以下一定范围内的铜编织带进行渗锡处理，使焊锡渗透铜编织带间隙，形成防潮段。

7. 套入分支手套

(1) 将两条铜编织带撩起，在防潮段处的外护套上包缠一层密封胶，再将铜编织带放回，在铜编织带和外护套上再包两层密封胶带，使两条铜编织带相互绝缘。

(2) 在电力电缆三叉口附近绕包填充胶，使其绕包直径小于分支手套外径。

(3) 套入分支手套，并尽量拉向三芯根部。

(4) 用耐气候带材绕包分支手套统包管口密封。

8. 核对电力电缆相位、测量终端尾线长度

(1) 核对电力电缆相位与设备搭接相位，确认一致。

(2) 根据终端头支持卡子（固定）位置，精确量取三相尾线长度，即分叉以下统包固定位置至每相线端子螺孔间的距离。

(3) 锯去多余尾线。

9. 安装绝缘保护管

（1）清洁分支手套的支管部分，分别包缠密封胶。

（2）将三根绝缘保护管分别套在三相尾线铜屏蔽层上，下端盖住分支支管。逆时针抽取衬管条，加以固定。

10. 主绝缘预处理

（1）按工艺尺寸剥除铜屏蔽层，端口不得有尖端毛刺。

（2）按工艺尺寸剥除其余半导电层，外半导电层端口处有 2～3mm 坡度，使其平滑过渡到主绝缘。

（3）用细砂纸将绝缘表面吸附的半导电颗粒打磨干净，并使绝缘层表面平整光洁。

11. 剥切线芯绝缘层、内半导电层

（1）按工艺尺寸剥去线芯绝缘层及内屏蔽层。

（2）按工艺尺寸将绝缘层端头倒角。

（3）按工艺尺寸在半导电层端口以下一定尺寸处用 PVC 绑带做好标记。

12. 绕包半导电胶带

（1）用清洁纸清洁电缆绝缘层和半导电层。

（2）按工艺要求绕包半导电带，再用清洁纸清洁绝缘层表面和半导电带绕包体。

13. 安装终端套管附件

（1）将终端套管底部裙边向外翻转，用干净的专用塑料棒将硅脂均匀抹在终端套管内，戴上干净塑料薄膜手套将硅脂均匀抹在电力电缆的绝缘层上，把专用塑料护帽套在线芯导体上。

（2）用一只手抓住终端套管中部，用另一只手堵住终端套管顶部管孔，用力将终端套管套在主绝缘预处理部位，使电缆导体线芯从终端套管顶部露出。再用力推终端套管，直至终端套管内置应力锥与半导电带绕包体接触好为止。

（3）擦除挤出的硅脂，取下塑料护帽。

14. 压接线端子和接地端子

（1）拆除导体端头上的临时包带，用清洁纸清洁线芯导体。

（2）把线端子套在导体上，端子下部应罩在终端套管顶部裙边上。

（3）按先上后下顺序压接线端子。压接后，将接线端子表面毛刺用锉刀及砂纸打磨光滑、平整，并清洁干净。

（4）在终端套管底部电力电缆上绕包一圈密封胶，将底部裙边向下翻转复原，覆盖在密封胶上并装上卡带。

（5）按照相位排列要求，将相色带绕包在三相终端套管以下适当部位。将接地铜编织带压接后与接地网连接好。

15. 终端相间距离

户外终端相间距离应大于 400mm，户内终端相间距离应大于 300mm。

16. 工作终结

（1）工作负责人组织工作人员清点工器具，并清理施工现场。

（2）工作负责人对完成的工作进行全面检查，符合验收规范要求后，记录在册并召开现场收工会进行工作点评，宣布工作结束。

（3）填写电缆终端安装记录。

（六）35kV冷缩式电力电缆终端头安装步骤及工艺要求

35kV冷缩式电力电缆终端头安装作业流程如图13-26所示。

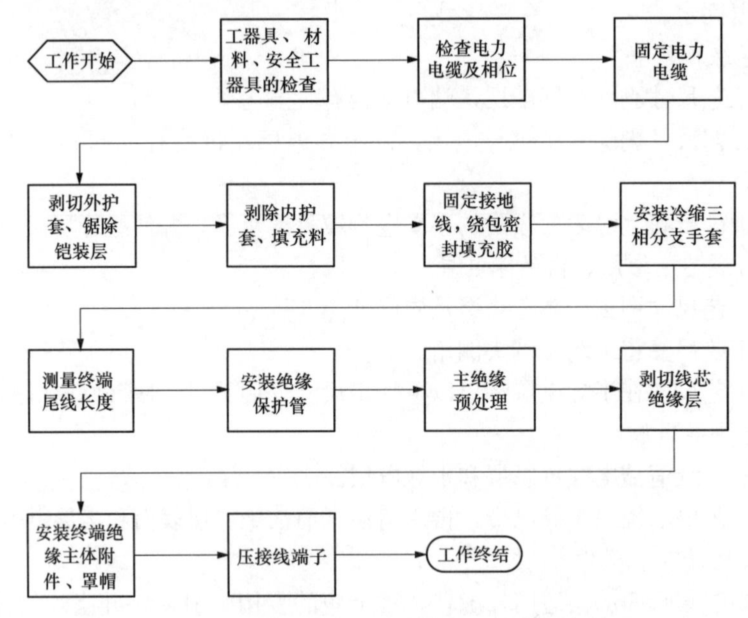

图13-26 35kV冷缩式电力电缆终端头安装作业流程图

1. 工器具储运与检测

（1）领用终端安装所需工器具、安全用具及辅助器具，核对工器具的使用电压等级和试验周期，并检查确认外观完好无损。

（2）工器具在运输过程中，应存放在专用工具袋、工具箱或工具车内，以防受潮和损伤。

2. 现场操作前的准备

（1）工作负责人检查作业装置、现场环境符合作业条件。

（2）工作负责人召集工作人员交代工作任务，对工作成员进行危险点告知，交代安全措施和技术措施，确认每一个工作成员都已知晓。检查工作成员精神状态是否良好、人员是否合适。

3. 固定电力电缆

（1）将电力电缆固定在终端头支持卡子上。

（2）根据终端头的安装固定位置至设备搭接位置测量长度，按照大于该长度要求将多余电缆锯除。

4. 剥切外护套、锯除铠装

按附件尺寸要求去除外护套、铠装层。切除钢铠时，用大恒力弹簧临时将钢铠固定，防止钢铠在切除过程中松散。切除钢铠时，深度不应超过铠装厚度的2/3，不得伤及内护套。

5. 剥除内护套、填充料

按附件尺寸要求去除内护套、填充料，剥除内护套时深度不能超过内护套厚度的1/2，

不应伤及金属屏蔽层。

6. 焊接地线、绕包密封填充胶

（1）用锉刀打毛铠装表面，用铜绑线将一根铜编织带端头扎紧在铠装上，用大恒力弹簧固定；将另一根铜编织带一端分成三股，用小恒力弹簧分别固定三相；分别在大恒力弹簧及小恒力弹簧上绕包PVC绑带，在其外面绕包防水填充胶，使铜编织带处在防水填充胶中。

（2）按工艺尺寸对自外护套断口以下一定范围内的铜编织带进行渗锡处理，使焊锡渗透铜编织带间隙，形成防潮段。

7. 安装冷缩三相分支手套

（1）将冷缩分支手套套至三叉口的根部，沿逆时针方向均匀抽掉衬管条。先抽掉尾管部分，然后再分别抽掉支管部分，使分支手套收缩。

（2）收缩后在手套下端用绝缘带包绕4层，再加绕2层PVC绑带，加强密封。

8. 核对电缆相位、测量终端尾线长度

（1）核对电力电缆相位与设备搭接相位，确认一致。

（2）根据终端头支持卡子（固定）位置，精确量取三相尾线长度，即分叉以下统包固定位置至每相线端子螺孔间的距离。

（3）锯去多余尾线。

9. 安装绝缘保护管

（1）清洁分支手套的支管部分，分别包缠密封胶。

（2）将三根绝缘保护管分别套在三相尾线铜屏蔽层上，下端盖住分支支管。逆时针抽取衬管条，加以固定。

10. 主绝缘预处理

（1）按工艺尺寸剥除铜屏蔽层，端口不得有尖端毛刺。

（2）按工艺尺寸剥除其余半导电层，外半导电层端口处有2～3mm坡度，使其平滑过渡到主绝缘。

（3）用细砂纸将绝缘表面吸附的半导电颗粒打磨干净，并使绝缘层表面平整光洁。

11. 剥切线芯绝缘层

（1）按工艺尺寸剥去线芯绝缘层及内屏蔽层。

（2）按工艺尺寸将绝缘层端头倒角。

（3）按工艺尺寸在半导电层端口以下一定尺寸处用PVC绑带做好标记。

12. 安装终端绝缘主体附件、罩帽

（1）用清洁纸从上至下把各相主绝缘预处理部位清洁干净，待清洁剂挥发后，在绝缘层表面均匀地涂上硅脂。

（2）将终端绝缘主体套入主绝缘预处理部位，均匀地抽掉衬管条使终端绝缘主体收缩（注意：终端绝缘主体收缩好后，其下端与标记齐平）。

（3）在终端绝缘主体与保护管搭接处绕包几层胶粘带。将罩帽大端向外翻开，套入尾线端头，待罩帽内腔台阶顶住主绝缘，再将罩帽大端复原罩住终端绝缘主体。

13. 压接线端子、连接接地线

（1）除去临时包在线芯端头上的胶粘带，将线端子套在线芯上（注意：必须将线端子防雨罩罩在罩帽端口上），压接线端子，压接顺序自上而下。压接后，将接线端子表面毛刺用锉刀及砂纸打磨光滑、平整，并清洁干净。

（2）将相色带绕在各相终端绝缘主体下方。

（3）将接地铜编织带压接后与接地网连接好。

14. 终端相间距离

户外终端相间距离应大于400mm，户内终端相间距离应大于300mm。

15. 工作终结

（1）工作负责人组织工作人员清点工器具，并清理施工现场。

（2）工作负责人对完成的工作进行全面检查，符合验收规范要求后，记录在册并召开现场收工会进行工作点评，宣布工作结束。

（3）填写电缆终端安装记录。

五、安全措施和注意事项

（一）安装环境要求

（1）电缆终端施工所涉及的场地如高压室、开关站、电缆夹层、户外终端杆（塔）以及电缆接头施工所涉及的场地如工作井、敞开井或沟（隧）道等的土建及装修工作应在电缆附件安装前完成。施工场地应清理干净，没有积水、杂物。

（2）土建设施设计应满足电缆附件的施工、运行及检修要求。

（3）电缆附件安装时应控制施工现场的温度、湿度与清洁度。温度宜控制在0～35℃，相对湿度应控制在70%及以下或以供应商提供的标准为准。

（二）安装质量要求

（1）电缆附件安装质量应满足以下要求：导体连接可靠、绝缘恢复满足设计要求、密封防水牢靠、防机械振动与损伤、接地连接可靠且符合线路接地设计要求。

（2）电缆附件安装质量应满足变电站防火封堵要求，并与周边环境协调。

（3）电缆附件安装范围的电缆必须校直、固定，还应检查电力电缆敷设弯曲半径是否满足要求。

（4）安装电缆附件时，应确保接地缆线连接处密封牢靠，防止潮气进入。

（5）电缆终端安装完成后，应检查相间及对地距离是否符合设计要求。

（三）安全措施

（1）与带电线路、同回路线路保持足够的安全距离。

（2）装设接地线时，应先接接地端、后接导线端，接地线应连接可靠，不准缠绕。拆接地线时的程序与此相反。

（3）作业现场必须配置2只专用灭火器，并有专人值班，做好防火、防渍、防盗措施。

（4）作业现场必须设置专用保护接地线，且所有移动电气设备外壳必须可靠接地，开关配备漏电保护器。认真检查施工电源，杜绝漏电伤人，按设备额定电压正确接线。

（5）制作电缆终端头前，要对电缆芯线核对相位。

（6）制作电缆终端头前，应对电缆留有足够的余线，并检查电缆外观有无损伤，电缆主绝缘不能受潮。

（7）抬运电缆附件人员应相互配合，轻抬轻放，防止损物伤人。

（8）制作电缆终端头时，传递物件必须递接递放，不得抛接。

（9）用刀或其他切割工具时，正确控制切割方向；用电锯切割电缆时，工作人员必须戴

护目镜，打磨绝缘时，必须佩戴口罩。

（10）使用液化气枪前应先检查液化气瓶减压阀是否漏气或堵塞，液化气管不能破裂，确保安全可靠。

（11）液化气枪点火时，火头不准对人，以免人员烫伤，其他工作人员应与火头保持一定距离。

（12）液化气枪使用完毕应放置在安全地点，冷却后装运；液化气瓶要轻拿轻放，不能同其他物体碰撞。

六、规范性引用文件

（1）《额定电压 30kV(U_m=36kV）以上至 150kV(U_m=170kV）挤包绝缘电力电缆及附件试验方法和要求》（IEC 60840—2020）。

（2）《电力电缆安装运行技术问答》。

（3）《110kV 及以下电力电缆常用附件安装实用手册》。

（4）《国家电网公司生产技能人员职业能力培训专用教材　配电电缆》。

（5）《电气装置安装工程　电缆线路施工及验收标准》（GB 50168—2018）。

第八节　电力电缆接头制作

一、工作范围

中压热缩式电力电缆中间接头、预制式电力电缆中间接头、冷缩式电力电缆中间接头的安装工作，包括：剥除护套、连接接地线、主绝缘预处理、中间接头安装等。

二、人员组合

本项目至少需要 4 人，人员组成见表 13-24。

表 13-24　中压电力电缆中间接头制作人员组成

序号	人员类别	职责	人数
1	工作负责人 （兼工作监护人）	处理作业过程中出现的突发问题，保证作业质量和安全，作业开始前向参加工作的相关人员进行交底	1 人
2	安装人员	按照附件安装工艺标准和工期要求进行电缆接头安装。对自己的工作质量和行为安全负责	不少于 3 人

三、主要装备、工器具和材料

（一）10kV 电力电缆中间接头制作所需主要装备、工器具和材料

10kV 电力电缆中间接头制作所需主要装备、工器具和材料见表 13-25 和表 13-26。

表 13-25　10kV 电力电缆中间接头制作所需主要装备和工器具

序号	名称	规格	数量	单位	备注
1	常用工具		1	套	电工刀、钢丝钳、螺钉旋具、卷尺
2	绝缘电阻表	500/2500V	各 1	只	

续表

序号	名称	规格	数量	单位	备注
3	万用表		1	只	
4	验电器	10kV	1	个	
5	绝缘手套	10kV	1	副	
6	发电机	2kW	1	台	
7	电锯		1	把	
8	压钳		1	把	
9	手锯		1	把	
10	液化气瓶	50L	1	瓶	
11	喷枪头		1	把	
12	电烙铁	1kW	1	把	
13	锉刀	平锉/圆锉	各1	把	
14	电源盘		2	卷	
15	应急工作灯	200W	4	盏	
16	活络扳手	10/12in	各2	把	
17	棘轮扳手	10/19/22/24in	各2	把	
18	力矩扳手		1	套	
19	手电筒		2	把	
20	灭火器		2	支	

表 13-26　　10kV 电力电缆中间接头制作所需材料

序号	名称	规格	数量	单位	备注
1	10kV 电缆中间接头附件	根据电缆截面积、型号选用	1	套	热缩、预制、冷缩
2	酒精	95%	1	瓶	
3	PVC 绑带	黄、绿、红、黑	各1	卷	20mm 宽
4	清洁布		1	kg	
5	清洁纸		1	包	
6	铜绑线	$\phi 2$	1	kg	
7	镀锡铜绑线	$\phi 1$	1	kg	
8	焊锡膏		1	盒	
9	焊锡丝		1	卷	
10	铜编织带	$25mm^2$	2	500mm/根	
11	接线端子		3	个	根据需要选用
12	绝缘砂纸	180/240 号	各2	张	

（二）35kV 电力电缆中间接头制作所需主要装备、工器具和材料

35kV 电力电缆中间接头制作所需主要装备、工器具和材料见表 13-27 和表 13-28。

表 13-27　　35kV 电力电缆中间接头制作所需主要装备和工器具

序号	名称	规格	数量	单位	备注
1	常用工具		1	套	电工刀、钢丝钳、螺钉旋具、卷尺
2	绝缘电阻表	500/2500V	各 1	只	
3	万用表		1	只	
4	验电器	35kV	1	个	
5	绝缘手套	35kV	1	副	
6	发电机	2kW	1	台	
7	电锯		1	把	
8	压钳		1	把	
9	手锯		1	把	
10	液化气瓶	50L	1	瓶	
11	喷枪头		1	把	
12	电烙铁	1kW	1	把	
13	锉刀	平锉/圆锉	各 1	把	
14	电源盘		2	卷	220V
15	铰刀		2	把	
16	应急工作灯	200W	4	盏	
17	活络扳手	10/12in	各 2	把	
18	棘轮扳手	10/19/22/24in	各 2	把	
19	力矩扳手		1	套	
20	灭火器		2	支	

表 13-28　　35kV 电力电缆中间接头制作所需材料

序号	名称	规格	数量	单位	备注
1	35kV 电缆中间接头附件	根据需要选用	1	组	热缩、预制、冷缩、绕包
2	酒精	95%	1	瓶	
3	PVC 绑带	黄、绿、红、黑	各 1	卷	
4	清洁布		1	kg	
5	清洁纸		1	包	
6	铜绑线	$\phi2$	1	kg	
7	镀锡铜绑线	$\phi1$	1	kg	
8	焊锡膏		1	盒	
9	焊锡丝		1	卷	
10	铜编织带	$25mm^2$	2	根	长度按实量取
11	接线端子		3	支	根据需要选用
12	绝缘砂纸	240/320 号	各 2	张	

四、作业步骤

（一）10kV 热缩式电力电缆中间接头安装步骤

10kV 热缩式电力电缆中间接头安装作业流程如图 13-27 所示。

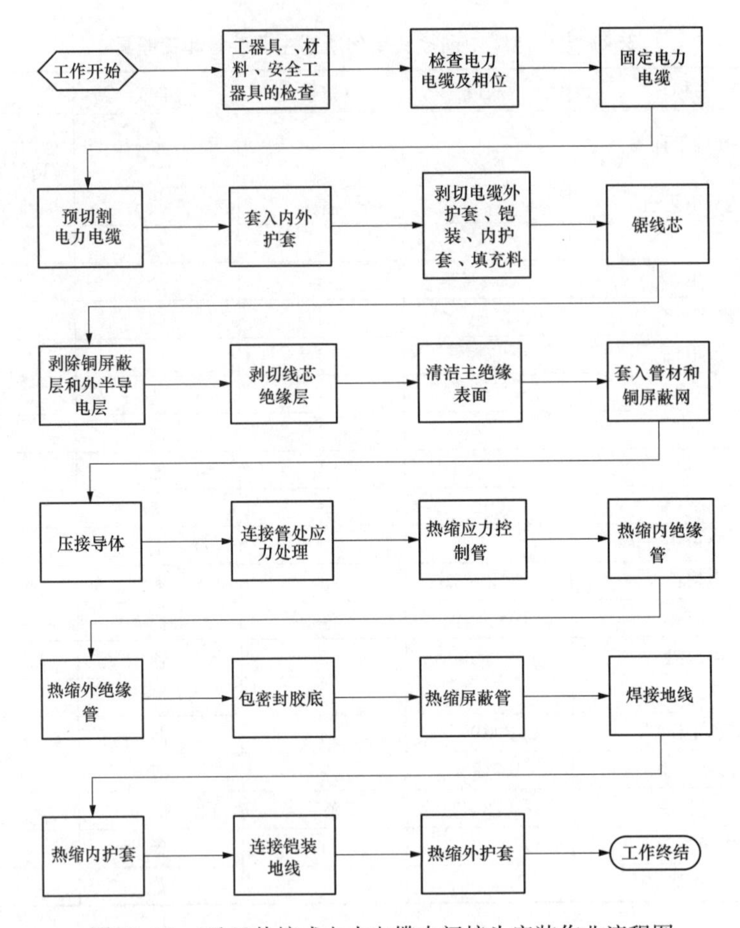

图 13-27　10kV 热缩式电力电缆中间接头安装作业流程图

1. 工器具储运与检测

(1) 领用终端安装所需工器具、安全用具及辅助器具，核对工器具的使用电压等级和试验周期，并检查确认外观完好无损。

(2) 工器具在运输过程中，应存放在专用工具袋、工具箱或工具车内，以防受潮和损伤。

2. 现场操作前的准备

(1) 工作负责人检查作业装置、现场环境符合作业条件。

(2) 工作负责人召集工作人员交代工作任务，对工作成员进行危险点告知，交代安全措施和技术措施，确认每一个工作成员都已知晓。检查工作成员精神状态是否良好、人员是否合适。

3. 确定中间接头中心、预切割电力电缆

(1) 将电力电缆校直，电力电缆直线部分不小于 2.5m，确定接头中心。

(2) 以中心为基准，测量电力电缆长端并标记，测量电力电缆短端并标记，将两电力电缆校直后并保持重叠 200mm，锯掉多余电力电缆。

4. 套入内外护套

将电力电缆两端外护套擦净（长度约 2.5m），在两端电缆上依次套入内护套及外护套，

将护套管两端包严，防止进入尘土影响密封。

5. 剥切电缆外护套、铠装、内护套和填充料

（1）根据附件安装图尺寸，分别剥除长端和短端电缆外护套。

（2）从外护套断开处向电力电缆端部量取30～50mm铠装带绑铜扎线，剥除多余铠装带。

（3）根据附件安装图尺寸，剥除内护套，去掉填充料，分开三芯。

6. 锯线芯

（1）锯线芯前，根据附件安装图尺寸核测接头长度并标记各尺寸。

（2）为防止铜屏蔽带松散，可在铜屏蔽端口包PVC绑带扎紧。按相色要求将电力电缆两端各对应相线重叠放平并临时绑好端部，将多余线芯锯掉。

7. 剥除铜屏蔽层和外半导电层

（1）根据附件工艺尺寸，自每相端部向电力电缆分叉方向做标记，剥除这段铜屏蔽带，不能伤及外半导层，在剥切外半导层不能伤及主绝缘，半导电层断口进行平滑处理。

（2）用半导电胶带将电缆铜屏蔽带端口包覆住加以固定。

8. 剥切线芯绝缘层

（1）从线芯端部量1/2接管长加5mm，将该长度的绝缘层剥除，在绝缘端部倒角3mm×45°。

（2）如制作铅笔头型，按工艺尺寸还要在绝缘端部削一“铅笔头”。“铅笔头”应圆整对称，并用绝缘砂纸打磨光滑，末端保留导体屏蔽层（内半导电层）5mm。

9. 清洁主绝缘表面

去除主绝缘表面杂质后，用清洁纸将主绝缘表面擦净。清洁时应从绝缘端口向外半导电层方向擦抹，接触外半导电层后清洁纸废弃，不再使用。

10. 套入管材和铜屏蔽网

将每相表面清洁后，在长端套入应力管、内绝缘管、外绝缘管，在短端套入铜屏蔽网和屏蔽管。

11. 压接导体

再次核对两端电力电缆相位后，按同相位将两端线芯套入连接管进行压接，压接时先中间、后两边。压接后，用锉刀及绝缘砂纸打磨连接管表面，并清洁干净。

12. 连接管处应力处理

（1）如制作铅笔头型，在线芯及连接管表面半重叠包绕一层半导电带，再包缠一层绝缘胶带，将“铅笔头”和连接管包平，其直径略大于电缆主绝缘直径。

（2）如制作屏蔽型，先用半导电带填平绝缘端部与连接管间的空隙；再将连接管包平，其直径等于电缆主绝缘直径；最后再包两层半导电带，从连接管中部开始包至绝缘端部，与绝缘重叠5mm，再包至另一端绝缘上，同样重叠5mm，再返回至连接管中部结束（最后两层半导电带也可用热缩导电管代替，但管材要薄，且两端与主绝缘重叠部分要整齐，导电管两端断口应用应力控制胶填平）。

13. 绕包应力控制胶、热缩应力控制管

（1）将应力控制胶拉细、拉薄，缠绕在外半导电层断口，覆盖半导电层5mm，覆盖绝缘10mm。在电缆主绝缘表面涂一薄层硅脂，包括连接管位置，但不得涂到应力控制胶及外

半导电层上。

（2）将各相线芯上的应力控制管套至绝缘上并与外半导电层搭接 20mm，从外半导电层断口向末端加热收缩。

14. 热缩内绝缘管

（1）先在 6 根应力管端部断口处的绝缘上用应力控制胶将断口间隙填平，包缠长度 5～10mm。

（2）将三相绝缘管套至连接管部位，管中心与连接管中心对齐，从中部向两端热缩。

15. 热缩外绝缘管

将三相外绝缘管套入，确定中心位置，从中部向两端热缩。

16. 包密封胶带

从铜屏蔽断口至外绝缘管端部包弹性密封胶带，将间隙填平成圆锥形。

17. 热缩屏蔽管

将三相屏蔽管套至接头中央，确定中心位置，从中部向两端收缩，确保两端将密封胶压实。

18. 焊接地线

（1）在每相线芯上平敷一条 25mm^2 的铜编织带，并临时固定。

（2）将预先套入每相的铜屏蔽网拉长至铜屏蔽带上，拉紧并压在铜编织带上，两端用细铜丝缠绕扎紧，再用烙铁焊牢。

19. 热缩内护套

（1）将三相相线并拢，用 PVC 绑带扎紧。用粗砂纸打毛内护套，并包一层密封胶带，将内护套热缩管拉至接头上，与密封胶带搭接。

（2）从密封胶带处向中间收缩。用同一方法收缩另一半内护套，二者搭接部分应打毛，并包 100mm 长密封胶。

20. 连接铠装地线

用 25mm^2 的铜编织带连接两端铠装，用铜线绑紧并焊牢。

21. 热缩外护套

（1）清洁热缩部位的外护套，并用粗砂纸打毛外护套热缩部位，该部位包一层密封胶带，将外护套热缩管拉至接头上，与密封胶带搭接，从密封胶带处向中间收缩。

（2）从密封胶带处向中间收缩。用同一方法收缩另一半内护套，二者搭接部分应打毛，并包 100mm 长密封胶。

22. 工作终结

（1）工作负责人组织工作人员清点工器具，并清理施工现场。

（2）工作负责人对完成的工作进行全面检查，符合验收规范要求后，记录在册并召开现场收工会进行工作点评，宣布工作结束。

（3）填写电缆中间接头安装记录。

（二）10kV 预制式电力电缆中间接头安装步骤

10kV 预制式电力电缆中间接头安装作业流程如图 13-28 所示。

1. 工器具储运与检测

（1）领用终端安装所需工器具、安全用具及辅助器具，核对工器具的使用电压等级和试

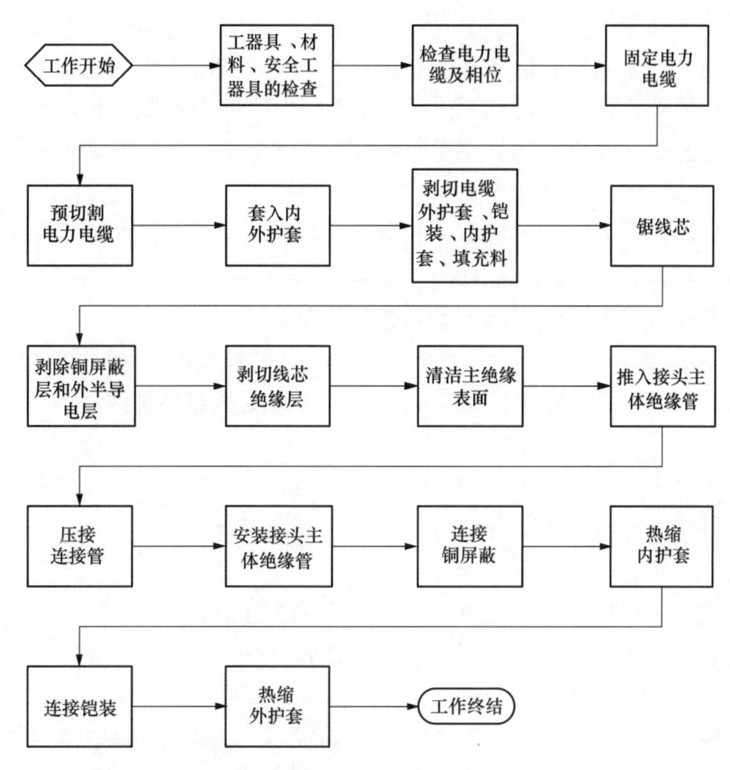

图 13-28　10kV 预制式电力电缆中间接头安装作业流程图

验周期，并检查确认外观完好无损。

（2）工器具在运输过程中，应存放在专用工具袋、工具箱或工具车内，以防受潮和损伤。

2. 现场操作前的准备

（1）工作负责人检查作业装置、现场环境符合作业条件。

（2）工作负责人召集工作人员交代工作任务，对工作成员进行危险点告知，交代安全措施和技术措施，确认每一个工作成员都已知晓。检查工作成员精神状态是否良好、人员是否合适。

3. 确定中间接头中心、预切割电力电缆

（1）将电力电缆校直，电缆直线部分不小于 2.5m，确定接头中心。

（2）以中心为基准，测量电力电缆长端并标记，测量电力电缆短端并标记，两电力电缆重叠 200mm，锯掉多余电缆。

4. 套入内外护套、热缩管

将电力电缆两端外护套擦净，在长端套入两根长管，在短端套入一根短管。

5. 剥切电缆外护套、铠装、内护套和填充料

（1）根据附件安装图尺寸，分别剥除长端和短端电缆外护套。

（2）从外护套断开处向电力电缆端部量取 30～50mm 铠装带绑铜扎线，剥除多余铠装带。

（3）根据附件安装图尺寸，剥除内护套，去掉填充料，分开三芯。

6. 锯线芯

(1) 锯线芯前，根据附件安装图尺寸核测接头长度并标记各尺寸。

(2) 为防止铜屏蔽带松散，可在铜屏蔽端口包 PVC 绑带扎紧。按相色要求将电力电缆两端各对应相线重叠放平并临时绑好端部，将多余线芯锯掉。

7. 剥除铜屏蔽层和外半导电层

(1) 自相线端部向电力电缆分叉方向量取主绝缘预处理长度，并剥除这段铜屏蔽带，不能伤及外半导层，剥切外半导层不能伤及主绝缘。

(2) 用半导电胶带将电缆铜屏蔽带端口包覆住加以固定。

8. 剥切线芯绝缘层

(1) 从线芯端部量 1/2 接管长加 5mm，将该长度的绝缘层剥除，在绝缘端部倒角 3mm×45°。

(2) 如制作铅笔头型，按图尺寸还要在绝缘端部削一“铅笔头”。“铅笔头”应圆整对称，并用绝缘砂纸打磨光滑，末端保留导体屏蔽层（内半导电层）5mm。

9. 清洁主绝缘表面

去除主绝缘表面杂质后，用清洁纸将主绝缘表面擦净。清洁时应从绝缘端口向外半导电层方向擦抹，接触外半导电层后清洁纸废弃，不能再使用。

10. 推入接头主体绝缘管

(1) 在长端线芯导体上缠两层 PVC 绑带（以防推入中间接头主体绝缘管时划伤内绝缘）。

(2) 用浸有清洁剂的布（纸）清洁长端电缆主绝缘层及半导电层，然后分别在中间接头主体绝缘管内侧、长端电缆主绝缘层及半导电层上均匀地涂一层硅脂。

(3) 用力一次性将中间接头主体绝缘管推入到长端相线上，直到电缆主绝缘从另一端露出为止，用干净的布擦去多余的硅脂。

11. 压接连接管

再次核对两端电力电缆相位后，按同相位将两端线芯套入连接管进行压接，压接时先中间后两边。压接后，用锉刀及绝缘砂纸打磨连接管表面，并清洁干净。

12. 安装接头主体绝缘管

(1) 将中间接头主体绝缘管移至中心部位，使一端与记号齐平，使中间接头主体绝缘管收缩。

(2) 收缩后，检查主体绝缘管两端是否与半导电层都搭接上，搭接长度不小于规定尺寸。

(3) 从覆盖主体绝缘管端口 60mm 处开始到半导电层上 60mm 处，半重叠绕包防水带一个来回。

13. 连接铜屏蔽

(1) 在每相线芯上平敷一条 $25mm^2$ 的铜编织带，并临时固定。

(2) 将预先套入每相的铜屏蔽网拉长至铜屏蔽带上，拉紧并压在铜编织带上，两端用细铜丝缠绕扎紧，再用烙铁焊牢。

14. 热缩内护套

(1) 将三相线芯并拢，用 PVC 绑带扎紧。用粗砂纸打毛两侧内护套端部，并包一层密

封胶带。

（2）将一根长热缩管拉至接头中间，两端与密封胶搭盖，从中间开始向两端加热，使其均匀收缩。

15. 连接铠装

用 25mm² 的铜编织带连接两端铠装，用铜线绑紧并焊牢。

16. 热缩外护套

（1）擦净接头两端电缆的外护套，将其端部用粗砂纸打毛，缠两层密封胶带。

（2）将剩余两根热缩管拉至接头上并热缩。要求热缩管与电缆外护套及两热缩管之间搭接长度不小于 100mm，两热缩管重叠部分也要用砂纸打毛并缠密封胶。

17. 工作终结

（1）工作负责人组织工作人员清点工器具，并清理施工现场。

（2）工作负责人对完成的工作进行全面检查，符合验收规范要求后，记录在册并召开现场收工会进行工作点评，宣布工作结束。

（3）填写电缆中间接头安装记录。

（三）10kV 冷缩式电力电缆中间接头安装步骤

10kV 冷缩式电力电缆中间接头安装作业流程如图 13-29 所示。

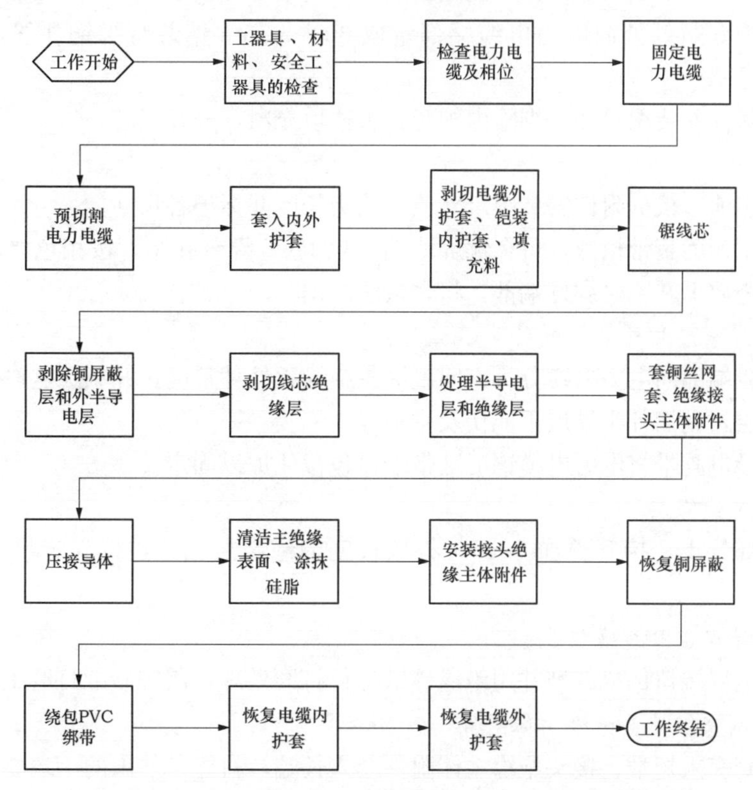

图 13-29　10kV 冷缩式电力电缆中间接头安装作业流程图

1. 工器具储运与检测

（1）领用终端安装所需工器具、安全用具及辅助器具，核对工器具的使用电压等级和试

验周期，并检查确认外观完好无损。

（2）工器具在运输过程中，应存放在专用工具袋、工具箱或工具车内，以防受潮和损伤。

2. 现场操作前的准备

（1）工作负责人检查作业装置、现场环境符合作业条件。

（2）工作负责人召集工作人员交代工作任务，对工作成员进行危险点告知，交代安全措施和技术措施，确认每一个工作成员都已知晓。检查工作成员精神状态是否良好、人员是否合适。

（3）若工作场所为有限空间，则需要按照有限空间作业要求，对工作场所进行通风，气体检测合格后方可入内工作。

3. 确定中间接头中心、预切割电力电缆

（1）将电力电缆校直，电力电缆直线部分不小于2.5m，确定接头中心。

（2）以中心为基准，测量电力电缆长端并标记，测量电力电缆短端并标记，两电力电缆重叠200mm，锯掉多余电力电缆。

4. 剥切电缆外护套、铠装、内护套和填充料

（1）根据附件安装图尺寸，分别剥除长端和短端电缆外护套。

（2）从外护套断开处向电力电缆端部量取30～50mm铠装带绑铜扎线，剥除多余铠装带。

（3）根据附件安装图尺寸，剥除内护套，去掉填充料，分开三芯。

5. 锯线芯

（1）锯线芯前，根据附件安装图尺寸核测接头长度并标记各尺寸。

（2）为防止铜屏蔽带松散，可在铜屏蔽端口包PVC绑带扎紧。按相色要求将电缆两端各对应相线重叠放平并临时绑好端部，将多余线芯锯掉。

6. 去除铜屏蔽层和外半导电层

（1）自相线端部向电力电缆分叉方向量取主绝缘预处理长度，并剥除这段铜屏蔽带，不能伤及外半导层，剥切外半导层不能伤及主绝缘。

（2）用半导电胶带将电力电缆铜屏蔽带端口包覆住加以固定。

7. 剥切线芯绝缘层

从线芯端部量1/2接管长加5mm，将该长度的绝缘层剥除，按规定尺寸在绝缘端部倒角。

8. 处理半导电层和绝缘层

将外半导电层端口倒成斜坡并用绝缘砂纸进行打磨处理，用细砂纸打磨主绝缘表面。

9. 套铜丝网套、接头绝缘主体附件

将铜丝网套套入短端，接头绝缘主体附件套入长端，衬管条伸出的一端要先套入电力电缆，将接头绝缘主体和电缆绝缘临时保护好。

10. 导体压接

再次核对两端电力电缆相位后，按同相位将两端线芯套入连接管进行压接，压接时先中间后两边。压接后，用锉刀及绝缘砂纸打磨连接管表面，并清洁干净。

11. 安装接头主体绝缘管

（1）去除主绝缘表面杂质后，用清洁纸将主绝缘表面擦净。清洁时应从绝缘端口向外半导电层方向擦抹，接触外半导电层后清洁纸废弃，不能再使用。

（2）在两端电缆主绝缘和连接管及填充物上均匀涂抹硅脂。

12. 安装接头绝缘主体附件

（1）将中间接头主体绝缘管移至中心部位，使一端与记号齐平，使中间接头主体绝缘管收缩。

（2）收缩后，检查主体绝缘管两端是否与半导电层都搭接上，搭接长度不小于规定尺寸。

（3）从覆盖主体绝缘管端口 60mm 处开始到半导电层上 60mm 处，半重叠绕包防水带一个来回。

13. 恢复铜屏蔽

将预先套入的铜网移至接头绝缘主体上，铜网两端分别与电力电缆相线铜屏蔽搭接 50mm 以上，并覆盖铜编织带，两端用恒力弹簧固定。

14. 绕包 PVC 绑带

先清除接头两端外护套间所有的毛刺、突出物等尖物，将三相并拢，用 PVC 绑带从一端内护层端口开始向另一端内护层端口半搭盖绕包四层以上。

15. 恢复电缆内护套

（1）在两端露出的 50mm 内护套上用砂纸打磨粗糙并清洁干净，从一端内护套上开始至另一端内护套，在整个接头上半搭盖绕包两层防水带。

（2）绕包完后，用力压紧防水带，使之紧密粘结，最后再半搭盖绕包两层绝缘带。

16. 安装铠装连接线

（1）将铜编织线与两端铠装搭接并用恒力弹簧固定。

（2）用 PVC 绑带在恒力弹簧上绕包两层。

17. 恢复电缆外护套

（1）用防水带做接头防潮密封，在电缆外护套上从开剥端口起 60mm 的范围内用砂纸打磨粗糙，并清洁干净；然后从距外护套口 60mm 处开始半重叠绕包防水带至另一端护套口，覆盖外护套 60mm，绕包一个来回。绕包时，将胶带拉伸至原来宽度的 3/4。

（2）半重叠绕包两层铠装带用以机械保护。为得到一个整齐的外观，可先用防水带填平两边的凹陷处。

（3）静置 30min，待铠装带胶层完全固化后方可移动电缆。

18. 工作终结

（1）工作负责人组织工作人员清点工器具，并清理施工现场。

（2）工作负责人对完成的工作进行全面检查，符合验收规范要求后，记录在册并召开现场收工会进行工作点评，宣布工作结束。

（3）填写电缆中间接头安装记录。

（四）35kV 热缩式电力电缆中间接头安装步骤

35kV 热缩式电力电缆中间接头安装作业流程如图 13-30 所示。

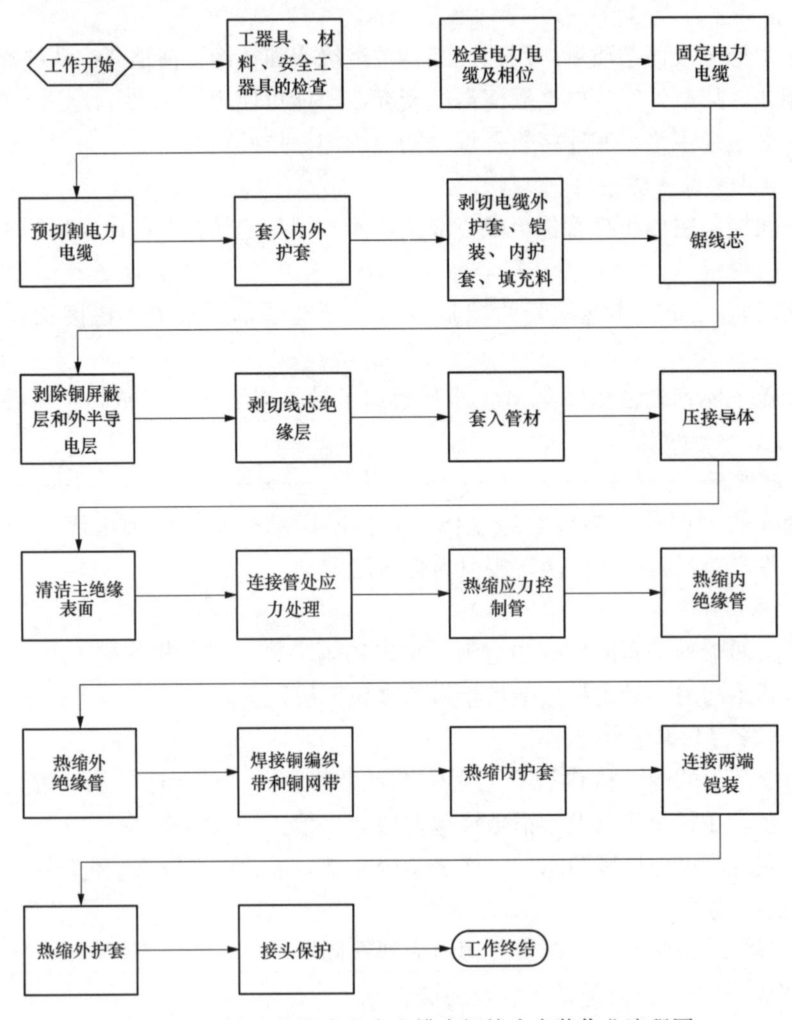

图 13-30　35kV 热缩式电力电缆中间接头安装作业流程图

1. 工器具储运与检测

（1）领用终端安装所需工器具、安全用具及辅助器具，核对工器具的使用电压等级和试验周期，并检查确认外观完好无损。

（2）工器具在运输过程中，应存放在专用工具袋、工具箱或工具车内，以防受潮和损伤。

2. 现场操作前的准备

（1）工作负责人检查作业装置、现场环境符合作业条件。

（2）工作负责人召集工作人员交代工作任务，对工作成员进行危险点告知，交代安全措施和技术措施，确认每一个工作成员都已知晓。检查工作成员精神状态是否良好、人员是否合适。

（3）若工作场所为有限空间，则需要按照有限空间作业要求，对工作场所进行通风，气体检测合格后方可入内工作。

3. 确定中间接头中心、预切割电力电缆

(1) 将电力电缆校直，电力电缆直线部分不小于2.5m，确定接头中心。

(2) 以中心为基准，测量电力电缆长端并标记，测量电力电缆短端并标记，两电力电缆重叠200mm，锯掉多余电力电缆。

4. 套入内外护套

将电力电缆两端外护套擦净（长度约2.5m），在两端电力电缆上依次套入内护套及外护套，将护套管两端包严，防止进入尘土影响密封。

5. 剥除电缆外护套、铠装、内护套和填充料

(1) 根据附件安装图尺寸，分别剥除长端和短端电缆外护套。

(2) 从外护套断开处向电力电缆端部量取30～50mm铠装带绑铜扎线，剥除多余铠装带。

(3) 根据附件安装图尺寸，剥除内护套，去掉填充料，分开三芯。

6. 锯线芯

(1) 锯线芯前，根据附件安装图尺寸核测接头长度并标记各尺寸。

(2) 为防止铜屏蔽带松散，可在铜屏蔽端口包PVC绑带扎紧。按相色要求将电缆两端各对应相线重叠放平并临时绑好端部，将多余线芯锯掉。

7. 剥除铜屏蔽层和外半导电层

(1) 自相线端部向电力电缆分叉方向量取主绝缘预处理长度，并剥除这段铜屏蔽带，不能伤及外半导层，剥切外半导层不能伤及主绝缘。

(2) 用半导电胶带将电缆铜屏蔽带端口包覆住加以固定。

8. 剥切线芯绝缘层

(1) 从线芯端部量1/2接管长加5mm，将该长度的绝缘层剥除，在绝缘端部倒角3mm×45°。

(2) 如制作铅笔头型，按图尺寸还要在绝缘端部削一“铅笔头”。“铅笔头”应圆整对称，并用绝缘砂纸打磨光滑，末端保留导体屏蔽层（内半导电层）5mm。

9. 套入应力控制管、绝缘管和屏蔽管

在电力电缆三相相线长端各套入应力控制管、绝缘管和绝缘屏蔽管，在短端分别套入另一根绝缘管；将其推至三芯根部，临时固定。

10. 连接导体

(1) 再次核对两端电缆相位后，按同相位将两端线芯套入连接管，调整三相相线成正三角形，进行压接。

(2) 压接后将接管表面尖刺及棱角挫平，用绝缘砂纸打磨光滑连接管表面，并用清洁剂擦净。

11. 清洁主绝缘表面

去除主绝缘表面杂质后，用清洁纸将主绝缘表面擦净。清洁时应从绝缘端口向外半导电层方向擦抹，接触外半导电层后清洁纸废弃，不能再使用。

12. 连接管处应力处理

(1) 方法一：绕包应力控制胶。从任意一相开始，用应力控制胶拉长将导电线芯部分填平，然后用半重叠法将应力控制胶缠在线芯端部和压接管上。两端各覆盖绝缘10～15mm，

包缠直径略大于绝缘外径，表面应平整。

（2）方法二：绕包半导电带和绝缘带。在连接管上，半搭盖绕包两层半导电带并与两端线芯内半导电层搭接。在半导电带外，半搭盖绕包绝缘自粘带，最后再半搭盖绕包两层聚四氟带。

13. 绝缘屏蔽端部应力处理

（1）用应力控制胶拉长缠在外半导电层切断处，填补该处的空隙，各覆盖绝缘、外半导电层 10mm。

（2）应力控制胶的包缠应平滑，两端应薄而整齐。用同样的方法完成另一端。

14. 热缩应力控制管

将三相相线绝缘上涂一薄层硅脂，将应力控制管移至连接管中心，分别从中间往两端热缩应力控制管。

15. 热缩绝缘管

（1）先将内层绝缘管移至应力控制管上，中心点对齐，三相同时从中间往两端热缩。再将外层绝缘管移至内绝缘管上，中心点对齐，三相同时从中间往两端热缩。

（2）用防水带在每相绝缘管两端主绝缘上各缠两圈，其边缘与绝缘管端口对齐。

16. 热缩绝缘屏蔽管

将三相绝缘屏蔽管移至绝缘管上，中心点对齐，三相同时从中间开始向两侧分两次互相交换收缩，然后继续在绝缘屏蔽管全长加热，直至完全收缩。

17. 焊接铜编织带和铜网带

（1）在三相电力电缆相线上，分别用 $25mm^2$ 铜编织带连接两端金属屏蔽带，其两端在距绝缘屏蔽管端口 30mm 处用细铜线绑两匝在铜屏蔽带上，用焊锡焊牢。

（2）在三相电力电缆相线上，分别用半重叠法包缠一层铜网带，两端用细铜线绑两匝在铜屏蔽带上，用焊锡焊牢。

（3）将三相电力电缆相线并拢，用白布带按间隔 50mm 距离疏绕，往返包绕两层扎紧。

18. 热缩内护套

（1）擦净接头两端电力电缆的内护套，并将表面用砂纸磨粗。将一端的内护套热缩管移至接头上，管的一端与电缆内护套搭接，其端口与铠装锯断处衔接，从此端开始往接头中间热缩。

（2）用同样方法完成另一端内护套管的热缩，两内护套管重叠搭接部分不小于 100mm。

19. 连接两端铠装

用 $25mm^2$ 铜编织带连接两端铠装用铜丝扎紧，用焊锡焊牢。

20. 热缩外护套

擦净接头两端电力电缆的外护套，并将表面用砂纸磨粗，要求外护套热缩管与电缆外护套搭接长度及两外护套热缩管搭接长度均不小于 150mm。如热缩管内无密封涂料，应在每一搭接处加缠不小于 100mm 长的密封材料。

21. 接头保护

接头外用水泥盒加以保护，热缩部件未冷却前，不得移动电力电缆，以防止破坏搭接处的密封。

22. 工作终结

(1) 工作负责人组织工作人员清点工器具，并清理施工现场。

(2) 工作负责人对完成的工作进行全面检查，符合验收规范要求后，记录在册并召开现场收工会进行工作点评，宣布工作结束。

(3) 填写电缆中间接头安装记录。

(五) 35kV 预制式电力电缆中间接头安装步骤

35kV 预制式电力电缆中间接头安装作业流程如图 13-31 所示。

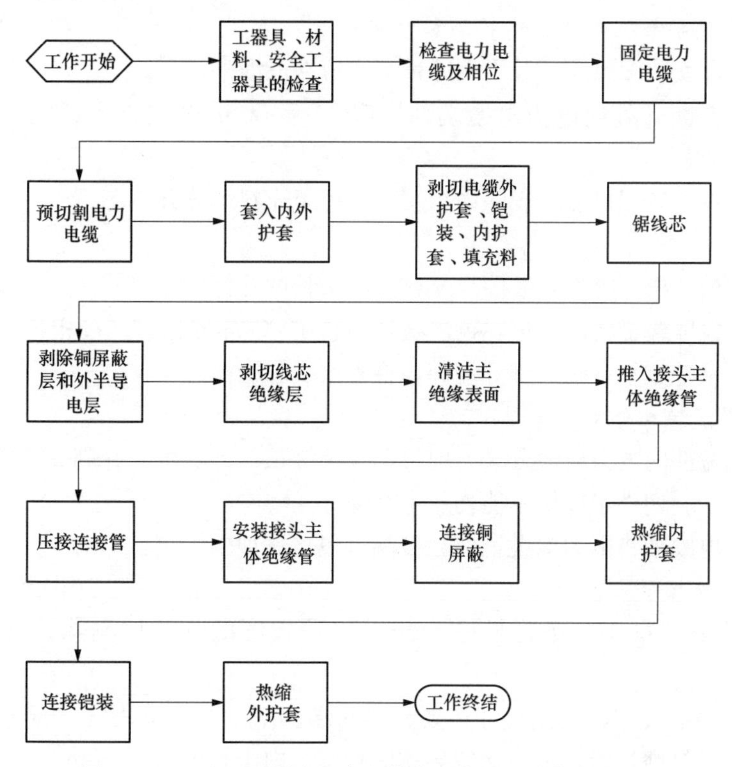

图 13-31　35kV 预制式电力电缆中间接头安装作业流程图

1. 工器具储运与检测

(1) 领用终端安装所需工器具、安全用具及辅助器具，核对工器具的使用电压等级和试验周期，并检查确认外观完好无损。

(2) 工器具在运输过程中，应存放在专用工具袋、工具箱或工具车内，以防受潮和损伤。

2. 现场操作前的准备

(1) 工作负责人检查作业装置、现场环境符合作业条件。

(2) 工作负责人召集工作人员交代工作任务，对工作成员进行危险点告知，交代安全措施和技术措施，确认每一个工作成员都已知晓。检查工作成员精神状态是否良好、人员是否合适。

(3) 若工作场所为有限空间，则需要按照有限空间作业要求，对工作场所进行通风，气体检测合格后方可入内工作。

3. 确定中间接头中心、预切割电力电缆

（1）将电缆校直，电缆直线部分不小于2.5m，确定接头中心。

（2）以中心为基准，测量电力电缆长端并标记，测量电力电缆短端并标记，两电力电缆重叠200mm，锯掉多余电力电缆。

4. 套入内外护套

将电力电缆两端外护套擦净（长度约2.5m），在两端电力电缆上依次套入外护套、内护套。将护套管两端包严，防止进入尘土影响密封。

5. 剥切电缆外护套、铠装、内护套和填充料

（1）根据附件安装图尺寸，分别剥除长端和短端电缆外护套。

（2）从外护套断开处向电力电缆端部量取30～50mm铠装带绑铜扎线，剥除多余铠装带。

（3）根据附件安装图尺寸，剥除内护套，去掉填充料，分开三芯。

6. 锯线芯

（1）锯线芯前，根据附件安装图尺寸核测接头长度并标记各尺寸。

（2）为防止铜屏蔽带松散，可在铜屏蔽端口包PVC绑带扎紧。按相色要求将电力电缆两端各对应相线重叠放平并临时绑好端部，将多余线芯锯掉。

7. 剥除铜屏蔽层和外半导电层

（1）自相线端部向电力电缆分叉方向量取主绝缘预处理长度，并剥除这段铜屏蔽带，不能伤及外半导层，剥切外半导层不能伤及主绝缘。

（2）用半导电胶带将电力电缆铜屏蔽带端口包覆住加以固定。

8. 剥切线芯绝缘层

（1）从线芯端部量1/2接管长加5mm，将该长度的绝缘层剥除，在绝缘端部倒角3mm×45°。

（2）如制作铅笔头型，按图尺寸还要在绝缘端部削一“铅笔头”。“铅笔头”应圆整对称，并用绝缘砂纸打磨光滑，末端保留导体屏蔽层（内半导电层）5mm。

9. 清洁主绝缘表面

去除主绝缘表面杂质后，用清洁纸将主绝缘表面擦净。清洁时应从绝缘端口向外半导电层方向擦抹，接触外半导电层后清洁纸废弃，不能再使用。

10. 推入接头主体绝缘管

（1）在长端线芯导体上缠两层PVC绑带（以防推入中间接头主体绝缘管时划伤内绝缘）。

（2）用浸有清洁剂的布（纸）清洁长端电缆主绝缘层及半导电层，然后分别在中间接头主体绝缘管内侧、长端电缆主绝缘层及半导电层上均匀地涂一层硅脂。

（3）用力一次性将中间接头主体绝缘管推入到长端相线上，直到电缆主绝缘从另一端露出为止，用干净的布擦去多余的硅脂。

11. 压接连接管

再次核对两端电缆相位后，按同相位将两端线芯套入连接管进行压接，压接时先中间后两边。压接后，用锉刀及绝缘砂纸打磨连接管表面，并清洁干净。

12. 安装接头主体绝缘管

(1) 将中间接头主体绝缘管移至中心部位，使一端与记号齐平，使中间接头主体绝缘管收缩。

(2) 收缩后，检查主体绝缘管两端是否与半导电层都搭接上，搭接长度不小于规定尺寸。

(3) 从覆盖主体绝缘管端口 60mm 处开始到半导电层上 60mm 处，半重叠绕包防水带一个来回。

13. 接头主体绝缘管定位

(1) 按工艺图尺寸要求，由中心位置向电缆一端三相分别量取中间接头主体绝缘管收缩的基准点，并做标记。

(2) 用清洁纸将绝缘层表面及连接管表面再认真清洁一次，待清洁剂挥发后，将硅脂涂抹在主绝缘表面。

14. 连接铜屏蔽

(1) 在三相电缆相线上，分别用 25mm^2 的铜编织带连接两端铜屏蔽层，并临时固定。

(2) 用半重叠法绕包一层铜网带，两端与铜编织带平齐，分别用细铜丝扎紧，再用焊锡焊牢。

15. 热缩内护套

(1) 将三相线芯并拢，用白布带扎紧。用粗砂纸打毛两侧内护套端部，并包一层密封胶带。

(2) 将一根长热缩管拉至接头中间，两端与密封胶搭盖，从中间开始向两端加热，使其均匀收缩。

16. 连接两端铠装

用 25mm^2 的铜编织带连接两端铠装，用铜线绑紧并焊牢。

17. 热缩外护套

(1) 擦净接头两端电力电缆的外护套，将其端部用粗砂纸打毛，缠两层密封胶带。

(2) 将剩余两根热缩管拉至接头上并热缩。要求热缩管与电缆外护套及两热缩管之间搭接长度不小于 100mm，两热缩管重叠部分也要用砂纸打毛并缠密封胶。

18. 工作终结

(1) 工作负责人组织工作人员清点工器具，并清理施工现场。

(2) 工作负责人对完成的工作进行全面检查，符合验收规范要求后，记录在册并召开现场收工会进行工作点评，宣布工作结束。

(3) 填写电缆中间接头安装记录。

(六) 35kV 冷缩式电力电缆中间接头安装步骤

35kV 冷缩式电力电缆中间接头安装作业流程如图 13-32 所示。

1. 工器具储运与检测

(1) 领用终端安装所需工器具、安全用具及辅助器具，核对工器具的使用电压等级和试验周期，并检查确认外观完好无损。

(2) 工器具在运输过程中，应存放在专用工具袋、工具箱或工具车内，以防受潮和损伤。

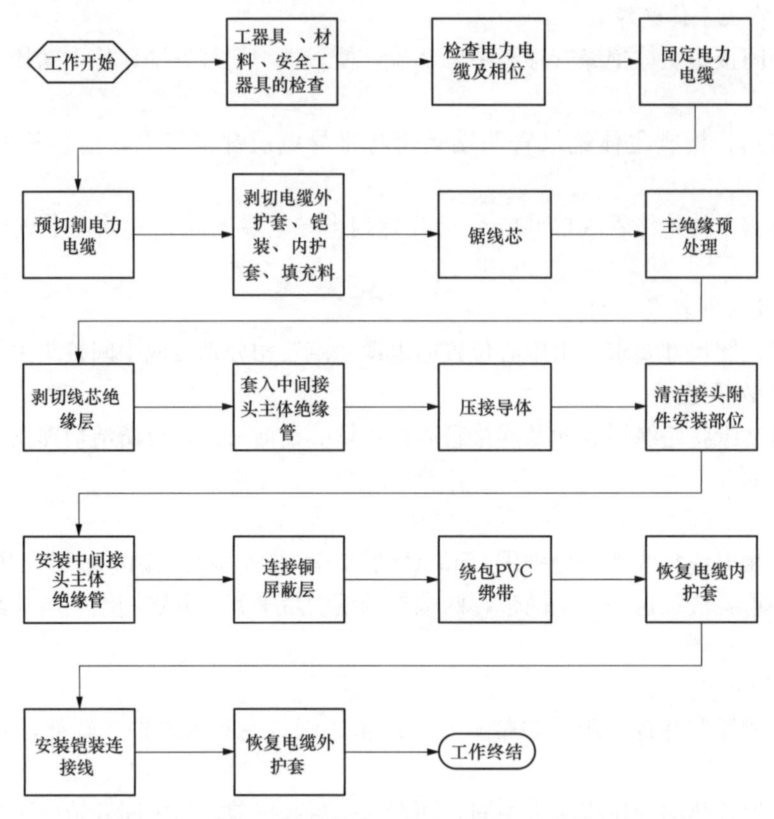

图 13-32 35kV冷缩式电力电缆中间接头安装作业流程图

2. 现场操作前的准备

(1) 工作负责人检查作业装置、现场环境符合作业条件。

(2) 工作负责人召集工作人员交代工作任务，对工作成员进行危险点告知，交代安全措施和技术措施，确认每一个工作成员都已知晓。检查工作成员精神状态是否良好、人员是否合适。

(3) 若工作场所为有限空间，则需要按照有限空间作业要求，对工作场所进行通风，气体检测合格后方可入内工作。

3. 确定中间接头中心、预切割电力电缆

(1) 将电力电缆校直，电力电缆直线部分不小于2.5m，确定接头中心。

(2) 以中心为基准，测量电力电缆长端并标记，测量电力电缆短端并标记，两电力电缆重叠200mm，锯掉多余电力电缆。

4. 剥切电缆外护套、铠装、内护套和填充料

(1) 根据附件安装图尺寸，分别剥除长端和短端电缆外护套。

(2) 从外护套断开处向电力电缆端部量取30～50mm铠装带绑铜扎线，剥除多余铠装带。

(3) 根据附件安装图尺寸，剥除内护套，去掉填充料，分开三芯。

5. 锯线芯

(1) 锯线芯前，根据附件安装图尺寸核测接头长度并标记各尺寸。

（2）为防止铜屏蔽带松散，可在铜屏蔽端口包 PVC 绑带扎紧。按相色要求将电缆两端各对应相线重叠放平并临时绑好端部，将多余线芯锯掉。

6. 主绝缘预处理

（1）根据附件安装图尺寸，剥除铜屏蔽带。

（2）根据附件安装图尺寸，剥除外半导电屏蔽层，在端口处做过渡斜坡，端口应光滑平整，无尖端、毛刺、凹陷。端面应整齐，与主绝缘平滑过渡。

（3）用半导电胶带将铜屏蔽带端口包覆住加以固定，绕包应十分平整。

（4）主绝缘表面如有半导电颗粒残留，须用绝缘砂纸打磨去除，打磨后立即清洁干净。清洁方向自主绝缘端口至外半导电层，不得来回擦拭。

7. 剥切线芯绝缘层

从线芯端部量 1/2 接管长加 5mm，将该长度的绝缘层剥除，按规定尺寸在绝缘端部倒角。

8. 套入中间接头主体绝缘管

（1）把长端、短端各相线清洁后，在长端套入中间接头主体绝缘管，塑料衬管条伸出的一端先套入电缆。在短端套入铜编织网套。

（2）用保鲜膜将中间接头主体绝缘管和主绝缘表面临时保护好。

9. 确定接头中心、压接连接管

（1）用清洁纸将连接管内、外表面及线芯导体清洁干净，再次核对两端电缆相位后，按同相位将两端线芯套入连接管。

（2）在连接管中心位置做一标记，拆去临时保鲜膜保护。

（3）压接时应先中间、后两边，压接后应用锉刀及绝缘砂纸打磨光滑并清洁干净。

10. 清洁接头附件安装部位、确定附件安装基准点

（1）按工艺图尺寸要求，由中心位置向电缆一端三相分别量取中间接头主体绝缘管收缩的基准点，并做标记。

（2）用清洁纸将绝缘层表面及连接管表面再认真清洁一次，待清洁剂挥发后，将硅脂涂抹在主绝缘表面。

11. 安装中间接头主体绝缘管

（1）将中间接头主体绝缘管移至中心部位，使一端与记号齐平，使中间接头主体绝缘管收缩。

（2）收缩后，检查主体绝缘管两端是否与半导电层都搭接上，搭接长度不小于规定尺寸。

（3）从覆盖主体绝缘管端口 60mm 处开始到半导电层上 60mm 处，半重叠绕包防水带一个来回。

12. 连接铜屏蔽层

在收缩好的主体绝缘管外部套上铜丝网套，从中间向两边对称展开，用 PVC 绑带把铜丝网套绑扎在主体绝缘管上。用两只恒力弹簧将铜丝网套固定在电缆铜屏蔽带上，以保证铜丝网套与之良好接触。将铜丝网套的两端修整齐，在恒力弹簧外包绕 PVC 绑带便于紧固。

13. 绕包 PVC 绑带

先清除接头两端外护套间所有的毛刺、突出物等尖物，将三相并拢，用 PVC 绑带（20mm 宽）从一端内护层端口开始向另一端内护层端口半搭盖绕包四层以上。

14. 恢复电缆内护套

(1) 在两端露出的50mm内护套上用砂纸打磨粗糙并清洁干净，从一端内护套上开始至另一端内护套，半搭盖绕包防水带两个来回。

(2) 在PVC绑带上再半搭盖绕包绝缘自粘带两个来回。

15. 安装铠装连接线

(1) 将铜编织线与两端铠装搭接并用恒力弹簧固定。

(2) 用PVC绑带在恒力弹簧上绕包两层。

16. 恢复电缆外护套

(1) 用防水带做接头防潮密封，在电缆外护套上从开剥端口起60mm的范围内用砂纸打磨粗糙，并清洁干净。然后从距外护套口60mm处开始半重叠绕包防水带至另一端护套口，覆盖外护套60mm，绕包一个来回。绕包时，将胶带拉伸至原来宽度的3/4。

(2) 半重叠绕包两层铠装带用以机械保护。为得到一个整齐的外观，可先用防水带填平两边的凹陷处。

(3) 静置30min，待铠装带胶层完全固化后方可移动电缆。

17. 工作终结

(1) 工作负责人组织工作人员清点工器具，并清理施工现场。

(2) 工作负责人对完成的工作进行全面检查，符合验收规范要求后，记录在册并召开现场收工会进行工作点评，宣布工作结束。

(3) 填写电缆中间接头安装记录。

(七) 35kV绕包式电力电缆中间接头安装步骤

35kV绕包式电力电缆中间接头安装作业流程如图13-33所示。

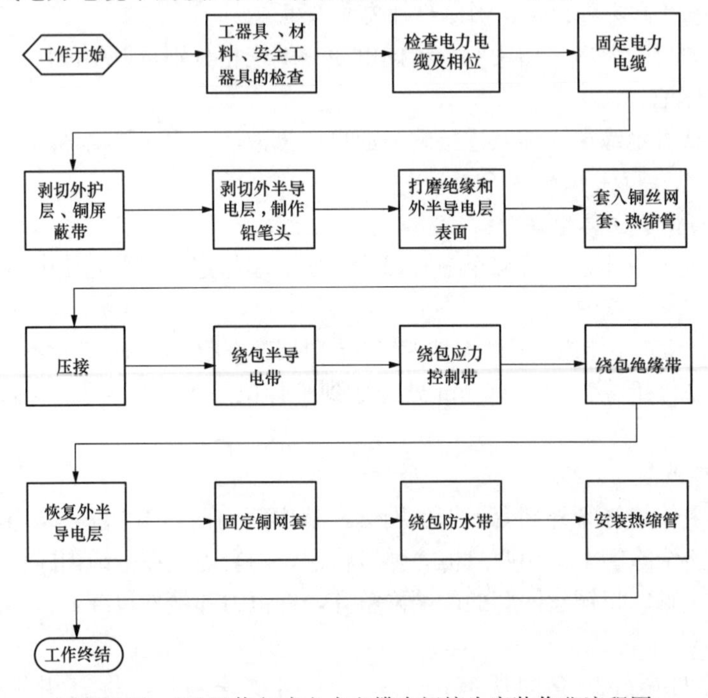

图13-33 35kV绕包式电力电缆中间接头安装作业流程图

1. 工器具储运与检测

(1) 领用终端安装所需工器具、安全用具及辅助器具，核对工器具的使用电压等级和试验周期，并检查确认外观完好无损。

(2) 工器具在运输过程中，应存放在专用工具袋、工具箱或工具车内，以防受潮和损伤。

2. 现场操作前的准备

(1) 操作前材料、工具配备齐全并摆放整齐，人员穿戴整洁，现场环境符合要求。

(2) 工作负责人召集工作人员交代工作任务，对工作成员进行危险点告知，交代安全措施和技术措施，确认每一个工作成员都已知晓。检查工作成员精神状态是否良好、人员是否合适。

3. 核对电力电缆相位

将两侧电力电缆固定牢固、校直并擦拭，确定接头中心位置。分别切断两侧多余电力电缆，锯断电力电缆时断面要与电力电缆方向垂直。

4. 剥切外护层

按工艺尺寸剥切外护层、填充带，注意不能伤及铜屏蔽带。剥切铜屏蔽带，不能伤及电缆外半导电层。剥除外半导电层，在端口处做过渡斜坡，端口应光滑平整，无尖端、毛刺、凹陷。端面应整齐，与主绝缘平滑过渡。剥除线芯绝缘，切削“铅笔头”，保留一段内半导电层。

(1) 严格控制电缆各部位尺寸，半导电层与绝缘层的断口应用玻璃刀片修整，使铜屏蔽层、外半导电层断口处平整、无毛刺，半导电层平缓过渡。

(2) 先使用专用刀具或美工刀削出基本椎体形状，再用玻璃刀修理使椎体表面基本平滑。

(3) 初始打磨时可使用打磨机或 240 号砂纸进行粗抛，并按照从小到大的顺序选择砂纸进行打磨。打磨每一号砂纸应从两个方向打磨 10 遍以上，直到上一号砂纸的痕迹消失。35kV 电缆绝缘层建议打磨到 400 号砂纸。

5. 打磨

依次使用 80、120、240、320 号规格的绝缘砂纸将绝缘表面和绝缘屏蔽层表面打磨光滑，打磨每一号砂纸应从两个方向打磨 10 遍以上，直到上一号砂纸的痕迹消失。不能在绝缘表面残留半导体颗粒。

6. 套热缩管等附件

在接头两端电力电缆上分别套入热缩管、铜丝网套等附件。

7. 压接

根据所用电缆导体截面积选择合适的模具和压接接管，以压模合拢到位为准，按照要求每边线芯各压两处。锉平接管因压接导致的毛刺并打磨光滑。

8. 绕包

(1) 用清洁纸分别将电缆绝缘、半导电层及接管表面清洁干净。

(2) 在接管外绕包半导电带，半搭叠绕包两层，两端各搭叠导体屏蔽层 5mm。从铜屏蔽断口开始绕包半导电带，半搭叠两层，搭叠铜屏蔽带 5mm、绝缘 5mm。

(3) 从铜屏蔽断口开始绕包应力控制带，半搭叠绕包四层；第一个来回从半导电带外侧

5mm处铜屏蔽层上开始，缠绕到主绝缘层上，然后返回起始处，绕包长度为100mm；第二个来回从同一个起始点（半导电带外侧5mm处铜屏蔽层开始）开始，绕包长度为45mm，然后返回至起始处。

（4）按照工艺尺寸绕包绝缘带，绝缘带搭叠应力控制带外两侧铜屏蔽带各5mm，两端应用斜坡平滑过渡，斜坡长度为30～40mm。

（5）将铜丝网套拉到接头中间，套在整个接头外部并与接头半导电层和电缆绝缘屏蔽层表面紧密贴合，同时搭叠在电缆铜屏蔽带上；两端在电缆铜屏蔽带30mm左右上用恒力弹簧先缠绕固定一圈，然后将铜丝网套的两端反折到恒力弹簧里，再将恒力弹簧全部绕紧固定。

（6）用PVC绑带将每相接头外的铜丝网套端部被恒力弹簧固定的位置缠绕三层，防止恒力弹簧及铜屏蔽网的毛边刺破其他密封结构。

（7）用绝缘砂纸将两端外护套断口向外100mm的范围内打毛，清洁外护套打毛处。从一侧外护套断口向外50mm处开始、到另一侧外护套断口向外50mm之间，半重叠绕包防水带一个来回。

9. 热缩处理

拉过预先放置的热缩管，居中放置，从中间向两边加热收缩，保证火焰的方向朝向为收缩的热缩管方向。冷却后，在热缩管两端各绕PVC绑带100mm，各搭叠电缆外护套和热缩管50mm，完成接头安装。

10. 工作终结

（1）工作负责人组织工作人员清点工器具，并清理施工现场。

（2）工作负责人对完成的工作进行全面检查，符合验收规范要求后，记录在册并召开现场收工会进行工作点评，宣布工作结束。

（3）填写中间接头安装记录。

五、安全措施和注意事项

（一）安装环境要求

（1）电缆终端施工所涉及的场地如高压室、开关站、电缆夹层、户外终端杆（塔）以及电缆接头施工所涉及的场地如工井、敞开井或沟（隧）道等的土建及装修工作应在电缆附件安装前完成。施工场地应清理干净，没有积水、杂物。

（2）土建设施设计应满足电缆附件的施工、运行及检修要求。

（3）电缆附件安装时应控制施工现场的温度、湿度与清洁度。温度宜控制在0～35℃，相对湿度应控制在70%及以下或以供应商提供的标准为准。

（二）安装质量要求

（1）电缆附件安装质量应满足以下要求：导体连接可靠、绝缘恢复满足设计要求、密封防水牢靠、防机械振动与损伤、接地连接可靠且符合线路接地设计要求。

（2）电缆附件安装质量应满足变电站防火封堵要求，并与周边环境协调。

（3）电缆附件安装范围的电力电缆必须校直、固定，还应检查电力电缆敷设弯曲半径是否满足要求。

（4）安装电缆附件时，应确保接地缆线连接处密封牢靠，防止潮气进入。

（5）电缆接头安装完成后，应检查相间及对地距离是否符合设计要求。

（三）安全措施

(1) 与带电线路、同回路线路保持足够的安全距离。

(2) 装设接地线时，应先接接地端、后接导线端，接地线应连接可靠，不准缠绕。拆接地线时的程序与此相反。

(3) 作业现场必须配置2只专用灭火器，并有专人值班，做好防火、防渍、防盗措施。

(4) 作业现场必须设置专用保护接地线，且所有移动电气设备外壳必须可靠接地，开关配备漏电保护器。认真检查施工电源，杜绝漏电伤人，按设备额定电压正确接线。

(5) 制作电缆接头前，要对电力电缆主芯核对相位。

(6) 制作电缆接头前，应对电力电缆留有足够的余线，并检查电缆外观有无损伤，电缆主绝缘不能受潮。

(7) 抬运电缆附件人员应相互配合，轻抬轻放，防止损物伤人。

(8) 制作电缆接头时，传递物件必须递接递放，不得抛接。

(9) 用刀或其他切割工具时，正确控制切割方向；用电锯切割电力电缆时，工作人员必须戴护目镜，打磨绝缘时，必须佩戴口罩。

(10) 使用液化气枪前，应先检查液化气瓶减压阀是否漏气或堵塞，液化气管不能破裂，确保安全可靠。

(11) 液化气枪点火时，火头不准对人，以免人员烫伤，其他工作人员应与火头保持一定距离。

(12) 液化气枪使用完毕应放置在安全地点，冷却后装运；液化气瓶要轻拿轻放，不能同其他物体碰撞

六、规范性引用文件

(1)《额定电压30kV(U_m=36kV) 以上至150kV(U_m=170kV) 挤包绝缘电力电缆及附件试验方法和要求》(IEC 60840：2020)。

(2)《电力电缆安装运行技术问答》。

(3)《110kV及以下电力电缆常用附件安装实用手册》。

(4)《国家电网公司生产技能人员职业能力培训专用教材　配电电缆》。

(5)《电气装置安装工程　电缆线路施工及验收标准》(GB 50168—2018)。

参 考 文 献

[1] 王卫东．电缆制造技术基础［M］．北京：机械工业出版社，2017.

[2] 图厄．电力电缆工程［M］．北京：机械工业出版社，2014.

[3] 王卫东．电缆工艺技术原理及应用［M］．北京：机械工业出版社，2011.

[4] 史传卿．供用电工人职业技能培训教材　电力电缆［M］．北京：中国电力出版社，2006.

[5] 李宗延，王佩龙，赵光庭，等．电力电缆施工手册［M］．北京：中国电力出版社，2002.

[6] 国家电网公司人力资源部．国家电网公司生产技能人员职业能力培训专用教材　配电电缆［M］．北京：中国电力出版社，2010.

[7] 国家电网公司人力资源部．国家电网公司生产技能人员职业能力培训专用教材　输电电缆［M］．北京：中国电力出版社，2010.

[8] 国家电力监管委员会电力业务资质管理中心．电工进网作业许可考试参考教材　特种类电缆专业［M］．杭州：浙江人民出版社，2012.

[9] 张淑琴．110kV 及以下电力电缆常用附件安装实用手册［M］．北京：中国水利水电出版社，2014.

[10] 胡毅．输电线路运行故障的分析与防治［J］．高电压技术，2007（3）：1-8.

[11] 王荣阁，王志强．输电线路受外力破坏情况分析［J］．管理学家，2014（9）：362-362.

[12] 李学斌，李建东．输电线路防外力破坏工作开展措施［J］．中国高新技术企业，2015（19）：138-139.

[13] 路竹青，平志斌，王显萍，等．电力线路遭受外力破坏的防范［J］．农村电工，2020，28（2）：18.

[14] 吴力科．配电线路防外力破坏工作研究［J］．机电信息，2019（36）：175-176.

[15] 路竹青．电力线路设施遭受外力破坏的防范［J］．农村电工，2019，27（10）：35.

[16] 周海鹏．电缆防火分析及措施［J］．西北电力技术，2003（6）．

[17] 刘凯．防火涂料对电缆引燃特性影响实验研究与过载运行条件下温度场演化［D］．合肥：中国科学技术大学，2019.

[18] 商路明．地下电缆防破坏地表周期振动距离检测系统开发［D］．杭州：杭州电子科技大学，2017.

[19] 王功胜．变电站电缆防火措施及技术对策［J］．电线电缆，2006（6）：39-41.

[20] 湖北省电力公司．电力系统电缆防火指南［M］．北京：中国电力出版社，2002.

[21] 王刚，樊瑞峰，刘亚东．电缆井防水工艺的探讨与应用［J］．内蒙古科技与经济，2020（9）：90-92.

[22] 于磊，李龙生，王军帅．电缆防水密封成品模块施工工艺［J］．城市建设理论研究（电子版），2015，5（34）：2827-2829.

[23] 刘清龚．A 防火涂料公司发展战略研究［D］．上海：上海交通大学，2017.

[24] 彭翀翊．基于检波器阵列的地下电缆防外力破坏系统［D］．杭州：浙江大学，2017.

[25] 杜冰冰．电力电缆的温度场和载流量研究［D］．郑州：郑州大学，2016.

[26] 秦勇华．电缆防水牵引头在配网电缆施工中的应用分析［J］．现代工业经济和信息化，2019，9（9）：89-90＋93.

[27] 云朵．电力电缆在建筑电气工程中的应用研究［D］．西安：长安大学，2015.

[28] 谭康．地下电缆防外力破坏监控中的振动信号识别［D］．广州：华南理工大学，2012.

[29] 罗睿．发电厂电缆防火监测系统的研制［D］．北京：清华大学，2004.

[30] 王少华，叶自强，梅冰笑．输变电设备在线监测及带电检测技术在电网中的应用现状［J］．高压电器，2011，47（4）：84-90.

[31] 齐飞，毛文奇，何智强，等．带电检测技术在电网设备中的应用分析［J］．湖南电力，2012，32

(1).
[32] 王璐. 带电检测技术在线路设备运检中的应用 [J]. 集成电路应用，2020，37 (7)：92-93.
[33] 杨文英. 电力电缆温度在线监测系统的研究 [D]. 吉林：东北电力大学，2008.
[34] 艾福超. 高压电缆及电缆隧道综合监控系统研究与应用 [D]. 济南：山东大学，2015.
[35] 王雪. 电缆隧道综合监测系统设计与实现 [D]. 西安：西安科技大学，2020.
[36] 王学锦，蔡建辉，黄继来，等. 带电检测技术在变电异常运行设备中的应用 [J]. 农村电气化，2020 (9)：39-41.
[37] 李艾娣. 矿井动力电缆对监测信号电缆串扰的不确定性分析 [D]. 西安：西安科技大学，2020.
[38] 张海荣. 基于声表面波的电缆温度监测系统的研究 [D]. 重庆：重庆理工大学，2020.
[39] 曹田. 电力电缆故障定位监测系统的设计与实现 [D]. 成都：电子科技大学，2020.
[40] 陶海波. 基于光纤测温和局放检测的电缆在线监测系统研究 [D]. 西安：西安理工大学，2019.
[41] 白亮. 基于 DTS 的电力电缆温度在线监测装置研究 [D]. 太原：太原理工大学，2019.
[42] 霍耀斌. XLPE 电缆的绝缘老化在线监测技术研究 [D]. 阜新：辽宁工程技术大学，2019.
[43] 赵阿琴. 电力电缆接头温度分布规律及其在线监测系统的研究 [D]. 重庆：重庆理工大学，2019.
[44] 陈浩超. 电力电缆温度在线监测系统设计及应用 [D]. 广州：华南理工大学，2017.
[45] 张宇. 电力变压器局部放电带电检测与定位技术 [J]. 集成电路应用，2020，37 (8)：48-49.
[46] 李华忠. 电缆接头温度监测技术的研究 [D]. 哈尔滨：哈尔滨理工大学，2014.
[47] 陈瑞龙. XLPE 电缆局部放电在线监测系统的研制 [D]. 上海：上海交通大学，2014.
[48] 梁世兴. 基于 Bragg 光栅传感的电力电缆在线监测系统研究 [D]. 武汉：武汉理工大学，2013.
[49] 楼开宏，秦一涛，施才华，等. 基于光纤测温的电缆过热在线监测及预警系统 [J]. 电力系统自动化，2005 (19)：97-99.
[50] 罗俊华，邱毓昌，马翠姣. 基于局部放电频谱分析的 XLPE 电力电缆在线监测技术 [J]. 电工电能新技术，2002 (1)：38-40+61.